U0342139

宏大爆破技术丛书

露天矿山智能爆破
（上）

李萍丰　著

北　京
冶 金 工 业 出 版 社
2024

内容提要

本书分上下两册，上册主要包括：绪论、智能矿山发展现状、台阶爆破技术发展现状、智能爆破总体框架、智能爆破能量体理论研究、智能现场混装乳化炸药车研制、智能无线起爆系统研制、智能乳化炸药地面站建设；下册包括：爆破透明地质、智能爆破设计、智能穿孔装备、智能堵塞装备、价值链共享理论、智能爆破数据控制平台、无人机的智能化应用和工程应用等。

本书可供矿山企业的技术和管理人员、科研院所的技术人员和高校师生等参考。

图书在版编目(CIP)数据

露天矿山智能爆破．上/李萍丰著．—北京：冶金工业出版社，2024.1
(宏大爆破技术丛书)
ISBN 978-7-5024-9724-8

Ⅰ.①露…　Ⅱ.①李…　Ⅲ.①智能技术—应用—露天矿—矿山爆破
Ⅳ.①TD235-39

中国国家版本馆 CIP 数据核字(2024)第 013595 号

露天矿山智能爆破（上）

出版发行 冶金工业出版社　**电　话** (010)64027926
地　址 北京市东城区嵩祝院北巷 39 号　**邮　编** 100009
网　址 www.mip1953.com　**电子信箱** service@mip1953.com

责任编辑 王梦梦　美术编辑 彭子赫　版式设计 郑小利
责任校对 郑 娟　责任印制 禹 蕊
北京捷迅佳彩印刷有限公司印刷
2024 年 1 月第 1 版，2024 年 1 月第 1 次印刷
787mm×1092mm 1/16；28 印张；682 千字；434 页
定价 179.00 元

投稿电话 (010)64027932 投稿信箱 tougao@cnmip.com.cn
营销中心电话 (010)64044283
冶金工业出版社天猫旗舰店 yjgycbs.tmall.com
(本书如有印装质量问题，本社营销中心负责退换)

前　言

俗话说："上天容易，入地难。"由于岩石赋存的多样性和认知手段的局限性，岩石破裂与破碎的机理仍未研究清楚，而炸药破碎岩石涉及炸药爆炸产生的冲击波和爆生气体，情况就更加复杂。复杂的破岩机理、不确定数据和大量的经验公式，使得爆破工程师们非常困惑。

随着人工智能从小模型到大模型及与科学计算交融的算法不断进步，人工智能已经达到了非常高的智能水平，现阶段工业、农业、气象和生物医学等众多领域都受到人工智能的深刻影响。人工智能深度融入爆破，采用人工智能的方法解决人类爆破专家们凭经验才能处理复杂、不确定性的爆破问题则是爆破行业发展的必然趋势。通过感知装备采集爆破和与爆破相关上下游工序的准确实时数据，将这些数据遵循特定数据规则汇总成大数据，依据爆破价值链共享理论，采用强大算力、大模型和虚拟现实技术进行计算、分析、判断，实现地质、设计、穿孔、装药、连线、填塞、起爆、监测、安全管理等爆破全过程自主感知、自主分析、自主学习、自主决策和自主执行，避开炸药破碎岩石的复杂机理和爆破过程中的不确定因素，最终实现爆破区域无人化，本质安全，高效绿色，实现工程爆破的可持续发展，提升爆破技术解决国家重大战略需求的能力。

从2015年起，宏大爆破工程集团有限责任公司（简称"宏大爆破"）对露天矿山开采全生产链智能化（简称"全生产链智能矿山"）提出的4项课题和14项子课题，经组织攻关、潜心研究，突破了矿山智能化建设中遇到的"爆破机理不完善、爆破作业不连续、爆破安全风险高"的技术瓶颈，研制了智能矿山建设的成套装备和器材，建成全球首座涵盖露天开采全部关键生产工序的智能化矿山，实现了"0"到"1"的突破，被誉为智能矿山建设的"中国范式"，初步实现员工工作更体面、矿山生产更安全、资源利用更高效的少人化、数字化、智能化的目标，推动我国矿山智能化建设、行业高质量发展迈向更高水平。截至2023年8月，宏大爆破智能爆破研究成果获省部级科技进步奖一等奖4项，获授权专利52项（其中发明专利10项、外观设计专利2项、实用新型专利40项)，发表论文58篇，编写省部级施工工法4部。

本书是矿山开采全生产链智能化建设中智能爆破的成果汇编，阐述了透明地质、智能钻孔、智能装药、智能堵塞、无线起爆和智能安全管理等智能装备、器材的研制、使用情况，详细介绍了广东肇庆华润露天矿山开采全生产链智能化的探索与实践过程。本书可为智能爆破建设和发展提供可以复制的经验，为建设智能化矿山提供思路和方法，同时作为矿山开采全生产链智能化建设的先行者，也与同行们分享一些建设过程的酸甜苦辣。

本书分上下两册，上册主要包括：绪论、智能矿山发展现状、台阶爆破技术发展现状、智能爆破总体框架、智能爆破能量体理论研究、智能现场混装乳化炸药车研制、智能无线起爆系统研制、智能乳化炸药地面站建设；下册包括：爆破透明地质、智能爆破设计、智能穿孔装备、智能堵塞装备、价值链共享理论、智能爆破数据控制平台、无人机的智能化应用和工程应用等。

本书是集体智慧的结晶，是团队协作的成果。参与智能爆破研究的单位和团队有：智能爆破研究中心团队和“广东省工业系统劳模与工匠人才创新工作室”、中国矿业大学（北京）许献磊教授团队、北京航空航天大学余贵珍教授团队、山东大学赵国瑞教授团队、西安建筑科技大学顾清华教授团队、辽宁科技大学徐振洋教授团队、湖南金聚能科技有限公司、深圳市憨包民爆云领电子发展有限公司和平凉兴安民爆器材有限公司。在此对以上单位和团队表示衷心感谢！

本书撰写过程中，宏大爆破的陈晶晶、张万忠、束学来、张兵兵等同事做了很多工作，在此表示感谢。此外，对本书所参考文献资料的作者表示由衷的感谢。

尽管爆破智能化仍有许多挑战需要解决，但智能爆破的未来看起来很有希望。随着对研究和开发的持续投资，我们期待在未来几年看到这一领域更多令人兴奋的突破。

由于时间紧迫，书中不妥之处难免，在此表示歉意！敬请广大读者提出宝贵意见！

李萍丰

2023年8月

目　录

1 绪　　论

21 世纪以来，随着科学技术的不断发展，越来越多矿山开采过程中的新概念被提出，比如智能矿山。智能矿山即将感知、大数据、云计算、物联网、虚拟现实、数据挖掘等新技术结合起来，实现矿山生产流程的数据采集、数据处理和系统集成，响应安全生产过程中的各种变化和需求，做到智能决策、安全生产和绿色开采。

从 2015 年起，智能矿山建设一直是我国矿山行业的热点。2023 年 9 月，中共中央办公厅、国务院办公厅发布的《关于进一步加强矿山安全生产工作的意见》明确指出[1]“推动中小型矿山机械化升级改造和大型矿山自动化、智能化升级改造，加快灾害严重、高海拔等矿山智能化建设，打造一批自动化、智能化标杆矿山”，将智能矿山提升到国家战略高度。截至 2023 年 7 月底，全国煤矿已累计建有智能化工作面 1395 个，其中采煤工作面 724 个、掘进工作面 671 个，建有智能化工作面的煤矿 714 处，煤炭产量 21.8 亿吨，占全国煤炭核定产能的 59.5%，有力推动了煤炭生产方式的根本性变革。非煤矿山在破碎、运输、排水、监控等核心生产环节也有 228 处实现智能化[2]。露天矿山（煤矿和非煤矿山）有 300 余台无人驾驶矿车在常态化运行。

矿产资源是人类社会赖以生存的重要物质基础，是国家安全与经济发展的重要保证。95%以上的能源、80%以上的工业原料和 70%以上的农业生产原料均来自矿产资源。爆破是最经济、最高效的开采矿产资源的方法。爆破效果的好坏直接影响后续铲装、运输、矿石破碎和磨碎等工序的资源利用、能源消耗、生产效率和本质安全，甚至影响设备选型、工艺流程设计，进而影响“双碳”目标实现、绿色矿山建设和生产总成本控制。虽然近些年来我国在爆破技术、器材和装备都有了很大提高，但在自动化、信息化、数字化和智能化等方面仍有不足，在爆破设计、智能穿孔、智能装药、智能堵塞、无线起爆、安全管理、爆破效果分析和岩石炸药能量匹配理论等方面需进一步提高，实现爆破信息化、数字化及智能化已成为未来发展的主要方向。

1.1 智能爆破的概述

宏大爆破从 2015 年紧跟智能矿山建设的步伐，成立智能爆破研发团队，列出四大重大研究课题和十四项关键技术子课题（见图 1-1），采用“工程单位牵头，高技术公司、科研院所、高校和制造企业联合研发”合作机制，在广东肇庆华润水泥（智能矿山全景见图 1-2）建成了我国首座全生产链智能化示范露天矿山，填补了我国在智能爆破理论、关键技术研究、关键装备器材制造和示范矿山建设领域的空白，实现了“0”到“1”的突破，创造了智能矿山建设的“中国范式”，初步实现员工工作更体面、矿山生产更安全、资源利用更高效和绿色的宏伟蓝图，推动我国矿山智能化建设、行业高质量发展迈向更高水平。

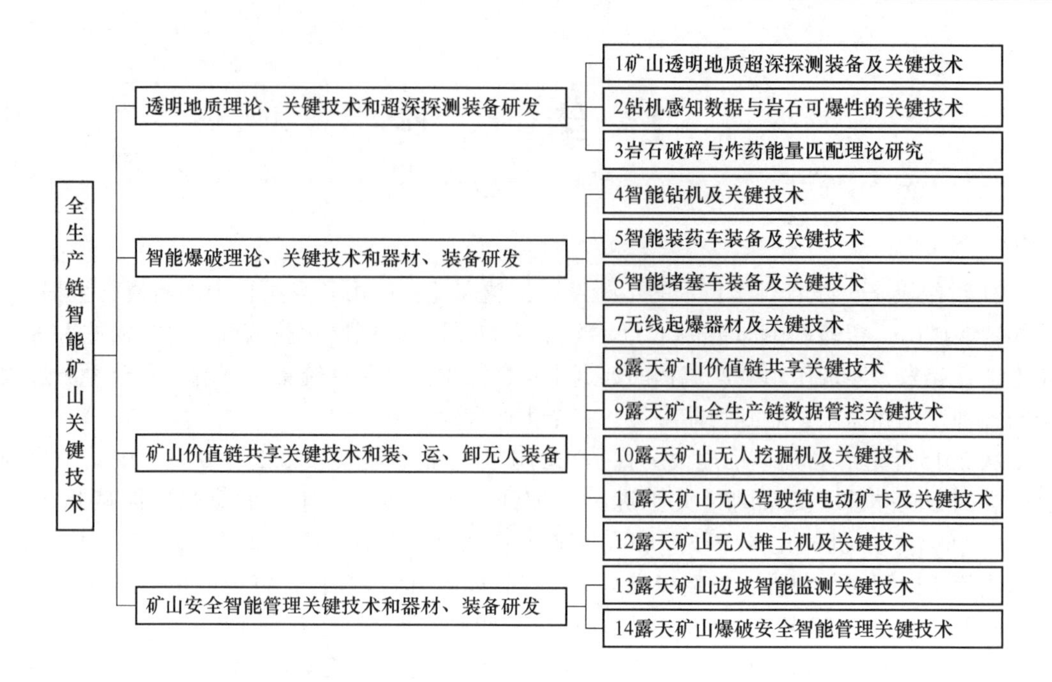

图 1-1　智能矿山建设研发项目汇总

图 1-2　智能矿山全景图

2022 年底建成的全生产链智能化露天矿山，涵盖智能爆破、无人驾驶等露天矿山开采的全部关键工序，其中智能爆破关键装备有：智能透明爆破地质探测车（见图 1-3）、智能钻机（见图 1-4）、智能现场混装乳化炸药车（见图 1-5）、智能堵塞车（见图 1-6）、智能无线起爆器材（见图 1-7）、智能无人机（见图 1-8）、数据管控平台（见图 1-9）和 5G 通信基站（见图 1-10）等，形成了露天开采测量、钻孔、爆破、挖装、运输、推排和安全管理少人、无人、智能化矿山，与破碎车间的“黑灯工厂”衔接构成矿山全生产链的智能化。

图 1-3 智能透明爆破地质探测车

图 1-4 智能钻机

图 1-5 智能现场混装乳化炸药车

图 1-6　智能堵塞车

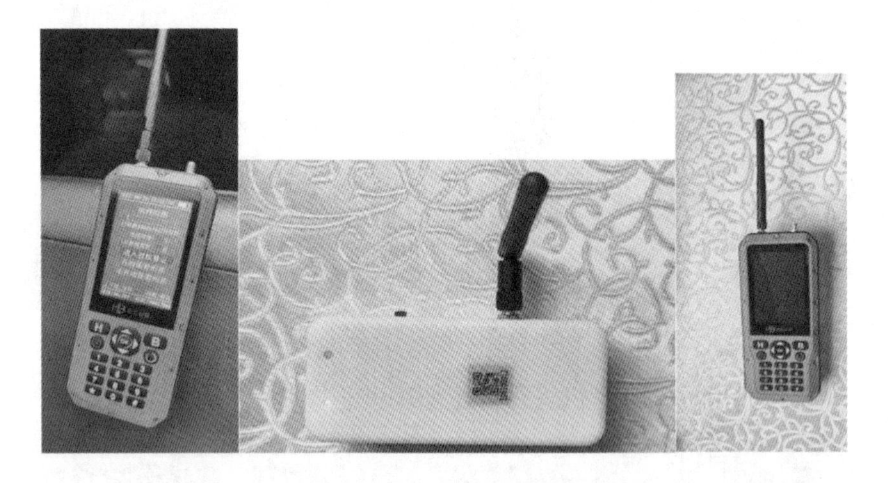

图 1-7　智能无线起爆器材

图 1-8　智能无人机

图 1-9 数据管控平台

图 1-10 5G 通信基站

1.1.1 智能爆破定义

李萍丰、谢守冬、张兵兵[3]通过长期智能爆破研究和示范矿山建设的实践，认为智能爆破是通过先进装备采集爆破及与爆破相关工序的准确实时数据，将这些数据按特定数据规则汇总成大数据，依据爆破价值链共享的理论，采用强大算力、大模型算法和虚拟现实技术进行计算、分析、判断，实现爆破设计、穿孔、装药、填塞、起爆、监测、安全管理等爆破全过程自主感知、自主分析、自主学习、自主决策和自主执行，最终实现爆破区域无人化、本质安全、高效绿色，实现工程爆破的可持续发展。

通俗讲智能爆破就是避开炸药破碎岩石的复杂机理和爆破过程中的不确定因素，采用人工智能解决人类专家凭经验才能处理的爆破问题，自主响应矿山安全生产过程中的各种变化和需求，确保矿山整条生产链能量消耗最低、资源利用率最高、生产能力最大和安全保障最可靠。

1.1.2 智能爆破实施的基本路径

智能爆破的实施路径（见图1-11）。

（1）智能装备的研制，实时提取数据：智能爆破的关键是智能装备和信息技术的发展。

（2）建立大数据规则和格式：智能爆破是数据的产生、采集、清洗、传输、存储及处理的过程。

（3）建立大模型与爆破学科的算法相结合：数据、算力和算法这三大关键因素决定着智能化能力。

（4）研究爆破价值链共享理论，实现智能学习。

爆破智能化发展需要大量真实数据的支撑，数据采集越准确，其模型越逼真，越接近于真实世界；采集的数据信息越接近真实，对应的决策就越符合客观事实。

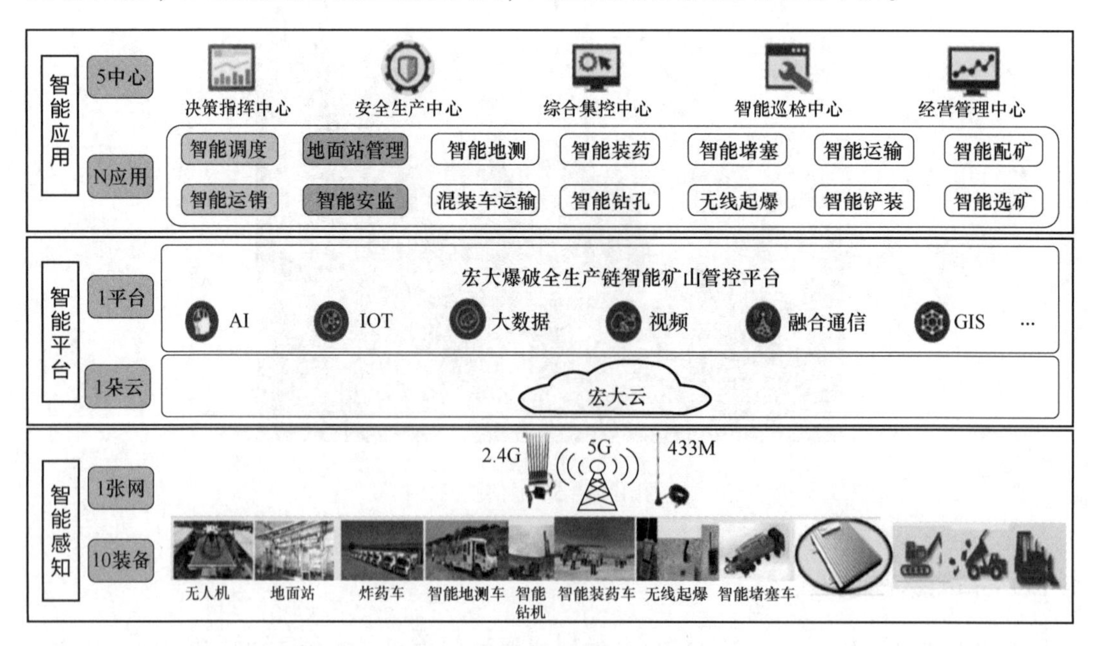

图1-11　露天矿山爆破全工序智能化技术总体框架图

1.2 智能爆破建设背景

党的二十大报告指出，“加快发展数字经济，促进数字经济和实体经济深度融合，打造具有国际竞争力的数字产业集群”。可以说，“十四五”时期，我国数字经济正逐步走向深化应用、规范发展、普惠共享的新阶段，数字经济和实体经济融合发展成为引领和支撑我国数字经济新一轮增长的主引擎和主战场。

（1）智能爆破是国家战略工程的重要组成。

智能矿山是矿山技术发展的根本方向，是党和国家交给矿业人的政治任务和目标，适应世界科学技术发展的潮流和方向，也是现实环境的要求，在国内轰轰烈烈的建设中，成为国家战略工程，智能爆破是智能矿山不可或缺的重要组成部分，也是国家战略工程的重要部分。

近年来，智能矿山建设如火如荼，许多矿山企业形成了具有特色的智能矿山建设模式，以引领行业的高质量发展。山西省、内蒙古自治区、鄂尔多斯市和国家能源集团等省（市）、自治区、企业相继制定了智能矿山建设指南，明确提出了智能爆破的初级、中级和高级标准。爆破行业适应行业高质量发展任重道远。

国家能源集团煤矿智能化建设指南对智能化穿爆的具体要求[4]。

1）初级：优化炮孔设计，穿孔设备实现精准定位，具备实时监测、引导定位、自动布孔、精确控制等功能。

①穿爆管理系统具备穿爆设备管理、自动布孔、药量计算等功能。

②穿孔设备具备钻头位置监控、自主导航、引导定位、精确感知等功能。

③穿孔设备控制系统具备行走速度、钻进速度、回转压力等数据精确感知和控制能力。

2）中级。在初级的基础上，优化地质管理，穿孔设备实现远程操控、有人跟机干预，具备钻机状态可视化监控等功能。

①穿爆管理系统具备地质、测量管理，钻孔设计，三维地质建模等功能。

②穿孔设备实现可视化远程操控，具备精准对位、自动钻进、孔深测量等功能。

③炸药车具备接收钻孔定位信息和装药设计数据等功能，实现逐孔、定量装药。

3）高级。在中级的基础上，优化穿爆系统和穿爆装备能力，实现穿爆现场无人化作业、穿孔设备自主运行。

①穿爆管理系统能构建地质时空模型，优化爆破孔网参数，实现爆破作业孔位智能布置、炸药单耗精确设计。

②穿孔设备具备智能控制、自主运行、岩性识别等功能，实现与采装、运输等生产过程高效协同作业。

（2）智能爆破是智能矿山建设的重要组成。

从2015年起，智能爆破已经在全国推广应用。截至2023年4月，全国煤矿已累计建有智能化工作面1395个，其中采煤工作面724个、掘进工作面671个，建有智能化工作面的煤矿714处，煤炭产量21.8亿吨，占全国核定产能的59.5%，有力推动了煤炭生产方式的根本性变革。有228处非煤矿山在破碎、运输、排水、监控等环节实现智能化。露天矿山（煤矿和非煤矿山）有300余台无人驾驶矿车在常态化运行。然而，作为矿山开采的龙头工序爆破却没有1处智能化的场景，甚至还是纯手工作业模式。试想矿山的挖、运、排都是无人驾驶，矿山现场的爆破仍是大量工人汗流浃背地进行重体力的工作，这与智能矿山建设不符，爆破的高危险性、行业管理严格、作业工序不连续等使得爆破智能化进程严重滞后，甚至无人问津。智能爆破成为制约智能矿山建设“卡脖子”的瓶颈问题。

（3）智能爆破是顺应劳动力结构变化的选择。

随着我国人口红利逐渐消失，劳动力总量呈现出逐渐减少的趋势。随着人口老龄化程度的加剧，劳动力总量的增长速度放缓，甚至出现负增长情况，如图1-12所示。同时，我国劳动力的素质和技能水平逐渐提高，受教育程度不断提升，农民工数量减少，爆破企业一线爆破员的年龄普遍在40～50岁，年轻爆破员的招聘和补充也是工程企业面临的难题。

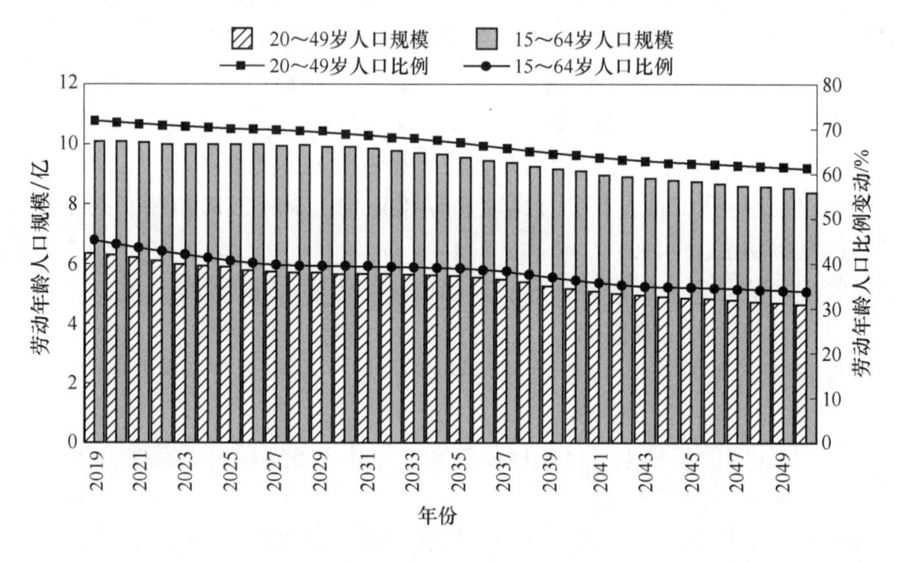

图1-12　2019—2050年全国劳动年龄人口规模和比例变动

（4）智能爆破是爆破行业高质量发展的需要。

随着物联网、大数据、人工智能、5G等前沿技术的逐渐成熟，矿山规模不断扩大，对成本、质量、效能、安全监管和环保等方面提出更高的要求，在当前世界经济危机不断加重、全球全力应对危机、调整经济结构的形势下，推动爆破技术的智能化正当其时、尤为重要。

2009年曲广建、黄新法、江滨等人[5]指出，在经济全球化的今天，计算机、网络、软件、网格、通信等信息技术的应用是21世纪经济发展和增长的重要因素。爆破行业需要信息化，在爆破行业科学技术发展的过程中，提出“数字爆破”的概念是行业发展的必然趋势。“数字爆破”发展的目标是使爆破行业数字化、网络化、智能化、精细化和可视化，以推动爆破行业向科学化、可持续发展的目标前进。

2018年，中国工程院将“智能爆破发展战略研究”设立为学部咨询项目。同年“中国爆破智能化发展论坛”在北京成功召开，会议指出人工智能是推动科技跨越发展、产业优化升级、生产力整体跃升的重要战略资源，将人工智能与爆破技术相结合应成为我国爆破行业探讨的重要课题。

2020 年 10 月“矿山爆破前沿科技研讨会”在长沙召开，汪旭光院士揭牌中国首家“智能爆破研究中心”，智能爆破关键技术和装备立项研发进入快车道。2021 年无线智能起爆系统通过中国爆破行业协会鉴定“该成果在甘肃皋兰县石洞镇花岗岩矿等露天矿山获得成功应用，具有国际先进水平，其中孔外智能无线起爆模块及其起爆控制技术达到国际领先水平，同年获得获中国爆破行业协会科技进步一等奖。2022 年 7 月乳化炸药智能现场混装乳化炸药车通过工业和信息化部组织的专家鉴定：“该项目总体技术达到同类型现场混装乳化炸药国际领先水平，鉴定委员会同意该项目通过科技成果鉴定。”2022 年 12 月智能堵塞车研制成功。2022 年 11 月在珠海市组织召开由汪旭光院士、蔡美峰院士和赵阳升院士等 300 多位知名专家参加的“矿山智能化关键技术与装备暨第四宏大论坛”会议，参会院士、专家听取了宏大爆破拟在华润水泥肇庆项目建设智能化场景的构想和宏大爆破在智能矿山方面取得的成绩，经过充分讨论，一致认为：“1）宏大爆破拟建设的露天智能矿山填补了露天智能矿山建设诸多方面的空白，符合国家重大战略需求；2）宏大爆破拟建设的露天智能矿山以岩石与炸药能量匹配理论为基础，用智能数据管理决策平台将智能装药、智能堵塞、智能起爆、智能安全管理、智能效果评价、智能铲装、无人运输、智能推排和下游设备数据智能管理等全生产工序协同，技术路线和方向是正确的，为矿山全生产工序智能化建设提供了宏大爆破的解决方案；3）宏大爆破在露天矿山关键技术和器材、装备方面已经取得了重大突破，迈出了坚实的步伐，将助力全国智能矿山建设提质、增速；4）希望宏大爆破继续加大投入，引领行业科技创新，提升矿业管家内涵和外延，将智能矿山中国范式的宏伟蓝图绘制到底。”

智能爆破发展可为爆破技术研发单位指明发展方向；为爆破企业提供创新、转型升级和可持续发展开辟发展新领域新赛道，不断塑造发展新动能新优势；为涉及爆破行业的设备制造厂商指明技术进步和产品转型的方向和时机，能快速实现技术的跨越，引领世界采矿技术。

（5）智能爆破是解决矿山生产工序价值共享的有效方法。

爆破是整个采矿的龙头工序，爆破效果的好坏、块度大小不仅影响到爆破本身及挖装运输效率，还直接影响到下游工序的能源消耗、出矿效率，甚至可能影响下游工序的设备配置和工艺流程，爆破效果控制不佳时，还会严重影响矿产资源的回收利用率和矿山长期稳定生产。爆破是一个复杂的过程。爆破理论建立在各种假说基础上，通过有限的爆破试验和数据分析，采用相似模拟原理、量纲分析方法推导出一些经验公式或半经验公式。这些公式取值范围较宽，而且都有一定的适用范围，一旦离开假设的条件，公式就不成立。所以，这些公式很难精准指导矿山开采。

随着人工智能技术、深度学习方法的快速进步，开发适用于爆破的人工智能分析技术，通过挖掘爆破过程中采集的大数据，将爆破参数与下游工序的能量消耗、出矿效益等数据共享，避免炸药破碎机理的复杂和爆破岩石块度分析等的不准确性是智能爆破价值共享的理念，如图 1-13 所示。

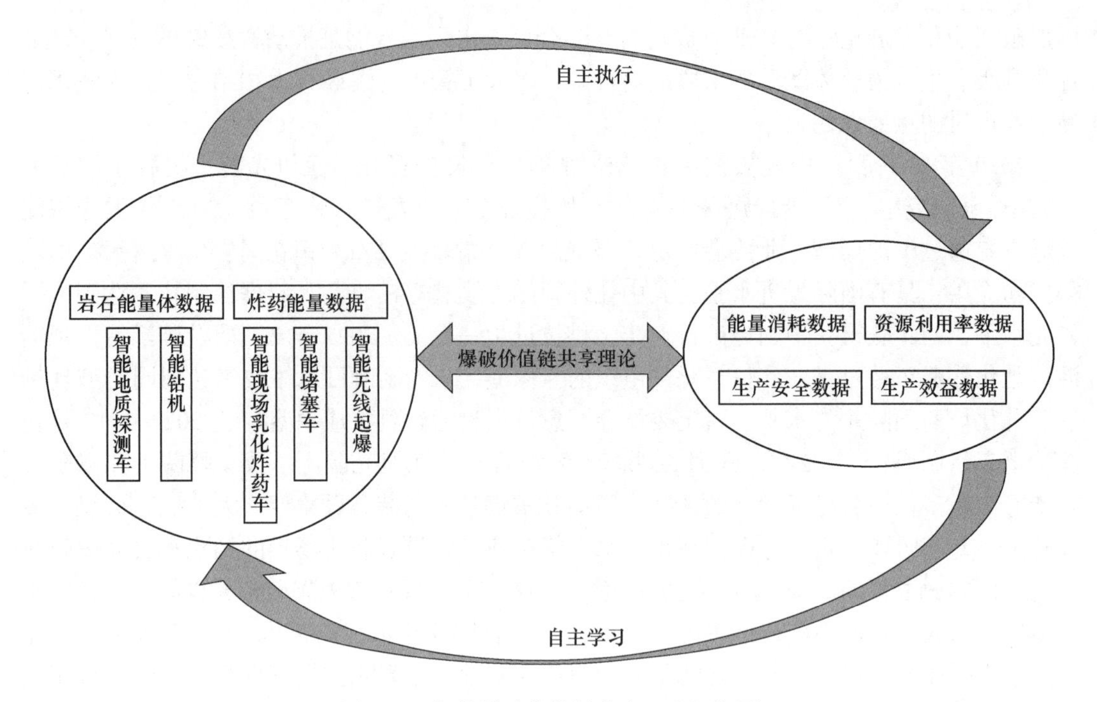

图 1-13　智能爆破价值链共享理论框架图

参 考 文 献

[1] 中办国办关于进一步加强矿山安全生产工作的意见 [N]. 人民日报，2023-09-07 (001).

[2] 矿山机械人创新应用联盟，中国矿业大学（北京）. 矿山机器人创新研发与应用实践 [R]. 北京，2023-8-18.

[3] 李萍丰，谢守冬，张兵兵. 智能台阶爆破的基本框架及未来发展 [J]. 工程爆破，2022，28 (2)：46-53，61.

[4] 国家能源集团煤炭运输部煤矿智能化办公室组织编写. 国家能源集团煤矿智能化建设指南（试行）[M]. 徐州：中国矿业大学出版社，2021.

[5] 曲广建，黄新法，江滨，等. 数字爆破（Ⅰ）[J]. 工程爆破，2009，15 (2)：23-28.

2 智能矿山发展现状

第一次工业革命，人类进入了蒸汽时代，工业的快速发展让矿业真正意义登上了历史舞台，当时矿山主要由人工进行开采；第二次工业革命，人类进入了电气时代，对矿业开发提出了更高的要求，矿山的机械化和自动化开采成为主流；第三次工业革命，人类进入了科技时代，对矿产资源需求达到了前所未有的高度，而矿业的绿色发展理念和矿山的智能化理念趋于成熟，绿色矿山建设和智能矿山建设得到了快速的发展。随着第四次工业革命（智能化时代）的到来，自动化、数字化、智能化技术在矿业行业得到了越来越普遍的重视，矿山企业开始按照各自不同的应用目标在智能化建设过程中进行了大量的实践，根据技术应用侧重点可将进行智能化建设的矿山分为自动化矿山、数字化矿山、智能矿山等。

2023 年 6 月 8 日，国家矿山安监局局长黄锦生[1]在国务院新闻办公室“权威部门话开局”系列主题新闻发布会上指出：矿山智能化建设是统筹发展和安全，提高矿山安全水平，提高劳动生产率的重要举措，也是矿山安全高质量发展的必然要求。

2.1 智能矿山简介

2.1.1 智能矿山定义

王国法院士[2]给出了“智能化煤矿”的定义：基于现代煤矿智能化理念，将物联网、云计算、大数据、人工智能、自动控制、移动互联网、机器人化装备等与现代矿山开发技术深度融合，形成矿山全面感知、实时互联、分析决策、自主学习、动态预测、协同控制的完整智能系统，实现矿井开拓、采掘、运通、分选、安全保障、生态保护、生产管理等全过程的智能化运行。

2.1.2 智能矿山平台架构

智能矿山总体架构依托于矿山物联网三层体系（见图 2-1），即物联感知层、传输层、智能应用与决策层。

（1）物联感知层主要由现场大量传感器、执行器、工业视频前端摄像机、智能手持终端设备、定位装置等设备构成，可以实现作业现场环境安全、生产工况的全面感知，依托井下各传感装置、控制装置、定位装置的物联规则，实现各传感器、控制器之间的自动智能识别与就地控制。

（2）传输层完成物联感知层各节点的组网控制及信息汇总，并通过各种通信网络和工业以太网主干网完成矿山物联感知层设备配置信息、传感器实时数据、控制命令、视频、定位位置等数据信息的高效可靠传输。

（3）智能应用与决策层主要包括监测监控层、数据运维层和智能决策应用层，能够实现矿井全面监控、数据存储运用、矿山智能业务应用及决策分析等功能。

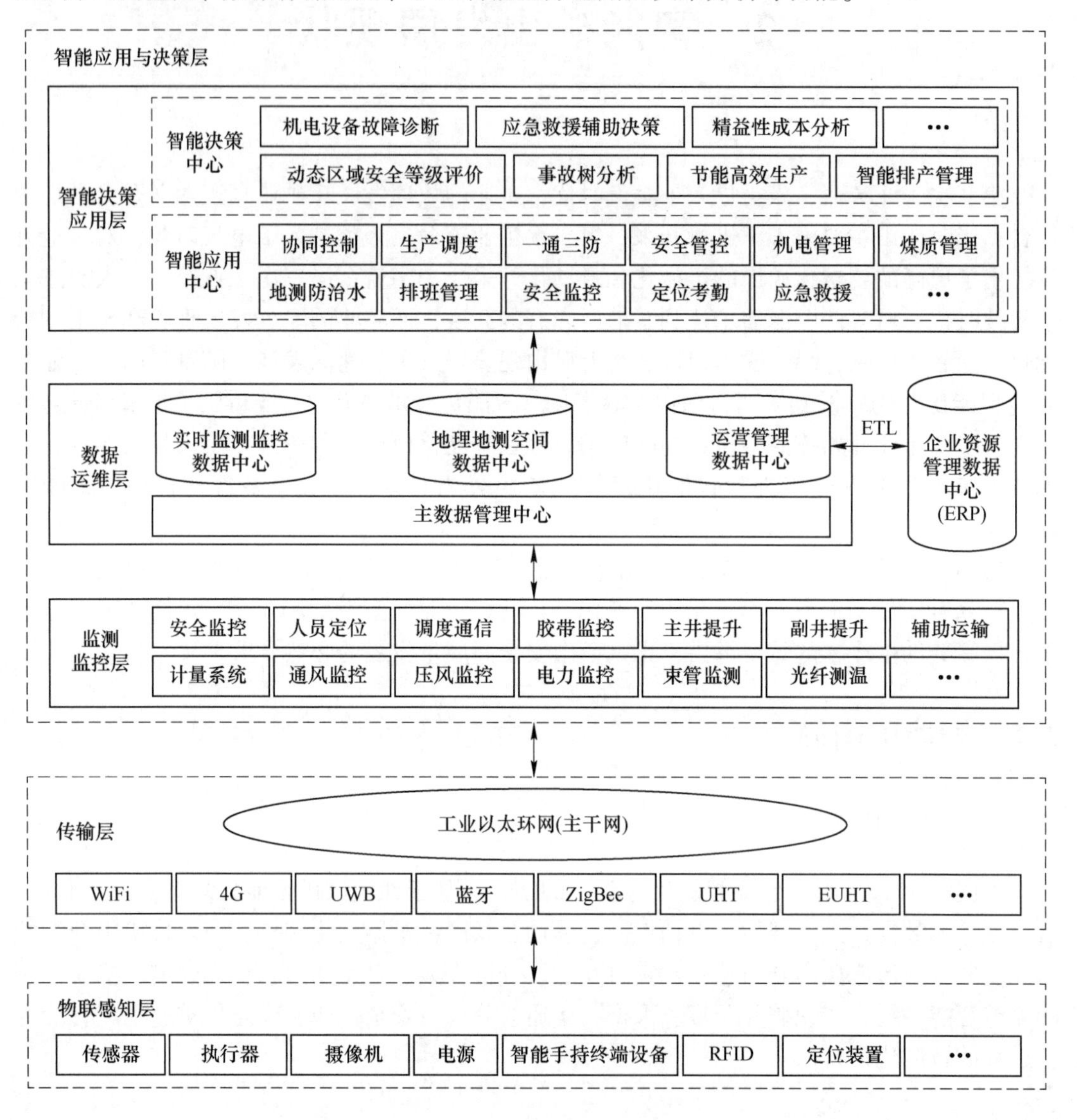

图 2-1　智能矿山总体架构图

2.2　智能矿山发展现状概述

2.2.1　国内外智能矿山发展现状

2.2.1.1　国外智能矿山发展现状

从20世纪60年代开始，国外部分矿业发达国家就开始研究自动化、数字化、智能化采矿技术。

进入20世纪90年代，为取得采矿业的竞争优势，矿业发达国家开始实施智能矿山研究计划，开始制定“智能化矿山”和“无人化矿山”发展规划。芬兰、瑞典、美国、德国、澳大利亚等[3]国家，都提出了自己的研究技术方案，主要是以工业自动化技术为基础实现煤机装备的程序控制、远程可视化监控、装备状态监测等功能。

(1) 2001年，澳大利亚联邦科学与工业研究组织（Commonwealth Scientific and Industrial Research Organization，CSIRO）承担了澳大利亚煤炭协会研究计划设立的综采自动化项目，进行综采工作面自动化和智能化研究，设计开发了LASC（long-wall automation steering committee）系统。2005年，通过军用高精度光纤陀螺仪和定位导航算法实现了采煤机精确定位、工作面调直系统和工作面水平控制，并将LASC系统首次在澳大利亚的贝塔南（Beltana）矿试验成功。目前，该系统在澳大利亚50%以上长壁工作面应用，并推广至金属矿山开采中。

(2) 2006年，欧盟委员会批准了“采掘机械的机械化和自动化”专项基金项目，包括德国、英国、波兰、西班牙等国在内的研究机构相继开展了煤岩界面、防撞技术、采煤机位置监测等相关研究，并取得了丰硕成果。同年，美国久益（JOY）公司推出了虚拟采矿技术方案，以实现地面远程精准操控为研究目标。

(3) 2008年，CSIRO对LASC系统进行了技术优化，完善了工作面自动化系统原型，增加了采煤机自动控制、煤流负荷匹配、巷道集中监控等功能，实现了工作面的全自动化割煤。

(4) 2009年，英国曼彻斯特大学、德国亚琛大学、保加利亚普罗夫迪夫大学的相关研究机构开发了“煤机领路者”系统，并在德国北莱茵威斯特伐利亚（North-Rhein Westphalia）矿得到了成功应用。

(5) 2012年，JOY公司开发的新型采煤机自动化长壁系统，集成了工作面取直系统，可实现采煤机的全自动智能化控制。

(6) 2015年，艾柯夫（Eickhoff）公司联合德国玛珂（Marco）、德国贝克（Becker）等公司在俄罗斯建设了一套远程控制自动化薄煤层综采系统，已经接近于“无人工作面”。

总体来看，国外很多国家及矿业公司的智能矿山建设已经超越机械化和自动化的范畴，将智能矿山的绿色、安全、智能、高效理念渗透到了矿山生产的各个环节。

2.2.1.2 国内智能矿山发展现状

我国智能矿山建设尚处于初级阶段，整体建设水平较低，但在坚实的政策保障及技术支撑下，呈现出加速发展的态势，未来成长空间巨大。智能矿山发展现状如下。

(1) 整体建设水平较低。

智能化建设范围较窄，在综合实力较强的大型矿山企业早已率先布局智能矿山建设的同时，众多小型矿山企业却心有余而力不足，低效煤矿的大量存在，严重制约了煤炭行业的高质量发展。据不完全统计[1]，截至2023年7月底，全国智能化采掘工作面已达1395个，其中智能化采煤工作面724个，智能化掘进工作面671个，有智能化工作面的煤矿达到714处，占全国正常生产建设矿井数量的27.43%；煤矿产能21.79亿吨，占全国核定产能的 59.49%；非煤矿山 228 处核心生产环节实现智能化和机器人化改造，约 300 台无人驾驶车辆在 30 余处露天煤矿开展试验。图 2-2 为 2015 年以来全国煤矿已经建成的智能化采煤工作面个数。

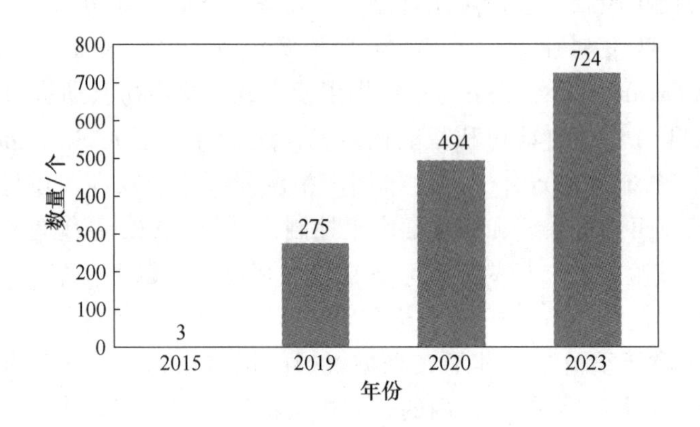

图 2-2　全国煤矿已经建成的智能化采煤工作面个数

（2）国内传统煤机企业、工业机器人企业、工程机械企业、特种装备企业、高校和科研院所进行了各类煤矿机器人研制，初步形成了煤矿机器人产业链条，各类机器人在煤矿企业取得了广泛应用，部分较为先进的智能化示范煤矿形成了一定规模的机器人集群应用场景。

1）关于掘进类机器人，以西安重工装备制造集团等单位联合研发的掘进工作面机器人群为例，其已经在陕西煤业化工集团小保当煤矿开展了工业性试验。应用该掘进机器人系统后，掘进工作面由原来的 18 人减少为 8 人，月进尺可达 1500 m。

2）关于采煤类机器人，以兖矿能源（鄂尔多斯）有限公司的转龙湾煤矿为例，在综采作业中引入了采煤工作面机器人群后，实现了综采工作面完全自动化割煤。工作面内仅有 2 人巡检作业，平均每刀割煤用时 51.85 min、最高日割煤 23 刀、日产达 3.5 万吨，有效降低了采煤面工作强度，提高了生产效率。

3）关于运输类机器人，以国家能源集团神东煤炭牵头研发的运输机器人为例，该机器人已在补连塔煤矿成功投入应用，主要用于采掘工作面倒运 3 t 以下材料或配件，机动灵活，使用运输机器人进行搬运工作可以节约 2～3 名工人，工作效率可以提高 30%左右。

4）关于安控类机器人，同煤集团在同忻矿中正式启用了智能防爆巡检机器人，以往 4600 m 的皮带需要 4 个人耗时 5 h 共同检查才能完成，使用巡检机器人只需 2 h 就能检测一遍，有效减少了工作面巡检的人工需求，并提高了巡检效率及整体安全性。

5）关于救援类机器人，中信重工开诚智能装备有限公司研发的 RXR-C6BD 消防侦察器和 RXR-MC80BD 消防火察器已在宝煤矿投入使用，并在 2019 年 11 月该矿发生的事故的救援中发挥了重要作用。RXR-C6BD 消防侦察机器人可携带两条 60 m 长的水带行走，后方操作遥控设备进行降温灭火，每秒水流量可达 80 L，喷水距离可达 100 m，有效提高了井下灭火效率。

(3) 国家政策保驾护航。

国家有关部委高度重视矿山智能化建设，主要采取了强化顶层设计、完善标准体系、加大政策资金支持和发挥典型引领作用4方面措施，制定国家标准3项、行业标准25项、团体标准70项，联合工业和信息化部将矿山领域机器人列入“机器人+”应用行动，发布了首批智能掘进、巡检等20个矿山领域机器人典型应用场景。

国家对矿业行业的不断重视和扶持，要求要大力推进数字化绿色化协同转型发展，特别是把“推动数字技术赋能采矿行业绿色化转型”作为矿山企业转型升级和加快发展的一项重要任务。近年来，国家关于我国煤矿智能化建设的指导性政策频出，提供了坚实的政策保障。

1）2020年2月，国家发展和改革委员会（以下简称：国家发改委）、国家能源局、国家矿山安监局等八部委联合发布的《关于加快煤矿智能化发展的指导意见》指出“到2025年，大型煤矿和灾害严重煤矿基本实现智能化”。

2）2020年4月，国家发改委、工业和信息化部（以下简称：工信部）和国家能源局发布《2019年煤炭化解过剩产能工作要点》指出“持续提升产业链水平。引导煤炭企业加大科技投入，应用现代信息技术和先进适用装备，建设安全高效智能环保的大型现代化煤矿，不断提升机械化、自动化、信息化和智能化水平”。

3）2023年6月，国家矿山安全监察局发布了《智能化矿山数据融合共享规范》，目的是为了打通“数据孤岛”和“信息烟囱”。由于煤矿智能化是按生产环节来逐步实现，比如掘进、开采、运输、安全监控等，每个环节各有系统，系统和系统间不兼容，须把这些五花八门、种类繁多的数据系统、装备系统全部统一起来，才能提高煤矿智能化常态运行水平。

(4) 科技创新持续赋能。

在社会资源及关注度的持续倾斜下，国内开展的煤矿智能化科技创新工作取得了不俗的成绩，为我国煤矿智能化建设提供了强有力的技术支撑。以中国矿业大学、国家能源集团等为代表的高校、企业和科研院所，在煤矿生产的智能化控制、自动化识别、无人化操作及物联网、大数据、云计算的集成应用等方面取得了不俗的成绩，为推动建立集约、安全、高效、绿色的现代煤炭工业体系做出了卓越的贡献。

全国煤矿已投入使用1000多台煤矿机器人，采掘机器人和安全巡检机器人应用较为普遍，大型煤矿平均一个工作面已由原来需要20几位矿工减到了3~5人。总体而言，智能化采掘工作面人员减少了70%，效率提高了20%左右。

2.2.2 智能矿山发展历程

近年来，随着推动矿山建设和采矿活动的“高效、安全、环保”，矿山智能化水平不断提升，尤其是大数据、自动控制、物联网和5G等技术应用的普及，让部分矿山的智能化建设取得了突破性的进展。

煤矿是矿山智能化发展的缩影，从20世纪80年代中期至今，我国煤矿智能化建设主要历程[4]如图2-3所示，单机（系统）自动化、综合自动化、矿山物联网、智能矿山和感知矿山等阶段。

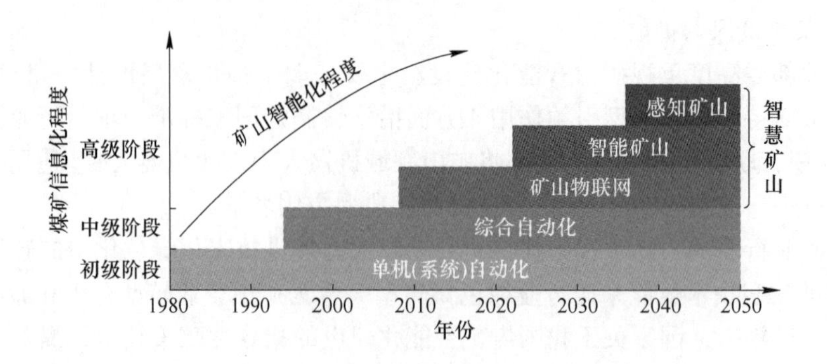

图 2-3　我国煤矿智能化建设主要历程

2.2.2.1　单机（系统）自动化阶段

从 20 世纪 80 年代中期开始，随着微机技术的发展和普及，我国煤矿信息化建设进入了单机（系统）自动化阶段。该时期矿用自动化设备类型不断增多，如能够实现自动升降的液压支架等，控制设备可靠性及安全性有所提高，这使得我国煤矿安全状况得到初步改善，但由于此时的采集信息均为模拟信号，因此信息传输距离相当有限，只能实现本地采集数据以用于单机的就地控制（见图 2-4）。而到 20 世纪 90 年代中后期，随着数字信息技术和网络技术的发展，信息传输距离大幅增加，煤矿自动化开始出现单系统地面监控。

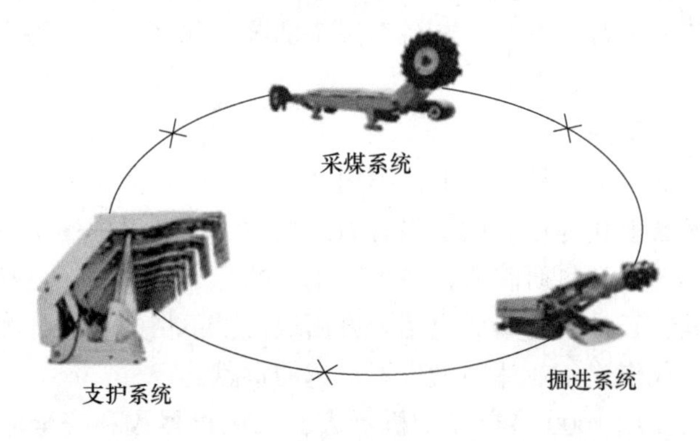

图 2-4　信息孤岛

2.2.2.2　综合自动化阶段

2000 年以后，煤矿企业单机（系统）不断完善，各系统之间协调越来越困难，企业对各系统之间互联互通的需求越来越强烈，借助通信、工业总线及工业以太网技术飞速发展的契机，一些企业推出专用网络来实现煤矿不同系统的集成系统，这使得我国煤矿信息化建设进入了综合自动化阶段。综合自动化实现了各系统之间的网络化集成，使得各系统能够相互联系，解决了信息孤岛问题，但由于各系统中传感器信息只能用于本系统，系统间协同管控能力弱，缺少相互联动和信息融合，因此并未解决系统的认知孤岛（见图 2-5）问题。

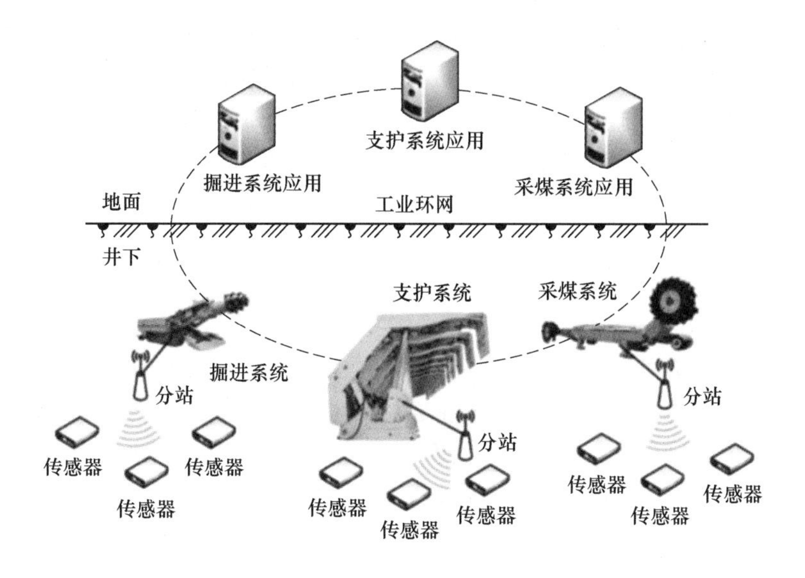

图 2-5 认知孤岛

2.2.2.3 矿山物联网阶段

矿山物联网即工业物联网技术在矿山领域的应用，许多专家对此进行了探讨和界定，对矿山物联网的架构、功能、目标等目前已基本达成共识（见图 2-6）。矿山物联网是通信网和互联网的拓展应用和网络延伸，利用感知技术与智能装置对矿山物理世界进行感知识别，通过网络传输互联，进行计算、处理和知识挖掘，实现矿山人与物、物与物信息交互和无缝连接，达到对矿山物理世界实时控制、精确管理和科学决策的目的，发展方向是矿山开采的无人化、智能化。

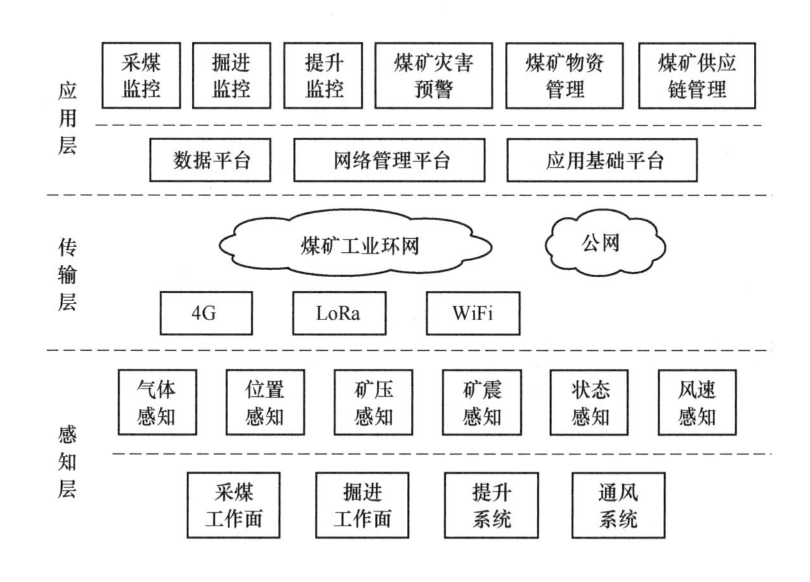

图 2-6 矿山物联网架构

物联网技术推动了物物相联，为解决认知孤岛问题提供了手段。2010—2020 年为物联网技术发展的第一阶段，主要研究内容包括物联网平台技术，中心化的安全架构，物理、数字和虚拟融合技术，工业物联网技术及物联网生态的形成。2020—2030 年是物联网技术发展的第二阶段，称为自治网络化的智慧物联网，其主要特征是物联网+人工智能，全分布式、异构网络架构，云、边、端融合的协同，离散式平台，区块链分布式存储技术，自治化物与系统。

2.2.2.4　矿山智能化阶段

以人工智能为代表的新技术在算法、算力和大数据等方面取得了突破性进展，计算机在视觉、语音和自然语言处理的部分任务中的表现已经超越人类。5G 移动通信技术已经成功在部分国家和地区商用，极大提升了海量多源信息的实时互联、共享能力，借助这些新兴技术，矿山智能化成为时代和历史的必然选择。其技术体系如图 2-7 所示。

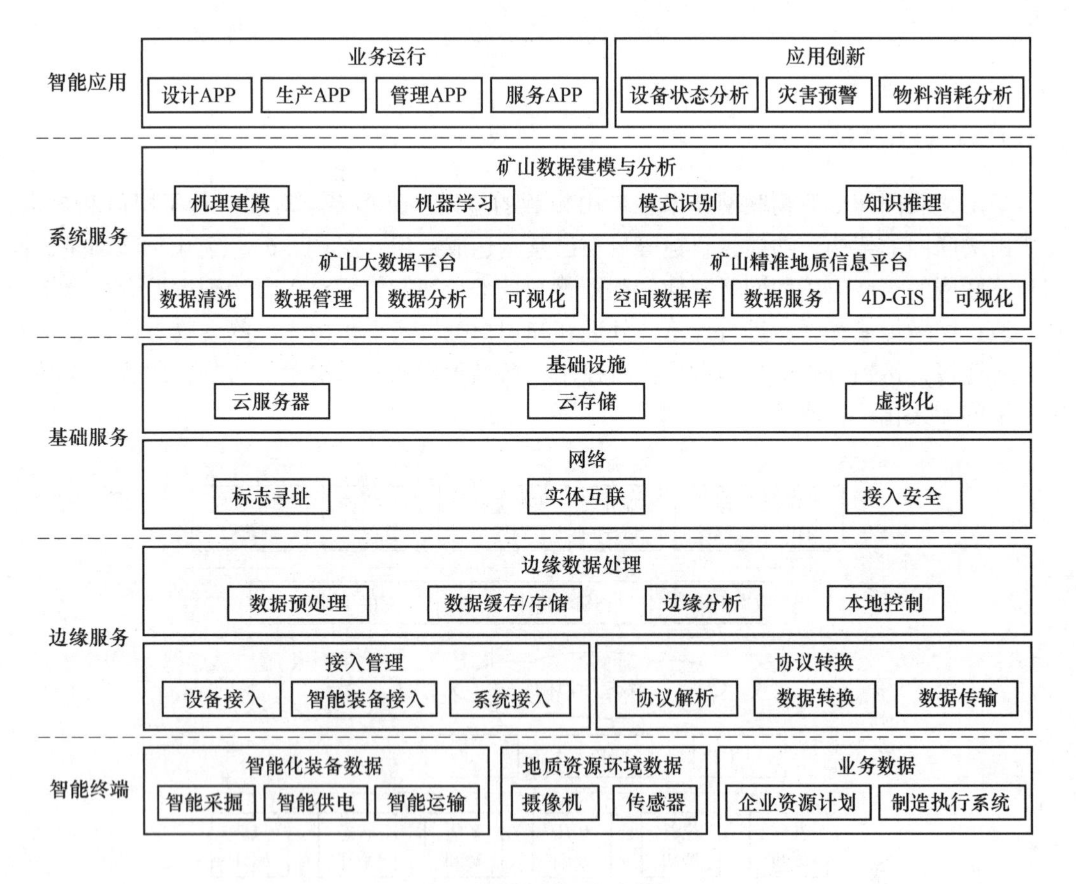

图 2-7　智能化煤矿技术体系

2.2.3　智能矿山发展趋势

整体而言，我国煤矿智能化技术目前处于初级阶段，运维过程中仍有约 50%的人为干预，中级智能化煤矿将实现半自主化操作，人为干预降至20%，按照国家相关规划，到2035年我国基本实现煤矿智能化，也就是总体达到高级水平：“全自主操作运行模式，对所有生产和安全保障环节具有全面感知能力，机器人自主决策运行，但鉴于煤矿生产条件复杂性和危险性，仍需有约5%的工序人机交互监控。”

为引领和规范矿业行业加快推进智能矿山建设，自然资源部组织编制发布了《智能矿山建设规范》（DZ/T 0376—2021）行业标准，该行业标准成为推动矿山勘查、开发全环节自动化智能化应用的重要指引。智能矿山发展趋势体现在以下几方面。

（1）实现矿山资源“安全、绿色、高效”开发利用。从矿山生产实际出发，通过现代化新技术赋能资源开发，以提升矿山开发效率和资源利用水平为最终目的，矿山企业需强化自身责任意识，推动矿山智能化建设是国家推进数字化绿色化协同转型的重要内容，在推进矿山智能化建设过程中锚定方向，坚持效率提升、资源节约、绿色发展、安全本位。

（2）现代化新技术赋能资源开发。依托资源开采过程中的“矿石流”，对矿山地质测量、储量管理、开采、选矿、资源节约与综合利用和生态治理等全流程智能化建设进行规范，并注重人工智能、大数据、物联网、工业互联网、云计算、三维、虚拟现实等新技术与矿业行业的创新融合应用，打牢矿山数据基础，推动矿山开发全环节自动化智能化应用。

（3）提升矿产开采过程智能化控制水平。采用新一代网络、导航、高清视频云计算等共性赋能平台应用，实现精准探测和地质模拟、矿层智能识别、矿产资源精准定位。大力发展智能爆破、无人驾驶、采矿机器人等智能应用，实现井下无人凿岩、爆破、铲装、运输远程操控和自动驾驶等。开展开采过程地质建模，提高资源采收率，优化运输环节的故障监测，减少停车能耗。

（4）强化矿产资源高效利用与矿区生态保护。推动矿山智能化升级改造工程，提升选矿智能化水平，推进共（伴）生资源综合开发利用，实现节能减排、矿产清洁生产和矿产废弃物有效利用，提升矿山生产对环境的友好性；积极利用各种传感设备、数字智能技术开展矿区及周边生态环境监测，提高生态保护修复效果；加强地质环境探测，利用综合遥感监测技术，感知山坡稳定性，增强山体边坡滑坡、泥石流等地质灾害预警能力。

（5）全面加强矿业数字化产业链供应链体系建设。构建矿山数字化运营平台，打通生产勘探、采矿挖掘、选矿和加工再造、矿产销售等全环节智能化管理，提高矿产资源整体储备与调节能力，打造矿产生产和营销的新模式、新网络。聚焦“产运储销”关键环节，通过数字化平台对接下游冶金、建筑、化工等行业原料需求，持续提升协同销售水平。

（6）充分考虑矿山实际情况和需求分层次建设。不同地区不同类型矿山在地质条件、资源禀赋、开发方式等方面千差万别，在推进智能矿山建设上没有绝对的范式，智能化程度也不可能做到完全一致。可根据智能化应用程度将智能矿山划分为不同级别，矿山企业应该注重整体考量和全盘谋划，把握好自身建设基础和能力，结合矿山现有工艺水平和实际需求，选择适合自身的智能化建设路径，确保矿山企业在智能化建设上取得资源、效益、安全的多赢。

（7）矿山智能化建设进程加快。事实证明，推进矿山智能化建设，提升企业自主创新能力和资源开发效率，已成为实现矿业高质量发展的必由之路，有条件的矿山企业应在推进智能化建设上主动作为，推进智能油田、智能矿山、智能开采等智能化升级改造，争取作为试点示范企业，带动和引领矿业行业创新与智能化发展。

（8）智能矿山是多方面实现智能化。智能矿山建设是在地质与测量、矿产资源储量、矿产资源开发、选矿、资源节约与综合利用、生态环境保护、智能协同管控等各方面实现智能化，不仅仅是采矿过程中的自动化和无人化，从而实现矿山利益的最大化、资源利用的合理化、环境保护友好化及安全生产的最佳化，甚至可以通过对后端市场的分析来自动控制生产与开发，从而让矿山企业获得更多回报。

2.3　智能矿山建设存在的问题

智能矿山建设存在的问题主要有以下几点。

（1）智能矿山概念不清。目前，对智能矿山的理解还较为片面，认为智能矿山是矿山生产各个环节实现数字化、自动化、无人化作业，从而提高管理效率、实现资源集约。但智能矿山更多意义体现在各要素要实现数字化、自动化和协同化管控，并且其运行系统还要具备感知、分析、推理、判断及决策能力。

（2）智能矿山建设理念陈旧。我国矿产资源品种多、总量大，但大矿少，中小矿多；露天开采少，矿井开采多；独立矿少，共（伴）生矿多。区域差异性极大，所以智能矿山建设要因地制宜，采取合适的方式方法来实现矿山的智能化建设。但不少矿山在智能化改造建设中照搬照抄，不能根据实际情况“一矿一策”制定智能矿山建设方案。

（3）智能矿山建设体系不成熟。智能矿山建设各环节缺少联动，信息和数据孤立，无法形成体系，而使得单环节的智能化建设效益大打折扣。智能矿山是将数字化、自动化、智能化等技术与矿山生产经营过程紧密结合，实现矿山智能化生产和管理的综合系统。对于我国大多数矿山而言，体系建设已经成为最大的难点和痛点。

（4）智能矿山政策支持力度不足。国家提出把“推动数字技术赋能采矿行业绿色化转型”作为矿业企业转型升级和加快发展的一项重要任务。但总体来看，支持政策和支持力度还稍显不足，对于大多数中小型矿山企业而言，体系化的智能化建设效益并不足以覆盖建设成本。同时，矿山企业对生存发展难以预期，这也影响了企业升级改造的决策和推进。

（5）智能矿山配套产业不完善。目前多是依靠信息化服务的第三方科技企业，除5G矿山技术外，缺少足够实力的科技企业支撑国内矿山智能建设，智能矿山装备制造和生产服务等产业不完善、不配套、不系统。

总体来看，我国矿山智能化技术研发起步较晚，相比于国际上的先进水平，大部分矿山企业的生产自动化程度低、系统分散、信息融合度差。我国数字通讯技术的快速发展，大大推进了我国智能矿山建设的快速发展，部分环节甚至已处于国际领先水平。

参 考 文 献

[1] 矿山机械人创新应用联盟，中国矿业大学（北京）. 矿山机器人创新研发与应用实践 [R]. 北京，2023-8-18.

[2] 王国法，刘峰，孟祥军，等. 煤矿智能化（初级阶段）研究与实践 [J]. 煤炭科学技术，2019，47（8）：1-36.

[3] 方新秋，梁敏富. 智能采矿导论 [M]. 徐州：中国矿业大学出版社，2020.

[4] 丁恩杰，廖玉波，张雷，等. 煤矿信息化建设回顾与展望 [J]. 工矿自动化，2020，46（7）：5-11.

3 台阶爆破技术发展现状

爆破作为高效、安全破碎岩石的重要手段，广泛应用在煤炭、金属、非金属矿山和军用、民用工程等领域。随着台阶爆破的不断深入发展，涌现了一大批先进的器材、仪器设备、实用软件及技术体系，如新型钻机、现场混装炸药车、工业电子雷管及新型炸药的推出等；并且广大专家学者针对台阶爆破的爆破设计、爆破仿真、孔网参数、装药结构、填塞方法、起爆顺序、延时时间、爆破效果分析等方面进行了比较深入的研究，为台阶爆破的高质量发展奠定了良好基础。爆破技术的改进显著提高了露天矿山的综合生产效率。现阶段，新兴信息技术引进及多学科交叉融合趋势不断加快，台阶爆破技术逐步朝着数字化、智能化方向迈进。

3.1 台阶爆破技术的进程

李萍丰、张兵兵、谢守冬[1]将台阶爆破发展历程划分为控制爆破、精细爆破、数字爆破、智能爆破 4 个阶段，每个阶段都有显著的特征。

3.1.1 控制爆破技术

鉴于矿山传统粗放爆破施工的安全性及高效性不足，爆破危害控制难度大，控制爆破技术应运而生。控制爆破主要是采用传统人工装药或者机械化装药的方式，通过爆破设计、优化施工、加强防护等技术手段，既有效保证了实际爆破效果，又将各类爆破危害效应控制在合理范围内。根据作用机理的不同，典型技术主要有松动爆破、延时挤压爆破、间隔装药爆破、陡帮开采，可满足露天矿山不同爆破需求。矿山控制爆破技术的不断发展，促进爆破基础理论研究深度不断加大，涌现了较多的先进爆破工艺和器材，爆破行业发展步伐显著加快。李萍丰、郑炳旭等人[2-6]在 2003 年某大型国防工程建设和大型铁矿石爆破开采中，研究出精准控制爆破技术、崩塌爆破技术，完成了露天矿山低磁石分采分爆、严格控制大块率及粉矿率等难度极高的爆破工程，积累了宝贵的实践经验。

3.1.2 精细爆破技术

随着精细化理念的不断深入，2008 年 4 月，谢先启、卢文波[6]提出了精细爆破。精细爆破主要由目标、关键技术、支撑体系、综合评估体系和监理体系 5 个方面组成，其中关键技术主要体现在定量化设计、精心施工、精细管理和实时监测与反馈等方面，相对于传统控制爆破，精细爆破要求更高，爆破效果和爆破危害效应控制更好。爆破基础理论研究的突破、计算机技术的大力推广、爆破器材的不断革新、检测监测技术的迅速发展及钻爆设备的优化改进等，为实现精细爆破提供了强有力的技术支撑。精细爆破理念改进了传统施工的欠缺之处，使得大规模安全高效一次性起爆技术、复杂环境下的逐孔起爆技术及特殊目的的爆破技术等，均取得了长足的进步。精细爆破理念为爆破行业高质量发展提供了新的思路，在推动爆破行业关键技术研究与应用方面做出了较大的贡献。

3.1.3 数字爆破技术

2002 年中国爆破行业协会组织召开了数字爆破研讨会议，大量专家学者参与其中，旨在借助信息化平台、计算机数值模拟技术等，将爆破过程中可能涉及的技术参数全部以定量化、数字化形式展现，以此指导爆破施工，实现降本增效。经过近年来的不断探索，数字爆破内涵不断丰富，取得了长足的进步。目前已在露天台阶爆破现场数字化测量、钻孔定位与岩性测试、爆破设计、装药系统、起爆系统、爆破效果监测与分析、爆破管理等方面开展了大量的研究工作，为推动爆破行业数字化、可视化和可追溯等方面的发展做出了贡献，推动了爆破行业科学化及可持续发展。

3.1.4 智能爆破技术

随着新兴信息科学技术及多学科融合发展不断加快，2012 年汪旭光院士[7-8]提出了智能爆破理念；2020 年 11 月国内第一家“智能爆破研究中心”正式成立，将物联网技术、云计算技术、系统工程技术和智能应用技术等与现代工程爆破技术紧密相结合，构成人与人、人与物、物与物相联的网络，动态详尽地描述并控制工程爆破全生命周期，以高效、安全、绿色爆破为目标，实现工程爆破的可持续发展。李萍丰、谢守冬、张兵兵[9-11]在露天矿山智能台阶爆破研究方面，开展了一系列科技攻关工作，智能爆破内涵不断完善，短板方面有所改善，研制了一批先进智能化装备及爆破信息管理系统。

3.1.5 智能爆破和数字爆破、精细爆破的关系

曲广建等[12-13]专家提出数字爆破概念，经不断地论述补充，逐步形成了较为完整的数字爆破的概念。谢先启、卢文波[14]提出精细爆破形成较为完备的理论体系，并在不断完善。而由汪旭光、吴春平等人[7-8,15]率先提出，并由李萍丰、谢守冬等人[9-11]不断丰富完善的智能爆破是爆破的新思维，它避开爆破破碎岩石机理的复杂性、爆破使用公式的假设性和爆破过程中获取爆破数据的不确定性等问题，在爆破价值共享理念指导下，利用人工智能代替人类专家解决复杂的、假设性、不确定性的爆破问题，响应矿山安全生产过程中的各种变化和需求，做到智能学习、智能决策、安全生产和绿色开采，最终推动爆破行业向科学发展的战略目标迈进。智能爆破是爆破新领域、新赛道，是爆破行业发展的新动能、新优势。宏大爆破已经建成智能爆破示范工程，带动智能概念上下游企业、产品融入智能爆破产业中。

3.2 炸药与岩石匹配技术研究现状

炸药与岩石的匹配就是根据岩石在动载荷作用下的特征，选用相应的炸药、选择合理的匹配参数达到最优的爆破效果。它不仅关系到爆破理论的发展，也是爆破工程实践中的一个重要问题。研究爆破理论的学者们做了大量研究，提出了特性匹配、阻抗匹配、全过

程匹配和能量匹配等炸药与岩石匹配理论，也采用了很多新的研究方法，如神经网络法、模糊数学法等，取得了丰硕成果。

3.2.1 阻抗匹配研究现状

3.2.1.1 炸药与岩石阻抗匹配的原理

传统的阻抗匹配学说[16]以波阻抗为基础，指出：炸药的阻抗应尽可能与岩石的波阻抗相匹配，两者阻抗越接近，爆轰压力全部透射到岩石中，能量传递系数越高，爆破效果越好。

A 岩石波阻抗

岩石波阻抗又称波阻抗，它的物理意义是：在岩石中引起扰动使质点产生单位振动速度所必需的应力。波阻抗越大，产生单位振动速度所需应力就大；反之，波阻抗小，产生单位振动速度所需的应力就小。岩石的波阻抗 $p_{石}$ 由岩石的密度 $\rho_{石}$ 和声波在岩体的传播速度 $c_{石}$ 构成，即

$$p_{石} = \rho_{石} \cdot c_{石} \tag{3-1}$$

B 炸药的波阻抗

炸药的波阻抗 $p_{药}$ 由炸药的密度 $\rho_{药}$ 和炸药的爆速 $c_{药}$ 构成，即

$$p_{药} = \rho_{药} \cdot c_{药} \tag{3-2}$$

C 炸药性质的作用

炸药的物理化学性能和爆炸性能直接影响爆破作用和爆破效果。

（1）炸药在岩体中爆炸，炸药的密度、爆速和爆热决定着激起爆炸应力波的峰值压力、应力波对岩石的作用时间、热化学的压力、传给岩石的比冲能和比能。

（2）对炸药的密度和爆热而言，提高单位炸药的能量密度，可提高爆速，但感度降低。工业炸药的密度和爆热有一个极限值，超过此值，炸药就不能很好地稳定爆轰。提高炸药能量的利用率是提高爆破效果的有效途径。

（3）炸药爆速提高，可增大应力波压力峰值，相应地减少作用时间，而岩石爆破裂隙的扩展不仅取决于应力波峰值，还与压力作用时间有关，所以，爆速的增大对岩石裂隙扩展有利。当作用时间相同时，应力波的比冲量决定于应力波波形。

D 岩石性质的作用

岩石性质的作用如下：

（1）对于高阻抗的岩石，因其强度高，欲使爆炸裂缝扩展，则爆炸应力波应具有较高压力峰值；

（2）对于中等阻抗的岩石，爆炸应力波峰值不宜过高，而应增大爆炸应力波的作用时间；

（3）对于低阻抗的岩石，主要是靠爆炸产生的高温高压气体以静压的形式破坏岩石，应力波峰值应尽量给予削弱。

因此，为了提高炸药能量传递效率，从经济和爆破效果考虑，炸药的阻抗应尽可能与岩石的波阻抗相匹配（见表 3-1），两者阻抗越接近，爆破效果越好。

表 3-1 炸药与岩石阻抗匹配表

岩石特征		炸药性能			
波阻抗 /MN · m^{-3} · $(m/s)^{-1}$	抗压强度 /MPa	密度 /t · m^{-3}	爆压 /MPa	爆速 /m · s^{-1}	潜能 /kJ · kg^{-1}
160~200	140~200	1.2~1.4	20000	6300	500~550
140~160	90~140	1.2~1.4	16500	5600	475~500
100~140	50~90	1.0~1.2	12500	4800	420~475
80~100	30~50	1.0~1.2	8500	4000	350~420
40~80	10~30	1.0~1.2	4800	3000	300~350
20~40	5~10	0.8~1.0	2000	2500	280~300

3.2.1.2 学者研究结论

部分学者的研究结论如下。

(1) 钮强、熊代余[17]在实验室进行了炸药岩石波阻抗匹配爆破试验，以爆破块度分布的 K_{50}值作为匹配效果的定量指标，对炸药岩石波阻抗匹配进行了初步探讨，得出以下结论。

1) 炸药、岩石的波阻抗分别反映了炸药和岩石爆破性的主要方面。炸药波阻抗既能反映炸药的化学储能，又能反映炸药爆破时的"效能"。在岩石的波阻抗这一参数中，声波速度可以综合地反映诸如岩石的强度、均质性、节理裂隙等影响岩石爆破性的因素，岩石的容量能反映出爆破移动岩块所需的能量。

2) 以炸药和岩石的波阻抗作为它们合理匹配的依据，与选择其他的炸药、岩石参数比较，这两个参数易于测定，可使问题得到简化，同时又不失各种现场炸药岩石匹配的一般性。

3) 以炸药岩石的波阻抗作为其匹配依据，可以缩小实验室小型试件爆破试验结果与现场试验结果的差别，因此无论从实验结果的可靠性，还是从试验消耗来看，都有其可取之处。

(2) 杨小林等人[18]进行了阻抗匹配条件下的爆破试验，经分析，可归纳出以下几点结论。

1) 从爆破的破碎效果出发，炸药岩石阻抗最优匹配并非传统观念认为的匹配系数为1处，该试验结果是在匹配系数为1.5~1.65，同时存在的较好匹配区范围为匹配系数为0.8~1.7。对于矿山常用的硝铵类炸药，用于中、高阻抗岩石爆破时，匹配系数远小于此最优匹配区，这对岩石破碎是不利的。

2) 通过对炸药岩石阻抗匹配依据的分析，从破碎机理出发，提出了以裂隙圈半径来评价炸药岩石阻抗匹配好坏的建议，裂隙圈半径越大，炸药岩石阻抗匹配越好。

3) 对实验室小试件内的爆炸应力测试方法进行了探讨，设计制作的简易微型压电式压力传感器，具有频响高、量程大、灵敏度高及成本低等优点，成功地测试了小试件内的爆炸应力波形。

4）只有对 3 个块度统计指标 K_{50}、K_{80} 和大块率综合考虑才能客观评价破碎效果，仅考虑其中之一并不全面。通过对破碎程度统计分析可知，对大于最优匹配系数的中高阻抗介质，尽管 K_{50} 小但大块率高，即出现近装药区的过度破碎造成能量损失过大，远装药区易出现大块的现象，因此除从阻抗匹配上考虑外，还需采用减少冲击波过度破碎的措施，如不耦合和间隔装药等，才能改善破碎效果。

（3）李夕兵、古德生、赖海辉[19]用较为全面地反映药卷爆轰与孔壁作用过程的模型，以传递到岩石介质中的爆炸能量最大为目标，通过理论分析和数值计算，给出了合理匹配时岩石与炸药参数间的关系，经验证，可以用来作为一种选择炸药的依据。其结论如下。

1）衡量炸药与岩石的合理匹配仍然可以用炸药与岩石的声波阻抗来表征。传统的匹配观点与一些工程爆破的实际情况及一些炸药岩石合理匹配的试验、分析结果不符的主要原因在于它对炸药爆炸能量向岩石的传递过程做了过于简单的简化。

2）得出的炸药和岩石合理匹配的波阻抗关系，考虑了药卷和炮孔壁间的特定边界条件和爆轰波倾斜入射的特点，较为接近实际药卷爆轰时炸药能量向岩石的传递过程，所得结果符合一些匹配试验和分析结果及工程爆破的实际情形，且简单明了，便于使用，可以作为选取炸药的一种参考。

3）波阻抗的匹配，不但反映了爆炸能量对岩石的最大传入，而且也表明了炸药在岩石中产生的应力波强度，高阻值的岩体对应于高阻值的炸药，无疑会在岩壁上产生高的应力幅值，但在阻抗匹配条件下，由于装药量多少的不同，几何特征的各异，因此还会产生不同的爆炸应力波延续时间和爆炸应力波波形，这些无疑还会对爆破效果特别是破碎块度和均匀性等产生较大的影响，有关这方面的研究还有待进一步深入。

3.2.1.3 阻抗匹配原理局限性

阻抗匹配理论描述比较简单，但在实际工程施工中要使炸药和岩石的阻抗相等却不太容易做到。

（1）现有的工业炸药的爆破性能参数相对比较稳定，所以其波阻抗值也基本维持在一个稳定的区间，可调整的范围较小。

（2）岩石的性质因地而异，即使处于同一工程地点也存在差异，所以其波阻抗值在不停变化，有时甚至在同一炮孔中，不同深度的岩石波阻抗值都相差非常大。用爆破区域的某点（某个区域）的岩石阻抗和炸药阻抗匹配，不具有操作性。

（3）实践证明，能取得良好爆破效果的炸药波阻抗往往不一定要趋近于岩石的波阻抗。

（4）炸药与岩石阻抗匹配系数的取值取决于爆破的目的。

（5）炸药在炮孔爆炸，与孔壁相接触的是爆炸气体，而不是爆轰波的波阵面。因此，波阻抗匹配公式中的炸药波阻抗就得改为爆炸气体的波阻抗。很明显，套用冲击波正入射的波阻抗匹配理论有两点不够合理：1）应力传递过程过于简化；2）忽视了后续爆炸气体能量的作用。

3.2.2 全过程匹配研究现状

3.2.2.1 全过程匹配基本原理

全过程匹配[20]的基本原理是爆破破碎过程的能量分配取决于炸药和岩石的综合特征。一般来说，炸药的爆速、爆压高，则孔壁动平衡态压力 p_b 高。岩石的强度高、弹模大，p_b 也高，从而应力波能所占的比例相对减少；岩石越软，膨胀空腔越大，p_b 就越低，而气体能所占比例相对减少。

3.2.2.2 爆破破碎过程

炸药在炮孔中爆炸后，炮孔周围的岩石在爆炸压力 p_c 作用下，由平衡进入不平衡态，孔壁向外膨胀，其膨胀运动的能量被传入岩体而产生应力波。此时，一部分能量以动能形式向外传播，使孔壁附近的岩石产生粉碎及塑性变形，另一部分能量以变形势能的形式在介质中积蓄，使岩石产生变形抗力并部分致裂。随着爆腔扩大，压力下降，岩石中积蓄的变形势能上升而变形抗力增加，孔壁周围的岩石又会从不平衡进入平衡状态。即孔壁的膨胀将会被岩石中逐渐上升的抗力所阻止。可以称这一平衡为动平衡，此时孔壁的质点加速度近似为零，但由于惯性作用，孔壁还会产生一定的过冲和回弹，直至质点速度趋于零，炮孔压力降为 p_b。

炮孔壁扰动产生的应力波以岩体纵波速度对称向四周传播，当应力波从自由面反射回孔壁时，标志着应力波作用过程结束。应力波的作用，使岩石产生初始裂缝，降低了岩石抵抗爆炸气体进一步膨胀扩裂的能力。此后，气体从压力几开始，以一定速度和压降楔入初始裂缝，并进一步扩裂和诱裂，但其作用速度远低于应力波作用阶段。因此，称几点之前的作用过程为快作用过程，p_b 点之后的气体作用过程为慢作用过程。与之相应，可把 p_b 点作为划分应力波能与气体能的分界点。图 3-1 中，p_b 点之前的 *abdc* 区域为应力波能，p_b 点之后的 *bdfe* 区域为气体能。

爆破过程中，由于自由面的定向作用，岩石在应力波能和气体能的先后作用下，会形成一个从孔壁朝自由面方向发展的破碎裂隙网，当裂隙网达到自由面时，被爆岩石与原岩分离，爆炸气体冲入大气，动平衡彻底破坏。岩块分离后，以一定速度抛出，形成爆堆，至此，整个爆破破碎过程结束。

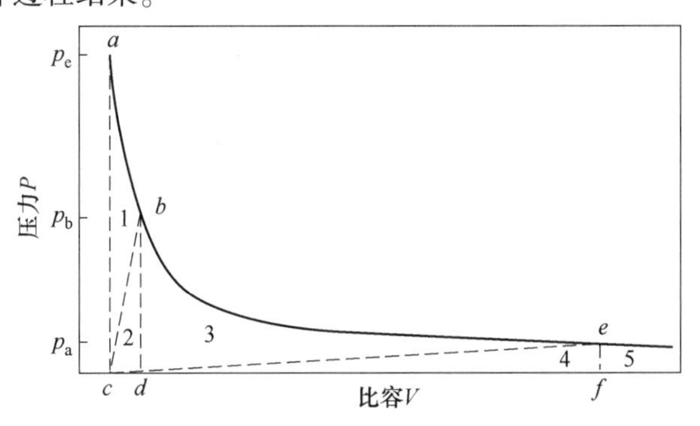

图 3-1 能量分配示意图

abdc—应力波能；*bdfe*—气体能

3.2.2.3 全过程匹配的具体要求

全过程匹配的具体要求：

（1）对于弹性模量高、泊松比小的致密坚硬岩石，选用爆压和爆速都较高的炸药，保证相当数量的应力波能传入岩石，产生初始裂缝；

（2）对于中硬岩，用中等爆速和中威力炸药；

（3）对裂隙较发育的岩石，由于内部难以积蓄大量的弹性能，初期应力波不易起破碎作用，故动平衡压力较低，宜用爆压中等偏低炸药。过高爆压会过早冲击裂隙，不利于破碎裂隙网的发展；

（4）对于软岩、塑性变形大的岩石，应力波能绝大部分消耗在空腔的形成，而且岩石本身弹性模量低，宜用爆压较低、爆热较高的铵油炸药。

表 3-2 是梯恩梯（TNT）、2 号岩石炸药和铵油炸药分别在花岗岩、石英岩和砂岩中爆炸的能量近似分配。

表 3-2 不同炸药和岩石的爆破能量近似分配表 （%）

炸药名称	花岗岩		石英岩		砂岩	
	应力波能	气体能	应力波能	气体能	应力波能	气体能
梯恩梯	20.8	38.7	12.1	44.4	29.4	33.6
2 号岩石炸药	17.2	34.2	9.8	38.9	25.0	29.4
铵油炸药	13.9	39.9	5.8	44.3	23.0	34.0

注：炸药和岩石的原始参数见文献［3］。

3.2.2.4 全过程匹配的局限性

全过程匹配的局限性：

（1）对全过程匹配的具体要求均是定性的，需进一步做定量化研究；

（2）文章没有提及现场使用的方法。如果是按表中的数据查表的话，那就无法指导爆破作业。

3.2.3 能量匹配研究现状

能量匹配原理：炸药在岩体中产生的爆炸总能量等于破碎岩体做功所需要的能量与无用能量之和，要求破碎岩石所需的能量做功和炸药爆炸产生的能量相等或接近相等，不要求严格硬岩用高威力炸药，软岩用低威力炸药，而是通过增减装药量来调节爆炸能量大小，以适应岩石硬软程度。

3.2.3.1 能量守恒

炸药在炮孔中爆炸遵循能量守恒定律：

$$W = W_G + W_u \tag{3-3}$$

式中，W 为炸药爆炸产生的能量；W_G 为破碎岩石体做功所需的能量；W_u 为爆破过程损耗的能量。

炸药在炮孔中爆炸，爆轰压力沿孔壁四周向外扩散，冲击波的动能 W_d 以动的形式和爆生气体的潜能 W_n 以静形式综合作用，即

$$W = W_d + W_n + W_u \tag{3-4}$$

冲击波以动的作用，即动应力波向外传播，使孔壁附近岩石产生粉碎、塑性变形、致裂破坏和崩出抛掷，各要消耗（吸收）一定的能量分别为粉碎能 W_h、变形能 W_b、致裂能 W_L 和崩出抛掷能 W_p。高压气体的潜能 W_n 以静的作用在岩体积蓄、膨胀，除使岩石碎裂和抛掷外，还使岩体阻抗增加，随着爆破槽腔的扩大，压力下降，岩石的变形上升，变形阻抗增加。当孔壁膨胀和岩石逐渐上升的阻抗相抵消时，处于力学平衡。岩石膨胀和岩体的变形阻抗增大，各要消耗一部分能量 W_j、W_k。应力波向岩石深部以波动的形式传播，产生微震，直至消失，阻尼微震损失一部分能量 W_z。炮孔爆破，产生巨大响声，要消耗一定能量 W_s，等等。根据能量守恒定律，有

$$W = W_h + W_b + W_L + W_p + W_j + W_z + W_s \tag{3-5}$$

3.2.3.2 炸药的能量利用率

粉碎能 W_h、变形能 W_b、致裂能 W_L 和崩出抛掷能 W_p 为爆破破岩所做的功，其余为损耗的能量，即

$$W_G = W_h + W_b + W_L + W_p \tag{3-6}$$

$$W_n = W_j + W_k + W_z + W_s \tag{3-7}$$

因此，炸药的能量有效利用率 η 为：$\eta = (W_G/W) \times 100\%$。

爆破时炸药能量转换为冲击波动能才与爆生气体内能 W_d 和爆生气体内能 W_n 之和最高，最高为 64.4%，最低为 51.4%（见表 3-3），可见爆破能量用于岩体变形阻抗的增加的能量 W_k、岩石膨胀能 W_j、微震阻尼消耗的能量 W_z 和声响消耗的能量 W_s 占 35.6%~48.6%，炸药的能量真正用于破碎岩石只有 1/2~2/3 强。具体到每种炸药对各种岩石爆破能量利用有多大，应在实际使用中试验和测定，以达到最佳爆破效果。

表 3-3 几种炸药在不同岩石中的能量利用率 （%）

炸药	花岗岩			石英岩			砂岩		
	W_d	W_n	合计	W_d	W_n	合计	W_d	W_n	合计
梯恩梯	20.8	38.7	59.5	12.1	44.4	56.5	29.4	33.6	63.0
2 号岩石	17.2	34.2	51.4	9.8	38.9	48.7	25.0	29.4	64.4
铵油	13.9	39.3	53.8	5.8	44.3	50.1	23.0	34.0	57.0

3.2.3.3 学者研究结果

部分学者的研究结果如下。

(1) 张奇等人[21]认为炸药与岩石的冲击波阻抗匹配情况能够作为炸药与岩石能量传递关系的近似参考，从而提出了“相对能量准则”用以判断岩石与炸药的合理匹配关系，其结论如下。

1）判断岩石与炸药匹配关系的绝对能量准则是不存在的。在同一种岩体内，不同炸药等能量条件下的爆破体积范围可以间接地用来比较不同炸药爆炸能量利用率的高低。爆炸能量利用率不仅取决于炸药与岩石的阻抗关系，也取决于岩体内爆炸冲击波或应力波的衰减指数，当岩体内爆炸冲击波或应力波的衰减指数不同时，选择炸药的合理方案也将发生变化。

2）采用的 3 种岩石和炸药具有代表性，通过分析可知，不宜以岩石与炸药的声阻抗作为选择炸药的依据，而应以岩石与炸药的冲击波阻抗的匹配关系作为选取炸药的近似参考。

3）为了提高爆炸能量利用率，应以式（3-8）作为准则进行方案比较。

$$F = K_1 \frac{\rho_{e_1} D_1^2}{8} \left(\frac{\rho_{e_1} Q_1}{\rho_{e_2} Q_2} \right)^{\alpha/2} - K_2 \frac{\rho_{e_2} Q_2}{8} \tag{3-8}$$

式中，K_1为第一种炸药在孔壁处产生的透射系数；K_2为第二种炸药在孔壁处产生的爆炸透射系数；D_1、ρ_{e_1}、Q_1分别为第一种炸药的爆速、密度、爆热；ρ_{e_2}、Q_2分别为第二种炸药相应的密度、爆热。

4）等质量炸药条件下的爆破体积用以衡量爆炸能量利用率的高低是没有意义的。

（2）王永青、汪旭光[22]通过调配乳化炸药品种和添加玻璃微球调节炸药的密度及能量密度，进行模型爆破分析 ，建立乳化炸药能量密度与爆破效果的关系。其结论为：炸药能量密度指标较全面地体现炸药的特性值，是爆炸对岩石作用的综合指标。通过调配乳化炸药品种和添加玻璃微球调节炸药的密度及能量密度，炸药能量密度与爆破效果不是简单的线性关系，能量密度大的炸药爆破效果并不一定好，炸药能量密度应与岩体的强度匹配。

（3）冷振东、卢文波、严鹏等人[23]从爆破破碎机理出发，提出了一种岩石-炸药匹配的新方法，在保证相邻炮孔间岩石充分破碎的前提下，通过对粉碎区的合理控制来确定钻孔爆破最优的炸药性能参数。该方法可以直观地反映爆破破碎效果及能量有效利用率，可操作性强。考虑相邻炮孔爆炸荷载的联合作用，修正了钻孔爆破破坏分区计算模型。在此基础上，针对具体工程目标给出了混装炸药耦合装药条件下不同等级岩石的炸药性能匹配参数。

3.2.4　理论角度研究匹配现状

叶海旺[24]利用模糊数学理论的模糊性特点，建立了炸药与岩石匹配模糊推理系统模型，开创性地建立了基于模糊推理的炸药与岩石匹配系统并应用于工程实践。结论为：将模糊神经网络引入炸药与岩石匹配系统，一方面利用模糊性解决了岩石介质的不确定性，另一方面利用神经网络的“黑箱”操作特点，避开了从直接研究爆破过程来研究炸药与岩石的匹配。采用模糊神经网络方法建立的炸药与岩石匹配优化系统具有较强的智能功能，只需给定一定的样本让系统自行学习，系统就能根据学习结果完成炸药与岩石的优化匹配。当然，由于受样本的限制，系统还有待于不断地完善和维护，需要输入新的优良血液，从而增强系统的活力。

崔雪姣、李启月、陶明等人[25]采用 XGBoost 算法建立炸药与岩石匹配系统，通过成功实例对网络进行训练，并将训练过的神经网络应用于实际工程。结果表明，采用这种方法所建立的匹配系统选用的炸药与目前使用的工业炸药性能相近，误差在±10%以内，具有较高的可信度，进一步验证了基于 XGBoost 算法的炸药岩石匹配系统合理性。

郑长青[26]采用神经网络和模糊理论，以阻抗匹配为理论基础，建立了基于神经网络和模糊综合评判的炸药与岩石智能匹配优化系统和基于模糊神经网络的炸药与岩石智能匹配优化系统，通过计算该系统匹配与实际非常接近。

吴立、林峰、张时忠[27]运用能量守恒、系统论和复杂性理论，研究和探索爆炸荷载与岩体相互作用的本质，得到炸药与岩体的相互匹配、岩体爆破的系统性和复杂性问题。炸药与岩体相互作用的动力学过程是一个动态的“实体系统”。在炸药与岩体相互作用的动力学过程中，岩体特征及赋存条件、炸药的物理化学性质及爆炸性能是起控制作用的两个主要因素。当炸药在岩体中爆炸后，产生的爆炸冲击波、应力波和高温高压气体，使岩体破碎，完成了炸药的爆炸能量转化为岩体破碎所需能量的“动态系统”的“系统转换”，实现了“系统的功能”。得出结论：在能量匹配的基础上，引入和强调系统论与复杂性理论的思想体系，综合新、老“三论”的研究方法，建立炸药子系统与岩体子系统之间的关联关系，可能是推进岩体爆破理论向前发展和解决岩体爆破工程实践问题的有效途径。

3.2.5 炸药与岩石匹配技术局限性

综上所述，传统的阻抗匹配以阻抗为基础，要求炸药阻抗等于或近似等于岩石的波阻抗；全过程匹配也是如此，要求弹性模量大、泊松比小的坚硬、致密岩石选用高威力炸药，软岩塑性大、强度低选用爆速低、爆热高的炸药；从能量匹配原理可知，只要求破碎岩石所需的能量做功和炸药爆炸产生的能量相等或接近相等就可以，不严格要求硬岩用高威力炸药，软岩用低威力炸药，而是通过增减装药量来调节爆炸能量大小，以适应岩石硬软程度：（1）岩石的不均匀造成岩石的阻抗很难确定；（2）爆破的目的不同，配匹系数就不同；（3）牺牲钻孔来调整装药结构，成本太高，不划算；（4）匹配都是定性的，而且幅度比较大，很难指导生产，定量的确定比较难，甚至不太可能。

鉴于岩石性质的不确定性和爆破过程的复杂性，可以从能量利用率角度出发，寻求一种提高炸药能量利用率的设计方法，从而获取理想的爆破块度和爆堆形状，降低爆破成本，减少爆破危害和二次破碎量等的最优爆破效果。炸药与岩石的智能匹配最终目的是自动给出针对不同岩石的炸药选型、药量等。

3.3 随钻参数分析技术研究现状

钻机钻孔遇到不同岩体结构及岩层时，由于岩石物理力学性质的突然变化，钻机的推力、扭矩、转速、钻速等随钻参数会发生特征响应。

3.3.1 随钻参数的简介

3.3.1.1 随钻参数

钻机在钻孔过程中通过感知仪器、仪表提取的钻机工况和钻头动力学相关的参数，称为随钻参数。它包括如下。

（1）工况数据（见图3-2）：1）累计工时；2）设备总油耗；3）燃油液位；4）今日工时；5）今日油耗；6）今日钻孔深度；7）冲击时间；8）排气压力；9）累计钻孔深度；10）钻进深度；11）x轴角度；12）y轴角度；13）发动机瞬时油耗；14）当前深度；15）水温；16）机油压力；17）发动机转速；18）液压油温；19）排气温度。

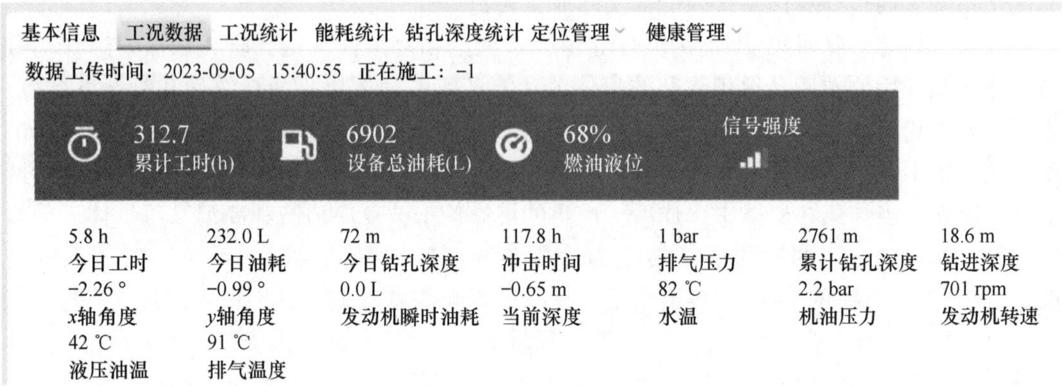

基本信息　工况数据　工况统计　能耗统计　钻孔深度统计　定位管理　健康管理

数据上传时间：2023-09-05　15:40:55　正在施工：-1

312.7 累计工时(h)　6902 设备总油耗(L)　68% 燃油液位　信号强度

5.8 h	232.0 L	72 m	117.8 h	1 bar	2761 m	18.6 m
今日工时	今日油耗	今日钻孔深度	冲击时间	排气压力	累计钻孔深度	钻进深度
−2.26 °	−0.99 °	0.0 L	−0.65 m	82 ℃	2.2 bar	701 rpm
x轴角度	y轴角度	发动机瞬时油耗	当前深度	水温	机油压力	发动机转速
42 ℃	91 ℃					
液压油温	排气温度					

图3-2　钻进工况参数界面图

（2）钻头动力学参数（见图3-3）：1）钻进深度；2）压缩空气压力；3）动力头转速（回转速度）；4）冲击压力；5）回转压力；6）推进压力；7）钻进速度；8）排岩屑量。

平台接收时间	水温/℃	排气温度/℃	当前深度/m	钻进深度/m	气压/MPa	动力头转速/$r\cdot min^{-1}$	冲击压力/MPa	回转压力/MPa	推进压力/MPa	孔X坐标	孔Y坐标	孔Z坐标	孔号
2023-07-25 10:42:39	82	91	−0.54	4.01	0.2	0	0.2	0	0	561742.248	2582868.804	0	4
2023-07-25 10:42:19	82	91	−0.54	4.01	0.4	0	0.4	0	0	561742.248	2582868.804	0	4
2023-07-25 10:42:09	82	91	−0.54	4.01	0.5	0	0.5	0	0	561742.248	2582868.804	0	4
2023-07-25 10:41:59	82	91	−0.54	4.01	0.5	0	0.5	0	0	561742.248	2582868.804	0	4
2023-07-25 10:41:49	82	91	−0.54	4.01	0.4	0	0.4	0	0	561742.248	2582868.804	0	4
2023-07-25 10:41:39	82	91	−0.54	4.01	0.5	0	0.5	0	0	561742.248	2582868.804	0	4
2023-07-25 10:41:29	82	91	−0.54	4.01	0.5	0	0.5	0	0	561742.248	2582868.804	0	4
2023-07-25 10:41:19	82	91	−0.54	4.01	0.5	0	0.5	0	0	561742.248	2582868.804	0	4
2023-07-25 10:41:09	82	91	−0.54	4.01	0.5	0	0.5	0	0	561742.248	2582868.804	0	4
2023-07-25 10:40:59	82	91	−0.54	4.01	0.5	0	0.5	0	0	561742.248	2582868.804	0	4

图3-3　随钻参数界面截屏图

3.3.1.2　部分随钻参数的解释

A　压缩空气压力

压缩空气压力（气压）是指潜孔钻机使用的压缩空气的压力大小。通常使用psi（磅力/平方英寸）或bar（巴）来表示，气压大小对于潜孔钻机的操作效率和钻进深度有直接影响。

潜孔钻机气压大小受以下因素影响。

(1) 钻头直径和材质。钻头直径和材质的不同会影响气压的大小。通常较大的钻头需要更高的气压以确保钻头能够进入地质层。同时，更坚硬的材质（如钨钢）需要更高的气压才能提供充足的强度和稳定性。

(2) 地质层的硬度和稳定性。地质层的不同硬度和稳定性需要不同大小的气压。在较硬、不稳定的地质层中，需要使用更高的气压以确保钻头能顺利钻进地质层，但是过高的气压可能会损坏设备和工具，影响作业质量。

(3) 设备性能。潜孔钻机不同品牌和型号的设备具有不同的气压调节范围和最大值。在钻探操作中，需要根据具体情况和设备参数来选择合适的气压范围。一般而言，需要在确保设备和工具不受损害的前提下，使用最小的气压来完成钻掘作业，以确保作业质量和提高工作效率。

需要注意的是，过高的气压不仅会导致设备和工具的磨损加速，还可能对设备操作人员造成危险。因此，在使用潜孔钻机进行钻掘作业时，需要根据具体情况和设备参数合理调整气压，以达到最佳的作业效果和设备使用寿命。

B 动力头转速

动力头转速（转速）是指潜孔钻机动力头（也称旋转头或旋转机构）旋转一周的次数，通常用 r/min（revolutions per minute）来表示。潜孔钻机通过旋转钻杆和钻头，将其推入地下以进行地下钻探和挖掘作业，动力头的旋转速度对于钻掘效率和钻掘质量有着重要的影响。

潜孔钻机的动力头转速大小受以下因素影响。

(1) 钻头直径、钻杆长度和材质。钻头直径、钻杆长度和材质的不同会影响钻头的切削力和稳定性，因此也会影响到动力头的旋转速度。通常来说，较大的钻头和更坚硬的材质需要更大的旋转功率和较慢的转速，而更小的钻头和硬质合金材质可以使用更快的转速。

(2) 岩层的硬度和稳定性。岩层的硬度和稳定性直接影响动力头的旋转速度。在较硬、不稳定的岩层中，需要减小动力头的旋转速度以防钻头被卡住或损坏；而在较稳定的岩层中，可以增加动力头的旋转速度以提高效率。

(3) 设备性能。潜孔钻机的不同品牌和型号具有不同的动力头转速调节范围和最大转速。在钻探操作中，需要根据具体情况和设备参数来选择合适的转速范围。

需要注意的是，动力头转速过低可能导致转速不足，无法保证钻进深度和钻掘效率；转速过高则会加速设备磨损，缩短其使用寿命，并可能导致设备工作不稳定和损失（如钻头的损坏）。因此，在使用潜孔钻机进行钻掘作业时，应根据具体情况和设备参数合理调整动力头转速，以达到最佳的作业效果和设备使用寿命。

C 冲击压力

冲击压力是指在潜孔钻机钻掘地下岩石或土层时，钻杆向下施加的冲击力的大小。通常使用 N（牛顿）或 kN（千牛）来表示，冲击压力的大小对钻掘效率和钻掘质量有关键影响。

潜孔钻机冲击压力的大小受以下因素影响。

(1) 钻头尺寸和材质。钻头的尺寸和材质影响冲击力的大小。通常来说，较大的钻头需要更大的冲击力来确保钻头能顺利钻进岩层。同时，硬度更大的材料（如钨钢）也需要更大的冲击力来完成钻掘作业。

（2）地质层的硬度和稳定性。地质层的不同硬度和稳定性需要不同大小的冲击压力。在较硬、不稳定的地质层中，需要使用更大的冲击力来确保钻头能顺利钻进岩层，但是过大的冲击力可能会损坏设备和工具，影响作业质量。

（3）设备性能。潜孔钻机不同品牌和型号的设备具有不同的冲击压力调节范围和最大值。在钻探操作中，需要根据具体情况和设备参数来选择合适的冲击压力范围。一般而言，需要在确保设备和工具不受损害的前提下，使用最小的冲击压力来完成钻掘作业，以确保作业质量和提高工作效率。

需要注意的是，过高的冲击压力可能会导致设备和工具磨损加速，降低设备寿命，并可能损害其他设备和物品。因此，在使用潜孔钻机进行钻掘作业时，需要根据具体情况和设备参数合理调整冲击压力，以达到最佳的作业效果和设备使用寿命。

D 回转压力

钻机的回转压力指在钻掘过程中将钻头向下推入地下岩石进行回转的力度大小。回转压力是保持钻头旋转的关键因素之一，通常以 N（牛顿）或 kN（千牛）为单位。当钻机工作时，回转压力将钻头推入地下岩石，并施加旋转力，帮助钻头切割和破碎地下岩石。

钻机的回转压力通常是由钻机操作员在控制面板上进行调整的。在调整回转压力时，应根据实际情况调整回转压力值，以确保稳定的切割和破碎能力，并避免对钻机和工具造成损伤。掌握回转压力的调节方法和技巧对保障钻掘质量和提高工作效率具有重要意义。

潜孔钻机的回转压力大小需考虑以下因素。

（1）岩层性质。岩层的硬度、稳定性和压实度等不同因素都会影响回转压力的大小。硬岩层需要更大的回转压力，而稳定性较好的岩层相对来说需要压力较小。

（2）钻探深度。钻探深度越深，岩层受到的压力也就越大，需要施加更大的回转压力，保证钻头能够垂直穿透地下。

（3）钎柱规格和长度。钎柱的规格和长度的不同也会影响回转压力的大小，一般而言，规格越大、长度越长的钎柱所需的回转压力也就越大。

在实际的作业中，钻机操作人员需要根据钻进情况和岩层条件来调整回转压力的大小，防止过大或过小的回转压力使钻掘质量下降，同时也要注意设备的稳定性和安全性。

E 推进压力

钻机的推进压力指在钻掘过程中，将钻头向下推进岩石时施加的力度大小，也称钻进压力。它是钻机正常工作的关键因素之一，通常以 N（牛顿）或 kN（千牛）为单位。当钻机工作时，推进压力将钻头推入地下岩石，帮助钻进并移动到下一节岩层。

推进压力的大小取决于多个因素，如岩石硬度、钻头直径、钻孔深度和钻机性能等。推进压力太小会导致钻头不能顺利进入岩层，反而损坏钻头和钻机；而推进压力过高则会产生卡钻或其他危险，同时还会影响钻孔的垂直度和直径等方面的稳定性。

掌握推进压力的调节方法和技巧对于保障钻掘质量和提高工作效率非常重要。钻机操作员应该具备相关的技能和经验，并且在使用钻机前对其进行仔细的检查和维护，以确保钻机的稳定性和安全性。

一般来说，潜孔钻机的推力大小与以下因素有关。

(1) 钻杆和钎柱的长度和直径。钻杆和钎柱长度越长、直径越大，其阻力也就越大，因此需要更大的推力进行克服。

(2) 岩层情况。地质情况不同，岩层阻力也就不同，不同的地质结构会对潜孔钻机的推力造成影响。

(3) 施工方式和开挖深度。不同的施工方式和挖掘深度，需要不同的推力来推送钻杆和钎柱。

(4) 钻杆和钎柱材质和制造工艺。钻杆和钎柱的材质和工艺不同，其硬度和强度也不同，会直接影响到潜孔钻机的推力。

在实际施工中，潜孔钻机推力需要根据具体情况进行调整，以确保能够顺利地进行推进工作，并保证工作效率和质量。

F 扭矩

潜孔钻机的扭矩是指钻杆和钎柱旋转时需要施加的力矩，通常用于克服钻杆和钎柱切削岩层时的阻力，保证正常的钻探工作。扭矩是衡量钻机旋转时的扭转力大小的指标，通常以 N · m（牛顿 · 米）或 kN · m（千牛 · 米）为单位。

潜孔钻机的扭矩大小取决于多种因素，其包括如下。

(1) 钻杆和钎柱材质。钻杆和钎柱材质相对硬度和强度的不同，会对扭矩产生影响。

(2) 钻头大小和钻杆长度。钻头直径和钻杆长度不同，其切削力也不同，同样会影响扭矩的大小。

(3) 设备性能和使用环境。不同品牌及型号的潜孔钻机扭矩输出不同，使用环境的不同也会对其产生影响。

潜孔钻机的扭矩需根据实际工作情况进行调整，过高的扭矩会导致设备磨损加剧，降低使用寿命；而过低的扭矩则会影响钻进效率和工作质量。因此，在钻进实际工程时，需要钻机操作人员根据实际情况进行调节，以达到最佳的扭矩输出效果。

钻机的扭矩和回转压力是密切相关的，它们之间的关系如下。

(1) 扭矩和回转压力的作用。扭矩和回转压力是钻机旋转和钻进的两个关键因素。钻机的扭矩大小一方面决定了钻头是否可以旋转并顺利破碎岩层，另一方面也影响着钻机的回转压力大小。当扭矩越大时，回转压力也相应增大。岩层破碎时施加的回转压力越大，钻机的扭矩大小对破碎效果直接影响较大。

(2) 扭矩和回转压力的调节。钻机的扭矩和回转压力应根据实际情况进行调整，以确保钻机能够顺利进行工作，并且在保障安全的前提下，达到最大效率。

总之，钻机的扭矩和回转压力是钻进过程中的两个关键参数。操作者需要根据不同岩层、钻头规格、钻孔深度和钻机性能等多种因素进行调节，以确保钻机的稳定和高效，并达到预期的钻掘效果。

G 钻速

潜孔钻机的钻速是指钻进岩层的速度，单位通常为 m/min（meters per minute）。潜孔钻机通过旋转钻杆和钻头，将其推入地下以进行地下钻探和挖掘作业，因此钻速的大小对于钻进效率和钻掘质量有重要作用。

潜孔钻机的钻速大小取决于以下因素。

（1）钻头直径和孔径。钻头直径和孔径不同，钻速也就不同。通常来说，较小的钻头直径和孔径可以使用较快的钻速，而较大的钻头直径和孔径则需要使用较慢的钻速。

（2）岩层的硬度和稳定性。岩层的硬度和稳定性不同，对钻速的要求也不同。较硬的岩层一般需要较慢的钻进速度，以防止损坏钻具，而较稳定的岩层则可以使用较快的钻进速度以提高效率。

（3）设备性能。不同品牌和型号的潜孔钻机具有不同的钻速调节范围和最大钻速。因此，在进行实际的工程应用时，需要考虑设备的性能和工作要求，以确定合适的钻速范围和适宜的操作参数。

需要注意的是，钻速过快会增加设备损坏的风险，同时也会影响到钻掘质量。因此，在使用潜孔钻机进行钻掘作业时，应根据具体情况合理调节钻速以达到最佳的作业效果。

H　排岩屑量

潜孔钻机的排岩屑量是指在潜孔钻机钻进岩层时，通过钻杆内的管道将钻岩屑排出地面的数量，通常用 m^3/h 来表示。潜孔钻机在钻进岩层时，需要将钻岩屑排走，以保证钻掘作业的顺畅进行及钻杆结构的稳定性不受破坏。

潜孔钻机的排岩屑量多少与以下因素有关。

（1）钻头直径和速率。通常情况下，钻头直径越大，钻进速率越快，排除钻岩屑量也就越大。

（2）岩层性质。岩层的伸缩性、压实度、裂隙度等不同性质会影响岩屑的产生和排除速率，从而影响排除钻岩屑的数量。一些较软、易产生岩屑的岩层，在钻进时产生的岩屑量较大，需要较大的排屑量来保证钻掘作业的顺畅。

（3）排屑管道规格。较大的排屑管道会产生较大的流量，使得排除钻岩屑的速度更快。通常而言，排屑管道的规格要满足钻杆内的最大外径和设计的最高钻进速率。

在实际的作业中，需要根据钻进深度和岩层属性等确定合适的排除钻岩屑量，从而确保钻掘作业的正常进行及钻杆结构的稳定性不受影响。通常情况下，需要根据实际情况进行调整，在保证排屑量的同时，确保钻杆结构的稳固和操作人员的安全。

3.3.1.3　随钻测量

随钻测量（measurement while drilling，MWD）即是一种通过解译压缩空气压力、动力头转速（回转速度）、冲击压力、回转压力（扭矩）、推进压力、钻进速度、排岩屑量等随钻参数变化来评价岩体结构特征和力学性质的原位测量技术。

MWD 技术依附凿岩工作进行作业，沿钻孔方向对岩体进行连续测量，并在凿岩完成后输出结果。随钻测量技术可以利用钻孔过程中的随钻参数表征围岩体力学性质，弥补了传统测量方法在时间上的滞后性，并且不影响工程施工，是一种便捷、快速的原位测量方法。

于庆磊、王宇恒、李友等人[28]回顾了 20 世纪 70 年代至今的随钻测量研究成果和最新研究进展，从随钻测量技术研究的相关试验设备、随钻测量表征岩体结构、随钻测量表征岩石强度三方面进行了较系统地综述，分析了已有研究工作存在的不足，指出了随钻测量技术可能的发展方向。

3.3.2 随钻测量试验设备研制进展

按照研究尺度，随钻测量的试验研究可分为全尺寸的钻孔试验（full-scale drilling test）和细观的岩石切削试验（rock cutting test）。钻孔试验研究主要集中在岩体结构特征表征，通常结合实际工程，分析随钻参数与岩体结构的关联性，提出基于随钻参数响应的岩体内部结构表征方法。岩石切削试验主要在细观尺度研究刀具破岩机理及刀-岩摩擦接触[29]，为刀-岩相互作用模型、随钻表征岩石力学参数提供理论基础。与两类试验研究相对应的随钻测量试验装备分别是仪器化钻孔试验设备和岩石切削试验设备。其中，仪器化钻孔试验设备是在普通凿岩钻机的基础上，通过安装压力传感器、位移传感器、接近开关等各类传感器，间接或直接测得钻机的推力、扭矩、钻速、转速等随钻参数的设备，在室内试验中可配套围压加载装置，模拟岩石在地下的赋存条件。岩石切削试验设备只关注单个切削刃与岩石的相互作用及岩屑形态。在切削试验中，将单个刀头侵入岩石，保持一定的切削深度持续切削岩石，监测试验过程中的法向力、切向力、切削深度等，同时测量刀头的几何特征参数，观察岩石切削破坏形态等。

3.3.2.1 仪器化全尺寸钻进设备

仪器化全尺寸钻进设备最初被应用于石油工程，随后被引进矿山开采中。

国外学者较早研制了随钻测量相关设备，如20世纪70年代HAMELIN等人[30]研发了ENPASOL装置，可以采集钻孔过程的推力、扭矩和钻速；20世纪80年代PFISTER等人[31]研发了ADP（analogue drilling parameter）系统，可对钻孔过程中包括泥浆压力、扭矩、推力、钻速、冲击钻反射冲击波在内的5个随钻参数进行记录；PECK等人[32]研发了ADM（automated drill monitor）系统，该系统最高可同时记录16个参数。

20世纪末，国内诸多高校也围绕随钻测量研究开始研制相关试验平台，如钻孔过程监测（drilling process monitoring，DPM）系统［见图3-4（a）］[33]、地下工程围岩数字钻探测试系统（surrounding rock digital drilling test system，SDT）［见图3-4（b）］[34]、多功能真三轴岩体钻探测试系统（multifunction true triaxial rock drilling test system，TRD）［见图3-4（c）］、XCY-1型岩体力学参数旋切触探仪（drilling process monitoring apparatus，DPMA）［见图3-4（d）］[35]、东北大学随钻获取试验平台（full-scale drilling process monitoring system）［见图3-4（e）］[36]等。

仪器化全尺寸随钻测量设备的功能和精度依赖于传感器技术。随着信息技术的发展，相比早期的随钻测量设备，现在应用的随钻获取技术能获得更丰富的随钻参数、更高的测量精度、更快的测量频率。如J. H. Flectcher公司与西佛吉尼亚大学研制的装配有DCU（drill control unit）装置的J. H. Flectcher锚杆钻机（见图3-4（f））[37]，额外采集了钻孔过程的振动和声音信号，采集频率可达100 Hz[38]。

深部开采是矿山发展的必然，深部高地应力是随钻测量技术可靠性的重要影响因素。为模拟深部高地应力条件，王琦等人研制了多功能真三轴岩体钻探系统（multi-function true triaxial rock drilling test system，TRD），如图3-4（c）所示；张凯等人[39]针对煤岩研发了带有围压装置的随钻测量设备，最大可对100mm×100 mm×100 mm（长×宽×高）的岩

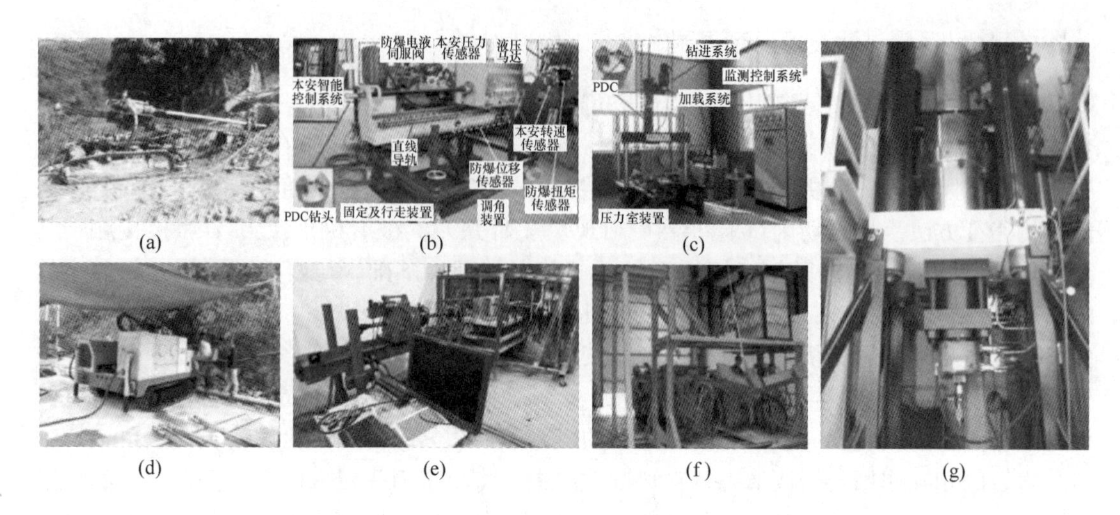

(a)　(b)　(c)　(d)　(e)　(f)　(g)

图 3-4　全尺寸钻孔试验设备

(a) DPM 系统[5]；(b) STD 系统[13]；(c) TRD 系统[13]；(d) XCY-Ⅰ型旋切触探仪[14]；(e) 随钻获取试验平台[15]；(f) 装配 DCU 的锚杆钻机[16]；(g) UDS 装置[17]

样进行试验；ZHOU 等人[40]研发了超深钻井模拟装置（ultra-deep drilling simulator，UDS）（见图 3-4（g）），可提供高达 205MPa 的围压和 250 ℃的高温环境。

据调研，在国内矿山实际生产中，特别是露天金属矿山，一些国外进口的凿岩设备配置了钻机工作参数记录系统[41-42]，但国内生产的配置有钻机工作参数记录系统的设备所占比例很小。目前，钻机记录工作参数的直接目的是优化和调整工作参数，提高钻进效率，但基本不具备通过解译钻孔过程中的工作参数表征岩体结构特征和力学参数的功能。由于凿岩过程中复杂的刀-岩相互作用，目前随钻参数的解译方法可靠性较差，这可能是随钻测量技术应用现状不理想的原因。

3.3.2.2　岩石切削设备

岩石切削试验是通过施加法向力，将聚晶金刚石复合片（polycrystalline diamond compact，PDC）材料的刀头以一定的切削深度侵入岩石，然后向刀头或岩石施加切向力，刀头平行于试样表面运动，使岩石发生切削破坏[43]。试验过程中记录法向力、切向力、切削深度及刀头的几何特征参数，例如刀头的倾角、宽度、磨损面积等。同时，结合高速摄影[44]、扫描电镜（scanning electron microscope，SEM）[45]、粒子图像测速（particle image velocimetry，PIV）[46]等技术，能够更准确地描述岩石切削破坏过程。岩石切削试验主要研究岩石切削破坏机理、钻头磨损及表征岩石强度等[47]。不同类型破岩设备的破岩原理不同，根据刀头与岩石之间不同的相对运动，许多学者研发了相应的室内试验设备[48]。

全断面硬岩掘进机（full face rock tunnel boring machine，TBM）的盘形滚刀受刀盘的推压作用切入岩石，而后刀盘旋转，带动盘形滚刀滚动破碎岩石，根据盘形滚刀与岩样的相对运动特点，许多学者研发了相应的室内试验设备。BALCI 等人[49]开发了一种全尺寸线性切割机（full-scale linear cutting machine，LCM）用以获取盘形滚刀在切割岩石过程中的切削力及能量，该设备可以容纳尺寸为1.0 m×0.7 m×0.7 m（长×宽×高）的试样，最高采样频率可达50000 Hz；XIA等人[50]开发的全尺寸线性切割机由动力单元、控制单元、数据采集单元组成，可提供600 kN的推力及300 kN的滚动力和侧向力；MA等人[51]开发了一种机械破岩试验平台（mechanical rock breakage experimental platform），可以容纳尺寸为1.0 m×1.0 m×0.6m（长×宽×高）的试样[52]，该平台不仅可以实现线性切割，还可以进行加压条件下的双刀切割试验及旋转切割试验。

回转式钻机适用于大孔径、超深孔的钻孔作业，在旋转钻进过程中，钻头上的刀头与岩石的相对运动为圆形轨迹。根据这种相对运动特点，ZHOU等人研发的超深钻井模拟设备可以同时装备多个刀头，在圆形岩样上进行旋转切割试验，模拟刀头在深部破岩过程的动力学响应。为了便于观测和研究刀-岩相互作用机理，回转式钻机的刀头旋转切削破岩过程常被简化为刀头直线切割岩石的过程。例如DETOURNAY团队[53]研发了岩石强度装置（rock strength device，RSD）用于岩石刮擦试验，最大试验力为4 kN，精度为1 N，采集频率为100 Hz；CHE等人在数控机床的基础上进行了改进，开发了线性岩石切割试验台（liner rock cutting testbad，LRCT），最快切割速度为12 000 mm/min，并且优化了用于试验的PDC切削齿，避免了应力集中；EPSLOG工程公司开发的Wombat设备（见图3-5（a））[54-55]由水平床和滑架组成，其中水平床用于固定岩石试样，滑架包括力传感器、刀具支架、切削工具（见图3-5（b）），可以精确测量（精度小于1 N）切削力在切向（s）、法向（n）、侧向（t）方向的分量，并精确控制切削深度 d（见图3-5（c））及切削速度 v（见图3-5（d）），试验效果如图3-5（e）所示。岩石切削试验设备在研究刀-岩相互作用、优选钻头材料方面发挥着重要作用。虽然实际钻具破岩是多个切削刃组合作用的结果，但并不是简单地叠加，实际凿岩作用过程更加复杂。基于岩石切削试验建立的岩石强度表征模型距离工程应用还有差距，但切削试验有助于在细观尺度上认识岩石切削破坏机理，这是基于随钻测量数据表征岩石强度的理论基础。

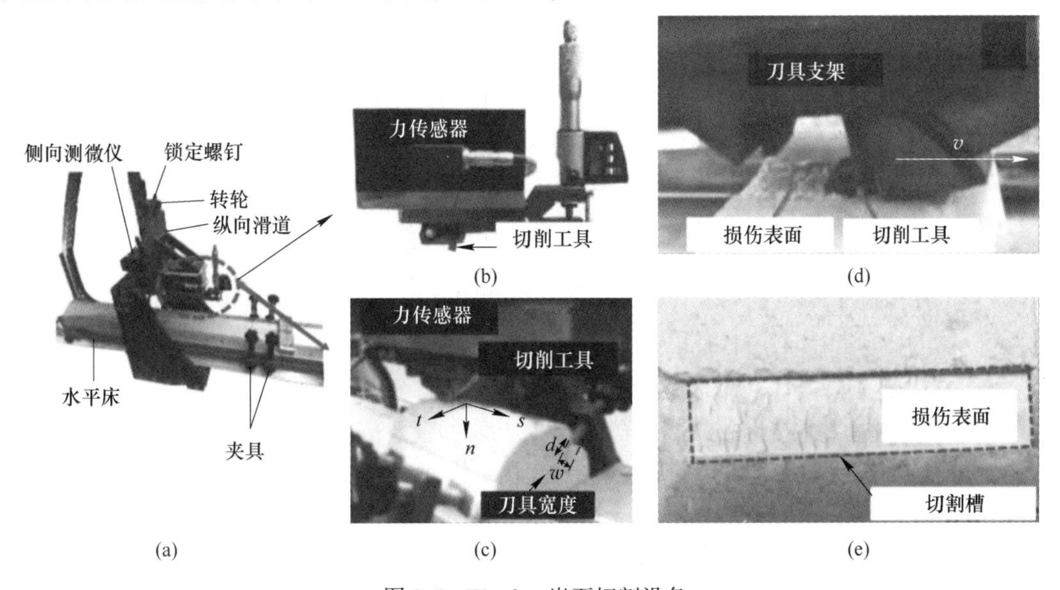

图3-5 Wombat岩石切割设备

（a）岩石切割设备；（b）加载单元；（c）刀具；（d）切削工具；（e）切割完成表面

3.3.3 基于MWD的岩体结构识别研究进展

基于随钻测量进行岩体结构识别的研究方法，通常是分析随钻参数响应与岩体结构特征之间的关系，寻找与结构面、岩层相关度较高的特征参数，并建立相应的识别表征方法，实现随钻识别岩体结构的目的。该方面的研究经历了从结构面识别、岩层识别到岩体质量指标表征的发展过程。

结构面识别的相关研究工作主要集中在随钻测量技术研究的起步阶段，可分为现场试验研究和室内试验研究。

3.3.3.1 结构面识别现场试验研究

现场试验主要通过钻孔摄像、钻孔取芯等手段识别现场岩体结构面位置，然后将测量结果与随钻数据进行对比，分析随钻参数在结构面位置的特征响应，建立相应的识别表征方法。现场试验过程更接近于实际工程，但受岩体天然属性影响，具有很大的不确定性。

（1）SCOBLE等人[56]较早地开展了相关研究，通过对比钻孔摄像与随钻测量数据，发现在结构面处钻速会产生峰值，并且90%的钻速峰值位置与结构面位置相吻合。

（2）SCHUNNESSON[57]进一步观察到，钻头在遇到节理裂隙发育的区域时，钻速和扭矩有明显的波动，表现出噪声信号，并且发现基于随钻参数识别的结构面数量要少于钻孔取芯识别出的结构面数量，认为随钻测量作为原位测量方法更能反映岩体内部的真实情况。

（3）BABAEI等人[58]对比分析了加拿大某露天矿的随钻测量数据和测井数据，发现钻速峰值和扭矩下降的现象可以较好地识别与钻孔方向近乎正交的开口裂隙，但难以识别倾角较大的结构面，并且识别的准确程度与钻头磨损程度、随钻参数测量精度、转速和推力的设置有关。

（4）MANZOOR等人[59]将爆破后台阶表面的结构面信息和爆破预裂孔的MWD数据进行了比对分析，发现随钻参数呈现的特征为：1）钻压受钻机控制，不随岩石性质的变化而变化；2）遇到开放结构面时，钻速和扭矩会升高形成峰值；3）遇到孔洞时，多组随钻参数均会发生变化，MWD数据表现出噪声区域；4）遇到闭合结构面时，MWD数据不会发生变化，但由于岩体整体强度降低，会使钻速和扭矩的平均值降低。

3.3.3.2 结构面识别的室内试验研究

室内试验可以自制不同特征的结构面，避免了现场岩体结构无法准确描述的问题，但相关成果应用于实际岩土工程时，又需要做进一步的工作。

（1）FINFINGER[60]预制了含不同厚度结构面的混凝土试件，通过室内试验发现，钻头遇到不连续面时，推力会突然下降再上升，在结构面位置形成波谷。

（2）TANG[61]进一步解释了推力在不连续面处形成波谷现象的力学机理，并补充了推力曲线特征与结构面厚度的定量关系。

（3）LIU等人[62]提出以旋转压力RP、推进压力FP、钻速PR三者的比值（RP：FP：PR）作为判别结构面的综合指标，相比已有的结构面识别方法，降低了误报率。该方法也适用于较小开度的结构面（3.175 mm）识别。

3.3.3.3 结构面识别的研究现状

总体来说，结构面识别的研究现状如下。

（1）结构面识别主要依靠随钻数据的瞬时变异性。研究工作从最初的单参量表征方法，如钻速、扭矩在结构面处的响应[63-64]，发展到多参量的综合指标表征方法，如以旋转压力 RP、推进压力 FP、钻速 PR 三者的比值（RP : FP : PR）识别结构面位置；研究内容从单一开放结构面位置识别研究，到结构面倾角及闭合结构面对随钻参数的影响研究。

（2）现场试验提供了真实的地质条件和丰富的随钻数据，通过总结归纳随钻参数响应与结构面位置、倾角和开度的关系可实现结构面的随钻识别，前提是获取真实可靠的岩体内部结构信息。

（3）在通过钻孔取芯、钻孔摄像等方法测量岩体结构面的过程中可能引起新裂纹产生，因此对原始岩体内部结构进行准确测量是现场试验的难点之一。

（4）室内试验可预制含结构面的试件，避免现场岩体结构调查不准确的问题，但难以还原真实的岩体状态。

3.3.4 基于 MWD 的岩层识别研究进展

岩层随钻识别与结构面识别类似，钻机在同一岩层中的工作参数和效率表现出相对不变性，但在岩层界面处发生突然变化。因此，随钻参数及其派生参数在不同岩层中表现出不同的变化特征，相关特征可作为岩层识别的依据。

岩层随钻识别的相关工作主要聚焦于煤矿沉积岩层和岩土工程中土层的识别。

（1）SCOBLE 等人较早地开展了相关研究工作，通过对比分析露天煤矿测井数据与凿岩钻机的随钻数据，发现扭矩和钻速的变化模式清晰地反映了岩层变化，钻速可以较好地判别岩层并且相对同类的岩层该参数取值具有一致性。

（2）ZHANG 等人[65]考虑了 5 个随钻参数（推力、扭矩、钻速、转速、孔径），以及 3 个基本量（力、长度、时间），根据量纲分析原理，提出了以两个无量纲的量值 π_1、π_2 表示的岩石可钻性指数（rock drillability index）I_d，通过现场试验，成功用于煤层、泥岩层、砂岩层的识别，在岩层类型划分方面发挥了较好的作用。

（3）TEALE[66]于 1965 年首次提出机械比能（mechanical specific energy，MSE）反映了破碎单位体积岩石所需要的能量，与岩层力学性质关系密切，许多学者致力于对机械比能的改进。

（4）LEUNG 等人[67]针对煤岩识别问题，结合钻进能量及扭矩与推力功率之比，提出了调制比能的概念，并通过现场试验对煤层进行识别，验证了所提出的 SEM 的有效性。

（5）OLORUNTOBI 等人[68]在 MSE 的基础上考虑了水力做功，提出了指标 HMSE（hydromechanical specific energy），用以识别不同岩层，结果表明：随钻识别结果与伽马测井数据非常吻合，并在非洲某探井得到了应用。

（6）GUI 等人将 MWD 技术应用于岩土领域，通过 ENPASOL-3 系统记录了钻机钻进过程中的随钻参数，发现随钻参数产生的噪声信号与岩层类型存在联系，在砂砾层和黏土层分别表现出较大的扭矩和推力波动。

（7）岳中琦等人[69-70]利用冲击旋转式钻机，搭配自主研发的 DPM 监测仪，在香港风化火山岩地区进行了钻孔试验，并基于数据分析，提出了只考虑钻头向下运动过程的净钻时间分析方法，即一段相近钻速代表着一段均匀抗压岩层。

（8）谭卓英等人[71]基于 DPM 监测系统在风化花岗岩地区的试验数据，提出以钻速变化率作为判断岩层界面的指标，并给出钻速变化率在遇到岩层主界面和次级界面的阈值。

（9）陈健等人[72-73]利用 DPM 系统在填土层-全风化-强风化花岗岩区域进行了钻孔试验，通过分析钻头位置与时间曲线，发现在塌孔位置会出现钻杆回撤速度异常降低，塌孔区域主要为全风化层或填土层，认为当钻机灌浆量的实际值大于理论值时，可能代表软弱夹层存在[74]。

（10）谭卓英等人[75-78]基于 DPM 监测系统对岩层识别方法进行了一系列研究，以钻进比功为指标，将岩层划分为低能耗区和高能耗区，对花岗岩岩层的风化程度进行了识别，并通过分类算法，研发了岩层地质界面仪器识别系统（geo-formation identification while drilling system，GIWD），为岩土智能勘测提供了新途径。

（11）田昊等人[79]将钻进比能划分岩层的方法进一步推广应用到青岛胶州湾海底隧道围岩岩层识别中。

近年来，机器学习中的神经网络、层次分析法、模式识别等方法[80-81]，被相继引入岩层随钻识别研究中。

（1）KING 等人[82]记录了美国西部一座煤矿的钻孔原始数据，以扭矩、推力、钻进速度、钻速和钻头位置作为输入量，利用无监督学习的聚类算法对岩层特征进行分类，建立了专家系统以优化支护方案。

（2）LABELLE 等人[83]开发了一种岩性分类系统，实现了自动选择钻头特征子集，使得钻头和环境变量的敏感性达到最小，并采用神经网络对岩石进行分类和边界检测，发现如果考虑随钻参数派生的特征参数，可显著提高分类精度。

（3）UTT 等人[84]收集了钻机钻进过程中的钻进速度、推力、扭矩、转速、钻进比功等参数，并对其进行了归一化处理，将岩层按照强度分为 32 类，通过神经网络训练方法，实现了对岩层强度的分类。

（4）KADKHOAIE-ILKHCHI 等人以 12 个随钻参数为输入量，4 种岩石类型为输出量，分别对比了提升算法（boosting）、神经网络（neural network）、模糊逻辑（fuzzy logic）在岩性识别方面的优缺点，结果表明：3 种机器学习方法都能较准确地识别岩石类型，其中提升算法（boosting）最容易实现而且计算效率最高。

（5）田昊采用仿生 k-medoids 聚类算法和量子遗传-RBF 神经网络方法，将大量的钻进能量和加权比功数据进行了聚类分析，实现了对岩层界面、不良地质体的识别和围岩分级。

岩层识别是基于随钻参数相对于同类岩层的不变性特征[85]，同时也依赖于随钻参数波动特征的不变性，如扭矩波动可能代表软弱岩层存在。此外，随钻参数之间是相互关联的，随钻参数相互组合派生出的可钻性指数、机械比能等参数，在岩层划分方面更具鲁棒性。金属矿山中矿岩界面识别与岩层识别类似，在采场回采凿岩中，若能借助炮孔钻进过程来准确地识别矿岩边界，将对降低损失率、贫化率等经济技术指标具有重要作用，尤其是在金矿、有色矿等薄矿脉开采中。该方法已在澳大利亚某铁矿床的矿岩边界识别研究中取得了进展[86]。

3.3.5 基于 MWD 的岩体质量表征研究进展

岩体质量指标是工程设计的重要依据，随钻测量技术对岩体质量评价提供了有益补充，可以完善现有的岩体质量指标评价方法[87]。基于 MWD 技术的岩体质量评价研究主要依托现场试验，通过已有的钻孔和地质试验数据，归纳总结 MWD 数据与岩体内部结构特征的相关性，进而建立岩体质量评价方法。

（1）SCHUNNESSON 首次尝试基于 MWD 技术表征岩石质量指标（RQD），提出了以钻速、扭矩及二者的变化率表征 RQD 的方法。

（2）HE 等人[88]利用自主研发的 XCY-1 型岩体力学参数旋切触探仪，研究了机械比能在不连续面处的响应征，发现机械比能的特征响应反映了岩体裂隙存在，并据此建立了岩体 RQD 与机械比能的经验关系式：

$$\mathrm{RQD} = 100\mathrm{e}^{-0.1H} \cdot s \cdot (0.1H \cdot s + 1) \tag{3-9}$$

式中，H 为机械比能标准差与不连续面密度的拟合系数；s 为机械比能标准差。

（3）GHOSH 等人[89-90]综合考虑结构面对钻速和扭矩的影响，提出了参数 Fracturing，用以反映岩体的破碎程度，并通过钻孔摄像，验证了 Fracturing 在识别塌孔和未塌孔方面的准确性。Fracturing 参数可进行如下计算：

$$\mathrm{Fracturing}_i = \frac{1}{N+1} \cdot \left(0.5 \times \frac{\mathrm{PRV}_i}{\sqrt{\sigma_{\mathrm{PR}}^2}} + 0.5 \times \frac{\mathrm{RPV}_i}{\sqrt{\sigma_{\mathrm{RP}}^2}}\right) \tag{3-10}$$

式中，σ_{PR}^2 为钻速方差；σ_{RP}^2 为扭矩方差；N 为窗口尺寸；i 为数据样本序号；PR 为钻速，m/min；RP 为旋转压力，MPa；PRV_i 为钻速变异性指数（penetration rate variability）；RPV_i 为旋转压力变异性指数（rotation pressure variability）。PRV_i 与 RPV_i 可分别进行如下计算：

$$\mathrm{PRV}_i = \sum_{i}^{N+i} \left| \frac{\sum_{i}^{N+i} \mathrm{PR}_i}{N+1} - \mathrm{PR}_i \right| \tag{3-11}$$

$$\mathrm{RPV}_i = \sum_{i}^{N+i} \left| \frac{\sum_{i}^{N+i} \mathrm{RP}_i}{N+1} - \mathrm{RP}_i \right| \tag{3-12}$$

随钻参数的响应不是相互独立，而是高度相关的，单一随钻参数的响应可能无法很好地表征岩体结构的复杂性。为此，GHOSH 等人尝试用主成分分析（principal component analysis，PCA）方法，综合多组随钻参数，建立了岩体结构分级模型，用该模型解译了某地下矿山爆破炮孔钻孔数据，并对所钻岩体的地质条件进行分级，预测了爆破装药时遇到的塌孔现象。

（4）NAVARRO 等人[91-93]基于 GHOSSH 提出的参数 Fracturing 及 PCA 方法，建立了

岩体结构块体模型，对岩体破碎状况及强度进行了分级，指导了装药作业。岩体质量分级Q法是国际上广泛应用的岩体分级方法，但由于随钻测量技术无法直接获取JwSRF，因此VAN ELDERT等人[94-96]提出了只考虑岩体破碎程度（RQD/J_n）和节理面力学性质（J_r/J_a）的Q_{base}分级法，可表示为

$$Q_{base}=\frac{\mathrm{RQD}}{J_n}\cdot\frac{J_r}{J_a} \tag{3-13}$$

式中，J_n为节理组数；J_r为节理粗糙度系数；J_a为节理蚀变影响系数。进一步地，VAN ELDERT等人[97]基于Fracturing参数的思想，提出参数FI（Fracturing Index）表征Q_{base}，公式为：

$$\mathrm{FI}=\sqrt{\frac{\mathrm{PRV}_i}{\overline{\mathrm{PR}}}}+\sqrt{\frac{\mathrm{RPV}_i}{\mathrm{RP}}} \tag{3-14}$$

式中，PR为平均钻速，m/min；RP为平均旋转压力，MPa；FI取值与岩体质量相关，高FI值反映节理裂隙较发育，低FI值反映完整岩石或含较少节理的岩石区域。现场试验表明：FI与Q_{base}具有较强的相关性，随钻测量数据变化是岩体内部结构和岩石力学性质变化的综合反映，因此随钻测量数据与岩体质量存在相关性，基于随钻测量数据表征的岩体质量指标可以作为传统岩体质量评价方法的参考和补充。另外，基于随钻测量数据的岩体质量指标表征方法可以拓展到可爆性评价、注浆质量评价等工程应用场景，充分发挥MWD技术在金属矿山生产活动中的作用。

3.3.6 基于MWD的岩石强度表征研究进展

在钻凿过程中，由于岩石性质的差异，钻头表现出不同的动力学特征。根据钻头的动力学响应反演岩石强度参数是随钻测量技术的另一个重要应用方向。总体上，研究工作可以分为两类，即单个刀头与岩石相互作用的切削试验研究和全尺寸的岩石钻孔试验研究。

3.3.6.1 单刀切削试验获取岩石强度

在研究初期，一些学者认为切削过程中，岩石以脆性破坏模式失效。

（1）EVANS[98-99]从试验现象观察到单刀切削过程中，发现裂纹从刀具尖端产生，沿着一定角度向自由面扩展，岩石以脆性形式发生破坏，并建立了刀头压入岩石产生裂纹的力学模型，推导了切削力与岩石抗拉强度的关系。

（2）NISHIMATSU[100]提出，岩石切削过程中，会在刀具与岩屑破坏面之间的一个区域内形成破碎带，破碎带由岩屑组成并始终粘在刀具尖端。

（3）YADAV等人通过粒子图像测速技术，证实在刀头尖端确实存在这样一个区域；NISHIMATS认为岩石剪切强度控制着岩石的切削破坏，考虑了钻头与岩石的接触和摩擦，采用Mohr-Colomb强度准则，从而推导了切削力与岩石剪切强度的关系。随着研究的深

入，不少学者逐渐认识到岩石的切削破坏模式与切削深度有关。

（4）RICHARD 等人[101]通过不同切削深度的岩石切削试验发现，当切削深度 d 非常浅时（通常小于 1 mm），岩石呈韧性破坏模式，如图 3-6（a）所示；当切削深度 d 较小时，岩石呈脆性破坏模式，如图 3-6（b）所示。控制破坏模式转变的深度称为临界切削深度 d^*。

(a)

(b)

图 3-6 岩石切削破坏模式

（a）韧性破坏；（b）脆性破坏

当切削深度较深时，岩石脆性破坏模式占主导地位，裂纹从刀具尖端向自由面扩展，裂纹贯通后，切削力突然降为零，直到遇到下一块被切削岩屑，试验过程中切削力波动较大，破坏过程复杂；当切削深度较浅时，岩石以韧性破坏模式为主，岩屑受剪切破坏，呈塑性流动状态，切削力变化较平稳[102]。因此许多学者基于岩石的韧性破坏，开展了岩石强度测量方面的研究，其中以 DETOURNAY 等人[103]提出的 DD 模型最具有代表性，如图 3-7 所示。

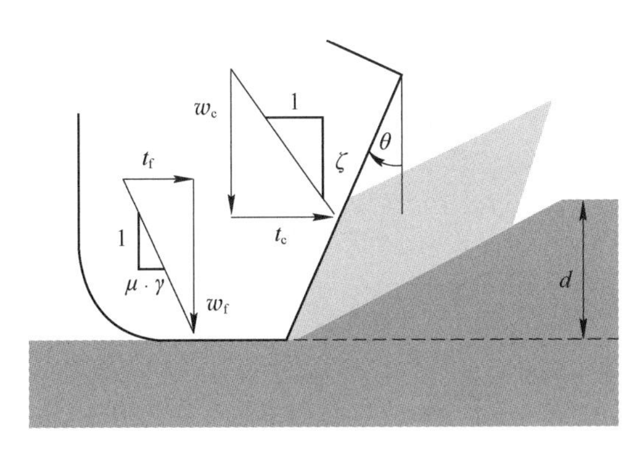

图 3-7 钻头与岩石相互作用模型

（5）DETOURNAY 等人[104]将岩石钻头切削过程分成切削和摩擦两部分：

$$t = t_c + t_f \tag{3-15}$$

$$w = w_c + w_f \tag{3-16}$$

式中，t 为钻头单位尺寸上的切向力，N/mm；t_c为切向的切削力，N/mm；t_f为切向的摩擦力，N/mm；w 为钻头单位尺寸上的法向力，N/mm；w_c 为法向的切削力，N/mm；w_f 为法向的摩擦力，N/mm。

假设用于岩石切削破坏的力 t_c、w_c 与切削深度 d 成正比，则有：

$$t_c = \varepsilon \cdot d \tag{3-17}$$

$$w_c = \zeta \cdot \varepsilon \cdot d \tag{3-18}$$

式中，ε 为固有比能，N/mm^2，表示单位体积岩石破碎所需要的能量，与机械比能不同的是，它不考虑钻头与岩石接触摩擦等外界环境因素造成的能量损耗，而是完全由锋利钻头切削岩石所产生的能量耗散，与钻头倾角 θ 有关；ζ 为法向和切向切削力的比例系数，通常取值为 0.5~0.8。

假设岩石与钻头接触面处的摩擦力与切削深度无关，则有：

$$t_f = \mu \cdot \gamma \cdot w_f \tag{3-19}$$

$$t = \varepsilon \cdot d + \mu \cdot \gamma \cdot w_f \tag{3-20}$$

式中，μ 为钻头-岩石界面摩擦系数；γ 为常数，用以消除钻头与岩石接触力分布的影响。将式（3-16）和式（3-18）代入式（3-20），可得：

$$t = \mu \cdot \gamma \cdot w + E_0 \cdot d \tag{3-21}$$

式（3-21）显示了切向力 t 和法向力 w 的线性约束关系，式中

$$E_0 = (1 - \mu \cdot \gamma \cdot \zeta) \cdot \varepsilon$$

式（3-21）两边同时除以切削深度 d，可得 E（specific energy）-S（drilling strength）关系曲线方程：

$$E = E_0 + \mu \cdot \gamma \cdot S \tag{3-22}$$

式中，切削比能 $E=t/d$，MPa；钻进强度 $S=w/d$，MPa。近年来，E-S 曲线被广泛应用于岩石切削的研究中。E-S 曲线适用于岩石韧性破坏过程，通过绘制曲线，可以得到系数 ζ、固有比能 ε、岩石与钻头间的摩擦系数 μ，如图 3-8 所示。

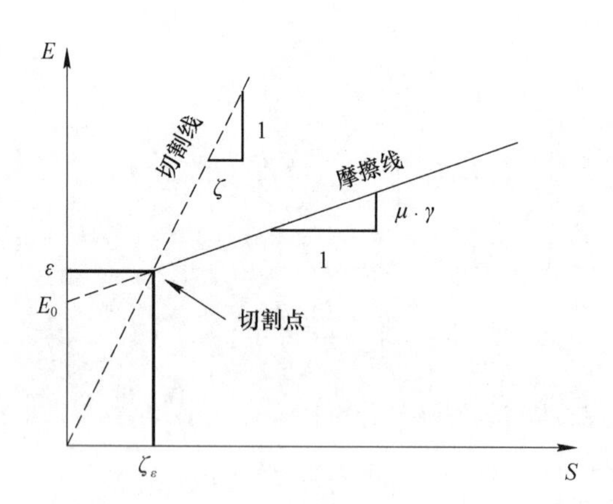

图 3-8　E-S 曲线示意

（6）DETOURNAY 等人基于 GLOWKA[105] 的试验数据验证了 E-S 曲线的准确性，并在后续进一步将其推广，用于描述钻头在不同切削阶段的动力学表现。

（7）RICHARD 等人利用 15°倾角的刀具对 375 块岩石进行了试验，验证了固有比能 ε

在数值上等于岩石单轴抗压强度。

（8）ROSTAMSOWLAT 等人研究发现固有比能 ε 与刀头的倾角有关，当倾角为 5°~20°时，固有比能 ε 与单轴抗压强度吻合度较高。在系数 ζ 研究方面，部分学者分析发现 ζ 与岩石种类及岩石强度的相关性较弱，只与刀具倾角有关[106]。YAHIAOUI 等人对刀头磨损的研究表明：在只改变岩石种类、其他因素不变的条件下，刀头与岩石之间的摩擦系数 μ 保持不变。

3.3.6.2 全尺寸钻孔试验获取岩石强度

全尺寸钻孔试验研究更接近工程实际，相关研究工作更具有工程实践价值。在实际钻凿过程中，钻头与岩石的相互作用过程十分复杂，可能伴随着多种岩石破坏模式、钻头与岩石摩擦接触、岩屑二次研磨等，因此现有的岩石强度表征模型大多是基于随钻参数与岩石强度的半经验关系建立的。对已有基于随钻参数表征的岩石强度模型进行归纳汇总结，见表 3-4。

表 3-4 基于随钻参数的岩石强度表征模型

年份	作者	强度模型	备 注
2002	KARASAWA 等人	$D_S = \dfrac{a_F}{1000a_T^2}$	a_F 为 $v/N—F/d$ 曲线的斜率，mm/N；a_T 为 $v/N—8T/d^2$ 曲线的斜率，mm/N。其中，v 为钻速，m/min；N 为转速，r/min；F 为推力，N；T 为扭矩，N · m；d 为钻头直径，mm
2003	KAHRAMAN 等人	$v = -0.0079\text{UCS} + 1.67$ $v = -0.083\text{BTS} + 1.68$	v 为钻速，m/min；UCS 为岩石单轴抗压强度，MPa；BTS 为巴西劈裂抗拉强度，MPa
2006	TANG	曲面 1：$F=(35.84-0.02853N)v+9$ 曲面 2：$F=(32.84-0.02753N)v-1$ 曲面 3：$F=(24.5-0.01833N)v-2$ 曲面 4：$F=(14-0.01N)v+5$ 曲面 5：$F=(12-0.01N)v-2$	F 为推力，N；N 为转速，r/min；v 为钻速，m/min。曲面 1 和曲面 2 之间：72.4 MPa>UCS>58.6 MPa；曲面 2 和曲面 3 之间：58.6 MPa>UCS>37.9 MPa；曲面 4 和曲面 5 之间：UCS<24.1 MPa
2011	宋玲等人	$P = a_0 + a_1\sigma_c + \dfrac{a_2c}{1-k\tan\varphi}$ $M = b_0 + b_1\sigma_c + \dfrac{b_2c}{1-k\tan\varphi}$	P 为轴压，N；M 为扭矩，N · m；σ_c 为单轴抗压强度，MPa；c 为黏聚力，MPa；φ 为内摩擦角，(°)；a_0、a_1、a_2、b_0、b_1、b_2、k 为轴压和扭矩影响系数

续表 3-4

年份	作者	强度模型	备　注
2016	YU 等人	$\mathrm{UCS} = 0.012I_d + 0.783$ $I_d = \gamma\pi_1^{\alpha}\pi_2^{\beta}$ $\pi_1 = \frac{DF}{M}，\pi_2 = \frac{v}{D\omega}$	I_d 为可钻性指数；π_1^{α}，π_2^{β} 为无量纲参数；γ，α，β 分别取值为 1.0、1.0、0.4；D 为钻孔直径，mm；F 为推力，N；M 为扭矩，N · m；v 为钻速，m/min；ω 为转速，r/min
2018	KALANTARI 等人	磨损钻头：$\varepsilon = \zeta\tan\theta_f + \left[\frac{2C \cdot \cos(\varphi' - \varphi)}{1 + \tan\varphi' \cdot tan\varphi} \cdot \frac{1 + \tan\varphi' \cdot \tan\varphi - (\tan\alpha + \tan\varphi') \cdot \tan\theta_f}{\cos(\varphi' - \varphi) - \sin^2(\varphi' - \varphi) + \sin(\varphi' - \varphi)}\right]$ 无磨损钻头：$\varepsilon = \frac{1}{\tan(\alpha + \theta_f)} \cdot \zeta$ $\varepsilon = \frac{F_t}{A}，\zeta = \frac{F_n}{A}，\tan(\alpha + \theta_f) = \frac{\tan\alpha + \tan\varphi'}{1 + \tan\alpha \cdot \tan\varphi'}$ $\tan\varphi' = \frac{\pi}{2}\tan\varphi，q_c = \frac{2C \cdot \cos\varphi}{1 - \sin\varphi}，A = wd$	ε 为钻进比能，N/mm^2；ζ 为钻进强度，N/mm^2；θ_f 为钻头与破碎区摩擦角，(°)；φ'为破碎区与岩石摩擦角，(°)；φ 为岩石内摩擦角，(°)；C 为岩石黏聚力，MPa；α 为钻头倾角，(°)；F_t 为钻头在切向方向的力，N；F_n 为钻头在法向方向的力，N；q_c 为岩石单轴抗压强度，MPa；A 为切削面积，mm^2；w 为刀具宽度，mm；d 为切削深度，mm
2019	王琦 等人	$\eta_c = \frac{2\pi \cdot N \cdot T - \pi \cdot \mu \cdot N \cdot F \cdot \left(2r - \frac{L_1^2 + L_2^2 + L_3^2}{L_1 + L_2 + L_3}\right) + Fv}{\pi r^2 v}$ $R_{uc} = 0.3258\eta_c + 4.5096$	η_c 为岩石单位体积切削能，MPa；N 为转速，r/min；T 为扭矩，N · m；F 为推力，N；v 为钻速，m/min；L_1、L_2、L_3 分别为钻头上 3 个刀片的宽度，mm；μ 为摩擦系数，取 0.21[25]；R_{uc} 为岩石单轴抗压强度预测值，MPa；r 为钻头半径，mm
2020	YANG 等人	$R_{sc} = \frac{1.2021N \cdot \left[2M - F \cdot \tan\delta \cdot \left(2R - \frac{L_1^2 + L_2^2 + L_3^3}{L_1 + L_2 + L_3}\right)\right]}{V \cdot [\cos(\kappa + \gamma) - \sin(\kappa + \gamma) \cdot \tan\delta] \cdot [2R \cdot (L_1 + L_2 + L_3) - (L_1^2 + L_2^2 + L_3^2)]} - 3.9884$	R_{sc} 为岩石单轴抗压强度预测值，MPa；N 为转速，r/min；M 为扭矩，N · m；F 为推力，N；V 为钻速，m/min；δ 为摩擦力与竖直线的夹角，(°)；R 为钻头半径，mm；κ 为刀具倾角，(°)；γ 为切削力倾角，(°)
2020	FENG 等人	每转贯入度与推力关系曲线的斜率	试验样本较少，仍需大量样本以建立经验模型

续表 3-4

年份	作者	强度模型	备注
2020	王玉杰等人	$\eta_e = \frac{N\cdot(2T-\mu_d\cdot F\cdot r^2)}{\pi r^2} - \frac{2N\mu_c vF}{r(1-v)e} - \frac{\rho\pi^2 r^2 N^2}{8} + \frac{F}{\pi r^2}$ $R_{\eta e} = 2.2174\eta_e + 4.5761$	η_e 为岩石单位体积研磨能，MPa；N 为转速，r/min；T 为扭矩，N · m；F 为推力，N；v 为钻速，m/min；μ_d 为钻头与岩石在孔底接触的摩擦系数，取 0.21[25]；μ_c 为钻头与岩石侧向接触的摩擦因子，取 0.2[99]；$R_{\eta e}$为岩石单轴抗压强度表征值，MPa；r 为钻头半径，mm
2023	王宇恒等人	$R_c = \frac{F_e^2}{2T_e}\cdot\gamma$	R_c 为岩石单轴抗压强度表征值，MPa；F_e 为推力与每转贯入度的斜率，N/mm；T_e 为扭矩与每转贯入度斜率，MPa · mm^2；γ 为与钻头相关的修正系数

岩石强度半经验模型主要通过随钻参数与岩石强度的相关性、极限静力平衡、能量平衡原理等方法建立。随钻参数之间不是相互独立而是相互关联的，因此通过随钻参数与岩石强度的相关性建立岩石强度表征模型时，不仅需要大量的试验样本以建立经验模型，还要考虑模型在不同钻进工况下的适用性。许多学者对此开展了相关研究。

（1）KAHRAMAN 等人基于现场钻孔数据及室内岩石力学试验，研究了钻速与岩石力学性质的关系，认为钻速与单轴抗压强度、抗拉强度、回弹指数有较强的相关性。

（2）YU 等人基于 ZHANG 等人提出的可钻性指数 I_d，分别建立了 I_d、机械比能 MSE 与岩石单轴抗压强度的经验关系，结果表明：I_d的误差率小于 MSE。相同岩石钻进过程中，扭矩、转速、钻速随推力变化而变化，在以推力、转速、钻速为变量的空间内形成三维曲面。

（3）TANG 分析了岩石强度、推力、转速、钻速之间的关系，通过试验标定了 5 种岩石强度形成的空间曲面边界。

（4）FENG 等人研究了推力、转速变化对扭矩、钻速的影响，发现每转贯入度与推力呈线性关系，其斜率不受钻进参数影响，只与岩石强度有关；王宇恒等人开展了不同工况下的岩石钻进试验，揭示了扭矩、推力与切削深度的关系曲线可以表示机械比能和可钻性指标的物理内涵，并建立了关系曲线斜率与岩石强度的经验关系，与已有模型相比，其对工况变化更具有适应性。

（5）KALANTARI 等人从极限静力平衡角度，在 DD 模型的基础上，提出了新的刀-岩相互作用模型，考虑钻头与岩石的摩擦，推导了随钻参数与岩石黏聚力、内摩擦角的关系，并利用微型钻机进行了验证。

（6）宋玲等人[107-110]推导了推力与扭矩的数学模型，建立了抗压强度与钻进参数的关系模型，并利用自主研制的 WCS-50 旋转触探仪验证了模型的可行性。

（7）王琦等人[111-113]考虑岩石的韧性破坏模式，认为岩石切削破坏受内摩擦角和黏聚力控制，利用滑移线理论，推导了钻头扭矩与黏聚力、内摩擦角的关系。

（8）YANG 等人推导了钻头单位面积上的切削力 S_c，建立了 S_c 与岩石单轴抗压强度的经验关系。

（9）KARASAWA 等人从能量平衡角度，为探寻与岩石性质有关且不受钻头磨损的参数，使用不同磨损程度的钻头对岩石进行了钻进试验，发现每转旋转能量与每转贯入度的关系曲线受钻头磨损影响较小，根据曲线的斜率，定义了岩石可钻性强度 D_s，作为表征岩石强度的新指标。

（10）王琦等人考虑钻头的几何形状及钻头与孔底岩石的摩擦损耗，推导了岩石单位切削能 η_c，建立了 η_c 与岩石单轴抗压强度的经验关系。机械比能不仅与岩石力学性质有关，还受钻进参数影响，对于同种岩石，随着切削深度增加，被切削岩屑体积增大，会导致机械比能降低。钻进能量随岩屑体积增大而减小。

（11）王玉杰等人为统一岩屑的体积，使用实心钻头研磨钻进方法，考虑了钻头在孔底、孔壁的摩擦，以及水的黏滞阻力影响，推导了实心钻头的岩石单位体积研磨能 η_e，建立了单位体积研磨能 η_e 与岩石单轴抗压强度表征值 $R_{\eta e}$ 的经验关系。

业内学者在利用随钻参数表征岩石强度方面开展了大量工作，提出了许多岩石强度表征模型。但由于钻头与岩石相互作用过程的复杂性，现有的岩石强度表征模型大多基于随钻参数与岩石强度的半经验关系确立，当工况变化时有些模型表征的岩石强度偏离真值很大，模型的可靠性需要充分验证，使用条件也需要进一步明确。另外，由随钻参数派生的其他参数可能与岩石强度的相关性更好，也可能仍有一些因素尚未明确或被引入强度表征模型中，这需要深入研究。

3.3.7 展望

（1）随钻测量作为一种间接评价岩体结构特征和力学性质的原位测量技术，自 20 世纪 70 年代开始应用在油气田和矿山开采中以来，经历了约 50 年的发展，从早期的单因素分析发展到结合岩石切削破坏模式、细观力学机制、随钻参数特征响应的综合研究，对钻头在岩石钻进过程中的动力学表现和刀-岩相互作用有了更深入的认识，特别是现代信息技术的发展，这些都为随钻测量技术的研究和应用提供了坚实的理论基础和技术支撑。虽然随钻测量技术的研究取得了显著进展，但在工程实践中并未被广泛地推广应用。在国内矿山实际生产中，特别是露天金属矿山，现场所用的凿岩设备或钻机设备很少配置工作参数记录系统，即便记录工作参数，其目的也是优化调整钻进工作参数，提高钻进效率，基本不具备利用随钻参数表征岩体信息的功能，这可能与随钻参数解译方法的可靠性不高有关。

（2）天然岩体具有非均匀性和空间变异性，并且凿岩过程中刀-岩相互作用复杂，现有的随钻参数解译方法多是根据随钻参数响应特征，拟合回归得到的半经验性方法。结构面和岩层界面作为一种特殊的岩体结构，随钻数据响应表现出特异性，相应的表征方法可靠性较高，但对于刚性闭合结构面的识别不理想。当工况变化时，现有的岩石强度表征模型输出结果往往偏离真值很大，因此模型的可靠性需要充分验证，使用条件也需要进一步明确。

(3) 钻孔过程中随钻参数波动较大，并且单次钻孔所获取的数据量大，未达到智能识别和钻孔间关联识别的程度，难以满足现代快速施工的需要。融合大数据、人工智能等现代信息技术，加强随钻数据的智能处理和岩体结构特征的智能判别研究，是随钻测量技术广泛应用的需要，特别是在凿岩工作频繁的金属矿山，需要结合具体应用场景进行深入研究。另外，深部开采是金属矿山发展的必然趋势，考虑原位高应力状态的随钻测量技术是未来的重要研究方向。

(4) 随钻测量技术在金属矿山具有广泛的应用前景。金属矿山开采活动依赖于大量凿岩作业，涉及采场爆破、巷道掘进、支护施工等工序，矿山钻爆法也是其岩石工程施工的一种重要方法，随钻测量技术的应用使得每一次钻孔作业都是对岩体信息的有益补充，在表征围岩力学性质和结构特征方面具有不可比拟的优势和潜力。通过炮孔凿岩过程，及时精准地掌握待爆区域的矿岩体物理力学性质，为优化爆破设计参数、实施矿山精细爆破作业提供了条件，尤其是露天金属矿山，对于实现“以爆代破”促进矿山节能降耗，助力实现“双碳”目标具有重要意义。

3.4 台阶爆破仿真技术研究现状

台阶爆破仿真技术广泛应用于工业生产中，在矿山生产、建筑施工、隧道挖掘等领域都有着重要作用。它可以提高矿山的生产效益和质量，降低爆炸事故发生的风险，减少对环境和社会的影响，为可持续发展提供保障。智能台阶爆破仿真技术是实现智能台阶爆破的必要条件。现阶段以 VR（虚拟现实技术）为代表的仿真技术发展迅速，在露天矿山建模、渲染、漫游、系统开发等方面取得了一定的成绩。

3.4.1 台阶爆破仿真技术的简介

3.4.1.1 台阶爆破仿真技术的定义

台阶爆破仿真技术是一种基于计算机模拟的方法，用于模拟和分析采用钻爆法进行开采时的爆破效果。它通过建立钻爆过程的三维模型，并结合岩石物理力学特性、炸药性质和爆破方案等因素，对爆破前的钻孔设计和爆破参数进行优化和调整，提高爆破效率和安全性。

3.4.1.2 智能台阶爆破仿真的目的

智能台阶爆破仿真的目的是要构建有效的全流程化的仿真系统，减少人为干预，分析不同工况条件下破碎岩石块度级配曲线、炮孔不同部位的岩块在爆堆的具体位置；优化爆破设计整体方案，得出不同工况下的最优方案。从岩石性质、炸药特性、爆破参数等不同工况条件入手，借助云计算、大数据分析技术，智能还原特定条件露天矿山台阶爆破的全过程。

3.3.1.3　研究成果简介

智能台阶爆破仿真，爆破工程师们从物理数学方法、现场观察、人工智能等方面做了许多研究。

（1）于亚伦[114]提出了台阶爆破爆堆形态预测的弹道理论模型和 Weibull 模型。

（2）栾龙发等人[115]通过对现场台阶爆破过程的高速摄影监测，探讨了深孔台阶爆破表面岩石的移动规律。

（3）赵春艳等人[116]应用遗传神经网络模型对台阶压碴爆破效果进行了预测，并应用专家知识对台阶爆破效果进行预测。

（4）杨军、朱传云等人[117-118]采用 DDA 方法模拟分析了台阶爆破抛掷的过程，实现爆生气体作用下岩石抛掷过程的计算机动态模拟。

（5）程晓君等人[119]采用 3ds max 软件实现了爆破过程和爆堆形态可视化再现。

（6）苏都都等人[120]采用 PFC 2D 数值方法预测台阶爆破的爆堆形态，并采用该方法对爆堆形态与爆破参数的关系进行了研究。通过与相关观测、模拟结果的比较，论证了该研究方法的可靠性。

然而，由于爆破作用过程的复杂性和现有物理数学模型的不完善和其他模型的局限性，目前绝大多数爆破工程实践中，对爆破效果的预测还是依靠爆破设计人员个人的经验判断，准确性及可靠性往往都难以满足要求。这里重点介绍 DDA 、3ds max 和 PFC 三种模拟方法。

3.4.2　DDA 方法在台阶爆破仿真模拟中的应用

随着计算机仿真技术的发展，数值模拟方法逐渐成为研究爆破的主要工具。朱传云、戴晨、姜清辉[117-118]采用非连续变形分析（DDA）方法模拟分析了台阶爆破抛掷的过程，实现爆生气体作用下岩石抛掷过程的计算机动态模拟。

DDA 是近年发展起来的能够模拟节理裂隙岩体产生大变形和大位移的数值分析方法。它可作静力 、动力计算，包括正分析和反分析。DDA 方法以天然存在的不连续面切割岩体形成块体单元，根据系统最小势能原理建立总体平衡方程式，将刚度、质量和荷载子矩阵加到联立方程的系数矩阵中去，采用罚法强迫块体界面约束求解。由于它能够很好地模拟非连续介质大位移、大变形的静、动力分析等传统有限元方法难以解决的问题，现已日益广泛地应用于大坝、边坡、隧洞的稳定性分析。考虑到该方法在模拟节理裂隙岩体的大变形、大位移方面有其突出优点，采用非连续变形分析对台阶爆破抛掷全过程进行了模拟分析，给出了人工边界 、爆破载荷的处理算法，编制相应的程序，实现了对爆生气体作用下岩石抛掷过程的计算机动态模拟。

3.4.2.1　DDA 方法的基本原理

A　块体位移及变形

DDA 分时步进行计算大位移和大变形是由小位移、小变形累加而成。假定每个时间步满足小位移、小变形条件，设每个块体处处具有常应力、常应变，块体的运动及变形由 6 个独立的变形参数确定：

$$\boldsymbol{D}_i = [u_0 \quad v_0 \quad \gamma_0 \quad \varepsilon_x \quad \varepsilon_y \quad \gamma_{xy}]^{\mathrm{T}} \tag{3-23}$$

式中，u_0、v_0为块体质心（x_0，y_0）的刚体平移；γ_0为块体绕质心（x_0，y_0）的转角；γ_{xy}为块体绕任意点（x，y）的转角；ε_x、ε_y为块体的正应变和剪应变。块体中任意点（x，y）的位移可由变形变量 $\boldsymbol{D}_i$ 表示：

$$\begin{bmatrix} u \\ v \end{bmatrix} = \boldsymbol{T}_i \boldsymbol{D}_i = \begin{bmatrix} \sum_{j=1}^{6} t_{1j} d_j \\ \sum_{j=1}^{6} t_{2j} d_j \end{bmatrix} \tag{3-24}$$

式中，$\boldsymbol{T}_i$ 为块体位移转换矩阵，且有

$$\boldsymbol{T}_i = \begin{bmatrix} 1 & 0 & -(y-y_0) & (x-x_0) & 0 & (y-y_0)/2 \\ 0 & 1 & (x-x_0) & 0 & (y-y_0) & (x-x_0)/2 \end{bmatrix} \tag{3-25}$$

由于线性位移函数式（3-24）的使用，当块体发生大的刚体转动时，容易产生体积膨胀。为了消除这个误差，每个时步计算完成后，所有块体位移利用式（3-26）重新修正：

$$\begin{bmatrix} u \\ v \end{bmatrix} = \begin{bmatrix} \sum_{j=1}^{6} t_{1j} d_j \\ \sum_{j=1}^{6} t_{2j} d_j \end{bmatrix}_{j=3} + \begin{bmatrix} \cos\gamma_0 - 1 & -\sin\gamma_0 \\ \sin\gamma_0 & \cos\gamma_0 - 1 \end{bmatrix} \begin{bmatrix} x - x_0 \\ y - y_0 \end{bmatrix} \tag{3-26}$$

B 总体平衡方程

通过块体之间的约束和作用在各块体上的位移约束条件，把若干个单独的块体连接起来并构成一个块体系统。假设所定义的块体系统有 n 个块体，联立平衡方程具有如下形式：

$$\begin{bmatrix} k_{11} & k_{12} & k_{13} & \cdots & k_{1n} \\ k_{21} & k_{22} & k_{23} & \cdots & k_{2n} \\ k_{31} & k_{32} & k_{33} & \cdots & k_{3n} \\ \vdots & \vdots & \vdots & \ddots & \vdots \\ k_{n1} & k_{n2} & k_{n3} & \cdots & k_{nn} \end{bmatrix} \begin{pmatrix} \boldsymbol{D}_1 \\ \boldsymbol{D}_2 \\ \boldsymbol{D}_3 \\ \vdots \\ \boldsymbol{D}_n \end{pmatrix} = \begin{pmatrix} \boldsymbol{F}_1 \\ \boldsymbol{F}_2 \\ \boldsymbol{F}_3 \\ \vdots \\ \boldsymbol{F}_n \end{pmatrix} \tag{3-27}$$

因为每个块体有 6 个自由度，所以式（3-27）的系数矩阵中，每个元素 $\boldsymbol{K}_{ij}$ 为 6×6 阶子矩阵，$\boldsymbol{D}_i$和 $\boldsymbol{F}_i$均为 6×1 阶子矩阵，$\boldsymbol{D}_i$为块体 i 的变形变量，$\boldsymbol{F}_i$为块体 i 分配到 6 个变形变量的荷载。子矩阵 $\boldsymbol{K}_{ij}$与块体 i 的材料特性有关，$\boldsymbol{K}_{ij}$（$i \neq j$）则由块体 i 与块体 j 之间的接触和约束条件决定。

C 透射边界处理

对岩土介质岩层半无限体，必须明确规定计算域的边界条件。这类边界不是自然存在的，而是由人为划定的有限区域形成的，要求规定能够描述实际问题物理力学性质的恰当的边界条件。为使人工边界上基本无波的反射，可以考虑在边界上施加两个方向的黏性阻尼分布力：

$$\sigma = \rho v_p \dot{\omega} \tag{3-28}$$

$$\tau = \rho v_s \dot{u} \tag{3-29}$$

式中，σ、τ 分别为作用在人工阻尼边界的法向应力和切向应力；$\dot{\omega}$、$\dot{u}$ 分别为沿该人工边界上法向和切向速度分量；ρ 为岩土介质的密度；v_p、v_s 分别为入射的纵波和横波的波速。

D　爆破荷载

在岩土爆破过程中，应力波携带的能量只占总爆破能量的一小部分，其余的能量在很大程度上都蕴含在高温、高压的爆生气体中。因此，在程序编制中只考虑爆生气体对爆破空腔的膨胀作用。假定炮孔内的高温、高压气体满足理想状态方程：

$$PV^r = \text{const} \tag{3-30}$$

式中，r 为等熵指数。则任意时间作用在炮孔孔壁上的气体压力可以用式（3-31）计算：

$$P = P_0\left(\frac{V_0}{V}\right)^r \tag{3-31}$$

式中，P_0和 V_0分别为爆生气体的初始压力和体积。

3.4.2.2　台阶爆破数值模拟

A　单排炮孔台阶爆破

选取典型的单排台阶爆破模型，如图 3-9 所示。

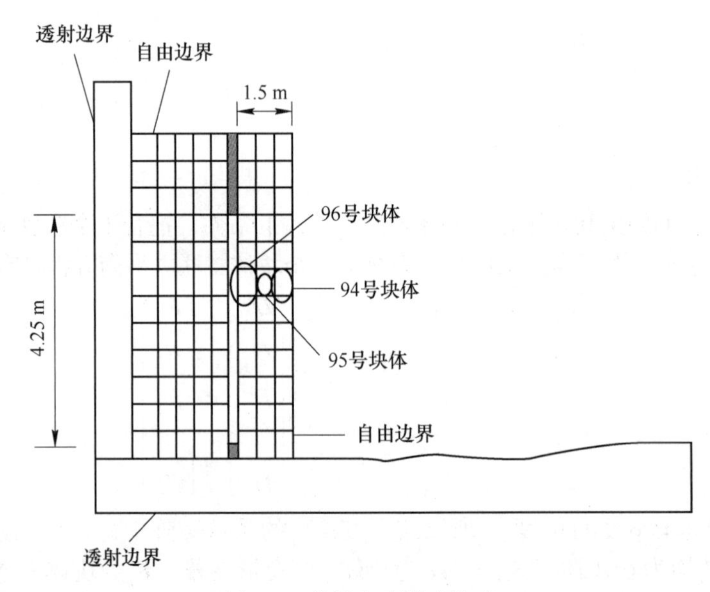

图 3-9　单排台阶爆破模型

岩体被两组相互垂直的节理所剖分：一组水平方向，另一组垂直方向。每组节理之间的间隔为 50 cm，左边界和下边界为透射边界，其他为自由边界。其中，岩石材料常数为：$E=2.5\times10^8$ Pa，$r=0.20$，$\rho=2700$ kg/m^3，节理面的摩擦角为 200，黏聚力 $c=0$，炮孔深度为 5.75 m，堵塞长度为 1.5 m，抵抗线长度为 1.5 m。

整个台阶爆破计算过程取为 2000 个时步，历时 0.004908 s，岩体破坏计算结果如图 3-10～图 3-13 所示。从图 3-10～图 3-13 可以看出，块体的位移过程基本上能够反映岩石的破坏、运动情况及最终形成的爆堆大小。对于处于最小抵抗线上的 94 号，95 号块体（见图 3-9），程序计算并给出了其速度-时间曲线，如图 3-14 和图 3-15 所示。块体在爆生气体膨胀作用下，获得巨大的动能。从速度-时间曲线上可以看出，块体在 300 μs 左右时速度基本达到最大，然后慢慢衰减，曲线的局部剧烈的波动主要因为块体在高速运动过程中相互碰撞，能量和速度不断交换，通过块体位移变形的回放观察，这 3 个块体的速度曲线反应的规律和块体的运动过程基本一致。

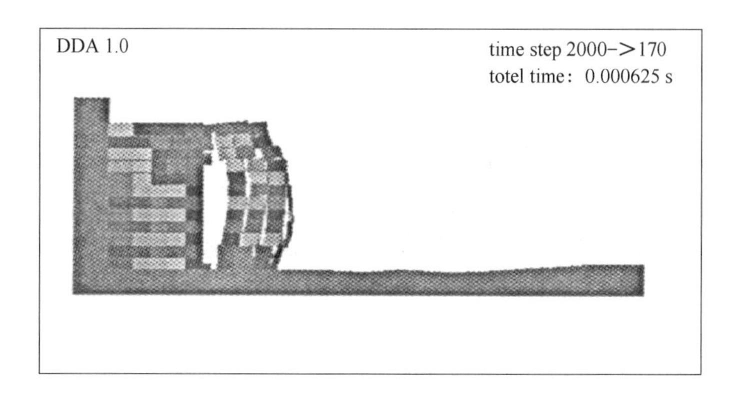

图 3-10　第 170 步变形结果

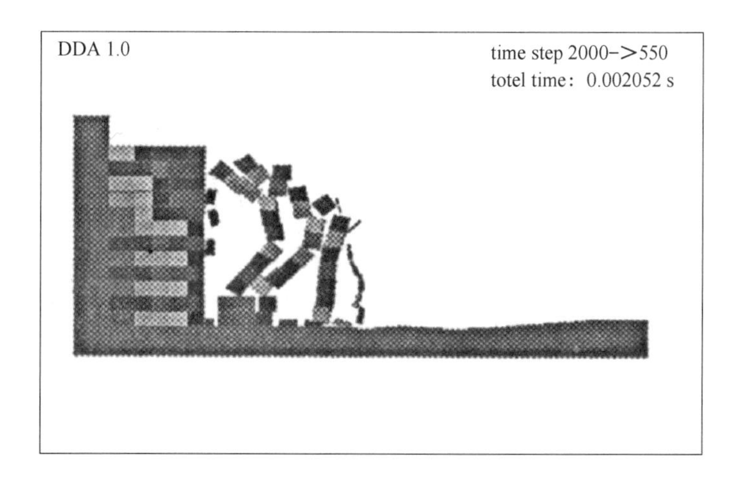

图 3-11　第 550 步变形结果

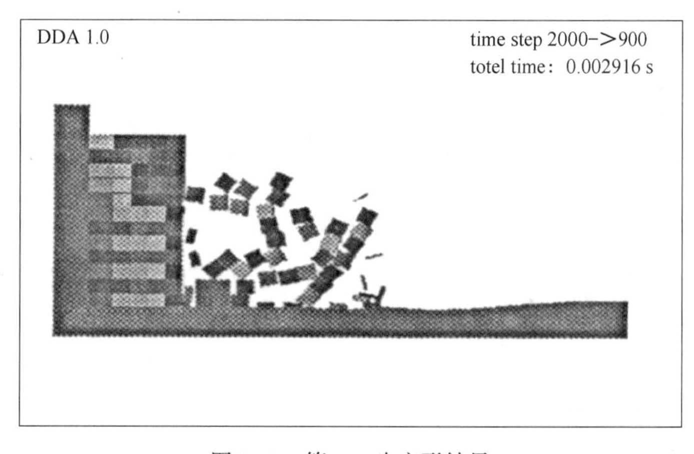

图 3-12　第 900 步变形结果

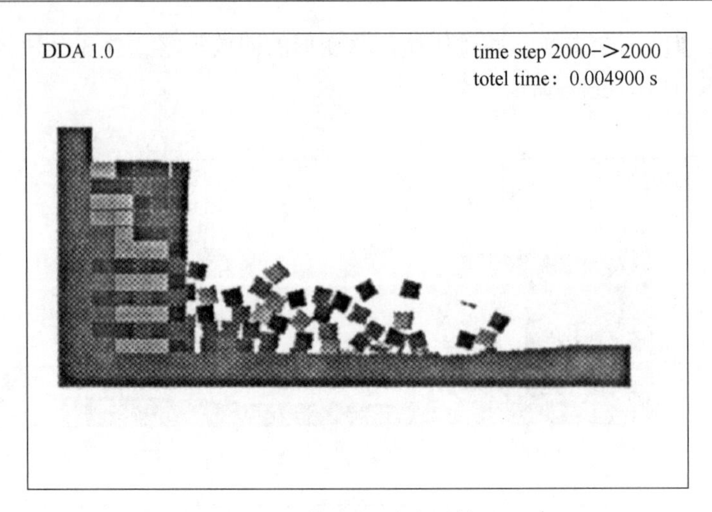

图 3-13　第 2000 步变形结果

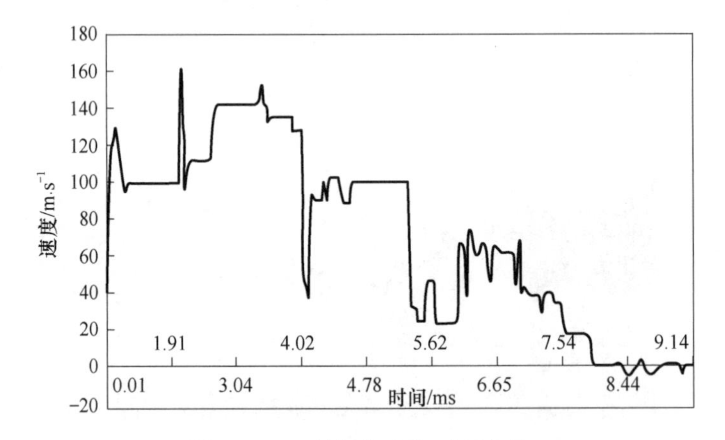

图 3-14　94 号块体速度-时间曲线

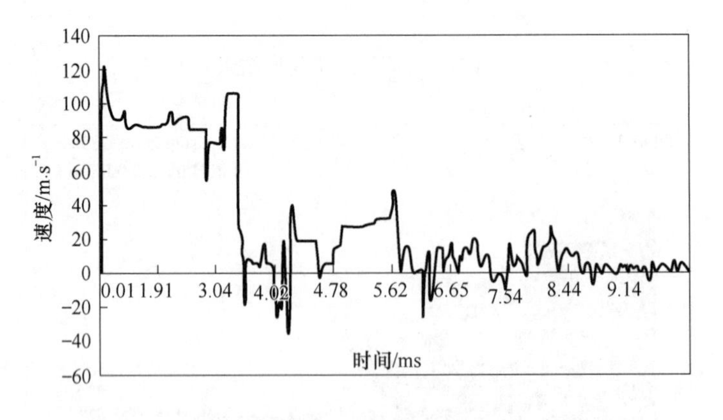

图 3-15　95 号块体速度-时间曲线

B　双排炮孔台阶爆破

双排炮孔台阶爆破模型如图 3-16 所示，炮孔深度为 5. 75 m，堵塞长度为 1. 5 m，炮孔排距为 1.75 m。前排最小抵抗线长度为 1.5 m。为了分析双排炮孔微差间隔起爆的延时时间对爆破后块体位移和最终形成爆堆的影响，分别取微差间隔时间 r=25 ms 和 50 ms 的情况进行模拟计算，图 3-17 和图 3-18 给出了时步 n=2500 时的计算结果。

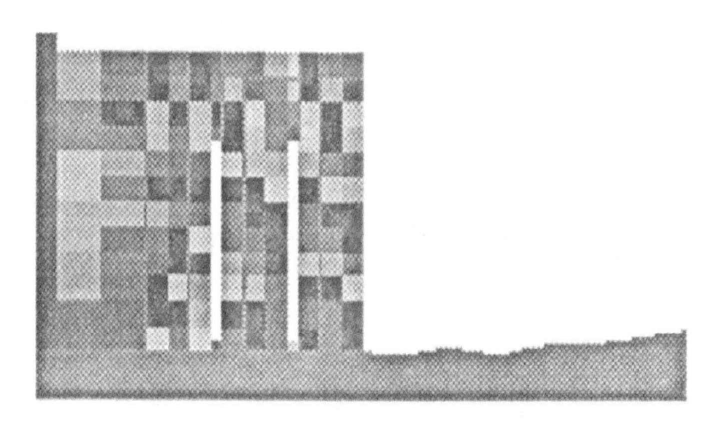

图 3-16　双排台阶爆破模型

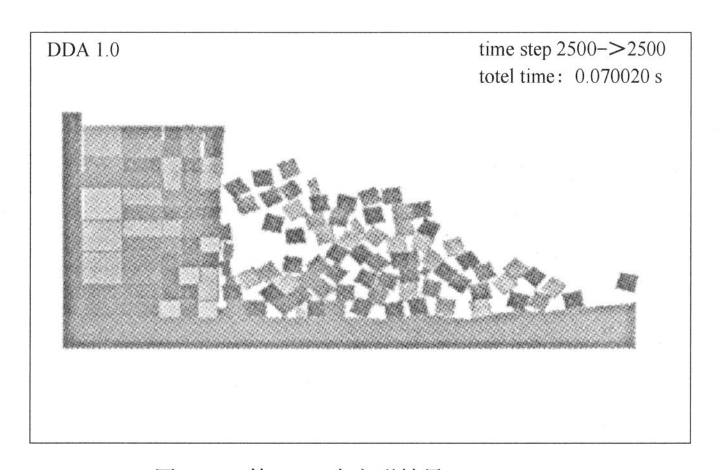

图 3-17　第 2500 步变形结果（t=25 ms）

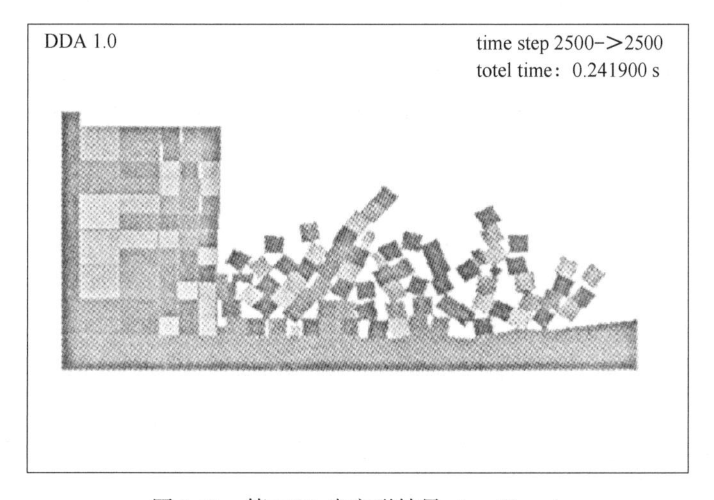

图 3-18　第 2500 步变形结果（t=50 ms）

比较计算结果可以看出，微差爆破延时的间隔对最终形成爆堆大小有较大影响，延时间隔越大，则爆堆越分散；延时间隔越小，块体相互碰撞的概率越大，最后形成的爆堆相对比较集中。

3.4.2.3 结论

与传统有限元方法相比，DDA 充分考虑了岩体的节理特性，允许单元块体相互滑动、转动、张开，在模拟节理岩体在爆破作用下的破坏形式和产生大位移及大变形的动力学过程方面更具优势。从实例可以看出，用非连续变形分析方法来模拟爆破过程，分析岩石爆破机理及爆破后爆堆形状，尤其是对爆破抛掷过程的仿真模拟，基本上达到较为满意的结果，可以作为对破岩机理分析的一个新手段。

3.4.3 3ds Max 在台阶爆破计算机模拟中的应用

程晓君等人[119]利用弹道理论，建立台阶爆破的抛掷初速度和抛掷角度的数学计算模型，初步预测了台阶爆破的爆堆形态，并且利用计算机三维动画制作软件 3ds Max 对整个爆破过程和爆堆形态进行了模拟。

3.4.3.1 3ds Max 定义

3ds Max，全称 3D Studio Max，是一款功能强大的三维建模、渲染和动画制作软件，由美国 Autodesk 公司研发和发布。该软件被广泛应用于影视、建筑、游戏等领域，许多 CG 艺术家、建筑师、游戏设计师和工程师都使用它进行三维建模、动画制作、特效和场景合成等工作。3ds Max 提供了丰富的建模工具，可以根据用户的需要自由创建人物、物体、环境等三维模型，也能够对现有模型进行编辑、组合和修饰。该软件还提供了灵活的材质和纹理贴图功能，能够根据用户的需要进行定制和编辑，以创建出逼真的场景和角色。在动画制作方面，3ds Max 为用户提供了大量的动画制作工具，能够制作高质量的动画场景，如抛物线、飞溅、爆炸等特效，同时还支持自动绑定骨骼和动画轨迹，方便用户对角色和道具进行动画控制。总之，3ds Max 是一款非常专业、多功能的三维制作软件，具有高效、易学和易用的特点，被广泛应用于影视、建筑、游戏等领域。

用 3ds Max 中的爆炸功能模拟爆破工程中的爆破过程，以使爆破工作者很容易地使用友好的人机交互界面，通过动画演示爆破的效果来对爆破的参数进行修正，完成爆破的设计工作，同时，由于动画技术的正确应用，节约了大量的人力物力和财力，创造了巨大的社会效益和经济效益。

3.4.3.2 3ds Max 在台阶爆破中的计算机模拟步骤

3ds Max 在台阶爆破中的计算机模拟步骤：

第一步，运用弹道理论模型建立预测台阶爆破爆堆形态的数学模型。

第二步，借助 3ds Max 技术绘制被爆岩体的三维图像，实现对整个爆破过程的三维动态模拟。

第三步，可以通过模拟出的爆破过程爆破效果（包括爆破飞石距离和爆堆形状）等来进行多方案的对比分析，选取最安全、经济的方案。

3.4.3.3　弹道理论模型预测台阶爆破爆堆形态

要对台阶爆破进行3ds模拟首先要建立完整的数学计算模型。台阶爆破的爆堆形态主要取决于岩石的初速度和抛掷角两个参数，因此建立抛掷初速度和抛掷角度计算模型在预测过程中是至关重要的。

A　岩石抛掷的初速度数学模型

岩石的抛掷轨迹认为遵循弹道理论，理想的弹道方程为：

$$y = (x - x_0)\tan\theta - \frac{g(x - x_0)}{2v_0^2\cos\theta} + y_0 \tag{3-32}$$

式中，x_0、y_0为岩石块移动的初始坐标；x、y为岩石块运动轨迹坐标；v_0为抛掷初始速度m/s；θ为抛掷角，(°)；g为重力加速度，m/s^2。

根据相关观测资料，采用回归分析法得出抛掷初速度的计算公式：

$$v_0 = 0.113\left(\frac{\sqrt{Q}}{W}\right)^{2.7} W^2 \tag{3-33}$$

式中，Q为炮孔的线装药量，kg/m；W为设计抵抗线，m。

B　抛掷角度计算模型

按照最小抵抗线原理岩石破碎和抛掷的主导方向应该是最小抵抗线的方向。先将柱状药包等效为若干等效的球形药包，则台阶面某一处的岩石抛掷方向是若干球形药包在该处产生的速度和方向的叠加（见图3-19）。

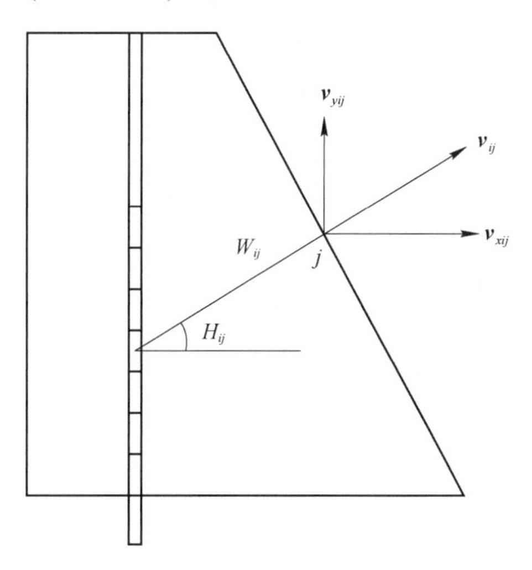

图3-19　抛掷角计算示意

$$\boldsymbol{v}_j = \sum_{i=1}^{m} \boldsymbol{v}_{ij} \tag{3-34}$$

沿坐标轴方向的速度分量为：

$$\boldsymbol{v}_{jx} = \sum_{i=1}^{m} \boldsymbol{v}_{ij}\cos\theta_{ij} \tag{3-35}$$

$$\boldsymbol{v}_{jy} = \sum_{i=1}^{m} \boldsymbol{v}_{ij} \sin\theta_{ij} \tag{3-36}$$

式中，θ_{ij}为第 i 个药包到台阶坡面 j 点特征 W_{ij}的方向角。

j 点处岩石抛掷角为：

$$\theta = \arctan \frac{\boldsymbol{v}_{jy}}{\boldsymbol{v}_{jx}} = \arctan \frac{\sum_{i=1}^{m} \boldsymbol{v}_{ij} \sin\theta_{ij}}{\sum_{i=1}^{m} \boldsymbol{v}_{ij} \cos\theta_{ij}} \tag{3-37}$$

对于给定的岩石和炸药，抛掷速度仅是抵抗线的函数，即

$$v \propto \frac{1}{W^3} \tag{3-38}$$

那么式（3-37）可以改写为：

$$\theta = \arctan \frac{\sum_{i=1}^{m} \frac{1}{W_{ij}^3} \sin\theta_{ij}}{\sum_{i=1}^{m} \frac{1}{W_{ij}^3} \cos\theta_{ij}} \tag{3-39}$$

由式（3-39）很容易求出台阶坡面上任意一点岩石的抛掷方向。

C　爆破堆积的高度和堆积计算模型

在露天梯段爆破中视梯段走向爆破为平面平行抛掷，堆积范围只考虑在抛掷方向。根据等体积法原理掷堆积高度为：

$$h = K_{\mathrm{p}} \omega L_{微元} / \Delta S \tag{3-40}$$

式中，K_{p}为松散系数；ω 为岩石爆破在地面上分布的岩石层厚度，m；$L_{微元}$为所取微元长度，m。

$$\Delta S = S_2 - S_1 \tag{3-41}$$

式中，S_1、S_2 分别为微元两端的抛距，m。

在发射抛掷时，往往会出现两条弹道同时落在一个点，这时的爆堆厚度就是把分别算得的微元相加。深孔台阶爆破的爆堆厚度为台阶高度的 1.2~3 倍。

根据弹道理论，在给定的环境条件下，爆破飞石的飞散距离主要受飞石的初始抛掷速度和角度控制。如图 3-20 所示，在忽略空气阻力条件下，以初始速度为 u_0、抛掷角为 θ 的飞石的水平飞散距离 L 为：

$$L = u_0 \cos\theta \, \frac{1}{g} \sqrt{u_0^2 \cos^2\theta + 2g\Delta H} \tag{3-42}$$

式中，ΔH 为抛点和落点的高差。

由此，就可以得到台阶爆破的完整数学计算模型。

3.4.3.4　爆破模拟的工程实例

为计算和后期模拟方便，将模拟对象做如下的简化：

（1）将柱状药包分成若干等效球形药包；

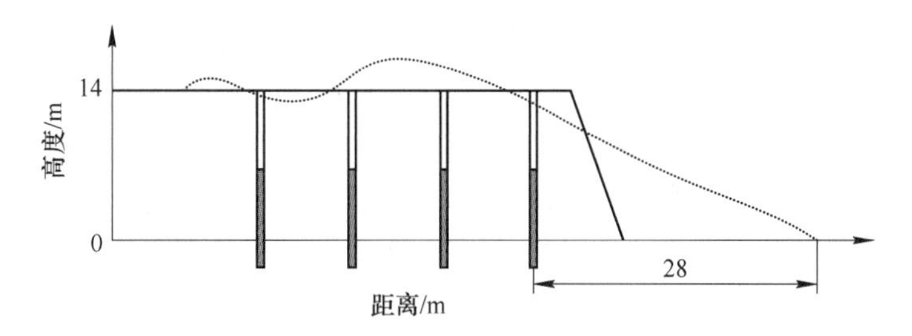

图 3-20 爆堆形状模拟

（2）岩体的岩性相同，并且不存在裂隙；

（3）爆破的最大飞行距离为最高点的抛掷距离。

按白云鄂博铁矿生产爆破参数建立相关爆破模型。选取其中一个测点作为台阶爆破的初始条件：岩性为磁铁矿 MFe，台阶高 14 m，坡角为 70°，底盘抵抗线 9 m，装药长度 9 m，超钻深度 2.5 m，炸药为二号岩石硝铵炸药，单孔装药量为 520 kg，4 排炮孔。

通过利用上面的数学模型计算，预测堆积最大高度为 17 m，爆堆前冲堆积的最远距离（近似等效为爆破最高点处飞石的距离）为 28 m。模拟形态如图 3-20 所示。

（1）建立爆破初始模型。

1）先用 create shape rectangele 命令，做高 14 m、宽 45 m 的矩形，再对矩形用 modife edit spline vertex 编辑得到所需直角梯形截面，最后对截面进行拉伸挤压得到梯形体，即为被爆岩体。接着在梯形体上按照 9 m×9 m 的孔网参数布置半径为 250 mm 的圆柱体得到 4 排炮孔。

2）再给梯形体和炮孔赋上材质。先打开 material editor，选择一个材质球，找到所需材质，按下 assign material to selection，把材质赋给梯形体，加上 modify 上的 UVW map 命令，选择 box 选项，并把材质调整到合适的大小。同理，再给圆柱体（装药孔）赋上相应材质。这样就得到了所需的爆破原始模型，如图 3-21 所示。

图 3-21 爆破原始模型

（2）在命令板中选择 create geometry particle systems（粒子系统），点击 super spray 按钮，创建超级喷射系统。接着在其子菜单中根据数学模拟结果设置好 off plane spread、发射器尺寸、粒子形状 particles timing size、粒子产生的速度和粒子的变化等相关参数。其中粒子偏离水平面的角度设置和抛掷角度有关粒子的粒度和爆碎体形态大小相关粒子产生的速度和抛掷初速度一致。根据爆破的作用效果在 3 ds 中设置爆破的强度和碎石在空中的翻转度。在粒子系统中，设定好粒子作用的起始时间。为了便于观察，将实际爆破中的毫秒微差单位都扩大到秒。最后在 space warp 面板中选择 force，生成一个 gravity（重力）扭曲空间把粒子系统绑定到上面这样就产生了重力场。

为了制造出真实的爆炸效果，可以在起爆的同时增加烟雾效果：选择 environment，修改其中的 fog back ground 参数，根据需要调整烟雾的浓度。为简单起见，没有施加烟雾效果。同时，也可以在水平面将粒子系统绑定在 pomniflect（全导向板）空间扭曲上，让爆破飞石接触地面后有反弹效果。

（3）模拟效果动画演示。

1）将爆破的时间设置为 100 s，粒子作用的时间也为 100 s。在 3ds 中用打开 auto key（动画记录），每隔 25 s 用 move 和 rofate 等工具调整好粒子喷射角度。最后点击 animadon，屏幕中出现整个爆破过程的模拟动画。在 75 s 时爆破模拟形态如图 3-22 所示，100 s 时爆破模拟形态如图 3-23 所示。

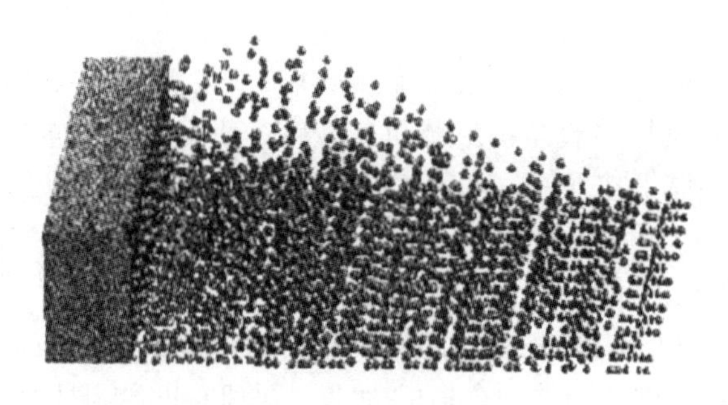

图 3-22　在 75 s 时爆破模拟形态

图 3-23　在 100 s 时爆破模拟形态

2）在模拟演示的动画中发现，飞石的抛射形态过于规则，抛射的轨迹还是存在失真问题。但是从演示的过程来看，达到了预期的动画效果，与数值模拟的结果和实际测得的情况基本吻合。

（4）结语。

影响爆堆形态的因素很多，其中岩石的运动轨迹主要取决于初始抛掷速度和抛掷角。这两者又受孔径单耗装药结构、台阶高度抵抗线和一次爆破孔排数等爆破参数的影响。采用3ds进行爆破模拟时，更多时候需要依赖建好的弹道理论数学模型。但是对爆破抛掷的过程进行动画模拟是个全新的尝试，能够直观地反映整个爆破过程，对实际工程的施工设计具有辅助作用，但该流程有待进一步完善和发展。

3.4.4　露天台阶爆破爆堆形态的 PFC 模拟

3.4.4.1　颗粒流方法定义

颗粒流方法，也称离散元法（discrete element method，DEM），是一种用于模拟颗粒物质（固体、液体、气体）在不同条件下的运动和互动力学特性的数值模拟方法。它是通过考虑固体颗粒运动学、动力学参数、相互作用力和碰撞性质，以离散元（如颗粒、分子等）为基本计算单位，对颗粒系统的全局物理过程进行建模和计算的方法。颗粒流方法的应用非常广泛，主要应用于研究颗粒物质的各种物理特性，如颗粒流体力学、颗粒物料的传输、固体废弃物、矿山、设备振动、物理参数测量等。与其他数值方法相比，颗粒流方法更适用于多相流体力学问题，具有模拟精度高、模型简单、自适应计算等特点。简单来说，颗粒流方法就是通过离散元对颗粒体系进行建模和计算的方法，它能够模拟颗粒物质在不同条件下的运动规律、力学特性和相互作用规律。它在物理参数测量、物料传输、振动控制等领域有着广泛的应用前景和较高的研究价值。

颗粒流方法（PFC）由细观离散元理论开发而成，将岩体离散为在最大、最小半径之间随机分布的二维圆盘或三维球形，可以有效地反映岩体的微观本质，并且允许离散的颗粒单元发生平移和旋转，颗粒也可以彼此全部分离，所以它是研究爆破作用的理想工具。目前，该系列软件已广泛应用于岩石力学行为模拟研究，并被尝试应用于爆破破岩机理方面的研究，但应用于台阶爆破爆堆形态模拟方面的研究尚不多见。

3.4.4.2　PFC 方法中阻尼和黏结设置

PFC 系列软件以细观离散元理论为基础开发而来，主要用于进行数值试验，将其用于爆堆形态的研究，则需要结合爆破作用的特点，对影响岩体爆破过程和爆堆形态的敏感参数，即颗粒系统阻尼和黏结特性进行相关设置。

A　阻尼的设置

在颗粒流模型中，局部阻尼和黏性阻尼被引入运动方程中来实现动能的消散，以使颗粒系统的动能在一个合理的循环次数下达到一个稳定状态解。根据局部阻尼的计算机理（具体见参考文献［120］），局部阻尼对只受重力作用的抛掷运动和在抛掷过程中相互碰撞的颗粒是不适合的。因此，为了使得能量消散过程更好地反映实际情况，比较好的方法是在爆炸荷载施加结束、岩体破碎开始运动时，将待爆区颗粒的局部阻尼系数设置为零，并激活黏性阻尼，即将局部阻尼置于不激活状态，使黏性阻尼发挥阻尼作用。因此，系统中的颗粒在抛掷过程中不受阻尼作用，而相互碰撞颗粒之间接触处的相对运动受到阻尼作用，并产生能量损失。

B　黏结的设置

PFC 系列软件采用离散元理论，克服了有限元软件单元不能脱离的问题，但根据文献可知，在 PFC 程序中，颗粒分离后，在计算过程中如果颗粒之间距离足够小时，将重新构成新的接触，这明显与爆破作用过程中，岩块在抛掷过程中相互碰撞，使岩块进一步破碎的特性不符。为更真实地反映爆破作用，使模拟过程更接近实际，模拟过程中在岩体完成破碎并开始移动时，将待爆区岩体的黏结半径和黏结力设置为零。

C　爆炸荷载的简化及施加

目前对爆炸荷载的模拟方法主要有：爆炸荷载曲线和流固耦合两种方式，其中爆炸荷载曲线由于简单方便被广泛使用，采用给炮孔壁粒子施加爆炸荷载曲线的方式来模拟爆破作用。根据凝聚炸药爆轰波的 C-J 理论，耦合装药条件下炮孔壁上的初始平均爆轰压力为：

$$P_0 = \frac{\rho_0 D^2}{2(\gamma + 1)} \tag{3-43}$$

式中，P_0为炸药的爆轰压力；ρ_0、D 分别为炸药的密度和爆轰速度；γ 为等熵指数。

对于不耦合装药，若装药时的偶合系数 b/a 值较小，则爆生气体的膨胀只经过 $P>P_k$ 一个状态，此时炮孔初始平均压力 P_0为：

$$P_0 = \frac{\rho_0 D^2}{2(\gamma + 1)}\left(\frac{a}{b}\right)^{2\gamma} \tag{3-44}$$

式中，a 为装药直径；b 为炮孔直径。

根据爆破工程广泛采用的多方气体状态方程可以得到初步膨胀以后的炮孔压力：

$$P_1(t) = \left(\frac{V_0}{V_0 + \Delta V(t)}\right)^{\gamma} P_0 \tag{3-45}$$

式中，V_0为炮孔初始体积；$\gamma=1.4$。

裂缝贯穿瞬间，相邻炮孔连线上的裂缝呈锥形扩展，如图 3-24 所示。结合文献［121］的研究成果，取 t_r为 2 ms，t_d为 7 ms。爆炸荷载作用过程曲线如图 3-25 所示，P_0为爆炸荷载峰值，t_r为爆炸荷载上升时间，t_d为爆炸荷载正压作用时间。

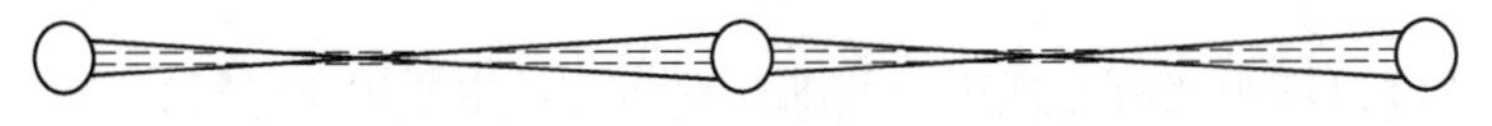

图 3-24　炮孔连线上裂缝扩展图

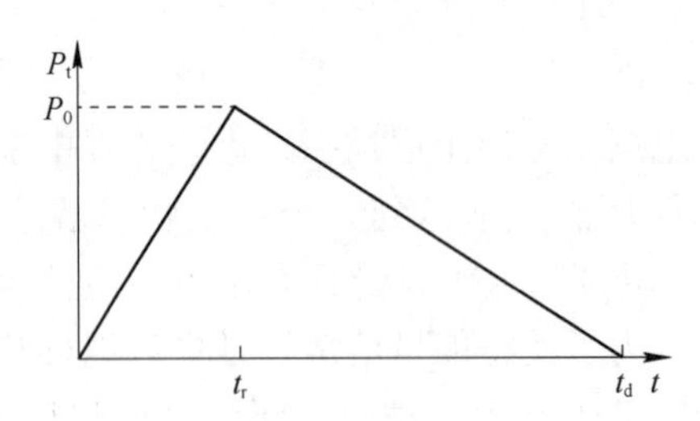

图 3-25　爆炸载荷作用过程曲线

3.4.4.3　爆堆形状的 PFC 模拟

A　材料 PFC 微参数的选择

与有限元软件采用宏观力学参数不同，PFC 软件采用细观参数以表征颗粒间的力学行为。本节模型所用岩体材料参数取花岗岩参数，根据文献可知花岗岩的 PFC 微参数见表 3-5。

表 3-5 花岗岩宏观、微观参数

宏观参数	取值	宏观参数	取值	宏观参数	取值
$\rho/g\cdot cm^{-3}$	2630	$\rho/g\cdot cm^{-3}$	2630	$\bar{\lambda}$	1
E/GPa	69	R_{max}/R_{min}	1.66	$\bar{E}_c$/GPa	62
σ/MPa	150	E_c/GPa	62	$\bar{k}^n/\bar{k}^s$	2.5
σ_{ci}/MPa	90	k_n/k_s	2.5	$\bar{\sigma}_c^m=\bar{\Gamma}_c^m$	157
v	0.26	μ	0.5	$\bar{\sigma}_c^d=\bar{\Gamma}_c^d$	36

B 岩体破碎时间确定

根据王文龙等人[123]的实测资料，巷道爆破中，单自由面条件下，岩体开始运动的时间为 6～58 ms；双自由面条件下岩体开始运动的时间为 3～27 ms。FELICE 与 PREECE[123-124]对中等台阶高度的岩石爆破高速摄影观测结果表明：待爆区岩体脱离母岩的时间约为几十毫秒。张奇[125]对爆破过程中岩石破碎速度的分行理研究结果也表明，当抵抗线为 0.5~5 m 时，岩体的破碎时间为 5~50 ms。以上研究表明，岩块开始运动的时间与自由面、台阶高度和抵抗线等参数有关。且其长短主要受台阶高度控制，台阶高度越大，滞后时间越长。由于模拟的工况为深孔爆破，最大台阶高度为 8.0 m，因此取岩体破碎运动时间为 15 ms。

C 排间延期时间确定

确定合适的微差间隔时间和准确地控制此间隔时间是做好微差爆破的关键。段海峰[126]提出了爆破机理的推墙假说和回弹假说，并认为合理的微差时间应大于前排孔产生足够补偿空间的时间，小于后排孔回弹结束时间，并介绍了一种简单的确定微差时间的办法。王戈等人[127]通过工程实际和数值试验认为，合理的排间微差时间为 10 ms。一般矿山爆破工作中实际采用的微差间隔时间为 15~75 ms，通常用 15~30 ms。国外一般认为微差间隔时间只要大于 10 ms 即可，排间微差间隔时间可达到 200 ms[128]。在模拟过程中取排间微差时间为 60 ms。

D 单孔台阶爆破的 PFC 模拟

选取典型的单排台阶爆破模型，如图 3-26 所示。取炮孔深 $L=8.0$ m，装药长度 $L_1=5.5$ m，堵塞长度 $L_2=2.5$ m，炮孔直径为 $b=110$ mm，采用密度 $\rho=1000$ kg/m^3，爆轰波速 $D=4000$ m/s 的乳化炸药，荷载峰值 $P_0=2000$ MPa。为简化计算，假设裂缝的平均宽度为 2 cm（见图 3-26），则裂缝贯穿的瞬间边界上的气体压力为 $P_t=95.2$ MPa。

图 3-27 给出了爆破过程的模拟结果，整个爆破过程共历时 1.87 s。由图 3-27 可以看出，在爆炸荷载作用下，裂缝开始出现。由于台阶上部堵塞段不加载而且台阶下部抵抗线较大，从而台阶中部出现鼓起突出。最后台阶上下两部分由于速度差的存在出现了脱离，台阶上部分由于下部速度大、上部速度小而向上旋转，台阶下部岩体受重力作用下落。这一过程与 Youjun Ning 等人采用 DDA 对台阶爆破的模拟过程和栾龙发等人采用高速摄影手段对台阶爆破岩石移动规律的研究成果相似。图 3-28 为杨军采用 DDA 方法模拟的单孔台阶爆破爆堆形态，通过对比可以发现，其结果与所用模型的模拟结果基本

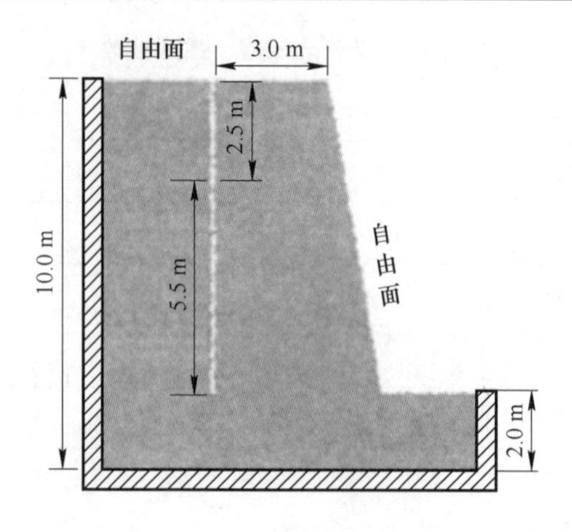

图 3-26　台阶爆破模型图

相同，爆堆接近炮孔处的不同是后冲向岩体破坏程度不同造成的。采用文献所提出的弹道理论模型计算单排孔工况的爆堆形态，其相关参数也与本节模拟结果基本符合，具体结果见表 3-6。弹道法抛矩大并且高度高的原因是其假设爆堆形态的基本形状为三角形。这些都证明了本节采用 PFC 方法来模拟台阶爆破爆堆形态思路的可行性。

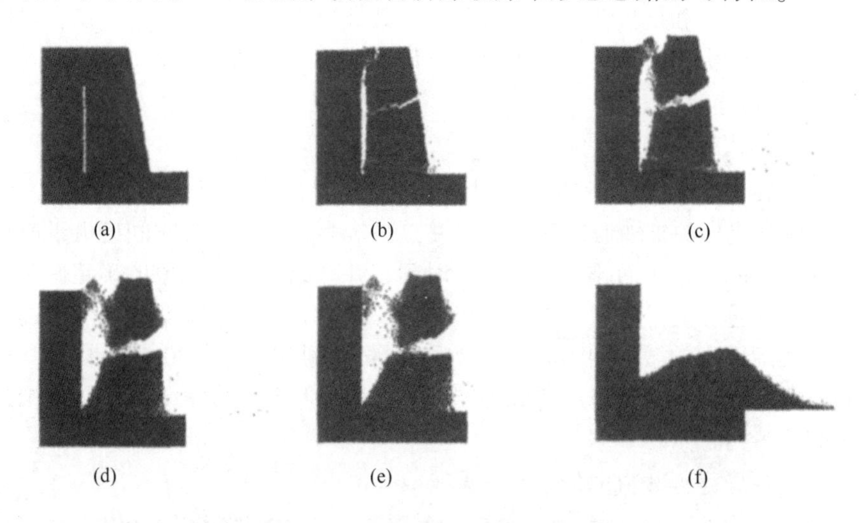

图 3-27　单排台阶爆破过程模拟图

(a) t=0.000 s；(b) t=0.028 s；(c) t=0.195 s；(d) t=0.361 s；(e) t=0.610 s；(f) t=1.870 s

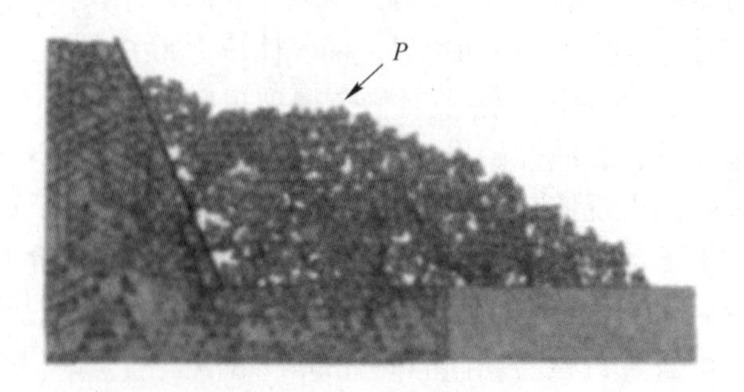

图 3-28　DDA 计算结果图

表 3-6 理论结果与实际结果对照表

参数	理论结果/m	模拟结果/m	误差率/%
爆堆高度	4.52	4.05	11.6
最大抛距	13.23	12.67	4.4

E 双排孔台阶爆破

双排孔模型亦采用表 3-4 的参数，模型相关尺寸如图 3-29 所示。采用上述的计算模型和相应的参数进行计算，图 3-30 依次给出了 0.000 s、0.014 s、0.097 s、0.215 s、0.821 s 和 1.997 s 时刻的爆破过程图。由图 3-30（b）可知，第 1 排孔首先起爆，在爆炸荷载作用下，前冲向岩体向自由面移动，岩体被拉裂，裂纹开始出现，后冲向岩体向相反方向运动，第 2 排孔被压缩。由图 3-30（c）可知，第 2 排孔起爆，在爆炸荷载作用下，爆腔增大，第 2 排孔抵抗线内岩体开始向自由面方向运动，由于台阶上部堵塞段不加载而且台阶

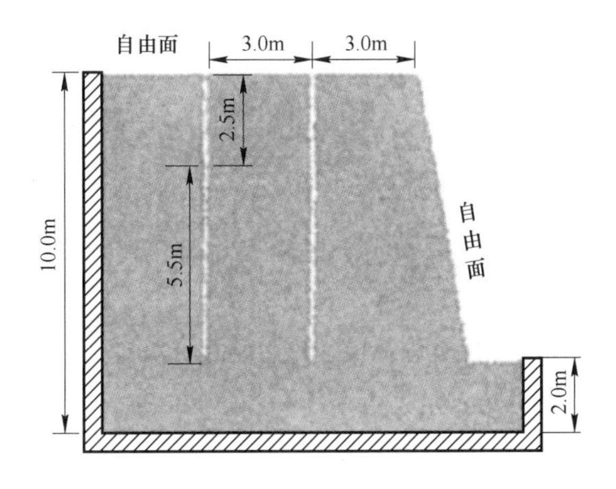

图 3-29 双孔台阶爆破模型图

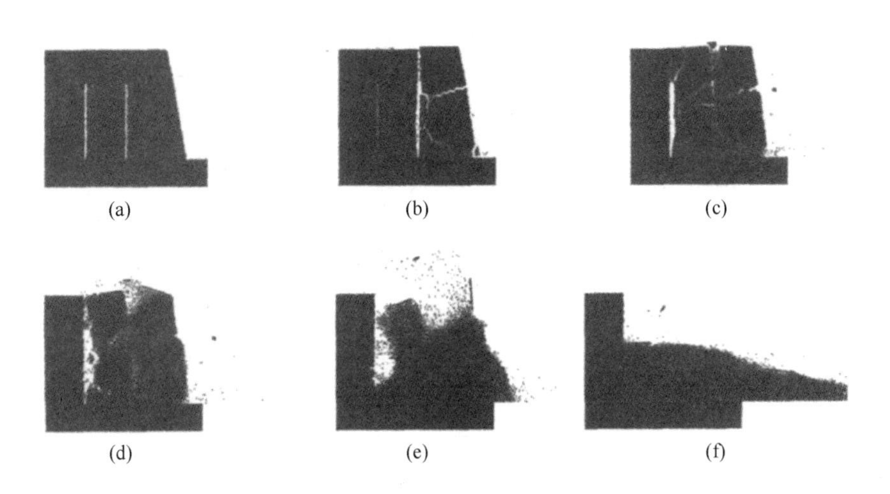

图 3-30 双孔台阶爆破过程图

（a）t=0.000 s；（b）t=0.014 s；（c）t=0.097 s；（d）t=0.215 s；（e）t=0.821 s；（f）t=1.997 s

下部抵抗线较大，因此、台阶中部速度最大，从而鼓起突出。由图3-30（d）可知，岩体继续向自由面方向移动，2 次爆破岩体在运动中碰撞。由图 3-30（e）可知，受重力作用岩块继续下落，并产生堆积。台阶爆破爆堆形态的最终结果如图 3-30（f）所示。

3.4.4.4　单排炮孔爆堆形态与爆破参数关系

研究改变爆破条件，合理选择岩体参数，则可利用 PFC 软件来预测不同爆堆形态，研究其规律，以便进行合理的台阶爆破设计。采用台阶爆破模型作为基本模型，通过分别改变相应的爆破参数研究该参数对爆堆形态的影响。共讨论了 9 种工况，分别比较了不同抵抗线（W=2.5 m、3.0 m、3.5 m）、炸药单耗（q=0.6 kg/m^3、0.65 kg/m^3、0.7 kg/m^3）和台阶高度（H=8.0 m、10.0 m、12.0 m）条件下爆堆的形态变化情况。为便于比较不同参数条件下的爆堆形态，对各种工况的计算结果进行了简化处理。首先以模型中同一点为原点，描出各工况最终爆破爆堆形态轮廓曲线，如图 3-31 所示；再将其换算为统一的比例，置于同一张图中进行对比。

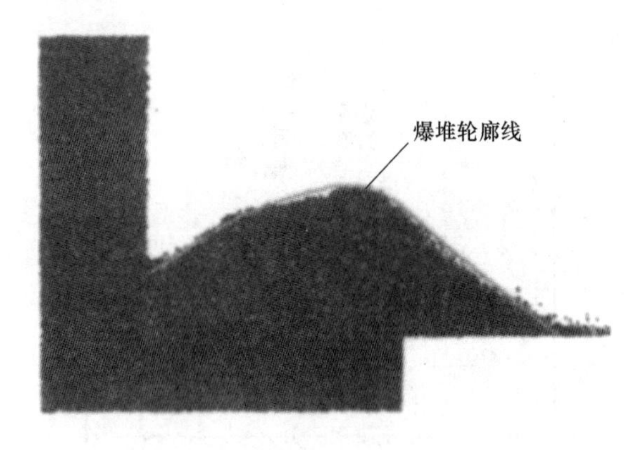

图 3-31　爆破形态的简化处理

A　爆堆形态与抵抗线关系

抵抗线是台阶爆破的重要参数之一，模拟了抵抗线 W 为 2.5 m、3.0 m、3.5 m 3 种工况（分别记为 W-2.5、W-3.0、W-3.5）下的爆堆形态。模拟结果如图 3-32 所示，爆堆的相关特征参数见表 3-7。

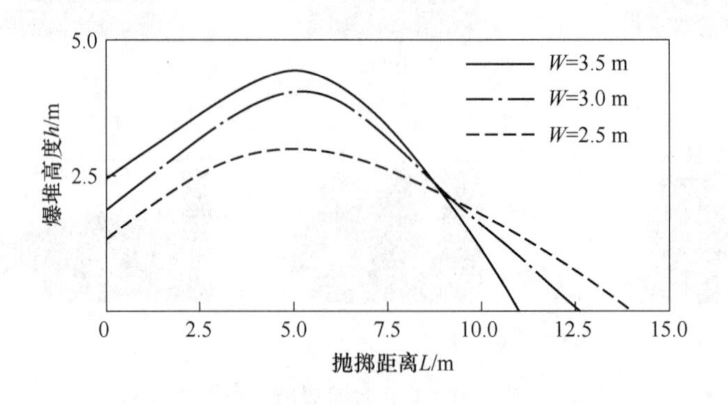

图 3-32　不同抵抗线工况下爆堆形态曲线

表 3-7　爆堆特征参数

工况	台阶高度/m	最远抛掷距离/m
W-2.5	3.02	13.97
W-3.0	4.05	12.67
W-3.5	4.21	11.03

从图 3-32 和表 3-7 可以看到，随着抵抗线 *W* 的增加，岩石抛掷距离减小，爆堆高度增大，整个爆堆形状由扁平向高尖过渡。这是因为随着抵抗线的增加，台阶爆破需要破碎和抛掷的岩体体积增加，抛距减小，但同时由于被爆岩体的体积增加，岩体破碎和抛掷需要更长时间，更高比例的爆破能量传给岩体，使爆堆的高度有所增加。

B　爆堆形态与炸药单耗 *q* 的关系

炸药单耗 *q* 是台阶爆破中的重要指标。它是指爆破 1 m^3岩石所需要的炸药量。分别计算 *q* 等于 0.6 kg/m^3、0.65 kg/m^3、0.7 kg/m^3 3 种工况（分别记为 *q*-0.6、*q*-0.65、*q*-0.7）下的爆堆形态，计算结果和相关特征参数分别如图 3-33 和表 3-8 所示。

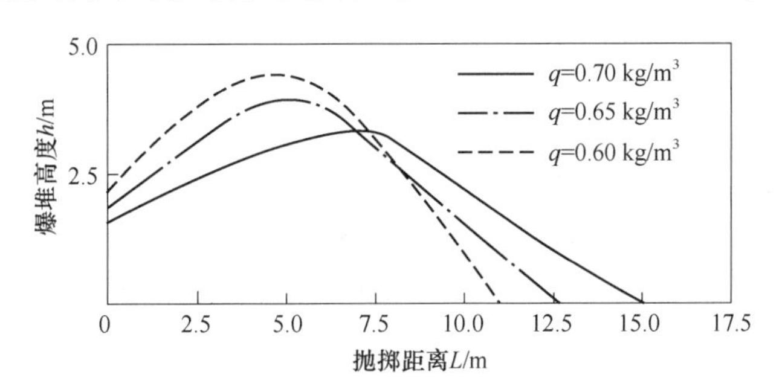

图 3-33　不同炸药单耗工况下爆堆形状曲线

表 3-8　爆堆特征参数

工况	台阶高度/m	最远抛掷距离/m
q-0.60	3.45	11.05
q-0.65	4.05	12.67
q-0.70	4.53	15.12

通过图 3-33 和表 3-8 可以得出以下结论：随着炸药单耗 *q* 的增加，抛掷距离增大，爆堆高度减小，爆堆的最高点逐步远移。这是由于随着炸药单耗的增加，爆炸荷载峰值增大，使得岩石抛掷距离增大，爆堆的高度相应减小。

C　爆堆形态与台阶高度 *H* 的关系

台阶高度 *H* 是台阶爆破设计的重要参数，不同的台阶高度不仅影响爆破生产效率而且对爆堆形态也有比较大的影响。分别计算 *H* 等于 8.0 m、10.0 m、12.0 m 3 种工况（分别记为 H-8. 0、H-10. 0、H-12. 0）下的爆堆形态，计算结果及特征参数分别如图 3-34 和表 3-9 所示。

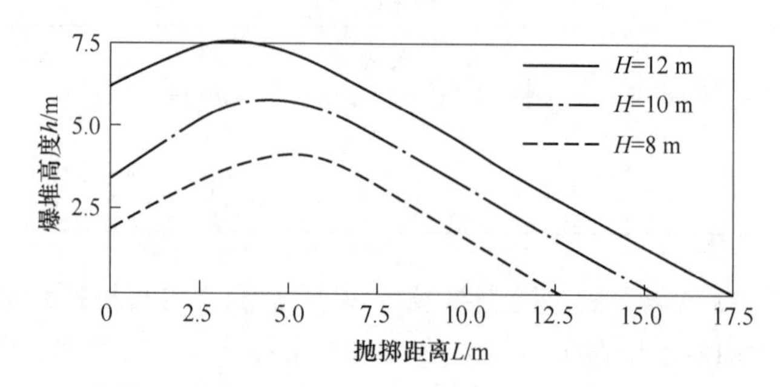

图 3-34　不同台阶高度工况下爆堆形态曲线

表 3-9　爆堆特征参数

工况	台阶高度/m	最远抛掷距离/m
H-8. 0	4. 05	12. 67
H-10. 0	5. 82	15. 19
H-12. 0	7. 60	17. 31

通过图 3-34 和表 3-9 的分析得出以下结论：随着台阶高度 H 的增加，岩石抛掷距离逐渐增大。与抵抗线、炸药单耗相比，台阶高度对爆堆形态的影响不大，爆堆高度和抛掷距离分别有所增加。这是因为由于台阶高度的增加，底盘抵抗线随之增大，下部岩体抛掷作用减弱，爆堆最高点向台阶移动，但随着台阶高度的增加，岩石抛掷运动时间有所增大，上部岩体抛掷距离有所增加。

3. 4. 4. 5　结论与展望

（1）PFC 数值方法预测结果与相关模拟结果和理论模型计算结果有较好的一致性，是预测露天台阶爆破爆堆形态行之有效的方法。

（2）岩石抛掷距离随着抵抗线 W、炸药单耗 q 和台阶高度 H 的增加而增大；爆堆高度随抵抗线 W 的增加而增大，随 q 的增大而减小；并且爆堆形态对单耗 q 与抵抗线 W 比对台阶高度 H 更为敏感。

3. 5　爆破设计优化的研究现状

3. 5. 1　爆破设计优化的概况

3. 5. 1. 1　爆破设计的定义

爆破设计是在获取待爆区域地形地质情况的基础上，依据爆破工程目的，进行参数设计、模拟分析与方案优化。

3.5.1.2 爆破优化设计的定义

爆破设计优化是对爆破方案进行全面的分析和评估，并通过综合考虑各种因素和因素之间的协同关系，选择出一种能够达到最优化效果的爆破方案，既能够提高爆破效率和经济效益，同时保障工程的安全和环保。

3.5.1.3 爆破设计优化的意义

爆破设计优化的意义：(1) 双碳目标的实现；(2) 资源利用率；(3) 生产效益的最大化；(4) 总成本；(5) 本质安全。

爆破优化设计的意义：爆破效果（指大块率、块度组成、爆堆的形态等）不仅反映了爆破设计参数和爆破方法的准确性、合理性，同时也直接影响着铲装、运输、破碎等后续工序和采矿总成本。一般情况下，穿孔爆破成本随着爆破质量的降低而增加，而后续工序的作业成本则随着爆破作业质量的提高而降低，在理论上则存在着使采矿总成本为最低的“最佳爆破效果”。

3.5.1.4 爆破设计优化的具体内容

爆破设计优化的具体内容为：

(1) 分析爆破作业的实际情况，确定目标物体的物理特征和周围环境的影响因素；

(2) 运用现代数值模拟软件和实验方法，对多种爆破参数进行计算和分析，寻求最优组合方案；

(3) 综合评价爆破设计方案的可行性、经济性、安全性和环保性等指标，大大减少或避免了不必要的损失和风险；

(4) 针对特定爆破问题，发现干扰因素和处理方法，进行方案的快速调整和改进，提高爆破效率和减少不良后果。

3.5.1.5 台阶爆破仿真和台阶爆破设计优化的关系

台阶爆破仿真和台阶爆破设计优化是密切相关的。在台阶爆破设计优化的过程中，爆破仿真技术可以为设计人员提供独特的帮助。

(1) 通过台阶爆破仿真，可以实现对爆破方案的全方位展示和模拟。在爆破设计优化的过程中，设计人员可以通过模拟软件对不同爆破参数的设置和组合进行模拟，获得不同模拟结果，从而选择最佳方案。由此，节约了实验成本和时间，降低了爆破操作的风险。

(2) 台阶爆破仿真可以从不同方面分析爆破效果。设计人员可以通过仿真软件对爆破效果进行模拟，如岩体破碎效果、坝体的变形、声波效应、地震波及振动特征等，从而得出不同组合方案下的结果，并对方案进行优化。

(3) 通过台阶爆破仿真技术分析爆破效果，可以有效地实现爆破操作的安全和环保。通过模拟软件，可以对爆破振动、岩石飞溅和粉尘扩散等问题进行模拟，评估爆破操作对周围环境造成的影响，为安全控制和环境保护提供有效的参考信息，从而降低了该工作风险，防止不必要的损失和后果。

总之，台阶爆破仿真技术对于台阶爆破设计优化来说是必不可少的。其优秀的表现和多项数据集支持了它应用领域的广度及说明了被深度认可的原因。其通过模拟来获得更稳定、高效、安全和环保的结果，可以帮助设计人员制定出更加科学、合理和优化的爆破方案。

3.5.1.6　爆破设计的方法

为了获得更优的爆破设计，不少学者和工程师们进行了大量的研究，主要包括：

（1）从工程经验分析计算和仿真分析出发优化爆破效果，该类方法往往需要爆破专家或者资深爆破工程师参与；

（2）从理论数值预测出发优化爆破效果，该类方法一般以爆破设计为输出，受限于爆破数据数量与质量和建模方法，其优化结果一般不是最优；

（3）从爆破建模出发优化爆破成本，分析了多种块度预测模型的优劣，选择了以 Kuz-Ram 预测模型建立优化模型，并使用了遗传算法进行优化求解，但未对 Kuz-Ram 模型进行修正，也没考虑到爆破设计参数之间的约束关系，可能导致优化后爆破参数无法有效满足实际需求。

3.5.2　从理论数值预测出发优化爆破效果

3.5.2.1　人工神经网络的定义

人工神经网络（artificial neural networks，ANNs）也简称为神经网络（NNs）或称作连接模型（connection model），它是一种模仿动物神经网络行为特征，进行分布式并行信息处理的算法数学模型。这种网络依靠系统的复杂程度，通过调整内部大量节点之间相互连接的关系，从而达到处理信息的目的。

人工神经网络实际上是一组数学模型，其内部连接与生物体的神经元相同，通过突触等连接并相互依赖。对于人工神经网络中神经元间突触连接，可通过系统训练的方式调节各个连接的权重。有样本的训练学习算法称为有监督学习，不依赖样本的训练学习算法称为无监督学习。在有监督学习算法中，经过训练调整好的连接权重被作为解决特殊情况的基本数据保存，然后用现有数据检验，如果误差达到要求则认为该人工神经网络训练完成，可以用于解决现实问题。

3.5.2.2　深度神经网络定义

深度神经网络（DNN）是一种多层无监督神经网络，并且将上一层的输出特征作为下一层的输入进行特征学习，通过逐层特征映射后，将现有空间样本的特征映射到另一个特征空间，以此来学习对现有输入具有更好的特征表达。

深度神经网络具有多个非线性映射的特征变换，可以对高度复杂的函数进行拟合。如果将深层结构看作一个神经元网络，则深度神经网络的核心思想可用三个点描述，具体如下：

（1）每层网络的预训练均采用无监督学习；

（2）无监督学习逐层训练每一层，即将上一层输出作下一层的输入；

（3）有监督学习来微调所有层（加上一个用于分类的分类器）。

3.5.2.3 深度神经网络与传统神经网络的主要区别

深度神经网络与传统神经网络的主要区别在于训练机制，为了克服传统神经网络容易过拟合及训练速度慢等不足，深度神经网络整体上采用逐层预训练的训练机制，而不是采用传统神经网络的反向传播训练机制，主要表现在：（1）克服了人工设计特征费时、费力的缺点；（2）通过逐层数据预训练得到每层的初级特征；（3）分布式数据学习更加有效（指数级）。

3.5.2.4 深度神经网络原理

深度神经网络与人工神经网络的工作原理一致，是目前流行的深度学习中的一种算法，只需知道输入和输出便可训练网络参数，从而得到一个神经网络“黑箱”，不需要求解输入和输出之间具体的函数表达式，因为训练好的神经网络自身就是输入和输出之间的“函数”。

王赟、薛大伟、汤万钧[129]基于深度神经网络研究分析爆破参数和岩石破碎度之间的关系，建立了适用于某露天矿的爆破参数和破碎度的预测模型，并对爆破参数做敏感性分析，确立了炸药单耗和孔距是主要影响因素，并分别建立了炸药单耗和孔距与岩石破碎度之间的变化关系。

3.5.2.5 深度神经网络建模

深度神经网络模型由 1 个输入层、2 个隐层和 1 个输出层组成（见图 3-35）。2 个隐层的前馈网络使用 Sigmoid 神经元，而输出层是线性神经元。其 TanSigmoid 函数将输入层的参数标准化。这个函数生成的输出在-1 和 1 之间，能处理的值范围从负无穷到正无穷（见图 3-36）。线性输出层允许网络输出值的范围也是从负无穷到正无穷如图 3-37 所示。

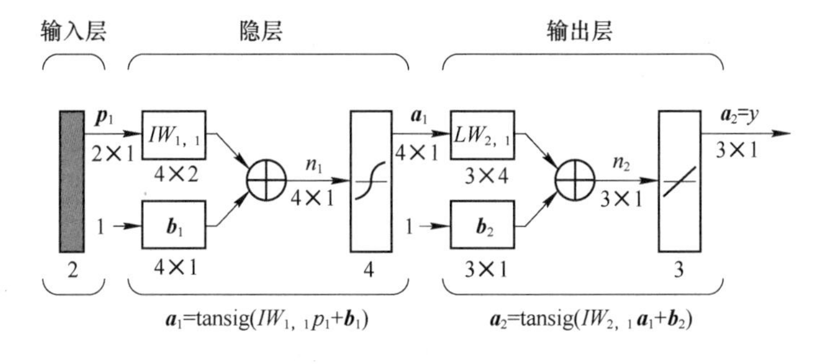

图 3-35 前馈网络

（$\boldsymbol{p}$ 为输入向量；$IW_{1,1}$ 和 $LW_{2,1}$ 为系数；$\boldsymbol{b}_1$ 和 $\boldsymbol{b}_2$ 为常向量）

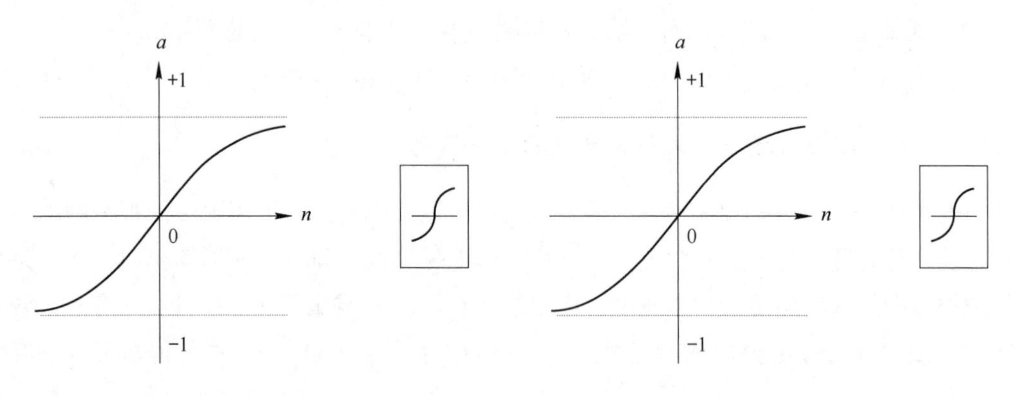

图 3-36　TanSigmoid 传递函数　　图 3-37　Pureline 传递函数

深度神经网络相对于传统神经网络，最大优点在于：随着网络深度的增加，可以处理的输入变量大大增加，能够分析更复杂的问题。这也是近年来深度学习崛起的原因。

3.5.2.6　模型输入输出参数

将此次需要评估和研究且超过 50 种的参数，全部输入到数据库中，具体包含岩体描述、爆破图样尺寸、钻模、炸药量、炸药类型、炮孔水状况、炮孔长度、台阶高度、比因素、雷管等。此模型的输入参数众多，按类型分，输入层由岩体规格、爆破规格及爆破方式组成。岩体规格包括岩石类型、炮孔里水的位置和深度等参数；爆破规格包括炸药类型、炸药单耗、高度、填塞物和起爆器，部分参数见表 3-10。为了方便模型处理，其中岩石类型用数值表示。

表 3-10　神经网络的输入数据

岩石类型	密度 /kg · m^{-3}	炮孔间距 /m	填塞长度 /m	装药长度 /m	炮孔深度 /m	炸药质量 /kg	水深 /m	炸药单耗 /kg · m^{-3}
1	4. 17	7. 0	4. 0	8. 3	12. 3	365	0	0. 63
1	4. 17	7. 0	4. 0	9. 5	13. 5	418	0	0. 72
1	4. 17	7. 0	5. 0	10. 1	15. 1	475	0	0. 82
2	1. 85	6. 5	5. 0	11. 2	16. 2	493	2. 5	0. 92
2	1. 85	6. 5	5. 0	11. 6	16. 6	510	2. 3	0. 95
3	4. 33	7. 0	8. 7	8. 8	17. 5	600	2. 2	1. 04
3	4. 33	7. 0	5. 0	12. 7	17. 7	559	1. 0	0. 97
3	4. 33	7. 0	8. 4	8. 8	17. 2	600	3. 7	1. 04
4	2. 65	7. 0	9. 7	9. 1	18. 8	620	3. 3	1. 07
4	2. 65	7. 0	5. 0	11. 0	16. 0	484	1. 0	0. 84

续表 3-10

岩石类型	密度 /kg · m^{-3}	炮孔间距 /m	填塞长度 /m	装药长度 /m	炮孔深度 /m	炸药质量 /kg	水深 /m	炸药单耗 /kg · m^{-3}
3	4.33	7.0	5.0	13.2	18.2	581	1.0	1.01
3	4.33	7.0	5.0	12.8	17.8	563	0.8	0.97
1	4.17	6.5	6.1	9.7	15.8	660	3.0	1.23
1	4.17	6.5	8.4	8.8	17.2	600	8.0	1.12
5	4.30	6.5	6.5	7.7	14.2	339	0	0.63
5	4.30	6.5	9.0	7.4	16.4	500	4.0	0.93

输出层较为简单，有 3 个参数为 *D*50、*D*63.5 和 *D*80，表示爆破后颗粒物的粒径大小分布，分别表示占比达 50%、63.5%和 80%的粒径。

模型中不同参数的量纲和取值范围不同会对结果产生影响，因此通过效用函数将输入数据标准化，使得所有数据都在 0 和 1 之间。

模型输出参数中的岩石破碎度，是利用图像分析软件（Gold size 2.0）对爆破后岩石照片进行分析并计算的结果。图像识别算法比传统的测量法高效，不仅对某一具体岩块直接测量的结果更精确，还适用于大规模测量且不需要进行大范围采样。通过对破碎的岩石进行成像分析，即可得到岩块尺寸信息。总体看，大规模测量时使用图像识别法，可以更精确、更低成本地获得岩石爆破后碎块的分布情况。

在研究中每次爆破后需要加载 30~60 张照片，通过 Goldsize 图像分析软件获得破碎岩石分布，这个过程如果单凭人工是非常乏味和耗时的，因为每张照片基本上都有超过 1700 个岩石碎片。一次爆破后分析总的岩块数量在 5.1 万~10.2 万。如果使用人工测量法，不可能达到如此规模的统计，因此人工测量法虽然在单个岩块测量上精度较高，但在统计爆破后岩块分布上存在非常大的误差。

综上所述，通过数据库汇总了超过 50 种的爆破相关参数，并给予图像识别得到爆破后的岩体破碎度，这样就得到了深度神经网络需要的输入和输出的参数，将数据分为 2 组：80%为训练组，20%为检验组。

最后，通过 MATLAB 软件建立深度神经网络模型，使用训练组数据训练模型，再用检验组数据检验模型，分析误差。

3.5.2.7 交叉验证训练误差

神经网络模拟分析最常碰到的问题就是过度拟合，而交叉验证是一种用来控制过度拟合的有效方法，将数据随机抽取建立 15 个交叉验证对象，分别训练学习，最后验证误差。训练误差和预测值 *D*80 之间交叉验证的绝对误差和相对误差见表 3-11。在所有的测试中，计算出的错误率均小于 100，这是可以接受的误差，意味着该模型可以在本露天矿和其他类似矿山应用。

表 3-11　训练误差和交叉验证的绝对误差和相对误差

序号	训练误差		交叉验证	
	相对误差	绝对误差	相对误差	绝对误差
1	0.0537	0.0257	0.0705	0.0351
2	0.1140	0.0534	0.1407	0.0674
3	0.0968	0.0473	0.8550	0.7593
4	0.1267	0.0617	0.0396	0.4376
5	0.0238	0.0122	0.1612	0.2966
6	0.1029	0.0507	0.0813	0.0813
7	0.0882	0.0440	0.1985	0.1056
8	0.1117	0.054.1	0.1759	0.0871
9	0.0729	0.0352	0.4295	0.1941
10	0.0134	0.0064	0.0507	0.0424
11	0.0254	0.0123	0.0359	0.0173
12	0.1348	0.0653	0.0660	0.2447
13	0.1127	0.0544	0.1756	0.0866
14	0.0712	0.0344	0.1948	0.0869
15	0.0583	0.0288	0.1623	0.0640

3.5.2.8　敏感性分析

在其他参数不变的情况下，固定一个参数变量逐一分析，得到影响岩石碎片参数变化的主要影响因素，是炸药单耗和炮孔间距。增加炸药单耗，破碎岩石的尺寸相应减少。炸药单耗等于 1.15 kg/m^3，$D80$（80%通径）的岩石为 40 cm。换句话说，80%的岩石爆破后为 40 cm，如图 3-38 所示。

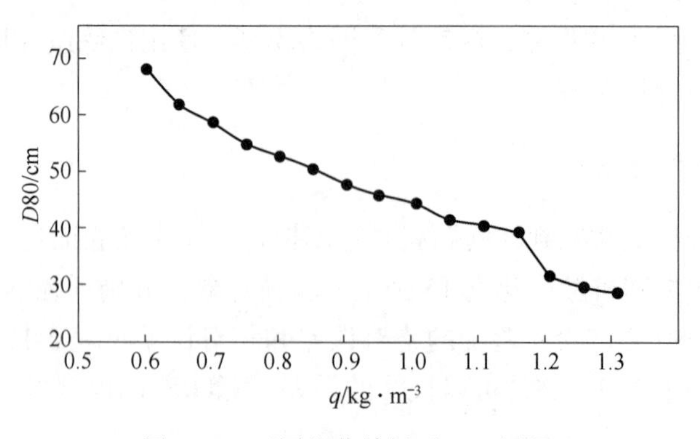

图 3-38　不同炸药单耗时 $D80$ 测量

改变炮孔间距会产生不同的结果（见图 3-39），如果间距在 4.5~5.8 m，80%通经的岩石爆破后尺寸将在 28~40 cm，这是最理想结果。如果间距小于 4.5 m，会导致钻孔和爆破成本增加，也使矿物加工变得相对复杂；而当间距超过 5.8 m 时，超大型岩石会增加，需要进行二次破碎，从而增加成本。

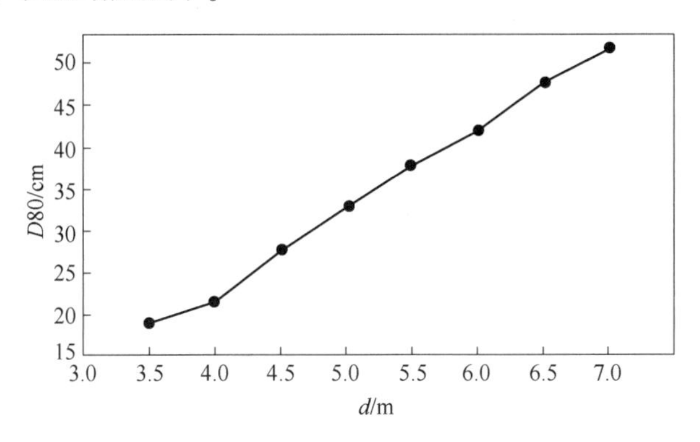

图 3-39 不同间距时 *D*80 测量

3.5.2.9 结论

（1）基于图像识别大规模收集分析爆破后岩块粒径分布，基于深度神经网络理论建立了一个简便易行的预测岩石破碎度的预测模型。该网络由 1 个输入层、2 个隐藏层和 1 个输出层组成，使用 Purelin 和 TanSigmoid 函数作为网络中的传递函数，可以无限数量地输入参数。

（2）通过 15 次交叉验证，证实模型的精度，确定了模型中参数的可靠性，建立了岩石破碎度和爆破参数之间的关系，在所有的检测中，相对误差小于 100。经检验该模型可以通过输入爆破规格来测量爆破后岩石尺寸。

（3）基于敏感性分析，确定影响岩石碎片参数变化的主要影响因素是：炸药单耗和炮孔间距。炸药单耗等于 1.15 kg/m^3，*D*80（80%通径）的岩石尺寸为 40 cm；间距在 4.5~5.8 m，80%的岩石爆破后尺寸将在 28~40 cm。

3.5.3 从工程经验分析计算和仿真分析出发优化爆破效果

3.5.3.1 露天矿采选优化的国外研究现状

20 世纪 90 年代初，国外率先提出了基于采选总成本联合优化的理念，将该理念称为 mine to mill，即从采矿到磨矿。澳大利亚冶金矿业协会（AusIMM）、澳大利亚优化资源开采合作研究中心（CRC ORE）、昆士兰大学可持续资源研究所的 JK_ MRC 中心，认 M2M 是一个对采矿到磨矿进行整体优化设计的方法，它的目的是用最小的能量消耗实现矿物破碎粉化的全过程。

3.5.3.2 露天矿采选优化的国内研究现状

国内关于露天矿采选优化的研究，有部分学者考虑爆破对破磨效率的影响，提出了以爆代破、以破代磨理念，开展了少量的试验性研究。

(1) 龚伦、钱永聪[130]朱家包包铁矿“以爆代破”研究是对原有矿山爆破技术的创新和发展，总结出的“以爆代破”爆破技术，有效降低了矿山爆破矿岩的大块率，爆堆的块度级配均匀、合理，不仅爆破质量得到明显改善，而且爆破技术有很大提高；并将采场矿岩划分为12个区域，研究出了对应的孔网参数、炸药单耗及爆破技术措施，对矿山爆破生产有重要指导意义；“以爆代破”研究与应用，后续铲装、运输、破碎等工序的经济技术指标得到进一步优化。应用“以爆代破”技术后，对矿山装运及破碎机处理情况进行了跟踪调查，发现选矿厂粗、中破台时分别提高了7.64%和13.4%，岩破系统破碎台时提高了31.6%，铲装效率提高了20.31%，汽车运输效率提高了14.28%，采、选综合成本明显下降了8%左右。

(2) 李景环[131]就鞍钢矿业齐大山铁矿“以爆代破”的实践，论述了依据地质条件实现爆破优化设计，按设计要求实施穿爆作业，取得了电铲装车时间缩短了6.9%、选矿粗破碎小时处理量提高了3.870%、中破碎小时处理量提高了3.9%的良好结果。“以爆代破”矿石块度的优化结果见表3-12。

表 3-12　不同矿石块度“以爆代破”优化结果

序号	孔网参数		炸药单位消耗量 /kg·t^{-1}	矿石块度占比例/%					
	排距/m	孔距/m		0~20 mm	20~75 mm	75~250 mm	250~350 mm	350~1000 mm	>1000 mm
1	6	7	0.21	8.01	16.61	33.23	13.4	23.75	5
2	5	5	0.322	18.29	31.52	32.62	9.4	8.17	0
	5	5.5							
	5	6							
3	优化效果（提高+，降低-）			+66	+90	-2	-30	-66	-100

3.5.3.3　鞍矿爆破的研究

本节重点介绍鞍钢矿业的“以爆代破”实例。董二虎、郭连军、张耿城等人[134]在整理统计鞍千矿不同爆破参数下爆堆岩块破碎效果及破磨能耗的基础上，以爆破过程中消耗的炸药质量及磨矿机械耗能数据为背景开展现场试验研究。通过调整试验装药量统计破碎效果并按爆堆分布形态选取25 kg岩块进行破磨试验研究，分析采选总成本中破磨成本与炸药不同能耗成本之间的关系。得到炸药单耗为0.31~0.34 kg/m^{3}时炸药利用率最高，爆堆矿块破磨特性得到明显改善，以此达到爆破阶段通过改变具体的爆破参数从而改善选厂破磨耗能实现以爆代磨的目标。

鞍钢集团鞍千矿业有限责任公司，鞍千胡家庙铁矿包含采场和选厂两部分：采场包含许东沟、哑巴岭、西大背三个采区。矿石主要品种是赤铁矿等，揭露的品位为24.5%，选厂面积为39万平方米。选矿为三段一闭路破碎、阶段磨矿、粗细分选、重选到强磁到阴离子反浮选联合流程工艺。矿石运输系统采用汽车到破碎站再到胶带运输送至鞍千选矿厂圆筒仓，岩石运输用公路运输方式，胶带工艺系统：汽车—固定破碎站—给料胶带—胶带机—鞍千选厂圆筒仓，设计处理原矿品位为28.4%。

采场采用中深孔爆破，鞍千矿孔网参数见表3-13，根据采场不同台阶岩性可选用铵油炸药和乳化油炸药，每周爆破5次。布孔采用方形布孔和三角形布置，采用逐孔微差起爆方式，阶段高度为12 m。赤铁石英岩矿岩硬度$f=11\sim16$，密度2.6 g/cm^3。钻机选用YZ35型牙轮钻，竖直穿孔14～14.5 m，炮孔超深2～2.5 m，钻孔直径250 mm。

表3-13 鞍千矿孔网参数

<table>
<tr><th>钻孔</th><th>孔径/mm</th><th>矿/岩</th><th>运输方式</th><th>孔网参数/m×m</th><th>装药高度/m</th><th>填塞高度/m</th></tr>
<tr><td rowspan="2">YZ35</td><td rowspan="2">250</td><td>矿石</td><td>胶带</td><td>6×6</td><td>8.2</td><td>6.3</td></tr>
<tr><td>岩石</td><td>汽车</td><td>7×7</td><td>9.2</td><td>5.3</td></tr>
</table>

选矿厂矿石入选粒度的限制为大于1000 mm的矿石必须进行二次破碎。电铲斗容限制块度大于1200 mm以上的岩石须进行二次破碎。鞍千矿业2017年爆破矿岩总量约为5870万吨，炸药年消耗约为14610.6 t。矿石运至破碎站对矿石进行初破后，将矿石通过胶带运输机送至圆筒矿仓内。破碎车间经过中细破处理后，将矿石送到磨选过滤作业区处理，涉及磨矿工序包括一次球磨及二次球磨。跟踪调研各破碎步骤下矿石的破碎块度统计值见表3-14。

表3-14 矿石的破碎尺寸

爆破/mm	初破/mm	中破/mm	细破/mm	碾磨/μm
0～1000	0～300	0～75	0～11	0～74

初、中细破破碎设备类型参数见表3-15。

表3-15 破碎设备类型及参数

<table>
<tr><th>项目分类</th><th>设备名称</th><th>型号及规格</th><th>设备台数</th><th>给料口尺寸/mm</th><th>最大给矿粒度/mm</th><th>台时处理量/t·h^{-1}</th><th>最大排矿粒度/mm</th><th>电机功率/kW</th></tr>
<tr><td>初破作业</td><td>悬挂式旋回破碎机</td><td>PXZ-1216</td><td>2</td><td>1200</td><td>1000</td><td>1250</td><td>350</td><td>310</td></tr>
<tr><td>中破作业</td><td rowspan="2">圆锥破碎机</td><td rowspan="2">H8800</td><td>2</td><td>400</td><td>350</td><td>1400</td><td>80</td><td>600</td></tr>
<tr><td>细破作业</td><td>3</td><td>100</td><td>80</td><td>830</td><td>30</td><td>600</td></tr>
</table>

以鞍千矿为重点，结合大孤山等其他矿区，对露天矿采选的基本流程、所用的设备、成本消耗等进行了调研。调研结果表明，爆破成本占整个采选总成本的8%左右，而破磨工序占整个采选总成本的30%以上。因此研究爆破工艺的调整对破磨成本的影响具有重要的意义。

A 爆破试验

a 试验准备

鞍千矿哑巴岭采场+48 m标高处，将上一台阶剥岩后残留浮碴清理干净寻找平整基岩表面进行布孔。钻孔前统计赤铁石英岩层出露节理面：1 号附近节理沿走向 2.5 m 倾斜节理出露面 NE38° ∠34°；2 号节理 SW7° ∠27°，长 2.9 m；3 号节理面 SW12° ∠14°，长 2.2 m。

对鞍千铁矿山赤铁石英岩不同标高下岩块静态力学参数进行测定整理，数据结果汇总见表 3-16（最大、最小值只表示取样测定获取的极值数据）。

表 3-16　鞍千矿红矿静态力学性质

名称	加载与层理方向	块体密度 /g·cm^{-3}	抗压强度 /MPa	抗拉强度 /MPa	直剪参数		变形参数	
					内聚力 /MPa	内摩擦角 /(°)	弹性模量 /GPa	泊松比
赤铁矿	层理不明显均值	3.28×10^3	199.22	15.16	11.10	43.90	133.72	0.26
		3.28×10^3	171.24	10.65			99.28	0.15
		3.28×10^3	196.42	11.34			103.56	0.22

b　爆破试验

矿石种类为赤铁石英岩，共布设了 8 个炮孔，炮孔直径 140 mm、孔深 1.1 m（为防止掉落岩碴比设计 1m 超深 0.1 m），各炮孔的距离为（5±1）m。爆破试验选用 2 号岩石乳化炸药，每卷质量 4.2 kg。采用导爆管雷管 2 号岩石乳化炸药起爆系统，使用 8 号导爆管雷管孔底起爆，采用 10 段导爆管进行微差爆破，按顺序逐孔起爆。2 号岩石乳化炸药作为鞍千矿台阶爆破成品炸药，与鞍钢爆破公司所使用的重铵油炸药抗水性、密度性能相近（见表 3-17）。

表 3-17　岩石乳化炸药性能指标

炸药名称	密度 /g·cm^{-3}	爆速 /m·s^{-1}	殉爆距离 /cm	做功能力 /mL	猛度 /mm	气体量 L/kg	撞击感度	摩擦感度	热感度
2 号岩石乳化炸药	0.95~1.30	≥3200	≥3	≥260	≥12	≤80	爆炸概率	爆炸概率	不燃
露天乳化炸药	1.10~1.30	≥3000	≥2	≥240	≥10	—	≤8%	≤8%	不爆

c　试验数据整理统计

整理并计算实测漏斗数据见表 3-18。

表 3-18　爆破漏斗数据

试验编号	最小抵抗线 W/m	平均漏斗半径 r/m	可见深度 h/m	装药量 Q/kg	被爆体积 V/m^3	变形能系数 k_3	炸药单耗 /kg·m^{-3}
1 号	1.05	1.78	1.00	1.5	3.30	0.39	0.45
2 号	1.05	2.18	1.30	2.0	6.44	0.24	0.31

续表 3-18

试验编号	最小抵抗线 W/m	平均漏斗半径 r/m	可见深度 h/m	装药量 Q/kg	被爆体积 V/m^3	变形能系数 k_3	炸药单耗 /$kg \cdot m^{-3}$
3 号	1.00	1.53	0.78	3.0	1.90	1.51	1.58
4 号	0.93	2.08	1.47	4.0	6.66	0.53	0.60
5 号	0.99	1.48	1.20	1.5	2.73	0.48	0.55
6 号	0.98	1.93	1.50	2.0	5.82	0.27	0.34
7 号	0.93	1.88	1.59	3.0	5.85	0.44	0.51
8 号	0.93	2.05	1.37	4.0	6.03	0.59	0.66

由表 3-17 可知，两组试验（1 号、2 号、8 号、4 号）和（5 号、6 号、7 号、8 号）随装药量增加小台阶被爆体积增大增加幅度却越来越小，同时 K_3 值先减小后增加，如果利用较小的变形能 k_3 能得到更大爆破方量视为炸药利用率的提高，则两组试验皆说明炸药利用率先增加后减小。炸药利用率较高的 2 号和 6 号试验说明相同位置台阶爆破炸药单耗参考值应为 0.31~0.34 kg/m^3，值与现场实际相吻合。

d 爆堆破碎块度统计

筛分数据见表 3-19。

表 3-19 爆堆块度统计

筛分尺寸 S_i/mm	1 号和 5 号组 m_i/g	2 号和 6 号组 m_i/g	7 号组 m_i/g	4 号和 8 号组 m_i/g
>63	18800	167000	14600	10100
53~63	4300	5100	7350	4100
37.5~53	1100	1600	1950	6760
20~37.5	250	700	100	2750
10~20	100	150	500	500
0~10	450	745	495	790

基于筛分统计情况，绘制不同药量下的爆堆块度统计曲线，见式（3-46），将每个级别 s、筛网上的岩块质量 m、与累计筛分质量之比定义为筛分率 N。如图 3-40 所示，得到 4 条筛分率曲线。

$$N = \frac{m_i}{\sum m_i} \times 100\% \tag{3-46}$$

式中，$\sum m_i$ 为各组累计筛分质量，g。

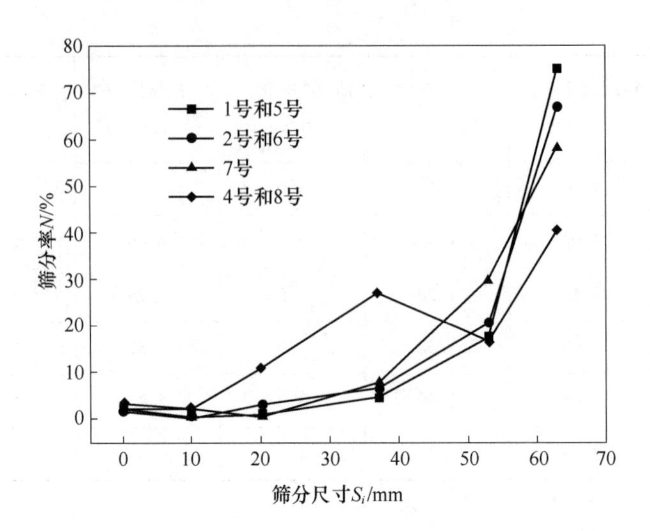

图 3-40　各组筛分率曲线

如图 3-40 所示，S_i取 10~63 mm 范围内，随装药量增加爆堆块度占比（筛分率 N 与 x 轴所围面积）越来越大，S_i>63 mm 块度筛分率 N 减小。爆堆块度越来越趋于集中化分布。

如图 3-41 所示，S_i>63 mm 分筛率随着药量的增加，几乎呈线性相关性。随药量增加，岩体爆破较大块（大于 63 mm）占比减小，中细程度（0~63 mm）逐渐增加。总体上爆堆破碎程度越来越明显。相同装药量试验 K_3 值平均数分别为：0. 43、0. 26、0. 44、0. 56。分析 K_3 值、装药量与筛分率关系（K_3 值反应采区相同岩性台阶爆破不同炸药单耗情况）。爆堆较大块筛分率占比与炮孔装药量直接相关，K_3 值先减小后增加并不能明显改变爆堆块度分布情况。试验说明台阶爆破中较高炸药利用率时，更小的炸药单耗可以得到更多的爆破体积却不能控制爆堆块度的分布情况。

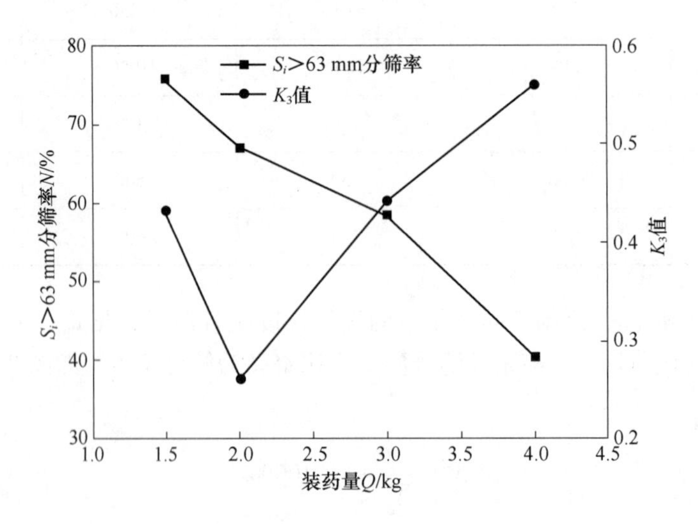

图 3-41　较大块筛分率特征

B 试验破磨能耗

a 爆堆岩块破碎能耗

在采矿过程中爆堆中小于 10 mm 的岩块不涉及二次破碎且对铲装运输非常有利，初破和中细破过程中 10 mm 以下粒级易通过破碎仓对皮带冲击小且耗能少。爆堆块度分布统计完毕后，将上述筛分试验大于 10 mm 的矿石利用初、中细破碎机破筛至 2 mm 以下，收集并称重编号以备用。

如图 3-42 所示，根据初、中细破碎机功率及破碎时间统计破碎能耗。

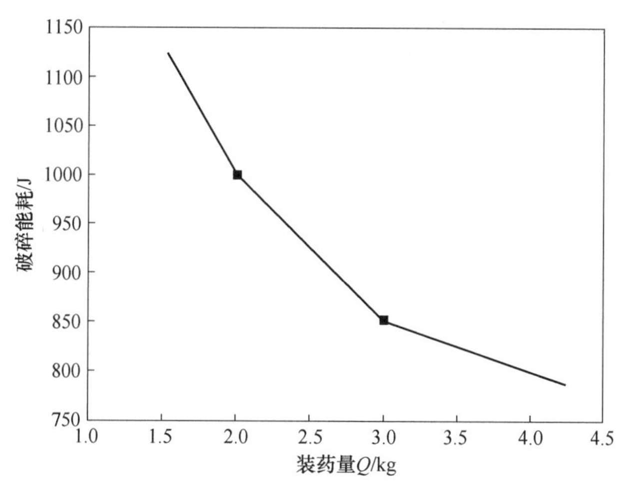

图 3-42 破碎耗能曲线

由图 3-41 可知，破碎至 2 mm 耗能由于爆堆块度越来越小，随着药量增加矿块破碎能耗减小，曲线斜率值越来越大。随着药量增加破碎耗能减小幅度越来越低。

试验中矿石破碎至小于等于 2 mm，然后均匀混合每组矿粉取其 1/16，二次混合后取 100 g 进行振动筛分，筛孔直径 s 为 1 mm、0.28 mm、0.154 mm、0.075 mm，筛分 30 min 结果见表 3-20。

表 3-20 破碎筛分数据

筛孔尺寸 S_i/mm	1 号和 5 号组 m_i/g	2 号和 6 号组 m_i/g	7 号组 m_i/g	4 号和 8 号组 m_i/g	各级别均值 M_i/g
1.000	25.65	28.55	26.50	28.95	27.41
0.280	26.80	24.60	23.00	26.40	25.20
0.154	19.55	17.75	20.20	16.90	18.60
0.075	9.65	11.05	11.00	9.15	10.21
筛底	18.25	18.00	19.20	18.45	18.48

分析不同药量下矿粉级配数据可得，4 组药量下各个级别质量与均值（M_i、±3）数值相等，计算平均破碎尺寸 S_1 见式（3-45）：

$$S_1 = \frac{\frac{M_i}{M} \times S_i}{M} \tag{3-47}$$

式中，M 为抽样总质量，g；经计算平均破碎尺寸 S_1 为 0. 38 mm，同时 4 组矿粉级配数据折线图趋于重叠。

b 已碎矿块研磨能耗

将上述各组 2 mm 以下粉矿再次均匀混合各取 500 g 做研磨试验，参考选厂研磨时间依次为 3 min、5 min、10 min、30 min。研磨结束后抽取 100 g 筛分，筛孔直径 S_i 为 1. 000 mm、0. 280 mm、0. 154 mm、0. 075 mm。不同研磨时间下不同药量对应的颗粒尺寸见表3-21 和表 3-22。

研磨前各组小于 0. 75 mm 的粉矿为（18. 5±1）g，相比较而言这部分矿粉对研磨耗能影响较小，见表 3-21 和表 3-22，4 种研磨时间中各组之间筛底数据差值仅小于 59。因此，折线图中舍弃了呈现重合状态的筛底数据点，这样能更好地描述研磨曲线的形态且不影响数据变化规律的表达。

表 3-21 研磨 3 min 和 5 min 数据表

筛孔 S_i/mm	3 min 后矿样研磨筛分				5 min 后矿样研磨筛分			
	1 号和 5 号组 m_i/g	2 号和 6 号组 m_i/g	7 号组 m_i/g	4 号和 8 号组 m_i/g	1 号和 5 号组 m_i/g	2 号和 6 号组 m_i/g	7 号组 m_i/g	4 号和 8 号组 m_i/g
1. 000	16. 45	16. 30	13. 40	17. 10	16. 05	14. 60	14. 60	14. 30
0. 280	13. 55	9. 70	8. 80	11. 45	8. 40	5. 70	5. 00	6. 05
0. 154	7. 30	5. 15	7. 80	7. 20	1. 10	0. 90	1. 00	1. 00
0. 075	15. 65	16. 90	19. 30	14. 65	8. 05	7. 95	9. 90	7. 40
筛底	47. 00	51. 90	50. 50	49. 45	66. 35	70. 85	69. 40	71. 20

表 3-22 研磨 10 min 和 30 min 数据表

筛孔 S_i/mm	10 min 后矿样研磨筛分				30 min 的矿样研磨筛分			
	1 号和 5 号组 m_i/g	2 号和 6 号组 m_i/g	7 号组 m_i/g	4 号和 8 号组 m_i/g	1 号和 5 号组 m_i/g	2 号和 6 号组 m_i/g	7 号组 m_i/g	4 号和 8 号组 m_i/g
1. 000	5. 80	3. 30	3. 40	4. 70	0. 00	0. 00	0. 00	0. 00
0. 280	1. 10	0. 40	0. 40	0. 55	0. 00	0. 00	0. 00	0. 00
0. 154	0. 20	0. 00	0. 00	0. 00	0. 14	0. 09	0. 13	0. 16
0. 075	0. 60	0. 65	0. 20	0. 40	0. 16	0. 11	0. 15	0. 20
筛底	92. 30	95. 60	95. 00	94. 20	99. 71	99. 81	99. 72	99. 65

为说明不同 S_i 范围内级配变化程度现定义余量占比 T_s 值如下：

$$T_s = \frac{\sum m_i}{M} \times 100\% \tag{3-48}$$

式中，$\sum m_i$ 为 S_i 范围内所有矿块的质量，g；M 为抽样总质量，g。

如图 3-43 所示，分析 K_3 值、装药量与初破 2 mm 筛下粉矿研磨级配的关系，(1) 图中 1 号和 5 号与 2 号和 6 号曲线对应的装药量相差 0.5 kg，2 号和 6 号与 7 号、7 号与 4 号和 8 号装药量相差 1 kg，4 种研磨时间下 1 号和 5 号、2 号和 6 号筛分曲线之间级配变化幅度却大于 2 号和 6 号与 7 号、7 号与 4 号和 8 号曲线，随着研磨时间增加这种趋势越来越明显；(2) 随着炮孔装药量的增加矿石耐磨性先减弱后增强；(3) (a)、(b)、(c) 中 S_i>0.38 mm 时 2 号和 6 号、7 号曲线对应颗粒余量少（见表 3-20 和表 3-21，T_s 值依次为 25.0%、21.7%、19.3%、19.0%、3.4%、3.6%），研磨破碎效果最明显，(d) 中 S_i> 0.38 mm 时筛分余量皆为 0 g，0.075 mm<S_i<0.38 mm 范围内 2 号和 6 号对应的曲线对应的颗粒余量最少（T= 0.2%），说明研磨破碎后 $S_i \leqq 0.075$ 时 2 号和 6 号对应的曲线质量最大，即 2 号和 6 号对应的曲线耐磨性最差；(4) 相同药量组爆破试验 K_3 值平均数分别为 0.43、0.26、0.44、0.56，随着研磨时间增加，磨矿耗能依次增加过程中 2 号和 6 号组

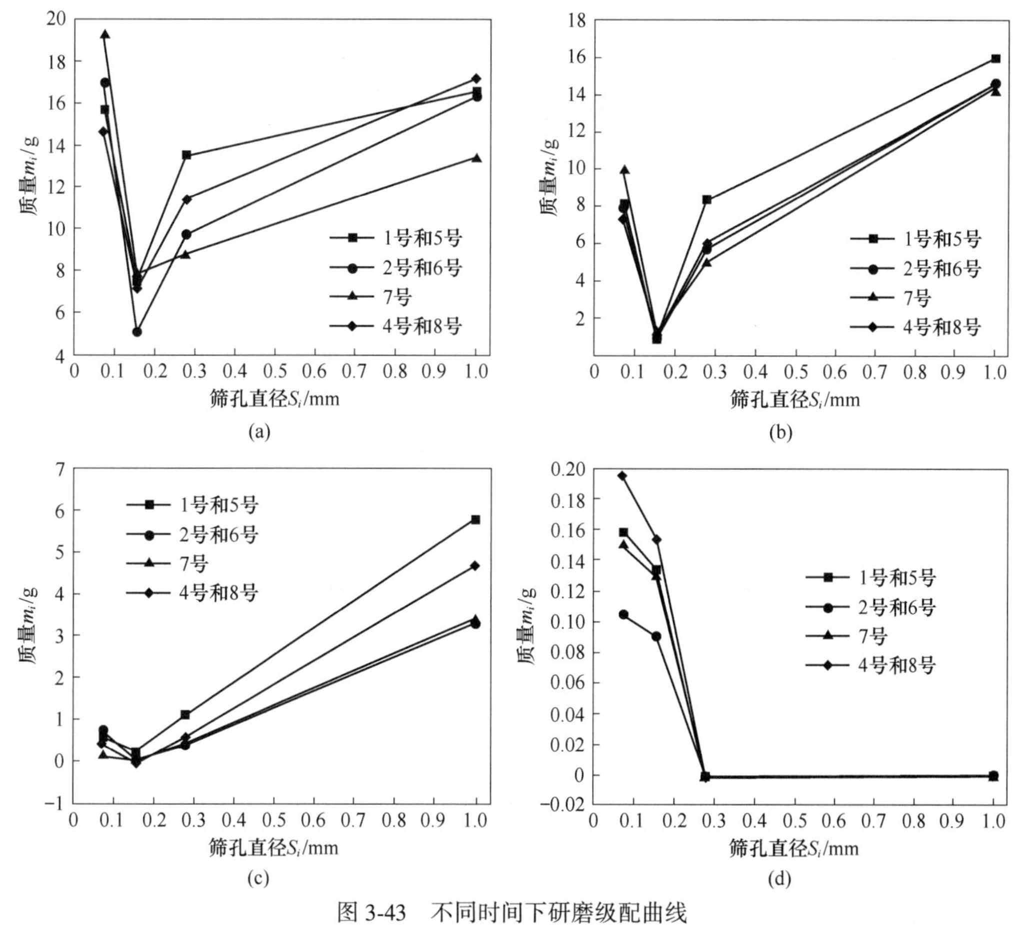

图 3-43 不同时间下研磨级配曲线

(a) 研磨 3 min；(b) 研磨 5 min；(c) 研磨 10 min；(d) 研磨 30 min

爆堆矿石呈现出越来越易研磨的特性。爆破过程中岩石由弹塑性向脆性转变，不考虑抛掷作用（抛掷耗能小于 1%），说明 2 号和 6 号组试验爆炸能量主要用于矿块表面耗能，进而增加了矿块内部微损伤数量，提高了炸药利用率，与现场测振数据中 2 号和 6 号组爆破振动影响最小相符合。

结合表 3-19 及式（3-45），将筛分试验大于 10 mm 的矿石利用初、中细破碎机破筛至 2 mm 以下，可知研磨前各组 m、粒级分配基本一致。如图 3-44 所示，分析每组试验 4 种研磨时间下 m 值变化情况：研磨前各组平均破碎尺寸为 0.38 mm，研磨后 S_i 为 0～0.38 mm 范围内 m_i 值明显变小，说明研磨作用对此范围内粒级影响突出。4 组研磨试验中不同研磨时间，级配曲线 S_i 点对应 m_i 函数值之差升降规律一致，说明不同装药量下岩块细破后在不同研磨时间之间级配曲线演化规律相似。如图 3-44（a）～（d），S_i>0.38 mm 时随研磨时间增加至 30 min，m_i 值逐渐减小直到完全消失，说明研磨时间的选取是充分的。

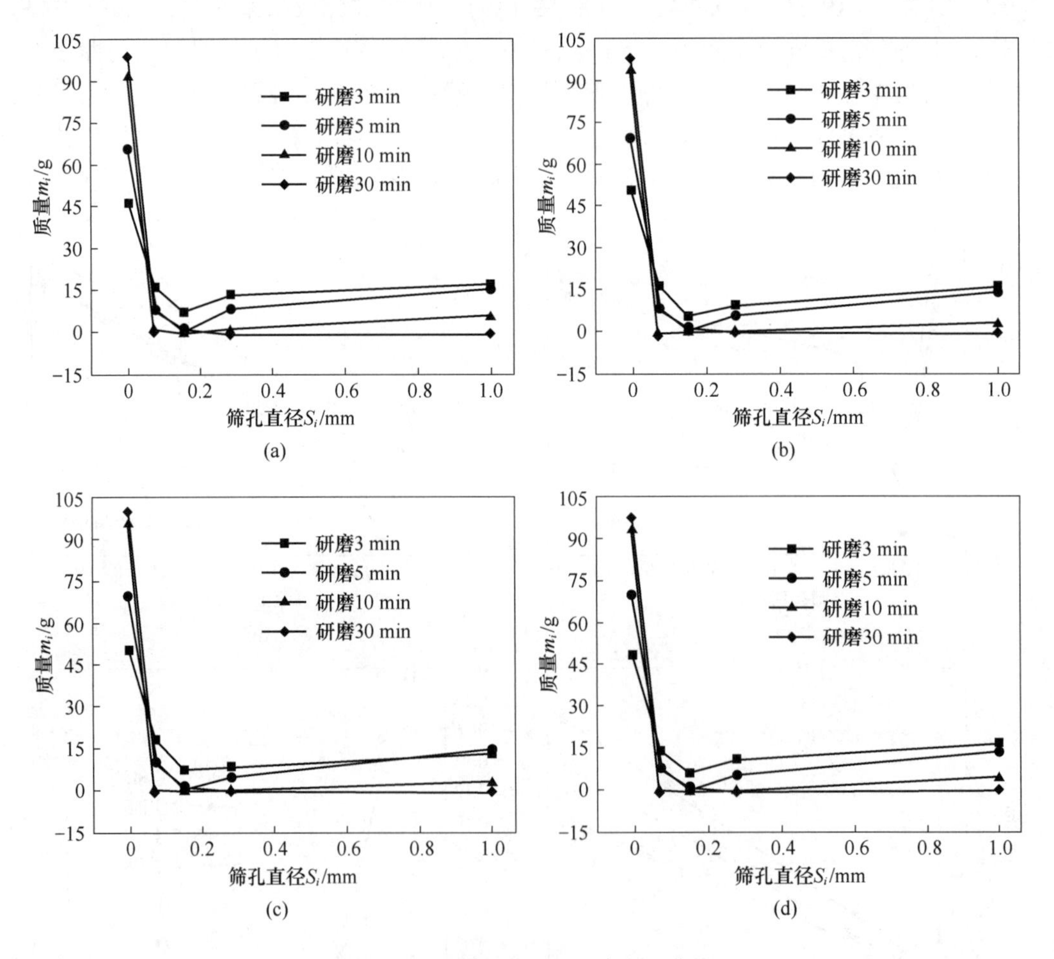

图 3-44　不同装药量下研磨级配曲线

（a）1 号和 5 号组研磨试验；（b）2 号和 6 号组研磨试验；（c）7 号组研磨试验；（d）4 号和 8 号组研磨试验

C　结论

通过对鞍千矿采选工艺进行调研，利用鞍千矿采场赤铁石英岩体进行小台阶爆破试验，探究爆堆岩块破碎研磨特征，目的为调整炸药耗能与磨矿能耗相匹配关系，得到以下结论。

（1）鞍千矿台阶爆破在实际装药量基础上继续增加单孔装药量时，爆破后岩块破碎中细程度逐渐增加，选厂破碎耗能减小幅度越来越低。鞍千矿台阶爆破随炮孔装药量增加，爆堆矿石耐磨性先减弱后增强；且随炸药利用率的提高爆破后爆堆体积数值明显增大，同时造成矿块破碎后的粉矿耐磨性更小。

（2）鞍千矿赤铁石英岩爆堆岩块研磨时间稳增条件下，细破后颗粒研磨至小于等于平均破碎尺寸级配变化最明显。充分的研磨时间、不同药量下爆堆岩块级配变化过程相似，说明矿块内部损伤数量不同但各向分布较均匀。

（3）试验说明提高炸药爆破成本使炸药单耗稳定在 0.31～0.34 kg/m^3 时炸药利用率最高，爆堆矿块破磨特性明显改善。

3.5.4 从爆破建模出发优化爆破成本

随着我国国力的不断增强，大型深水港及大吨位码头正在加紧建设，防波堤用石料需求量巨大。防波堤、各类码头工程因其施工特点的要求，块石供应具有以下特点（见表 3-23）：

（1）用石料数量巨大；

（2）石料有严格的规格（块度）要求；

（3）块石的数量、规格在时间上很不均衡；

（4）工期紧。石料的爆破开采不仅制约工期，也制约着工程造价和质量。

表 3-23 防波堤块石爆破开采与其他爆破工程的不同

爆破种类	防波堤块石爆破开采	一般岩石爆破	水利水电筑坝爆破
粉矿要求	有	无	有
大块要求	有而且经常变化	满足铲装设备	有
块度级配要求	有而且每天都要变化	无	有固定的级配要求

鉴于上述爆破特点，李萍丰、刘成建、张耿城发明了一种砂石骨料矿山岩体爆破开采方法[132]，其具体步骤（见图 3-45）：

（1）按块度要求进行分区，绘制岩体的爆破块度分区图；

（2）按生产计划的调度指令所需块度级配要求设计爆破参数；

（3）对该块度区域进行布孔爆破开采作业；

（4）对爆破后的爆堆块度进行分析，优化爆破参数；

（5）依据优化的爆破参数进行下一次爆破开采作业。

通过绘制爆破块度分区图，将岩体根据六项指标按块度质量分区，较为切合砂石骨料矿山岩体爆破开采的实际[133]，能够按照生产计划的块度比例选择不同的岩体区域进行爆破作业，可降低爆破作业综合成本；且进行爆破参数优化设计，并采用了不均匀不耦合装药结构的台阶爆破方法，不仅进一步降低了综合成本，而且大大降低了粉矿率。

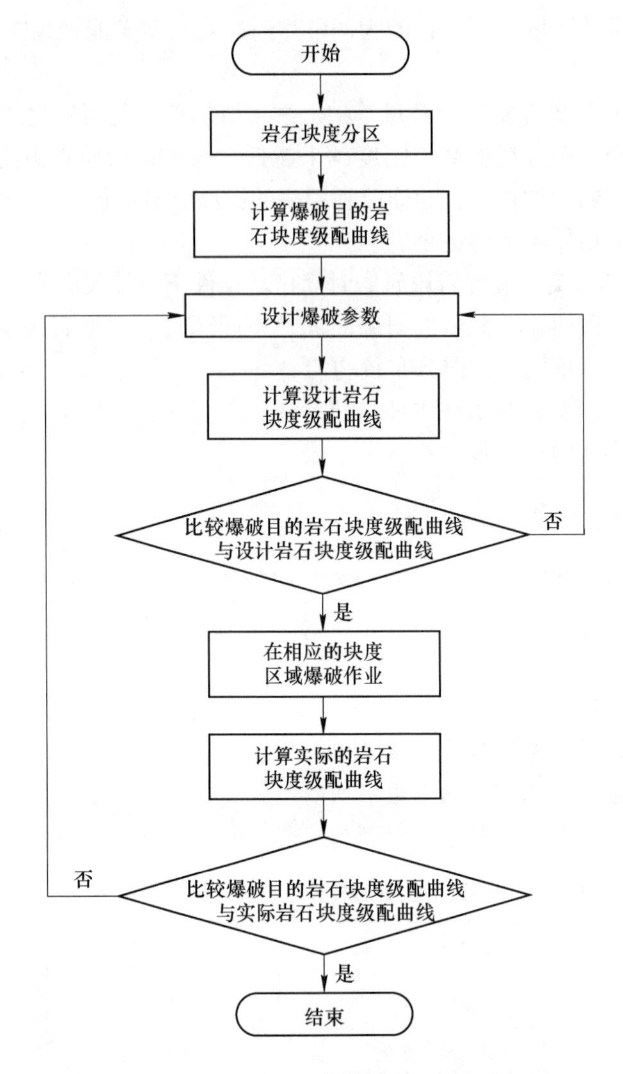

图 3-45　砂石骨料矿山岩体爆破开采方法框图

（1）按爆破块度要求对采矿场进行岩体爆破分区。爆破块度分区指标选用（既要反映爆破块度的本质，又要简单、便于判断）：岩石硬度、岩石种类、爆破漏斗体积、爆破块度分布指数、裂隙间距、炸药单耗等 6 种指标将整个采石场划分为大块区（800 kg 以上）、中块区（100~800 kg）及小块区（100 kg 以下）。

1）矿岩结构面调查。矿岩是天然岩体的一部分，由于成矿的作用和成矿后的长期岁月中，又遭受过多次地质构造运动的破坏、损伤，在矿体内形成了规模不等数量众多的结构面。其中断层是规模最大的结构面，而更多的则以节理、裂隙、层面的形式出现，使矿岩分割为大小不等形状各异的天然块体。在不连续的岩体中进行穿孔爆破时，结构面实际上已经形成了众多的破裂面，很大程度上将影响爆破效果，特别是对破碎块度的影响非常大，要了解矿岩结构面的力学特性、贯通程度、空间分布等就要对结构面进行调查。

2）爆破漏斗试验。在该大型采石场的 5 个不同的区域进行爆破漏斗试验。用 7655 凿岩机垂直向下打眼，孔径约 46 mm、孔深 1 m，每孔装 2 号岩石炸药 0.45 kg，药径约

32 mm，柱状连续装药，炮泥填塞，一个8号雷管起爆。爆破之后，对各种块度尺寸的岩块用台秤分别按块度尺寸大于300 mm（称为大块）、小于50 mm（称为小块）、50~300 mm（称为合格块）三个级别予以称量统计，并分别换算成大块、小块和合格块所占的体积，然后测量漏斗的几何尺寸，分别将大、小块和合格块体积与形成的漏斗体积相比计算并互相校核验证后得出该处爆破漏斗的大块率、小块率和平均合格率。

3）爆破块度试验数据计算。爆破块度分布指数 k' 是衡量岩体内裂隙密度大小的指标，计算公式为：

$$k' = \ln\left(\frac{k_{大}^{7.42}}{k_{平}^{1.89}\ k_{小}^{4.75}}\right) \tag{3-49}$$

某采石场矿岩岩体爆破块度分布指数试验数据计算结果见表3-24。

表3-24 某大型采石场矿岩岩体爆破块度分布指数试验数据计算结果

序号	矿岩名称	爆破漏斗体积	炸药单耗	矿岩分布率/%			爆破块度分布指数
				大块率	合格率	小块率	
1	辉绿岩	0.2976	1.51	50.36	35.39	14.25	9.722
2	中风化花岗岩	0.1141	3.94	38.36	39.23	22.41	5.355
3	裂隙非常发育	0.1480	4.93	45.95	37.05	17.00	8.116
4	裂隙中等发育	0.0707	6.36	32.27	66.66	10.64	12.169
5	裂隙不发育	0.0267	16.85	56.86	32.50	1.08	17.497

从表3-20中可知：

①裂隙不发育岩体中爆破漏斗体积最小，爆破块度分布指数最高，为17.497。

②裂隙中等发育岩体爆破漏斗体积次之，爆破块度分布指数为12.169，排第二。

③裂隙非常发育、中风化花岗岩、辉绿岩岩体爆破漏斗体积在0.1141~0.2976，爆破块度分布指数在5.355~9.722。

这表明：在爆破块度分布方面，爆破漏斗体积、爆破块度分布指数与裂隙间距是一致的，而前两者综合考虑了炸药特性、岩石力学特性对爆破块度的影响。

4）爆破块度分区。某大型采石场爆破块度分区见表3-25，通过对该大型采石场的岩体结构面的地质编录并标注在地图上，绘制出矿岩爆破块度分区图（见图3-46），将岩体按爆破块度分区域，其优点是比较切合防波堤块石爆破开采的实际，能够按生产计划的块度比例，选择不同的岩体区域进行爆破作业。

表3-25 某大型采石场爆破块度分区表

类别	Ⅰ	Ⅱ	Ⅲ
岩体爆破块度描述	大块	中块	小块
岩石种类	花岗岩	花岗岩及辉绿岩	花岗岩及辉绿岩

续表 3-25

类别		Ⅰ	Ⅱ	Ⅲ
风化程度		弱风化微风化	弱风化及辉绿岩	全风化强风化及辉绿岩
节理裂隙状况	130°∠80°	间距 70~200 cm	间距 40~70 cm	间距 10~40 cm
	60°∠60°~80°	>100 cm	间距大于 50 cm	间距小于 50 cm
爆破块度分布指数		<17. 497	12. 169~17. 497	>12. 169
爆破漏斗体积		<0. 03	0. 03~0. 10	>0. 10
炸药单耗		>0. 45	0. 35~0. 45	<0. 35
岩石硬度 f 值		>12	6~12	<6

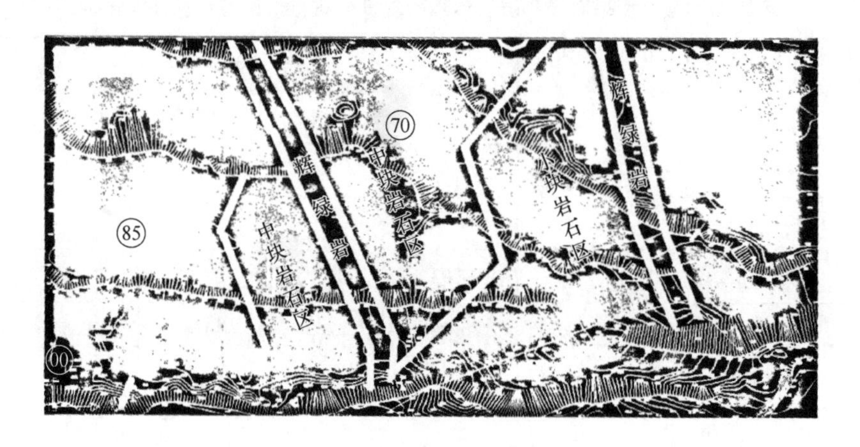

图 3-46　某大型采石场爆破块度分区图

（2）按爆破目的设计爆破参数。

1）石料块度分布模型的选取。20 世纪 60 年代以来，各国学者在爆破岩体块度控制方面做了大量研究工作，提出了许多描述爆破块度分布的数学模型。经过综合分析选择 Kuz-Ram 模型。Kuz-Ram 模型是南非人 C. Cunningham 在苏联人 V. E. Kuznetsov 研究的基础上提出的，认为爆破块度分布服从 Rosin-Rammler（*R-R*）分布函数。Kuz-Ram 模型的优点如下。

①该模型建立了各种爆破参数（如最小抵抗线、孔距、炸药单位耗药量、台阶高度、凿岩精度、炮孔直径等）与爆破块度分布的定量关系，便于将这些参数与爆破块度分布进行量化分析。这一特点是其他爆破块度分布模型不具备或不完全具备的。

②该模型形、数结合，可直接利用数学计算成果绘制爆破块度分布曲线，形象直观，便于推广应用。

③尽管该模型没有就岩石节理裂隙对爆破块度影响机理进行细致分析和深入研究，但在计算爆破平均块度时，已用一个综合性很强的岩石系数加以反映。该系数既包含岩石物理力学特性的影响，也包含岩石节理裂隙情况的影响，这样使其计算成果虽有不精确的一面，但也有舍繁就简、综合性强、易于结合现场情况进行修正，使之接近实际的另一面。

④Kuz-Ram 爆破块度预报模型已在矿山应用多年，虽然用于预报爆破块度有一定误差，但可利用少量的爆破试验资料对模型进行修正，提高预报精度。

2）Kuz-Ram 模型及其主要计算参数。

Rosin-Rammler（R-R）分布函数由式（3-50）表达，它包含石料特征尺寸 x_0 和块度分布不均匀指数 n 两个变量。

$$R = 1 - e^{-(x/x_0)^n} \tag{3-50}$$

V. E. Kuznetsov 提出了表达爆破平均块度 $\overline{X}$ 与爆破能量和岩石特性的经验方程：

$$\overline{X} = A_0(q)^{-0.8}Q^{1/6}(115/E)^{19/30} \tag{3-51}$$

$$n = \left(2.2 - 14\frac{W}{\phi}\right)\left(1 - \frac{\Delta W}{W}\right)\left(1 + \frac{A-1}{2}\right)\frac{L_0}{H} \tag{3-52}$$

（3）按爆破参数优化设计程序。爆破参数优化设计的具体步骤见图 3-47。

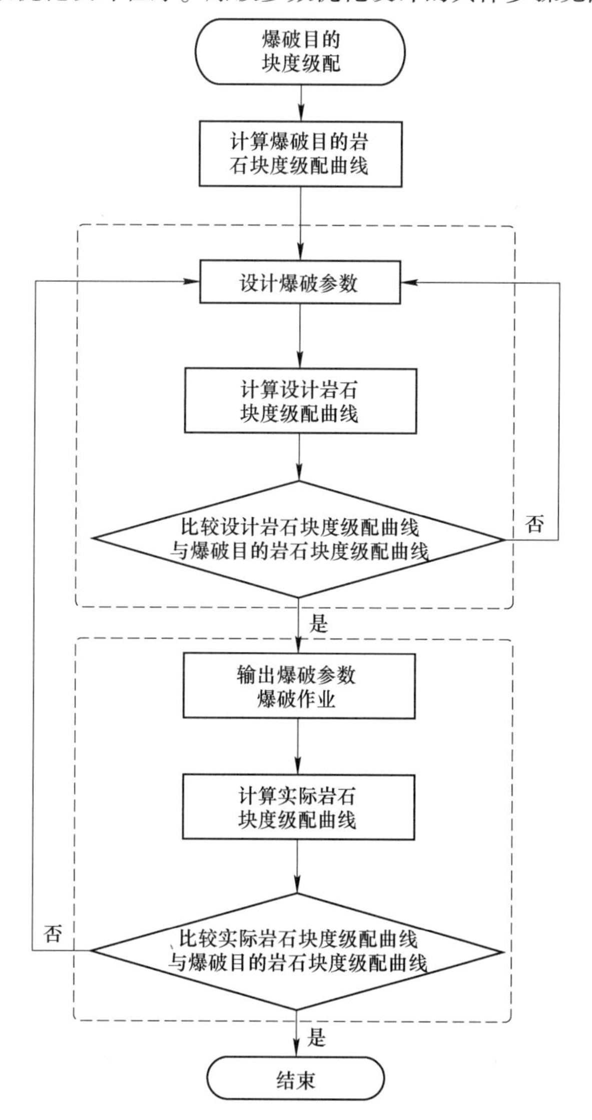

图 3-47　爆破参数优化设计步骤框图

1）根据调度指令的爆破目的岩石块度级配要求，反算出爆破目的岩石块度级配曲线，求出 R- R 分布函数的块度不均匀系数 $n_{目的}$ 及特征粒径 $X_{0目的}$；

2）按单耗控制法或抵抗线控制法设计程序确定爆破参数；

3）根据设计爆破参数，利用 Kuz-Ram 公式（见式（3-50）和式（3-52））预测爆破块度分布；

4）按预测的爆破参数并选择合适的块度区域布孔爆破；

5）用 BlastSprite 软件[134]对爆堆块度进行分析，得出块度分布曲线；

6）爆破设计参数，并计算设计的岩石块度级配曲线与爆破目的岩石块度级配曲线比较，判断设计参数的正确性；

7）如 6）比较结果不理想，则调整部分参数，进行调试，直到结果理想为止。

①爆破目的岩石块度曲线的反算。

R-R 分布函数是爆破岩石破碎块度最合适的描述，在防波堤石料台阶爆破开采中块度要求是已知的，表 3-26 是某大型矿山块石规格日计划表，按最小二乘法拟合可求出块度不均匀系数 n 及特征粒径 X_0。计算公式为：

$$R_{调度} = 1 - \exp\left[-\left(\frac{X}{X_0}\right)^n\right] \tag{3-53}$$

将 R-R 分布函数移项、两次取自然对数后得到：

$$\ln[-\ln(1-R)] = n(\ln X - \ln X_0) \tag{3-54}$$

令 $y = \ln[-\ln(1-R)]$，$x = \ln X$，$a = n$，$b = -n\ln X_0$ 得直线：

$$y = ax + b \tag{3-55}$$

表 3-26　某大型矿山某日的 85 平台块石规格日计划表

规格	kg	<10	10~100	400	700~900	>900
数量	M^3	10%	400	300~400	200	5%

采用表 3-26 的数据进行处理后，直接用线性最小二乘法拟合可求出块度不均匀系数 n 及特征粒径 X_0：

$$n = a \tag{3-56}$$

$$X_0 = \exp\left(-\frac{b}{n}\right) \tag{3-57}$$

$$\overline{X} = 0.693^{1/n} X_0 \tag{3-58}$$

采用表 3-26 数据最小二乘法拟合计算直线方程式：

$$Y = 1.4081X - 8.3846(\text{相关系数 } R = 0.9676)$$

可知：$n=1.4081$，$X_0 = 385$，$\overline{X}=296$。

求出：

$$R_{调度} = 1 - \exp\left[-\left(\frac{X}{385}\right)^{1.4081}\right] \tag{3-59}$$

②KUZ-RAM 数模预报爆堆块度（设计岩石块度级配曲线）。

KUZ-RAM 模型是用筛下累计为 50%的筛孔尺寸为平均块度 $\overline{X}$ 和块度分布的均匀性指

标 n 来预测爆破块度，它赋予块度分布曲线粗粒部分十分良好的相关性。

1. 基本数学表达式如下：

$$\overline{X}_{设计} = A_0(q)^{-0.8}Q^{1/6}(115/E)^{19/30} \tag{3-60}$$

$$n_{设计} = \left(2.2 - 14\frac{W}{\phi}\right)\left(1 - \frac{\Delta W}{W}\right)\left(1 + \frac{A-1}{2}\right)\frac{L_0}{H} \tag{3-61}$$

2. 设计爆破参数。

在多年的工程实践中，单耗控制法和抵抗线控制法使用简捷、方便并且物理概念明晰。按照参考文献的资料数据，设计爆破参数见表 3-27。

表 3-27 爆破设计参数表

台阶高度	孔径	超深	垂直孔深	堵塞	下部装药			上部装药		
					长度	线密度	下部药量	长度	线密度	下部药量
H/m	ϕ/mm	h_0/m	L/m	h_0/m	h_2/m	q_2 /kg · m^{-1}	Q_2/kg	h_3/m	q_3 /kg · m^{-1}	Q_3/kg
15	140	1.7	16.7	2.8	6.8	14	95.4	7.1	7	49.7

单孔装药量	孔网参数		平均单耗
	最小抵抗线、孔距	排距	
Q/kg	$W=b$/m	a/m	q/kg · m^{-3}
145.1	4.2	5.3	0.43

3. 计算设计岩石块度级配曲线。

将表 3-27 设计参数代入式（3-58）和式（3-59）计算：

$$\begin{aligned}\overline{X}_{设计} &= 7 \times (0.43)^{-0.8} \times 145.1^{1/6} \times (115/100)^{19/30} \\ &= 7 \times 1.9644 \times 2.2923 \times 1.09 \\ &= 34.35\ \text{cm} = 344\ \text{mm}\end{aligned}$$

$$\begin{aligned}n_{设计} &= \left(2.2 - 14 \times \frac{4.2}{140}\right)\left(1 - \frac{0.5}{4.2}\right)\left(1 + \frac{1.26-1}{2}\right) \times \frac{12.2}{15} \\ &= 1.78 \times 0.88 \times 1.13 \times 0.81 = 1.44\end{aligned}$$

$$\overline{X}_{设计} = 0.694^{1/n}X_0$$

$$X_0 = 442$$

$$R_{设计} = 1 - \exp\left[-\left(\frac{X}{442}\right)^{1.44}\right] \tag{3-62}$$

（4）按爆破要求实施爆破作业。依据优化的爆破参数和爆破要求，按照图 3-46 的岩石块度分区图选定爆破区域，实施爆破作业。

BlastSprite 软件计算实际岩石块度级配曲线。

为适应防波堤石料开采的要求，研制开发了一款集拍照 、图像处理、通信、GPS 系统与一体的 BlastSprite 软件。采用上述参数进行爆破试验，用 BlastSprite 对爆堆拍照、图像处理、数据处理得到实际的 *R-R* 分布曲线：

$$R_{实际} = 1 - \exp\left[1 - \left(\frac{X}{423}\right)^{1.64}\right] \tag{3-63}$$

采用实际爆破岩石块度级配曲线与爆破目的岩石块度级配曲线对比，再微调爆破参数。

爆破目的 *R-R* 曲线、设计 *R-R* 曲线与实际 *R-R* 曲线比较。

式（3-57）、式（3-60）和式（3-61）计算的岩石块度级配曲线如图 3-48 和表 3-28 所示。

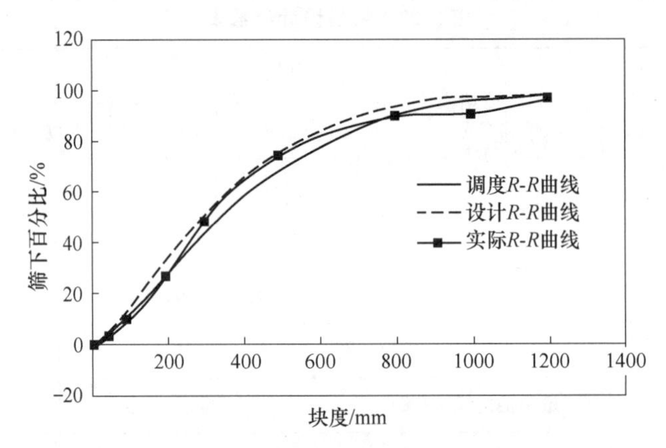

图 3-48　爆破目的、设计和实际的岩石块度级配曲线

表 3-28　爆破目的、设计和实际的岩石块度级配曲线表

规格/kg	<10（155）	10~100（335）	100~400（532）	400~900（697）	>900	合计
调度数量/m^3	10%	400	400	200	5%	1176
调度筛下累计百分比/%	24（10）	59（44）	79（78）	90（95）		
设计筛下累计百分比/%	19	52	73	95		
实际筛下累计百分比/%	18	53	77	90		

从图 3-48 和表 3-28 中可以看出：调度、设计、实际筛下累计百分比误差不大，满足爆破工程需要。

经过两次爆破参数优化，爆破作业后基本满足客户岩石块度要求。

3.6　钻孔技术研究现状

钻孔技术是保证台阶爆破效果的重要前提，无论是垂直深孔爆破还是倾斜深孔爆破，钻孔不达标，爆破效果难以保障。其与钻机的更新换代密切相关，由早期的人工钻孔定位向仪器系统自动高精度定位发展，现阶段钻机性能参数与指标不断提高，可有效保证直径、角度、深度等基本指标符合钻孔精度要求[135]；同时配套的验孔技术也在快速进步，由早先的皮尺刻度量孔向传感器及激光自动测孔发展，效率明显提高，但在水孔验孔精度方面仍有所欠缺。而在提高不良地质条件下的钻孔成孔率方面，现有技术是在钻孔完毕后实施加固，保证在一定时间内较为完整，但很少有研究在钻孔阶段一次性解决成孔难题。

智能钻机技术是实现智能爆破的基础，目前，许多钻机厂商推出了多款适用性良好的露天矿山智能化钻机设备，如山河智能 SWDB 系列钻机、长沙矿山研究院 CS165E 型潜孔钻机、阿特拉斯 ROCL830 型潜孔钻机等。在北斗通信技术及控制系统的双重作用下，尤其是在 5G 通信技术引入至矿山领域，自动定位系统、钻机通信系统、智能行走系统、智能推进和冲击系统、自动控制和更换钻杆系统、自动测量钻孔参数系统、自动寻孔系统等均取得了较大的突破，智能钻机作业水平和施工效率大幅提高，矿山少人化作业模式得以实现。

东青[136]阐述了一种新型的牙轮钻机数字化辅助穿孔爆破系统，系统主要优势在于可精确执行穿孔计划，系统对每个孔都有详尽的记录；保证穿孔深度，系统实时测量设备和识别软件杜绝了过钻、欠钻的情况发生；穿孔钻进过程中，利用一组传感器记录和显示转速、轴压、扭矩和空气压力等穿孔参数，这套系统能对钻机穿孔过程中的钻孔深度、钻速、钻压、扭矩、空气压力等都能精确的显示和记录下来，使爆破施工能够更加精准。本节重点介绍牙轮钻机数字化辅助穿孔系统。

3.6.1 牙轮钻机数字化辅助穿孔系统简介

牙轮钻机数字化辅助穿孔爆破系统由两个基本子系统和扩展模块构成，具体包括：钻机机载子系统及地面支撑子系统，穿孔监测模块，穿孔钻进参数监测优化模块，卫星爆破孔导航定位模块，产量检测、孔深物理特性监测、地质层识别、爆破孔导航及自动钻孔等选装模块。

牙轮钻机数字化辅助穿孔爆破系统给露天矿带来的突出功能和效益体现在：

（1）穿孔和爆破的工序中，其定位和深度精度、设备使用效率和安全性都得到了明显的提高，系统可控制和测量钻头底部接触的是水平面或者斜面，仪器和软件从根本上保障提高穿孔爆破质量，从而为后续铲装、修路和卡车运输提供了良好的作业环境；

（2）功能强大的软件系统具有远程爆破孔设计功能，可以实现三维立体可视化、远程报告和穿孔作业管理；

（3）钻机机载部分和钻机地面辅助的无线通信部分，从标准无线以太网连接到标准的双向电台系统都遵循工业标准。

3.6.2 穿孔监测系统

3.6.2.1 穿孔监测模块

穿孔监测模块为操作手及时反馈穿孔性能，包括已穿孔数、当前班产量和总钻进数，也可查询上一班产量和统计数据，查询每个孔的详细记录包括穿孔时间、驾驶员姓名和完成孔深等。

3.6.2.2 爆破孔导航模块

爆破孔导航模块采用了全球卫星导航系统，安装在钻架顶部的 GNSS 接收设备具有厘米级定位精度，它们可以指明钻机移动的方向、标示当前位置到达爆区特定台阶上的某个设计孔所需要移动的距离。本模块也使用 GNSS 定位接收设备控制穿孔深度，保持整体台阶深度精度控制的一致性，使钻机穿孔钻头的穿孔停止位置精确控制在一个平面上，按照这种模式作业可以防止欠钻、过钻的情况发生，可在设计平面上精确控制台阶底部。另外，新型牙轮钻机数字化辅助穿孔爆破系统还具有 3 个可选装模块，它们有增强系统的功能。

3.6.2.3　地质岩层识别模块

地质岩层识别模块采用了一组传感器，根据采集到的数据和专家系统算法指出岩层振动的位置，实时提供给操作者向岩层振动特性图，帮助计算每个孔的装药量和间隔位置。采集到的数据和计算结果实时存储到钻机机载设备里，并可通过无线网络远程传送到露天矿计算中心，为爆破和装药量计算提供依据。

3.6.2.4　爆破孔性能检测模块

爆破孔性能检测模块是根据地质岩层识别模块的简化版设计的，常用于振动比较频繁但振动幅度不大不会影响装药量的矿区，爆破孔性能检测模块驱动所采用的传感器组与地质岩层识别模块的相同，计算结果与可爆破指数有关。这个模块可系统增加并记录所有穿孔参数的能力，如轴压、转速、扭矩、深度和空气压力等，记录这些数据还能用于分析钻机操作手的操作习惯，可对具体穿孔参数的调整进行优化，比如说分析比较为什么同一台钻机不同操作手的产量出现差异。

3.6.2.5　自动穿孔模块

自动穿孔模块可将爆破孔的设计结果和计划书自动变成每个孔的实际深度。该模块根据钻杆的扭矩和振动，在正常产量的约束下自动调整下拉力和转速。生产效率是任何一个露天矿成功的关键因素之一，使用新型钻孔系统可随时了解现场设备正在进行的操作、每班共穿孔数量、开钻时间、停钻时间和停钻的原因，从而有效地提高了露天矿的生产管理水平。

3.6.3　穿孔钻进参数监测优化系统

3.6.3.1　穿孔钻进参数监测优化模块

穿孔钻进参数监测优化模块使用一组传感器自动确定钻机各部件的工作状态，功能详尽的技术报告包含钻机各部分的操作和使用。首先该模块是个功能强大的穿孔过程监测系统，无键盘触摸屏操作是其独特模式（但据现场反映触摸屏易损坏）。目前市场上类似的系统需要大量键盘操作，要求使用者频繁输入信息以识别操作状态，调平、抓钻杆、清孔和开始下一个孔等都要重复的信息输入，这样会经常导致穿孔数据的不一致性。据资料所称，卡特的系统采用了最经济的解决方案，它要求客户输入的信息最少，能让操作手的精力集中在穿孔作业上，该模块会自动捕获所采集的数据并将实时报告精确地显示在屏幕上，不仅提高效率、精度，还能有效数据的一致性。

3.6.3.2　穿孔钻进参数监测优化模块的功能

穿孔钻进参数监测优化模块的功能有：实时显示深度，实时显示穿孔速度，生成操作使用报告，包括每班累计钻进距离、穿孔数、穿孔时间、两孔间的推进距离和换钻杆次数等。

3.6.3.3 易损件和消耗件跟踪功能

爆破孔产量监测优化模块也提供了易损件和消耗件跟踪功能，标准版本包括 4 种消耗件跟踪，根据客户需要可扩展到 10 种，包括钻头、稳杆器和钻杆等。消耗件跟踪记录内容包括每一个部件在其生命周期中旋转总圈数、总时长和总钻进距离。该系统使用传感器和逻辑控制自动记录穿孔状态，如检测钻机钻进齿轮已啮合数准备破岩穿一个新孔，消耗件细化的跟踪报告比简单的记录更换时间具有更大的实用价值。

3.6.4 穿孔卫星导航定位系统

穿孔卫星导航定位模块具有以下特点。

（1）系统的精确性。爆破孔导航模块可以确保准时完成穿孔计划和提高实际穿孔精度，同时减少了现场监察的工作量，使用 GNSS 全球卫星导航技术可以更加精确地执行爆破工程师制定的穿孔计划。钻机操作手使用无键触摸屏显示器，根据操作提示使钻机精确定位在下一个设计的爆破孔坐标。操作手每次操作都能感觉到定位成功并达到精度要求，比传统的钻机定位和孔位标记技术边界对位误差有明显减少。爆破孔导航模块根据台阶现场高低不规则的台阶平面进行自动补偿，为形成平正的底部台阶指示操作手钻到设计深度，该深度是根据位置不同而变化的。传统的方法是对于所有的孔都穿相同的深度，这样如果台阶上表面高低凸凹不平，爆破铲装后台阶的下面基本上复制了台阶上表面形状。爆破孔导航模块可对台阶上钻机当前高程坐标进行自动测量，对每一个孔的穿孔深度都进行自动补偿，以保证钻头停钻的位置在同一个设计控制平面上。

（2）系统的可靠性。在许多露天矿山，在现场实行人工检测、标记和重新标记穿孔位置的方法所占的穿孔成本高达 40% 以上，爆破孔导航模块彻底淘汰了这种费时、费力并且效率低下的穿孔生产模式。爆破工程师在舒适的办公室里即可制定穿孔计划，创建爆破孔的电子图纸，将这些虚拟计划通过无线网络或数字电台瞬间快速传送到钻机设备上，虚拟计划和电子图纸以直观图形的方式显示在钻机操作手面前的屏幕上，不管钻机所在台阶的工作环境条件如何艰难（包括刮风、下雨、下雪、有雾或光线黑暗），都无法影响这种工作模式。钻机操作手都可按照穿孔计划进行精确的穿孔作业，从而得到高质量爆孔形状，而不用再去关心钻机电缆、监测和辅助车辆影响了定位标记位置或毁坏了油漆标记。

（3）系统的安全性。钻机爆破孔导航定位系统提供给矿山客户一份数字地图。根据数字地图所设计的爆破孔，钻机操作手可轻松确定下一个孔位，省去了现场监管或查看这道工序，减少了人为失误和在台阶上引起的安全问题。

3.6.5 穿孔其他系统

新型牙轮钻机数字化辅助穿孔爆破系统选件用于增强标准版本的功能和生产率。

（1）穿孔钻进过程监测。穿孔钻进过程监测选装件，利用一组传感器记录和显示转速、轴压、扭矩和空压等穿孔参数。在每个爆破孔的穿孔作业过程中，每隔一段时间就会对这些参数进行重新测量，其时间间隔的长短可以设定，这些参数的监测数据常被用来评估地质层的变化和特定孔穿孔作业的合理性。

（2）地质岩层识别。地质岩层识别选件可以实时在线分析穿孔数据从而显示岩石的性质，这些穿孔参数是在穿孔过程从监测模块中采集到的数据。新型爆破指数由这些数据计算而来，爆破指数用于识别地质特性。地质特性的识别是确定和计算每个爆破孔装药量的基础，若炸药的爆破性能与具体台阶的地质岩层特性相匹配，能够显著节省露天矿的爆破成本。

3.6.6　穿孔安全系统

自动穿孔选装件可以自动将爆破工程师设计的电子图纸变成实际完成的穿孔深度。在穿孔精度、速度和消耗件的使用方面都会有明显优化提升，不会像以往一样因为操作手的改变而变化，在系统的指导下不改变作业的参数可减少作业费用。此外，新型牙轮钻机数字化辅助穿孔爆破系统还提供下述选购件来优化穿孔性能。

（1）根底显示。根底是上一个台阶穿孔爆破后残留的部分，确切知道根底的坐标位置是非常重要的，它可以让操作手避免开钻位置与根底相重合，因为如果开钻位置与根底上重合会使起钻机产生较大的振动而不能顺利进钻。安装本选件后系统在爆破设计阶段和作业阶段都可以有效跟踪显示根底位置，防止钻机操作手从根底位置启钻。

（2）边界预警。边界预警选件允许爆破工程师在所涉及的爆区内设置虚拟边界。如果钻机超过这个边界立即有预警声音响起，从而防止安全事故发生。

（3）钻杆未提升预警。该选件提供了一种选装的延时电路。如果钻机操作手试图将钻机移动到下一个钻孔位置时，钻杆还没有提到安全高度预警声音就会响起，此时自锁移动驱动电路，防止钻杆还在爆破孔中钻机就进行移动操作。

3.6.7　钻机机载子系统

钻机系统机载子系统采用最新的设计制造技术，是一种运行可靠、性能稳定的系统，完全可满足露天矿恶劣的作业环境要求。

（1）卫星导航定位 GNSS 接收机。MS990 GNSS 型接收机是卡特彼勒公司提供的新一代全球卫星定位接收设备，天线和接收机集成为一个坚固耐用的组件，可在露天矿恶劣的自然环境下操作使用，在每一台钻机上安装两台 MS990 GNSS 型接收机来计算钻机位置和方向，其计算精度可控制在厘米水平，从而保证了钻机的定位精度，MS990 GNSS 型接收机有着支持 GPS 和 GLONASS 双星定位模式、快速初始化及更好地寻星等特点，特别是在露天矿的底部或接近南极和北极的位置应用时可增加寻星的数量和能力。

（2）通信网络。卡特彼勒公司提供 900 MHz 双频电台发送 GNSS 基站校正信息给各台阶上作业的钻机，正常情况下这种 900 MHz 的电台广播数据覆盖范围是 10 km，无线宽带网的覆盖范围是依靠部署网络中继器实现的，新型钻孔系统支持标准工业以太无线网的连接功能，工作频段在 900 MHz 或 2.4 GHz，新型触摸屏显示器上具有标准以太网接口，可以方便地与第三家无线网络产品连接，具有标准的兼容性。

（3）触摸屏显示器（钻机机载设备显示终端）。在钻机驾驶室里安装的图形显示器为操作手提供实时的穿孔信息。客户可定制最简化操作设计的 264 mm 集成触摸屏显示器，为客户提供新型穿孔系统简洁方便的操作界面。

（4）固定件和电缆。经过多达 30 个露天矿工业爆破孔穿孔生产的现场验证，新型系统特殊设计的耐用固定件和电缆是实用可靠的。

3.6.8 软件支撑系统

新型数字化穿孔爆破系统地面支撑子系统具有远程生产现场台阶监控和优化的操作手通信功能。新型穿孔系统办公软件，主要有 3 类办公软件辅助露天矿的生产应用，它们的开发平台基于工业标准，在露天矿穿孔爆破作业管理使用的过程中具有很强的灵活性。

（1）AQ2DB 远程数据管理软件。AQ2DB 远程数据管理软件是现场数据采集和上传的应用软件，其工作模式是定时、有规律地将钻机台阶上的生产和管理数据发送到矿计算中心的服务器上，现场数据的传送可以采用人工下载或无线网络两种方式。AQ2DB 远程数据管理软件在 PC 服务器端自动扫描特定的目录，当识别到有新文件到达后，自动将所有数据存放到矿计算中心的管理数据库中（如 Oracle 或 MSSQL）。

（2）AQReports 报表软件。AQReports 报表软件从管理数据库中生成矿方需要的报告和报表，该报告由一组标准报表构成，包括时间汇总、交接班统计、详细的生产报表和钻孔能力报告。AQReports 报表软件还包括可视化工具，可看到地质岩层的图像，这些数据和图像帮助逐孔确定地质岩层的变化情况，这些数据是爆区岩层可爆性计算的基础，可用于优化爆破孔装药量计算。

（3）MachineManager 设备管理软件。MachineManager 设备管理软件允许爆破计划和监管人员在办公室内设定穿孔系统。它可以与远端的钻机穿孔管理软件通信，不在爆破面便能进行爆破孔设计、修改和穿孔计划的发放，实时监测钻机位置、操作状态和完成特定穿孔计划的进展情况。

3.6.9 系统功能和效益

新型牙轮钻机数字化辅助穿孔爆破系统能够明显提高钻机的生产率、穿孔精度、生产效率和设备操作安全性。

（1）精确穿孔爆破是提高露天矿生产率的基石。穿孔和爆破质量的好坏对整体露天矿各个生产环节的影响都是非常明显的。使用卡特彼勒公司的新型系列产品可在短时间内克服传统生产模式存在的不足，取得明显的效益，并且可以优化矿石和岩石颗粒度均匀程度，粉碎更加容易，减少或杜绝大块的产生，改善电铲挖装状况、台阶平整度和倾斜度，控制更加精确，修路更加方便容易、卡车运输的道路更加平整。

（2）增加精度。新型爆破孔导航系统是经过露天矿现场检验证明的实用工具系统，它可保证穿孔精度控制在设计误差范围内。

（3）提高效率。该系统采用如下方法增加穿孔效率。

1）避免为维护爆破孔位置标志不断查看钻头位置的需要，钻机操作手寻找穿孔位置根本不用离开驾驶室就可精确定位，在任何天气条件下都不会影响正常穿孔作业。

2）和人工标志穿孔位置相比，大大缩短了用于生产准备停机的周期。

3）减少了爆破前后现场测量台阶各个孔深度和爆破孔平面的检查时间。

4）通过穿孔深度的精确控制减少了过钻、欠钻情况的发生，使台阶的进深数、平整度和倾斜度控制更加精确。

5）通过优化装药量计算可明显减少爆破成本。

6）通过对消耗件（如钻头、稳杆器和钻杆）的跟踪监察确保使用到寿命才更换，因而也减少了穿孔成本。

（4）提高安全性。新型钻孔系统使采矿作业的安全性增加。

1）根底显示功能给爆破工程师提供了良好的设计工具。在当前台阶显示上个台阶留下的根底位置，可以有效避免钻机操作手开钻时将钻头对到上个台阶留下的根底。

2）边界预警功能允许爆破工程师预先设定一个台阶的虚拟边界，钻机在这个边界内进行作业，当钻机超过这个边界时系统将自动预警。

3）钻杆在孔中声音预警是当操作手试图移动没有提到安全高度的钻杆，这时钻杆和钻头还在所穿的爆孔中，选装的延迟锁定电路可以杜绝这种安全事故发生，当钻杆没有提起时钻机移动驱动电路是锁定不工作的。

4）因为长期工作在移动大型设备附近，本身就是潜在的危险，减少了现场指挥和检查人员的数量实际上就是提高了安全性。

采用数字化穿孔爆破技术的用户能够获得更好的效益和产品生产率，数字化穿孔爆破技术代表了露天矿工业发展的新趋势。

3.7 装药装填技术研究现状

工业炸药传统使用模式[137]是：经专业生产厂家生产出包装产品，入库储存。经审批后，运输到作业现场，打开包装箱，进行手工装药，实施爆破。储存、运输装药过程中，对炸药的稳定性和安全性有很高的要求。

现场混装炸药车制药工艺：只需要一个简单的炸药原材料储存或加工半成品的地面站。把炸药原材料或半成品分别装在混装炸药车的料箱内。在爆破现场直接利用这些原材料或半成品，混制成药浆，装填到炮孔中，经 5～10 min 发泡成为炸药，进行爆破作业。

随着人类文明进步，工业炸药已经从一种匠术发展成为一门现代的科学技术。减少炸药制备与使用中的危险性、安全环保和节能型的炸药制备新工艺、新技术，始终是炸药新技术发展的动力和追求目标。

3.7.1 国外的发展状况

工业炸药现场混装技术的发展大约开始于 20 世纪 70 年代。

（1）在 20 世纪 70 年代中期，现场混装铵油炸药（bulkANFO）及其装药车首先出现在一些工业与矿业技术发达国家的大型露天矿山。

（2）1980 年前后，现场混装浆状炸药装药车投入工业应用。随后由于乳化炸药的迅速崛起，乳化炸药的用量不断增加，美国、加拿大、瑞典等国家先后发展了乳化炸药现场混装技术。浆状炸药现场混装技术很快并彻底地被混装乳化炸药技术所取代。

（3）20 世纪 80 年代中期，美国 IRCO 公司首次成功研究开发了露天现场混装乳化炸药技术，装药车装载硝酸铵水溶液（保温）等炸药原料，到爆破现场后制备成可泵送乳化炸药，应用于露天矿山大直径炮孔装药爆破作业，成为第一代露天现场混装乳化炸药技术。在第一代露天现场混装乳化炸药技术的基础上，为确保可泵送乳胶基质的质量稳定，提高装药车的整体技术性能与综合作业效率。

（4）20 世纪 80 年代末，ICI 炸药公司率先发展了新的第二代露天现场混装乳化炸药技术，第二代露天现场混装乳化炸药技术是将车载乳胶基质制备系统转移到制备油、水两相溶液的固定式地面站，从而简化了整车保温技术要求与混装工作系统，装药车技术性能与工作稳定性获得大幅度提高。

（5）20 世纪 90 年代后期，西方发达国家已逐渐淘汰车载油水相溶液、车上制备乳胶、现场混制装填的乳化炸药现场混装技术与装备，继而发展了在地面上集中制备稳定性好、质量高的乳胶，将乳胶当作一种原料装于车上的储罐内，直接经敏化装填于炮孔中或者在敏化前混入粒状铵油炸药和其他干料或液体添加剂后经敏化装填于炮孔中，并在此基础上发展了远程配送系统，实现了集中制备乳胶（如澳大利亚猎人谷地面站年产乳胶 15~20 万吨，占地面积很小）分散装药的体系。美国 Austin 公司、加拿大的 ETI 公司、澳大利亚 Orica 公司、挪威和瑞典的 DynoNo1 公司都先后完成了这种转变，并向外输出技术与相应的装备混装炸药车。

在北美、南美、澳洲、欧洲、南非等地区和国家的年消耗炸药总量中，绝大部分是在爆破现场制备的。在采矿业发达的美国和加拿大等国家用生产的散装炸药在 20 世纪 80 年代就占到了炸药总量的 70%以上，澳大利亚更是占到了 90%以上。2012 年美国生产炸药 3610000 t，1000 台混装炸药车在运行，散装炸药高达 99%。德国年炸药消耗量的近 1/2 是由移动式混装炸药车制备装填的。21 世纪前后，印度散装炸药市场正以平均 35%的速度快速增长。在欧美等发达国家，散装炸药的使用量正在持续增长，特别是小型移动式炸药混装车的研制成功，更适用于地下和露天爆破装药作业，使乳化炸药获得了更加广泛的应用。目前，混装炸药车在国外应用已经很普遍。

3.7.2 国内的发展状况

1986 年，我国从美国 IRECO 公司相继引进当时国际一流水平的乳化炸药、重铵油炸药、铵油炸药现场混装技术，经过消化吸收，于 1987 年由江苏兴化矿山机械总厂与江西南昌矿机所和首钢矿业公司共同开发研制了 BC-7 型多粒状铵油炸药现场混装车，该车于 1988 年 1 月通过了国家机械工业委员会组织的部委级技术鉴定。随后，又开发了 BC-4 型、BC-12 型等一系列按油炸药现场混装车。1991 年开始首先在南芬铁矿、德兴铜矿、平朔煤矿等国内大型露天矿山推广应用，并取得了较好的经济效益和社会效益。

在发展铵油炸药混装技术的同时，为了满足矿山水孔爆破的需求，山西省长治矿山机械厂与美国 IRECO 公司联合研制了 BCZH-15 型和 BCRH-15 型两种类型的炸药混装车并分别交付矿山现场使用。1990 年在美国专家指导下，山西省长治矿山机械厂对 BCLH-15B 型（现场混装多孔粒状铵油炸药车，见图 3-49）、BCZH-15C 型（现场混装重铵油炸药车，见图 3-50）和 BCRH-15B 型（现场混装乳化炸药车，见图 3-51）三种国产化装药车进行了出厂试验，主要性能达到了美方技术要求，得到了美方的质量认可证书，并获得了生产许可证；1990 年 10 月，长治矿山机械厂 BCLH-15 型、BCZH-15 型和 BCRH-15 型三种炸药混装车通过机械电子工业部技术鉴定并在全国矿山的水孔爆破中广泛采用。现在，冶金、化工、建材等行业矿山已较普遍采用这一系列的炸药现场混装车，取得了较好的经济效益和社会效益。

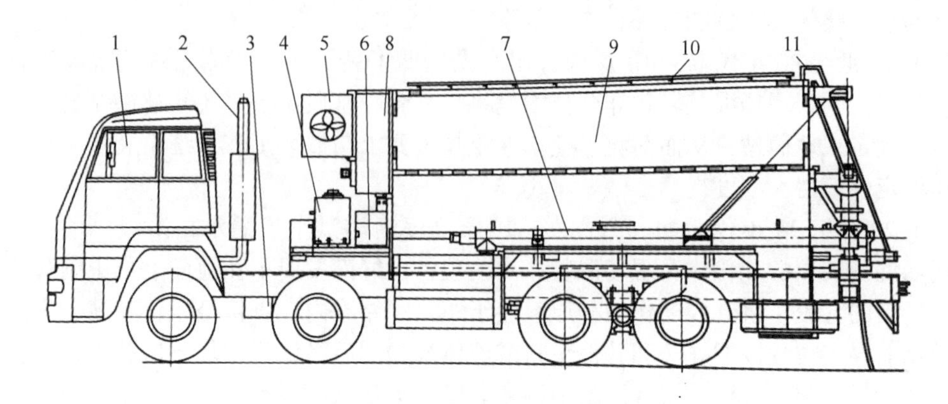

图 3-49　BCLH-15B 型混装车

1—汽车底盘；2—排烟管改装；3—动力输出系统；4—液压系统；5—散热器总成；6—电气控制系统；7—螺旋输送系统；8—燃油系统；9—干料箱；10—走台板；11—梯子

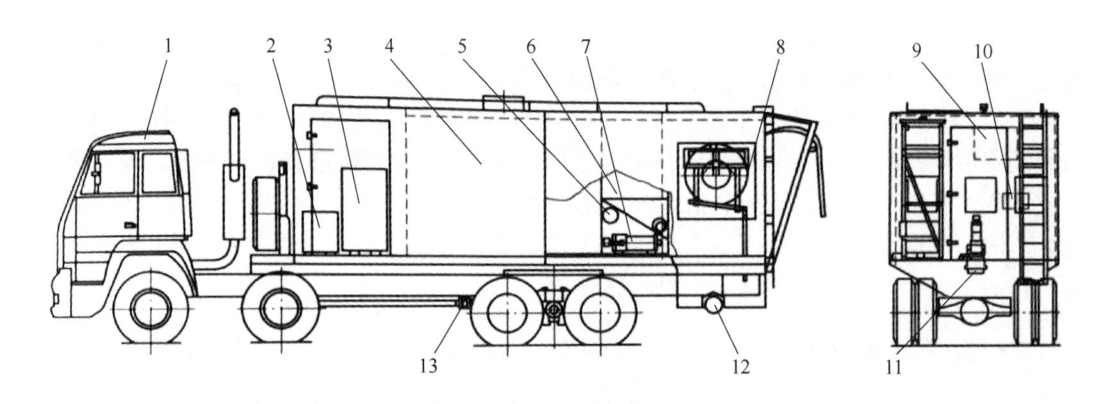

图 3-50　BCRH-15C 型混装车

1—汽车底盘；2—液压系统；3—油相系统；4—水相系统；5—水、气清洗系统；6—干料输送系统；7—乳化系统；8—软管卷筒；9—敏化剂添加系统；10—电气控制系统；11—混合器；12—乳胶基质泵送系统；13—动力输出系统

工业和信息化部在安［2010］227 号文件《民用爆炸物品行业技术进步的指导意见》指出：民爆行业技术的发展方向是发展安全环保型工业炸药及其制品，无雷管感度、散装或大直径包装工业炸药产品，胶状乳化炸药、多孔粒状铵油炸药及重铵油炸药。

据中国民爆协会、共研产业咨询统计：2018—2022 年中国现场混装炸药产量呈逐年增长态势，产量从 2018 年的 108 万吨增长至 2022 年的 148 万吨，年平均增长 9%（见图 3-52），2022 年中国现场混装炸药产量占工业炸药总产量的比例继续增加，其产量占比为 34%如图 3-53 所示。

随着露天现场混装乳化炸药技术的不断发展和推广应用，其技术先进性与本质安全性受到业界广泛赏识。近年来，国内乳胶基质的长距离输送技术、地下现场混装乳化炸药技

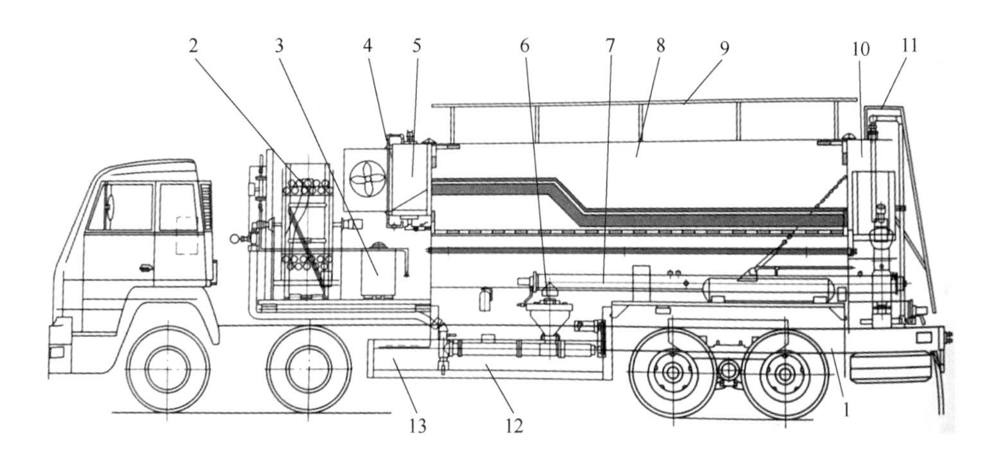

图 3-51 BCZH-15B 型混装车

1—汽车底盘；2—输药软管卷筒；3—液压系统；4—水清洗系统；5—敏化剂添加系统；6—螺杆泵输药装置；7—螺旋输送系统；8—多功能料箱；9—安全护栏；10—燃油系统；11—爬梯；12—乳胶基质泵送系统；13—动力输出系统

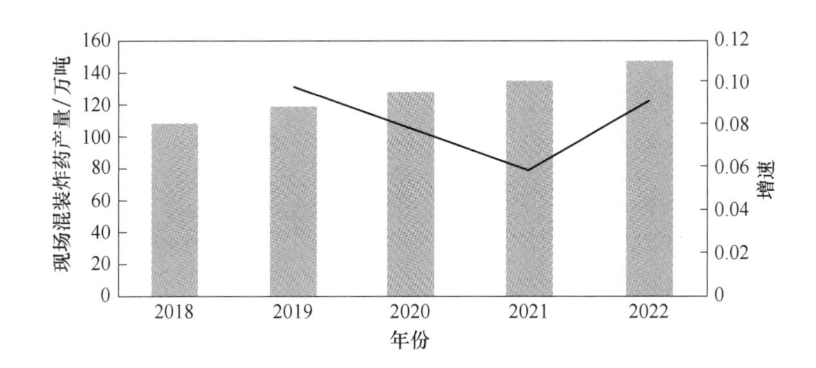

图 3-52 2018—2022 年中国现场混装炸药产量和增速

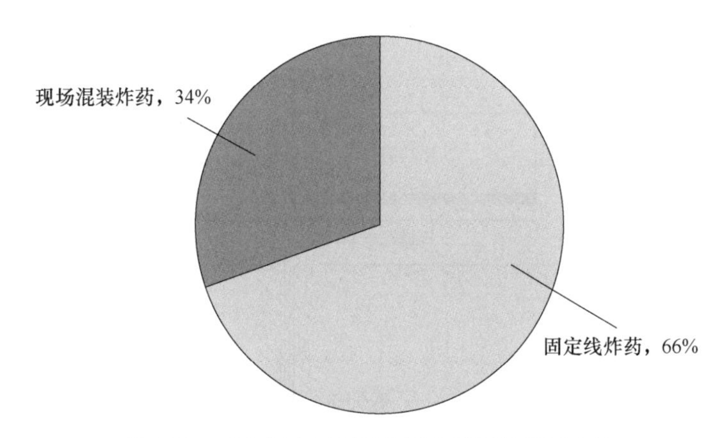

图 3-53 2022 年中国现场混装炸药品种产量占比

术等也相继获得发展和应用，这极大地推动了矿山采掘生产作业的技术进步，相关作业工序的生产效率和装备水平获得大幅度的提高。

今后一段时期的重点工作是着力推广混装炸药车等移动式炸药生产方式。工业炸药生产方式将由固定生产线向现场混装作业方式发展，现场混装和散装型产品所占比例显现出逐年上升的趋势。应用现场混装炸药车技术，实施炸药现场混制、自动装填、爆破作业于一体的服务模式，已成为当今工业炸药技术的一个主要发展方向。

3.7.3　工业炸药混装技术的先进性

3.7.3.1　现场混装乳化炸药的生产工艺

现场混装乳化炸药的生产工艺是：先在地面站将硝酸盐为主的氧化剂水相溶液与油相混合形成油包水型的乳化炸药基质，再将乳化炸药基质用泵打入现场混装乳化炸药车内运到爆破作业现场，乳化炸药基质在输入炮孔前加入发泡剂，乳化炸药基质在炮孔内完成敏化发泡，形成乳化炸药。现场混装乳化炸药在输入炮孔前不具有雷管感度，输入炮孔敏化完全后也不能被单发雷管起爆，必须配合使用起爆具加大起爆能量才能将其完全引爆。因此，在装入炮孔前，现场混装乳化炸药均不能被雷管引爆，安全性好。图 3-54 为现场混装乳化炸药生产工艺，图 3-55 为现场混装乳化炸药车装药示意图。

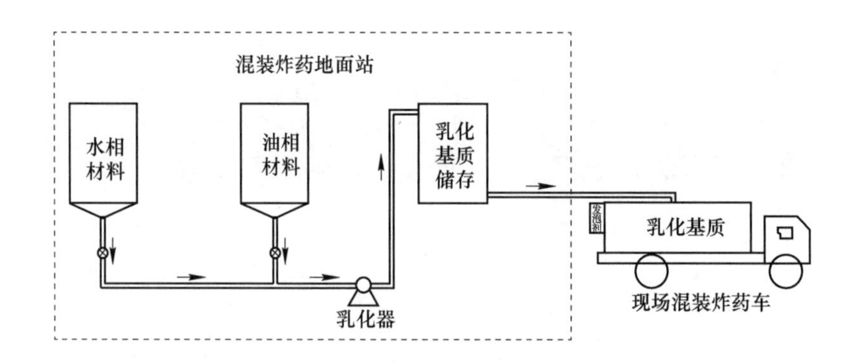

图 3-54　现场混装乳化炸药生产工艺

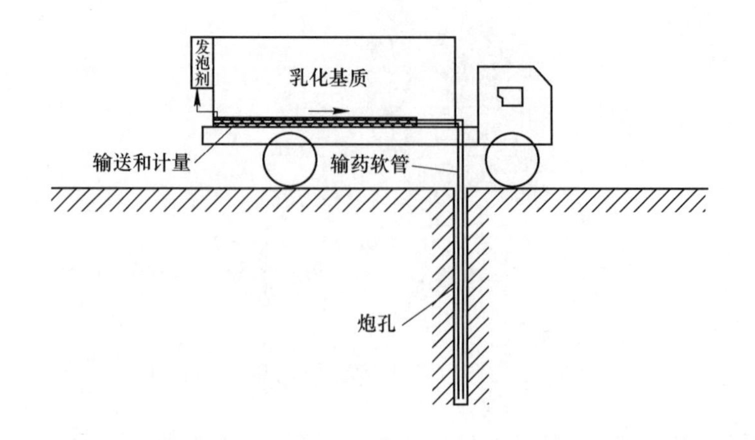

图 3-55　现场混装乳化炸药车装药示意图

3.7.3.2 工业炸药混装技术的先进性

工业炸药现场混装技术具有较强的适应性和优越性，它不仅能满足矿山爆破的要求，同时经济效益和社会效益可观，生产使用方便，不用外购及储存成品炸药。工业炸药现场混装技术的优势主要体现为以下几点。

（1）安全且可靠。混装炸药车在运输过程中，料仓内装载的是生产炸药的原料，并不运送成品炸药，只有混制后药浆装填在炮孔中，经 5~10 min 发泡才能成为炸药，不仅解决了炸药在运输、储存过程中的安全问题，而且在厂区内只存放一些非爆炸性原材料，无需储存和运输成品炸药，大大减少仓储费用和爆炸危险性。

（2）炸药配方简单，材料来源广泛。例如，由硝酸铵、水、柴油和乳化剂等四组分构成的乳化炸药已在现场混装作业中成功应用。制备工艺简单，易于掌握，炸药成本低，为炸药制造厂商和使用者节约了可观的投资成本。

（3）降低成本，改善爆破效果。与包装产品装填炮孔相比，现场混装可以显著提高炮孔装药密度，提高炸药与炮孔壁的耦合系数，扩大爆破的孔网参数，减少钻孔工作量。经验表明，由于装药密度和耦合系数的提高，可扩大孔网参数 20%~30%，减少钻孔量达 25%~30%，钻孔成本明显降低，即可使爆破成本保持最低，又可使爆破效果获得优化。

（4）借助混装炸药车的自动安全计量控制系统，可以按照被爆矿岩的特性和孔网参数的变化情况，在同一炮孔内可自下而上装填两种或两种以上不同密度、不同能量的炸药。计量误差小于 2%，使炸药能量得以充分发挥，获得满意的爆破效果。这种技术上的灵活性，既可以使爆破成本保持最低，又可以使爆破效果获得优化。

（5）占地面积小，建筑物简单。与地面式炸药加工厂相比，混装炸药车只需建设原料库房及相应的地面制备站，地面站占地面积小，而且建筑物简单，节省投资成本。

（6）改善了工作环境。现场混装工业炸药的配方简单，混装过程没有废水排放，现场不残留炸药，减少了对工作环境的污染，保证了职工的身心健康。

（7）由于混装炸药车装药效率高，可混制和装填乳化炸药 200 ~280 kg/min，混制和装填多孔粒状铵油炸药 450~750 kg/min，能减轻工人劳动强度，提高劳动生产效率，缩短装药时间。实践证明，与手工装药相比，一般装药效率可提高 5~10 倍。

（8）增强了炸药的抗水性能。用混装炸药车混制的乳化炸药即使在 pH=2~3 的酸性水中浸泡 48 h 以上，其物理性能、化学性能、爆破性能等均无明显的变化，能量损失甚微。

综上所述，现场混装炸药车的使用是炸药设备和炸药混制的一大革命，应大力推广使用。实践证明，现场混装这一爆破新技术对提高爆破质量，降低爆破成本，提高矿山综合经济效益，实现矿山生产的安全、高效、低耗已发挥着十分重要的作用。

3.7.4 现场混装炸药车的不足

在装药现场，炮孔装药具体操作为：1 人手握输药软管端部放入炮孔，另外 4~5 人将剩余输药软管送至炮孔内，输药软管端部碰到孔底时停止，输药软管通过车载支架提升 1 m，1 人启动现场混装炸药车装药按钮。这种输药软管与炮孔孔壁直接摩擦的操作方法存在以下几个问题。

(1) 劳动量大。每个炮孔都需要 6~8 人工将软管拖拽至孔口，并送至孔底，重复操作，员工劳动量很大（见图 3-56）。

(2) 影响装药质量。软管沿着孔口及孔壁上下，容易对浮石产生扰动，浮石掉入炮孔，导致起爆具卡死或使药柱出现断层，影响装药质量。

(3) 装药量无法实时准确计量。装药时，由 1 名员工手持带重锤的绳子，不停测量药面高度，以判断药面高度为起爆距离和堵塞提供数据。

(4) 工作效率低。掉入的石块会导致输药软管卡死，人工不停测量药面高度，都严重影响输药软管正常工作，降低了工作效率。

(5) 现场混装炸药车比较难适应爆破区域的场地。在爆区场地不平整、不规则和炮孔孔网参数不够大等情况下，加上现场混装炸药车无法实现较远距离的装药，现场混装炸药车在爆区的行走线路受到很大限制，同时装药也受到极大制约。用浮碴填平爆破区域的场地，将会增加穿孔等爆破其他工序的难度和成本。

图 3-56　混装炸药车装药实景图

3.7.5　民用爆破器材行业的技术发展趋势

现场混装炸药车作为一种新型炸药加工和装填设备，散装炸药作为一种新的炸药无包装形式，近年来在我国得到了快速发展。特别是 2005 年国防科工委民爆局在湖北宜昌召开了“现场混装炸药车及散装炸药研讨会”后，现场混装炸药车和散装炸药像雨后春笋似的发展了起来。

经济建设不断发展、科学技术不断进步，对工业炸药的品种、性能、生产和使用等各方面都会提出不同要求。民用爆破器材行业的技术和产品发展趋势如下。

(1) 连续化、自动化生产是炸药生产发展的方向。我国炸药生产长期以来比较落后，多为间断生产方式，体力劳动强度大、生产效率不高、产品质量难稳定。近几年来，国内炸药生产企业已对这方面做了大量工作。例如，膨化硝铵炸药、胶状乳化炸药、粉状乳化炸药等自动化全连续生产线已大量投入生产。

(2) 不同特殊场合需要不同的特殊品种炸药，各种专用炸药及其制品的系列化开发也是不可代替的。例如：高爆速炸药、低爆速炸药、耐热炸药、塑性炸药等。

（3）现场混装炸药车是国际、国内普遍推广采用的一种方式，也是大孔径露天大爆破的捷径，它将炸药混合和炮孔装填相结合，大大简化了生产和使用过程，而且降低成本、提高效率，安全性能好；继续研发一键装药式智能现场混装乳化炸药车是实现爆破工程本质安全的基石。

（4）乳胶基质远程配送与现场混装技术。在过去近 40 年里，露天现场混装炸药技术，或称大直径（ϕ120 mm）乳化炸药现场混装技术获得不断发展，并广泛应用于世界各地的大中型露天矿山及其他大型露天爆破工程。21 世纪后，国外露天现场混装乳化炸药技术有了新的发展，逐步形成了第二代露天现场混装乳化炸药技术，特别是近年来提出和发展的“乳胶基质远程配送与现场混装”新技术，更加值得关注。所谓“乳胶基质远程配送与现场混装”，即像普通硝酸铵一样实现乳胶基质的大规模生产，跨地区、跨国界远程分级配送，然后在最终用户的爆破现场由装药车装入炮孔后才使其敏化成乳化型爆破剂，实现了工业炸药的生产、运输和爆破装药一条龙技术和服务体系。乳胶基质远程配送与现场混装技术，是在下列关键技术取得突破的基础上发展起来的：具有“本质安全性”的乳胶基质及其制备技术，乳胶基质常温和低温快速敏化技术。目前，“乳胶基质远程配送与现场混装”技术的发展应用，已经显示出光明前景。

（5）移动式地面站的应用。移动式地面站是一条可移动的乳胶基质连续化自动化制备站，与现场混装乳化炸药车配套使用，最终实现工业炸药的现场制备与爆破装药机械化。移动式地面站主要是由动力车、半成品制备车、原料运输车、加油车、牵引车及安全生产与消防设施等组成。制备车设有水相制备输送系统、油相输送系统、发泡剂输送系统、乳胶基质输送系统。移动式地面站就是将与现场混装乳化炸药车配套的固定式地面站的设备安装在几辆半挂车上，形成可移动的动力供应、原材料供应、半成品制备等各项功能。不需要固定的建筑物，可节省占地和投资，且建设周期短。移动式地面站移动方便，能适应流动性大、环境复杂的爆破作业，特别适用于大型基础工程如公路、铁路、水利工程等爆破作业强度相对集中、作业周期较短、作业流动性较大的各类土石方爆破工程，应用前景广阔。目前，我国正值基础设施建设的高峰期，为移动式地面站提供了广阔的市场应用前景，特别是小型移动式炸药混装车的研制成功，更适用于地下和露天爆破装药作业，使现场混装乳化炸药技术获得了更加广泛的应用。移动式地面站开创了工业炸药新型的生产模式。

（6）一体化经营模式主流趋势。《关于进一步推进民爆行业结构调整的指导意见》（工信部安〔2010〕581 号）提出：“鼓励以产业链为纽带的上、下游企业整合，向科研、生产、销售、进出口和爆破服务一体化方向发展，使有效资源向优势企业集中，进一步提高产业集中度，优化产业布局，着力提升企业核心竞争力”。《民爆行业“十四五”规划》提出积极推动科研、生产、爆破服务“一体化”，加快推广工业炸药现场混装作业方式，鼓励跨区域开展现场混装炸药合作，推动实现集约高效生产。民爆一体化经营方式的实施，既有利于促进民爆产品从科研、生产、使用环节的统一结合，提高技术水平和经济效益，又满足客户经济效益最大化，同时减少了对资源的消耗和对环境的污染，达到经济效益与社会效益并举的效果。中长期来看，以爆破需求带动民爆器材产品的升级变革是国内外民爆一体化服务发展的主流趋势。

综上所述，今后一段时期的重点工作是着力推广现场混装炸药车等移动式炸药生产方式。工业炸药生产方式将由固定生产线向现场混装作业方式发展，现场混装和散装型产品所占比例显现出逐年上升的趋势。应用现场混装炸药车技术，实施炸药现场混制、智能装填、爆破作业于一体的服务模式，已成为当今工业炸药技术的一个主要发展方向。

3.8　填塞系统研究现状

在露天矿山爆破中炮孔填塞是影响爆破效果的重要因素之一，目前，国外许多矿山已实现了炮孔填塞机械化，但在我国仍处于人工填塞的落后状态。尤其是大型露天矿，炮孔填塞需耗费大量人力，劳动强度大，工作条件恶劣，效率很低，炮孔手工填塞时间一般占总爆破作业时间的50%，这与采、装、运机械化程度相比很不相称如图3-57所示。

图3-57　人工填塞实景图

20世纪70年代以来，美国、苏联、加拿大等国，都在为实现炮孔填塞机械化作努力。

苏联采用8 t、15 t级的汽车底盘装备成炮孔填塞车[138]，车内装上粒度为10 mm以下的废石或剥离表土等充填物，工作时通过机械传动方式将填塞物输入炮孔中。填塞车厢周围装有加热装置，故在冬季能防止充填物冻结。所以这种设备不受季节气温影响，填塞效率高，但成本昂贵。

美国采用自卸汽车与正装侧卸装载机联合作业的填塞方式，利用自卸汽车将填塞物送到采矿场后，再用正装侧卸装载机向炮孔倾倒填塞物。此外，美国还采用耙装式填塞机，直接耙装充填物。该机填塞效率较高，但只能在非冻结状态下（即夏秋季节）使用。

由冶金部马鞍山矿山研究院研制，江西铜业公司德兴铜矿参加试验的我国第一台露天矿炮孔填塞机经冶金部鉴定，进行推广使用。

3.8.1　苏联3C-1M与3C-2M炮孔填塞车

1981年苏联技术科学副博士A. r. neyepKHH等人研制了3C-1M与3C-2M两款炮孔填塞车。均采用漏斗结构：漏斗是用型钢焊接而成的，漏斗上部装有可拆卸格筛，以便避免大块填塞料进入漏斗。漏斗底部设有一台给料机，该给料机由一个刮板式运输机张紧轮和传动轮组成；刮板运输机用液压传动。漏斗底是双层的，以使汽车发动机的排出气体从中通过，在冬天可加热，防止填塞料冻结。为把填塞料导入炮孔，在给料机上安有折叠放料槽，运输时可竖起来并可固定住，操作时该槽便在旁侧放下，用铁链吊起来。新填塞车的技术性能见表 3-29。

表 3-29 新填塞车的技术性能

参数		型号	
		3C-1M	3C-2M
载重量/t		5.5	11
技术效率/kg · min^{-1}		1700	1700
漏斗数量/个		1	2
工作人员/人		1	1
主要规格	长/mm	57.00	7850
	宽/mm	2600	2640
	高/mm	2750	2900
自重/kg		7950	12057

3.8.2 振动式炮孔填塞机

姚光华[139]介绍一种能耗低、不受气候影响的新型振动式炮孔填塞机。该机适用于填塞由牙轮钻机及潜孔钻机穿凿的炮孔（孔径大于 250 mm），亦可作牵引设备及清扫台阶、平整场地之用。该机具有结构紧凑、转向灵活、制动可靠、操作简便、使用安全可靠、设备质量轻、维护方便等优点。该机作业效率高，作业能力为人工填塞的 7~10 倍，平均 2 min 可充填一个炮孔，通常填塞高度为 5.5~8.5 m。

3.8.2.1 振动式炮孔填塞机结构

振动式炮孔填塞机由工作机构 1、动臂 2 和底盘 3 组成，如图 3-58 所示。

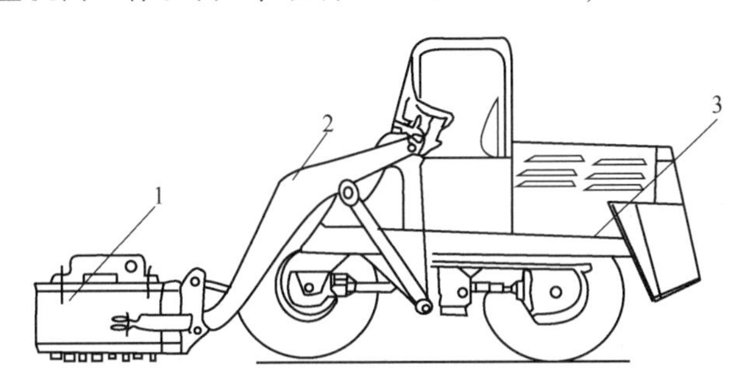

图 3-58 振动式填塞机外形结构

1—工作机构；2—动臂；3—底盘

振动式填塞机的关键部分是工作机构，如图 3-59 所示。

工作时，两边刮土板箱形体中的截齿做纵向振动来破碎冻土，同时刮土板做横向圆弧形移动将所破碎的冻土填入炮孔中。刮土板的横向移动是依靠一对油缸的伸缩来完成的。在刮土板箱形体中还装有双轴惯性激振器，起振动破碎之用。激振器是通过两台液压马达带动的。每台液压马达功率为 5145 W，转速 3000 r/min。动臂与工作机构相连部分是四连杆机构，这可保证刮土板在任何高度下都能与地表平行。底盘是 DC-20 型装载机，行走速度为 0～30 km/h，最小转弯半径为 5.1 m，功率为 69825 W。

图 3-59　振动式填塞机工作结构

3.8.2.2　振动式炮孔填塞机填塞工艺

填塞中主要采用在振动破碎冻土的同时进行铲切而后填塞的工序，这样破碎块度小且省辅助时间，通过振动，降低了颗粒状物料的内摩擦，并产生一定惯性，故能提高物料的疏松能力。再者，因振动强制冰块的熔化，降低了冻土的强度而利于铲切。此外，振动还可以降低冻土对截齿的阻力，从而节省了整机的功耗。本机工作过程是：两刮土板开始并拢（每刮土板上有 5 t 激振力），通过 10 个截齿捣碎冻土，同时油缸收缩，拉动刮土板至炮孔岩堆的边缘然后油缸伸长，这时刮土板一面振动冻土一面铲切，同时将冻土推入炮孔中。第一层填塞完毕再按上述过程进行第二层填塞，填塞完一个炮孔所需时间：对于冻土要 2 min 左右，非冻土只需 1 min 左右。油缸推力为 20 t。50 mm 以下的冻土块度在此工况下，不会出现大块阻塞炮孔现象。

3.8.3　TS-2 型露天矿炮孔填塞机

TS-2 型露天矿炮孔填塞机[140]是由马鞍山矿山研究院、南芬露天铁矿和常州矿山机械厂共同研制成功的新型填塞机。它适应我国北方露天矿山在冬季岩碴冻结状况下的炮孔填塞作业机械化的要求，与装药车配套，可为露天矿大区微差爆破、强化开采创造有利条件。

3.8.3.1　结构与工作原理

TS-2 型露天矿炮孔填塞机，是用国产 ZL40 型轮式装载机改装而成，即去掉其铲斗，重新设计安装了专用的填塞工作机构。用牙轮钻机穿凿时排出的岩碴作为炮孔的填塞料，这种就地取材的方法比较经济，而且不会使矿石贫化。但在北方的冬季冻结状态下，碴堆较难破碎，以致无法充填。针对这个问题，设计了一种破碎耙装式工作机构。

这种工作机构由两部分组成：上部是一个由 1JMD-63 型液压马达直接带动破碎头的破碎装置（见图 3-60），下部是一个推夹装置。推夹装置有两个刮土板，分两侧铰接在主推板上，各用一个 SDG-125/90-e 型油缸来张开或合拢。在破碎装置的尾部，设有一对升降油缸，控制着破碎头的进给量。整个工作机构装在ZL40型装载机动臂铰接处。去掉装载机上的拉斗油缸，重新设计安装了平行四连杆机构，使填塞机构在任何情况下，保持与地面平行作业。

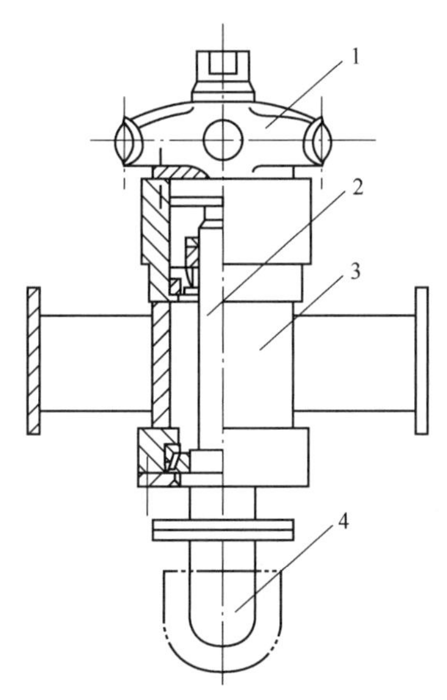

图3-60 破碎装置

1—液压马达；2—轴；3—套筒；4—破碎头

在填塞坚硬冻结碴堆时，先将刮土板张开至最大位置，用升降油缸调整破碎头的进给量，然后转动方向盘，进行左右铣削破碎冻结碴堆。破碎结束后，抬起破碎装置，再用推夹装置边推边合拢刮土板，使碴堆岩粉不断填入炮孔。当刮土板全部合拢后，再将整机后退，炮孔全部填满。

即使在南芬露天铁矿，约占93%的碴堆其冻结层厚度一般只达100~150 mm，外部较硬或微冻而其内部仍保持松散状态。对于这类碴堆，直接用推夹装置夹动1次即可破碎。这样连夹带填，填塞时间可大为缩短。

在非冻结期，可以把破碎装置卸掉，仅用推夹装置就可以完成碴堆的填塞。

3.8.3.2 主要技术参数

主要技术参数如下所示。

平均每个炮孔填塞时间（填深5.5~7 m）：

（1）不冻碴堆：40 s；

（2）微冻（冻结层厚约100 mm）堆碴：1 min；

（3）较硬（冻结层厚100~150 mm）堆碴：1.5 min；

（4）坚硬（冻结层厚不小于200 mm）：3~5 min。

炮孔规格ϕ250~310 mm，牙轮钻机穿凿。

推夹装置：主推板刀刃宽400 mm，刮土板张开最大距离2300 mm，最小安全距离250 mm，高度700 mm。

破碎头：ϕ300 mm，长度 400 mm，最大输出扭矩 181 kgf·m。

底盘：ZL40 型铰接轮胎式装载机底盘，6135K-13 型（150HP）柴油机驱动

最高行走速度：35 km/h。

最大牵引力：102.9 kN。

最小离地间隙：450 mm。

自重：13 t。

3.8.4 YPT 系列炮孔填塞机

目前大多数矿山使用 YPT 系列炮孔填塞机，如图 3-61 所示。

图 3-61　YPT 系列炮孔填塞机实景图

3.8.4.1 工作原理及技术特性

炮孔填塞机，选用了一台四轮驱动装载机的底盘，并将原铲斗装置改为填塞机的工作机构，对个别地方也做了相应的结构修改。该工作机构由装在大臂上的推土刮板和左右两个从推土刮板伸出来的钳形刮土板所组成。钳形刮土板可包围牙轮钻机或潜孔钻机穿凿炮孔时排在孔口周围的岩粉堆，用双作用油缸推动左右刮土板向内侧摆动，往炮孔填塞岩粉。

每一个工作循环分为三个动作，推土刮板向前进至孔口钳形刮土板向内侧合并工作机构往后拉，以便将大部分岩粉填入炮孔中。

在以上三个动作中，第一个动作靠填塞机前进，第二个动作靠双作用油缸，第三个动作靠填塞机后退来完成。

填塞炮孔的速度受司机的操作技术熟练程度、地形情况、岩粉的多少及岩粉的湿度、粒度、黏性和孔内水的多少等因素的影响。在正常情况下，一个循环即可填满炮孔。若一个循环尚不能填满炮孔时，可进行第二个循环，直至达到要求的填塞高度为止。

采用黏性低的湿透岩碴填塞炮孔最好，既快又没有灰尘采用干岩碴填塞炮孔也好，但填塞时有返风现象，灰尘较大对于满水炮孔，若用湿岩碴，可放慢填塞速度使水排出孔口完成填塞任务。若用干岩碴，填塞较难，水不易排出孔外，需待岩碴浸透沉下后进行补充填塞作业面有黄干淤泥时，要放慢填塞速度，否则可能堵塞孔口，产生悬料现象。在这种情况下，需抬起工作机构，离开黄干泥若填塞量大，碴堆太高且呈泥状，可分层填塞，必要时适当辅以人工。

3.8.4.2 炮孔填塞机特征

炮孔填塞机特征是：在机械车辆前部安装由液压驱动的双臂刮板，双臂刮板铰接连接在支座上，在支座两端与该侧的刮板中部铰接有液压缸，液压缸与机械车辆的液压系统油管相连接，支座通过销轴固定在机械车辆的执行机构上。

3.8.4.3 炮孔填塞机优点

炮孔填塞机优点是：

（1）提高了炮孔填塞质量，从而提高爆破质量；

（2）提高劳动效率，降低人工成本；

（3）最大限度减少爆破区工作人员，保障作业人员安全；

（4）使作业人员脱离扬尘区，人工填塞造成大量扬尘，长期作业会导致矽肺病，通过机械填塞可彻底解决该问题。

3.9 起爆系统研究现状

爆破作业的起爆系统是爆破工程设计与施工中必须考虑的重点工作，起爆系统可靠性和安全性是关系到人身安全和爆破效果的关键。

目前，国内外的起爆系统分为有线的和无线的两大类。其中有线起爆系统有电起爆系统和非电起爆系统两种，无线起爆系统有微波起爆、激光起爆、激波管起爆等。

3.9.1 有线起爆系统的电起爆系统分析

电起爆系统分为传统的电雷管起爆系统（见图 3-62）和现代电子雷管起爆系统（见图 3-63）。

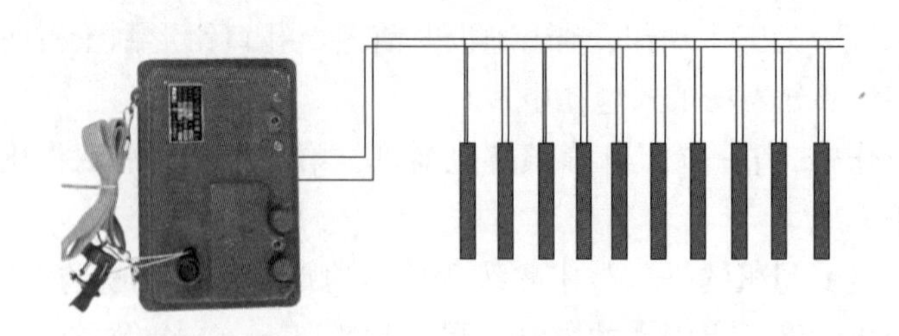

图 3-62　传统电雷管网络连接示意图

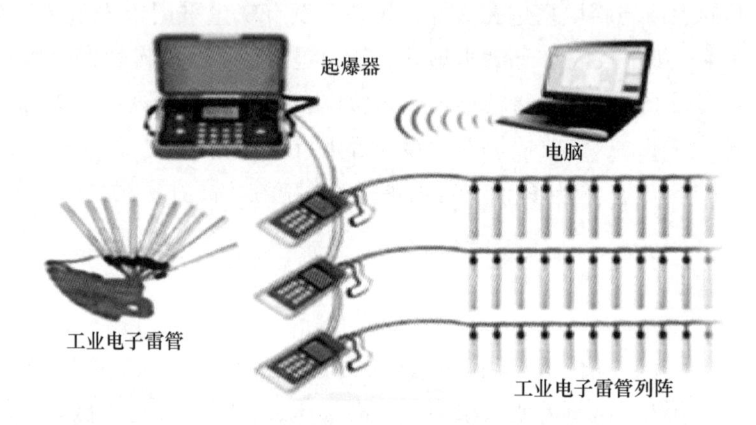

图 3-63　现代电子雷管网络连接示意图

传统的电雷管起爆系统（国内已经没有使用）由电雷管和起爆器组成。起爆原理：电雷管按爆破设计用并联、串联或串并联的方式组成网络，将网络用母线与起爆器连接。起爆器接通，其内部电容放电经物理导线传给电雷管，并引爆电雷管点火头，炸药被引爆。

工业电子雷管的起爆系统主要由工业电子雷管、编码器和起爆器组成（见图 3-64）。起爆原理（见图 3-65）：按爆破设计用物理导线将工业电子雷管组成网络，用母线将网络与起爆器连接。起爆器接通后将电流经物理导线传给工业电子雷管，工业电子雷管内部的电容放电引爆工业电子雷管点火头，炸药被引爆。

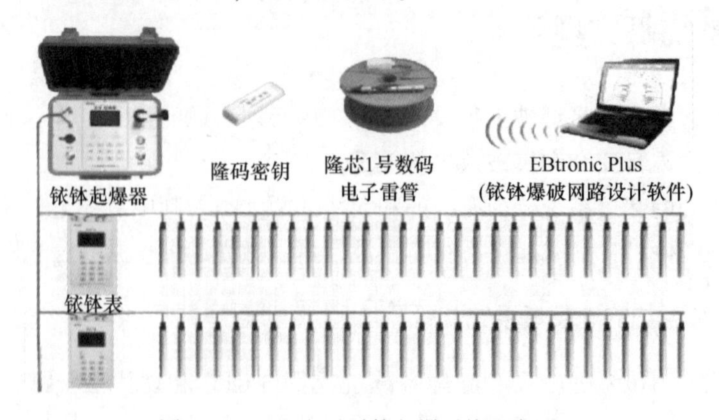

图 3-64　工业电子雷管起爆系统示意图

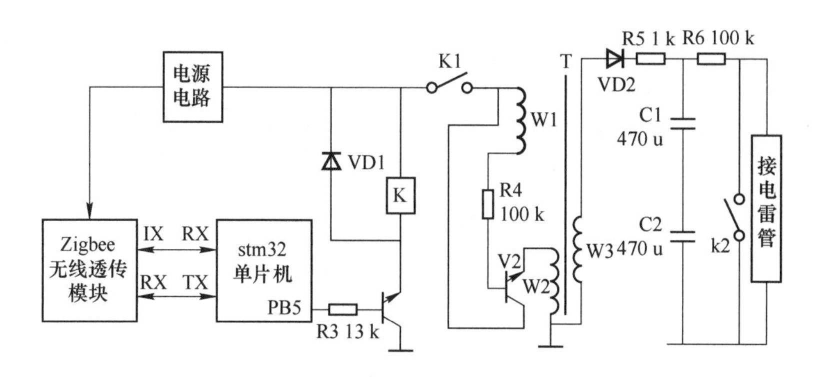

图 3-65 工业电子雷管起爆原理示意图

工业电子雷管的起爆的缺点如下。

(1) 由于母线过长，电阻增加，影响起爆能力而造成部分雷管拒爆。母线过长成本增加，同时也增加爆破工人敷设母线的时间和劳动强度。爆破作业现场导线交错、复杂，容易造成连线失误。

(2) 起爆器的起爆能量有限，再加上导线的电阻损耗，限制了一起爆破雷管数量，进而限制一次起爆的炸药量，限制了爆破的规模。

(3) 爆破有线网路容易受杂散电流及外来电流的影响（如雷电、射频电、高压感应电等），引起早爆事故的发生；在有水的地方容易出现局部漏电或短路，造成拒爆或早爆。

(4) 在爆破施工现场中需要对每发工业电子雷管进行检测、信息采集和输入延期时间，在起爆网路敷设过程中，容易出错，耗时较长和操作不便（现在有些改进、完善）。

(5) 智能爆破的目的是少人和无人，就目前技术而言，物理导线的连接和检测是制约智能爆破发展的技术瓶颈。

(6) 起爆时，爆破员为了躲避飞石，起爆站经常设置在较隐蔽的地方，无法观察到爆区各个方位周围环境的情况，容易出现飞石伤人的事故。

3.9.2 有线起爆系统的非电起爆系统分析

非电起爆系统有导火索起爆系统和导爆管起爆系统（国内没有使用）。

导火索起爆：雷管将其引爆，导爆索爆炸产生的能量再去引爆药包的起爆方法。导爆索的爆速在6500m/s以上，因此，由导爆索网路引爆的各药包几乎是齐爆的。联接方式：并簇联（见图3-66），双向分段并联（见图3-67）。

导爆管起爆系统：利用塑料导爆管来传递爆轰波引爆导爆管雷管进而引爆炸药的起爆方法（见图3-68）。有簇并联也称“大把抓”（见图3-69）、并串联（见图3-70）、分段并串联（见图3-71）。非电导爆管接力式起爆网路最大特点是用少数几个段位的非电雷管段位可实现无数段位的延期起爆。

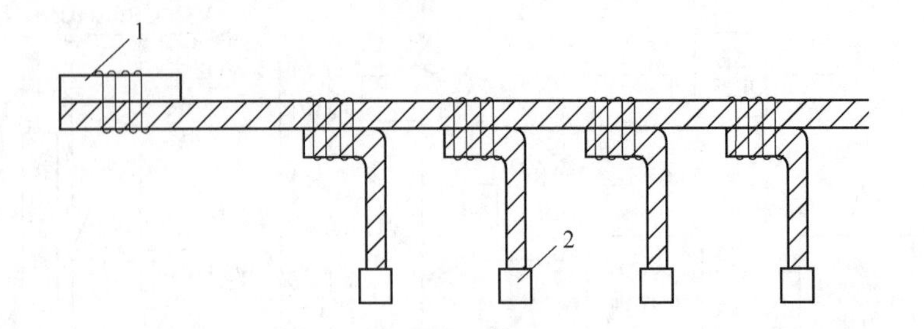

图 3-66　导爆索起爆网路-并簇联

1—雷管；2—炮眼

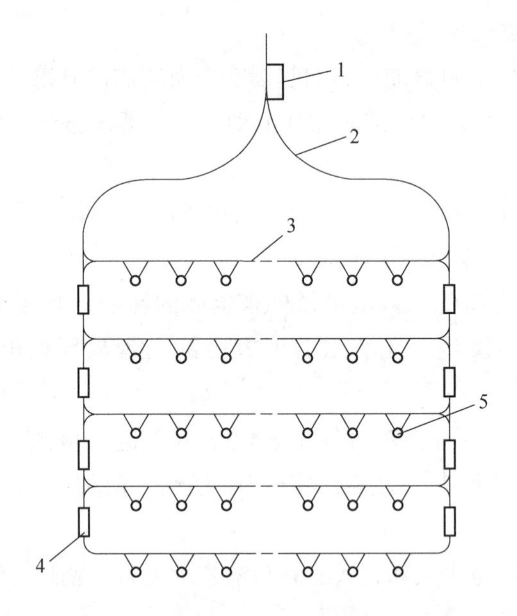

图 3-67　导爆索起爆网路-双向分段并联

1—雷管；2—主干索；3—支索；4—雷管；5—炮眼

图 3-68　传统导爆管雷管人工连接示意图

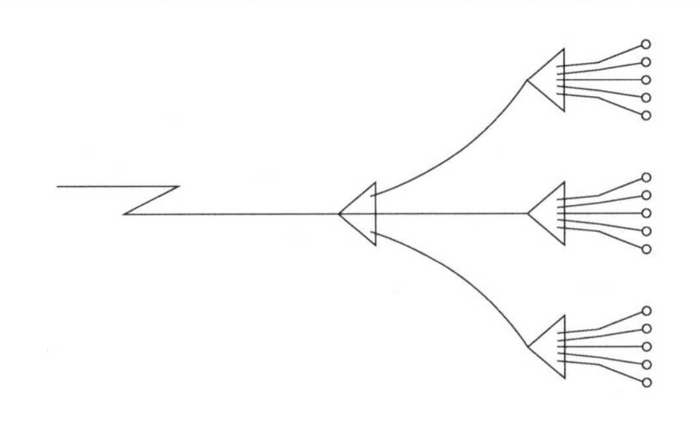

图 3-69 非电导爆管簇并联也称“大把抓”

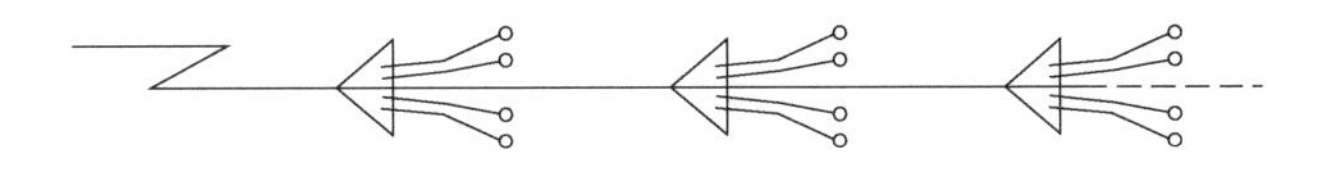

图 3-70 非电导爆管并串联

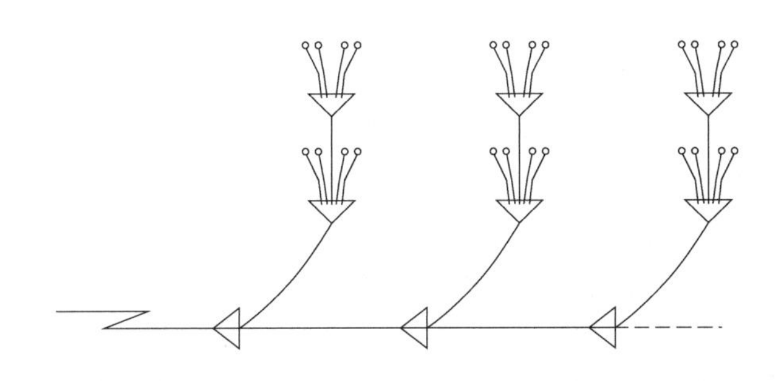

图 3-71 非电导爆管分段并串联

非电起爆系统的缺点如下。

（1）非电起爆系统无法实时在线检测网络，网络是否相通、雷管是否完好、有没有雷管漏联上都不知道。爆破作业工作场所线路交叉和重叠，检测网络很麻烦。可能造成雷管盲炮，给安全带来重大隐患。

（2）非电起爆系统连接，费时、费工。爆破作业场所人员众多，对安全生产造成巨大压力。

（3）非电起爆系统无法实现数字化和智能化，限制了爆破技术的发展。

3.9.3 无线起爆系统的现状

无线起爆系统就是提供雷管能量的器材（起爆器）与雷管之间没有直接物理导线相连。无线起爆系统有：微波起爆、激光和光纤起爆、激波管起爆和无线电起爆。

3.9.3.1 微波起爆

微波起爆[141]就是利用微波直接照射火药产生的感应电促使火药爆轰，即微波加热火药起爆。微波起爆系统大致由振荡、发射、接收三部分构成，所用微波频率为 2.45 GHz。振荡器输出单一脉冲波，由发射天线向起爆对象的岩面均匀照射，无线雷管被微波照射后起爆。

3.9.3.2 激光和光纤起爆

激光辐照物质，当激光功率密度或能量密度达到一定阈值后，被辐照物质会发生烧蚀、熔化甚至气化现象。激光的这种作用被广泛地应用在激光加工、激光切割、激光医疗等领域。同样，当激光辐照含能材料，会引起含能材料的点火或起爆。激光点火/起爆技术已经成为各国竞相研究的热点。该技术具有常规桥丝起爆无可比拟的优势，主要为：

(1) 对电磁场、静电放电或杂散电源等意外点火源免疫；

(2) 可以在不影响系统确信性的情况下，完成整个起爆系统的自检；

(3) 烟火剂等对光敏感材料起爆零值较低，可以使用激光二极管点火；

(4) 激光输出水平可以大幅度提高，从而实现钝感炸药点火；

(5) 不存在桥丝，消除桥丝烧蚀引起的失效，起爆器寿命增长，发火后电导性消除；

(6) 激光起爆器的体积和质量低于相应的桥丝装置；

(7) 激光起爆系统可以多次使用；

(8) 容易实现系统集成和多点同步点火；

(9) 激光起爆系统可以实现直列式点火。

(10) 可以用作支撑其他方面的研究，如微尺度爆轰实验、新型炸药研制等。

激光起爆按照激光起爆方式的不同主要分为激光直接起爆方式和激光驱动飞片起爆方式；按照激光传输方式的不同主要分为空间几何光束传输方式和光纤传输方式。目前研究者更倾向于基于光纤传能的激光驱动飞片起爆技术的研究。激光直接起爆为一个爆燃转爆轰的过程，从脉冲发出到实现起爆的作用时间较长，而激光驱动飞片点火是冲击波转爆轰过程，作用时间很短，响应速度快，满足现代引信的需求。光脉冲通过一个封装后的光纤传输，对电磁辐射、温度和压力钝感；另外，允许复杂的几何多点同步点火；光纤化学性质稳定，贮存期更长。这些优点成为基于光纤传能的激光驱动飞片起爆技术研究的源动力。

(1) 激光直接点火或起爆的微观机理，可以归为 3 类。

1) 热作用机理。激光辐照含能材料表面，激光能量被含能材料吸收，增加了其分子的转动能、振动能和平动能，从而使药剂温度升高，达到点火温度。

2) 光化学作用机理。含能材料分子吸收特定频率的激光光子并发生离解，产生的高活性高速离子进一步引起化学链反应，导致药剂迅速分解，实现点火或起爆。

3) 激光感应火花作用机理。激光辐照药剂，产生等离子或者火花，由此产生的热能和冲击波将药剂点燃或起爆。

(2) 激光驱动飞片起爆。激光驱动飞片起爆就是利用高能激光辐照镀在光学窗口或光纤末端的金属薄膜，产生高温高压等离子，等离子膨胀推动剩余薄片，形成飞片高速撞击炸，实现起爆。激光驱动飞片结构示意图如图 3-72 所示。

激光起爆系统是由激光器、光能传输分配网络及激光雷管几个部分组成[46]。可将激光起爆系统分为 3 个部分：可重复使用部分（激光器及光分路器）、部分可重复利用部分（传输光缆）及一次性使用部分（激光雷管）。国内外的雷管结构主要有光纤脚型、宝石/玻璃窗口型、透镜窗口型。其中光纤脚型结构采用的光纤成本较低，且玻璃金属封接及钎焊技术都已经发展成熟，采用这种工艺制作光纤脚可以实现批量化生产，而其他两种结构

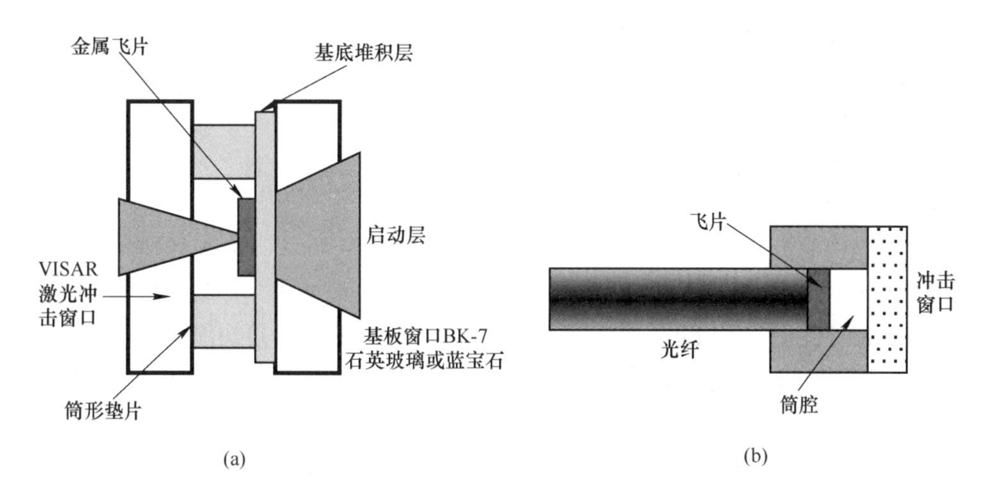

图 3-72 激光驱动飞片结构示意图
（a）光学窗口结构；（b）光纤端面镀膜结构

采用的宝石和透镜窗口本身价格高，且产品结构和生产工艺都较复杂，不利于批量化生产。因此，在民用工程爆破中应用的激光雷管应该首选光纤脚结构。

2010 年曾旸、伍惟骏、何焰蓝[142]提出基于“近距激光技术”的无线起爆装置的概念。起爆器由发射端和接收端组成（见图 3-73）。爆破作业起爆命令发出后，安装在瞄准装置上激光器，由人工操作瞄准，用瞄准装置中的十字叉丝瞄准汇聚透镜，打开激光器，发出起爆激光信号；接收端的光电探测器接收入射激光后，经过光电转换变换为电压信号，适当放大后启动控制电路，控制电路开关闭合时电雷管电源接通，引爆电雷管，从而引爆炸药，达到破碎岩石的作用。该系统具有稳定性高、隐蔽性好、安全可靠、结构简单、经济实用、抗干扰能力强等特点。

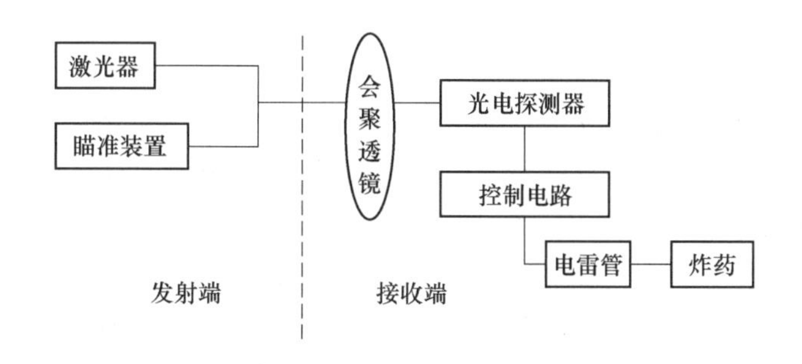

图 3-73 激光起爆原理框图

（3）总结与展望。

激光起爆技术具有常规电起爆无可比拟的优势，将逐步取代敏感的桥丝点火系统，必将得到广泛的应用。激光直接起爆和激光驱动飞片起爆各有优缺点，在不同的应用背景和需求下，选择不同的起爆方式更具备实际意义。激光起爆系统目前还难以实现真正的工程化和实用化，根本原因如下。

1）激光源限制。激光器体积大、小型化困难、成本高。

2）光纤传输的限制。光纤传输高峰值功率激光的安全性、可靠性和灵活性提高，有利于实现激光多点点火。但是，光纤传输的激光功率越高，激光与光纤的棍合、激光在光纤内的传输就越困难。

3）安全性和可靠性问题。

上述问题可以从以下四方面入手解决。

1）激光器优化设计与采用高峰值功率激光单脉冲点火方式。激光器应用有其特殊之处，如不需要冷却装置等，研制特种小型化固体激光器可以减小其体积和成本。

2）传能光纤优化。光纤的材料、数值孔径、芯径、抗激光损伤能力等，都与高峰值功率激光的棍合和传输有密切的关系。借鉴激光焊接、切割等领域相关经验可知，采用大芯径石英包层阶跃折射率石英多模光纤传输高功率激光效果较好；光纤的端面抛光和激光预处理等技术，可以有效提高光纤的抗激光损伤能力。

3）光路设计。在光路中，激光能量的传输损耗包括激光注入光纤的棍合损耗、光纤的传输损伤、光纤与光纤的连接损耗、光纤的输入输出端面质量造成的损耗、光纤与火工品的连接损耗等。通过光路优化，如设计新颖的激光注入棍合装置、选取合适的激光参数等，可以明显提高光路的激光能量传输效率，减小光纤的损伤概率。

4）激光加载方式设计。激光雷管的设计、飞片结构设计、药剂研制和密封、光纤与药剂的棍合，都对激光点火能量（功率）阈值和点火时间有重要的影响。

3.9.3.3 激波管起爆

ICI 炸药公司[143]已推出一种称为 EXEL 的新型单层塑料激波管起爆系统。这种塑料管由聚烯烃聚合物制成。通过动力熔流处理强化其表面特性，能使薄层炸药粉黏附在管的内壁。通向冷拉取向处理可进一步提高其机械抗拉特性。据称其性能优于同类产品。它可取代现在常用的导爆索、电雷管和接有雷管的导火线。

3.9.3.4 无线电起爆

早在 1989 年美国陆军特种工程部队已在密西西比河栏洪工程中运用遥控起爆系统，在墨西哥州的露天采矿工程中也试验了爆破。德姆特克公司用无线电爆破拆除了一座铁路桥，用 330 个黑索金线状药包 67 kg 将其炸成 52 段。这次拆桥爆破中使用的是 SafeytDe-viesSD500 遥控起爆系统[144]，爆破工离爆破现场 805 m 进行遥控起爆。

SafeytDe-viesSD500 遥控起爆系统（见图 3-74）将编码的无线电信息传输给可接收信号和译码的接收机。再将这些译码信号接收和变换成计算机的逻辑矩阵（HEXI-DECTMAIJ）。设计了安全逻辑线路，用以协调等待、准备、报警（ARM）、起爆、故障或停止各个功能。6 个 9 段指轮开关（由爆破工手动操作）给爆破工提供了 531000 密级代码套，可以抗杂散信号、电干扰、电话通信、莫尔斯码或任何可能妨碍爆破工操作的信号。安全逻辑线路也提供了时钟定时，以便自动接通、断-开、报警和控制起爆电力的临界值。用蓄电池供电，仪表用标准 6 V 蓄电池供电。用 300 mW 功率操作的手持式调频发射机配有按键盘，可再充电的蓄电池。在正常操作中爆破工也可用手持式收发两用机进行通信和布置警戒岗哨。

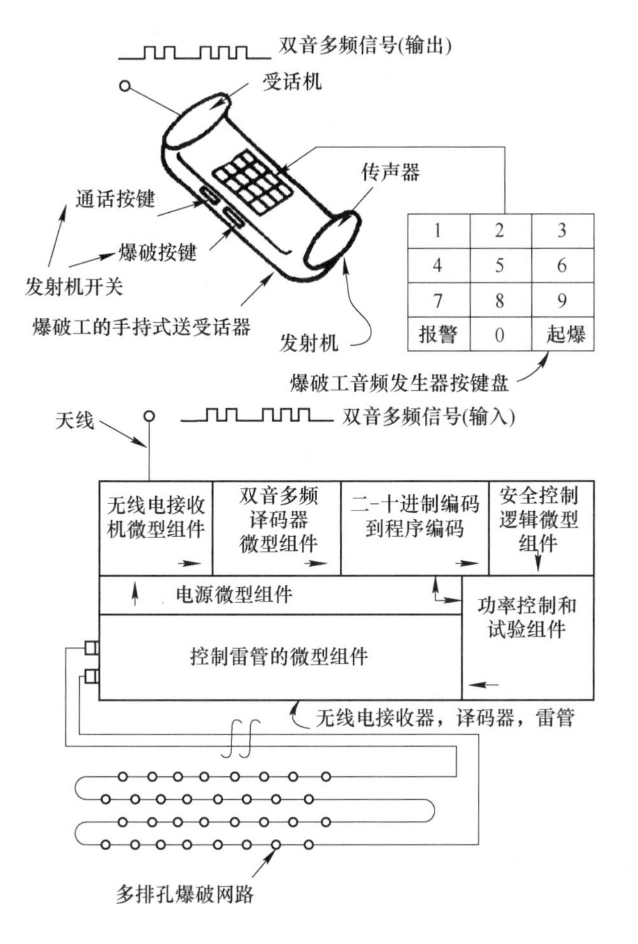

图 3-74 SafeytDe-viesSD500 遥控起爆系统

成都理工大学段美霞、郭勇[145]研究了无线起爆系统。起爆系统主要由发射机单元、接收机单元和雷管组成（见图 3-75)。主控发射机和接收机的无线遥控距离不小于 3 km；发射机可以分别控制 6 台接收机，每台接收机承担至多 150 路的起爆，每一路的线长不超过 450 m；每一路的起爆能力为 2~4 Ω 的军用雷管，确保在线长为 450 m 的条件下，可靠起爆每一路。

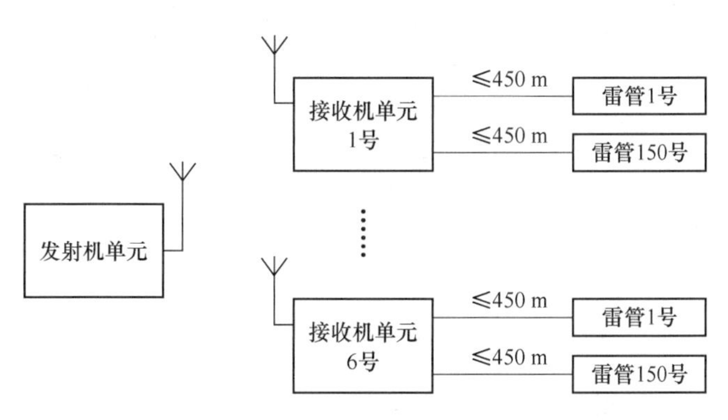

图 3-75 系统总体框图

昆明理工大学、云南省特种爆破服务中心穆大雄、李征文[146]《无线密码遥控起爆系统的研究》，它通过发射机发射经加密的指令信号，再由接收机进行解密接收命令，起爆。经实验室和现场试验，遥控距离可达 2~5 km，使起爆过程能在远距离进行操纵，达到安全、可靠的目的。

宫国田、权琳、张姝红等人[147]在《远程多路现场注册遥控起爆系统的设计》研究的遥控起爆系统结构图如图 3-76 所示。文章着重强调："为了保证遥控起爆机制的绝对安全，系统通过现场注册机制保证起网络的排他性和封闭性，通过多层安全机制保证无线起爆的安全性和可靠性，其特点有：采用了现场注册机制，起爆器需在起爆系统中注册后才能受控起爆；以分布式起爆系统取代了集中起爆系统，子起爆系统间、系统内均独立无串扰；现场起爆控制器在功能上和硬件上都转化为单纯的总线控制器，无起爆能力限制；无线、数据总线方式的采用减少了起爆电缆的布置数量"。

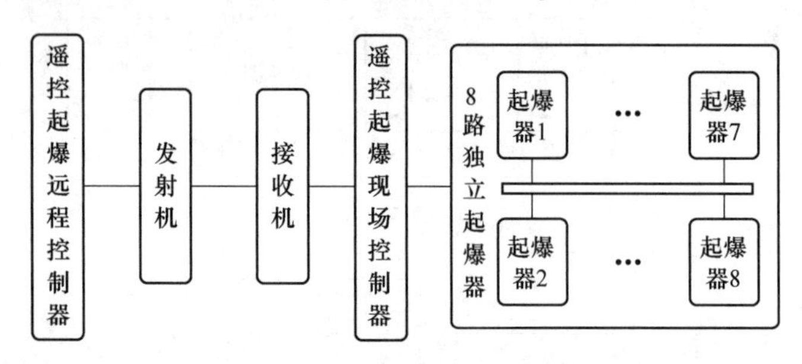

图 3-76　遥控起爆系统结构图

刘庆、周桂松、杜华善等人[148]在《遥控导爆管起爆系统的设计与应用》研究中，利用 PIC 单片机与高可靠性的扩频无线控制技术，设计出包括无线遥控器、电子起爆器及配套电容式击发针的遥控导爆管起爆系统。主要由遥控器、电子起爆器、电容式击发针和导爆管雷管组成（见图 3-77），具备有线控制操作与无线遥控控制操作功能。此系统的设计可以通过有线的方式有效控制电容式击发针电路，完成远距起爆。

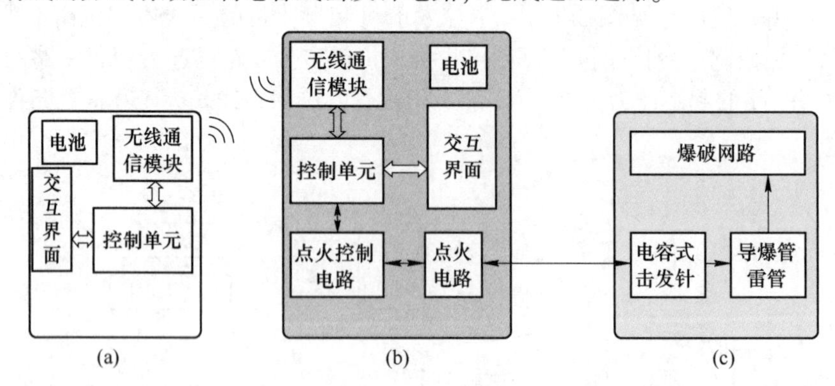

图 3-77　遥控导爆管起爆原理示意图

（a）无线遥控器；（b）电子起爆器；（c）爆破区

经过对上述无线起爆系统有关文献的分析，总结出以下共同点。

（1）微波起爆、激光和光纤起爆、激波管起爆等无线起爆系统仅仅是概念或进行实验室初期研究；这些起爆方式一般针对特殊场合，且成本昂贵。网络设计好后，很难再根据现场的实际情况适时部分修改。

（2）无线远程起爆系统采用单向通信，在安全性、稳定性方面存在缺陷，起爆电路采用硬件接收电脉冲编码方式，极易受到雷电等信号的干扰。

（3）无线远程起爆系统由于技术上的因素没有真正实现无线网络，没有实现低功耗、抗干扰、高速的和低成本无线远程起爆系统，没有进行工业化的应用，无法实现无线远程起爆系统的爆破作业场景。

在研究和分析了目前爆破网络起爆系统的缺陷后，本研究无线网络远距离遥控起爆方案中数据传输采用双向的数字通信、高效的纠错编码技术及数据加密技术，确保数据传输的安全性、可靠性，可实现起爆控制信号及工业电子雷管信息双向相互传输，从而实现安全、稳定、可靠的爆破。系统主要由智能起爆控制器、信号中继器、智能无线起爆模块和工业电子雷管组成。

3.10 爆破效果分析技术研究现状

爆破施工完毕后，爆破效果的及时高效分析至关重要，分析爆破方案的优点与不足，做到效果反馈与方案优化改进，建立台阶爆破效果实例库，可为类似地形地质条件的台阶爆破设计与施工提供重要的技术支撑。爆破效果综合分析主要包括爆破有害效应、爆堆形态、块度大小等方面，高速摄影机加上传感监测仪器设备，可有效监测飞石运行轨迹、爆破振动效应、爆破粉尘率等方面，再结合相应数据处理软件，爆破有害效应的监测较为系统化。爆堆形态及块度大小可通过扫描设备，如摄影机、无人机、三维激光扫描仪等，可有效获取爆堆点云信息，重建爆堆真实形态及岩石块度尺寸，实现爆堆表面和内部结构的还原，但爆堆内部结构分析的准确度不够高，真实性需要结合挖装实际情况进行综合评判。

爆破效果综合评价的方法有数十种，一般的综合评价过程涉及灰色关联分析和层次分析相结合、突变综合评价理论、层次分析法和模糊数学法、物元理论、分形理论、突变理论、灰关联分析、物元理论、人工神经网络遗传层次分析法、多元回归模型、运筹学评价方法、模糊评价方法、数据包络分析法、多变量分析方法、未确知测度理论和智能化评价方法等。

相对于其他评价方法，智能化评价方法属于评价技术中的新方法和新技术。目前这类评价方法尚处于研究开发阶段，但因它能较容易综合各种方法，在未来的发展上具有一定的前瞻性和优越性。本节简单介绍前 4 种爆破效果评价方法。

3.10.1 灰色关联分析和层次分析相结合的爆破效果评价模型

胡新华、杨旭升[149]提出了灰色关联分析和层次分析相结合的爆破效果评价模型。该模型对加权灰色关联度进行了改进，通过改进的标度矩阵法确定权重的大小，避免了权重赋值的主观性，利用权重的形式体现各评价指标对评价目标的影响程度，同时采用两层灰色关联分析评价模式，并进行了实例分析，结果表明：该模型不仅简化了评价系统，而且评价结果更科学、合理。

3.10.2 应用突变综合评价理论的爆破效果评价模型

方崇[150]应用突变综合评价技术理论，采用总突变级数值综合评价光面爆破效果，此方法一定程度上避免了有些方法中各指标权重由主观确定的不足，为爆破效果评价提出了一种新方法。其结论如下。

（1）应用突变理论综合评价模型分析光面爆破的效果指标数据，优化光面爆破参数，并进行了实例分析。研究表明，用突变理论处理光面爆破效果评价，无需确定权重，解决了传统定性评价中各评价指标权重难以确定受参评人员主观影响大等问题，不仅简化了评价系统，而且评价结果更科学合理，为爆破方案决策提出了一种新思路。

（2）利用突变理论对光面爆破效果进行综合评价时，评价指标体系的选取与评价指标相互间重要性的判断，都会对最终的评价结果产生影响。因此，要根据具体工程实际情况尽量做到客观真实。

（3）采用光面爆破技术可以减少岩土工程超欠挖方，加快施工进度，减少工程量，节省工程投资。为了达到光面爆破效果，在分析影响光面爆破效果因素的基础上，应根据不同的岩石性质和地质条件，通过合理地选择孔距最小抵抗线合适的装药量，合理安排起爆顺序及精心施工等措施来实现。

3.10.3　层次分析法和模糊数学法的爆破效果评价模型

吴明、冯东如、何怡[151]针对某露天矿场采用爆破成本、爆破质量、爆破安全三个要素作为一级指标，以炸药成本、爆堆形状、炮孔冲孔、爆破飞石等八个要素作为二级指标，运用层次分析法和模糊数学法确定各个指标权重并赋值，求得爆破效果得分。结果最终得分为 0.90154，效果好，与实际相符，这种方法具有较高的科学性、准确性，为其他矿山爆破提供参考。

爆破效果评价可以从三个方面考虑。

（1）安全。主要考虑爆破产生的破坏效应。

（2）质量。不同矿山有不同标准，质量标准可根据爆破目的、爆破方法、爆破对象的具体情况和周围环境来确定。

（3）经济。包括炸药单耗、爆破效率等。

此次研究选取了经济效益、爆破质量、爆破安全为一级指标，以炸药成本、钻孔成本、爆堆形状、炮孔冲孔、爆破振动等 8 个为二级指标建立某露天矿台阶爆破效果评价模型，如图 3-78 所示。

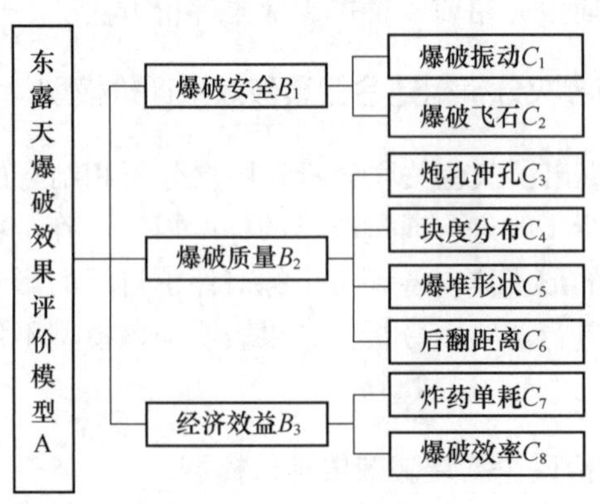

图 3-78　某露天爆破效果评价模型

3.10.4 基于物元理论建立的露天矿山评价模型

江文武、廖明萍、郭云等人[152]基于物元理论建立了露天矿山评价模型，针对矿岩破碎质量、技术经济效益和对环境产生的影响三个方面进行评价，将得到的结果与该矿山实际爆破效果进行评价，最终证明建立物元模型方法对评价露天爆破效果是有效的。

3.10.4.1 评价指标体系的建立

根据现有的研究成果，并结合实际爆破工程的情况，归纳总结出评价爆破效果的三个方面：矿岩破碎质量、爆破的技术经济效益和爆破对环境产生的影响（爆破工程作业本身的安全和环境安全）。矿石破碎质量包括大块率、松散系数、爆堆形态；爆破的技术经济效益包括延米爆破量、后冲、爆破成本、炸药单耗、炮孔利用率、跟底率；爆破对环境的影响包括爆破振动、爆破飞石、爆破冲击波、有毒气体、盲炮、噪声。通过专家调查法，对各个因素评价指标权重，并根据以上分析建立爆破效果评价指标体系，见表3-30。

表 3-30 爆破效果评价指标框架

目标层	准则层	因素层	权重 w_i
爆破效果 A	矿岩的破碎质量 B_1	大块率 C_1	0.125
		松散系数 C_2	0.137
		爆堆形态 C_3	0.056
		延米爆破量 C_4	0.081
	爆破技术经济效益 B_2	后冲 C_5	0.063
		爆破成本 C_6	0.124
		炸药单耗 C_7	0.039
		炮孔利用率 C_8	0.025
		根底率 C_9	0.066
	爆破对环境的影响 B_3	爆破振动 C_{10}	0.211
		爆破飞石 C_{11}	0.134
		爆破冲击波 C_{12}	0.026
		有毒气体 C_{13}	0.056
		盲炮 C_{14}	0.021
		噪声 C_{15}	0.023

3.10.4.2 评价模型的构建

A 确定物元矩阵

设某一事物 N 有 n 个特征 C_1，C_2，…，C_n，C 所对应的量值为 V，则称 N 为物元，C 为事元，V 为关系元，且可以建立 n 维物元矩阵 $\boldsymbol{R}=(N,\ C,\ V)$，将爆破效果作为待评价目标事物，因素层指标作为事元，可以建立爆破效果物元矩阵。

$$
\boldsymbol{R}=(N,\ C,\ V)=\begin{bmatrix} N & C_1 & V_1 \\ & C_2 & V_2 \\ & \vdots & \vdots \\ & C_{10} & V_{10} \end{bmatrix} \tag{3-64}
$$

B　确定经典域和节域

将每一评价指标分为若干等级，并确定其取值范围，属于同一等级的取值范围就是经典域，各个指标取值范围的集合，即经典域的集合就是节域。

在爆破效果评价中，根据所选取的评价指标，并结合以往的研究成果，把爆破效果分为四个等级，即很好、好、一般、差。结合物元模型理论，可以确定爆破效果的经典域和节域，见表 3-31。

表 3-31　爆破效果的经典域和节域

评价指标	经典域				节域
	很好	好	一般	差	
大块率/%	[1, 2)	[2, 4)	[4, 6)	[6, 7]	[1, 7]
松散系数	[1.7, 2)	[1.5, 1.7)	[1.3, 1.5)	[1, 1.3]	[1, 2]
爆堆形态分值	[9, 10]	[8, 9)	[7, 8)	[0, 7)	[0, 10]
延米爆破量/m^3	[8, 10]	[7, 8)	[5.5, 7)	[4, 5)	[4, 10]
后冲分值	[0, 2)	[2, 5)	[5, 7)	[7, 10)	[0, 10]
爆破成本/元 · t^{-1}	[0.3, 0.5)	[0.5, 0.7)	[0.7, 0.9)	[0.9, 1.2]	[0.3, 1.2]
炸药单耗/kg · t^{-1}	[0.3, 0.5)	[0.5, 0.75)	[0.75, 0.8)	[0.8, 1.2]	[0.3, 1.2]
炮孔利用率/%	[80, 100]	[70, 80)	[50, 70)	[30, 50)	[30, 100]
根底率/%	[0, 0.1]	[0.1, 0.3)	[0.3, 0.5)	[0.5, 1.0)	[0, 1]
爆破振动分值	[9, 10]	[8, 9)	[7, 8)	[0, 7)	[0, 10]
爆破飞石/m	[0, 50)	[50, 100)	[100, 150)	[150, 200]	[0, 200]
爆破冲击波分值	[0, 2)	[2, 5)	[5, 7)	[7, 10]	[0, 10]
有毒气体分值	[0, 1)	[1, 4)	[4, 7)	[7, 10]	[0, 10]
盲炮分值	[0)	[1, 0)	[3, 1)	[5, 3]	[0, 5]
噪声分值	[0, 2)	[2, 4)	[4, 8)	[8, 10]	[0, 10]

C　确定关联度

用关联函数计算评价指标关于评价等级的关联度，公式如下。

$$K_j(V_i)=\begin{cases}-\dfrac{\left|V_i-\dfrac{a_{ji}+b_{ji}}{2}\right|-\dfrac{b_{ji}-a_{ji}}{2}}{|b_{ji}-a_{ji}|}, & \text{当 } V_i\in V_{ji}\\[2ex] \dfrac{\left|V_i-\dfrac{a_{ji}+b_{ji}}{2}\right|-\dfrac{b_{ji}-a_{ji}}{2}}{\left|V_i-\dfrac{a_{ui}+b_{ui}}{2}\right|-\dfrac{b_{ui}-a_{ui}}{2}-\left|V_i-\dfrac{a_{ji}+b_{ji}}{2}\right|-\dfrac{b_{ji}-a_{ji}}{2}}, & \text{当 } V_i\notin V_{ji}\end{cases} \tag{3-65}$$

式中，$K_j(V_i)$ 为评价指标 C_i 关于其等级 j 的关联度；V_i 为评价指标 C_i 的值；a_{ji}、b_{ji} 为评价指标 C_i 在等级 j 时经典域的下限、上限；a_{ui}、b_{ui} 为评价指标 C_i 节域的下限、上限。

D 确定评价效果

计算综合关联度：

$$K_j(R)=\sum_{i=1} w_i K_j(V_i) \tag{3-66}$$

式中，w_i 为各评价指标的权重，且 $\sum_{i=1} w_i=1$。

根据关联度最大的原则确定爆破效果，即若

$$K_j(R)=\max_{j\in\{很好,好,一般,差\}} K_j(R) \tag{3-67}$$

则爆破效果属于等级 j。

3.10.4.3 结论

（1）从石破碎质量、技术经济效益和破坏对环境的影响三个方面对爆破效果进行评价，并对具体的影响因素进行识别，主要有大块率、松散系数、爆堆形态、延米爆破量、后冲、爆破成本、炸药单耗、炮孔利用率、跟底率、爆破振动、爆破飞石、爆破冲击波、有毒气体、盲炮和噪声等因素，由此建立爆破效果评价指标体系。

（2）建立了露天爆破效果评价物元模型，并根据具体爆破实例进行应用，得出该爆破效果评价为好，且对照矿山实际爆破效果也为好，说明建立物元模型方法对评价爆破效果是有效的。

3.11 露天矿山无人机应用现状

无人驾驶航空器虽然1917年就已经出现，但无人机最早开始用于军事领域，只是作为军用航空器的一种补充用途（如靶机、诱饵机等），直到21世纪无人机才发展成为航空器中一个重要的分支。1980年之后，随着计算机技术的迅猛发展及数字传感器的出现，测绘工程精度得到大幅度提升，在此背景下，无人机技术也随之诞生。无人机从军用扩展到民用还是近几十年的事，而无人机发展势头之猛、普及程度之快，超出了其他航空器发展的速度，这是因为无人机具有研制周期短、相对成本低、使用便捷和无人员伤亡等突出优点。随着无人机技术的不断成熟，其使用频率和运用领域也在不断增加，这不仅促进了经济社会的全面发展，同时也在民生领域和军事领域都起到了举足轻重的作用。当前，随着国家对无人机领域投资力度不断增加，无人机技术得到了快速发展，电池续航能力及飞机载荷都有明显的提高，在社会领域的作用越来越大，这些改变使得无人机在测绘工程中的应用得以顺利地开展。

3.11.1　国内外应用现状

3.11.1.1　无人机应用现状[153]

无人机最早为军事侦察服务，直到20世纪80年代，随着科学技术的进步尤其是计算机技术的迅猛发展，无人机摄影测量遥感技术获得了飞速发展，在引入了GPS/IMU惯导系统后，无人机摄影测量遥感进入了实际应用阶段。

2013—2014年，Guillaume Brunier等人利用无人机摄影测量遥感技术获取了法属圭亚那海湾的DSM数据，经过对比分析，发现了法属圭亚那海湾地质形态在一年间发生的变化。2015年，Claudia等人利用无人机对西班牙安达卢西亚地区的沟壑进行了测量，建立了沟壑的三维模型。

在我国，民用无人机已有40年的历史。1980年3月，陕西省科学技术委员会联合西北工业大学共同研发了一款多用途无人机D-4，主要用于航空测绘和航空物理探矿，直到1995年，该民用无人机才投入量产阶段。此后，在植保、气象、抗震救灾、电力等领域，都出现了无人机的身影。近几年，许多学者通过使用无人机采集数据，在矿山领域获得了许多宝贵的成果。

张兵兵、李萍丰、谢守冬等人[154]为了精准高效地评价台阶爆破的爆堆形态，明确相应的评价指标，采用了灵活性好的低空多旋翼小型无人机航测技术。以大宝山露天多金属矿山铁门661 m平台爆区为例，根据采场空间布局及精度要求，设置相对航高为100 m，五向航摄模式下的旁向和航向重叠率均为80%，爆区周边布设了4个像控点，采用Smart3D软件生成了台阶爆前爆后两期的三维可视化实景模型。三维模型误差较小，像控点高程中值误差为2.79 cm，均满足航测精度要求。通过IData软件进行点云和高程信息提取，得到了爆堆空间分布形态及尺寸参数，爆区拉裂范围较大且表面块度分区现象明显，认为与孔网参数设计、地质条件等有关。工程实践表明：无人机航测在爆堆形态分析方面具备一定的可行性，为台阶爆破效果分析提供了新思路。

杨青山等人[155]使用无人机对新疆两个地区的矿山进行了矿山储量评估，同时采用传统矿山测量的方法对研究区储量进行评估，将无人机摄影测量与传统测量方式所获取的结果进行对比后发现，使用无人机航空摄影测量对矿山储量进行动态监测所耗费的时间仅为传统测量方式的1/3，其中外业所需时间约为传统测量方式外业所需时间的1/9，极大地减少了外业工作量，提高了生产效率。

许龙星、张兵兵、韩振[156]采用无人机航测技术在河道采砂及生态治理工程中进行实践应用，分析了外业航测及内业处理的流程，共布置了6个架次，得到了河道的正射影像、数字表面模型及数字线划图，精度校核满足1∶1 000比例尺的要求。实践表明，航测成果应用在河道境界划定及生态普查方面，有助于及时了解开采现状、合理安排生产计划，同时也可用于不同规格砂石的调配及现场安全监管工作，极大地提高了施工管理效率。

张兵兵、许龙星、张璞等人[157]采用低空无人机航测技术实现采空区精细化验收，分析了采空区精细化验收的内涵，在大宝山矿北部649 m平台遗留的盲采空区处理阶段进行了应用。采用搭载高清单镜头的大疆精灵4RTK小型无人机实现航高100 m的5向倾斜摄影测量，较好地获取了盲采空区爆前和爆后的两期三维模型信息，精度校验满足1∶500地形图制图要求。利用南方IData软件实现盲采空区范围线与三维模型的套合，计算得到了爆破后的盲采空区充填相对高度增加率为110%~200%。结合多角度航拍影像及实际挖装作业情况，验证了盲采空区得到了有效处理。实践表明：低空无人机航测技术在精细化验收露天矿山采空区处理效果方面，具有一定的适用性。

张兵兵、许龙星、周敏等人[158]采用搭载高清单镜头的大疆精灵4RTK小型四旋翼无人机，经过现场踏勘，制定了相对航高100m，重叠率为80%，测区内布置4个像控点，2个检查点的井字形低空倾斜摄影测量方案。共获取了两期高清影像信息，经过Context Capture软件的空三解算与模型重建，得到了对应的真实三维模型。其中，X方向和Y方向最大误差分别为14.05 cm和8.40 cm，中误差为2.59 cm，精度检验满足比例尺为1∶500的地形图要求。将两期模型导入IData软件，得到了不同时期的矿石储量，并与真实值进行了比对分析，相对误差仅为2.8%，为露天采场供配矿规划工作提供了保障。实践表明，低空无人机倾斜摄影技术在矿石堆场储量计算方面具有可行性。

3.11.1.2 倾斜摄影现状

近年来，无人机倾斜摄影技术在国内外均取得了迅速的发展。倾斜摄影在国外的发展起源于20世纪90年代。世界上最早研究倾斜摄影测量的机构是美国的Pictometry公司，该公司的倾斜摄影测量业务遍布了整个欧洲和美洲。2008年第21届国际摄影测量和遥感大会上，主要的议题之一就是倾斜摄影测量；2011年德国第53届摄影测量周上，大量的讨论和学术交流均围绕倾斜摄影测量技术展开。在国外，倾斜摄影测量技术已有几十年的发展历程，随着倾斜摄影仪的发展，倾斜摄影数据的处理系统也得到了相应的发展。在该研究领域内，相对领先的有荷兰的Track Air公司和美国的Pictometry公司、Trimble公司。许多公司开发了一系列工作系统，比如微软公司旗下的UCO系统、徕卡公司旗下的RCD30系统、Idan公司开发的Oblivision系统、以色列Ofek公司开发的Multivision系统及Pictometry公司开发的EFS/POL系统，都是国际上经典的处理倾斜影像的软件。上述系统可以实现对倾斜影像进行视角关联显示。

倾斜摄影测量技术在国内起步相对较晚。2010年10月，我国诞生了第一款倾斜摄影相机SWDC-5，自此我国具备了获取高精度倾斜影像的能力。在之后的一段时间，多款同类倾斜相机相继问世，国产倾斜航摄仪迎来了一次快速的发展。2013年，基于旋翼无人机的倾斜相机AP5100在广州红鹏科技公司诞生，对低空倾斜航空摄影技术的发展起到了极大的带动作用。目前我国引进的倾斜摄影三维自动建模软件主要有法国的“街景工厂”和Smart3D。2013年，中国国家测绘地理信息局派发了倾斜摄影相机到下属的三个直属局，这给我国倾斜摄影测量技术的发展带来了很好的引导，对国内的倾斜摄影市场也起到了开拓的作用。在国内倾斜摄影测量技术相关硬件设备的发展和需求的带动下，相关软件也应运而生，国内已经有多家机构开始投身到倾斜摄影测量自动化建模软件的开发工作当中，比如武汉立得空间和香港科技大学等。2014年，超图软件公司推出SuperMapGIS7CS，该软件能够快速加载海量倾斜模型，解决三维空间分析和单体化模型等技术难题。关于无人机倾斜摄影测量，已经有研究人员对此从多角度进行了探索。Bertram 采用四旋翼无人机搭载 GO3Pro 相机，对一幢独栋建筑进行了倾斜影像的采集，借助 Autodesk 软件进行了自动化的三维重建，得出了高分辨率影像完全可以借助多旋翼无人机搭载数码相机来采集的结论，且与有人机相比费用较低。曲林采用多旋翼无人机搭载了自制的五镜头倾斜相机和 POS 系统，空三匹配和畸变差修正采用的是 Inpho5. 5 软件，把结果导入 Street Factory（街景工厂）软件进行三维建模，生成了数字表面模型，并比较了多种倾斜摄影的方案，得出无人机相对于有人机的优势在于近地面细节丰富、作业不受云层影响、成本低及空域限制小等。无人机倾斜摄影在智慧城市、数字城市领域应用前景较为广阔，但其应用发展在很大程度上受无人机续航和承重能力限制。近年来，针对多旋翼无人机承重小的特点，一些国内摄影测量方案供应商研制出了微型无人机倾斜摄影相机系统，通过固定框架组合多个市售微型消费级相机来实现，一般为五镜头倾斜摄影机。

3. 11. 1. 3　三维激光扫描现状

随着三维激光扫描技术的出现，国外的专家学者尝试在各个领域使用三维激光点云进行研究。在逆向工程中通过测量仪器得到的地形地貌表面的点的集合称为点云。Doyle 等人利用 LiDAR 对澳大利亚东南部海岸的 37 个点进行了三维激光扫描验证试验，发现了海岸地形地貌与植物的关系。Paolo 等人使用 LiDAR 获取了森林的点云数据，利用这些点云数据进行了木材体积及生物量的估算，效果良好。国外的地质研究人员也利用三维激光扫描获取点云数据取代传统人工野外测量进行了灾害研究。由于点云具有很高的精度，所以使用点云数据进行时空序列分析也是许多专家学者进行研究时采用的办法。Teza 等人通过将多期点云与参考点云配准，得到了点云位移量，计算出的点云位移量即为形变量。Joel 等人在 2010 年利用 LiDAR 对美国麦纳马火山进行了部分扫描，对公元前 7700 年的一次火山喷发后形成的沉积物进行了研究，分析了沉积物在时间及空间上的演化情况。

国内的点云研究主要还是通过三维激光扫描技术获取点云，从而进行分析。董秀军等人使用地面三维激光扫描仪对震后的汶川公路进行扫描，获取公路及公路边坡的点云数据，通过对点云数据进行处理提取出岩体结构信息，进行灾害分析，并分析使用三维激光扫描与传统地质调查方法相结合的适用性与可行性。邵延秀等人将无人机载 LiDAR 测绘系统应用于野外地质调查，通过该系统对西秦岭北缘断裂漳县段南坡村研究点进行了扫描，有效地消除了地物和植被的影响，验证了断层分布位置，并获取了漳河阶地的抬升量。除了在地质地灾方面，在文物保护、建筑物建模、医疗等方面，国内学者也通过应用点云数据取得了许多研究成果。杨树志、束学来、张兵兵等人[159]针对露天矿山采空区群严重制约着生产平台的问题，为了消除采空区群带来的安全隐患，首先采用时效性强的 C-ALS 三维激光扫描仪精准探测，构建了 3 个采空区真实三维模型，揭示了受限采空区群的空间赋存关系；其次以爆破全生命周期精准设计为出发点，通过采用工业电子雷管精准控制起爆网路，最后充分利用边坡自由面及加大局部采空区侧的炸药单耗，有效地减小了岩层间的夹制作用。在大宝山露天多金属矿山 661 平台成功实施了强制爆破崩落处理，通过无人机多角度航拍及爆堆现场检查，发现爆区塌陷现象明显，充填率达 90%，较好地消除了采空区群的不利影响，可为类似采空区治理提供参考。

3.11.2 无人机相关法律法规

近年来我国对无人机监管力度加大，国家相继出台了一些法律法规，从无人机驾驶员、无人机业主、无人机服务方、无人机的监管方等多方面、多角度地对无人机行进行监管。法律法规的出台，有利于无人机行业有序健康的发展，防止由于监管不力、责任不强、技术不精给相关人员带来不利影响。在使用无人机进行移动测量的过程中，必须遵守国家的相关法律法规的要求，以免对露天矿生产造成不必要的影响。

3.11.2.1 《民用无人机驾驶员管理规定》

《民用无人机驾驶员管理规定》是2016年7月11日由中国民用航空局飞行标准司下发的针对无人机驾驶员的法规。其中明确了法规出台的目的是按照国际民航组织的标准建立我国完善的民用无人机驾驶员监管体系。

该规定包括目的、适用范围、法规解释、定义、管理机构、行业协会对无人机系统驾驶员的管理、局方对无人机系统驾驶员的管理等内容。通过各个条款的规定，明确了其适用的范围，并对无人机进行了系统的分级；系统定义了诸如“无人机”“无人机驾驶员”及“空域”等行业用词；确定了无人机分级系统下的管理机构；明确了管理无人机驾驶员的行业协会的标准及规则；将中国民用航空局对无人机驾驶员的管理进一步细化。此规定的出台是对无人机操作行业的一次改革，细化了行业标准，同时确定了管理方式，为无人机行业的健康有序发展奠定了基础。

3.11.2.2 《民用无人驾驶航空器经营性飞行活动管理办法（暂行)》

《民用无人驾驶航空器经营性飞行活动管理办法（暂行)》是2018年3月21日由中国民用航空局运输司下发的针对于无人机驾驶航空器从事经营性飞行的管理规定。由于露天矿山使用无人机进行露天矿山的采剥工程量测验收是矿方自用，并非使用无人机进行经营性活动并从中盈利，所以此管理办法对于露天矿山而言，仅供参考，并无执行的空间。

3.11.2.3 《民用无人驾驶航空器实名制登记管理规定》

《民用无人驾驶航空器实名制登记管理规定》是2017年5月16日由中国民用航空局航空器适航审定司针对于无人机拥有者管理出台的规定，目的是加强对民用无人驾驶航空器（以下简称民用无人机）的管理，对民用无人机拥有者实施实名制登记。

该规定分为总则、职责、民用无人机实名登记要求及附录四个部分。其中明确了其适用的范围，要求从2017年6月1日起需要对无人机系统进行实名登记；系统定义了诸如“民用无人机”“民用无人机拥有者”等用词；规定了中国民用航空局航空器适航审定司、民用无人机制造商、民用无人机拥有者的职责；将民用无人机实名登记的过程要求进一步明确。

该规定的颁布明确了无人机的所属，明确了无人机的责任人，使无人机的管理更加严格，避免发生“黑飞”的情况，保护了无人机飞行范围内各方的权益。

3.11.2.4 《民用无人驾驶航空器系统空中交通管理办法》

《民用无人驾驶航空器系统空中交通管理办法》是2016年9月21日由中国民用航空局空管行业管理办公室针对于无人机空中飞行出台的管理办法，目的是加强民用无人驾驶航空器飞行活动的管理，规范其空中交通管理工作。适用于依法在航路航线、进近（终端）和机场管制地带等民用航空使用空域范围内或者对以上内运行存在影响的民用无人航空器系统活动的空中管理工作。

因此，露天矿山使用无人机测量时，应参照上述相关的法律法规，禁止发生违反国家法律法规的异常无人机飞行事件。

近年来，由于无人机航测相关支撑技术的瓶颈突破与集成创新，轻小型无人机航测系统性价比高，且具有测量效率高、精度高、安全性好的优势，在露天矿山中得到了推广应用。但是，其在露天矿山中的应用范围还不广，研究深度还很有限，难以在露天矿山的全生命周期中普遍推广应用，主要存在如下局限：

（1）由于轻小型无人机的机身体积及承重能力有限，难以携带多块电池，且目前电池的续航性能一般，如锂聚合物电池，其只能维持在1 h左右，对于面积在10 km^2以上的大型矿山而言，难以实现一次全覆盖性的航测工作，需要多个架次，才能完成露天矿山的飞行计划。

（2）增大了航测的工作量，且多个架次需要航测路线的局部重叠，造成了不必要的浪费。

3.11.3 影响无人机应用的因素

露天矿山测量期间，影响轻小型无人机航测精度的因素较多，主要与飞行平稳程度、获取影像的清晰度、传感器的类型、像控点布置等有关。

（1）传统的无人机航测在测量露天矿山时，需要在相对稳固的位置，均匀地布置地面控制点，以达到增强局部图像分辨率及数据准确性的目的。特殊情况下，也结合采用水准测量仪尽量降低像控点的误差。而由于露天矿区开采区域的环境复杂多变，导致控制点的布设存在一定的难度，且受环境及车辆的干扰强，一定程度上导致获取的图像及信息的精度不高，故对于后期的储量计算及生产调度指挥有一定的影响。

（2）传感器的类型及灵敏度情况，也是影响航测精度的一大因素。数码相机、三维激光扫描仪、激光雷达等，受制于露天矿山测量的目的，在选取时，应进行综合分析。无人机航测中，单一的传感器往往难以同时兼顾测量效率和测量精度，难以满足不同测绘工程所要求的不同技术指标。

（3）轻小型无人机在进行露天矿山航测时，获取的数据量巨大，包括无人机的姿态信息、传感器获取的大量图像信息、地面基站的定位信息等。目前，无人机航测平台多样，均需要配套的专用软件和硬件系统，测量基础数据和数据处理软件的兼容性差，故在数据分析和处理过程中，需要进行数据的分类输入，导致数据处理的前期准备和后期分析工作烦琐，专业性要求较高。如何能有效统一、简化数据输入、输出的过程和标准，是提高航测数据处理效率的重要方面。同时，航测数据量大、信息多，虽有可视化好的优点，但配套软件的数据处理耗时较长，无法实时获取露天矿山三维数字模型等信息。

3.11.4 无人机发展前景

轻小型无人机航测效率高，通过搭载不同种类的传感器可得到不同类型、不同精度的测量数据，分辨率可靠，可服务于露天矿山的全生命周期中。发展前景主要体现在以下几个方面。

（1）矿区勘察与规划设计。

轻小型无人机航测技术，系非接触式测量，可对存在安全隐患的区域进行测量，而且测量效率高、测量成本低。特别是飞行速度较快的、搭载单反相机的固定翼无人机，一个架次可测 5~10 km^2 区域，几个架次就可以完成矿区及其周边的地形地貌特征的测绘。

基于无人机航测获取的数据，进行必要的数据后处理，可获得航测区域的三维或者二维地图，直接服务于露天矿山的前期勘探测量、矿区生态环境调查、矿产资源开发利用方案编制和露天矿山规划设计等。

（2）矿山生产计划编制与现场管理。

通过轻小型无人机数个架次的航测，就可以实现大型露天矿山的全覆盖三维建模，获取整个矿区的实景全貌，实现矿区地形地貌的及时更新，这是露天矿山生产计划编制和施工现场管理的技术基础。

利用无人机航测技术平台，可以及时而准确地了解矿区的宏观采场现状，如开采平台的位置、范围及空间关系等，掌握矿区道路及排土场的空间分布关系等，亦可对重点区域进行进一步的高精度航测，获取出矿点的地形信息，为矿山生产计划编制与现场设备布置提供依据，保证长期的生产计划与短期的配矿得以良好地实施。

借助于无人机航测技术平台，还可以进行施工现场的调度与管理，例如矿山临时道路的规划与设计、生产计划执行情况检查与纠偏、各平台采剥作业的计量与管理等，有利于现场调度员落实生产计划、合理安排施工设备，极大地降低了现场管理的工作强度，提高了采矿数据采集的工作效率，让现场管理决策更加科学化、合理化。

（3）复杂地形测量与工程计量。

露天矿山范围大、地形复杂，传统的接触式测量手段效率低、成本高，且存在一定的安全隐患。露天矿山的复杂地形区域及存在安全隐患的区域，例如高陡边坡区域、塌方区域、地下存在不稳定采空区的区域等，可选择高精度的无人机航测方案进行精确测量，可快速地获取相关区域的地形地貌，精确地获取复杂区域、危险区域的地形数据，生成特定区域的三维数字模型，为制定针对性的施工方案和技术措施奠定基础。

在露天矿山工程计量方面，传统的 DTM 三角网主要为人工连接，其数据量大，容易出错，且劳动强度大。轻小型无人机航测系统可有效进行工程量的圈定与计量，耗时较短，精度较高，极大地改善了工作环境，同时提高了工作效率。

（4）矿山安全监管。

高陡边坡和排土场往往是露天矿山的重大安全隐患，需要进行安全监控与管理。露天矿山高陡边坡和排土场的影响区域一般较大，且部分区域存在一定的安全隐患，不具备接触式测量或建设安全监控点的条件。轻小型无人机航测技术，具有测量效率高、精度高、性价比高的优势，且无需接触危险区域就可以获得高陡边坡周边和排土场全域的地形地貌信息，远程踏勘分析高陡边坡和排土场的局部开裂与滑塌情况，而且所有测量数据的可视性非常好，为科学合理地研究对策与方案奠定了基础。

另外，在排土场的日常管理中，借助高效、高精度的航测手段，获得采场与多个排土场的空间位置关系，排土场的堆积形态、堆积范围变化等数据，及时而精确地反馈排土场的技术参数，从而对排土场进行排土管理与安全监控。同时，可通过对排土场进行定期的间歇性航测，对比两期或多期的航测结果，观测排土区域的地形地貌变化，分析排土场堆积体的形态变化与发展趋势，对排土场的滑塌等安全隐患进行监控与预警。

(5) 矿区生态环境监控与闭坑管理。

在矿山开发的全生命周期，都可以应用无人机航测技术效率高、成本低、非接触测量安全性高的优势，进行露天矿山及其周边的生态环境监控，及时发现可能的生态环境影响，及时制定环境保护措施和方案。

随着国家“绿色矿山建设”的不断推进，露天矿山的复垦复绿也是矿山生产和闭坑阶段的重要内容，可利用无人机携带专业化的传感器，达到确定覆绿范围及植被生长情况等的目的。同时，搭载不同的传感器，可实现区域与植被生长情况的统一调查，分析植被的高度、存活率等，对于露天矿山的复绿建设工作极为有利。

参考文献

[1] 李萍丰，张兵兵，谢守冬．露天矿山台阶爆破技术发展现状及展望［J］．工程爆破，2021，27（3）：59-62，88.

[2] 李萍丰．防波堤石料开采的爆破技术研究及其优化设计［D］．北京：中国地质大学（北京），2007.

[3] 郑炳旭，王永庆，李萍丰．建设工程台阶爆破［M］．北京：冶金工业出版社，2005.

[4] 李萍丰，廖新旭，罗国庆，等．大型采石场深孔爆破参数试验分析［J］．爆破，2004（2）：28-30.

[5] 蔡建德，郑炳旭，汪旭光，等．多种规格石料开采块度预测与爆破控制技术研究［J］．岩石力学与工程学报，2012，31（7）：1462-1468.

[6] 谢先启，卢文波．精细爆破［J］．工程爆破，2008（3）：1-7.

[7] 汪旭光，吴春平．智能爆破的产生背景及新思维［J］．金属矿山，2022（7）：2-6.

[8] 吴春平，汪旭光．智能爆破的基本概念与研究内容［J］．金属矿山，2023（5）：59-63.

[9] 李萍丰，谢守冬，张兵兵．智能台阶爆破的基本框架及未来发展［J］．工程爆破，2022，28（2）：46-53，61.

[10] 李萍丰，张金链，徐振洋，等．基于 LoRa 物联的远程智能起爆系统研发［J］．金属矿山，2022（7）：42-49.

[11] 李萍丰，张金链，徐振洋，等．智能无线远距离起爆系统在露天矿山爆破的应用分析［J］．金属矿山，2022（4）：72-78.

[12] 曲广建，黄新法，江滨，等．数字爆破（Ⅰ）［J］．工程爆破，2009，15（2）：23-28.

[13] 曲广建，黄新法，江滨，等．数字爆破（Ⅱ）［J］．工程爆破，2009，15（3）：5-13.

[14] 谢先启，卢文波．精细爆破［J］．工程爆破，2008（3）：1-7.

[15] 汪旭光，吴春平，陶刘群．智能爆破［M］．北京：冶金工业出版社，2022.

[16] 哈努卡耶夫 A H. 矿岩爆破物理过程［M］．刘殿中，译．北京：冶金工业出版社，1980.

[17] 钮强，熊代余．炸药岩石波阻抗匹配的试验研究［J］．有色金属，1988（4）：13-17.

[18] 杨小林．炸药岩石阻抗匹配与爆炸应力、块度的试验研究［J］．煤炭学报，1991（1）：89-96.

[19] 李夕兵，古德生，赖海辉，等．岩石与炸药波阻抗匹配的能量研究［J］．中南矿冶学院学报，1992（1）：18-23.

[20] 郭子庭，吴从师．炸药与岩石的全过程匹配 [J]，矿冶工程，1993 (3)：11-15.
[21] 张奇，王廷武．岩石与炸药匹配关系的能量分析 [J]. 矿冶工程，1989 (4)：15-19.
[22] 王永青，汪旭光．乳化炸药能量密度与爆破效果的关系 [J]，有色金属，2003 (3)：7-11 .
[23] 冷振东，卢文波，严鹏，等．基于粉碎区控制的钻孔爆破岩石-炸药匹配方法 [J]. 中国工程科学后，2014，16 (11)：28-35，47.
[24] 叶海旺．基于模糊神经网络的炸药与岩石匹配优化系统研究 [J]. 爆破器材，2005 (3)：5-7.
[25] 崔雪姣，李启月，陶明，等．基于 XGBoost 的炸药岩石匹配系统研究 [J]. 爆破，2023 (3)：31-38.
[26] 郑长青，陈庆寿，徐海波，等．基于神经网络的台阶爆破参数优化设计 [J]. 爆破，2008 (3)：22-24，28.
[27] 吴立，林峰，张时忠．关于岩体爆破研究的几点思考 [J]. 地质科技情报，1999 (S1)：97-99.
[28] 于庆磊，王宇恒，李友，等．基于随钻测量的岩体结构与力学参数表征研究进展 [J]. 金属矿山．2023 (5)：45-58.
[29] ROSTAMSOWLAT I，EVANS B，KWON H J. A review of the frictional contact in rock cutting with a PDC bit [J]. Journal of Petroleum Science and Engineering，2022，208：109665.
[30] HAMELIN J P，LEVALLOIS J，PFISTER P. Enregistrement des parametres de forage：Nouveaux développements [J]. Bulletin of the International Association of Engineering Geology-Bulletin de l′Association Internationale de Géologie de l′Ingénieur，1982，26 (1)：83-88.
[31] PFISTER P. Recording drilling parameters in ground engineering [J]. Journal of Ground Engineering，1985，18 (3)：16-21.
[32] PECK J，SCOBLE M J，CARTER M. Interpretation of drilling parameters for ground characterization in exploration and developmentof quarries [J]. Transactions of the Institution of Mining and Metal-lurgy (Series B)，1987，96 (2)：141-148.
[33] YUE Z Q，LEE C F，LAW K T，et al. Automatic monitoring of rotary-percussive drilling for ground characterization-illustrated by a caseexample in Hong Kong [J. International Journal of Rock Mechanicsand Mining Sciences，2004，41 (4)：573-612.
[34] 王琦，高红科，蒋振华，等．地下工程围岩数字钻探测试系统研发与应用 [J]. 岩石力学与工程学报，2020，39 (2)：301-310.
[35] HE M，LI N，ZHANG Z，et al. An empirical method for determining the mechanical properties of jointed rock mass using drilling energy [J]. International Journal of Rock Mechanics and Mining Sciences，2019，116：64-74.
[36] 王宇恒，于庆磊，牛鹏，等．基于随钻参数的岩石单轴抗压强度表征模型研究 [J]. 东北大学学报 (自然科学版)，2023，44 (8)：1168-1176.
[37] MIRABILE B T. Geologic features prediction using roof bolter drilling parameters [D]. West Virginia：West Virginia University，2003.
[38] LIU W. ROSTAMI J，RAY A，et al. Statistical analysis of the capabilities of various pattern recognition algorithms for fracture detection based on monitoring drilling parameters [J]. Rock Mechanics and Rock Engineering，2020，53 (5)：2265-2278.
[39] 张凯，刘光伟，赵志刚，等．煤体应力随钻测量模拟实验设备研制与应用 [J/OL]. 矿业安全与环保，2023，1-6.
[40] ZHOU Y，ZHANG W，GAMWO I，et al. Mechanical specific energy versus depth of cut in rock cuting and driling [J]. International Journal of Rock Mechanics and Mining Sciences，2017，100：287-297.
[41] 丁河江，周志鸿．国外矿山与岩石开挖机械简史及对我们的启示 [J]. 凿岩机械气动工具，2022，

48 (1): 54-60.

[42] 侯仕军，丁伟捷，田帅康，等．随钻测量技术在非油气工程领域的应用现状与展望［J］. 矿业研究与开发，2022，42（12）：41-49.

[43] RICHARD T, DETOURNAY E, DRESCHER A, et al. The scratch test as a means to measure strength of sedimentary rocks [C]//Proceedings of SPE/ISRM Rock Mechanics in Petroleum Engineering. Trondheim: Society of Petroleum Engineers, 1998: SPE 47196-MS.

[44] CHENG Z, SHENG M, LI G, et al. Imaging the formation process of cutings: Characteristics of cuttings and mechanical specific energyin single PDC cutter tests [J]. Journal of Petroleum Science and Engineering, 2018, 171 : 854-862.

[45] YAHIAOUI M, PARIS J Y, DELBEY, et al. Independent analyses of cutting and friction forces applied on a single poly-crystaline diamond compact cutter [J]. International Journal of Rock Mechanics and Mining Sciences, 2016, 85; 20-26.

[46] YADAV S, SALDANA C, MURTHY T G. Experimental investigations on deformation of soft rock during cutting [J]. International Journal of Rock Mechanics and Mining Sciences, 2018, 105: 123-132.

[47] HE X, XU C. Specific energy as an index to identify the critical failure mode transition depth in rock cutting [J]. Rock Mechanicsand Rock Engineering, 2016, 49 (4): 1461-1478.

[48] CHE D, ZHANG W, EHMANN K. Chip formation and force responses in linear rock cutting: An experimental study [J]. Journal of Manufacturing Science and Engineering, 2017, 139 (1): 011011.

[49] BALCI C. Correlation of rock cutting tests with field performance of a TBM in a highly fractured rock formation: A case study in Kozyat-agi-Kadikoy Metro Tunnel, Turkey [J]. Tunnelling and Under-ground Space Technology, 2009, 24 (4): 423-435.

[50] XIA Y M, GUO B, CONG G Q, et al. Numerical simulation of rock fragmentation induced by a single TBM disccutter close to a side free surface [J]. International Journal of Rock Mechanics and Mining Sciences, 2017, 91 : 40-48.

[51] MA H, GONG Q, WANG J, et al. Study on the influence of confining stress on TBM performance in granite rock by linear cutting test [J]. Tunnelling and Underground Space Technology , 2016, 57: 145-150.

[52] LI B, ZHANG B, HU M, et al. Full-scale linear cutting tests to study the influence of pregroove depth on rock-cutting performance by TBM disccutter [J]. Tunnelling and Underground Space Technology, 2022, 122: 104366.

[53] RICHARD T, DAGRAIN F, POYOL E, et al. Rock strength determination from scratch tests [J]. Engineering Geology, 2012, 147; 91-100.

[54] ROSTAMSOWLAT I, EVANS B, SAROUT J, et al. Determination of internal friction angle of rocks using scratch test with a blunt pdc cutter [J]. Rock Mechanics and Rock Engineering, 2022, 55 (12): 7859-7880.

[55] ROSTAMSOWLAT I, RICHARD T, EVANS B. An experimental study of the effect of back rake angle in rock cutting [J]. International Journal of Rock Mechanics and Mining Sciences, 2018, 107: 224-232.

[56] SCOBLE M J, PECK J. A technique for ground characterization using automated production drill monitoring [J]. International Journal of Surface Mining, Reclamation and Environment, 1987, 1 (1): 41-54.

[57] SCHUNNESSON H. RQD predictions based on drill performance parameters [J]. Tunnelling and Underground Space Technology, 1996, 11 (3): 345-351.

[58] BABAEI KHORZOUGHI M, HALL R, APEL D. Rock fracture density characterization using measurement while drilling (MWD) techniques [J]. International Journal of Mining Science and Technology, 2018,

28 (6): 859-864.

[59] MANZOOR S, LIAGHAT S, GUSTAFSON A, et al. Establishing relationships between structural data from close-range terrestrial digital photogrammetry and measurement while drilling data [J]. Engineering Geology , 2020, 267: 105480.

[60] FINFINGER G. A methodology for determining the character of mine roof rocks [D]. West Virginia: West Virginia University, 2003.

[61] TANG X. Development of real time roof geology detection system using drilling parameters during roof bolting operation [D]. West Virginia : West Virginia University, 2006.

[62] LIU W, ROSTAMI J, ELSWORTH D, et al. Application of composite indices for improving joint detection capabilities of instrumented roof bolt drills in underground mining and construction [J]. Rock Mechanics and Rock Engineering, 2018, 51 (3): 849-860.

[63] SCOBLE M J, PECK J, HENDRICKS C. Correlation beween rotary drill performance parameters and borehole geophysical logging [J]. Mining Science and Technology, 1989, 8 (3): 301-312.

[64] SCHUNNESSON H. Rock characterisation using percussive drilling [J]. International Journal of Rock Mechanics and Mining Sciences, 1998, 35 (6): 711-725.

[65] ZHANG K, HOU R, ZHANG G, et al. Rock drillability assessment and lithology classification based on the operating parameters of adrifter: Case study in a coal mine in China [J]. Rock Mechanics and Rock Engineering, 2016, 49 (1): 329-334.

[66] TEALE R. The concept of specific energy in rock drilling [J]. International Journal of Rock Mechanics and Mining Sciences & Geo-mechanics Abstracts, 1965, 2 (1): 57-73.

[67] LEUNG R, SCHEDING S. Automated coal seam detection using amodulated specific energy measure in a monitor-while-drilling context [J]. International Journal of Rock Mechanics and Mining Sciences , 2015, 75: 196-209.

[68] OLORUNTOBI O, BUTT S. Application of specific energy for lithology identification [J]. Journal of Petroleum Science and Engineering, 2020, 184: 106402.

[69] CHEN J, YUE Z Q. Ground characterization using breaking-action-based zoning analysis of rotary-percussive instrumented drilling [J]. International Journal of Rock Mechanics and Mining Sciences, 2015, 75: 33-43.

[70] 岳中琦. 地下工程事故紧急搜救的快速气冲钻孔和实时监测 [J]. 黑龙江科技学院学报, 2012, 22 (4): 403-408.

[71] 谭卓英, 蔡美峰, 岳中琦, 等. 香港充填土风化花岗岩场址勘探中的界面识别研究 [J]. 岩土工程学报, 2007, 29 (2): 169-173.

[72] 陈健, 岳中琦. 基于钻孔过程监测系统 (DPM) 全钻分析的钻孔过程塌孔监测 [J]. 工程勘察, 2010 (11): 26-31.

[73] CHEN J, YUE Z Q. Weak zone characterization using full drilinganalysis of rotary-percussive instrumented drilling [J]. International Journal of Rock Mechanics and Mining Sciences, 2016, 89: 227-234.

[74] 陈健, 岳中琦. 基于 DPM 系统的风化岩软弱区定位以及性质描述 [J]. 工程地质学报, 2011, 19 (1): 93-98.

[75] 谭卓英, 岳中琦, 蔡美峰. 风化花岗岩地层旋转钻进中的能量分析 [J]. 石力学与工程学报, 2007, 26 (3): 478-483.

[76] 谭卓英. 金刚石钻进能量在风化花岗岩地层中的变化特征 [J]. 岩土工程学报, 2007, 29 (9): 1303-1306.

[77] 谭卓英, 李文, 岳鹏君, 等. 基于钻进参数的岩土地层结构识别技术与方法 [J]. 岩土工程学报,

2015, 37 (7): 1328-1333.

[78] 谭卓英，王思敬，蔡美峰．岩土工程界面识别中的地层判别分类方法研究［J］. 岩石力学与工程学报，2008，27（2）：316-322.

[79] 田昊，李术才，薛翊国，等．基于钻进能量理论的隧道凝灰岩地层界面识别及围岩分级方法［J］. 岩土力学，2012，33（8）：2457-2464.

[80] KHUSHABA R N, MELKUMYAN A, HILL A J. A machine learning approach for material type logging and chemical assaying from autonomous measure-while-drilling (mwd) data [J]. Mathematical Geosciences, 2022, 54 (2): 285-315.

[81] SILVERSIDES K L, MELKUMYAN A. Machine learning for classification of stratified geology from MWD data [J]. Ore Geology Re-views, 2022, 142: 104737.

[82] KING R L, HICKS M A, SIGNER S P. Using unsupervised learning for feature detection in a coal mine roof [J]. Engineering Applications of Artificial Intelligence, 1993, 6 (6): 565-573.

[83] LABELLE D, BARES J, NOURBAKHSH I. Material classification by drilling [C]//Proceedings of the 17th International Symposium on Automation and Robotics in Construction. Taipei: International Association for Automation and Robotics in Construction, 2000: 1-6.

[84] UTT W K, MILLER G G, HOWIE W L, et al. Drill Monitor with Strata Strength Classification in Near-real Time [R]. USA: The National Institute for Occupational Safety and Health (NIOSH), Report of Investigations 9658, 2002.

[85] ZHANG W, REN J, ZHU F, et al. Analysis and selection of measurement indexes of MWD in rock lithology identification [J]. Measurement, 2023, 208, 112455.

[86] SILVERSIDES K L, MELKUMYAN A. Boundary identification and surface updates using MWDJ. Mathematical Geosciences, 2021, 53 (5): 1047-1071.

[87] 岳中琦．钻孔过程监测（DPM）对工程岩体质量评价方法的完善与提升［J］. 岩石力学与工程学报，2014，33（10）：1977-1996.

[88] HE M M, LI N, YAO X C, et al. A new method for prediction of rock quality designation in borehole using energy of rotary drilling [J]. Rock Mechanics and Rock Engineering, 2020, 53 (7): 3383-3394.

[89] GHOSH R, SCHUNNESSON H, GUSTAFSON A. Monitoring of drill system behavior for water-powered in-the-hole (ITH) drilling [J]. Minerals, 2017, 7 (7): 121.

[90] GHOSH R, GUSTAFSON A, SCHUNNESSON H. Development of a geological model for chargeability assessment of borehole using drill monitoring technique [J]. International Journal of Rock Mechanics and Mining Sciences, 2018, 109; 9-18.

[91] NAVARRO J, SANCHIDRIAN J A, SEGARRA P, et al. Detection of potential overbreak zones in tunnel blasting from MWD data [J]. Tunnelling and Underground Space Technology, 2018, 82: 504-516.

[92] NAVARRO J, SCHUNNESSON H, GHOSH R, et al. Application of drill-monitoring for chargeability assessment in sublevel caving [J]. International Journal of Rock Mechanics and Mining Sciences, 2019, 119; 180-192.

[93] NAVARRO J, SEIDL T, HARTLIEB P, et al. Blast ability and ore grade assessment from drill monitoring for open pit applications [J]. Rock Mechanics and Rock Engineering, 2021, 54 (6): 3209-3228.

[94] VAN ELDERT J, SCHUNNESSON H, SAIANG D, et al. Improved filtering and normalizing of measurement-while-drilling (MWD) data in tunnel excavation [J]. Tunneling and Underground Space Technology, 2020, 103; 103467.

[95] VAN ELDERT J, FUNEHAG J, SAIANG D, et al. Rock support prediction based on measurement while drilling technology [J]. Bulletin of Engineering Geology and the Environment, 2021, 80 (2): 1449-1465.

[96] VAN ELDERT J, SCHUNNESSON H, JOHANSSON D, et al. Application of measurement while drilling technology to predict rock mass quality and rock support for tunneling [J]. Rock Mechanics and Rock Engineering, 2020, 53 (3): 1349-1358.

[97] VAN ELDERT J, FUNEHAG J, SCHUNNESSON H, et al. Drill monitoring for rock mass grouting: Case study at the stockholm bypass [J]. Rock Mechanics and Rock Engineering, 2021, 54 (2): 501-511.

[98] EVANS I. A theory of the cutting force for point-attack picks [J]. International Journal of Mining Engineering, 1984, 2 (1): 63-71.

[99] EVANS I. A theory of the basic mechanics of coal ploughing [J]. Mining Research, 1962: 761-798.

[100] NISHIMATSU Y. The mechanics of rock cutting [J]. International Journal of Rock Mechanics and Mining Sciences & Geomechanics Abstracts, 1972, 9 (2): 261-270.

[101] RICHARD T. Determination of rock strength from cutting tests [D]. Minnesota: University of Minnesota, 1999.

[102] DAI X, HUANG Z, SHI H, et al. Cutting force as an index to identify the ductile-brittle failure modes in rock cutting [J]. International Journal of Rock Mechanics and Mining Sciences, 2021, 146: 104834.

[103] DETOURNAY E, DEFOURNY P. A phenomenological model for the drilling action of drag bits [J]. International Journal of Rock Mechanics and Mining Sciences & Geomechanics Abstracts, 1992, 29 (1): 13-23.

[104] DETOURNAY E, RICHARD T, SHEPHERD M. Drilling response of drag bits: Theory and experiment [J]. International Journal of Rock Mechanics and Mining Sciences, 2008, 45 (8): 1347-1360.

[105] GLOWKA D A. Development of a method for predicting the performance and wear of pdc drill bits [R]. Albuquerque: Sandia National Labs, 1987.

[106] HUANG H, LECAMPION B, DETOURNAY E. Discrete element modeling of tool-rock interaction I: Rock cutting [J]. International Journal for Numerical and Analytical Methods in Geomechanics, 2006, 30 (13): 1303-1336.

[107] 宋玲，刘奉银，李宁．旋压入土式静力触探机制研究 [J]. 岩土力学，2011，32 (S1): 787-792.

[108] 宋玲，李宁，刘奉银．旋进式触探机制研究 [J]. 岩石力学与工程学报，2010，29 (S2): 3519-3525.

[109] 宋玲，李宁，刘奉银．较硬地层中旋进触探技术应用可行性研究 [J]. 岩土力学，2011，32 (2): 635-640.

[110] 李宁，李骞，宋玲．基于回转切削的岩石力学参数获取新思路 [J]. 岩石力学与工程学报，2015，34 (2): 323-329.

[111] WANG Q, GAO S, JIANG B, et al. Rock-cutting mechanics model and its application based on slip-line theory [J]. International Journal of Geomechanics, 2018, 18 (5): 1-10.

[112] 王琦，秦乾，高红科，等．基于数字钻探的岩石 c-φ 参数测试方法 [J]. 煤炭学报，2019，44 (3): 915-922.

[113] WANG Q, GAO H, JIANG B, et al. Relationship model for the drilling parameters from a digital drilling rig versus the rock mechanical parameters and its application [J]. Arabian Journal of Geosciences, 2018, 11 (13): 1-10.

[114] 于亚伦，高焕新，张云鹏，等. 用弹道理论模型和 Weibull 模型预测台阶爆破的爆堆形态 [J]. 工程爆破，1998，4 (2): 19-22.

[115] 栾龙发，庙延钢. 深孔台阶爆破岩石移动规律的研究 [J]. 中国工程科学，2005，7 (S1): 248-251.

[116] 赵春艳，常春，张继春，等. 台阶压碴爆破效果遗传神经网络预测 [J]. 岩土力学，2003，24 (S1): 88-90.

[117] NING Y J, YANG J, MA G W, et al. Modelling rock blasting considering explosion gas penetration using discontinuous deformation analysis [J]. Rock Mech Rock Engineering, 2011 (44): 483-490.
[118] 朱传云，戴晨，姜清辉. DDA 方法在台阶爆破仿真模拟中的应用 [J]. 岩石力学与工程学报, 2002, 21 (S1): 2461-2464.
[119] 程晓君，朱传云. 3DS MAX 在台阶爆破计算机模拟中的应用 [J]. 中国农村水利水电, 2006 (10): 87-89.
[120] Itasca Consulting Group Inc . Particle flow code [R]. Sudbury: Itasca Consulting Group Inc, 2002.
[121] 杨建华，卢文波，陈 明. 炮孔爆炸荷载变化历程的确定 [C]//北京: 第二届全国工程安全与防护学术会议, 2010: 773-777.
[122] 王文龙. 钻眼爆破 [M]. 北京: 煤炭工业出版社, 1984, 97.
[123] FELICE J J, BEATTIE T A, SPATHIS A T. Face velocity measurements using a microwave radar technique [C]//Proceedings of the Conference on Explosives and Blasting Technique, 1991: 71-77.
[124] PREECE D S, EVANS R, RICHARDS A B. Coupled explosive gas flow and rock motion modeling with comparison to bench blast field data [C]//Proc 4th Int Symp Rock Fragmentation by Blasting, Vienna, Austria, 1993: 239-246.
[125] 张奇. 工程爆破动力学分析及其应用 [M]. 北京: 煤炭工业出版社, 1998: 52.
[126] 段海峰，侯运炳. 露天矿微差爆破的机理及微差时间的选取 [J]. 有色金属 (矿山部分), 2003, 55 (6): 24-26.
[127] 王戈，胡刚. 露天台阶爆破中合理微差间隔时间的确定 [J]. 黑龙江科技学院学报, 2009, 19 (1): 20-23.
[128] WANG Ge, HU Gang. Reasonable delay time of bench microsecond delay blasting [J]. Journal of Heilongjiang Institute of Science and Technology, 2009, 19 (1): 20-23.
[129] 王赟，薛大伟，汤万钧. 基于深度神经网络的露天矿岩石爆破效果预测 [J]. 工程爆破. 2018, 24 (6): 18-22.
[130] 龚伦，钱永聪. "以爆代破" 研究与应用 [C]//第二十二届川鲁冀晋琼粤辽七省矿业学术交流会论文集 (上册), 2015: 177-182.
[131] 李景环. 论露天矿深孔爆破矿石块度优化的途径 [J]. 金属矿山. 1992 (10): 15-20.
[132] 李萍丰，刘成建，张耿城. 一种砂石骨料矿山岩体爆破开采方法: CN202111165291.6 [P]. 2023-03-17.
[133] 李萍丰. 防波是石料开采的爆破技术研究及其优化设计 [D]. 北京: 中国地质大学 (北京), 2007.
[134] 李萍丰，周军. 爆破作业智能分析方法与系统: CN200710141419.9 [P]. 2010-06-30.
[135] 李世丰. 露天矿智能穿孔爆破体系可靠性评价研究 [D]. 阜新: 辽宁工程技术大学, 2016.
[136] 东青. 新型 (Aquila) 牙轮钻机数字化辅助穿孔爆破系统 [J]. 矿业装备, 2011 (5): 54-58.
[137] 冯有景. 现场混装炸药车 [M]. 北京: 冶金工业出版社, 2014.
[138] neyepKHH A R, 等. 新的 3C-1M 与 3C-2M 炮孔填塞车 [J]. 国外金属矿采矿, 1981 (7): 41.
[139] 姚光华. 振动式炮孔填塞机 [J]. 化工矿山技术. 1985 (3): 34-35, 60.
[140] 马鞍山矿山研究院炮孔填塞机组. TS-2 型露天矿炮孔填塞机 [J]. 金属矿山, 1986 (1): 24-26.
[141] 鲍爱华，王桂林. 微波无线起爆系统的研制 [J]. 世界采矿快报, 1993 (34): 13-16.
[142] 曾旸，伍惟骏，何焰蓝. 基于近距激光技术的无线起爆装置 [J]. 四川兵工学报, 2010, 31 (6): 98-99, 120.
[143] 尹健生，子彦. 激波管起爆系统 [J]. 世界采矿快报, 1990 (23): 14-15.
[144] 李名能，王维德. 新的无线电起爆系统 [J]. 世界采矿快报, 1990 (28): 16-18.

[145] 段美霞，郭勇．远程多路遥控起爆器的设计与实现［J］. 工程爆破，2005（1）：72-74，60.
[146] 穆大耀，李征文．无线密码遥控起爆系统的研究［J］. 爆破器材，1998（5）：34-36.
[147] 宫国田，权琳，张姝红，等．远程多路现场注册遥控起爆系统的设计［J］. 四川兵工学报，2013，34（4）：4-6，10.
[148] 刘庆，周桂松，杜华善，等．遥控导爆管起爆系统的设计与应用［J］. 爆破器材，2019，48（3）：44-48.
[149] 胡新华，杨旭升．基于灰色关联分析的爆破效果综合评价［J］. 辽宁工程技术大学学报（自然科学版），2008（S1）：142-144.
[150] 方祟．基于燕尾突变理论光面爆破效果的综合评价［J］. 爆破．2010，27（4）：40-42，47.
[151] 吴明，冯东如，何怡．基于层次分析法和模糊数学法的爆破效果综合评价［J］. 现代矿业，2015，31（2）：6-9，18.
[152] 江文武，廖明萍，郭云，等．基于物元模型的露天爆破效果评价［J］. 爆破，2016，33（1）：137-141.
[153] 付恩三，刘光伟．智能露天矿山理论及关键技术［M］. 沈阳：东北大学出版社，2022.
[154] 张兵兵，李萍丰，谢守冬，等．基于无人机航测技术的露天矿山爆堆形态分析［J］. 金属矿山，2022（9）：161-166.
[155] 杨青山，范彬彬，魏显龙，等．无人机摄影测量技术在新疆矿山储量动态监测中的应用［J］. 测绘通报，2015（5）：91-94.
[156] 许龙星，张兵兵，韩振．无人机航测技术在河道采砂及生态治理工程中的应用［J］. 露天采矿技术，2021，36（4）：61-64.
[157] 张兵兵，许龙星，张璞，等．基于无人机航测技术的露天矿山采空区精细化验收［J］. 金属矿山，2021（7）：96-101.
[158] 张兵兵，许龙星，周敏，等．基于无人机航测技术的多类型矿石堆场两期储量分析［J］. 中国矿业，2021，30（2）：80-83，100.
[159] 杨树志，束学来，张兵兵，等．基于三维激光扫描技术的复杂采空区群爆破治理［J］. 工程爆破，2021，27（4）：64-68，75.

4　智能爆破总体框架

爆破是复杂的过程，其爆破理论建立在各种假说基础上，爆破的求解异常困难，爆破过程存在诸多不确定性，虽然通过有限的爆破试验和数据分析，采用相似模拟原理、量纲分析方法推导出一些经验公式或半经验公式，但这些公式取值范围较宽，都有一定的适用范围。为弥补这些不足，往往需要求助专家的经验，但是专家们的认知水平、知识层次存在差异，导致爆破理论计算结果千差万别。随着绿色、低碳矿山建设的深入，矿山对爆破要求越来越高，仅靠人工专家们的智慧远远不能满足矿山的需求。

4.1　人工智能技术概述

人工智能（artificial intelligence，AI）是研究、开发用于模拟、延伸和扩展人的智能的理论、方法、技术及应用系统的一门新的科学。人工智能是计算机科学的一个分支，它试图了解智能的实质，并生产出一种新的能以人类智能相似的方式做出反应的智能机器，该领域的研究包括机器人、语音识别、图像识别、自然语言处理和专家系统等。

近年来，基于深度学习等新技术的人工智能的进步，使得 AlphaGo 得以通过学习人类围棋知识，并自我学习，左右互搏，最终打败世界顶尖围棋高手，给人类的认知带来巨大突破。人工智能在图像、语音、行为三大领域，正在形成重大创新，新的人工智能技术的出现，使计算机可以通过学习人类的更多神经系统，更好地解决了譬如图形识别等问题。我国已将人脸识别技术大规模应用于机场、火车站等公共场所的闸机系统及金融行业的支付系统等方面。语音识别技术已经可以将大部分的语言识别出来并转换成文字，能够代替速记员的一部分工作。基于人工智能的机器翻译技术也已发展到应用水平，形成了翻译机等商品，随着语音识别准确率的进一步提高，语音识别将会推动物联网的革命，从汽车到家用设备再到可穿戴设备将会发生很多改变，人类将能够和更多的家电通话。在行为方面，人们已经开发了类人机器人，不仅可以学习人类的行走、跳跃等动作，甚至可以轻松完成后空翻、避开障碍物、开门让路等行为。机器人学习已经在向不需要编程，直接看着人类的动作即可模仿的方向发展。

国内外学者已采用人工智能技术解析爆破，将有可能解决爆破系统数据不足及不确定性问题做了有益的探索，如采用神经网络、专家系统等人工智能方法对爆破振动、飞石及爆破参数等进行分析。

4.2　智能爆破工艺流程

爆破智能化就是采用感知装备、5G 通信、大数据、云计算、人工智能等新一代信息技术，推动爆破行业现有系统的优化升级，构建智能台阶爆破的基本理论、支撑平台、关键技术、基本框架及体系设计，实现爆破施工过程中状态感知、实时分析、科学决策、精准执行的闭环控制系统，解决设计、生产、管理、经营过程中的复杂性和不确定性问题，提高资源配置效率，实现资源优化。

爆破智能化作业流程：

（1）构建三维透明爆破地质；

（2）在三维透明爆破地质图中进行多维度爆破设计，并将参数传输到钻机；

（3）钻机自动精确定位、自动穿孔，随钻参数实时回传透明地质模块；

（4）透明地质模块修改的三维透明爆破地质图；

（5）设计模块按修改透明地质模块进行炮孔装药量重新计算，形成最终爆破方案；

（6）控制单元将把爆破方案传输到相关作业单元，如爆破器材库、智能现场混装乳化炸药车等，智能现场混装乳化炸药车将根据逐孔药量设计自动控制炮孔装药参数；

（7）每个炮孔装药完毕后，将炸药的爆炸能量实时发送给控制单元，控制单元进行计算将堵塞的参数通知堵塞车作业；

（8）当控制模块收到爆破准备完成并申请起爆请求后，即发出爆破预警信息；

（9）在确认人员及设备信标均已全部在安全警戒范围外时，通过无线网络向起爆器传送数字解锁密码，起爆员通过手控或无线遥控开启起爆器并实施爆破；

（10）通过无人机爆破效果评价系统，快速评价爆破效果，并通知下游工序；

（11）利用下游工序的“黑灯工厂”数据，与爆破参数共享，快速分析优化爆破参数。

4.3 智能爆破总体框架

智能爆破建设是一项复杂的系统工程，合理的顶层设计是进行智能爆破建设的基础。智能爆破应基于一套标准体系、构建一张全面感知网络、建设一条高速数据传输通道、形成一个大数据应用中心、开发一个业务云服务平台，面向不同业务部门实现按需服务。

从分层的角度考虑，智能爆破总体架构可分为感知层、传输层、平台层和应用层。

（1）智能爆破的感知层将会愈加紧密地与物联网结合，形成爆破泛在感知与设备互联，在爆破安全生产环境及设备运行数据全面感知的基础上，将设备、环境、人统一为一个整体，使它们之间形成交互感知。

（2）传输层汇集多种制式信号并完成数据透传，为智能爆破的各种应用提供一条信息高速通道。可采用骨干网与多种分支网结合的架构，骨干网保证带宽、速度与冗余，分支确保布置灵活并形成全覆盖，核心在于多制式信号的高速透传。

（3）平台层（或支撑层）提供基础设备设施、通用性基础软件平台与共性服务接口。该具备多类型数据采集，大数据处理、存储、检索和交互控制，实现全矿山数据资源的统一管理、维护和调配，为应用层提供统一应用服务接口和应用支撑。

（4）应用层是围绕爆破工序开发的各类应用系统，如地理信息系统、智能生产系统、安全监控系统、人员定位系统等。应用层将与虚拟现实、大数据、云平台等技术更加紧密结合，形成适用于爆破的智慧应用系统。

4.4　智能爆破技术组成

基于智能爆破技术总体框架如图 4-1 所示。

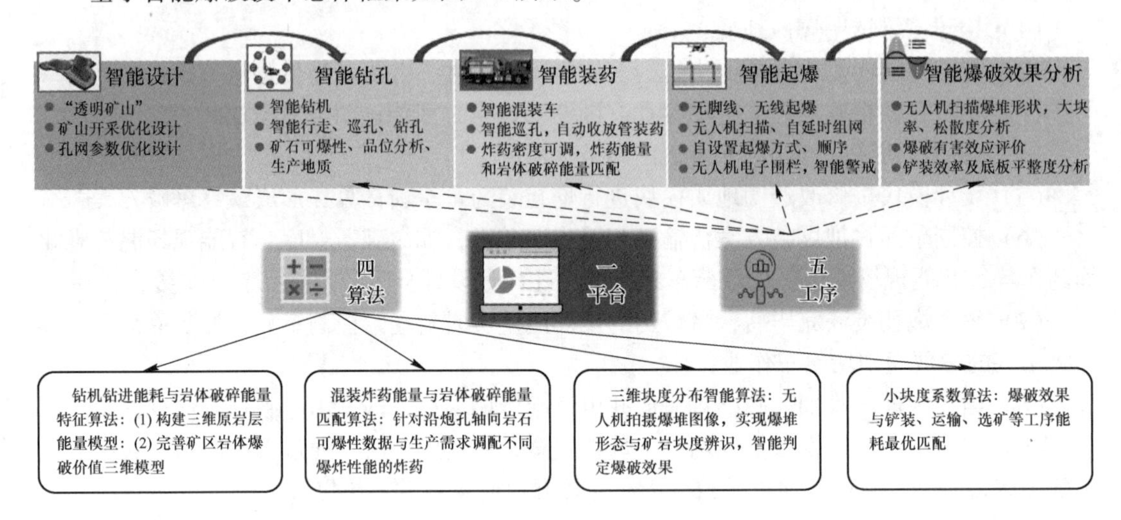

图 4-1　智能爆破关键技术总体框架

4.4.1　智能爆破综合管控平台和云数据中心

智能爆破应通过统一的综合管控平台进行管理。综合管控平台是基于矿山云数据中心的一体化基础操作系统。向下实现各种感知数据的接入，实现多源异构感知数据的集成和融合；向上为智能爆破应用程序开发提供服务和工具，打通感知数据和基于感知数据的智能应用之间的屏障，而且在一个平台内可实现信息化与自动化的深度融合。智能爆破综合管控平台应具有全生产链智能监控、安全生产管理、精细化运营管理、四维时空数字化服务和智能决策支持服务。

智能爆破大数据中心应依据爆破工序需求，从安全、生产、经营、管理等方面对综合管理平台进行功能模块划分及对应云资源规划部署，实现计算资源集中调配和不同业务系统间在发生故障时不相互影响，满足对智能终端、工作站及调度大屏的不同显示要求等。其核心技术应实现多元异构大数据集成存储；研发开采智能决策分析系统，设计“地面—云端”的多节点、多种数据存储缓存方式、多级数据冗余的数据存储架构；研制数据可视化、报表、信息推送等交互式组件及辅助决策系统，解决数据滞后、多种类型数据难以统一等问题。

4.4.2　透明爆破地质模型及动态信息系统

透明爆破地质模型及动态信息系统全面整合三维地质建模、地质雷达模型和随钻参数模型，并在生产过程中实时更新、修正形成动态模型，与实际空间物理状态保持一致，可随时针对某一变量或特征查询其历史变化规律。智能爆破需要构建基于统一数据标准，以空间地理位置为主线，以分图层管理为组织形式，以打造矿山数字孪生为目标的矿山综合数据库，为智能爆破应用提供二/三维一体化的位置服务、协同设计服务、组态化服务及三维可视化仿真模拟、矿山工程及设备的全生命周期管理等服务，实现一张图集成融合、一张图协同设计、一张图协同管理和一张图决策分析。具体内容包括：(1) 矿山透明地质超深探测装备及关键技术；(2) 钻机感知数据与岩石能量的关键技术。

4.4.3 智能爆破环境感知系统

智能化无人爆破是在机械化爆破、自动化爆破基础上，进行信息化与工业化深度融合的爆破技术变革，围绕“安全、高效”两大目标，突破环境的智能感知、爆破各个工序的自主导航、智能调控等一系列行业重大难题，支撑爆破作业由劳动密集型向技术密集型行业转变，由高危险向本质安全行业转变。建设“智能、安全、高效”的现代爆破生产体系。具体内容包括：(1) 岩石破碎与炸药能量匹配理论研究；(2) 智能钻机及关键技术；(3) 智能现场混装乳化炸药车装备及关键技术；(4) 智能堵塞车装备及关键技术；(5) 无线起爆器材及关键技术。

4.4.4 智能爆破价值链共享系统

智能化运输管理系统是对整个供应链系统进行计划、协调、操作、控制和优化的各种活动和过程，将采出的矿石及所需物料能够按时、按量、保质的送到指定地点，并使总成本达到最优。智能化运输管理系统包括全煤流运输无人值守技术、辅助运输智能化无人驾驶技术及智能仓储管理系统等。具体内容包括：(1) 露天矿山价值链共享关键技术；(2) 露天矿山全生产链数据管控关键技术研究；(3) 露天矿山无人挖掘机及关键技术；(4) 露天矿山无人驾驶纯电动矿卡及关键技术；(5) 露天矿山无人推土机及关键技术。

4.4.5 智能爆破安全管控系统

爆破安全管控系统主要对矿山边坡、地面站、人机违规行为、人的持证行为、爆破警戒、火工品管理等主要安全隐患进行全方位实时监测及预控，该系统基于现场总线、区域协同控制、扩频无线通信等技术，进行全矿山监测监控数据的统一采集、统一传输，实现灾害数据在控制层的深度融合和快速联动。通过建立智能化区域灾害评估模型，实现不同功能模块间的协同控制，当工作场所灾害参数达到预控指标时，实现就地协同控制，提升系统反应速度及运行可靠性。将风险因素进行分类，依据风险因素、事故类别及处置方式进行安全风险评估，划定灾害等级，建立灾害动态化的统一领导、综合协同、分级优先、分类派送、智能联动报警及应急救援指挥的管理机制。具体内容包括：(1) 露天矿山边坡智能监测关键技术；(2) 露天矿山爆破安全智能管理关键技术。

4.5 智能爆破建设目标

矿山智能化建设是行业实现高质量发展的必然选择，也是推进能源革命的重要抓手。

4.5.1 智能爆破建设的核心

智能爆破建设的核心是利用先进的装备制造技术、大数据模型、云计算能力、信息技术和自动化控制系统来提高矿山的效率、安全性和可持续性，是智能矿山建设的核心要素。

（1）智能装备技术：装备智能化是智能爆破的支柱，钻机、装药车和堵塞车是爆破的主要装备，要实现自动寻孔、自主钻进、准确实时提取随钻（装、堵）参数。

（2）传感器和监测技术：通过在矿山中广泛部署传感器，可以实时监测和收集有关地质结构、环境条件、设备状态等方面的数据。

（3）物联网和大数据分析：通过物联网技术将传感器采集的数据进行连接和集成，然后利用大数据分析算法对数据进行处理和分析，以提取有价值的信息。

（4）自动化和远程控制：利用自动化和远程控制技术，对矿山设备、工艺流程和运营进行智能化管理，从而提高生产效率和安全性。

（5）虚拟现实和增强现实：通过虚拟现实和增强现实技术，可以在培训、设计和运营过程中提供更直观、逼真的体验，同时减少风险和成本。

（6）人工智能和机器学习：应用人工智能和机器学习算法，可以对矿山运营数据进行模式识别、预测和优化，从而帮助矿山管理人员做出更准确的决策。

（7）能源管理和节能减排：通过智能能源管理系统，对矿山的能源消耗进行实时监控和优化，以减少能源浪费和碳排放。

（8）安全监控和风险管理：利用视频监控、无线通信和数据分析技术，实现对矿山作业环境和人员安全的实时监测和预警，提高安全性和降低风险。

综上所述，智能矿山建设的核心是通过信息技术和自动化控制系统，实现对矿山运营各个环节的智能化监测、管理和优化，以提高生产效率、降低成本、增强安全性和可持续性。

4.5.2　智能爆破达到的目标

（1）面向复杂环境下的大型露天矿场全生产链智能化的需求分期提高效率，以实现矿山机械人开采整体综合效率较有人（生物人）系统提高5%。

（2）建成全球首条露天矿山开采全生产链智能化示范场景，把工人从繁重、危险的工作环境中解放出来，增加员工幸福感、获得感和安全感。

（3）整体技术达到国际先进水平、局部达到国际领先水平。实现本质安全 、双碳绿色、无人少人高效开采矿山。

采取以“智能爆破”（宏大爆破的优势）为突破口、分阶段逐步实现矿山智能化（2023年实现远程驾驶舱遥控，2027年实现一键智能控制）、以“设备制造+关键技术+系统集成+示范应用”为主线、研究露天矿山测、穿、爆、装、运、卸和安全管理的七大环节、“感知驱动数据+数据驱动算法+算法驱动控制+控制驱动执行”的整体技术路线的模式，在广东省肇庆市华润砂石露天矿山打造了全球首座爆破智能化的示范工程，属“国际领先”的“安全、高效、绿色、可持续发展”的现代露天采矿智能台阶爆破示范工程。

4.5.3　爆破智能化攻关的难题

智能爆破是现代爆破不可或缺的组成部分，虽然建设了一座全生产链智能化矿山，但是爆破智能化常态运行仍然还有很长的路要走，以下难题需要继续攻关：

（1）各个工序智能装备实现了远距离遥控操作，并没有实现一键智能化操作；

（2）智能爆破建成的时间比较短，数据量还很少；

（3）智能爆破装备记忆、分析、深度学习能力不足，模型算法还有很大开发空间；

(4) 智能爆破价值共享理论继续深化；
(5) 智能爆破装备间及与上下游装备的协调；
(6) 人与智能爆破装备的协同；
(7) 智能爆破装备的可靠性、安全性的预测和自检能力。

尽管爆破智能化仍有许多挑战需要解决，但智能爆破的未来很有希望。随着对研究和开发的持续投资，期待在未来几年看到这一领域更多令人兴奋的突破。

4.6 智能爆破场景建设

智能爆破场景（见图1-2，传统爆破场景见图4-2）建设的路线从理论研究和智能装备研制出发，通过应用过程中对人、机、物、环、管等数据的精准提取，建设大数据分析管控平台，建立大模型进行自学习和自执行。基于10年的技术积累和攻关，宏大爆破于2022年3月建成第一个全生产链智能矿山，它涵盖矿山数据智能管理决策平台、爆破智能设计、钻进智能感知、炸药智能装填、孔口智能堵塞、无线智能起爆、爆破安全智能管理、爆破效果智能评价、铲装设备智能装车、电动矿卡智能驾驶、推土设备智能推排等露天矿山开采的全部生产关键工序。

图4-2 传统爆破场景

已建成智能爆破应用场景（见图1-2）爆破全工序实现少人化，所用装备齐全，技术先进，爆破各工序数据链通信全部打通，但因智能化水平尚在初级阶段，应用时人工介入偏多，采集数据量偏少，人工智能开发受限，大模型待开发。从整体来看，爆破现场人员大大减少，效率提高明显。

4.6.1 露天矿山智能爆破的实施路径

按照装备是支柱、数据是内容、算法是关键、理论是基础的研究路径：

第一步，智能装备的研制，实施提取数据：智能爆破最关键是智能装备和信息技术的发展；

第二步，建立大数据规则和格式：智能爆破是数据的产生、采集、清洗、传输、存储、处理的过程；

第三步，建立大模型与爆破学科的算法相结合：数据、算力和算法这三大关键因素决定着智能化能力；

第四步，研究爆破价值链共享理论，实现智能学习，自主决策。

4.6.2　智能爆破场景运行机理

智能爆破综合管控平台基于点云数据、透明地质车勘探数据与地勘数据进行矿山三维初始建模，根据岩体破碎能量、爆破需求与生产计划进行岩体爆破区域划分。

爆破智能设计结合破碎散体动力学、自由面特征和大数据比对进行炮孔自适应布置，将钻孔参数指令通过矿山数据智能管理决策平台发送至智能钻机。

智能钻机按照钻孔参数指令穿孔，钻进过程中将智能感知信息实时传给矿山数据智能管理决策平台，分析钻进能量消耗与岩体破碎能量特征，构建三维岩体破碎能量模型，实现矿区岩体可爆性智能分区，建立沿炮孔轴向岩石可爆性模型，完善矿区岩体爆破三维模型。

矿山数据智能管理决策平台将沿炮孔轴向岩石可爆性数据传送给乳化炸药现场混装地面站，炸药能量智能匹配系统针对沿炮孔轴向岩石可爆性数据与生产需求调配不同爆炸性能的基质，智能装药车无人驾驶到装药区域进行智能装药，装药时根据炮孔岩石可爆性、矿区岩体爆破三维模型，调整、控制炸药成分输出比例，实现炸药与岩体破碎能量精准匹配。

装药和起爆雷管安装完毕后，根据爆破目的需求、炸药与岩体破碎能量匹配关系，自动调配填塞物粒径与密度，通过智能填塞车进行填塞，实现爆破能量封堵优化。

基于炮孔与爆破自由面的关系、爆破效果大数据比对，对数码电子雷管延时时间自动寻优设置，通过无人机远程设置孔内的数码电子雷管延时时间，得到授权指令后，无人机通知无线起爆模块起爆，消除了物理导线连接带来的安全隐患。

在整个爆破作业过程中无人机根据爆破监管飞行路径进行空中巡逻，设定安全警戒电子围栏。在飞行过程中对爆破作业人员人脸捕捉、作业身份智能识别和操作过程合规性监督，爆破前警戒人员可通过无人机对无关设备、人员进行驱离。

爆破后无人机判断现场安全后，拍摄爆堆图像，利用三维块度分布智能算法，实现爆堆形态与矿岩块度辨识，与数据库中下游要求的母岩块度分布图、下游设备能量消耗、下游出矿效率、矿山综合成本等数据比较智能判定爆破效果。

4.7　智能爆破的展望

矿山开采智能化时代已经来临，作为开采工序中的重要作业环节，爆破智能化、少人化是必然趋势。针对智能爆破的各项科研攻关项目已经全面展开，各项成果也将在不同场景下开展实践，随着多项前沿学科和最新技术成果的持续融入，智能爆破理论将不断完善、各项探索和实践工作也将继续深入，爆破全过程的智能决策和自主运行也会逐步实现，以智能爆破为支撑的爆破工业体系也将重新构建。

从当前研究成果和应用的情况来看，智能爆破存在以下问题需研究攻克：

（1）施工装备智能化程度低，在很多工况变化的情况下，现有的智能装备都需要人工介入才能持续工作，造成工作效率不及传统工艺，关键设备的自动化、智能化进程不能满足智能矿山建设的需要，装备需要继续面向无人化研发。

（2）起爆系统智能化也是实现智能爆破的关键，易于匹配智能爆破设计软件，便于现场自动编码和安装的电子雷管起爆系统需要科研、制造和监管层合力开发。

（3）施工数据自动采集精准度和完整性影响人工智能技术的应用。由于爆破施工的复杂性，如地质变化、地形不规则、炮孔本身的细长环境、爆破工序涉危等，造成收集工作本身很困难，传感器本身的缺陷也会造成数据收集不完整、不准确，使得深度学习的人工智能技术开发和应用情况不佳。

（4）透明地质、随钻参数、炸药与岩石匹配、爆破数字孪生、上下游数据价值共享等技术仍需进一步开发，充实智能爆破的内涵。

（5）适用于工程爆破的“大模型”尚待开发，基于爆破大模型和数据精准采集技术的大系统将会对爆破内外部各种现象的内在因果及关联精确量化描述，进而突破以经验公式为基础的爆破理论，为爆破过程的机理研究提供有效的工具，对客观规律进行科学决策和控制。

智能矿山建设相关的学术性讨论热情日益高涨，各种政策紧密出台标志着智能矿山建设已进入快车道。爆破行业必须抓住矿山智能化进程的机遇期，进行智能爆破理论研究和技术开发，补齐矿山智能开采中的爆破短板，促进爆破行业的高质量发展，尽快构建智能爆破工业体系有利于参与国际竞争和保证国家能源安全。

5 智能爆破能量体理论研究

智能爆破的前提是对矿山岩体性质的准确掌握，经过采场调查和地质结构调查，完成传统的岩石物理力学性质试验测定。同时准确掌握岩石的动态特性，掌握岩石动态破碎机理和能耗规律，总结出不同粒度分布条件下的能耗密度，以此来指导智能爆破的生产实践。

5.1 霍普金森压杆

5.1.1 试验设备简介

本试验装置采用的直径为 50 mm 的 SHPB 设备是由哈尔滨工业大学所研制的，该设备主要由入射杆、透射杆、吸收杆等主体试验装置、加载装置、测试装置及计算机等组成。具体条件见表 5-1。

表 5-1 SHPB 试验设备介绍

<table>
<tr><td rowspan="2">试验加载</td><td colspan="2">加载装置</td><td colspan="2">液态氮</td><td>注气压力/MPa</td><td>15</td></tr>
<tr><td colspan="2">撞击杆材料</td><td>40Cr 钢</td><td colspan="2">尺寸/mm×mm</td><td>ϕ50×400</td></tr>
<tr><td rowspan="4">试验装置</td><td colspan="2">输入杆材料</td><td>尺寸/mm×mm</td><td>E/GPa</td><td>ρ/kg · m^{-3}</td><td>泊松比 ν</td></tr>
<tr><td colspan="2">40Cr 钢</td><td>ϕ50×1800</td><td>200</td><td>7800</td><td>0.3</td></tr>
<tr><td colspan="2">输出杆材料</td><td>尺寸/mm×mm</td><td>E/GPa</td><td>ρ/kg · m^{-3}</td><td>泊松比 ν</td></tr>
<tr><td colspan="2">40Cr 钢</td><td>ϕ50×1800</td><td>200</td><td>7800</td><td>0.3</td></tr>
<tr><td rowspan="4">试验测试</td><td colspan="2">速度测试</td><td>BC-202 双路爆破仪</td><td colspan="2">测试光路间距/mm</td><td>40</td></tr>
<tr><td rowspan="3">应变测试</td><td rowspan="2">仪器</td><td rowspan="2">计算机、SDY2107B 超动态应变仪、电阻应变片、桥盒</td><td colspan="2">输入杆上应变片距试样端面/mm</td><td>90</td></tr>
<tr><td colspan="2">输出杆上应变片距试样端面/mm</td><td>90</td></tr>
<tr><td>原理</td><td colspan="4">输入杆和输出杆的应变由贴在其表面的电阻应变片来记录，应变片上的电阻丝由于长度改变，其电阻也发生改变，进而引起其所在电路的电压发生改变，电压信号通过应变仪放大输入到示波器中显示出来。
把应变片粘贴在压杆中部既可以捕捉互不叠加的入射波和反射波，又可以很好的代表界面处的实际加载波形</td></tr>
</table>

5.1.2 霍普金森压杆原理

首先要对设备严格要求，必须保证冲头、入射杆、透射杆是由同一材料制成并具有相同的尺寸，为了应力波能毫无阻碍地传播，要使压杆保持同一高度并固定在铸铁 T 形平台上，将试件夹在被分离的两杆之间，将试件与压杆接触的地方涂上凡士林，使表面光滑。这样做是为了使试件与压杆之间更紧密接触，消除试验时可能在端部产生的摩擦效应而影响试验结果。通过调试高压气体的大小来控制冲头（子弹）的速度使之与入射杆进行对心撞击，此时会在入射杆端部产生一个入射脉冲，并沿着杆轴方向传播，形成入射波。当这个入射波到达试件界面时，由于试件材料和透射材料的惯性效应，试件将被压缩。由于试件的波阻抗比压杆小，则有的入射波会被反射回入射杆变成反射波，而有的通过试件透射进输出杆形成透射波，接着透射波将进入吸收杆并从自由端反射回来，从而使透射波中的能量耗散，最终到达静止状态。入射波 $\varepsilon_i(t)$ 、反射波 $\varepsilon_r(t)$ 由贴在入射杆上的应变片测得，而透射波 $\varepsilon_t(t)$ 则由贴在透射杆上的应变片测得。岩石的动态力学本构关系就是通过这三种脉冲来反映的。图 5-1 和图 5-2 分别为分离式霍普金森压杆原理图及实物图。

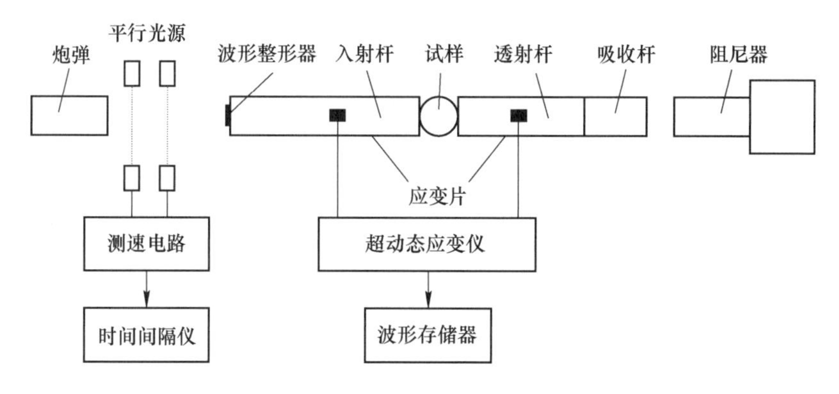

图 5-1　分离式霍普金森压杆原理图

图 5-2　分离式霍普金森压杆实物图

SHPB 试验是在一维应力假设和均匀性假设这两个基础上才成立的，也就是假设压杆和试样在试验中均满足单轴应力状态及在冲击过程中，试样的受力平衡，分布均匀。

根据一维应力假设可得到试件的应力 $\sigma(t)$ 、应变 $\varepsilon(t)$ 、应变率 $\dot{\varepsilon}(t)$ 为：

$$\dot{\varepsilon}(t)=\frac{c_0}{B}[\varepsilon_i(t)-\varepsilon_r(t)-\varepsilon_t(t)] \tag{5-1}$$

$$\varepsilon(t)=\frac{c_0}{B}\int_0^t[\varepsilon_i(t)-\varepsilon_r(t)-\varepsilon_t(t)]\mathrm{d}t \tag{5-2}$$

$$\sigma(t)=\frac{EA_b}{2A_s}[\varepsilon_i(t)-\varepsilon_r(t)-\varepsilon_t(t)] \tag{5-3}$$

由均匀化假设，则有

$$\varepsilon_i(t)+\varepsilon_r(t)=\varepsilon_t(t) \tag{5-4}$$

所以式（5-1）~式（5-3）可简化为：

$$\sigma(t)=\frac{A_b}{A_s}E\varepsilon_t(t) \tag{5-5}$$

$$\varepsilon(t)=\frac{2c_0}{B}\int_0^t\varepsilon_r(t) \tag{5-6}$$

$$\dot{\varepsilon}(t)=\frac{2c_0}{B}\varepsilon_r \tag{5-7}$$

式中，A_s 为试样的圆盘面积；B 为试样的厚度；A_b 为压杆的横截面积；E 为压杆的弹性模量；c_0 为压杆的纵波速度，即 $c_0=\sqrt{E/\rho}$。

5.2　试验试件的制备

研究中首先选取的三种岩石（花岗岩、千枚岩、磁铁石英岩）为鞍山大孤山铁矿现场取样带回的岩石种类，在岩样加工的实验室首先利用 ZS-100 型岩石钻孔机进行钻芯取样，把取出岩芯在 CB-型轻便岩石切割机上按要求的尺寸进行切割，把切割之后的岩样在 SHM-200 型双端面磨石机上加工出高精度的圆柱体试样，假如试样的端面平整度还不满足要求，可以在磨石机上再次研磨同时结合手工的操作。岩石试样加工完成后就可用于 SHPB 试验，试件加工设备如图 5-3 所示，在加工过程中要符合下列基本原则。

（1）为了保证岩石试样在结构与成分上的一致性，岩样要取自同一块岩石石料，以此来增强试验的可信度与对比效果。

（2）岩样的尺寸要能体现岩石的基本力学性能，SHPB 试验中试件的选取一般要满足 $0.5\leqslant d/h\leqslant 1.0$，在此次试验中取试样的直径为 50 mm，厚度为 25 mm，同时在试件的制作过程中，要研磨抛光试样的两端面，用以满足平行度、平整度和光洁度的要求，具体而言就是直径和端面波动误差小于 0.2 mm，平整度误差小于 0.001 r。

图 5-3 试件加工设备

(3) 试验当中为了减少试样与输入杆和输出杆端面之间的摩擦，从而引起端头效应，应在试件的两个端面上均匀涂抹凡士林，然后将试样夹在入射杆和透射杆之间，并力求试样、压杆及撞击杆在同一条轴线上。三种岩石的主要静态物理参数见表 5-2。

表 5-2 三种岩石试件的主要物理力学参数

岩种	密度/kg · m^{-3}	杨氏模量/MPa	抗压强度/MPa	拉伸强度/MPa
花岗岩	2565	41.86	68.2	5.235
铁矿石	3630	88.35	109.47	8.94
千枚岩	2720	67.81	67.81	7.89

5.3 测试试验准备

5.3.1 试验前的准备工作

试验前，要对各个仪器进行检查与矫正，首先要对应变仪进行校准和调平，此次试验选择 2、3 两个通道，量程选择 20 V，放大 1000 倍。每次试验前都要对应变仪进行微调使之全部归零，如图 5-4 所示。当 2、3 通道显示为绿灯工作，则说明一切正常，而当 2、3 通道显示为过荷时，则说明桥盒与应变片发生断裂，应重新粘贴应变片。首先用砂纸对将要粘贴应变片的位置进行打磨，使其光滑，然后用 502 胶水将应变片粘贴在压杆上。而速度的测试，采用 BC-202 双路爆速仪来记录子弹通过两道平行激光测速点所用的时间，两道激光测速点的距离 l = 40 mm，则速度即可得出，每次试验前要对爆速仪进行复位，如图 5-4 所示。

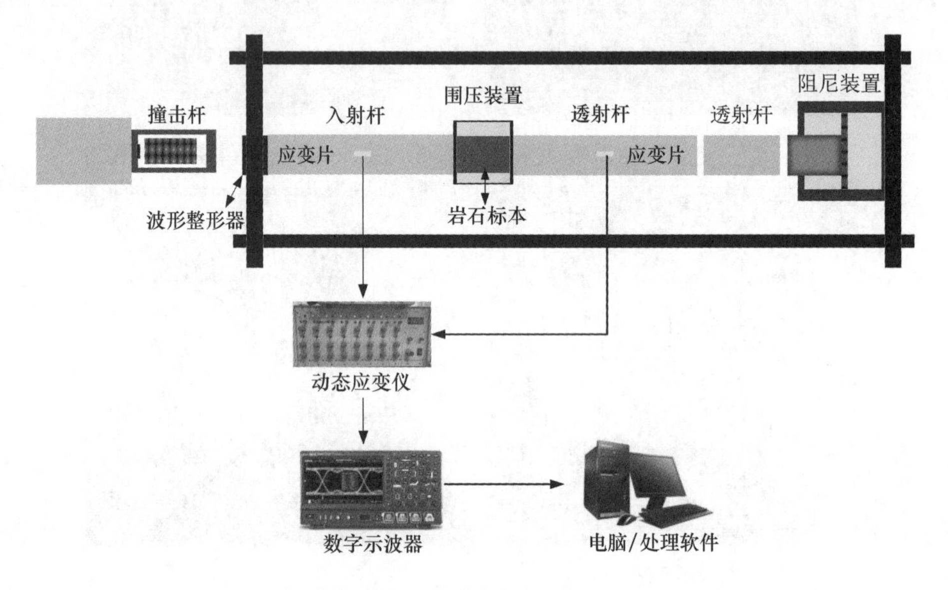

图 5-4　霍普金森试验流程

其次，要对仪器进行采样设置，此次试验用哈尔滨工业大学所提供的软件来进行波形记录，采样频率设置为 5 MHz，采样长度为 20 K ，采样延时为−2 K。这样设置的原因是让仪器能够把测得的波形图尤其是入射波的波形图记录完整。触发方式采用入射波通道的下降沿内触发，触发电平为 0. 1562 V。

最后，要对入射杆与透射杆的紧密度进行校验，要确保试验时，两个压杆能同心碰撞，这是试验能够成功的首要条件。

当一切检查无误后，就对试验进行有效性验证。首先在入射杆与透射杆之间不夹试件，并让两杆之间留有一段距离，让子弹以一定的速度撞击入射杆，这时会在所测得的波形图上发现入射波与反射波波形、幅值基本相同；其次，让入射杆与透射杆紧密接触，再让子弹以一定的速度撞击入射杆，如图 5-5 所示，这时会在所测的波形图上发现入射波与透射波波形基本相同，这是因为两杆由同一种材料制成，因此波阻抗也一致，当只让子弹与入射杆进行碰撞时，没有了其他材料的阻碍，入射波将完全进入透射杆形成透射波。因此可以得出结论此次试验是有效的。

5. 3. 2　波形整形器

SHPB 试验成立的基础之一便是试件受到冲击时，其内部的应力或应变要均匀分布，

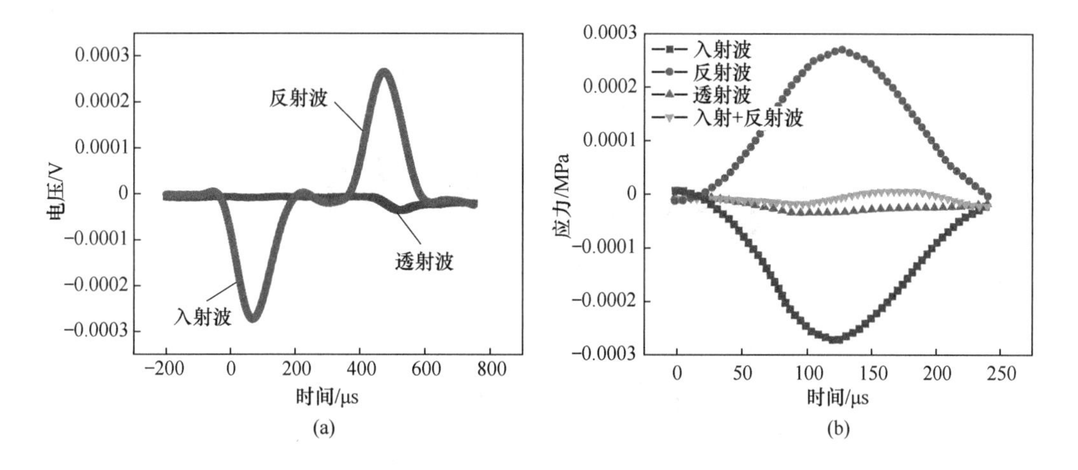

图 5-5　典型的应力波信号及应力平衡校验曲线

（a）典型的应力波信号；（b）典型动态应力平衡

然而，随着 SHPB 尺寸的不断加大，压杆中质点横向惯性运动引起的弥散效应也越来越明显，使得试验的有效性与真实性受到质疑。这是因为试验中采用的是与入射杆、透射杆直径相同的圆柱形撞击杆，这会产生一个矩形加载波，组成这种加载波的频率高低不等，而他们各自对应的应力脉冲的传播也有快有慢，这样一来势必会产生弥散现象，使得在波头处会产生高频振荡。同时试验表明，加载波在试样中来回反射三次以上才能达到应力平衡的要求，而岩石的破坏应变非常小，由于矩形加载波的上升沿时间相对较短并且波头处所产生的高频振荡使得岩石在发生破坏时试样还处于应力不均匀的状态，这就违背了均匀性假设是试验成立的基础原理。因此，有效的改善弥散效应，提高入射波的上升沿是不容忽视的问题。

此次试验选用 T2 紫铜作为波形整形器，厚度与直径均为 1 mm。试验前在铜片的一端涂抹凡士林粘贴在与子弹接触的入射杆端面的中心位置。图 5-6 为在同一气压下对有波形整形器和不加波形整形器的入射波进行对比。

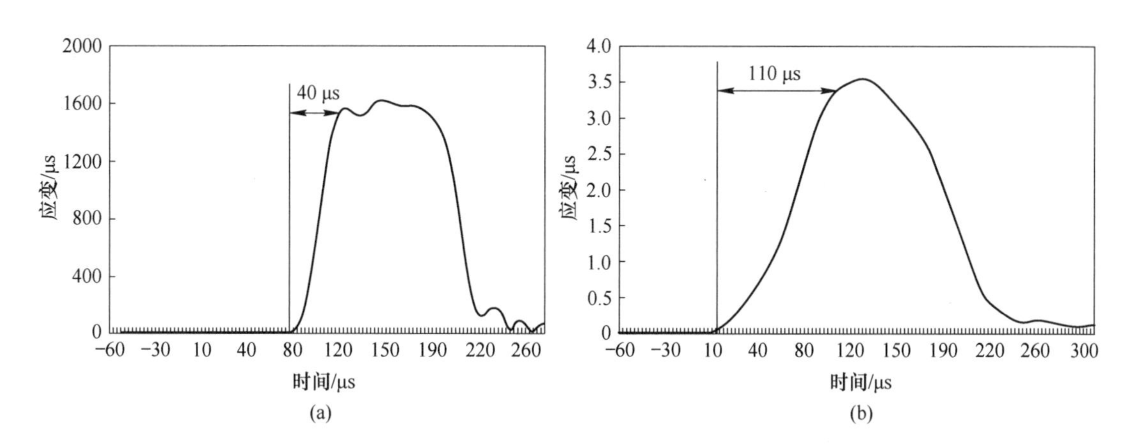

图 5-6　波形整形器对入射波的影响对比图

（a）未加入波形整形器；（b）加入波形整形器

由图 5-6 可以看出，没有加入波形整形器的波形上升时间仅为 40 μs，且振荡较为剧烈，而用紫铜作为波形整形器后，上升时间延长到 110 μs，且波形较为平滑。图 5-7 为试验中所采用的整形器，第一片为原始形状，第二片为在 0.2 MPa 气压下撞击后的形状。

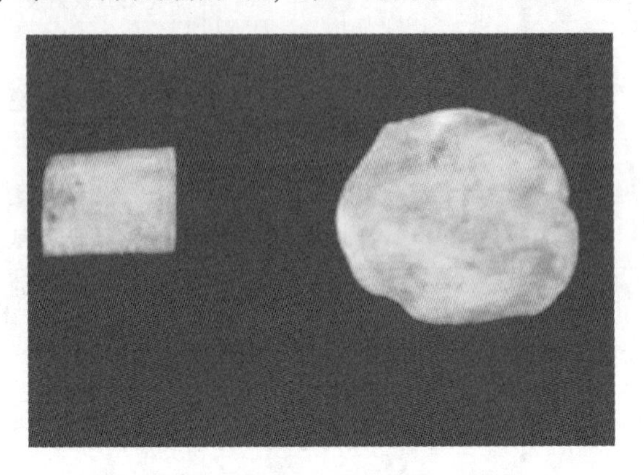

图 5-7　T2 紫铜的变形情况

5.3.3　用 matlab 对数据进行处理

在试验过程中，所得到的数据是输入杆和透射杆上的应变片所测得的入射波、反射波及透射波，为了进一步得到岩石的应力应变，需要对数据进行处理。此次用 matlab 软件进行编程，来实现应力应变、弹性模量、抗拉强度及能量的计算。图 5-8 为 matlab 数据处理平台。

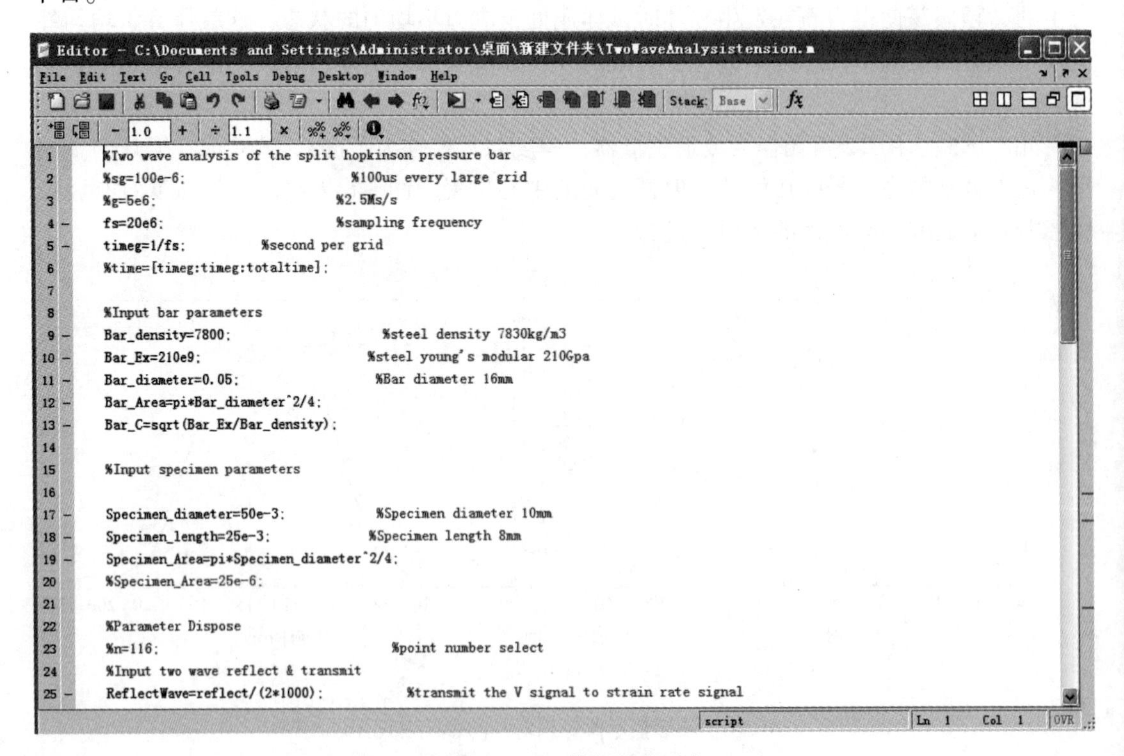

图 5-8　matlab 数据处理平台

5.4 冲击压缩试验

本次试验利用冲击加载的方式对岩石试样施加动态荷载，得到的试验结果见表 5-3。

表 5-3 冲击试验数据表

岩样类型	试件编号	试样厚度直径 /mm	冲击速度 /m · s^{-1}	平均应变率 /s^{-1}	应力峰值 /Pa	弹性模量
花岗岩	1-1	25/50	6.03	56.60	4.02×10^{7}	5.51×10^{9}
	1-2	25/50	5.89	57.56	2.33×10^{7}	5.18×10^{9}
	1-3	25/50	5.94	58.32	3.55×10^{7}	6.02×10^{9}
	2-1	25/50	8.79	84.96	9.60×10^{7}	1.26×10^{10}
	2-2	25/50	9.13	87.38	1.16×10^{8}	1.21×10^{10}
	2-3	25/50	8.89	80.35	1.20×10^{8}	1.33×10^{10}
	3-1	25/50	11.48	83.20	1.31×10^{8}	1.51×10^{10}
	3-2	25/50	12.10	68.20	1.18×10^{8}	2.46×10^{10}
	3-3	25/50	11.72	74.38	1.23×10^{8}	1.76×10^{10}
	4-1	25/50	14.33	135.57	1.29×10^{8}	1.33×10^{10}
	4-2	25/50	14.10	130.12	1.20×10^{8}	1.41×10^{10}
	4-3	25/50	13.88	139.07	1.27×10^{8}	1.81×10^{10}
	5-1	25/50	17.60	196.26	1.79×10^{8}	1.64×10^{10}
	5-2	25/50	18.14	213.07	1.18×10^{8}	1.10×10^{10}
	5-3	25/50	17.84	207.90	1.30×10^{8}	1.30×10^{10}
千枚岩	1-1	25/50	6.77	46.56	5.13×10^{7}	1.71×10^{10}
	1-2	25/50	6.39	46.68	3.17×10^{7}	1.38×10^{10}
	1-3	25/50	6.35	48.05	3.80×10^{7}	2.53×10^{10}
	2-1	25/50	10.90	58.35	2.69×10^{7}	2.24×10^{10}
	2-2	25/50	10.52	59.40	2.50×10^{7}	1.56×10^{10}
	2-3	25/50	10.78	50.37	2.35×10^{7}	2.14×10^{10}
	3-1	25/50	12.80	99.93	3.93×10^{7}	5.87×10^{9}
	3-2	25/50	12.95	86.19	4.57×10^{7}	9.93×10^{9}
	3-3	25/50	12.64	89.25	4.12×10^{7}	8.24×10^{9}
	4-1	25/50	14.36	61.69	5.89×10^{7}	1.78×10^{10}
	4-2	25/50	14.46	74.38	7.34×10^{7}	1.56×10^{10}

续表 5-3

岩样类型	试件编号	试样厚度直径 /mm	冲击速度 /m · s^{-1}	平均应变率 /s^{-1}	应力峰值 /Pa	弹性模量
千枚岩	4-3	25/50	14. 67	85. 04	6.30×10^{7}	1.50×10^{10}
	5-1	25/50	16. 88	294. 01	8.29×10^{7}	2.44×10^{10}
	5-2	25/50	16. 41	271. 68	7.54×10^{7}	1.93×10^{10}
	5-3	25/50	16. 57	280. 35	7.03×10^{7}	2.07×10^{10}
亚铁	1-1	25/50	7. 69	110. 76	4.45×10^{7}	5.11×10^{9}
	1-2	25/50	7. 21	102. 28	5.56×10^{7}	5.14×10^{9}
	1-3	25/50	7. 31	95. 56	4.34×10^{7}	3.52×10^{9}
	2-1	25/50	9. 39	110. 28	4.99×10^{7}	6.48×10^{9}
	2-2	25/50	9. 60	105. 88	5.47×10^{7}	6.59×10^{9}
	2-3	25/50	9. 50	137. 57	6. 09+07	7.16×10^{9}
	3-1	25/50	12. 22	114. 91	1.44×10^{8}	4.11×10^{10}
	3-2	25/50	12. 03	137. 90	1.20×10^{8}	2.67×10^{10}
	3-3	25/50	12. 35	125. 88	1.16×10^{8}	2.37×10^{10}
	4-1	25/50	14. 18	155. 37	1.13×10^{8}	1.27×10^{10}
	4-2	25/50	14. 36	135. 06	1.37×10^{8}	1.52×10^{10}
	4-3	25/50	14. 45	140. 72	1.54×10^{8}	1.47×10^{10}
	5-1	25/50	16. 91	181. 53	1.83×10^{8}	2.18×10^{10}
	5-2	25/50	17. 27	171. 26	1.90×10^{8}	1.88×10^{10}
	5-3	25/50	17. 08	175. 36	1.85×10^{8}	2.06×10^{10}

5. 4. 1 应力与应变特性分析

在岩石的力学性能研究当中，应力与应变关系的研究是一个有效的途径，而对于岩石应力与应变关系的表达最为直接的方式就是应力-应变曲线，SHPB 冲击试验条件下的应力-应变曲线与静态条件下的压缩试验相类似。曲线总体而言可以划分成 4 个不同的阶段：初始变形阶段、弹性变形阶段、非线性弹性阶段和岩石破坏阶段。

第一阶段为初始变形阶段：在冲击荷载的作用下岩石材料本身存在的裂纹、孔洞和其他微观缺陷逐渐压实与闭合。可是岩石材料自身的原有性质又千差万别，冲击是一个瞬态，作为脆断性材料的岩石，很有可能在微裂纹来不及闭合的条件下直接进入第二阶段，从而造成部分岩石试样的动态应力-应变曲线不能反映初始阶段微裂纹的闭合，应力与应变曲线呈下凹状态。

第二阶段为弹性变性阶段：在这一阶段，应力与应变之间呈现为正比例关系，服从胡克定律，应力与应变曲线几乎表现为直线，弹性模量基本保持不变，该阶段的弹性模量大，并未表现出在初始变形阶段，岩石所具有的较高的冲击韧耐强度。

第三阶段为非线性弹性阶段：在应力与应变的曲线图上，表现为偏离直线而上凸，斜率变小，冲击荷载的作用促使岩样内部的微裂纹开始萌生、增加与扩展，试样的初步损伤开始，压缩模量的增加相对于初时模量增幅放慢，到达应力峰值后，岩石试件在裂纹处发生宏观的破坏，从而致使应力急剧下降，承载能力降低。

第四阶段为岩石的破坏阶段：试样内部损伤程度加剧，逐步屈服破坏，应力与应变曲线偏离了直线。试样内的应力达到其极限承载的能力。试样内部由于形成了宏观的破裂面，因此试样承载能力急剧下降；鉴于冲击应力很大，岩石试样被撞击成碎块，承载能力明显降低，试样在总应变会持续增加的基础上不会出现单轴静载实验中的反弹现象。

该次试验当中的应力与应变曲线如图 5-9 所示。花岗岩试样的试验当中，组数 2、4、5 中应力与应变曲线的变化在峰值应力前基本一致，弹性模量有可能相近，组数 1 中的应力与应变曲线则更符合多项式函数的变化规律，整个阶段的增加幅度基本一致，组数 3 则在应力达到峰值强度前先经历了曲线的弹性模量急剧增加，到达一定的应力强度后缓慢增长的过程，简而言之，就是在峰值强度前经历了两个明显的阶段，上述曲线出现的差异性，可能是组数 1 的冲击速度相对来说比较低，组数 3 中的花岗岩试样中缺陷、微裂纹较多，先经历了明显的初始压实，然后依次经历其他阶段，组数 2、4、5 则随着冲击速度的提高，岩石试样的应力峰值点不同，但是曲线的变化规律基本一致。

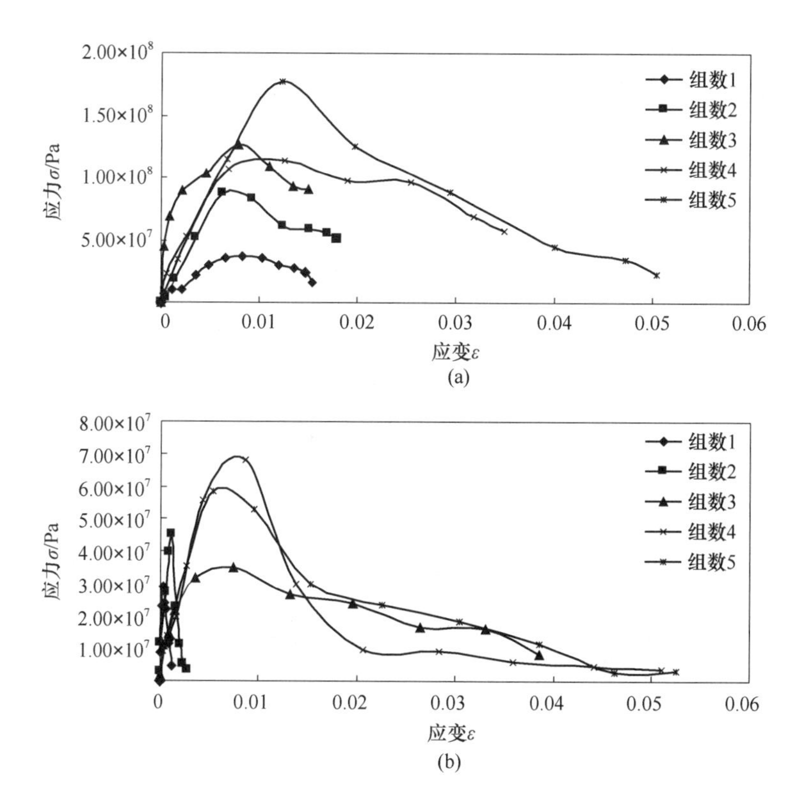

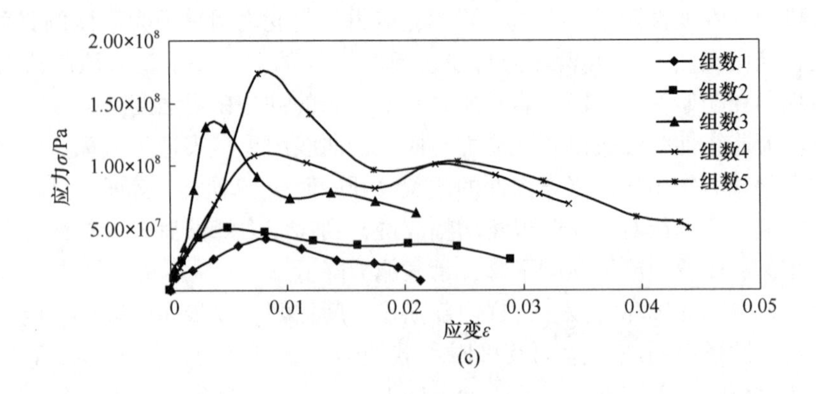

(c)

图 5-9　应力-应变曲线

(a) 花岗岩应力-应变曲线；(b) 千枚岩应力-应变曲线；(c) 硫酸亚铁应力-应变曲线

千枚岩试样的试验当中，组数 1、2 曲线的变化规律基本一致，弹性模量基本保持不变，应力都是线性的先急剧增加到峰值点而后又急剧下降，可能是千枚岩作为脆断性材质，在微裂纹来不及闭合的条件下直接进入弹性阶段，过了峰值应力之后，宏观的裂纹就呈现出来，组数 3、4、5 的曲线变化基本一致，随着冲击速度的提高，应力-应变曲线中的应力峰值点在不断提升当中，出现上述两种情况的差异性，可能就是对曲线 4 阶段的很好解释；硫酸亚铁试样的试验当中 ，组数 3 的曲线先经历了初始的压密过程，而后迅速转化成弹性阶段，应力急剧上升，其他与花岗岩的变化规律相同。

图 5-10 为 SHPB 冲击试验条件下采用二波法进行数据处理所得到的三种岩石动态抗压时间-应力曲线。从图 5-10 中可以看出，三种岩石的动态抗压随冲击速度的增加而增大，且达到应力峰值的时间在减少，显示出强烈的灵敏性。分析其原因，主要是随冲击速度的

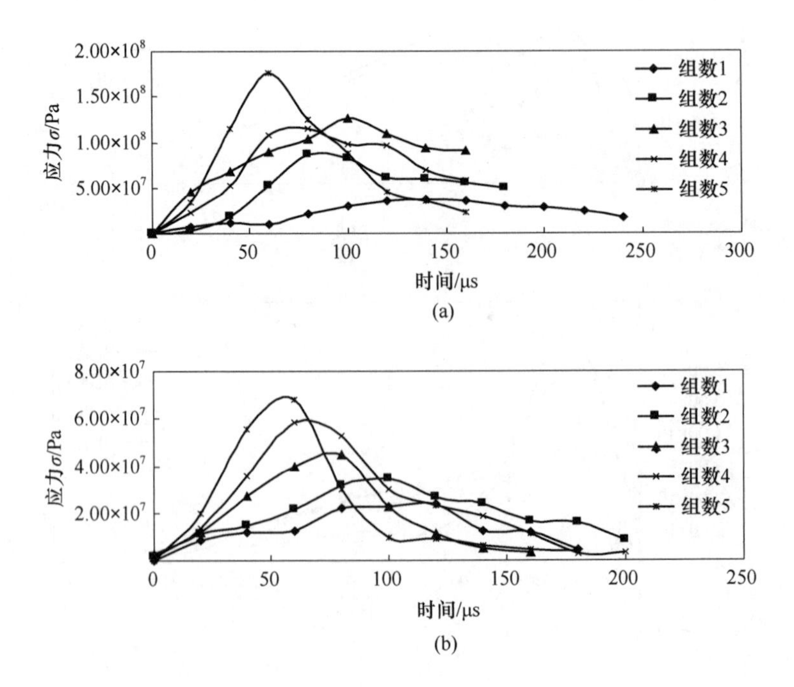

(b)

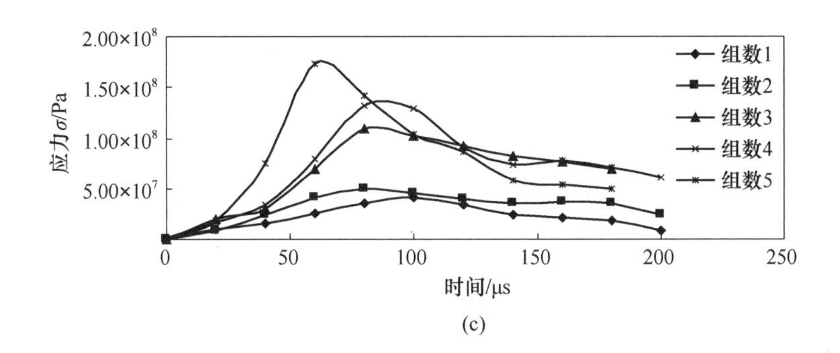

(c)

图 5-10 时间-应力曲线

(a) 花岗岩；(b) 千枚岩；(c) 磁铁矿

增大，岩石试件内部固有的微裂纹还未来得及开裂或者贯通，往往会出现变形滞后的现象，并且这种滞后现象随着冲击速度不断提高也会越来越明显，从而使得试样的应力强度增大，且达到峰值时间不断地减少。

5.4.2 变形特性研究

常用的岩石变形指标有弹性模量 E、泊松比 μ 和体积应变 ε_V，在这几个变形的指标当中弹性模量与泊松比是在外部荷载的作用下内部微观结构的宏观量度体现，岩石的弹性模量 E 是单轴压缩条件下轴向压应力与轴向应变之比。

$$E = \frac{\sigma}{\varepsilon} \tag{5-8}$$

鉴于无法精确地划定冲击压缩试验当中曲线的平均模量的起始点与终点，因此套用式（5-8），采用下述的衡量指标进行对比。

$$E_1 = \frac{\sigma_1}{\varepsilon_1} \tag{5-9}$$

式中，E_1 为岩石的弹性模量，GPa；σ_1 为动态应力-应变曲线中的应力峰值；ε_1 为 σ_1 时的轴向应变。

通常情况下空隙或裂纹在岩石的试样内部都会存在，受到冲击动态荷载的作用，岩石的内部微裂纹开始闭合起来，结构变得更加致密，弹性模量逐渐增大，图 5-11 是不同岩石类型条件下的平均应变率与弹性模量的关系图，从图 5-11 中可以看出，三种类型的岩样在冲击荷载作用的试验条件下，弹性模量的变化总的趋势为：花岗岩和磁铁石英岩都随着应变率的增加使得弹性模量有变大的趋势，但是幅度并不明显。花岗岩的试样拟合曲线为二次抛物线，弹性模量先是逐渐增大，后又慢慢减小，变化的幅度均匀，从拟合情况看，相关系数为 0.5；磁铁石英岩的试样拟合曲线为乘幂形式，弹性模量在逐渐地均匀增大稍许，从拟合情况看，相关系数为 0.48；千枚岩试样拟合曲线也为二次抛物线，弹性模量先是在逐渐地减小，随后又逐渐地增大，从拟合情况看，相关系数为 0.68，这就表明弹性模量的变化与平均应变率的关系不是很密切，二者之间没有必然性的联系。

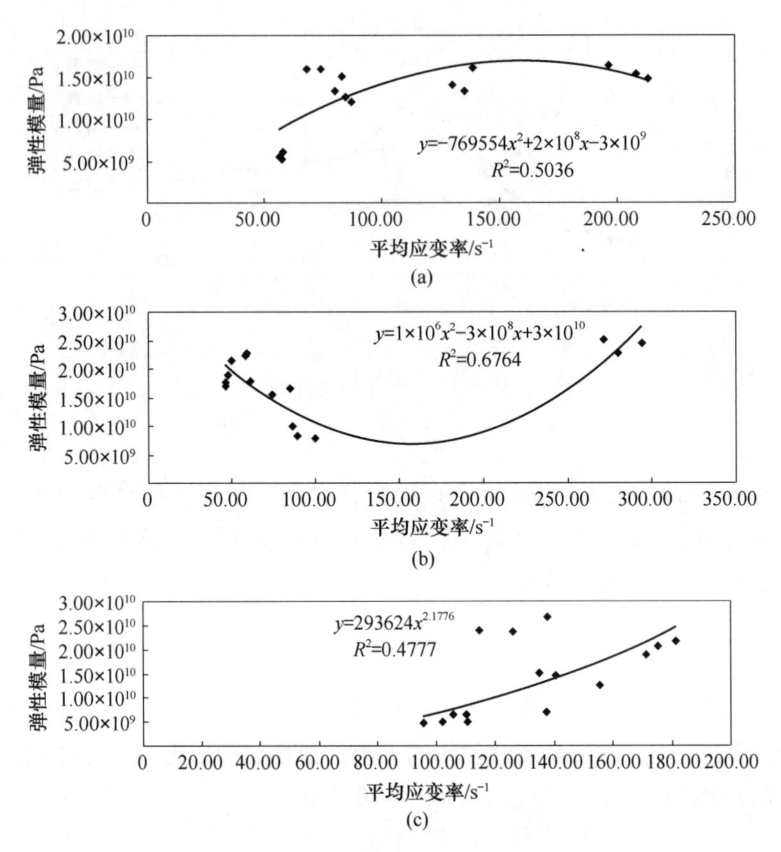

图 5-11　弹性模量随应变率变化曲线

（a）花岗岩；（b）千枚岩；（c）磁铁矿

图 5-12 为三种岩石的应变率-时间曲线。从图 5-12 中可以看出，试件在冲击抗压的破坏过程中，随着冲击速度的增大，试件应变率的增速加快，二者显示出较强的相关性。当

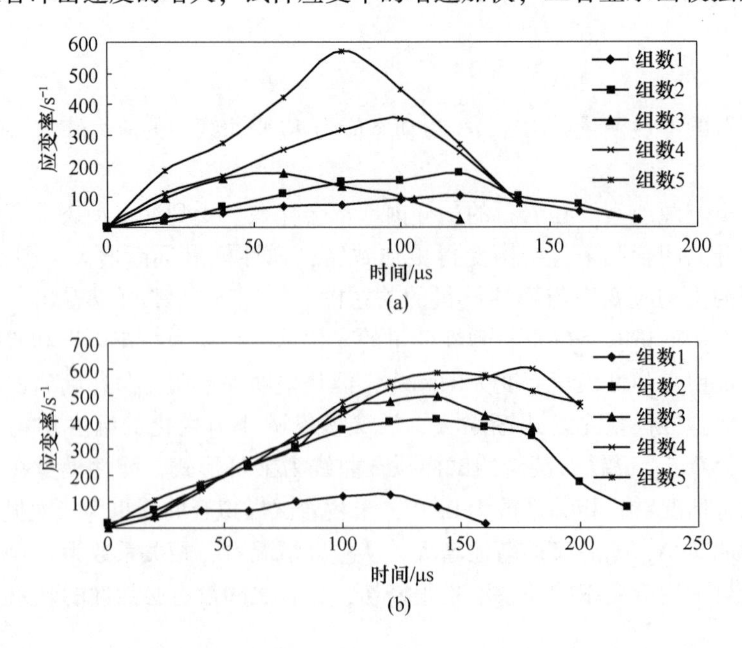

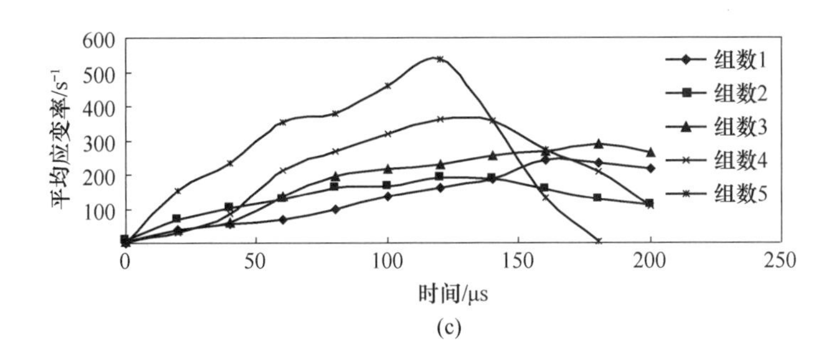

(c)

图 5-12 应变率-时间曲线
（a）花岗岩；（b）千枚岩；（c）磁铁矿

冲击速度较小时，应变率的幅值变动范围也比较小，曲线相对来说比较平缓；随着冲击速度的不断增大，应变率的波动范围也相应增大，但在应变率曲线的后期会出现负值，说明岩石在卸载时具有一定的回弹效应。

5.4.3 冲击速度与应变率关系

在动态试验当中，冲击速度对岩石试样的平均应变率具有明显的影响，岩石试样的加载冲击速度与平均应变率的关系如图 5-13 所示，本次试验中冲击速度的变化范围大致为 5～17 m/s，平均应变率的变化范围大致为 50～300 s^{-1}，在试验中当冲击速度较小时，应变率的求解取值较小；反之，应变率的取值变大，图 5-13 是考虑到试验中子弹的初始位置与行程相同，仅涉及冲击速度对试样的应变率影响，利用拟合曲线的方法求出平均应变率-冲击速度的关系，在一系列的曲线关系中，发现多项式的表达拟合关系相关系数最高，平均应变率并不是随着冲击速度的增大而呈线性关系。

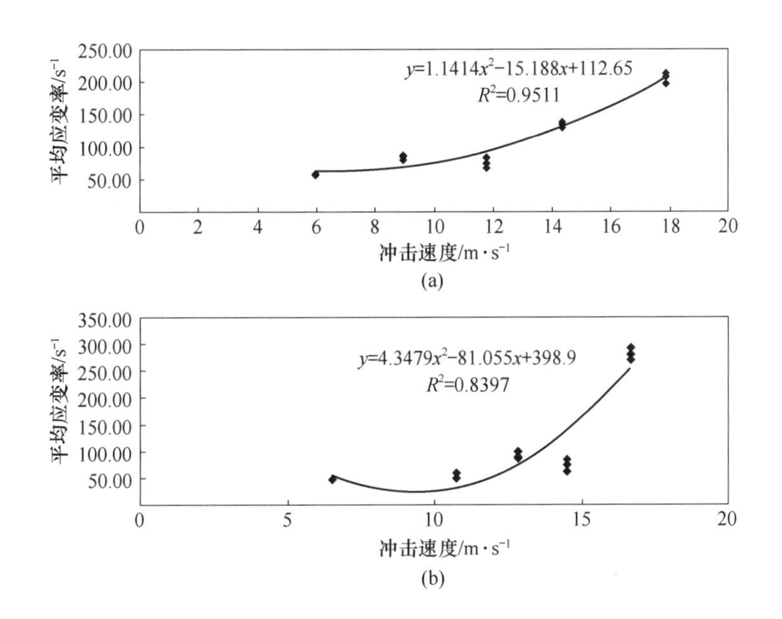

(b)

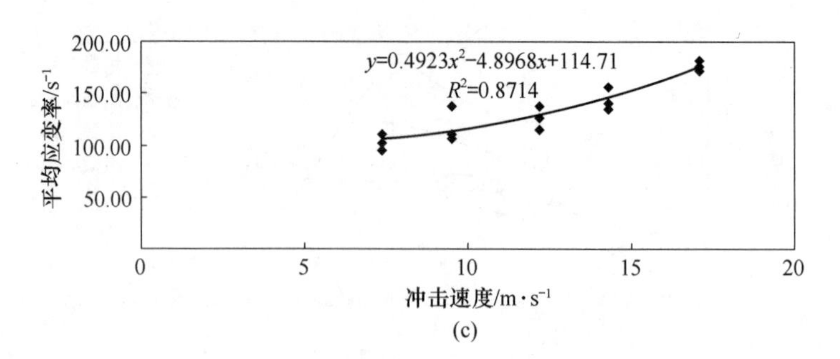

图 5-13　平均应变率-冲击速度关系
(a) 花岗岩；(b) 千枚岩；(c) 磁铁矿

5.4.4　动态抗压强度与平均应变率的关系

图 5-14 是在不同的冲击速度下，求得应变率平均值后所对应的三种岩石抗压强度变化关系。可以发现三种岩石的平均应变率都随其动态抗压强度增强而变大，就磁铁石英岩而言，其动态的抗压强度随应变率均值增加的速度在三者中最快，增长率是 2.3×10^{7}，千枚岩的最慢，其增长率为 2×10^{6}，花岗岩的增长率居中是 2×10^{7}，与磁铁石英岩的差距不是很大。这就表明磁铁石英岩和花岗岩动态的动态抗压强度对应变率的敏感性要高于千枚岩，究其原因可能是花岗岩和磁铁石英岩的内部裂纹发展不充分，两种岩石试样的结构比较致密，而千枚岩的内部微隙发育相对比较充分。在 SHPB 冲击试验的作用下，岩石裂隙受力变化范围比静态作用显著增大，因此在宏观的破坏上还会表现出磁铁石英岩和花岗岩相比千枚岩来说，其破碎得更加松散、易碎。这也从另外的角度来反映出不同的岩石类型在对应变率效应方面具有不同的性质，在处理工程中的实际问题时要灵活掌握，区别对待不同的岩石类型。

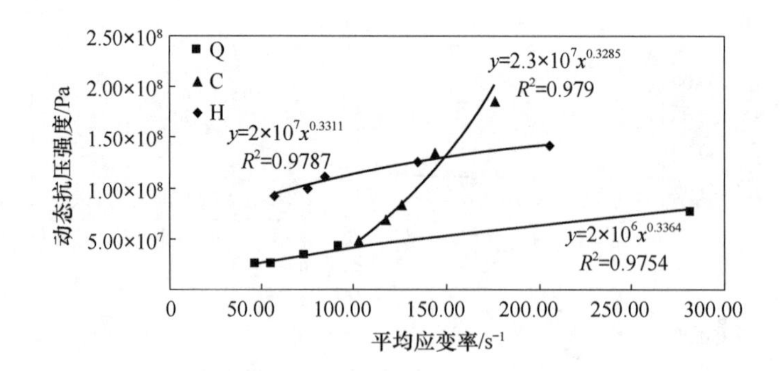

图 5-14　压力与应变率关系图

5.4.5　破坏模式

不同形式的荷载作用下岩石试样的破坏形式也有差异，在单轴压缩情况下，岩样呈现拉伸破坏；在单轴拉伸条件下，岩样发生与拉应力相垂直的断裂；在中强度的围压下，产生剪切破坏；在高围压强度条件下出现 X 滑移线，构成剪切破坏的网络；在线载荷下发生垂直于线载荷的拉伸破坏。上述破坏模式可以归结为剪切破坏和拉伸破坏，人们通过试验和数值模拟及其相关的一列的理论与模型相结合的方法分析揭示岩样在静态荷载作用下的破坏本质。

冲击荷载与静态荷载有明显的区分，它能在短暂的时间内让岩块获得很高的能量，并且加载速度远远高于岩样的破裂发展速度，这就促使岩石的裂隙在冲击荷载的作用下有向不同的方向、不同的层次扩展的可能性。许多研究人员利用 SHPB 试验装置对岩石的破坏进行研究，将岩石破坏的这几种模式归纳起来有拉应力破坏、压剪破坏和张应变破坏。

岩石试样的内部存在不同的结构类型，裂纹的发展当中往往是这些结构在起意想不到的作用，在冲击破坏的作用中，岩石自身的物理性质和力学性能也起到很关键的作用，压剪类的破坏一般情况下不会出现在高强度、脆性大的岩石中，张应变破裂与卸荷破坏很少出现在强度低、柔性大的岩石当中，在试验当中岩石的破坏往往是以组合形式出现的。

5.4.6　破坏形态分析

本次破坏过程的图像采集利用美国 AOS 公司生产的型号为 S-Motion 的高速摄像机，该高速摄像机的分辨率为 1280×1024，在最高分辨率条件下其采集速度为 500 帧/s，可采集时长达 8 s 的高清视频，和高速摄像机相搭配的镜头型号是 M0814-MP 的日本 Computar 百万像素，试验过程中采用高亮 LED 直流光源进行补光，在试验开始前，调节好高速摄像机的图像采集系统和补光系统，使得采集的图像具有较好的清晰度，且对比效果明显。

鉴于条件所限，本次试验中只用高速摄像机记录冲击速度大致为 12m/s 时花岗岩的破坏过程，从图 5-15 中可以看出，夹在输入杆和输出杆之间的花岗岩试样在起始阶段可以观察到岩石的裂纹首先出现在侧面；其次随着时间的变化，在岩石试件的轴向方向出现许

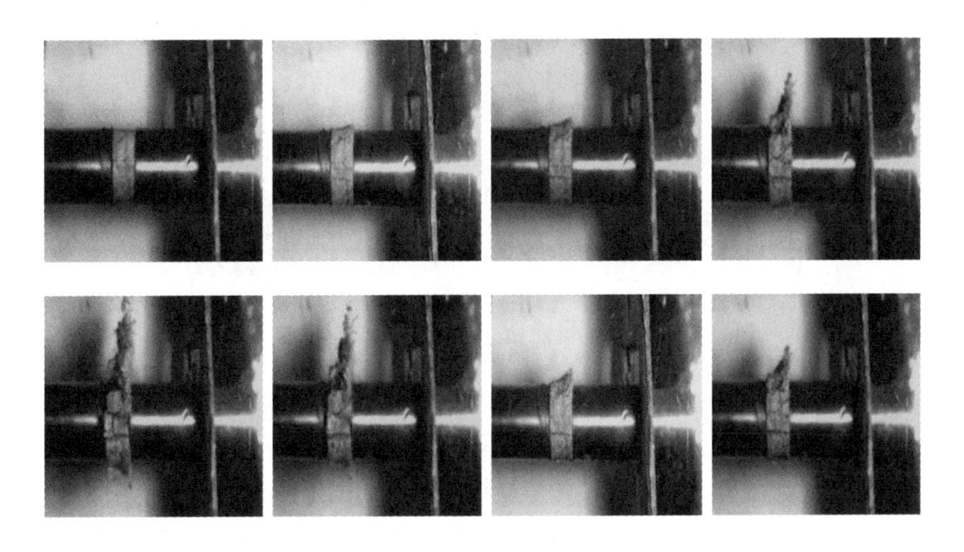

图 5-15　试件破碎高速摄影图

多的劈裂面；最后花岗岩试样变成无数碎片掉落或者飞溅出去，以沿轴向方向的拉伸劈裂破坏为主。因为在单轴压缩条件下，岩样处于单一的受力状态，试件的侧面为自由面，压缩状态的应力波经反射之后形成拉伸应力波，对于岩石来说，抗拉强度远远低于抗压强度，一般是抗压强度的1/10，很容易出现拉伸破坏，刚刚加载时，在试样的前后两个与输入杆和输出杆接触的端面并无变化，而是有少许裂纹出现在岩石试样的侧面，随后导致其形成了通面，造成了岩石样品的断裂。但是如果在很高的冲击速度下，岩石试样的破碎程度将会很严重，呈现压碎破坏形式，往往生成无数的碎屑。

收集花岗岩在5组不同冲击速度条件下的岩石碎块如图5-16所示，冲击速度在5.95 m/s、8.93 m/s时，由于花岗岩试件当中产生了平行于轴向方向的裂纹，试验结束后，收集的岩石块体是大的碎块；冲击速度在11.77 m/s时，收集到的花岗岩试件是小的碎块及碎屑；冲击速度在14.33 m/s、17.87 m/s时，收集到的花岗岩试件是数量居多的碎屑及少量的碎块。产生这种差异的原因，从微观方面阐述是在冲击荷载的作用下，花岗岩能够在毫秒甚至是微秒的时间段以内积聚大量的能量，并且岩石裂隙的破坏进展速度小于加载速度，这就促使岩石在冲击荷载的作用下，本身固有的裂隙与缺陷及新生成的裂隙与缺陷向不同的方向、不同的层次发展，其他条件基本相同的情况下，冲击速度越大，这种激发原有裂隙与缺陷，并且生成新的裂隙与缺陷的效果越明显。

图5-16　花岗岩不同冲击速度条件下的岩石碎块图

收集磁铁石英岩在5组不同冲击速度条件下的岩石碎块，如图5-17所示，其表现处的破碎形态与花岗岩有类似之处，在此省略介绍。

收集千枚岩试样在5组不同冲击速度条件下的岩石碎块，如图5-18所示，其破碎的块度与上述两种岩石有不同之处，总体而言，不同的冲击速度下千枚岩试样的破碎形状没有大的差别，都是沿轴向方向的片状结构居多。当冲击速度为6.50 m/s、10.73 m/s时，相

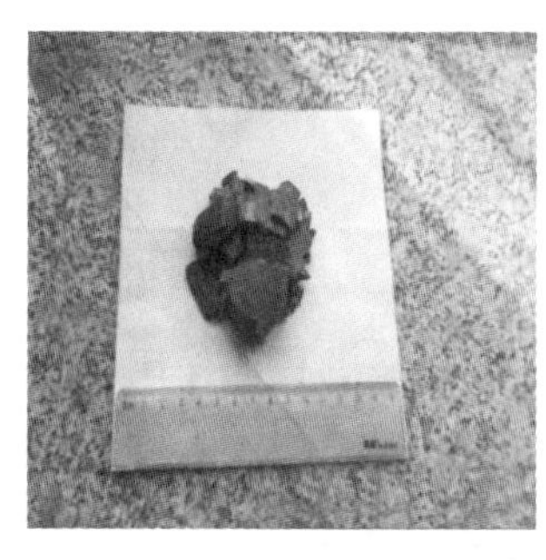

图 5-17 磁铁矿不同冲击速度条件下的岩石碎块图

对而言碎片的块体大，厚度较厚，其余三种速度条件下，碎片的块体不是很大，厚度较薄，破坏模式呈现明显的沿轴向劈裂，其断面的情况与拉伸破坏类似，在试样受到轴向冲击荷载的作用下，产生了明显的平行于压力方向的扩展，具有明显的方向性，最终导致相互的贯通和兼并，劈裂破坏由此产生。

图 5-18 千枚岩不同冲击速度条件下的岩石碎块图

5.5　劈裂试验

5.5.1　应力-应变曲线的处理

在岩石爆破作用中，岩体中裂隙的生成与断裂主要是爆炸应力波的拉伸作用，为了掌握岩石动态抗拉强度与动态应力的关系，课题组开展了动态拉伸试验，其试验原理如图5-19所示。

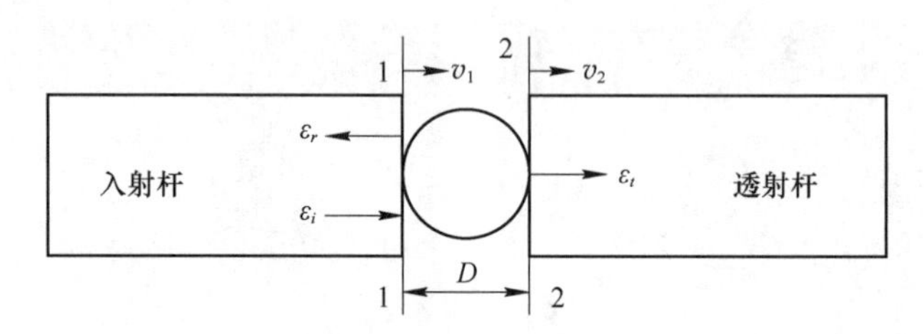

图5-19　动态拉伸试验原理图

自1978年国际岩石力学学会颁布了将巴西圆盘作为静态测试准则后，至今已经有30多年的历史，在这期间，学者们对其不断地研究及改进，因此目前为止对于静态的技术无论是理论上还是技术上都比较成熟。也正是因为学者们的不断创新，动态巴西圆盘劈裂试验也随之被提出，并能够与静态测试较好的结合。一方面通过对霍普金森压杆的应用实现了对圆盘的径向加载，使我们对所得到的数据能够进行更简便的处理；另一方面借用了静态的劈裂原理并通过进一步的改进能够准确地得到岩石的动态抗拉强度。

但是岩石的动态加载要比静态加载的力学性质复杂得多。由于试件与压杆端面是相切的，接触面积非常少，因此不能用一维应力假设对巴西圆盘试件进行计算。

设试件的两个端面的受力分别为：

$$P_1 = E_0A_0(\varepsilon_i + \varepsilon_r) \tag{5-10}$$

$$P_2 = E_0A_0\varepsilon_t \tag{5-11}$$

由于巴西圆盘的试样的直径要比子弹的长度小很多，因此将试样两端所受应力的平均值看成整个试样内的应力，故试样中的拉伸应力为：

$$\begin{aligned}\sigma_y &= \frac{P_1 + P_2}{\pi DB} = \frac{E_0A_0}{\pi DB}[\varepsilon_i(t) + \varepsilon_r(t) + \varepsilon_t(t)] \\ &= \frac{E_0D_0^2}{4DB}[\varepsilon_i(t) + \varepsilon_r(t) + \varepsilon_t(t)]\end{aligned} \tag{5-12}$$

当 $\varepsilon_i(t) + \varepsilon_r(t) = \varepsilon_t(t)$ 时，则有：

$$\sigma = \frac{P_1 + P_2}{\pi DB} = \frac{E_0D_0^2}{2DB}\varepsilon_t(t) \tag{5-13}$$

式中，E_0、A_0、D_0分别为压杆的弹性模量、横截面积及直径；D、B分别为试样的直径和厚度。

而对于拉伸应变和拉伸应变率的求法，目前还没有统一的公式进行计算，不能像求静态载荷时一样，通过得到的弹性模量和某一点的 X 方向和 Y 方向的应力来计算。因此为了有成熟的公式来借鉴，也为了防止一些未知量带来的偏差，采用岩石试样内的压缩应变和压缩应变率来进行计算。

5.5.2 强度及弹性模量的处理

事实上，由于动力学推导是一个非常复杂的过程，人们难以用一个简便的公式来描述动态力学特性，对于试样内部的应力分布也主要来自数字模拟。宋小林等人利用 ANSYS 对巴西圆盘内部的应力分布进行模拟，得到其应力分布状态与静态下基本一致，并认为随着应变率的增加，其试件的劈裂形式并不随之改变，所得到的应力-应变曲线也与静态的极为相似，他们有相同的初始断裂的起始点。故可认为取静态的抗拉强度来进行计算是可行的。根据 Griffith 的强度准则，巴西圆盘的抗拉强度计算公式为：

$$\sigma_t = \frac{2P_{\max}}{\pi DB} \tag{5-14}$$

对于平台巴西圆盘，王启智认为用原始的计算方式不能真实地反映出此时的抗拉强度并给出了当平台中心角 $2\alpha = 20°$ 时的抗拉强度计算公式：

$$\sigma_t = 0.95\frac{2P_{\max}}{\pi DB} \tag{5-15}$$

岩石的抗拉强度是随着应变率的增大而不断变化的，因此研究拉伸强度的敏感性至关重要。其公式为：

$$s = \frac{\sigma_{\mathrm{dyn}} - \sigma_{\mathrm{stat}}}{\sigma_{\mathrm{stat}}} \tag{5-16}$$

对于弹性模量，在静载荷作用下，其值为应力与应变之比，然而，它是随时间而变化的，ISRM 建议采用弹性范围内接近直线部分的斜率作为岩石的弹性模量，但王启智认为用这种方法来计算平台巴西圆盘的弹性模量是不准确的，这是由于平台巴西圆盘劈裂是平面问题，应该是双向受力的。应同时考虑拉伸和压缩两个方向的应力和应变，因此，平台巴西圆盘的弹性模量计算公式为：

$$E = \frac{\sigma_x(t) - \mu\sigma_y(t)}{\varepsilon_x(t)} \tag{5-17}$$

对于 $2\alpha = 20°$ 的平台巴西圆盘，则有

$$\sigma_x(t) = 0.964\frac{2P}{\pi DB} \tag{5-18}$$

$$\sigma_y(t) = 2.973\frac{2P}{\pi DB} \tag{5-19}$$

整理得，

$$\sigma(t) = 1.856\frac{2P(t)}{\pi DB} \tag{5-20}$$

式中，$P(t)$ 为荷载；D、B 为试件的直径和厚度。

5.5.3　三种岩石在不同速度进行冲击的力学特性

巴西圆盘自应用于测量岩石、混凝土抗拉强度以来，一直受到广泛认可，然而，随着越来越多的学者们对劈裂试验的深入研究，发现试件不是首先在中心起裂，而是在施力点处先破坏，这就违背了劈裂试验原理。为了解决这一问题，王启智提出了用平台巴西圆盘来代替传统的巴西圆盘，并认为当中心角 $2\alpha \geqslant 20°$ 时即在试件的两个端面加工两个互相平行的平面作为加载面，这样就减小了由于施力点处应力高度集中导致试件破坏的现象。

岩石是脆性材料，颗粒较大，为了试验的可靠性，每种岩石试件均来自同块岩体，并沿同一方向进行切割。此次试验将在 5 种气压下对岩石进行冲击，考虑到试验中避免不了会有离散现象的出现，每种岩石将采集 25 个试样，每组试样 5 个，如图 5-20 和图 5-21 所示，分别为平台巴西圆盘试样实物图和原理图。

图 5-20　三种岩石平台巴西圆盘试样

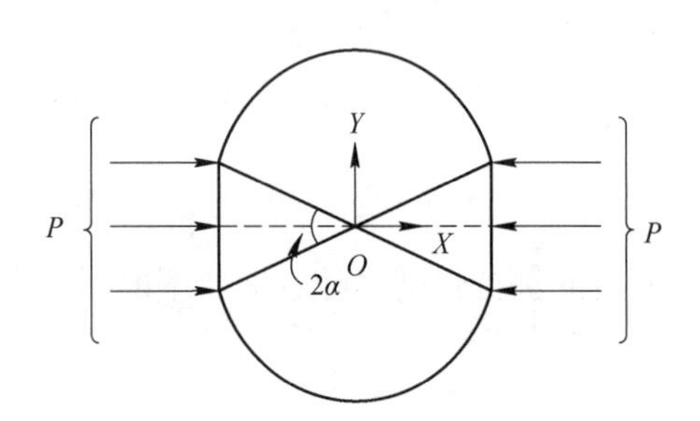

图 5-21　平台巴西圆盘原理图

表 5-4~表 5-6 为三种岩石的试验结果，虽然严格控制了每组试验中的相同气压和冲头位置，但发射出的子弹速度也会有所差异，这可能是跟试验时的室内温度、子弹与炮管间的摩擦阻力等因素有关。为了便于分析，本节不以同种气压作为分析依据，而是找到这些气压下的相同速度进行重新归纳整理。又由于岩石是脆性材料，离散性较大，尽管在同种速度下所得到的应变率大小和试样的破碎形式也会有所不同，因此只选用同一速度下三组较为接近的数据，排除无效性的数据进行对比分析。

表 5-4　千枚岩部分试验结果

编号	速度 /m·s^{-1}	应变率 /s^{-1}	破坏时间 /μs	峰值应力 /MPa	抗拉强度 /MPa	弹性模量 /GPa	敏感系数
P1-1	5.972	88.165	140.8	12.1	13.8	100	0.87
P1-3	5.923	81.935	140.8	11.9	13.5	97.5	0.7
P1-5	5.768	78.085	142.3	9.8	15.7	137.2	0.98
P2-1	7.858	135.57	130	14.6	16.5	115	0.74

续表 5-4

编号	速度 /m·s^{-1}	应变率 /s^{-1}	破坏时间 /μs	峰值应力 /MPa	抗拉强度 /MPa	弹性模量 /GPa	敏感系数
P2-4	7.749	106.65	136.6	13.2	15.3	153	1.06
P2-5	7.695	118.03	138	12.8	14	102	0.77
P3-1	10.85	155.73	115.1	17.4	18.8	174.3	1.38
P3-2	10.044	128.3	120	15.8	20.9	155.5	1.01
P3-4	10.432	125.32	114.3	16.3	14	166	0.63
P4-2	13.97	295.7	90.8	22.5	22.1	144.3	1.8
P4-4	13.672	246.1	95.2	19.8	20.7	188.2	1.62
P4-5	13.657	221.15	95.3	19.5	19.8	208	1.5
P5-1	15.438	341.11	75	24.2	21	196.5	1.28
P5-3	15.853	315.37	71.5	25.6	20	175.5	2.09
P5-4	15.122	351.42	78.3	23.3	18.9	212	1.69

表 5-5 磁铁石英岩部分试样试验结果

编号	速度 /m·s^{-1}	应变率 /s^{-1}	破坏时间 /μs	峰值应力 /MPa	抗拉强度 /MPa	弹性模量 /GPa	敏感系数
M1-1	5.276	76.973	149.5	13.97	13.5	137	0.71
M1-2	4.651	57.17	150.4	14.1	17.3	156	1.17
M1-4	4.98	65.32	158.8	12.8	12.8	147.8	1.2
M2-1	7.402	121.72	136.6	17.5	16.7	176.5	1.1
M2-2	7.979	140.4	125.4	24.8	22.7	160.7	1.87
M2-3	7.892	128.65	130.2	23.72	22.5	157	1.85
M3-2	10.495	166.87	118.4	33.67	29.2	161	2.70
M3-4	10.162	151.48	120.2	30.6	15.3	176	0.93
M3-5	10.678	166.51	112	33	18.3	155.57	1.31
M4-1	13.678	194.66	88	39.2	24.36	155.7	2.08
M4-3	13.192	189.71	95.5	38.77	18.9	176	1.39
M4-5	13.457	151.15	90.9	36.2	13	200	1.15
M5-2	15.953	331.63	70.3	50.86	31.1	165.4	2.94

续表 5-5

编号	速度 /m · s^{-1}	应变率 /s^{-1}	破坏时间 /μs	峰值应力 /MPa	抗拉强度 /MPa	弹性模量 /GPa	敏感系数
M5-3	15.919	338.43	70	52.9	32.2	195.3	3.08
M5-4	15.377	310.41	77.1	46.25	31.8	233.1	3.03

表 5-6　花岗岩部分试样试验结果

编号	速度 /m · s^{-1}	应变率 /s^{-1}	破坏时间 /μs	峰值应力 /MPa	抗拉强度 /MPa	弹性模量 /GPa	敏感系数
G1-1	5.961	73.421	140.2	16.81	16.1	68	1.02
G1-2	5.829	72.272	142.3	15.7	19.2	76.8	1.56
G1-3	5.563	71.117	150.8	15.2	12.9	72	1.64
G2-2	7.083	117.01	139	21.28	23.9	88.2	2.02
G2-4	7.52	108.6	130.3	19.9	19.1	70.9	1.80
G2-5	7.36	112.5	137.2	20.51	21	99.5	1.40
G3-1	10.413	184.13	118	27.6	22.3	95	2.25
G3-3	9.889	156.64	128.8	24.32	23.6	77	1.99
G3-4	10.739	160.31	113.4	25.88	22	80	2.15
G4-3	13.525	247.38	95	37.8	28.1	96	2.38
G4-4	13.99	198.17	88.3	33.76	25.1	106	2.20
G4-5	13.779	242.29	92.1	36.95	27.1	93	2.29
G5-2	15.241	389.9	78	47.1	25.8	89	3.24
G5-3	15.562	379	74.4	45.5	27.5	114	3.05
G5-4	15.971	361	70.4	42.36	29	97.5	3.53

对于破坏时间的确定，以透射波起点时刻与峰值时刻的差计算得到。有文献曾分别用在试样中心处、偏离试样中心一定距离处垂直粘贴应变片的方法来获取试样的破坏时间，并与从透射波上计算得到的破坏时间相比较，发现前者只比后者提前了 4~5 μs，这种相差对于试样在整个受载时间来说微乎其微，因此可以证明从透射波上计算得到的破坏时间是准确的。并且从表 5-4~表 5-6 可以看出破坏时间与冲击速度的关系比较简单，随着冲击速度的增大，破坏时间随之减小。

5.5.4　应力-应变曲线分析

图 5-22 为三种岩石在 5 个应变率下的应力-应变曲线。从图 5-22 中可以看出在整个试

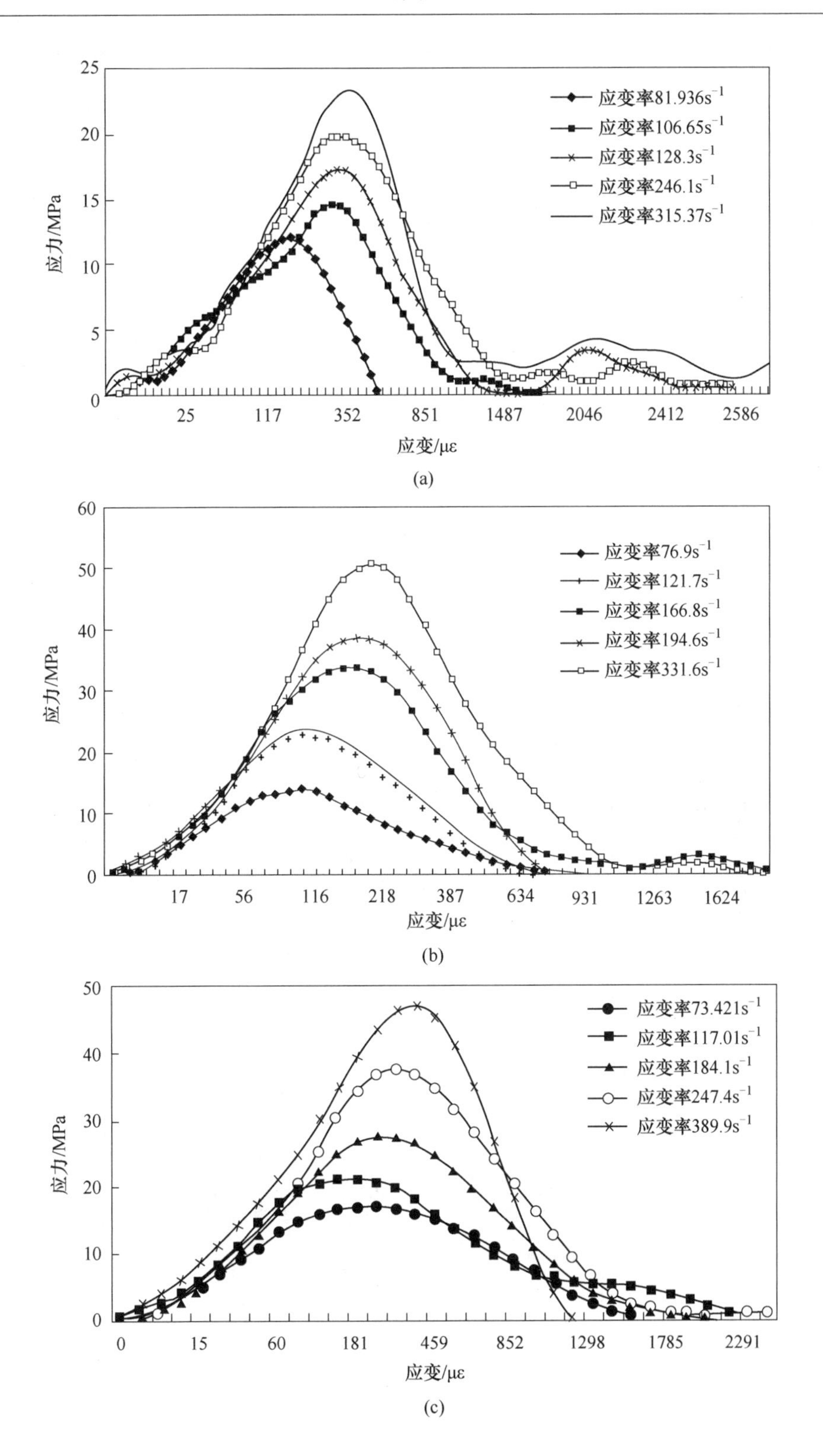

图 5-22 三种岩石的应力-应变曲线

(a) 千枚岩；(b) 铁矿石；(c) 花岗岩

验过程中所得到的应力-应变曲线都比较完整。花岗岩和磁铁石英岩基本遵循了静态下的4个阶段，在初始加载阶段呈现下凹状上升的情况，但千枚岩却不太明显，这有可能是因为冲击太大，岩石内部的微裂纹还没来得及闭合就发生了破裂，直接跳到了第二阶段。并且在峰前，三者的应力-应变曲线均沿正斜率直线上升，加载曲线比较重合，其初始弹性模量基本不随应变率的增加而发生明显的变化，也就是说三种岩石的初始弹性模量对应变率不敏感。到达峰值时，三种岩石应力峰值及其所对应的应变都随着应变率的增加而增大，表现了很强的率敏感性，应力峰值之所以能增大是因为在冲击荷载不断加大的情况下，岩石内部需要更多的能量来产生逐渐增多的裂纹，与此同时，冲击荷载所用的时间却逐渐变短，造成岩石试样的变形缓冲作用减少，故而只有通过增加其本身应力来抵消外部能量。而三种岩石相比，铁矿石的应力峰值要大于花岗岩更大于千枚岩，这说明花岗岩比其他两个岩石有着更好的动态拉伸性能。之后，花岗岩和铁矿石都沿着负斜率缓慢下降，且曲线较为密集，离散度小。而千枚岩，随着应变率的增高，应力-应变曲线会随着应力降到一定程度后不再降低而变形却能持续增加，这可能因为岩石试件已经从压杆中脱落，使得岩石试件与钢杆之间的接触面成为自由状态。

5.5.5 三种岩石的破坏形式

三种岩石的破坏形式如图5-23~图5-25所示。

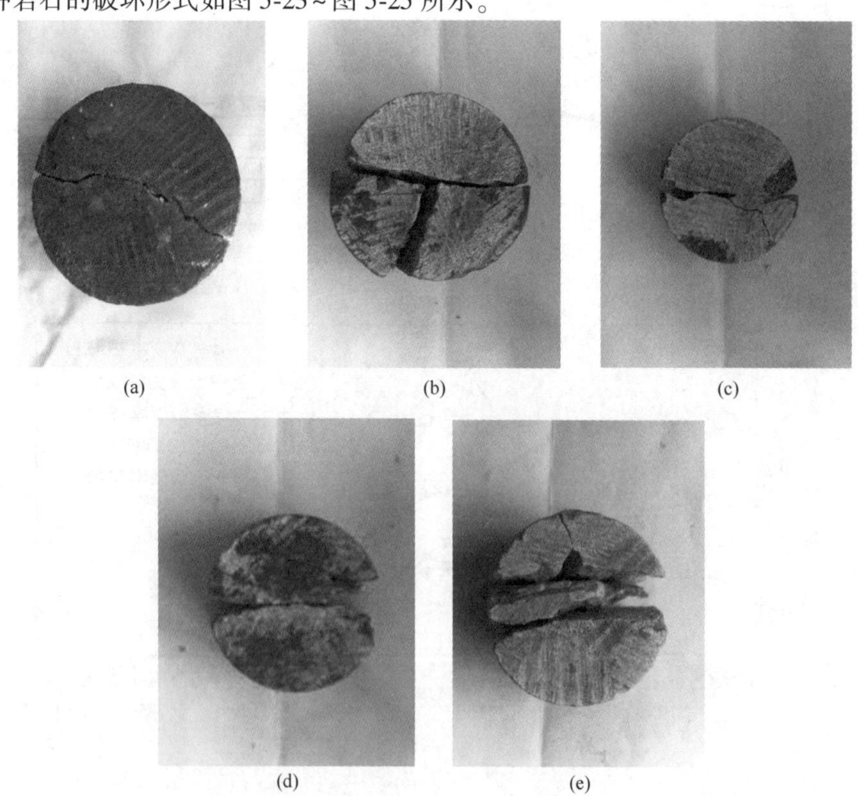

(a) (b) (c) (d) (e)

图5-23 不同应变率下花岗岩平台巴西圆盘劈裂破碎形式

(a) 试件G1-1，应变率83.421 s^{-1}；(b) 试件G2-1，应变率117.01 s^{-1}；(c) 试件G3-4，应变率156.64 s^{-1}；(d) 试件G4-5，应变率242.29 s^{-1}；(e) 试件G5-2，应变率389.9 s^{-1}

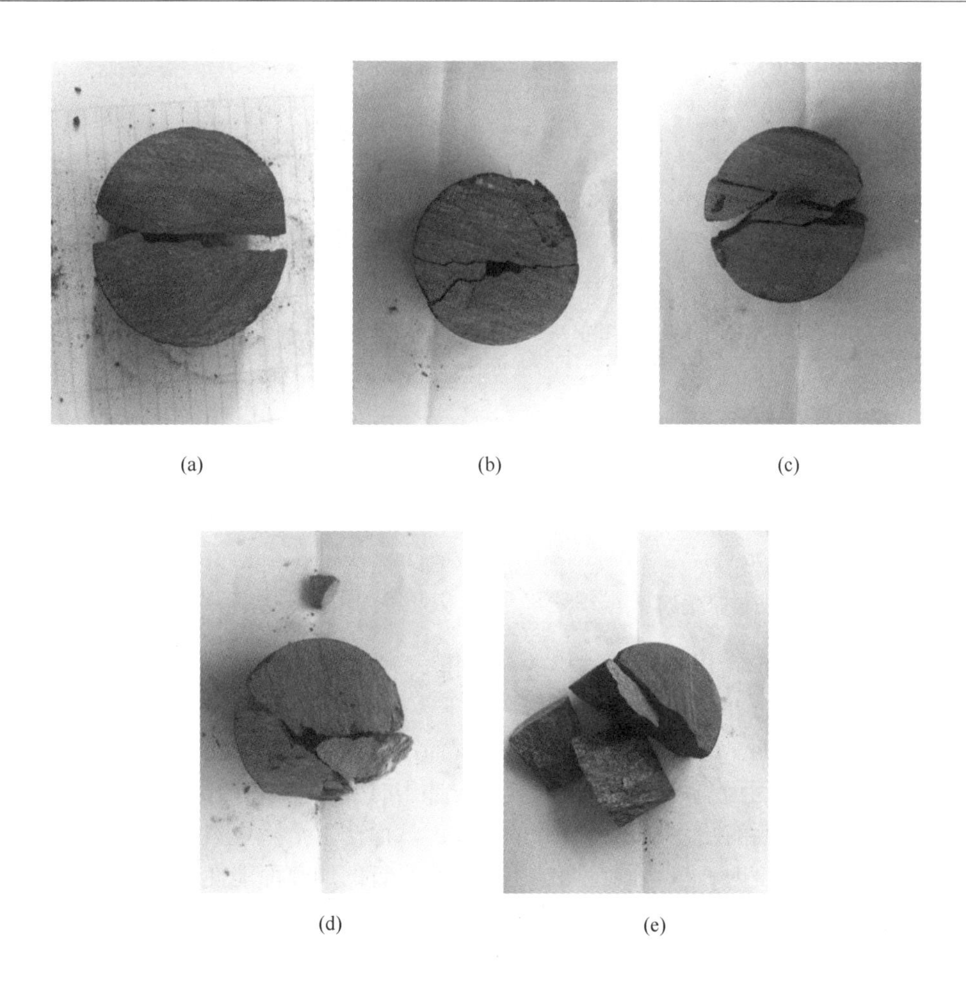

图 5-24 不同应变率下千枚岩平台巴西圆盘劈裂破碎形式

（a）试件 P1-1，应变率 83. 421 s^{-1}；（b）试件 P2-1，应变率 117. 01 s^{-1}；
（c）试件 P3-4，应变率 156. 64 s^{-1}；（d）试件 P4-5，应变率 242. 29 s^{-1}；
（e）试件 P5-2，应变率 389. 9 s^{-1}

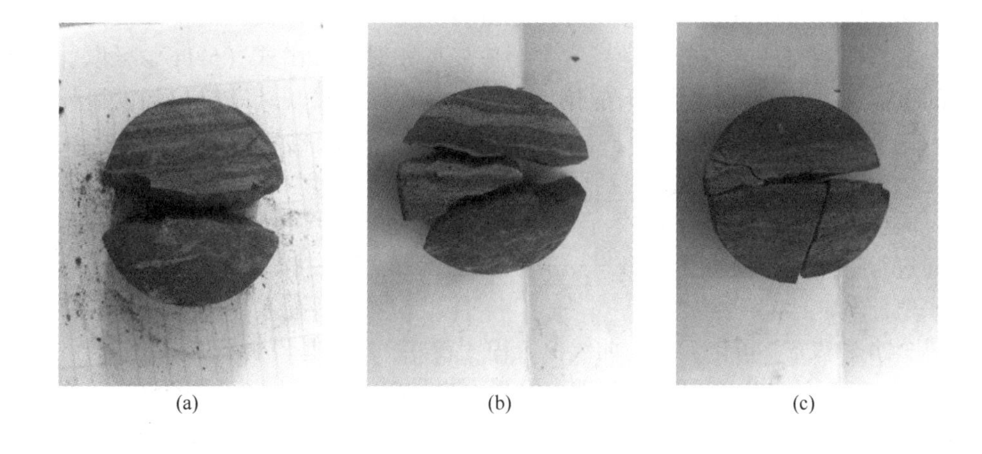

(d)　　(e)

图 5-25　不同应变率下千枚岩平台巴西圆盘劈裂破碎形式

(a) 试件 M1-1，应变率 76.973 s^{-1}；(b) 试件 M2-1，应变率 121.72 s^{-1}；(c) 试件 M3-2，应变率 165.51 s^{-1}；(d) 试件 G4-5，应变率 242.29 s^{-1}；(e) 试件 G5-2，应变率 389.9 s^{-1}

由图 5-23~图 5-25 可以看出，试样的破坏模式大部分都遵循平台巴西圆盘的劈裂准则，将试样劈成两半，并且在低应变率的情况下，效果比较明显，但当应变率较高的时候，试样整体劈拉成两半之外会因为裂纹的扩展而产生次生裂纹，使试样成三瓣及在局部裂开一些小块，这是因为当用一定速度对其进行冲击时，那些裂隙开始起裂产生裂纹，最终互相贯通造成破碎后有更多还没有合并的裂纹，从而产生了除主裂纹外的次生裂纹。但当应变率到达一定高度时，虽然圆盘两端也有两个平行的加载面能使试件均匀受力，但也会在接触端面出现一个粉碎区，这是因为随着加载速度的增加，压杆两端对试件施加的应力逐渐增加直到已经大过材料的抗压强度，而那时主裂纹还没有来得及贯通，使接触面的微裂纹开始裂开并扩展开来，因此会有局部破碎的现象出现。千枚岩整体的破坏形式没有花岗岩的好，这主要是因为千枚岩本身岩性较脆，劈裂明显，裂隙比较发育；而磁铁石英岩在冲击速度较高时，中间会产生许多碎块，这可能是跟磁铁石英岩本身的组成有关。

5.5.6　不同应变率下的岩石抗拉强度和弹性模量

对于动态研究，探讨岩石的力学特性是否对应变率敏感是试验的首要任务，因此在试验中一般将所测得的岩石的力学参数都与应变率相对应。由式（5-11）可以计算出三种岩石的抗拉强度，通过与静载下的拉伸强度进行对比，发现动态抗拉强度要比静态高出很多，铁矿石的动态抗拉强度是静态的 1.5~3.6 倍，千枚岩的动态抗拉强度是静态的 1.5~3.4 倍，花岗岩的动态抗拉强度是静态 2.4~5.5 倍。由此可见花岗岩的动态抗拉强度对应变率的敏感性要比磁铁石英岩和千枚岩大很多。此次试验中将抗拉强度与应变率之间进行了乘幂拟合曲线即 $\sigma = a\varepsilon^{b}$，如图 5-26 所示，表 5-7 为三种岩石抗拉强度的参数取值。

从图 5-26 和表 5-7 可以看出，曲线拟合程度较好，也就是说岩石的抗拉强度主要与应变率有关，它近似等于应变率的三分之一次幂，这与有关文献认为“岩石的动态抗压强度与应变率之间的关系为 $\sigma \propto \dot{\varepsilon}^{1/3}$，并通过试验证明其与何种加载波形无明显关系而是主要

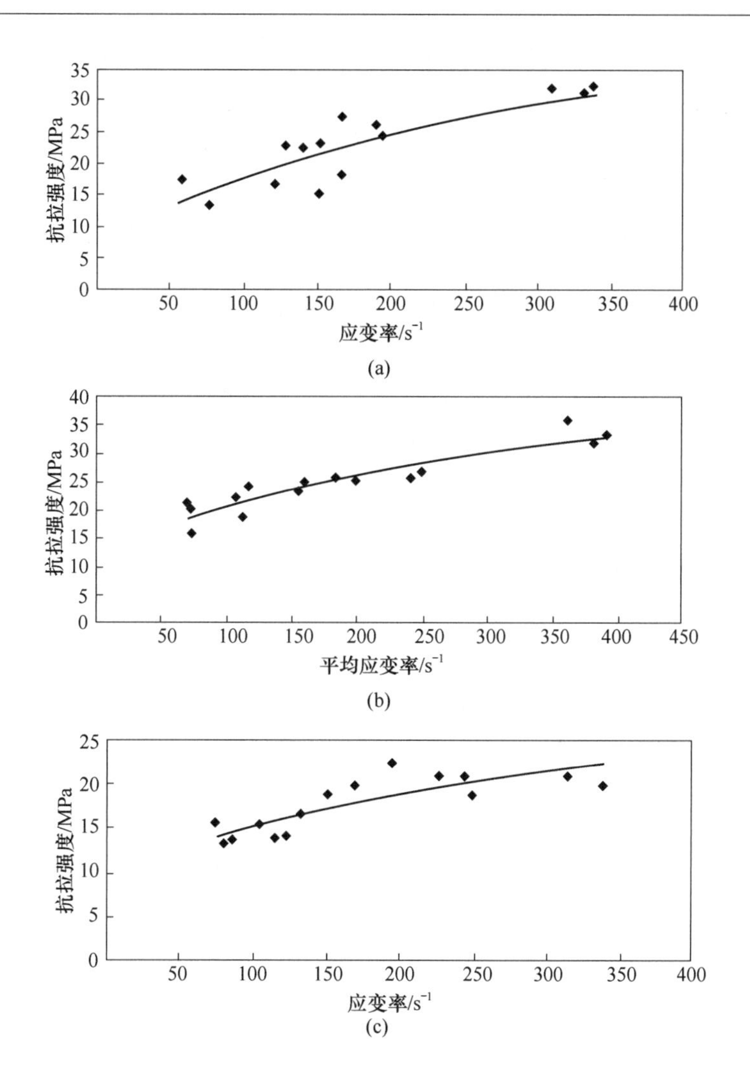

图 5-26 三种岩石应变率与抗拉强度的拟合曲线

(a) 铁矿石；(b) 花岗岩；(c) 千枚岩

表 5-7 三种岩石的动态抗拉强度参数取值

岩种	a	b	R^2
千枚岩	3. 5245	0. 3155	0. 7386
铁矿石	2. 1852	0. 4560	0. 7515
花岗岩	4. 412	0. 3423	0. 7271

取决于岩石的种类及应变率大小”的结论类似。不过可以看出，千枚岩的动态抗拉强度随着应变率的增大而增加，但也不是无限制的增加，当应变率到达一个临界值时，岩石的动态抗拉强度基本保持不变且略有下降，千枚岩临界值为 14 m/s，这与有关文献所写的结论基本一致。但花岗岩和铁矿石由于只把速度限制在 15 m/s 之内，在这段范围内，其抗拉强度也随着应变率的增加而增加，但没有找到使抗拉强度保持不变的临界值。

而对于抗拉强度的敏感程度，从表 5-4~表 5-6 中已经给出，在这 5 个速度冲击下，千枚岩的动态拉伸强度的率敏感性系数为 0.7~2，磁铁石英岩的动态拉伸强度的率敏感性系数为 0.7~3，花岗岩的动态拉伸强度的率敏感性系数为 1~3.5，而这三种岩石在相同条件下进行动态压缩强度测试中率敏感性系数分别为 0.4~0.8、0.4~0.6 及 0.2~0.6。这说明这三种岩石的动态压缩强度的率敏感性要明显低于其动态拉伸强度。并且在同一速度条件下，花岗岩的动态抗拉强度的率敏感性要明显高于千枚岩和磁铁石英岩。

对于弹性模量的计算，采用式（5-12）进行计算并填于表中，其与应变率的关系如图 5-27 所示，在 5 种冲击荷载作用下，弹性模量的结果比较分散，随着应变率的增加，它只是在一个区间内上下浮动，而没有随着应变率的增加表现出任何的特征，故可认为其与应变率之间没有太大的联系。但跟静态相比却要高出很多，千枚岩的弹性模量基本为 100~200 GPa，与静态相比高出 1.4~2.9 倍；花岗岩的弹性模量基本为 70~100 GPa，与静态相比高出 1.7~2.1 倍；磁铁石英岩的弹性模量基本为 120~210 GPa，与静态相比高出倍 1.5~2.6 倍。

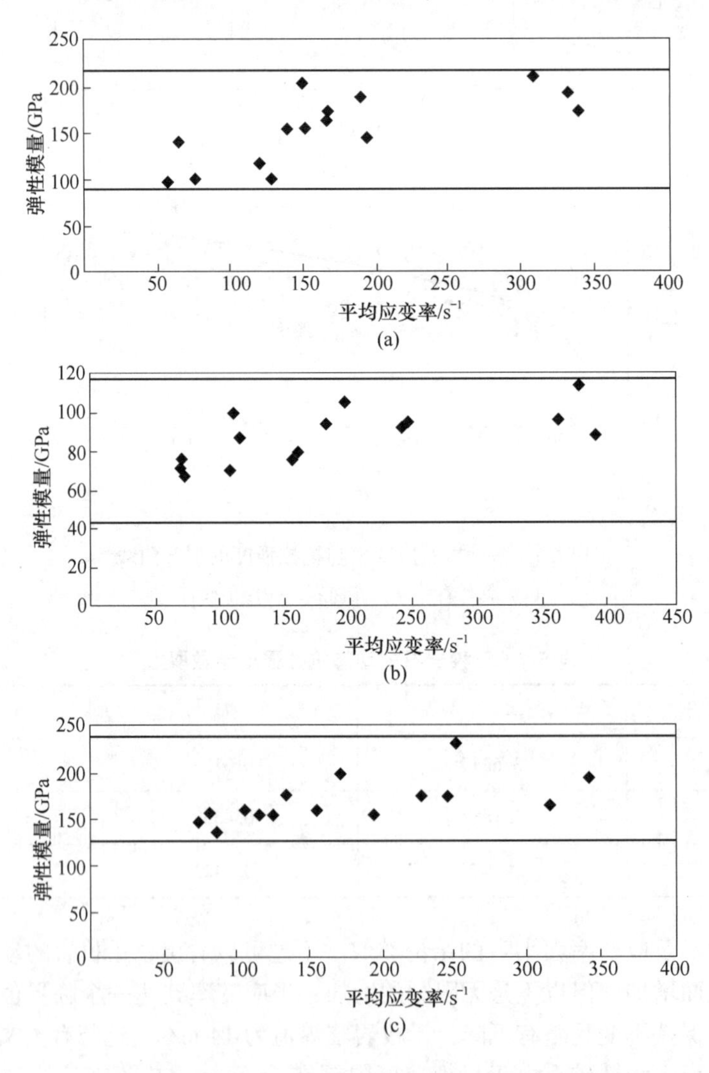

图 5-27　三种岩石平均应变率与弹性模量的关系

（a）千枚岩；（b）花岗岩；（c）磁铁石英岩

5.5.7 平台巴西圆盘与巴西圆盘的比较

此次选用花岗岩试件做实验与平台进行比较，试样一共 10 个，其几何参数见表 5-8。图 5-28 为巴西圆盘试样的实物图。图 5-29 为巴西圆盘试样的原理图。

表 5-8 花岗岩的巴西圆盘几何参数

编号	直径/mm	厚度/mm	编号	直径/mm	厚度/mm
B1-1	49	24.5	B2-1	49.2	25.6
B1-2	48.54	24.8	B2-2	49.8	24.7
B1-3	49.72	25.1	B2-3	49.5	24.8
B1-4	49	25.3	B2-4	49.9	24.3
B1-5	50	25	B2-5	48.8	25

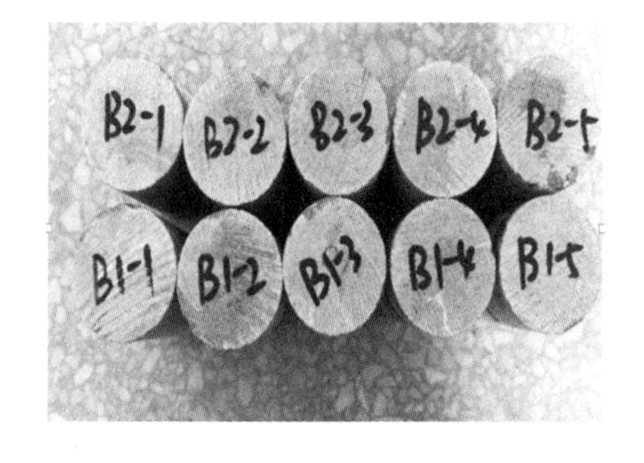

图 5-28 巴西圆盘试样实物图

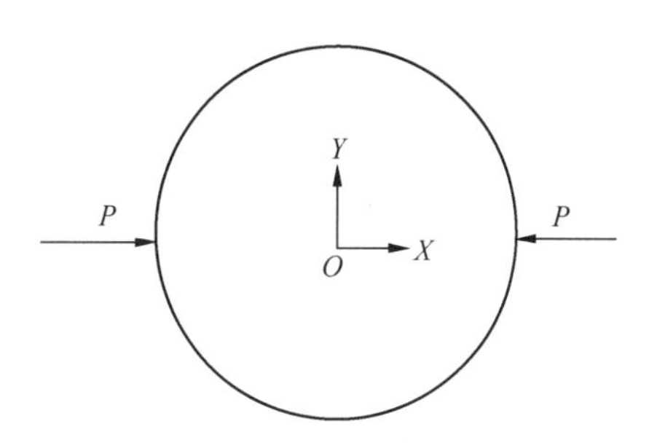

图 5-29 巴西圆盘试样原理图

本次实验用基本相同的速度对花岗岩的巴西圆盘与平台巴西圆盘的试样进行冲击，其数据结果见表 5-9，其破坏形式如图 5-30 和图 5-31 所示。

表 5-9 巴西圆盘与平台巴西圆盘的实验数据比较

试样编号	速度 /m · s^{-1}	应变率 /s^{-1}	破坏时间 /μs	时间不均匀性 /μs	破坏应变 /με
B1-1	5.887	74.55	173	80	661.6
B1-3	5.25	43.21	216	76	532.3
B2-2	5.204	79.48	186	65	532
B2-3	5.687	94.66	211	70	643

续表 5-9

试样编号	速度 /m·s^{-1}	应变率 /s^{-1}	破坏时间 /μs	时间不均匀性 /μs	破坏应变 /με
B2-5	5.926	84.58	134	55	742
G1-1	5.961	73.421	117	42	285.6
G1-2	5.829	72.272	126	40	279.2
G1-3	5.563	71.117	145	48	266.3
G1-4	5.23	72.3	165	52	224
G1-5	4.97	69.8	228	52	198.3

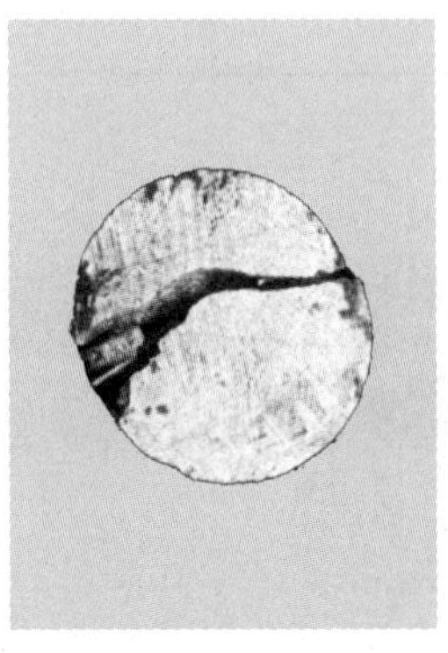
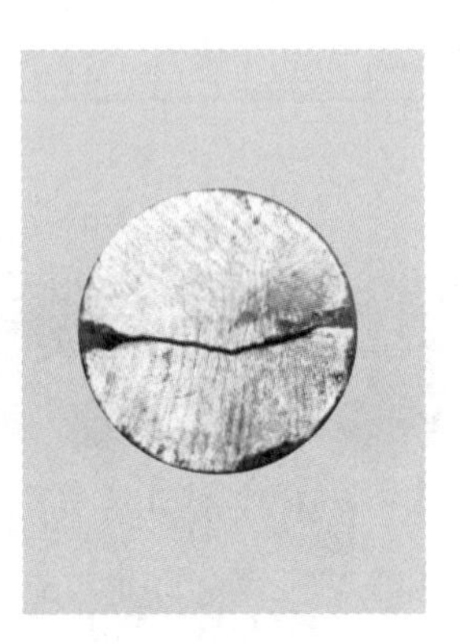

图 5-30 巴西圆盘劈裂形式

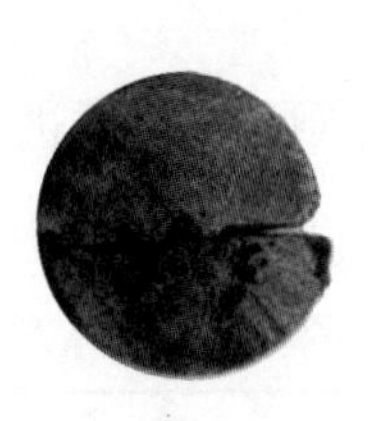

图 5-31 平台巴西圆盘劈裂形式

从表 5-9 和图 5-31 当中可以总结出以下几点。

(1) 在同种冲击速度条件下，巴西圆盘所得到的应变率不是很稳定，这是因为试件在实验过程中两个端面受到的应力过于集中且不受控制，所以即使在同种冲击速度下所得到的应变率也是有差距的。这对研究高应变率下的岩石抗拉强度是不利的。而平台巴西圆盘由于存在两个加载面，使应力能够平均分布，因此就减小了应力过于集中的现象，所得到的应变率也相对稳定些。也正是因为应力分布均匀所以测得的应变率要比巴西圆盘的略小一些。

（2）同种条件下，巴西圆盘的时间不均匀性要比平台的长，这就导致试件的左右两端在很长一段时间内存在载荷差异，从而试件内部应力达到平衡的时间就相对减少。因此有可能某些岩石在应力没平衡的时候就发生破裂而造成实验失败。

（3）平台巴西圆盘的破坏应变要比巴西圆盘的略大一些，这可能是因为平台巴西圆盘存在的加载面加大了与压杆之间的接触面积，试件内部的应力能够很快趋于平衡，有利于试件的变形更快地趋于均匀。

（4）巴西圆盘的破坏时间也没有平台的稳定，并且时间也比平台的要长，这也是应力过于集中所致。

（5）巴西圆盘的破坏形式没有平台的好，从图 5-31 中可以看到，巴西圆盘试样在较低的冲击速度情况下便出现了区域性粉碎，并且很多试件都不是从中心处起裂，而是从接触点开始沿着内部存在的微裂纹裂开，这就与劈裂的原理不符合。

5.6 岩石破碎有效能耗分析

在冲击条件下，应力波激活了岩石材料自身存在很多不同尺寸的裂纹、空隙、缺陷等，致使岩石的破碎形成。岩石的破碎在矿山开采、石料加工、隧道桥梁的修建等领域广泛应用，在这一应用中就涉及了岩石的破碎效果，如何既能够最大限度地有效利用冲击的动能，又减少了有效能耗的消散就具有理论意义和实践价值。岩石在外部条件下从裂纹的起裂、成核、贯通至破坏的过程就是能量耗散的过程，本节就是从能量耗散与释放的角度对岩石的变性破坏进行阐述，并通过其与筛分析试验的结合，直观地建立起能量与破碎颗度之间的联系，为指导爆破工程应用奠定基础。

5.6.1 SHPB 试验中能量的转换关系

在 SHPB 试验过程中，在不考虑其他能量损耗的前提下并假设冲头的动能完全转化为入射波所携带的能量。则岩石的能量耗散主要与入射波、反射波、透射波所带的能量有关。其吸收的能量可根据式（5-21）进行计算：

$$W_{\mathrm{ed}} = W_{\mathrm{I}} - (W_{\mathrm{R}} + W_{\mathrm{T}}) \tag{5-21}$$

式中，W_{ed} 为岩石吸收的能量；W_{I}、W_{R}、W_{T} 分别为入射波、反射波、透射波所携带的能量，可以通过压杆中应力与时间的关系计算出来。其公式为：

$$W_{\mathrm{ed}} = \frac{A_e c_e}{E_e}\int_0^t \sigma^2(t)\,\mathrm{d}t \tag{5-22}$$

式中，A_e 、c_e 、E_e 分别为输入杆和输出杆的横截面积、纵波速度及弹性模量。

在冲击荷载作用下，也常用能耗密度来衡量能量指标，它是指冲击过程中，试件单位体积所吸收的能量，有：

$$e = \frac{W_{\mathrm{ed}}}{V} \tag{5-23}$$

式中，V 为试样的体积。

5.6.2　破碎能耗与平均应变率

在 SHPB 冲击试验中，产生了多种形式的能量，但是大多数的能量并不能被有效地利用起来，有关的研究表明散失掉的能量就占据总能量的近一半，因此，研究破碎过程中的能量耗散一方面能够为提高能量的利用率开辟新的途径，另一方面可以给生产生活节约成本，从图 5-32 中看出相关的能量情况分布，据此得出三种岩石的破碎能耗与平均应变率关系，见表 5-10。

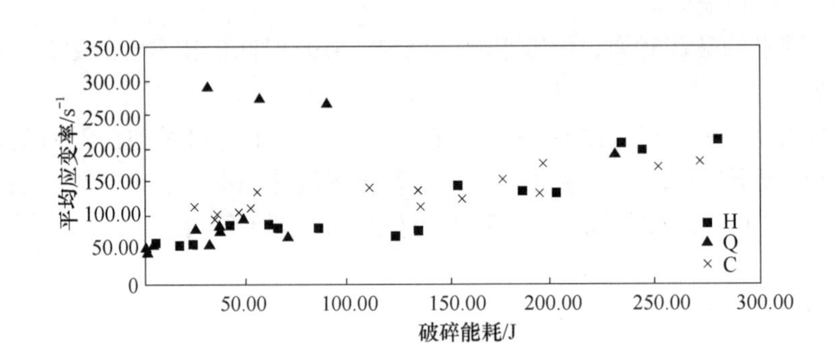

图 5-32　岩石破碎能耗与平均应变率关系图

表 5-10　三种岩石的破碎能耗与平均应变率关系

岩石类型	拟合曲线	相关系数 R^2
花岗岩	$Y = 0.0021X^2 + 0.0019X + 63.302$	0.8986
千枚岩	$Y = -0.0045X^2 + 1.7178X - 71.03$	0.7096
磁铁石英岩	$Y = 0.0021X^2 + 0.0019X + 63.302$	0.7640

利用表 5-10 中的拟合曲线，可以提出一个能耗敏感度系数（在所有的外围条件一定的情况下，与单位的能耗所对应的平均应变率），从中可以看出，花岗岩与磁铁石英岩的破碎能耗随平均应变率的变化而处于变化之中，并且二者的变化规律很有一致性，在不同冲击速度试验中的破碎能耗都是有一个相对稳定的变化范围，而千枚岩则有不同之处，破碎能耗不大的情况下，就有一个很大的平均应变率，相对而言对破碎能耗很敏感，本次试验中花岗岩的率耗敏感度系数范围为 0.69~4.55，磁铁石英岩的率耗敏感度系数范围为 0.75~3.20，千枚岩的率耗敏感度系数范围为 1.72~29.10，由此可见，在本次试验中千枚岩的率耗敏感度范围远大于其他两种岩石，这也就对前面中千枚岩的破坏过程进行了侧面的说明，不需要很大的破碎能耗，就会产生明显的破坏效果。针对不同岩石，破碎能耗增加，对应的应变率有不同变化，在试验加载范围内，花岗岩和磁铁石英岩应变率均随之增大，但千枚岩却在某一能耗处应变率最大。三种岩石的率耗敏感度见表 5-11。

表 5-11 三种岩石的率耗敏感度

花岗岩			千枚岩			磁铁石英岩		
平均应变率 $/s^{-1}$	破碎能耗 /J	率耗敏感度	平均应变率 $/s^{-1}$	破碎能耗 /J	率耗敏感度	平均应变率 $/s^{-1}$	破碎能耗 /J	率耗敏感度
56.60	19.92	2.84	46.56	1.24	37.55	110.76	26.67	4.15
57.56	6.77	8.50	46.68	1.73	26.98	102.28	36.88	2.77
58.32	25.36	2.30	48.05	2.11	22.77	95.56	35.58	2.69
84.96	63.92	1.33	58.35	2.43	24.01	110.28	53.74	2.05
87.38	43.53	2.01	59.40	4.26	13.94	105.88	46.75	2.26
80.35	66.68	1.21	50.37	2.05	24.57	137.57	56.19	2.45
83.20	86.91	0.96	99.93	49.59	2.02	114.91	136.14	0.84
68.20	123.93	0.55	86.19	25.50	3.38	137.90	135.43	1.02
74.38	135.32	0.55	89.25	38.45	2.32	125.88	155.75	0.81
135.57	186.52	0.73	61.69	32.36	1.91	155.37	174.77	0.89
130.12	202.22	0.64	74.38	70.94	1.05	135.06	193.48	0.70
139.07	154.72	0.90	85.04	38.22	2.23	140.72	111.96	1.26
196.26	245.66	0.80	294.01	32.19	9.13	181.53	270.59	0.67
213.07	281.06	0.76	271.68	89.46	3.04	171.26	251.42	0.68
207.90	234.87	0.89	280.35	58.88	4.76	175.36	194.79	0.90

5.6.3 破碎能耗密度与入射能关系

对 SHPB 冲击试验条件下，岩石的破碎过程中所消耗的能量除采用破碎能耗这个绝对指标外，还有另外一个相对衡量指标，也就是单位体积的岩样所消耗的能量，这对指导爆破设计中的炸药能耗确定具有重要意义。在本节中采用破碎能耗密度 $W_{L\rho}$ 来表示。

$$W_{L\rho} = \frac{W_L}{V} \tag{5-24}$$

式中，V 为岩样的体积，单位的取用根据实际情况而定。

在冲击荷载的作用条件下，本次试验的三种岩石能量分布情况统计见表 5-12，利用拟合曲线的方法，将其破碎过程中的能耗密度与入射能进行拟合求解，可以绘制成图5-33，从中可以发现，花岗岩与磁铁石英岩的能耗密度与入射能拟合曲线是多项式，相关系数分别为 0. 9635、0. 9495，千枚岩的拟合曲线符合乘幂关系，其相关系数为 0. 9457，但就这三种岩样的试验而言，破碎能耗密度与入射能总的来说是随着入射能的增加，破碎所消耗的能量都在不断增加，具体见表 5-12。

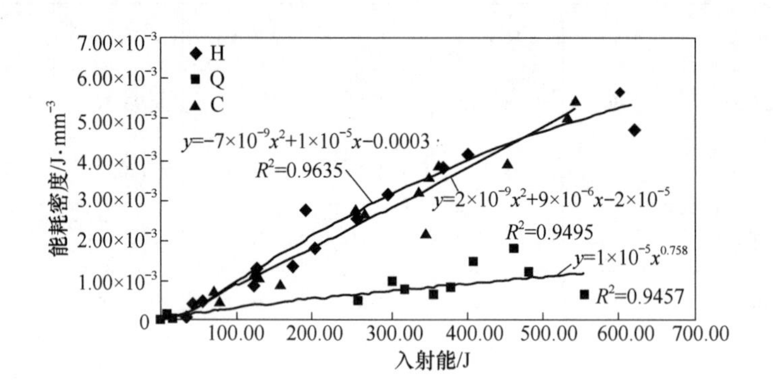

图 5-33　岩石破碎过程中的能耗密度与入射能关系图

表 5-12　三种岩石在冲击条件下的能量情况一览表

岩种	试件编号	入射能/J	反射能/J	透射能/J	破碎能耗/J	能耗密度/J · mm^{-3}
花岗石	1-1	43. 44	14. 53	8. 99	19. 92	4. 06×10^{-4}
	1-2	34. 58	25. 71	2. 10	6. 77	1. 38×10^{-4}
	1-3	54. 18	20. 40	8. 42	25. 36	5. 17×10^{-4}
	2-1	128. 71	29. 82	34. 97	63. 92	1. 30×10^{-3}
	2-2	124. 29	13. 07	67. 69	43. 53	8. 87×10^{-4}
	2-3	175. 87	79. 45	29. 74	66. 68	1. 36×10^{-3}
	3-1	204. 50	24. 28	93. 31	86. 91	1. 77×10^{-3}
	3-2	259. 25	56. 58	78. 74	123. 93	2. 53×10^{-3}
	3-3	192. 38	9. 40	47. 66	135. 32	2. 76×10^{-3}
	4-1	373. 89	120. 44	66. 93	186. 52	3. 80×10^{-3}
	4-2	403. 87	135. 80	65. 85	202. 22	4. 12×10^{-3}
	4-3	300. 10	51. 03	94. 35	154. 72	3. 15×10^{-3}
	5-1	536. 26	178. 91	111. 69	245. 66	5. 01×10^{-3}
	5-2	601. 86	243. 20	77. 60	281. 06	5. 73×10^{-3}
	5-3	620. 66	352. 22	33. 57	234. 87	4. 79×10^{-3}

续表 5-12

岩种	试件编号	入射能/J	反射能/J	透射能/J	破碎能耗/J	能耗密度/J · mm^{-3}
千枚岩	1-1	3.62	2.01	0.37	1.24	2.53×10^{-5}
	1-2	3.51	1.48	0.30	1.73	3.53×10^{-5}
	1-3	5.38	3.02	0.25	2.11	4.30×10^{-5}
	2-1	16.52	13.34	0.75	2.43	4.95×10^{-5}
	2-2	12.04	7.63	0.15	4.26	8.68×10^{-5}
	2-3	14.41	12.06	0.30	2.05	4.18×10^{-5}
	3-1	305.62	252.40	3.63	49.59	1.01×10^{-3}
	3-2	261.69	232.06	4.13	25.50	5.20×10^{-4}
	3-3	325.05	274.40	12.20	38.45	7.84×10^{-4}
	4-1	363.70	324.37	6.97	32.36	6.60×10^{-4}
	4-2	412.47	333.39	8.14	70.94	1.45×10^{-3}
	4-3	383.54	338.14	7.18	38.22	7.79×10^{-4}
	5-1	557.39	515.93	9.27	32.19	6.56×10^{-4}
	5-2	464.95	368.12	7.37	89.46	1.82×10^{-3}
	5-3	487.72	423.19	5.65	58.88	1.20×10^{-3}
磁铁石英岩	1-1	78.98	46.08	6.23	26.67	5.44×10^{-4}
	1-2	73.56	21.09	15.59	36.88	7.52×10^{-4}
	1-3	71.66	23.93	12.15	35.58	7.25×10^{-4}
	2-1	130.46	58.93	17.79	53.74	1.10×10^{-3}
	2-2	156.94	99.72	10.47	46.75	9.53×10^{-4}
	2-3	126.46	44.45	25.82	56.19	1.15×10^{-3}
	3-1	259.16	56.40	66.62	136.14	2.77×10^{-3}
	3-2	270.84	92.36	43.05	135.43	2.76×10^{-3}
	3-3	341.11	146.59	38.77	155.75	3.17×10^{-3}
	4-1	355.83	119.10	61.96	174.77	3.56×10^{-3}
	4-2	369.56	70.75	105.33	193.48	3.94×10^{-3}
	4-3	348.00	199.79	36.25	111.96	2.28×10^{-3}
	5-1	545.79	160.24	114.96	270.59	5.52×10^{-3}
	5-2	537.24	205.09	80.73	251.42	5.12×10^{-3}
	5-3	459.74	203.50	61.45	194.79	3.97×10^{-3}

5.6.4　破碎中的岩块筛分

在冲击荷载的作用下，岩样被粉碎成不同大小的块体，试验结束后，收集这些碎块，并进行颗粒分布的统计，具体统计分布见表 5-13。

表 5-13　试样碎块筛余百分率统计表　　(%)

试验组数	筛孔尺寸/mm							
	26.5	19	16	13.2	9.5	4.75	2.36	r<2.36
第 1 组	65.60	17.60	4.00		6.67			6.13
第 2 组	40.00	28.00	5.60	6.40	9.60	5.60	4.00	0.80
第 3 组		28.00	10.40	24.00	17.60	9.60	4.00	6.40
第 4 组		12.00		22.40	14.40	28.80	20.00	2.40
第 5 组		4.00	4.00	4.00	12.00	28.00	16.00	32.00
第 6 组	36.15	25.38	3.84	7.69	7.69	7.69	3.85	7.70
第 7 组	23.08	42.31	7.69		11.54	7.69		7.69
第 8 组	24.62	15.38	10.77	5.38	9.23	13.08	7.69	13.85
第 9 组	5.38	34.62	10.00	5.38	6.15	3.85	3.85	30.77
第 10 组	3.85	48.46	7.69	5.38	5.38	9.23	5.38	14.63
第 11 组	33.55	16.13	4.52	12.90	8.39	7.10	3.23	14.18
第 12 组		12.90	12.90	14.19	29.03	16.77	5.16	9.05
第 13 组		7.74	3.23	7.74	19.35	30.32	13.55	18.07
第 14 组				6.45	9.68	32.26	17.42	34.19
第 15 组				5.16	6.45	27.10	17.42	43.87

在此次进行颗粒分布的统计过程中，选用的分析筛孔直径依次为 2.36 mm、4.75 mm、9.5 mm、13.2 mm、16 mm、19 mm、26.5 mm 共 7 个筛子。将抽选的三种岩样分别从粗到细依次过筛，然后用天平称量留存在各筛上的岩样质量，分别计算出各筛上的分计筛余百分率 a_i（$a_i = \frac{m_i}{M} \times 100\%$，即各号筛上的筛余质量与试样总质量的百分率），结果见表 5-13。

分别对三种岩样在不同的冲击速度下的碎块进行研究，绘制成颗粒尺寸分布曲线如

图 5-34 所示，从图 5-34 中可以看出，三种岩石样品在低速冲击的条件下，大尺寸的岩样筛余百分率都比较高，花岗岩在冲击速度 5. 95 m/s 的条件下，处在大于 16 mm 筛孔尺寸上的花岗岩试样累计筛余百分率是 87. 20%；千枚岩在冲击速度 6. 50 m/s 的条件下，处在大于 16 mm 筛孔尺寸上的花岗岩试样累计筛余百分率为 65. 37%；磁铁石英岩在冲击速度 7. 40 m/s 的条件下，处在大于 16 mm 筛孔尺寸上的花岗岩试样累计筛余百分率为 54. 20%；伴随着冲击速度的提高，总体而言，三种岩石样品的大尺寸块体的占比在不断降低之中。就三种岩石的曲线变化而言，花岗岩与磁铁石英岩的变化最为明显，曲线在不同的速度条件下都有大的起伏，不同的速度条件下的岩石碎块质量的累计百分含量（质量分数）变化幅度间距大；千枚岩在不同的速度条件下岩石碎块质量的累计百分含量（质量分数）也在变化之中，但是变化幅度平稳，5 条曲线的变化相一致，没有大的起伏，这可能与三种岩石的自身结构等性质有关，并不影响对岩石在不同的冲击速度下的碎块的特性进行整体研究。

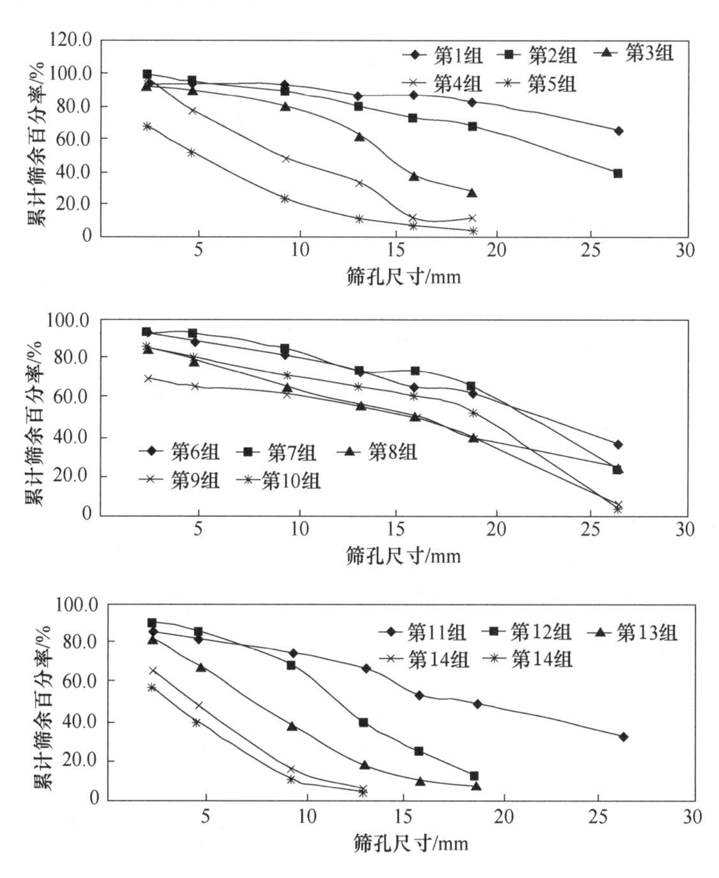

图 5-34　三种颗粒级配分布曲线

5. 6. 5　块度与能耗的关系

图 5-35 分别给出了三种岩石样品处于不同的冲击速度之下破碎后的试样平均尺寸与能耗密度之间的变化情况。从图 5-35 中可以看出，随着能耗密度的增加，岩样破碎后的

平均尺寸在不断减小当中，二者之间并非是简单的线性关系。就花岗岩来看试样破碎后的平均尺寸与能耗密度呈现指数关系，从拟合情况来看，二者相关系数为 0.9912；对千枚岩来说，试样破碎后的平均尺寸与能耗密度呈现对数关系，从拟合情况来看，二者相关系数为 0.8626；而磁铁石英岩试样破碎后的平均尺寸与能耗密度是乘幂关系，从拟合情况来看，二者相关系数为 0.9331。

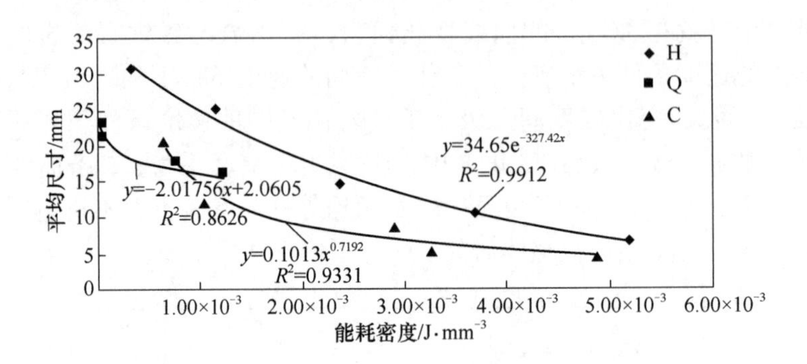

图 5-35　三种岩样平均尺寸与能耗密度关系图

5.6.6　块度与冲击速度的关系

在 5.6.5 节对块度的平均尺寸和能耗密度进行了简单的介绍，这有助于研究工作的开展，但是可不可以在不用计算能耗密度的基础上就可以确定岩石碎块的平均尺寸，这又是一个很实际的应用问题，结合本次试验的相关数据，该节利用曲线拟合的手段，得出了不同岩石碎块的平均尺寸与冲击速度的关系，这就为生产生活中获取需要的岩石块度提供了一个更为简易的手段。

从图 5-36 中可以看出，岩石破碎后的块度平均尺寸在冲击速度提升的情况下处于不断减小当中，这两者间具有某种关联性关系，花岗岩、千枚岩、磁铁石英岩等三种岩石在冲击破碎后，试样的破碎块度的平均尺寸与冲击速度之间从曲线来看为多项式关系，拟合之后的相关程度都较高，相关系数分别为 0.9924、0.9034 和 0.9987。

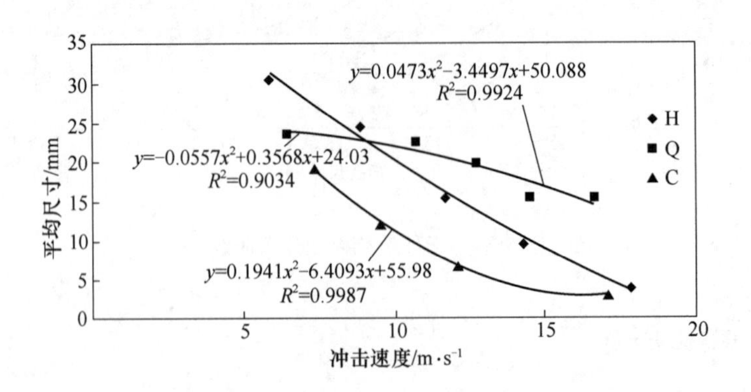

图 5-36　三种岩样平均尺寸与冲击速度的关系

这就表明在冲击速度比较低的情况下，岩石的破坏原因主要是原有的微裂纹发生了滑移，新的裂纹来不及充分贯通，这种情况下，岩石的碎块尺寸较大，同时数目较少，随着冲击速度的不断增加，岩石试样的破碎程度也在显著地增加。主裂纹贯通前夕的岩石试样吸收的能量达到较高的水平，使得更多微裂纹扩展，转而进入破碎的过程，试样开始由块状破碎转向压碎式破损。就三种岩石样品而言，花岗岩与磁铁石英岩的内部结构较千枚岩来讲，更为疏松，内部微裂隙发展更加充分，因此花岗岩与磁铁石英岩比千枚岩更易破碎。

5.6.7 R-R 分布

根据前人研究成果，块度分布服从 R-R 分布，即

$$y = 100 \cdot \left(1 - e^{-\left(\frac{x}{x_0}\right)^n}\right) \tag{5-25}$$

式中，y 为筛下重量累计百分比,%；x 为岩块尺寸，mm；x_0为特征尺寸，mm；n 为岩块的均匀系数。

对于 R-R 分布，可以通过对数变换转化成线性形式，从而通过回归求得分布的 x_0和 n 值。即

$$\ln\left[\ln\left(\frac{100}{100 - y}\right)\right] = n\ln x - n\ln x_0 \tag{5-26}$$

若令 $Y = \ln\left[\ln\left(\frac{100}{100 - y}\right)\right]$，$A = n$，$X = \ln x$，$B =- n\ln x_0$。

则有

$$Y = AX + B \tag{5-27}$$

三种岩石块度分布统计见表 5-14~表 5-16，花岗岩块度分布如图 5-37 所示，千枚岩块度分布如图 5-38 所示，磁铁石英岩块度分布如图 5-39 所示。。

表 5-14 花岗岩块度分布统计表

组数	X	筛下累计百分比	100−y	100/(100−y)	ln[100/(100−y)]	Y
组数 1	0. 165514438	6. 13	93. 87	1. 065303079	0. 06325934	−2. 7605125
	0. 858661619	6. 13	93. 87	1. 065303079	0. 06325934	−2. 7605125
	1. 558144618	6. 13	93. 87	1. 065303079	0. 06325934	−2. 7605125
	2. 251291799	12. 8	87. 2	1. 146788991	0. 136965855	−1. 98802362
	2. 58021683	16. 8	83. 2	1. 201923077	0. 183922838	−1. 69323897
	2. 772588722	16. 8	83. 2	1. 201923077	0. 183922838	−1. 69323897
	2. 944438979	34. 4	65. 6	1. 524390244	0. 42159449	−0. 86371135

续表 5-14

组数	X	筛下累计百分比	$100-y$	$100/(100-y)$	$\ln[100/(100-y)]$	Y
组数 2	0. 165514438	0. 8	99. 2	1. 008064516	0. 008032172	-4. 82430034
	0. 858661619	4. 8	95. 2	1. 050420168	0. 049190244	-3. 01205996
	1. 558144618	10. 4	89. 6	1. 116071429	0. 109814866	-2. 20895937
	2. 251291799	20	80	1. 25	0. 223143551	-1. 49993999
	2. 58021683	26. 4	73. 6	1. 358695652	0. 30652516	-1. 18245544
	2. 772588722	32	68	1. 470588235	0. 385662481	-0. 95279269
	2. 944438979	60	40	2. 5	0. 916290732	-0. 08742157
组数 3	0. 165514438	6. 4	93. 6	1. 068376068	0. 066139803	-2. 71598456
	0. 858661619	10. 4	89. 6	1. 116071429	0. 109814866	-2. 20895937
	1. 558144618	20	80	1. 25	0. 223143551	-1. 49993999
	2. 251291799	37. 6	62. 4	1. 602564103	0. 471604911	-0. 7516137
	2. 58021683	61. 6	38. 4	2. 604166667	0. 957112726	-0. 0438341
	2. 772588722	72	28	3. 571428571	1. 272965676	0. 241349356
组数 4	0. 165514438	2. 4	97. 6	1. 024590164	0. 024292693	-3. 71757969
	0. 858661619	22. 4	77. 6	1. 288659794	0. 253602759	-1. 37198618
	1. 558144618	51. 2	48. 8	2. 049180328	0. 717439873	-0. 33206614
	2. 251291799	65. 6	34. 4	2. 906976744	1. 067113622	0. 064957454
	2. 58021683	88	12	8. 333333333	2. 120263536	0. 75154039
	2. 772588722	88	12	8. 333333333	2. 120263536	0. 75154039
组数 5	0. 165514438	32	68	1. 470588235	0. 385662481	-0. 95279269
	0. 858661619	48	52	1. 923076923	0. 653926467	-0. 42476037
	1. 558144618	76	24	4. 166666667	1. 427116356	0. 355655874
	2. 251291799	88	12	8. 333333333	2. 120263536	0. 75154039
	2. 58021683	92	8	12. 5	2. 525728644	0. 926529593
	2. 772588722	96	4	25	3. 218875825	1. 169032176

表 5-15 千枚岩块度分布统计表

组数	X	筛下累计百分比	$100-y$	$100/(100-y)$	$\ln[100/(100-y)]$	Y
组数 6	0. 165514438	7. 7	92. 3	1. 083423619	0. 080126044	-2. 52415433
	0. 858661619	11. 55	88. 45	1. 13058225	0. 122732765	-2. 09774593
	1. 558144618	19. 24	80. 76	1. 238236751	0. 213688393	-1. 54323643
	2. 251291799	26. 93	73. 07	1. 368550705	0. 3137523	-1. 15915146
	2. 58021683	34. 62	65. 38	1. 529519731	0. 424953785	-0. 85577486
	2. 772588722	38. 46	61. 54	1. 624959376	0. 485482816	-0. 72261139
	2. 944438979	63. 84	36. 16	2. 765486726	1. 01721665	0. 017070123
组数 7	0. 165514438	7. 69	92. 31	1. 083306251	0. 080017708	-2. 52550732
	0. 858661619	7. 69	92. 31	1. 083306251	0. 080017708	-2. 52550732
	1. 558144618	15. 38	84. 62	1. 181753723	0. 166999541	-1. 78976422
	2. 251291799	26. 92	73. 08	1. 368363437	0. 313615454	-1. 15958771
	2. 58021683	26. 92	73. 08	1. 368363437	0. 313615454	-1. 15958771
	2. 772588722	34. 61	65. 39	1. 529285824	0. 424800844	-0. 85613482
	2. 944438979	76. 92	23. 08	4. 332755633	1. 466203744	0. 382676574
组数 8	0. 165514438	13. 85	86. 15	1. 160766106	0. 149080223	-1. 90327071
	0. 858661619	21. 54	78. 46	1. 274534795	0. 242581245	-1. 41641859
	1. 558144618	34. 62	65. 38	1. 529519731	0. 424953785	-0. 85577486
	2. 251291799	43. 85	56. 15	1. 7809439	0. 577143505	-0. 54966433
	2. 58021683	49. 23	50. 77	1. 969667126	0. 677864557	-0. 38880778
	2. 772588722	60	40	2. 5	0. 916290732	-0. 08742157
	2. 944438979	75. 38	24. 62	4. 061738424	1. 401611065	0. 337622336
组数 9	0. 165514438	30. 77	69. 23	1. 444460494	0. 367735891	-1. 00039029
	0. 858661619	34. 62	65. 38	1. 529519731	0. 424953785	-0. 85577486
	1. 558144618	38. 47	61. 53	1. 625223468	0. 485645325	-0. 7222767
	2. 251291799	44. 64	55. 36	1. 806358382	0. 591312875	-0. 52541
	2. 58021683	50	50	2	0. 693147181	-0. 36651292
	2. 772588722	60	40	2. 5	0. 916290732	-0. 08742157
	2. 944438979	94. 62	5. 38	18. 58736059	2. 922481812	1. 072433191

续表 5-15

组数	X	筛下累计百分比	100-y	100/(100-y)	ln[100/(100-y)]	Y
组数 10	0. 165514438	14. 63	85. 37	1. 171371676	0. 158175435	-1. 84405051
	0. 858661619	20. 01	79. 99	1. 25015627	0. 223268559	-1. 49937993
	1. 558144618	29. 24	70. 76	1. 413227812	0. 345876317	-1. 06167403
	2. 251291799	34. 62	65. 38	1. 529519731	0. 424953785	-0. 85577486
	2. 58021683	40	60	1. 666666667	0. 510825624	-0. 67172699
	2. 772588722	47. 69	52. 31	1. 911680367	0. 647982629	-0. 43389139
	2. 944438979	96. 15	3. 85	25. 97402597	3. 257097038	1. 180836319

表 5-16　磁铁石英岩块度分布统计表

组数	X	筛下累计百分比	100-y	100/(100-y)	ln[100/(100-y)]	Y
组数 11	0. 165514438	14. 08	85. 92	1. 163873371	0. 151753555	-1. 88549742
	0. 858661619	17. 41	82. 59	1. 210800339	0. 191281578	-1. 65400871
	1. 558144618	24. 51	75. 49	1. 324678765	0. 281169989	-1. 26879585
	2. 251291799	32. 9	67. 1	1. 490312966	0. 398986142	-0. 91882859
	2. 58021683	45. 8	54. 2	1. 84501845	0. 612489278	-0. 49022384
	2. 772588722	50. 32	49. 68	2. 012882448	0. 699567748	-0. 35729264
	2. 944438979	66. 45	33. 55	2. 980625931	1. 092133323	0. 08813296
组数 12	0. 165514438	9. 05	90. 95	1. 099505223	0. 094860281	-2. 3553502
	0. 858661619	14. 21	85. 79	1. 165637021	0. 153267736	-1. 87556898
	1. 558144618	30. 98	69. 02	1. 448855404	0. 370773868	-0. 99216292
	2. 251291799	60. 01	39. 99	2. 500625156	0. 916540763	-0. 08714874
	2. 58021683	74. 2	25. 8	3. 875968992	1. 354795694	0. 303650664
	2. 772588722	87. 1	12. 9	7. 751937984	2. 047942875	0. 716835814
组数 13	0. 165514438	18. 07	81. 93	1. 220554132	0. 199304962	-1. 61291916
	0. 858661619	31. 62	68. 38	1. 462415911	0. 380089802	-0. 96734773
	1. 558144618	61. 94	38. 06	2. 627430373	0. 966006324	-0. 0345849
	2. 251291799	81. 29	18. 71	5. 344735436	1. 676112046	0. 516476853
	2. 58021683	89. 03	10. 97	9. 115770283	2. 210005912	0. 792995191
	2. 772588722	92. 26	7. 74	12. 91989664	2. 558768498	0. 939526087

续表 5-16

组数	X	筛下累计百分比	100-y	100/(100-y)	ln[100/(100-y)]	Y
组数 14	0. 165514438	34. 19	65. 81	1. 519525908	0. 418398384	-0. 87132123
	0. 858661619	51. 61	48. 39	2. 066542674	0. 725877005	-0. 32037469
	1. 558144618	83. 87	16. 13	6. 199628022	1. 824489294	0. 601300109
	2. 251291799	93. 55	6. 45	15. 50387597	2. 741090055	1. 008355672
组数 15	0. 165514438	43. 87	56. 13	1. 781578479	0. 577499757	-0. 54904726
	0. 858661619	61. 29	38. 71	2. 583311806	0. 949072221	-0. 05227038
	1. 558144618	88. 39	11. 61	8. 613264427	2. 15330339	0. 767003124
	2. 251291799	94. 84	5. 16	19. 37984496	2. 964233606	1. 086618519

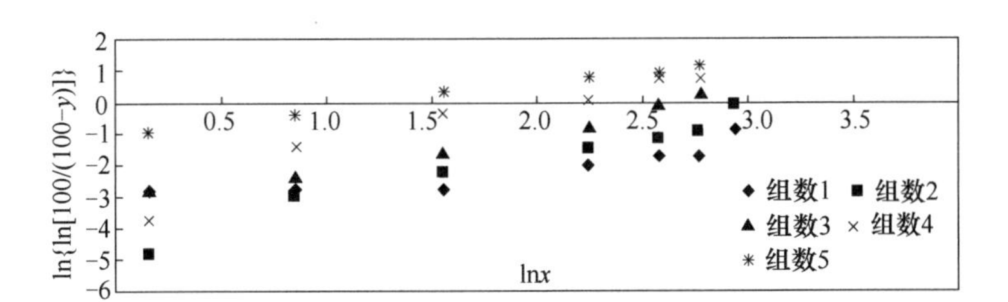

图 5-37　花岗岩块度分布

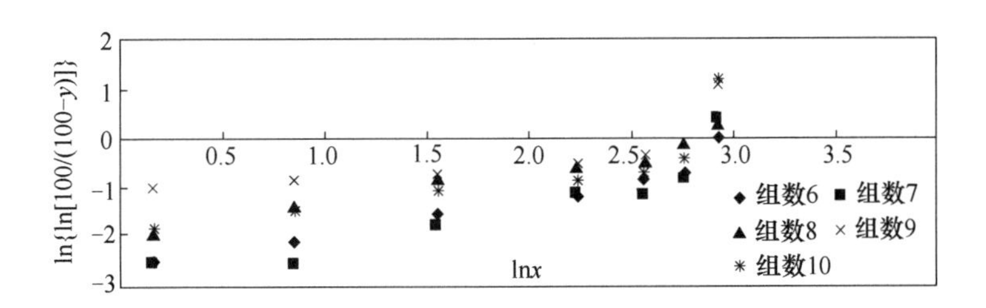

图 5-38　千枚岩块度分布

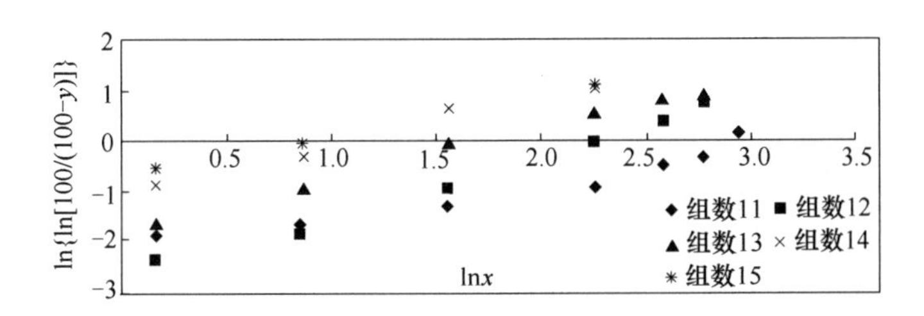

图 5-39　磁铁石英岩块度分布

通过拟合分析，获得试验后花岗岩在不同冲击速度下的粒度分布的特征参数见表 5-17。

表 5-17　花岗岩不同冲击速度下的粒度分布的特征参数

组数	拟合曲线	相关系数	特征尺寸	均匀系数
组数 1	$y=0.6059x-3.2109$	0.7681	200.21	0.6059
组数 2	$y=1.4559x-4.6978$	0.9573	25.2	1.4559
组数 3	$y=1.135x-3.0902$	0.9757	15.22	1.135
组数 4	$y=1.5815x-3.3273$	0.9181	8.2	1.5815
组数 5	$y=0.8014x-1.0564$	0.989	3.74	0.8014

通过拟合分析，获得试验后千枚岩在不同冲击速度下的粒度分布的特征参数见表 5-18。

表 5-18　千枚岩不同冲击速度下的粒度分布的特征参数

组数	拟合曲线	相关系数	特征尺寸	均匀系数
组数 6	$y=0.7937x-2.7582$	0.9358	32.3	0.7937
组数 7	$y=0.8799x-3.0267$	0.8203	31.18	0.8799
组数 8	$y=0.7179x-2.0416$	0.9629	17.18	0.7179
组数 9	$y=0.5152x-1.3215$	0.5998	13	0.5152
组数 10	$y=0.7668x-2.1792$	0.6853	17.15	0.7668

通过拟合分析，获得试验后磁铁石英岩在不同冲击速度下的粒度分布的特征参数见表 5-19。

表 5-19　磁铁石英岩在不同冲击速度下的粒度分布特征参数

组数	拟合曲线	相关系数	特征尺寸	均匀系数
组数 11	$y=0.6613x-2.1672$	0.9343	26.5	0.6613
组数 12	$y=1.1882x-2.7322$	0.9872	9.97	1.1882
组数 13	$y=0.9947x-1.7497$	0.9926	5.81	0.9947
组数 14	$y=0.9433x-1.0354$	0.9803	3	0.9433
组数 15	$y=0.8233x-0.6818$	0.9757	2.29	0.8233

从特征尺寸与破碎能耗的关系图 5-40 中看出，随着破碎能耗地不断增大，特征尺寸也在不断减小，并且在刚起步阶段就急剧下降，而过了一定的范围后，就基本居于稳定的阶段。

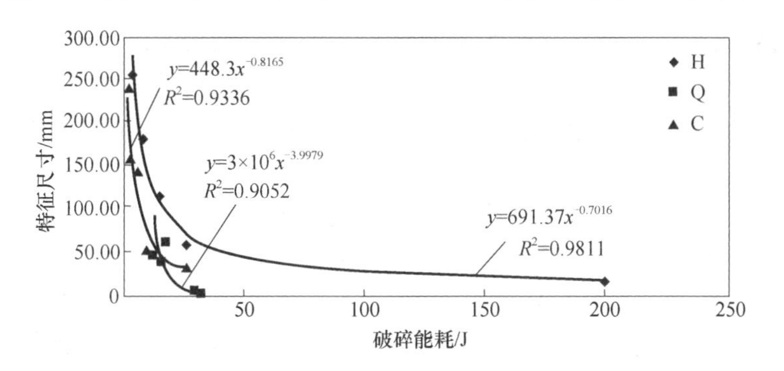

图 5-40 特征尺寸与破碎能耗的关系图

5.6.8 冲击破碎能耗与 k 的关系

岩样在冲击加载的条件下，应力波中三种能量形式的计算前面已有介绍，将前面的计算表达式代入，有岩石的试样在试验的过程中所吸收的能量 W_L 可以采用下式计算：

$$W_R = (A_1C_1/E_1)\int_0^\tau \sigma_R^2(t)\,dt = k^{14}\frac{A_1C_1}{E_1}\int_0^\tau \sigma_I^2(t)\,dt = k^{14}W_I \tag{5-28}$$

$$W_T = (A_1C_1/E_1)\int_0^\tau \sigma_T^2(t)\,dt = (1-k^8)^2\frac{A_1C_1}{E_1}\int_0^\tau \sigma_I^2(t)\,dt = (1-k^8)^2W_I \tag{5-29}$$

于是岩石试样的吸能可以简化成：

$$W_L = W_I - (W_R + W_T) = W_I - k^{14}W_I - (1-k^8)^2W_I = (2k^8 - k^{14} - k^{16})W_I \tag{5-30}$$

这表明了入射能量和吸收能量的关系，在入射能一定的情况下，吸收能量越多，表明能量的运用效率越高，这也是岩石冲击破碎中追求的目标之一。为便于表述，则定义 η 为岩石的能量吸收率：

$$\eta = \frac{W_L}{W_I} = 2k^8 - k^{14} - k^{16} \tag{5-31}$$

从上述表达式来分析在不考虑其他条件比如加载的强度、加载的波形的情况下，岩石在冲击荷载作用下的能量吸收情况只与岩石的自身波阻抗有关联。不妨定义岩石的能量吸收率 η 为相关系数，从图中 5-41 可以发现，随着 $C_s\rho_s/C_0\rho_0$ 的值增大，相关系数先增大后减小，但是两者关系中有一个峰值点，与总的吸收能量相比还不超过 50%，与很多研究结论也吻合。

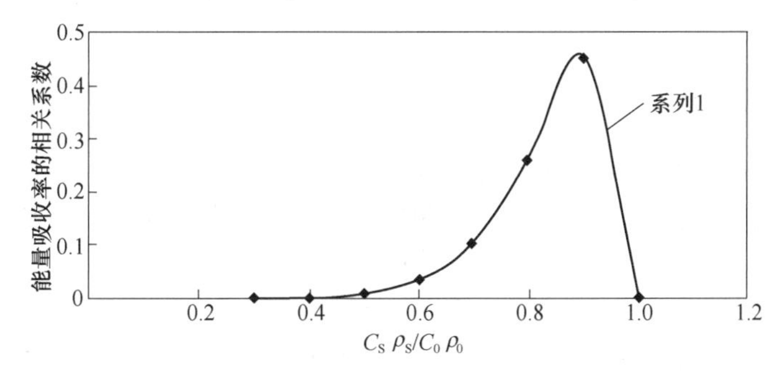

图 5-41 能量吸收率的相关系数图

在本次试验当中，三种岩石的能量的吸收率如图 5-42 所示。从图 5-42 中看出，对于花岗岩来说，在冲击速度为 5. 95 m/s 的条件下，能量的吸收率为 37. 41%，在冲击速度为 11. 77 m/s 的条件下，能量的吸收率为 53. 55%，其他三种情况下能量吸收率在二者之间；对于千枚岩来说，在冲击速度为 6. 50 m/s 的条件下，能量的吸收率为 40. 92%，在冲击速度为 10. 73 m/s 的条件下，能量的吸收率为 21. 44%，其他三种速度情况下能量吸收率最低，都是基本维持在 12%左右；对于磁铁石英岩而言，在冲击速度为 9. 50 m/s 的条件下，能量的吸收率为 38. 47%，在冲击速度为 12. 20 m/s 的条件下，能量的吸收率为 49. 40%，而在冲击速度为 7. 40 m/s 与 14. 33 m/s 的条件下，能量的吸收率基本都是 44. 5%。

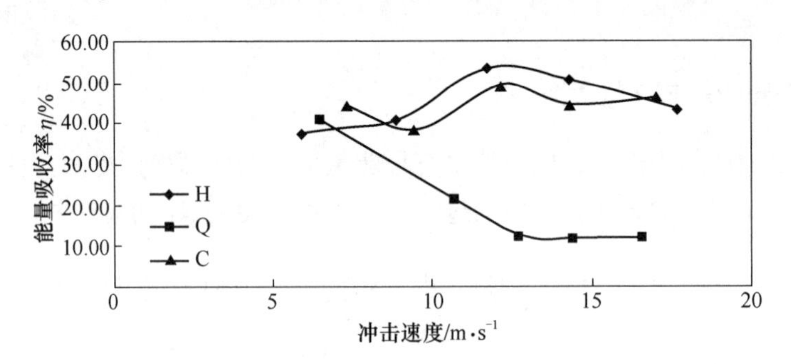

图 5-42　三种岩石能量吸收率关系

在实际的运用中，仅考虑能量的吸收效率还不够全面，要统筹结合生产中的块度分布情况，让二者能够有机地结合起来，达到既能够提高能量的利用效率，又可以方便地服务生产，图 5-43 为岩石破碎中块度分布的平均尺寸与能量吸收率关系图。

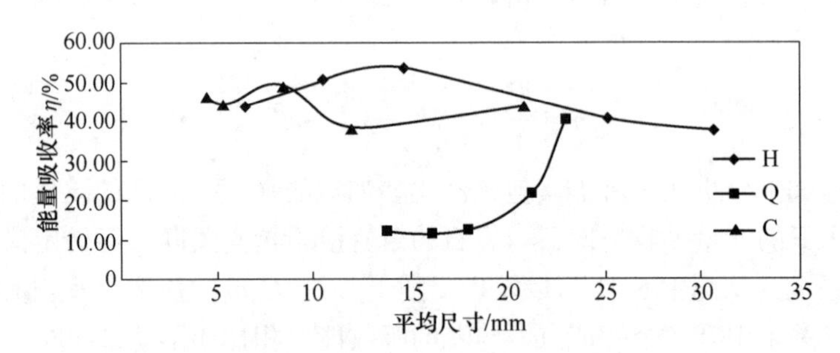

图 5-43　岩石破碎中块度分布的平均尺寸与能量吸收率关系图

5. 6. 9　拉伸断裂能耗分析

在 SHPB 试验过程中，在不考虑其他能量损耗的前提下并假设冲头的动能完全转化为入射波所携带的能量，则岩石的能量耗散主要与入射波、反射波、透射波所带的能量有关。其吸收的能量可根据式（5-32）进行计算：

$$W_{ed} = W_I - (W_R + W_T) \tag{5-32}$$

式中，W_{ed} 为岩石吸收的能量；W_I、W_R、W_T 分别为入射波、反射波、透射波所携带的能量，可以通过压杆中应力与时间的关系计算出来。

对于能量数据方面的处理，同样用 MATLAB 软件进行编程。所得到的数据见表 5-20~表 5-22。

表 5-20 千枚岩能量数据表

编号	入射能/J	反射能/J	透射能/J	能量耗散/J	能耗密度	能量利用率	1 μs 内能耗/J
P1-1	54.1	38.4	2	10.7	0.27	0.253	0.15
P1-3	55.9	40.1	1.5	14.3	0.29	0.256	0.152
P1-5	49.5	31.4	2.17	15.93	0.32	0.322	0.145
P2-1	105.1	86	0.8	18.3	0.37	0.17	0.236
P2-4	135.6	115.2	1.1	19.3	0.39	0.142	0.286
P2-5	124.8	103.4	1.3	20.1	0.41	0.16	0.304
P3-1	274	242.5	4.2	27.3	0.76	0.142	0.766
P3-2	246.2	212.5	1	32.7	0.67	0.1328	0.745
P3-4	273.9	232.5	0.88	30.52	0.62	0.1114	1
P4-2	417	365.8	0.84	50.36	1.03	0.1207	1.82
P4-4	439.2	386.5	0.77	41.93	0.83	0.0954	1.691
P4-5	408.9	359.9	1.2	47.8	0.98	0.1168	1.752
P5-1	500.2	424.3	1.24	74.66	1.52	0.1492	2.329
P5-3	554.3	462.1	1.08	91.12	1.86	0.1243	2.266
P5-4	516.9	446.5	2.08	68.32	1.39	0.1321	2.323

表 5-21 花岗岩能量数据

编号	入射能/J	反射能/J	透射能/J	能量耗散/J	能耗密度	能量利用率
G1-1	53.9	38.9	1.82	13.18	0.27	0.24
G1-2	45.95	30.1	4.07	11.78	0.24	0.26
G1-3	49.9	32.5	2.9	14.5	0.3	0.29
G2-2	84.14	60.6	4.03	19.51	0.19	0.23
G2-4	80.9	55.4	2.12	23.38	0.48	0.29
G2-5	96.5	68.9	2.8	24.8	0.5	0.26
G3-1	211.1	189.2	1.65	20.25	0.41	0.1
G3-3	198.6	162.8	5.6	30.2	0.61	0.15

续表 5-21

编号	入射能/J	反射能/J	透射能/J	能量耗散/J	能耗密度	能量利用率
G3-4	206. 65	167. 1	5. 97	33. 58	0. 68	0. 16
G4-3	414. 6	358. 68	4. 37	51. 5	1. 05	0. 15
G4-4	435. 8	353. 1	5. 59	67. 1	1. 57	0. 12
G4-5	448. 6	389. 5	5. 8	53. 3	1. 08	0. 12
G5-2	526. 2	453. 7	2. 84	69. 66	1. 42	0. 13
G5-3	535. 1	453. 6	4. 34	77. 16	1. 57	0. 14
G5-4	504. 3	417. 2	2. 44	84. 66	1. 73	0. 169

表 5-22　铁矿石能量数据

编号	入射能/J	反射能/J	透射能/J	能量耗散/J	能耗密度	能量利用率
M1-1	38. 5	19. 6	3. 4	15. 9	0. 3	0. 41
M1-2	27. 9	15. 5	1. 6	10. 8	0. 22	0. 39
M1-4	27. 8	14	2. 7	11. 1	0. 22	0. 4
M2-1	90. 3	61. 8	2. 76	25. 74	0. 33	0. 29
M2-2	106. 6	73. 7	3. 1	29. 8	0. 51	0. 3
M2-3	108. 6	87. 1	0. 58	20. 92	0. 42	0. 19
M3-2	221. 8	191. 2	2. 9	27. 7	0. 57	0. 12
M3-4	202. 2	172	4. 7	25. 5	0. 52	0. 13
M3-5	231	198. 8	2. 3	29. 9	0. 61	0. 13
M4-1	402. 4	350. 7	4	47. 7	0. 67	0. 11
M4-3	415	320. 3	8. 4	86. 3	0. 75	0. 16
M4-5	400. 8	348. 2	3. 8	48. 8	0. 99	0. 12
M5-2	548. 6	458. 4	5. 1	85. 1	1. 24	0. 16
M5-3	508. 1	447. 9	1. 7	58. 5	1. 19	0. 12
M5-4	530	459. 6	3. 9	66. 5	1. 36	0. 13

由于岩石在劈裂过程中，试件与压杆之间的接触面积较少，反射波较大而透射波较小，因此岩石吸收的能量较小。由试验结果得到了不同应变率下的三种岩石入射能及试件的能量吸收值，并对二者进行拟合，结果如图 5-44~图 5-46 所示。

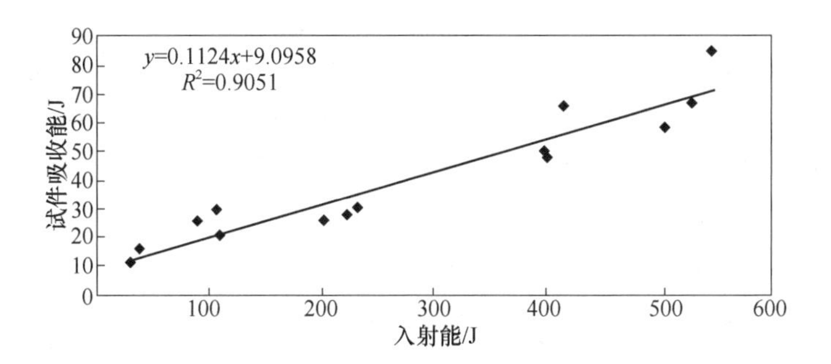

图 5-44 铁矿石入射能与试件吸收能之间的关系

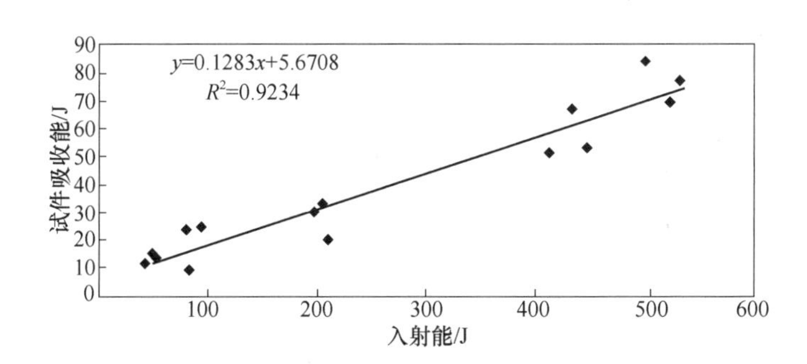

图 5-45 花岗岩入射能与试件吸收能之间的关系

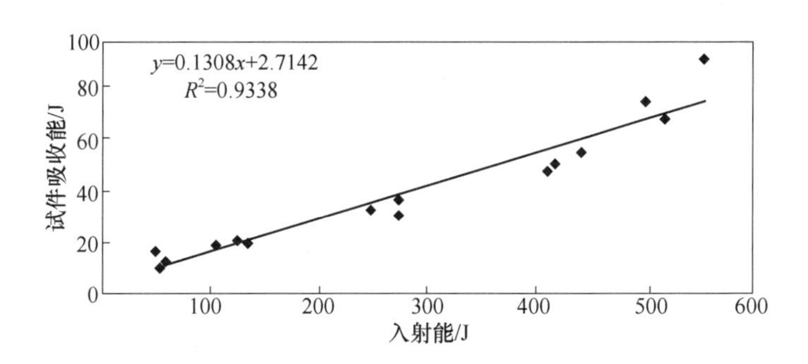

图 5-46 千枚岩入射能与试件吸收能之间的关系

从图 5-44~图 5-46 中可见，三种岩石的破碎吸收能和入射能呈一次线性关系，并且拟合程度较好，吸收能随入射能的增加而增加。而三种岩石相比，在初始入射能几乎相等时，千枚岩吸收的能量比花岗岩稍大些，更大于磁铁石英岩。研究表明，材料在冲击过程中所吸收的能量大小是受诸多因素影响的，譬如材料本身的特性、孔隙率、岩石内部颗粒的大小等。在相同条件下，岩石类材料吸收能量越大，其内部微裂纹扩展的数量就越多。从三种岩石的破坏模式可以看到，千枚岩产生的次生裂纹比较多，因此其吸收的能量就比较多。

从图 5-47~图 5-49 可以看出，应变率越高，能量密度就越大，二者同样也呈线性关系。从材料的细观裂纹和能量吸收的角度分析，岩石中的裂纹能够起裂是因为其原始微裂纹处应力突然集中，但起裂后因能量转化而使相应部位原有的集中应力消弛，结构调整，并使裂纹止裂。在变形早期和中期主要形成分布细观裂纹，每条裂纹也不会过多发展生长。但当岩石变形达到临界状态时，细观裂纹网络会发生根本变化而形成细观主裂纹，并可能发展为宏观主裂纹，最终引起断裂破坏。细观裂纹的损伤效应在各个变形阶段的表现不同。变形初期，伴随少量细观裂纹的形成促使原有空隙密合，组分间嵌合加强，岩石强度有所提高，在变形中、后期，随细观裂纹密度逐渐加大，岩石中的自由表面不断增加，从而降低了岩石组构传递荷载的能力和比例，使得材料强度急剧下降。

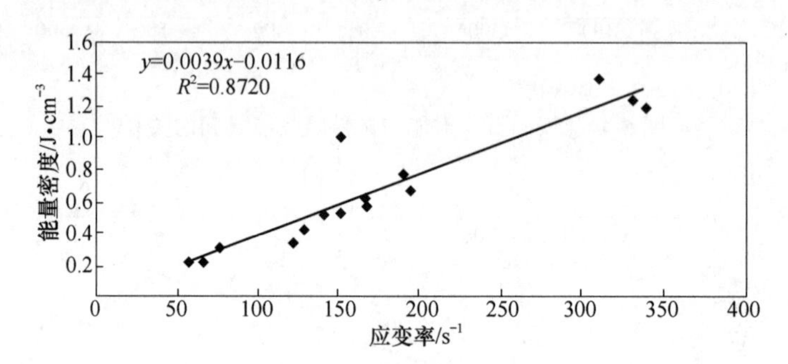

图 5-47　磁铁石英岩能量密度与应变率的关系

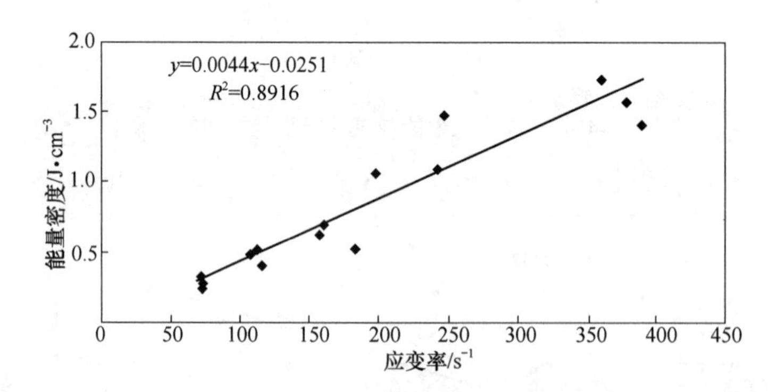

图 5-48　花岗岩能量密度与应变率的关系

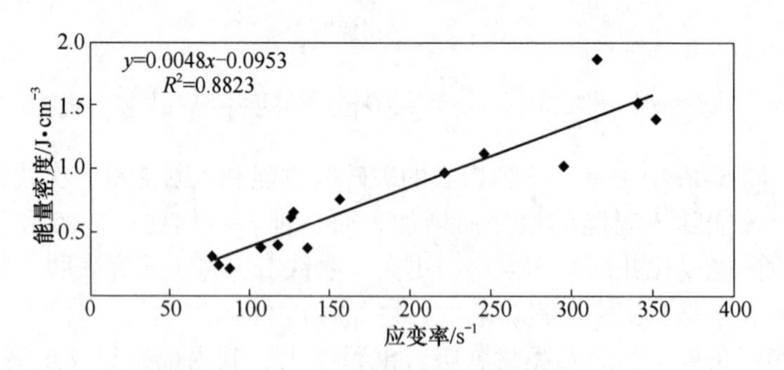

图 5-49　千枚岩能量密度与应变率的关系

当应变率（冲击速度）较低时，只有那些扩展时消耗能量较小的细观裂纹对材料的破碎有实际作用，因为在吸收能量增加到能使其他细观裂纹开裂并形成主裂纹之前，这些细观裂纹的扩展与贯通就已经使材料劈裂破坏了，此时起作用的细观裂纹数目较少，破碎块度比较大，达到破碎的临界应力值较低，也就是抗拉强度较低。随着应变率的增加，在细观裂纹贯通之前，材料吸收的能量达到较高水平，使得更多的细观裂纹能够扩展进而参加破碎过程，导致材料的破碎块度更小，材料达到破碎的临界应力值更高，因此高应变率下材料的强度也随之增大。

5.6.10 应变率强度与能时密度

长期以来，人们一直关注的问题就是如何把岩石的动态特性、炸药的能量特征同岩石的破碎效果结合起来，遗憾的是迄今为止还没有一个清晰表述。值得庆幸的是，通过实验室研究和分析，提出了岩石应变率强度系数和炸药能时密度的概念，他们能够清楚而简洁地说明岩石的动态特性及与炸药的能量输出特性间的关系，并进而建立了岩石破碎效果与岩石应变率强度系数和炸药能时密度等参数的关系模型，这对研究炸药与岩石的有效匹配无疑具有重要的推动作用。

研究中发现，岩石在冲击荷载作用下的强度随外荷载的强度变化而变化，因此其动态特征是个变化量，无论其变应力、应变、弹性模量还是破碎效果均随着应变率的变化而变化，通过归纳分析，建立了不同岩石的动态应变率与动态强度关系模型，即

$$\sigma = K_1 \dot{\varepsilon}^{K_2} \tag{5-33}$$

式中，σ 为岩石的动态强度；$\dot{\varepsilon}$ 为动态应变率；K_1、K_2 为岩石应变率强度系数。这里 K_1、K_2 反映的是岩石的动态强度与变形特性，在不同冲击强度下，岩石表现出不同的变形速率，也显示出不同的动态强度，不同岩石强度随应变率有规律变化，这个指数关系刻画了岩石的动态受力变形特征。另一方面，通过分析入射能量与岩石的变形特征，可以构建入射能应变率关系，并且通过应变率这一指标可以有效地将外荷载作用联系起来。

通过对上面的破碎能耗及加载速度的分析，大胆提出了能时密度的概念：

$$K_3 = \frac{W_{\mathrm{I}} - W_{\mathrm{R}} - W_{\mathrm{T}}}{t \cdot V \cdot \rho} \tag{5-34}$$

能时密度 K_3 反映的是能量的输出特性。T 为反射应力作用时间，ρ 为试件密度，V 为试件体积。在冲击实验系统中，能时密度是冲击杆单位时间内输入到试件中单位体积的能量，它反映出了能量施加的速度，不仅仅是能量的大小，更反映出能量的释放与作用时间。这一概念的提出，可以将实验室的机械冲击能量与实际爆破中炸药的能量输出很好地结合在一起。爆破中，能时密度 K_3 反映的是炸药的性能，对于爆破，岩石应变率强度系数可以认为与室内实验是一样的，但能时密度与室内实验是不一样的，其能量输入形式不同，爆破的能量输入是直径为 D 的炮孔中装填单位高度，密度为 ρ_0 的药柱向所爆破的岩体中释放的能量。

$$K_3 = \frac{\pi D_0^2 Q \rho_0 v}{4a \cdot b \cdot \rho} \tag{5-35}$$

式中，D_0 为炮孔直径，m；Q 为炸药的爆热，J/kg；ρ_0 为装药密度；v 为炸药爆速，m/s；$a \cdot b$ 是炮孔负担面积。K_3 的量纲运算为：$\mathrm{m^2 \cdot (J/kg) \cdot (kg/m^3) \cdot (m/s) \cdot (1/m^3) \cdot (m^3/kg) = J/s \cdot kg}$。

能时密度与动态应变率的关系可以表达为多项式关系，定义其入射能应变率指数 α_1、α_2、α_3，则

$$\dot{\varepsilon} = \alpha_1 K_3^2 + \alpha_2 K_3 + \alpha_3 \tag{5-36}$$

对于花岗岩，拟合出 $\alpha_1 = 10^{-8}$，$\alpha_2 = 0.0012$，$\alpha_3 = 54.046$，公式为

$$\dot{\varepsilon} = 10^{-8} K_3^2 + 0.0012 K_3 + 54.046 \tag{5-37}$$

同样可以获得千枚岩和磁铁石英岩的入射能应变率指数，分别为：

（1）千枚岩 $\alpha_1 = 10^{-8}$，$\alpha_2 = 0.0017$，$\alpha_3 = 35.997$；

（2）磁铁石英岩 $\alpha_1 = 3\times10^{-8}$，$\alpha_2 = 0.0014$，$\alpha_3 = 94.469$。

这样通过室内冲击试验所建立的岩石与破碎能耗之间的关系就可以很好地移植到实际爆破中。通过对不同加载条件下的破碎力度统计分析，根据已有的粒度分布公式 $y = 1 - e^{-(\frac{x}{x_0})^n}$ 求出粒度的特征系数 x_0、n，进而建立破碎粒度与岩石应变率强度系数、能时密度等参数的关系模型。

$$[X_0, n] = F(K_1, K_2, K_3, \eta, \alpha_1, \alpha_2, \alpha_3) \tag{5-38}$$

该模型完全考虑了岩石的动态强度特性、炸药的能量输出特性及炸药的能耗等，这无疑是认识炸药与岩石相互作用的一种新的探索。经过简化，并考虑岩体的尺寸效应得到了岩石破碎粒度与有效能时密度的关系分别为：

花岗岩 $x_0 = 0.035256\ln^a e^{-0.004K_3\eta} + 0.13$；

千枚岩 $x_0 = 0.1168\ln^a e^{-0.003K_3\eta} + 0.18$；

磁铁石英岩 $x_0 = 0.0297\ln^a e^{-0.004K_3\eta} + 0.11$。

上述关系在实践中得到了应用，也在应用中不断完善。

5.6.11 小结

（1）岩石的动态响应特性与冲击荷载的输入特性具有密切关系，岩石的有效破碎能耗也与冲击荷载的输入特性相关，研究表明，岩石的应变率受输入能量释放特征的影响，也影响着岩石的破碎效果。有效能耗、破碎块度具有较高的应变率敏感性。

（2）传统的炸药与岩石阻抗匹配理论存在缺陷：一是引起岩石拉压破坏的不是在岩石中传播的弹性波，而是弹塑性波，因而基于纵波速度的波阻抗匹配值得进一步研究；二是投射系数并不能决定有效能耗大小，而决定有效能耗的是有效能时密度系数。

5.7 循环冲击作用下岩石能量耗散特征及损伤研究

随着我国各类大型岩土工程的数量逐年上升，岩土工程领域也出现了诸多新的问题有待解决，如隧道开挖、矿山开采过程中机械破岩、爆破振动等因素对围岩频繁地进行动荷载作用[1]。在实际破岩工程中，矿岩一般承受循环冲击载荷作用，其内部损伤不断累积达到破碎阈值时发生破碎。在此过程中，矿岩经受反复冲击作用及其内部摩擦运动所需要耗散的能量较高，从而导致工程爆破中岩石破碎所消耗的能量过高[2]。因此，为实现矿山爆破开挖过程中降低矿岩破碎能耗的目的，需对循环冲击作用下岩石的能量耗散特征及其损伤展开研究[3]。国内外相关学者利用分离式霍普金森压杆 SHPB 系统对岩石在冲击荷

载作用下的力学特性、能耗特征及损伤规律进行了一些研究。李兵磊等人[4]对灰岩开展循环冲击试验以研究其动力学特性，揭示灰岩应力-应变曲线的变化趋势，根据宏观破碎特征和核磁共振得出的孔隙率变化对灰岩的能量耗散规律进行综合分析。董英健等人[5]对两种不同的矿石进行动态压缩试验，发现冲击速度与矿石动态抗压强度之间呈线性相关，应变率与矿石动态抗压强度呈指数相关，并对破碎后矿石块度的分布特征进行分析。于洋等人[6]以围压为主要变量对砂岩的应变波形进行研究，分析了砂岩动力学特征受围压作用的影响，并引入损伤因子综合分析不同围压梯度下岩石抵抗外部荷载能力的变化趋势。闫雷等人[7]利用 SHPB 装置对花岗岩的力学特征及损伤进行研究，建立了双参数损伤演化模型，并讨论了双参数损伤累计速率因子 α 及损伤累计程度因子 β 的物理意义。朱晶晶等人[8]通过做花岗岩循环冲击试验，得出花岗岩应力-应变曲线随循环次数的变化趋势，并根据试验得出的损伤曲线与基于 Weibull 分布的损伤模型曲线进行对比，发现二者相吻合，且损伤变化也与试样能耗规律相匹配。李晓锋等人[9]对 3 类岩石进行 SHPB 冲击试验，得出应变率与试样能耗密度及破碎程度之间的对应关系，进而利用数值模拟与图像处理相结合的研究方法，对高应变率下岩石力学特性及损伤进行研究。

本节利用加装围压装置的分离式霍普金森压杆试验系统对玄武岩试样开展循环冲击压缩试验，分析循环冲击过程中试样的能量耗散特征，并基于每次冲击前后岩石试样的纵波波速，引入损伤因子 D 来确定每次冲击前后岩石试样的损伤程度[10-12]。综合分析冲击气压、围压、循环次数等因素对岩石的能量耗散特征和损伤程度的影响规律，揭示损伤随能量和冲击次数变化的规律，从而进一步了解循环冲击作用下的矿岩破坏机理，为参考矿山的爆破设计与施工提供一定的理论参考[13-14]。

5.7.1 试验装置及方法

5.7.1.1 试样制备

岩石试样采用完整性较好的玄武岩，制作成尺寸为 $\phi 50\ \text{mm} \times 50\ \text{mm}$ 的圆柱形试样，密度为 $2.852 \times 10^3\ \text{kg/m}^3$，单轴抗压强度为 151 MPa，弹性模量约为 43.8 GPa，如图 5-50 所示。

图 5-50 冲击试验玄武岩试样

5.7.1.2 试验设备及原理

本试验采用加装围压系统的 SHPB 设备系统，如图 5-51 所示。其中压杆系统主要包含入射杆与透射杆，两杆长度分别为 1800 mm 和 2100 mm，杆件材料均为 40Cr 高强钢，其弹性模量为 200 GPa。在入射杆与透射杆之间放置岩石试样，围压系统采用液压加压的方式对岩石试样设置围压条件，动力系统采用高压高纯氮气提供冲击动力，对射弹施加不同梯度冲击气压以加速撞击入射杆，从而实现对岩石试样施加冲击荷载[14]。SHPB 系统通过调整气压来控制冲击荷载的大小，设置 0.6 MPa、0.7 MPa、0.8 MPa、0.9 MPa、1.0 MPa 5 个总击气压梯度和 0 MPa、1 MPa、2 MPa 3 个围压梯度。采用 RSM-SY6 声波检测仪对每次冲击前后的玄武岩试样进行超声纵波检测，如图 5-52 所示。

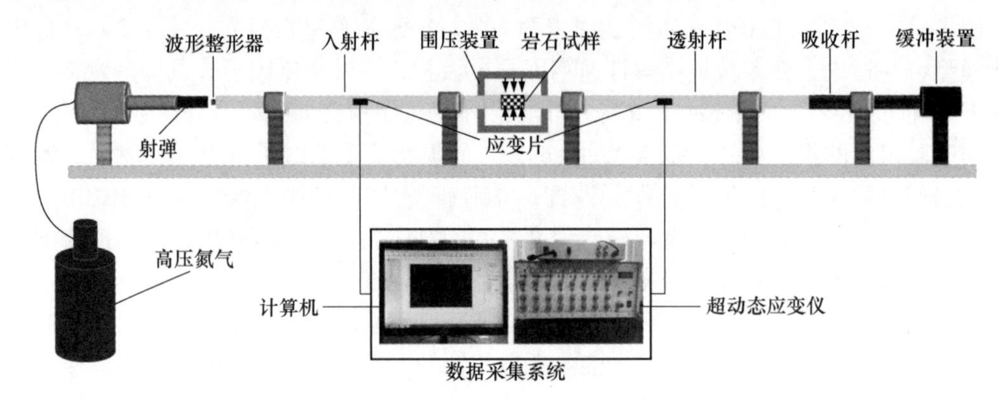

图 5-51　SHPB 试验装置示意图

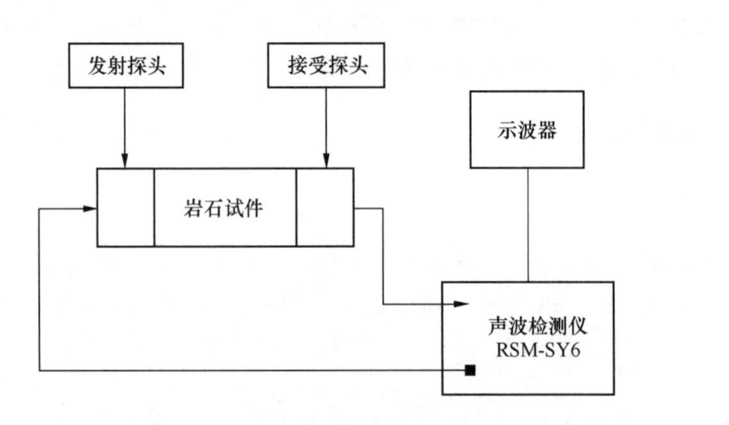

图 5-52　试样检测

基于一维应力波及应力均匀性假定，通过布置于压杆两侧的应变片测得各应变信号 $\varepsilon_{\mathrm{I}}(t)$、$\varepsilon_{\mathrm{R}}(t)$、$\varepsilon_{\mathrm{T}}(t)$。采用“三波法”处理数据，由式（5-39）计算出试样的应力 σ、应变 ε 和应变率 $\varepsilon(t)$。

$$\sigma(t) = \frac{AE}{2A_{\mathrm{s}}}[\varepsilon_{\mathrm{I}}(t) + \varepsilon_{\mathrm{R}}(t) + \varepsilon_{\mathrm{T}}(t)]$$

$$\varepsilon(t) = \frac{C}{l_{\mathrm{s}}}\int_0^t [\varepsilon_{\mathrm{I}}(t) - \varepsilon_{\mathrm{R}}(t) - \varepsilon_{\mathrm{T}}(t)]\mathrm{d}t$$

$$\dot{\varepsilon}(t) = \frac{C}{l_{\mathrm{s}}}[\varepsilon_{\mathrm{I}}(t) - \varepsilon_{\mathrm{R}}(t) - \varepsilon_{\mathrm{T}}(t)] \tag{5-39}$$

式中，A、A_s 分别为压杆与试样的横截面面积，mm^2；E 为压杆的弹性模量，GPa；C 为压杆的纵波波速，m/s；l_s 为岩石试样长度，mm。

5.7.2 试验结果及分析

5.7.2.1 循环冲击作用下岩石能量耗散特征分析

在 SHPB 循环冲击试验中，为减少试样与压杆摩擦所消耗的能量，在每次循环冲击之前，在试样和压杆间涂适量黄油作为耦合剂，根据能量守恒定律及一维应力波理论，可由式（5-40）计算出入射能 W_I、反射能 W_R、透射能 W_T，进而通过式（5-41）得出岩石试样吸收能 W_S。

$$\left.\begin{aligned} W_I(t) &= AEC\int_0^t \varepsilon_I^2(t)\,dt \\ W_R(t) &= AEC\int_0^t \varepsilon_R^2(t)\,dt \\ W_T(t) &= AEC\int_0^t \varepsilon_T^2(t)\,dt \end{aligned}\right\} \tag{5-40}$$

$$W_S = W_I - (W_R + W_T) \tag{5-41}$$

A 单位体积吸收能变化规律

在 SHPB 试验中，岩石的吸收能近似等于岩石破碎所耗散的能量，故引入单位体积吸收能 E_V 对玄武岩破碎能耗进行分析，计算公式如下：

$$E_V = \frac{W_S}{V_S} \tag{5-42}$$

式中，V_S 为各试样体积，cm^3。

图 5-53 为不同冲击气压作用下玄武岩单位体积吸收能随冲击次数的变化规律。由图 5-53 可知，各工况基本符合前期冲击时单位体积吸收能匀速缓慢增长，在临近破碎时单位体积吸收能增长速率急剧攀升的规律。临近破碎时，玄武岩内部损伤加剧，导致其吸能效

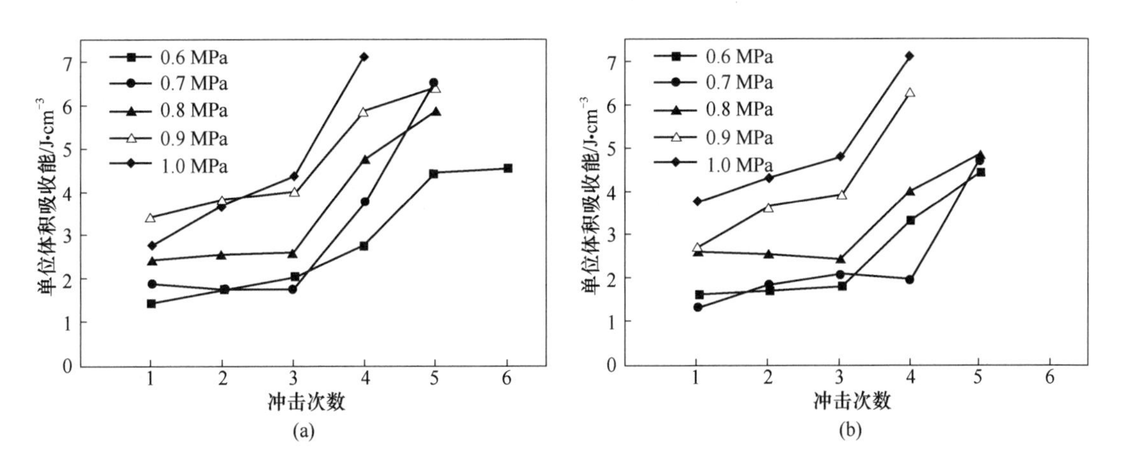

图 5-53 不同冲击气压作用下玄武岩单位体积吸收能随冲击次数的变化规律

（a）$\sigma_p = 1$ MPa；（b）$\sigma_p = 2$ MPa

率降低[15]，岩石单位体积吸收的能量也可能呈现出减少或基本保持不变的走势，如 1 MPa 围压、0.6 MPa 冲击气压的工况。在冲击次数相同的情况下，所有工况大体符合冲击气压越大，岩石单位体积所吸收的能量越大的规律。

B　累计比能量吸收值变化规律

岩石试样初始状态其内部孔隙各不相同，且在循环冲击荷载下岩石的损伤是随着循环冲击次数不断累积的结果。因此为准确研究岩石的损伤与能量之间的关系，累计比能量吸收值是目前被普遍认可和利用的一种能量计算指标[16]，计算公式如下：

$$\vartheta = \sum_{i=1}^{n} E_{V(i)} \tag{5-43}$$

式中，ϑ 为累计比能量吸收值，J/cm^3；n 表示循环冲击次数。如图 5-54 所示，试样内部损伤随循环冲击次数不断积累，临近破碎时单位体积吸收能增幅较大，从而导致玄武岩试样的累计比能量吸收值增速有一定提升。

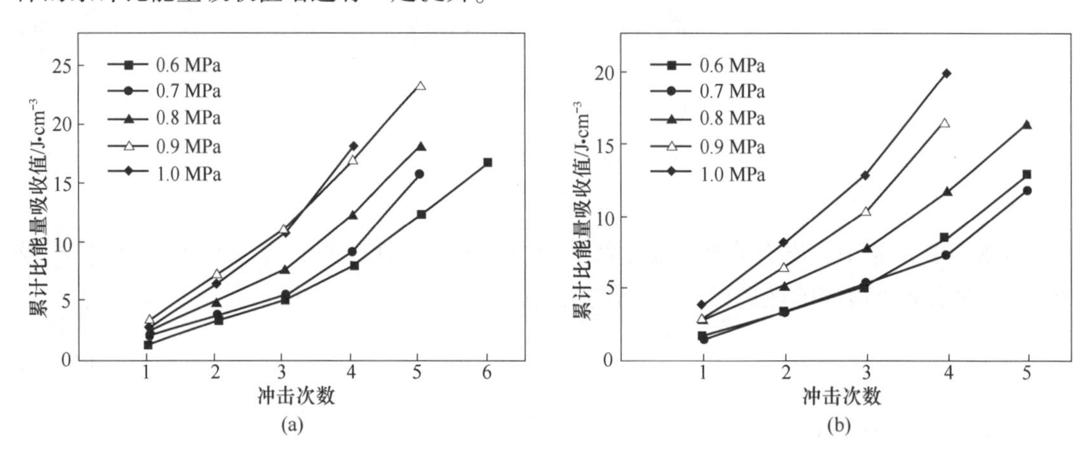

图 5-54　玄武岩累计比能量吸收值随冲击次数的变化规律

（a）σ_p=1 MPa；（b）σ_p=2 MPa

在不设置围压的情况下，5 种冲击气压均一次将玄武岩试样破碎，冲击气压为 0.6 MPa、0.7 MPa、0.8 MPa、0.9 MPa、1.0 MPa 5 种工况下，累计比能量吸收值分别为0.924 J/cm^3、0.993 J/cm^3、1.751 J/cm^3、1.818 J/cm^3、1.863 J/cm^3。可以明显看出无围压状态下，玄武岩破碎时依旧遵循冲击气压增大，累计比能量吸收值也相应增大的基本规律。在 2 MPa 的围压条件下，玄武岩破碎时，5 种工况累计比能量吸收值分别为 12.832 J/cm^3、11.927 J/cm^3、16.490 J/cm^3、16.600 J/cm^3、19.976 J/cm^3。可初步得出结论，无论有无围压作用于试样都基本遵循冲击气压与累计比能量吸收值呈正相关的规律。无围压时，玄武岩试样首次冲击即破碎，其抵抗冲击荷载的能力弱，而在 2 MPa 的围压条件下，玄武岩试样可承受多次冲击，破碎时累计比能量吸收值比无围压状态提升 10 倍以上。

5.7.2.2　循环冲击作用下损伤的变化特征

当岩石受到冲击荷载作用时，每次冲击前后试样的损伤为累计损伤。通过损伤因子 D

与冲击次数、能量之间的关联来分析岩石的累计损伤，在理论和工程中较为常用。

$$D = 1 - \frac{v_i^2}{v_0^2} \tag{5-44}$$

式中，v_0为玄武岩试样原始纵波波速，m/s；v_i为第 i 次循环冲击后玄武岩试样纵波波速，m/s。围压为 1 MPa 与 2 MPa 时，玄武岩纵波波速与损伤因子在各工况下随冲击次数变化分别如图 5-55 和图 5-56 所示。

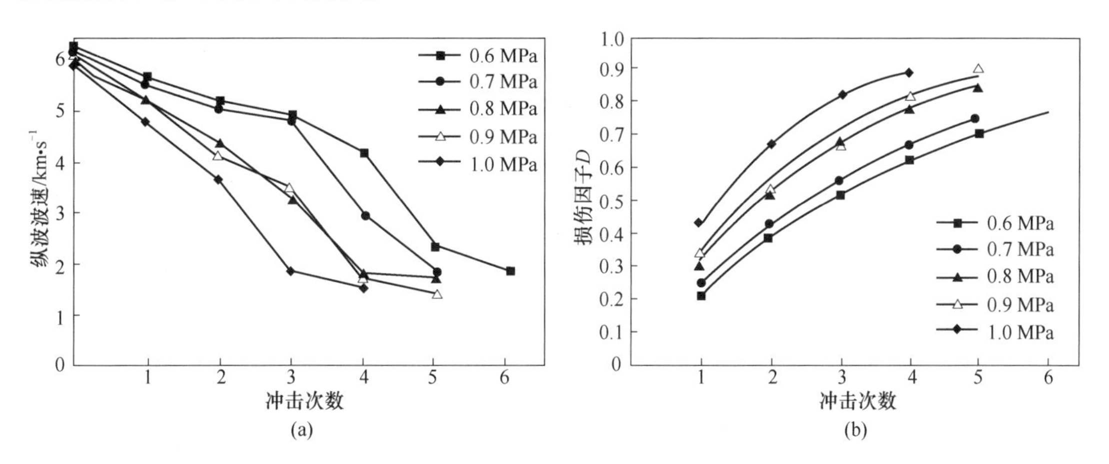

图 5-55　$\sigma_p=1$ MPa 时不同冲击气压作用下玄武岩的损伤曲线

(a) 纵波波速与冲击次数的关系；(b) 损伤因子与冲击次数的关系

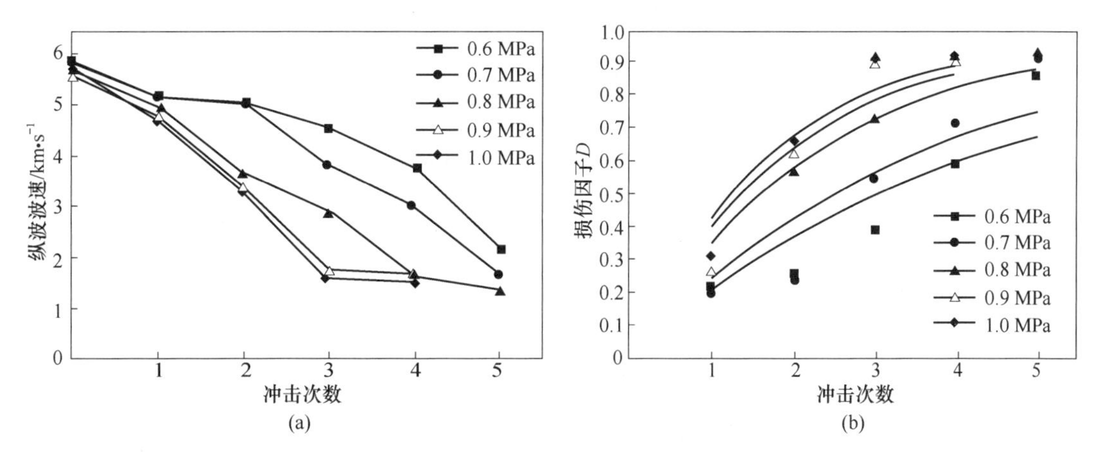

图 5-56　$\sigma_p=2$ MPa 时不同冲击气压作用下玄武岩的损伤曲线

(a) 纵波波速与冲击次数的关系；(b) 损伤因子与冲击次数的关系

由图 5-55 和图 5-56 可知，循环冲击加载的起始阶段，各工况下测得的纵波波速起始阶段下降趋势大多匀速且平稳，随着冲击次数的增加，纵波波速急剧下降，对应损伤因子也急剧上升，大部分工况下的岩石临近破碎时，岩石内部严重受损，吸能效率下降，损伤因子和波速变化又趋于平稳后破碎。冲击气压越大，用于岩体破碎的能量越大，达到破碎时所用的循环冲击次数更少，增大冲击气压可显著地提升岩石破碎效率。选用指数函数拟合公式 $D=1-e^{-Ax}$ 对图 5-55 和图 5-56 损伤因子数值进行拟合[17]，式中，x 为冲击次数；系

数 A 为玄武岩的损伤程度。拟合公式及相关系数见表 5-23 和表 5-24。

表 5-23　$\sigma_p=1$ MPa 不同冲击气压作用下玄武岩损伤因子拟合公式

冲击气压/MPa	拟合公式	R^2
0.6	$D=1-e^{-0.24478x}$	0.82945
0.7	$D=1-e^{-0.27855x}$	0.80045
0.8	$D=1-e^{-0.38071x}$	0.89909
0.9	$D=1-e^{-0.42334x}$	0.92294
1.0	$D=1-e^{-0.55598x}$	0.92258

表 5-24　$\sigma_p=2$ MPa 不同冲击气压作用下玄武岩损伤因子拟合公式

冲击气压/MPa	拟合公式	R^2
0.6	$D=1-e^{-0.22934x}$	0.80343
0.7	$D=1-e^{-0.28079x}$	0.82578
0.8	$D=1-e^{-0.43821x}$	0.91475
0.9	$D=1-e^{-0.51432x}$	0.87447
1.0	$D=1-e^{-0.5607x}$	0.89714

如图 5-57 所示，将系数 A 与冲击气压值进行对应，可更加清晰地认识冲击气压的大小与岩石损伤程度之间的关联。从图 5-57 可以看出，冲击气压小于 0.7 MPa 时，损伤程度增幅较为平稳，冲击气压高于 0.7 MPa 时，损伤程度增幅较 0.6 MPa 至 0.7 MPa 的大，说明当气压足够大时，玄武岩试样的吸能和破碎效率提升明显，两种围压状态下情况类似，这与上面损伤因子的变化规律吻合。

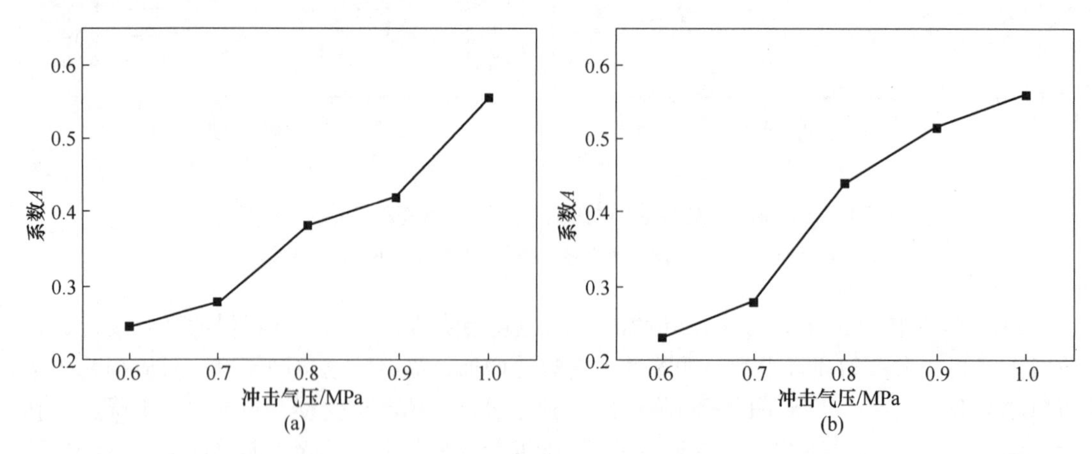

图 5-57　系数 A 随冲击气压的变化

（a）$\sigma_p=1$ MPa；（b）$\sigma_p=2$ MPa

5.7.2.3 宏观破碎特征

国内外研究人员对于 SHPB 试验装置冲击作用下的岩石破坏模式进行过大量研究总结，在不同工况下岩石试样呈现的宏观破碎形态也不尽相同，研究其宏观破坏模式及破坏机理，有利于工程中达到矿岩高效破碎的效果及尽量降低对围岩的影响[18]。图 5-58 为无围压状态下玄武岩试样破坏形态。冲击气压越大，碎块破碎得越彻底，因为当玄武岩试样承受高应变率的外部荷载作用时，岩石内部裂隙、缺陷没有扩展的时间，便很快被高能量破碎，故玄武岩试样呈现出破碎甚至粉碎的现象。

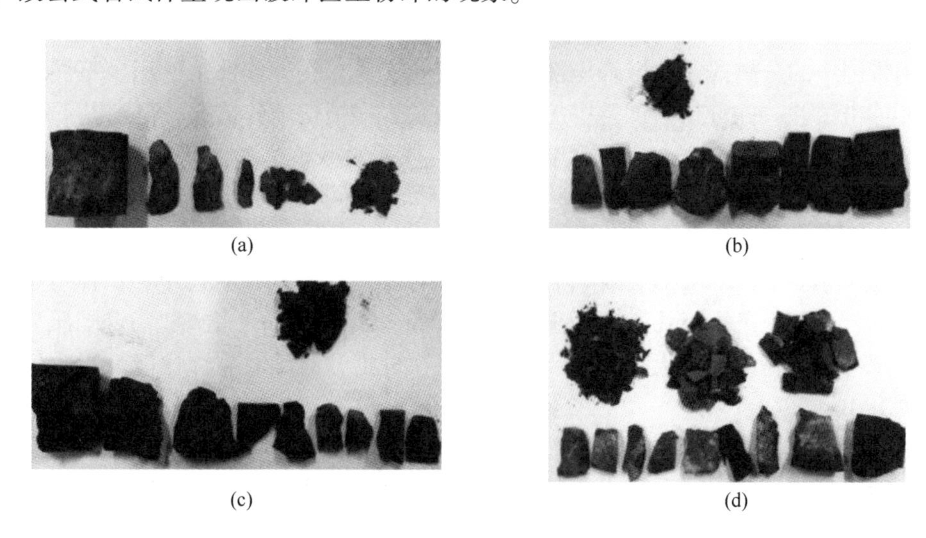

图 5-58 不同冲击气压下玄武岩的破碎形态
(a) 0.6 MPa；(b) 0.7 MPa；(c) 0.8 MPa；(d) 0.9 MPa

设置围压状态下，玄武岩的损伤程度利用损伤因子 D 进行表征。因围压较大，冲击气压较小时，前几次冲击时试样的损伤很小，肉眼难以清晰看出其宏观损伤形态。为研究不同冲击气压循环冲击作用下岩样损伤破碎形态，选取较为典型的 1 MPa 围压，4 种不同冲击气压工况下第 3 次冲击后试样宏观损伤破碎图，如图 5-59 所示。图 5-59 中各岩样此时对应的损伤因子分别为 0.381、0.405、0.684、0.670，结合岩样宏观损伤形态，可推断本

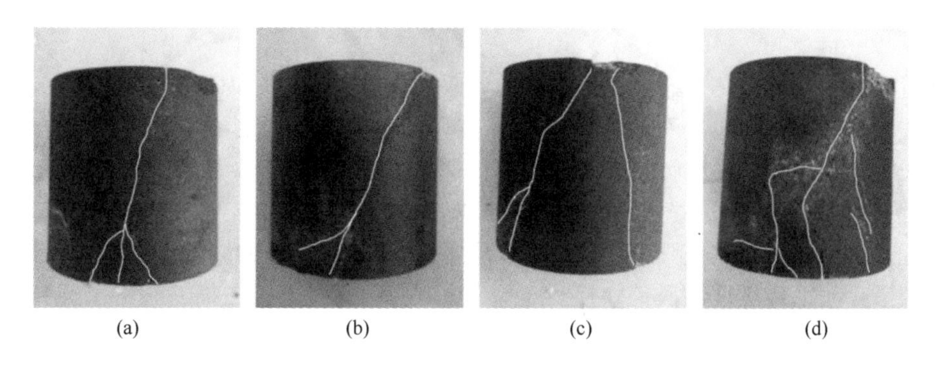

图 5-59 不同冲击气压作用下玄武岩的损伤形态
(a) 0.6 MPa；(b) 0.7 MPa；(c) 0.8 MPa；(d) 0.9 MPa

试验中岩样损伤因子达到 0.4 左右，会出现较为明显的裂纹。当冲击气压为 0.6 MPa 时，第 3 次循环冲击后，玄武岩试样出现明显的贯穿试样的剪切斜裂纹，并在两侧有一定扩展；当冲击气压为 0.7 MPa 时，岩样中剪切斜裂纹宽度较冲击气压为 0.6 MPa 时明显增大；当冲击气压为 0.8 MPa 时，试样端部有一定破坏，出现两条贯穿试样的剪切斜裂纹，并且裂纹进一步加深；当冲击气压为 0.9 MPa 时，试样端部破坏严重，有多条剪切斜裂纹出现，且伴随着一定的张拉裂纹。由此可看出，理论计算得出的损伤因子数据与各种工况下的宏观损伤状态相吻合。

5.7.3 小结

采用带围压的分离式霍普金森压杆试验装置对玄武岩在不同冲击气压、不同围压下进行了循环冲击试验，并分析了试验中的能量耗散及岩样损伤破碎情况，得到以下结论。

（1）随着冲击次数的增加，玄武岩试样单位体积吸收能大致呈现前期匀速缓慢增长，临近破碎时增长速率急剧攀升的变化趋势。此外，在相同冲击次数下，所有工况基本符合冲击气压越大，岩样单位体积吸收能越大的基本规律。

（2）玄武岩试样内部损伤随循环冲击次数不断累积，无围压状态下，试样抵抗冲击荷载的能力弱，各气压条件下均一次冲击就可将玄武岩试样破碎。当施加一定围压后，玄武岩抵抗外部冲击载荷的能力大大提升，可承受多次冲击，破碎时累计比能量吸收值比无围压状态提升 10 倍以上。

（3）循环冲击加载的起始阶段，损伤因子增幅变化较为平稳，接着会经历急剧上升的阶段，最后临近破碎时，部分岩石内部损伤严重，吸能效率下降，损伤因子和纵波波速变化又将趋于平稳。由损伤因子和循环次数可拟合出曲线 $D=1-e^{-Ax}$，发现冲击气压大于 0.7 MPa 时，玄武岩试样的吸能效率明显提升。

（4）无围压状态下，当冲击气压较大时，试样在短时间内承受较大的冲击能量及冲击速度，玄武岩试样呈现出破碎甚至粉碎的现象。施加围压时，结合岩样宏观损伤形态，可推断本试验中岩样损伤因子达到 0.4 左右时，玄武岩试样会出现较为明显的剪切裂纹，当冲击气压较大时，还会伴随一些张拉裂纹，理论计算得出的损伤因子数据与各种工况下的宏观损伤状态相吻合。

5.8 岩石冲击破碎块度分形与能量耗散特征研究

动荷载下岩石的破坏形态和机理是矿山开采、岩石工程领域内所研究的热点问题，而应变率效应与尺寸效应对岩石的能量吸收和破坏形态具有重要影响[20-21]。因此，研究应变率和长径比对岩石能量耗散与分形特征的影响规律，具有重要的工程价值和应用前景[19]。为探究岩石破碎过程能量吸收与破坏形态特征，郭连军等人[22]通过霍普金森压杆（SHPB）试验分析了冲击气压对花岗岩的力学性能和破坏形态的影响。王浩等人[23]研究了不同灰砂比充填体试件的破碎块度。于金程等人[24]通过电镜扫描，分析了纯钼的动态压缩断面形貌特征。MANDELBORT[25]基于整形概念提出了分形理论，MARDOUKHI 等人[26]和 AHMADIAN 等人[27]采用分形维数表征了岩石的破碎程度。刘洋等人[28]发现峰后破碎砂岩的破坏形态与吸收能有关。XU 等人[29]、杨阳等人[30]引用分形理论，发现破碎分形维数与耗散能呈弱幂函数关系。纪杰杰等人[31]和甘德清等人[32]通过试验发现不同岩石分形维数随能量耗散密度变化关系所拟合的公式存在一定差异，但都满足乘幂函数关系，并且分形维数增长速率逐渐降低。上述研究在多个角度分析了能量吸收对破碎岩块分布的影响，然而试件破碎有效能耗还与试件尺寸和时间强度有关[33]。因此，利用 SHPB 试验系统，对 5 种长径比的岩石试件开展动态冲击试验与筛分试验，引用一个新的指标（能时密度）对单位时间岩石能量耗散进行了分析，得到长径比和加载应变率对岩石的能时密度和破坏形态的影响规律，建立了能时密度与分形维数关系模型，为进一步揭示冲击荷载下岩石能量吸收规律对岩石断裂破碎的影响提供理论基础。

5.8.1 SHPB 试验

5.8.1.1 长径比的选取

如图 5-60 所示，试验岩样取自河南省信阳市矿区，岩性为花岗岩，为确保试验数据的准确，将试件端面不平行度进行调整。经精准测量及检验，试件平均直径为 49.8 mm，密度为 2712 kg/m^3，纵波波速为 4776~5000 m/s，其反射系数在-0.55 ~-0.52，此范围岩石的冲击试验能更好地研究其动力学特性[34]。

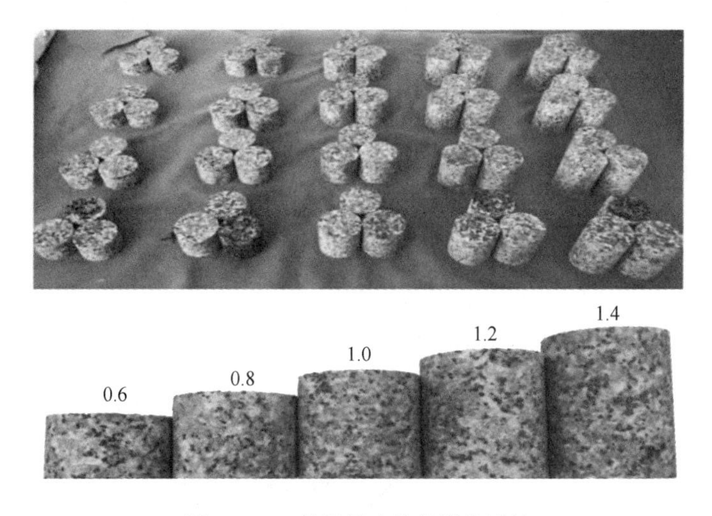

图 5-60 5 种长径比的花岗岩试件

SHPB 冲击试验中，试件的尺寸效应受特定杆径的影响。李地元等人[35]通过直径 50mm SHPB 试验分析，认为当岩石试件长径比 n 超过临界值 1.6 时，难以达到应力均匀化状态。同时为保证试件截面积（A_s）与压杆截面积（A_0）相同，试验所用岩石试件直径为 50 mm，选取不同试件长度 l_s，使长径比 n 依次为 0.6、0.8、1.0、1.2 及 1.4。1.2 试验系统及原理图为霍普金森系统结构图，该试验装置的压杆均由直径为 50 mm 的 50Cr 钢制成，其弹性模量（E_0）为 240 GPa，波阻抗 η 为 4.35×107 MPa/s，纵波波速（C_0）为 5580 m/s，采用相同的直径和材质的压杆可以较好地消除波弥散效应[36]。试验通过高压液氮提供动力，为确保试验数据较为全面，控制冲击气压值在 0.12~0.21 MPa，实现不同应变率的加载。同时使用双路爆速仪、超动态应变仪及高速数据采集器采集记录试验数据。

SHPB 试验满足两个基本假设[37]，对于脆性材料，选用三波法处理数据可以有效减少人为因素产生的误差[38]。根据 LK2109A 型超动态应变仪放大试验时入射杆上采集到的入、反射应变信号 ε_{I}、ε_{R}，表示入射杆与岩石试件端面的入、反射应力波，同理，透射应变波可用透射杆上采集的透射应变信号 ε_{T} 表示，根据三波法，得到岩石中应力 σ_{s}、应变 ε_{s} 和应变率 $\varepsilon_{\mathrm{s}}'$。

$$\left.\begin{aligned}\sigma_{\mathrm{s}} &= \frac{A_0E_0}{2A_{\mathrm{s}}}(\varepsilon_{\mathrm{I}}+\varepsilon_{\mathrm{R}}+\varepsilon_{\mathrm{T}})\\ \varepsilon_{\mathrm{s}} &= \frac{C_0}{l_{\mathrm{s}}}\int_0^t(\varepsilon_{\mathrm{I}}-\varepsilon_{\mathrm{R}}-\varepsilon_{\mathrm{T}})\mathrm{d}t\\ \varepsilon_{\mathrm{s}} &= \frac{C_0}{l_{\mathrm{s}}}(\varepsilon_{\mathrm{I}}-\varepsilon_{\mathrm{R}}-\varepsilon_{\mathrm{T}})\end{aligned}\right\} \tag{5-45}$$

5.8.1.2　动态应力平衡验证

岩石试件破坏前是否达到动态应力平衡状态，是判断 SHPB 试验结果是否有效的基础条件，根据 ISRM 建议的方法[39]，试验采用紫铜片进行波形整形，从而提升加载波上升沿时间、滤掉加载波的高频成分和降低弥散效应，有利于实现试验过程中试件两端的受力平衡。由图 5-61 可知，入、反射应力所叠加形成的曲线在 300 μs 内与透射应力曲线基本一致，证明在 SHPB 试验中花岗岩试件符合动态应力平衡状态，两侧应力满足两个基本假定从而忽略波的弥散，验证了试验数据有效性。

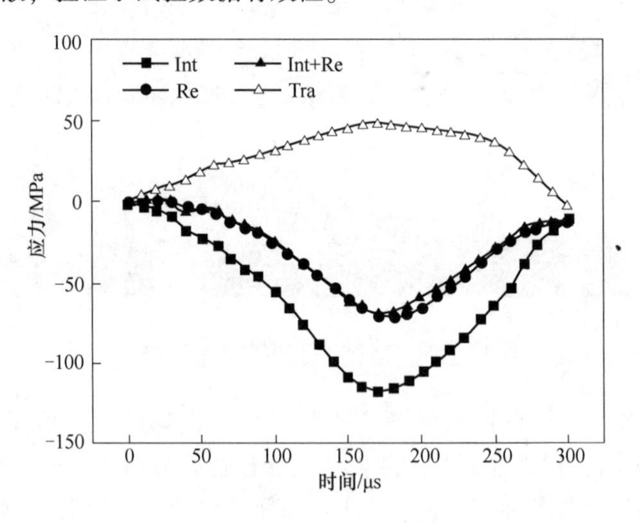

图 5-61　典型试件应力平衡图

5.8.2　尺寸效应与应变率效应对岩石破碎的影响

5.8.2.1　应力-应变曲线分析

根据入射杆和透射杆上采集的电压信号，用三波法进行数据处理，0.8 长径比试件在不同应变率下的应力-应变曲线如图 5-62 所示。由图 5-62 可知，5 种应变率下试件的应力-应变曲线在初始阶段均表现为近似沿直线上升，表现出良好线弹性特征，可以看出岩石的初始弹性模量较为稳定，与所加载的应变率大小无关，而试件的峰值应力表现出明显的应变率效应，并随着应变率从 48.8 s^{-1}增加至 124.2 s^{-1}，岩石的动态抗压强度不断增强，从 60.5 MPa 提升至 113.6MPa。在 0.18 MPa 冲击气压作用下 n=0.6~1.4 长径比的应力-应变关系如图 5-63 所示，可以看出，同种冲击气压下，不同长径比花岗岩对动态荷载响应能力有所区别，其中 5 组试验的峰值应力在 83.4~95.2 MPa 范围内较为接近，不同长径比花岗岩的动态应力-应变曲线显示应变从起始点到临近最大值之间呈现近似线性变化，随着长径比的降低，岩石的变形破坏速率变慢，小长径比岩石有更充足的时间完成并且持续应力平衡状态，特定长径比试件存在适用于其破碎的应变率范围。

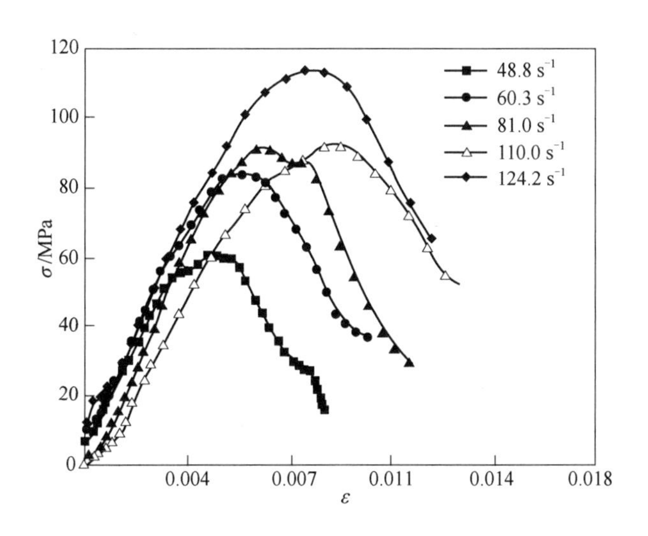

图 5-62 不同应变率花岗岩应变-应力曲线

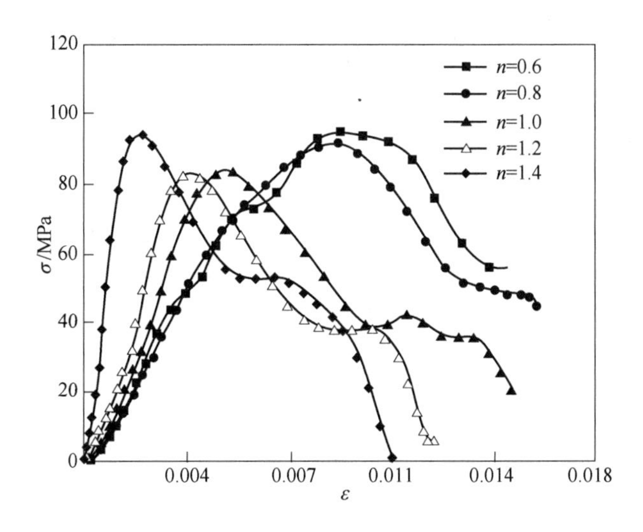

图 5-63 不同长径比花岗岩应变-应力曲线

5.8.2.2　考虑时间强度的破岩能耗特性

基于一维应力波理论，假设气缸发射子弹的动能全部转换为应力波携带的入射能 E_{I}，忽略整个过程中试件和子弹连接面的能量损失，则通过反射能 E_{R} 与透射能 E_{T} 计算出试件中的能量耗散 E_{D}。

$$E_{\mathrm{I}} = A_0 C_0 E_0 \int_0^t \varepsilon_{\mathrm{I}}^2(t)\,\mathrm{d}t \tag{5-46}$$

$$E_{\mathrm{R}} = A_0 C_0 E_0 \int_0^t \varepsilon_{\mathrm{R}}^2(t)\,\mathrm{d}t \tag{5-47}$$

$$E_{\mathrm{T}} = A_0 C_0 E_0 \int_0^t \varepsilon_{\mathrm{T}}^2(t)\,\mathrm{d}t \tag{5-48}$$

$$E_{\mathrm{I}} = E_{\mathrm{R}} + E_{\mathrm{T}} + E_{\mathrm{D}} \tag{5-49}$$

部分学者通过计算耗散能量密度 E_{V} 来表征岩石材料的能量吸收情况[40]，如式（5-50）。然而在研究试件能量耗散时除了需要考虑试件体积 V_{S} 的影响外，还应考虑应力波在试件中的经历时间，带有时间强度的能量结构被定义为能时密度 E_{VT}，能够从时间角度来表征岩石试件在破碎过程中的吸能耦合规律，见式（5-51）。由于三波起跳与结束之间的时间大致相同，可以用三波作用时间 T_{R} 来替换应力波在岩石中的经历时间。

$$E_{\mathrm{V}} = E_{\mathrm{D}}/V_{\mathrm{S}} \tag{5-50}$$

$$E_{\mathrm{VT}} = E_{\mathrm{D}}/(V_{\mathrm{S}} \cdot T_{\mathrm{R}}) \tag{5-51}$$

岩石的断裂破碎本质是其内部损伤的不断加重，这个过程中伴随着裂纹的不断产生和拓展，最后贯通整个岩石，而裂纹拓展需要的能量远低于裂纹产生的能量。因此，在考虑应力波作用时间的情况下，引入带有时间强度的能时密度 E_{VT}，可以使能量集中于裂纹贯通前的阶段，致使岩石产生更多裂纹和缺陷，从而使岩石破碎程度更高。图 5-64 是 5 种长径比岩石试件的能时密度和应变率的关系。从图 5-64 可以看出：各个长径比的岩石试件的应变率和能时密度皆满足乘幂关系，随着应变率的不断增加，能时密度随之增大，说明同一种长径比应变率越大，试件单位时间内吸收用于破碎的能量就越大。从拟合公式来看，随着长径比的增大，系数部分从 0.0928 降低到 0.0069，指数部分从 0.7382 提升到 1.341，表明在应变率较低时，长径比越小岩石试件能时密度越大，一方面是因为长径比越小，应力波作用时间内应力平衡时间占比较大，反之长径比越大岩石应力平衡时间越

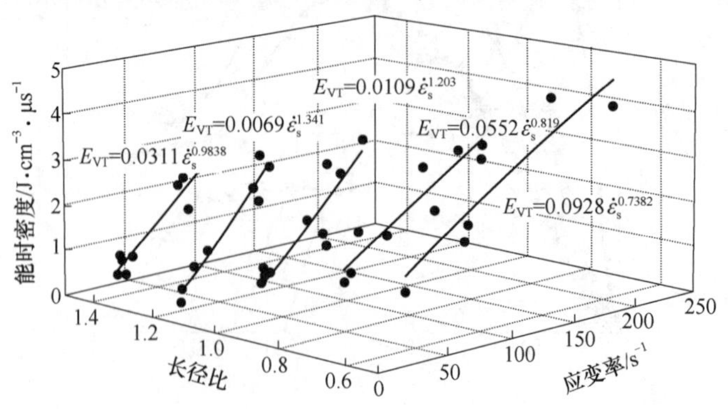

图 5-64　能时密度与应变率的关系

短，大多时刻处于应力劣化状态，使应力脉冲时间内岩石吸能破碎能力降低。当应变率高于临近值后，随着应变率的增加，长径比越小岩石试件吸收能量后越先发生破坏，因此受到限制，而长径比越大的岩石试件，耗散能越大，能时密度增长越快。

5.8.2.3 动态断裂破坏形态特征

图 5-65 为 0.15MPa 冲击气压下 0.6~1.4 长径比花岗岩试件的最终破坏形态，从岩石试件轴向断面能够看出，应力集中区域，处于岩石轴向中心，此区域为高应力集中区，岩石裂纹由此处向四周扩散，随着长径比的增加，岩石的裂纹数量明显减少，是因为应力波的能量在岩石折、反射过程中逐渐衰减，无法激活更多的裂纹。图 5-66 为 0.8 长径比花岗岩试件在 48.8~124.2 s^{-1}应变率范围内的破坏形态，可以看出，随着应变率提升，破碎块度不断变小，表现出较强的应变率效应，其原因是岩石内存在大量微裂纹，应力波所携带的能量在岩石内传播会激活这些裂纹，并不断发育、拓展和产生新裂纹，最后贯通劈裂破坏形成碎块中的大量锥形结构、一部分片状结构和少量柱状结构。

(a)　(b)　(c)　(d)　(e)

图 5-65　不同长径比试件破坏形态图

(a) $n=0.6$; (b) $n=0.8$; (c) $n=1.0$; (d) $n=1.2$; (e) $n=1.4$

(a)　(b)　(c)　(d)　(e)

图 5-66　不同应变率下时间破坏形态图

(a) $\varepsilon_s'=48.8\ s^{-1}$; (b) $\varepsilon_s'=60.3\ s^{-1}$; (c) $\varepsilon_s'=81.0\ s^{-1}$; (d) $\varepsilon_s'=110.0\ s^{-1}$; (e) $\varepsilon_s'=124.2\ s^{-1}$

5.8.3 能时密度与分形特征的关系

5.8.3.1 岩石破碎筛分与分形维数计算

选取 0.8 长径比的筛分数据和 0.18 MPa 冲击气压下的筛分数据进行分析，在 SHPB 试验中，花岗岩试件被破碎成不同粒径的碎块，使用 2.36~26.5 mm 共 7 个筛级的筛孔进行筛分，再称量各筛上留存试件碎块质量，绘制出的块度级配分布曲线如图 5-67 和图 5-68

所示。由图 5-67 和图 5-68 可知，随着应变率的增加，岩石吸收能量不断增大，花岗岩破碎后的块度不断减小，累积筛分百分比曲线随应变率变化逐渐变缓。长径比 0.6~1.0 的累计筛分百分比曲线形态较为相似。当长径比大于 1.0 后，累计筛分百分比曲线发生显著变化。在破碎过程中，随着劈裂面的产生，需要更多的能量来克服耗散，因此采用分形维数来表征岩石的破碎程度，通过构建的块度分布质量-频率函数结合筛分数据，得到花岗岩试件在 SHPB 试验中形成的碎块分布公式为：

$$M(L)/M = (L/L_m)^{3-D} \tag{5-52}$$

式中，D 为冲击破碎岩石的分形维数；L 为筛孔尺寸；M 为试件破碎前质量；L_m 为试件破碎后粒径；$M(L)$ 为筛网留存质量。把式（5-52）左右两边取对数得到式（5-53）。

$$\lg[M(L)/M] = (3-D)\lg(L/L_m) \tag{5-53}$$

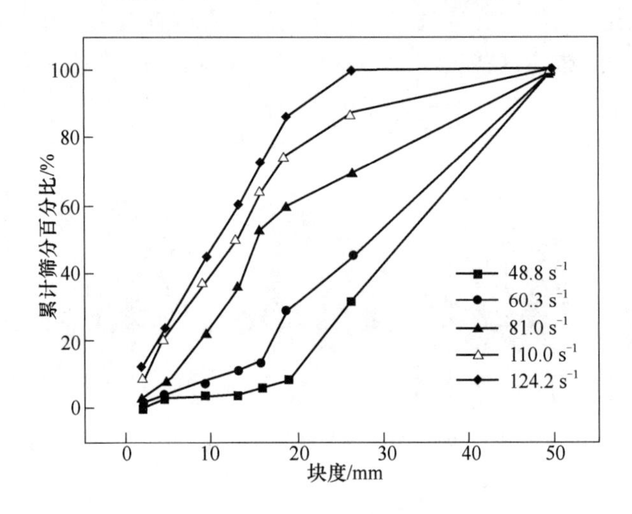

图 5-67　不同应变率作用下岩石的块度级配分布曲线

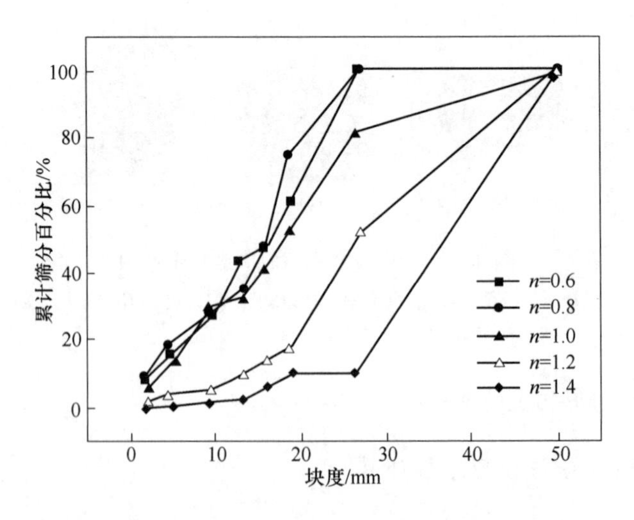

图 5-68　不同长径比试件的块度级配分布曲线

图 5-69 和图 5-70 分别为不同应变率条件和不同长径比条件下试件的 $\lg[M(L)/M]-\lg L$

曲线图，对其进行线性拟合得到直线斜率 3−D，从而计算出岩石破碎的分形维数 D。由表 5-25 和表 5-26 可以看到其相关系数 R 均在 0.95 以上，有较好的线性相关关系，表明花岗岩试件在 SHPB 试验中的碎块分布具有分形特征。

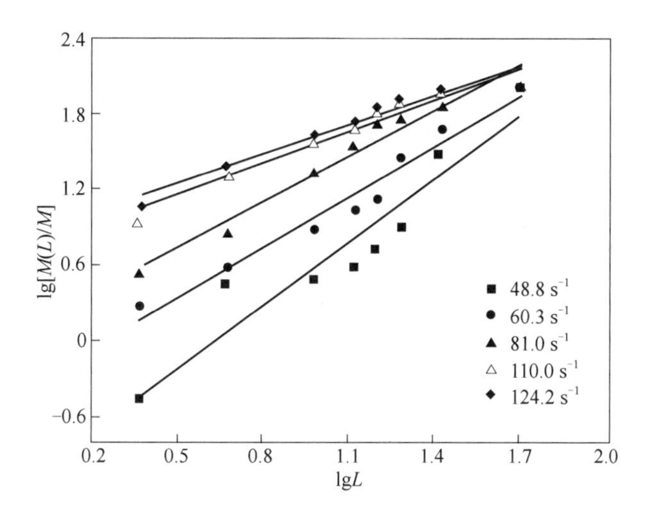

图 5-69 不同应变率条件下的试件破碎块度分布的 lg[$M(L)/M$] 曲线

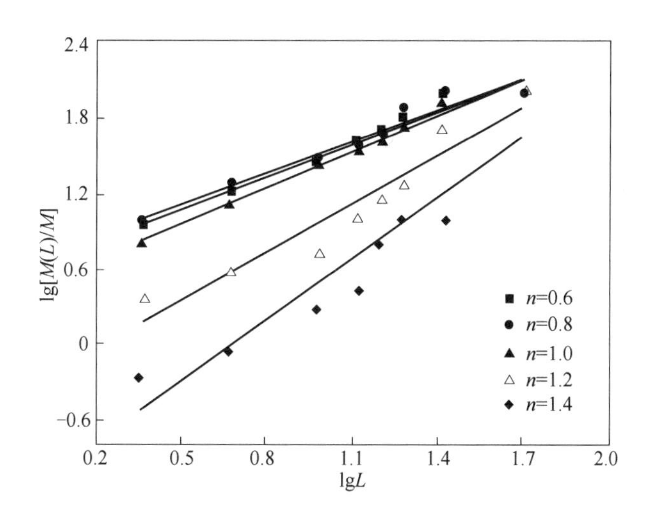

图 5-70 不同长径比条件下的试件破碎块度分布的 lg[$M(L)/M$]−lg$L$ 曲线

表 5-25 花岗岩试件在不同应变率下的分形维数

试样编号	0. 8-8-2	0. 8-10-2	0. 8-10-1	0. 8-12-1	0. 8-14-2
应变率	48. 8	60. 3	81. 0	110. 0	124. 2
分形尺寸	1. 32507	1. 66178	1. 79244	2. 16371	2. 22932
相关系数	0. 98443	0. 98443	0. 97754	0. 97375	0. 96464

表 5-26　不同长径比花岗岩试件的分形维数

试样编号	0. 6-12-1	0. 8-12-2	1. 0-12-1	1. 2-12-2	1. 4-12-1
应变率	0. 6	0. 8	1. 0	1. 2	1. 4
分形尺寸	2. 13005	2. 17133	2. 04185	1. 73703	1. 37021
相关系数	0. 98140	0. 97014	0. 98943	0. 95876	0. 95066

由表 5-25 和表 5-26 可知，随着加载应变率的提高和长径比的降低，岩石的破碎分形维数 D 不断增大，体现了分形维数的应变率效应和尺寸效应。0. 8 长径比试件应变率由 48. 8 s^{-1}提高至 124. 2 s^{-1}，岩石分形维数 d 由 1. 32507 提高至 2. 22932；0. 18 MPa 冲击气压下，试件的长径比从 0. 6 提高至 1. 4，岩石分形维数 D 由 1. 37021 提高至 2. 13005。总的来说，随着加载应变率的增加，岩石内部更容易裂纹生长、连接和贯通，致使岩石发生变形破坏的程度更高。小长径比试件，应力平衡时间更长，岩石充分破碎，而大长径比试件内应力波相互叠加严重，致使岩石提前破坏，破碎程度稍小。

5. 8. 3. 2　能时密度与分形维数的关系

为了揭示单位时间强度的能时密度 E_{VT}与表征岩石破碎程度的分形维数 D 的关系，进行乘幂函数拟合，如图 5-71 和图 5-72 所示。由图 5-71 和图 5-72 可知，岩石试件在冲击荷载作用下的分形维数 D 随着能时密度 E_{VT}的提高而变大，拟合曲线符合乘幂函数关系。试件的能时密度越高，在单位时间内用于裂纹拓展的能量就越大，试件的损伤程度加深，因此小尺寸的碎块比例增大，分形维数 D 也就更大。不同应变率下花岗岩试件的拟合公式为 $D=1.2874E_{VT}^{0.43895}$，不同长径比花岗岩试件的拟合公式为 $D=1.6198E_{VT}^{0.25442}$，两者系数部分差距较小，但指数部分应变率条件为 0. 43895，高于长径比条件的 0. 25442，表明岩石在实现同样的破碎程度时，长径比条件对能时密度的影响比应变率条件的影响更大，是因为试件长径比越大在破碎时产生的裂纹更多、劈裂面更大，使岩块断裂时单位时间消耗

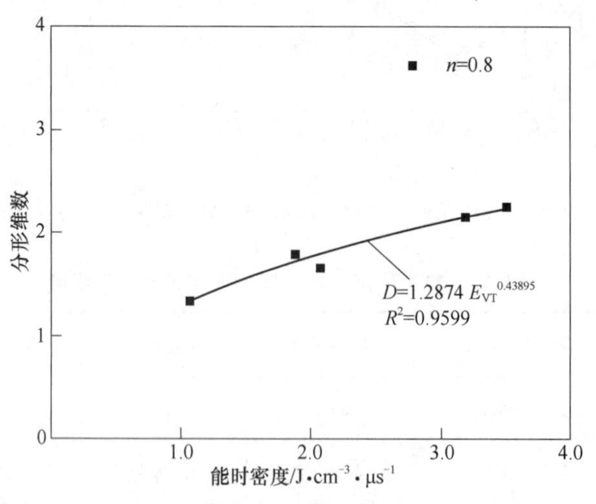

图 5-71　不同应变率下岩石分形维数与能时密度的关系

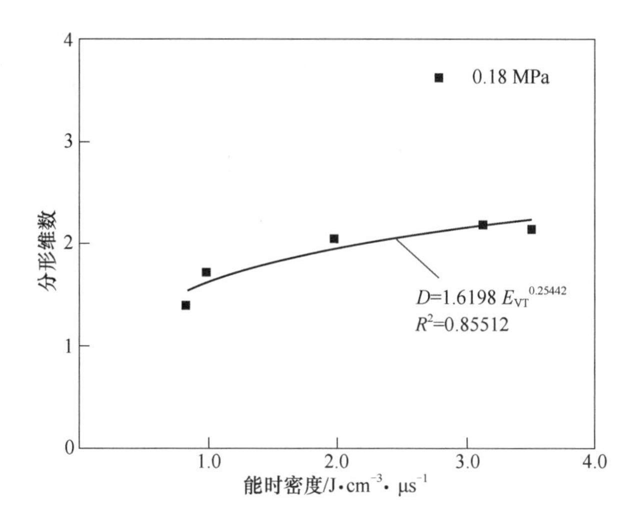

图 5-72 不同长径比岩石分形维数与能时密度的关系

能量更多。引用能时密度结合岩石破碎块度的分形维数计算，能够定量研究岩石单位时间内的能量吸收规律，在冲击荷载作用时间内，使能量主要用于岩石裂纹的形成，可以在裂纹贯通前能够吸收更多的能量用于损伤，从而提高工程爆破中的能量利用率，获得最优的破碎块度。

5.8.4 小结

本节对 0.6~1.4 长径比花岗岩试件进行了动态冲击试验，分析了尺寸效应和应变率效应对岩石的能时密度与破坏形态的影响，主要结论如下：

(1) 0.6~1.4 长径比花岗岩试件的应变率与能时密度均满足乘幂函数关系。相同长径比试件随应变率的增加能时密度呈增大趋势，试件长径比越大，岩石单位时间能量吸收随应变率增长越快。

(2) 岩石在 SHPB 试验中的块度分布具有分形特征，分形维数可作为定量表征岩石损伤程度的指标。对于相同长径比试件，随着应变率增大，破碎块度不断变小而分形维数呈递增趋势。

(3) 分形维数能够表征岩石单位时间能量吸收规律，试件的能时密度和分形维数符合乘幂函数关系。相同长径比岩石试件能时密度越大，单位时间内岩石破碎耗能就越多，破碎分形特征越明显。

5.9 能量体的理论

岩石破碎是进行大型岩体工程最简单、最基本的过程。岩石作为具有弹脆性特征的固体材料，受载过程中存在的变形、损伤、断裂等现象是导致完整岩石被破碎成碎块的基本原因。为了揭示岩石材料断裂破碎中的力学规律，常常需要借助岩石破碎理论的帮助。在岩石破碎理论的研究中，国内外专家、学者已经进行了多年的研究，如最早将岩石视为各向同性均质体的弹性理论阶段[41]，基于 Griffith 理论的岩石断裂理论[42-43]，以及近年来取得丰富成果的统计损伤理论[44-46]。由于岩石在受载过程中应力应变状态的改变伴随着丰富的能量变化，采用能量角度定义岩石本构及强度准则这一思路，也在解决岩石破碎问题时得到了关注，谢和平[47]于2005年基于能量耗散与释放原理建立了岩石强度及整体破坏准则，在国内岩石力学界引起了从能量观点来描述岩石变形破碎的热潮。基于这一观点，孙友杰[48]描述了动态加载过程中的能量组成，研究了大理岩试件在动态作用下断裂能、动能与总能量的吸收情况。刘鹏飞[49]研究了花岗岩在三轴应力下的加载破坏能量演化规律，据此提出了岩石损伤演化模型。来兴平[50]选取了不同孔径的煤样进行了垂交加载试验，根据试验结果论证了卸压孔能够在煤层开采过程中起到卸压释能的作用。由此可见，从能量角度分析岩石稳定性、损伤、破碎具有可行性，且适用于多种岩性及不同的荷载条件。目前从能量角度分析研究岩石破碎问题时，主流方法为根据岩石所受荷载类型，通过应力应变变化计算岩石的能量耗散情况，关注加载破坏过程中岩石的能量演化规律，多将岩石微元化，以分析岩石微元体的受力状态为切入点解决岩石破碎中的力学问题。但将岩石作为内敛能量物质或者外在交互作用材料定义为能量体，再根据能量消耗情况及力学变化解释这一特性的相关描述仍存在空白。对此，通过地质学、固体力学及晶核破碎学等理论，根据岩石在形成过程中的晶体变化情况描述了晶核间“固化”能量这一特点，采用表面能推导了完全破碎及非完全破碎条件下的岩石破碎能量消耗计算模型，根据计算模型定义了描述岩石破碎程度指标 K_u。

5.9.1 岩石能量体的定义及概念

岩石的形成与地球的内部地质活动息息相关，岩石的基本结构包括岩石中矿物的结晶程度、颗粒大小、形状及彼此间的组合方式。岩石的晶体结构等基本特性由成岩时的地质条件决定，地质学中根据岩石的成因将岩石划分为岩浆岩、变质岩与沉积岩三大类型。岩浆岩形成的原理是由岩浆喷出地表或侵入地壳冷凝凝固而成，由于岩浆温度是逐渐降低的，不同矿物的结晶具有先后顺序，此现象导致了岩石的晶体结构上由不同粒径组成，是导致岩石非均质性的诱因之一。在沉积岩的形成过程中，其内部存在着岩浆岩与变质岩的岩屑及风化、剥蚀、搬运来的矿物、生物体，这些物质在重力作用下经过压固、脱水、胶结及重结晶等作用形成坚硬的岩石。因此，沉积岩区别于其余两种类型岩石的最大特点便是具有丰富种类的颗粒且在沉积物颗粒之间具有胶结物。变质岩的形成原因则是原有岩石受到高温高压及化学成分渗入产生剧烈变化后形成的岩石，由于变质岩大多形成于高温条件，其性质相对稳定且具有结晶结构，在这一过程中，原岩中的矿物可能会再次结晶形成了变晶结构，也是变质岩的一个典型特点。通过对典型岩石形成特征的描述中不难看出，岩石的形成过程包括了晶体结构的组合、拼接，地质活动中的高温、高压等状态促成了晶体结构的变化，这些过程伴随着大量的能量消耗，该部分能量以晶体间的连接、沉积物之间胶结的形式储存在完整岩石中，可以理解为地质运动过程中在晶核间“固化”了一部分能量，形成了晶体及不同晶核颗粒间的胶结物质。由于完整岩石的晶体结构及晶核间的胶结物质客观存在，当外部荷载作用于岩石时，本质上是外部能量与岩石内部所“固化”的能量进行交互的过程，岩石受载过程中力学分析的本质则是对该过程的总结。根据这一特性，岩石可以抽象地表达为具有抵抗破碎能力的内敛能量物质，即岩石能量体[51]。

5.9.2 岩石破碎过程中的能量消耗

将岩石定义为具有抵抗破碎能力的内敛能量物质即岩石能量体后，需要对其破碎的本质与能量关系进行说明，并提出岩石破碎能量的计算方法。

5.9.2.1 微观角度的岩石能量体破碎

在上述的分析中，可以认识到岩石在形成中“固化”了能量，而破碎过程则打破了能量体的稳态结构，在微观角度中，岩石由晶体构成，晶体中的离子、原子或分子按照固定规律排列，在岩石形成过程中，晶体间的相互作用力在构成晶体过程中消耗了大量能量，这部分能量被称为结合能。结合能由两部分组成，第 1 部分为由引力造成的结合能，第 2 部分表示由斥力造成的结合能，公式为：

$$U = -\frac{A \cdot e^2}{r} + \frac{B}{r^n} \tag{5-54}$$

式中，r 为质点间距离，nm；n 为与晶体类型有关的参数；A 为与晶胞质点排列方式有关的常数；B 为和结晶构造有关的常数；e 为质点所带电荷量，C。式（5-54）第 1 项表示晶体的吸收能 W，其中

$$A = 2\ln 2 = 1.39$$

质点间的互作用力可由结合能对距离积分：

$$P = \frac{\mathrm{d}U}{\mathrm{d}r} = \frac{A \cdot e^2}{r^2} - \frac{n \cdot B}{r^{n+1}}$$

当 $r=r_0$时，互斥力与吸引力相等，质点处于平衡状态，$P=0$，U 有最小值 U_0。得：

$$B = \frac{A \cdot e^2}{n} \cdot r_0^{n-1} \tag{5-55}$$

$$-U_0 = \frac{A \cdot e^2}{r} \cdot \frac{1-n}{n} \tag{5-56}$$

$$P = \frac{A \cdot e^2}{r^2} \cdot \left[1 - \left(\frac{r_0}{r}\right)^{n-1}\right] \tag{5-57}$$

图 5-73 和图 5-74 表示外部荷载作用于晶体时存在的两种典型情况，晶体受到压缩时质点的间距小于初始距离与受到拉伸时质点间距大于初始距离，当二者距离达到一定数值时，晶体产生破碎，间距与结合能二者间的关系如图 5-75 所示。

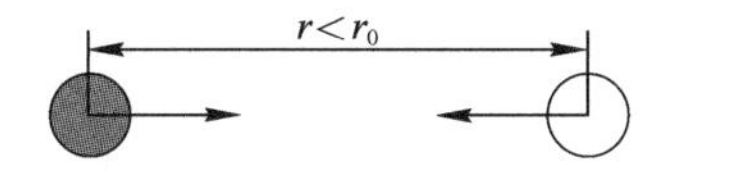

图 5-73 晶体受外力而压缩时

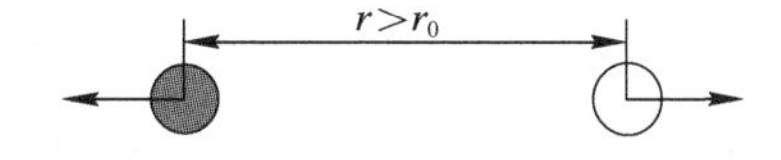

图 5-74 晶体受外力而伸张时

图 5-75 中，U 为晶胞中各质点间的结合能，J；P 为各质点间的相互作用力，N；r_0为平衡时质点的间距，nm；r_m为断裂时的质点间距，nm；B/r^n为质点斥力造成的结合能，J；$-(Ae^2)/r$ 表示质点引力造成的结合能，J。因此，微观角度中将岩石破裂的实质解释为晶体结构的破坏，说明了岩石的破碎是由于外部荷载的能量打破了晶体间质点的结合能，破

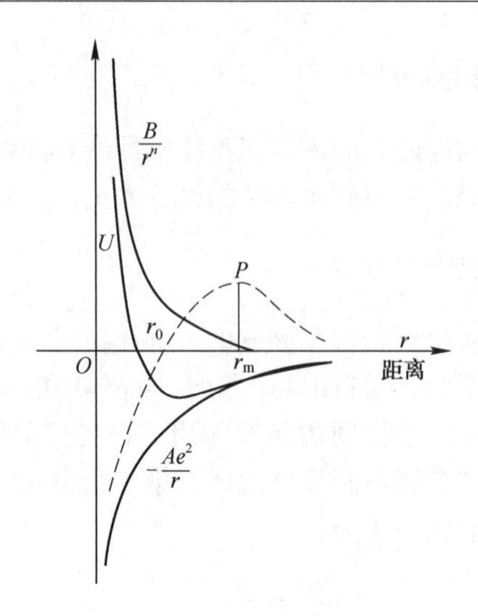

图 5-75　晶胞中质点间距和相互作用力及结合能的关系

碎后势必导致岩石产生新的表面，这部分能量与新增表面的关系，可以采用表面能进行说明。

假定使晶体产生破碎的能量为 ΔU，晶体吸收能量后产生的新的表面积为 ΔS，则有：

$$\gamma = \frac{\Delta U}{\Delta S} \tag{5-58}$$

式中，γ 为岩石的表面能，J；ΔU 表示使晶体产生破碎的能量，J；ΔS 为晶体吸收能量后产生新的表面积的大小，m^2。

可见，岩石经历了吸收能量、破碎、再次平衡，岩石表面积的增加是完成这一过程的结果。因此，表面能体现了岩石作为内敛能量物质这一特征也决定了岩石抵抗破碎的能力。

5.9.2.2　岩石表面能的获取及计算

为了更为精确的计算岩石的破碎能量，首先要获取岩石表面能的大小，由于不同种类岩石的晶体结构具有很大差别，导致了岩石间表面能大小的差异，在固体表面力学中，提出了几种固体表面能的测算方法。如温度外推法[52]、溶解热法[53]、晶体劈裂法[54]等方法，但由于上述方法未能考虑到岩石熔点较高这一特性，在试验手段上实现较为困难。程传煊[55]曾采用具有明晰节理面的云母劈裂试验结果，给出了计算固体表面能的表达式：

$$\gamma = \frac{T^2 \cdot x_t}{4E} \tag{5-59}$$

式中，x_t为薄片厚度，mm；T 为该厚度下薄片的张力，N；E 为岩石的弹性模量，MPa。

纪国法等人[56]在研究中指出，上述方法所测定的表面能常常高于真实值，其结果并不适用于岩石破碎当中。在岩石表面能的获取中，可借助断裂试验间接获取，断裂韧度这一指标描述材料抵抗裂纹失稳扩展抵抗脆断的能力，其大小等于岩石的应力强度因子增大至某一临界值，计算公式为：

$$G_C = \frac{K_{IC}^2}{E} \tag{5-60}$$

式中，G_C为临界状态时的裂纹扩展能力，也称作应变能释放率；K_{IC}为表征材料特征的临界值平面应变断裂韧性。

最终得到了基于K_{IC}定义的岩石表面能公式：

$$\gamma = \frac{K_{IC}^2}{2E} \tag{5-61}$$

可以看出，此时推导的岩石表面能计算方法与 Bao[57]所给出的计算方法相同，K_{IC}可以通过 ISRM 推荐的直切槽半圆盘弯曲试样（NSCB）[58-59]确定（见图 5-76）。具体计算公式为：

$$K_{IC} = \frac{P_{max} \cdot \sqrt{\pi \cdot a}}{2R \cdot B} \cdot Y' \tag{5-62}$$

$$Y' = -1.297 + 9.516(S/2R) - [0.47 + 16.457(S/2R)] \cdot \beta + [1.071 + 34.401(S/2R)] \cdot \beta^2 \tag{5-63}$$

式中，P_{max}为试件破坏时的峰值载荷，MPa；a 为人工预制裂纹长度，m；R 为试件半径，m；B 为试件的厚度，m；Y'为无量纲应力强度因子，$\beta = a/R$；S 为两个支撑点之间的间距，m；$S/2R$ 为无量纲支撑间距。将式（5-62）代入式（5-61），则利用 NSCB 劈裂试验得到的岩石材料表面能为：

$$\gamma = \frac{P_{max}^2 \cdot \pi \cdot a}{8E \cdot R^2 \cdot B^2} \cdot Y'^2 \tag{5-64}$$

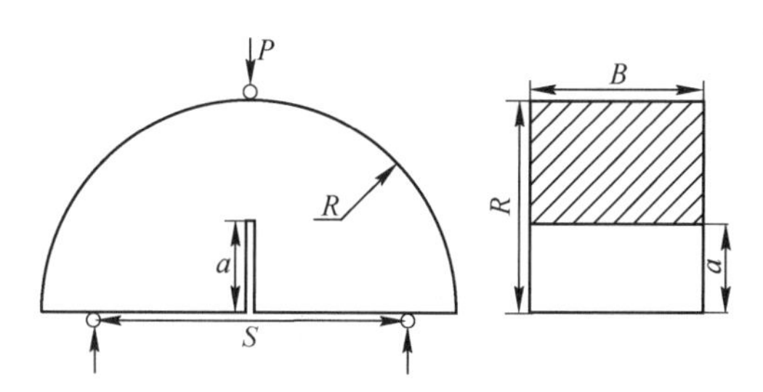

图 5-76　NSCB 试件加载示意图

5.9.2.3　岩石能量体的破碎能耗模型

Rittinger 理论中将岩石的能量耗散与释放过程描述为新增断裂面的产生，并给出了破碎过程功耗（即破碎能）的表达式：

$$E_b = 2\gamma \cdot S_\Delta \tag{5-65}$$

式中，E_b为破碎能，J；S_Δ为岩石破碎后新增的表面积，m^2。

破碎能的应用指标一般在破碎发生后，讨论岩石破碎耗能与能量消耗间的关系，如周继国等人[60]采用破碎能与炸药消耗之间的比值评价了爆破中的能量利用情况。理想情况下，破碎尺度逐渐趋近于 0 时，此状态下可定义为岩石的完全破碎，此时每个岩石单元的粒径大小为 d，假定每个岩石单元等大小、形状相同为正方体或球形，则有：

$$S_\Delta = \frac{6V}{d} - S_0 \tag{5-66}$$

式中，S_0为岩石未破碎时的初始表面积，m^2；V为岩石总体积，m^3；假定完全破碎条件下岩石破碎是平均的，d则表示目标破碎或期望破碎尺度，m。

根据式（5-66），完整破碎条件下的岩石能量体的破碎能量值$U_{完全破碎}$的计算公式为：

$$U_{完全破碎} = \gamma \cdot [(6V/d) - S_0] \tag{5-67}$$

5.9.2.4　实例计算

通过式（5-67）可以看出，岩石能量体的破碎能量值主要与岩石的体积、初始表面积、表面能、目标破碎尺度有关，由于表面能等参数属于岩石的固有属性，因此，岩石破碎能量值主要受目标尺寸d的大小影响。在工程尺度上，如矿山中，完整岩体经历钻孔、爆破、破碎、磨矿等工序，岩石破碎的尺寸逐渐趋于精细化，但岩石破碎的尺度并不是无限且无休止的。如果采用晶核结合能的集合去计算岩石能量体的破碎能量值不仅在统计上存在难度，由于尺度过小，也不具有实际意义。从岩体到晶核质点岩石能量体的不同组成形式如图5-77所示。

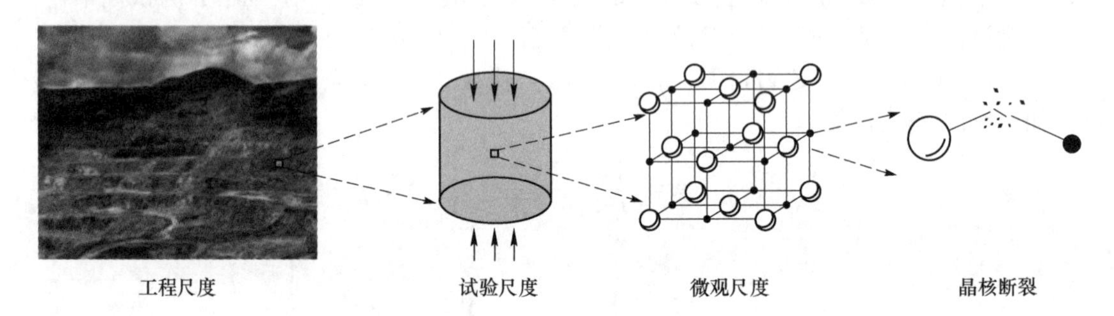

图5-77　不同尺度下的岩石

据此，选择了赵子江等人[61]研究中的参数总结了能量体破碎能耗值与目标破碎尺度的关系，如图5-78所示，运算中参数的选择见表5-27，本次计算将岩石视为长度为10 cm、直径为5 cm的圆柱体进行计算。

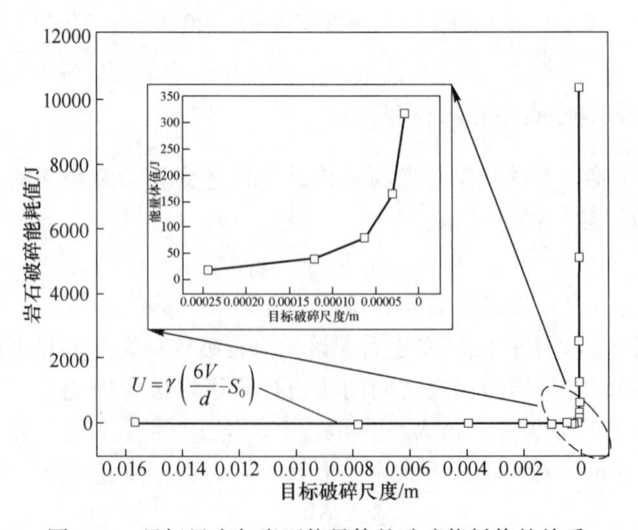

图5-78　目标尺度与岩石能量体的破碎能耗值的关系

表 5-27 页岩基本物理力学参数

岩石类型	岩石种类	弹性模量/GPa	断裂韧度/MPa · $m^{1/2}$	试件和工度/m	试件直径/m	表面能/J · m^{-2}
页岩	沉积岩	15.3	1.13	0.01	0.05	41.78

由图 5-78 可知：岩石能量体的破碎能耗值的大小随着岩石破碎目标尺度的减小而增大，由于计算中选择的岩石试件较小，在破碎目标粒径尺寸在 0.016~0.002 m 区间内，岩石能量体的破碎能耗值趋近于 0；破碎目标粒径尺寸在 0.002 m 以下时，能够明显看出有明显的上升趋势，可见所定义的岩石能量体理论与目标破碎尺度有明显的相关性。由定义的 $U_{完全破碎}$ 公式（见式（5-67））来看，在数学关系中，当目标粒径 d 趋近于 0 时，岩石能量体的破碎能耗值是趋近于无穷大的。但在实际中，岩石是不可能破碎至无穷小的，因此，完全破碎的岩石能量体的破碎能量值近似等于将岩石每两个晶核断裂时消耗能量的总和，这与前面论述是相吻合的，在工程中计算岩石能量体的破碎能量值时可根据矿石商品的粒径进行选择目标粒径值 d，如超细国产精矿粉的粒径要求小于 0.0047 mm[62-63]，在计算中 d 的取值可依照该标准进行设定，采用此方法定义 d 值的优点在于，以目标尺寸为目标，将钻孔、爆破、破碎各道工序有机地结合起来。分别选择了赵子江[61]、纪国法[56]、Iqbal[64]、饶秋华[65]、李江腾[66]、Cho J W[67] 的页岩、花岗岩、砂岩、大理岩、片麻岩的测试结果，通过试算得到了文献中所用试件的表面能大小及完全破碎状态下的破碎能耗值，如图 5-79 所示。通过对数据的整理不难看出，不同种类的断裂韧度值具有一定差距，如纪国法研究中的页岩与李江腾[66]研究中的大理岩弹性模量相似，但断裂韧度值 K_{IC} 相差近 2 倍，意味着对应的大理岩破裂时需要消耗更多的能量，从成岩原因上分析，变质岩在形成过程中经历了高温及压力变质，主要受到岩浆活动、构造活动能内力地质作用且主要在地壳中形成，使得其成核过程中储存的能量较多，具有更强的抵抗破碎的能力，大理岩则属于变质岩范畴，而沉积岩主要因重力沉积而形成于地壳表层，可能是断裂韧度较小的原因。

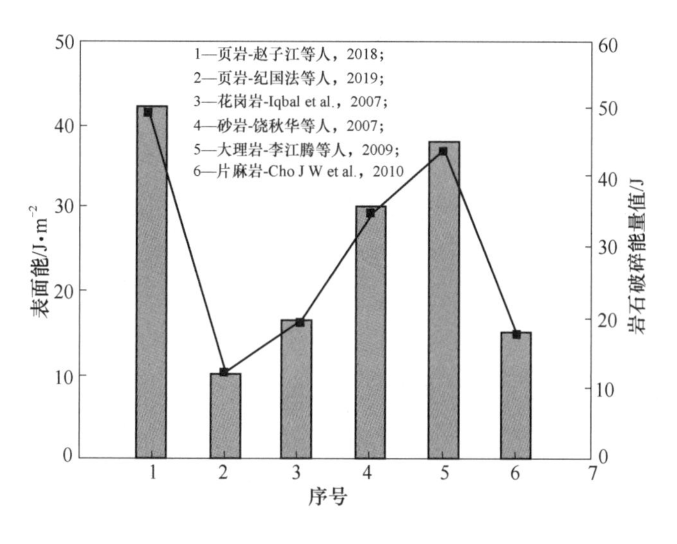

图 5-79 不同岩石能量体的破碎能量值及表面能

根据表 5-28 中岩石的数据计算了其表面能及目标粒径为 d 的完整破碎能耗值，其中目标尺度 d 取值为 0. 0001 m，计算结果如图 5-80 所示。可以看出此目标尺度下的岩石能量体的破碎能量值变化趋势与表面能的变化趋势基本相似，体现了破碎能耗值与表面能的强相关性，验证了 5. 9. 1 节中所论述的岩石能量体与地质成矿过程中晶体构成有关。不同岩种间差异性的主要区别可认为是成岩过程改变了岩石的晶体构造，进而影响了其表面能的大小，最终导致了不同岩石间内敛能量体大小的差异，反映了岩石抵抗破碎的能力。

表 5-28　不同类型岩石的断裂韧度值

文献来源	岩石类型	岩石种类	弹性模量/GPa	断裂韧度值 K_{IC} /MPa · $m^{1/2}$
赵子江等人	页岩	沉积岩	15. 30	1. 13
纪国法等人	页岩	沉积岩	36. 66	0. 86
Iqbal et al.	花岗岩	岩浆岩	92. 00	1. 74
饶秋华等人	砂岩	沉积岩	10. 70	0. 80
李江腾等人	大理岩	变质岩	33. 70	1. 59
Cho J W et al.	片麻岩	变质岩	75. 30	1. 50

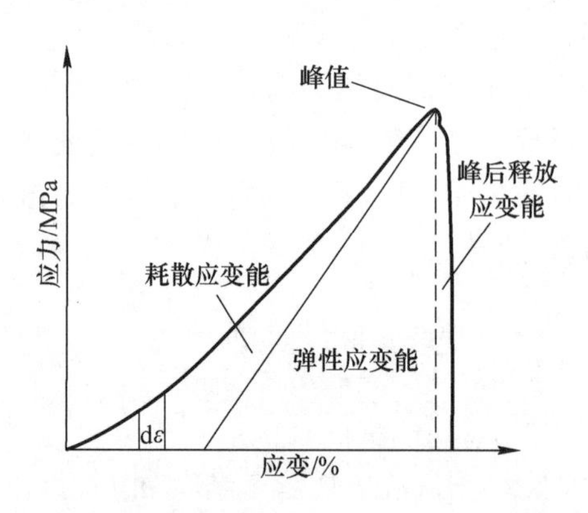

图 5-80　单位体积中的能量耗散和可释放应变能的量值关系

5. 9. 3　岩石破碎程度指标 K_u

5. 9. 3. 1　非完全破碎条件下能耗计算模型

无论岩石在实验室条件下的小尺度破坏，还是在工程尺度上的钻孔、爆破，均很难实现岩石的完全破碎。因此，非完全破碎结果下的能耗计算应进一步讨论。在宏观角度，岩石材料作为一种复杂的弹塑性材料，从岩石受力的应力应变分析，谢和平的研究认为岩石的破裂是耗散能与可释放能量共同作用的结果。其中，耗散能主要导致岩石单元产生损伤及塑性变形，是岩石产生破裂生成新表面的主要原因，弹性应变能引起岩石产生可释放的弹性形变，能量释放发生在岩石卸载后。在热力学的观点中，能量耗散是单向不可逆的，对应着岩石产生的破坏和损伤，能量释放则是双向且在一定条件下是可逆的。因此，在岩石受到荷载后，岩石产生的变化可分为两种，即为新表面的产生及内部产生的塑性应变及损伤，讨论未完全破碎时的岩石能量体，可以将其分为三部分：

$$U = U_d + U_e + U_i \tag{5-68}$$

式中，U_d为岩石破碎生成新表面的消耗能，J；U_e为未被破碎岩石中的剩余能量，J；U_i为岩石塑性变形及损伤时消耗的能量，J。其中，U_d采用岩石破碎后增加的表面积来进行定义：

$$\left.\begin{aligned} U &= U_d + U_e \\ U_d &= \gamma \cdot S_m \end{aligned}\right\} \tag{5-69}$$

式中，S_m 为岩石破碎后增加的表面积，m^2。试验中，统计每个岩石碎块的表面积显然是难以实现的，可根据岩石碎块的级配曲线进行计算，公式为：

$$S_m = 6V \cdot \int_0^{\infty} \frac{f(x)}{x} dx \tag{5-70}$$

式中，$f(x)$ 表示岩石碎块级配曲线的函数；V 为岩石能量体未破碎时的总体积，m^3。在尺寸区间（x_1^k，x_2^k）内的岩块体积占比为p_k，公式为：

$$p_k = \int_{x_1^k}^{x_2^k} f(x) dx \tag{5-71}$$

则平均概率密度为：

$$\bar{f}(x) = \frac{p_k}{x_2^k - x_1^k} \tag{5-72}$$

岩块总表面积为：

$$S_m = 6V \cdot \sum_{k=1}^{M} \int_{x_1^k}^{x_2^k} \frac{f(x)}{x} dx = 6V \cdot \sum_{x=1}^{M} \frac{p_k}{x_2^k - x_1^k} \cdot \ln \frac{x_2^k}{x_1^k}$$

因此，岩石增加新表面产生的消耗能为：

$$U_d = \gamma \cdot \left(6V \cdot \sum_{k=1}^{M} \frac{p_k}{x_2^k - x_1^k} \cdot \ln \frac{x_2^k}{x_1^k} - S_0 \right) \tag{5-73}$$

在U_e计算过程中，可根据完全破碎情况下的总表面积计算方法，当剩余岩石完全破碎时，增加的表面积可进行如下计算：

$$S_\Delta^m = \frac{6V}{d} - \int_0^{\infty} f(x) dx = 6V \cdot \left(\frac{1}{d} - \sum_{k=1}^{M} \frac{p_k}{x_2^k - x_1^k} \cdot \ln \frac{x_2^k}{x_1^k} \right) \tag{5-74}$$

式中，S_Δ^m 为剩余岩石完全破碎后增加的面积，m^2。则剩余能量 U_e为：

$$U_e = \gamma \cdot S_\Delta^m = \gamma \cdot 6V \cdot \left(\frac{1}{d} - \sum_{k=1}^{M} \frac{p_k}{x_2^k - x_1^k} \cdot \ln \frac{x_2^k}{x_1^k} \right) \tag{5-75}$$

在岩石能量体的破碎能量值的计算中，由于岩石具有弹塑性性质，塑性应变消耗能量的计算较为复杂，借助谢和平总结的岩体单元在外力作用下产生变形的描述，忽略外界热

交换等能量的交互过程，荷载输入的总能量为 U_m，外力做功产生的能量可分为两部分，即

$$U_m = V \cdot V_f + V \cdot U_i \tag{5-76}$$

式中，U_f为单元可释放弹性应变能，J；U_i 为单元耗散能，J。

在岩石能量体受载过程中，耗散能可以分为两部分，其中一部分使得岩体单元产生损伤、难以恢复的塑性应变，另一部分使得岩体单元完全失效破裂，产生新的表面，因此，塑性应变消耗的能量可由荷载输入的总能量求得：

$$U_i = V \cdot U_i - U_d = U_m - V \cdot U_f - U_d$$

可释放应变的计算方法在文献中给出，本研究不再进行单独推导，具体公式为：

$$U_f = \frac{1}{2E_n} \cdot [\sigma_1^2 + \sigma_2^2 + \sigma_3^2 - 2v \cdot (\sigma_1 \cdot \sigma_2 + \sigma_2 \cdot \sigma_3 + \sigma_1 \cdot \sigma_3)]$$

但在硬岩中该部分能量通常可以忽略，整理后岩石耗能的公式为：

$$U = \begin{cases} \dfrac{P_{max}^2 \cdot \pi \cdot a}{8E \cdot R^2 \cdot B^2} \cdot Y'^2 \cdot \left(\dfrac{6V}{d} - S_0\right) & \text{当完全破碎} \\ \dfrac{3V \cdot P_{max}^2 \cdot \pi \cdot a}{4E \cdot R^2 \cdot B^2} \cdot Y'^2 \cdot \left(\dfrac{1}{d} - \sum_{k=1}^{M} \dfrac{p_k}{x_2^k - x_1^k} \cdot \ln \dfrac{x_2^k}{x_1^k}\right) + U_m & \\ - \dfrac{V}{2E_0} \cdot [\sigma_1^2 + \sigma_2^2 + \sigma_3^2 - 2v(\sigma_1 \cdot \sigma_2 + \sigma_2 \cdot \sigma_3 + \sigma_1 \cdot \sigma_3)] & \text{当未完全破碎} \end{cases} \tag{5-77}$$

5.9.3.2 岩石破碎指标 K_u 计算方法

上述计算模型中，将岩石破碎能耗分为 U_d、U_e、U_i 三部分，表示了未完全破碎中引起岩石变化的各部分能量构成，由此，可以定义与目标破碎尺度有关的岩石破碎指标，可表示为：

$$K_u = 1 - \frac{U_e}{U_{完全破碎}} \tag{5-78}$$

式中，K_u为岩石破碎系数，表征了破碎尺度 d 下岩石的破碎状况；U_e为未被完全破碎的岩石中所含能量，当岩石未受到荷载时式（5-75）中的级配项与体积的乘积为 S_0，式退化为式（5-66），此时 $U_0 = U_{完全破碎}$，K_u为 0，表示岩石处于完整状态；岩石破碎存在一个理想的情况，即级配项与 $1/d$ 相等，此条件下 $U_0 = 0$，K_u为 1，表示该尺度下岩石达到了完全破碎状态；当级配项大于 $1/d$ 时，式（5-78）中的 $U_e/U_{完全破碎}$变为负值，K_u 将大于1，表示岩石处于过破碎状态。

5.9.3.3 岩石破碎程度指标验算

以霍普金森冲击试验为例，选取了刘鑫的研究结果，在霍普金森试验中，进行试验的岩石力学性质表见表 5-29。由于文献中没有进行劈裂试验，K_{IC}取值根据文献所述方法进行计算，公式为：

$$K_{IC} = 0.0265\sigma_c + 0.0014 \tag{5-79}$$

表 5-29 岩石的物理力学特性

岩石类型	密度 /g · cm^{-3}	抗压强度 /MPa	弹性模量 /GPa	断裂韧度值 K_{IC}/MPa · m$^{1/2}$	表面能 /J · m^{-2}	破碎能耗值 (d=0.6 mm)/J
花岗岩	2.57	68.20	41.70	1.81	39.23	18.94
千枚岩	2.72	71.46	67.40	1.90	26.64	12.87
极贫矿	3.07	91.24	79.30	2.42	36.90	17.82
磁铁石英岩	3.63	109.47	88.40	2.90	47.65	23.01

霍普金森试验中的输入能量 U_m 的计算方法有两种思路。

(1) 采用霍普金森试验原理方法。可根据入射波、反射波及透射波所携带的能量进行计算，公式为：

$$\left.\begin{aligned} W_I &= \frac{A \cdot C_b}{E_b}\int \sigma_I^2 dt = A \cdot E_b \cdot C_b \cdot \int \varepsilon_I^2 dt \\ W_R &= \frac{A \cdot C_b}{E_b}\int \sigma_R^2 dt = A \cdot E_b \cdot C_b \cdot \int \varepsilon_R^2 dt \\ W_T &= \frac{A \cdot C_{bt}}{E_{bT}}\int \sigma_T^2 dt = A \cdot E_{bt} \cdot C_{bt} \cdot \int \varepsilon_T^2 dt \end{aligned}\right\} \tag{5-80}$$

式中，W_I为入射波所携带的能量，J；W_R为反射波所携带的能量，J；W_T为透射波所携带的能量，J。

因此，冲击试验中岩石的总耗能为：

$$W_D = W_I - W_R - W_T \tag{5-81}$$

(2) 应力-应变曲线计算。如图 5-81 所示，在岩石受到单轴冲击荷载时，从应力-应变曲线可知，峰值前岩石因受到冲击荷载应力逐步上升，岩石内部的孔隙逐渐压密，峰值前

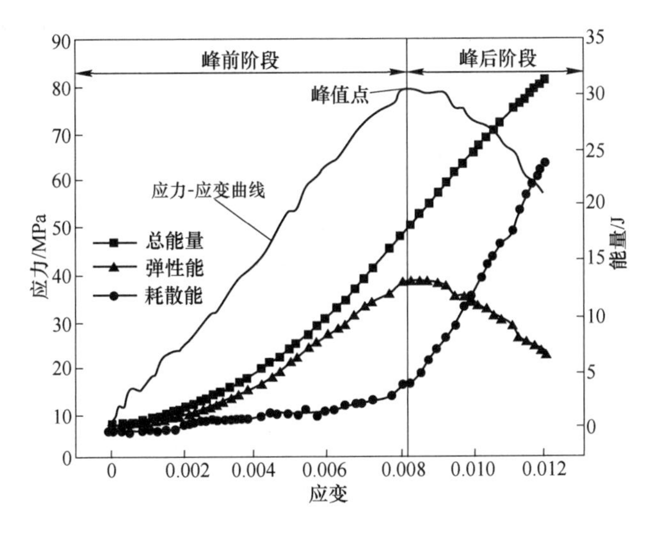

图 5-81 应力-应变曲线中各能量组成

岩石内部积聚了大量的弹性能，释放后导致了岩石裂纹的扩展、破裂。因此，应力峰值处的岩石单元体的应变能与所积攒的单元体弹性能的差值，即为岩石的耗散能，这部分能量不可逆，主要在岩石产生损伤及塑性变形时消耗。

如图 5-82 所示冲击载荷过程中的入射能分别为 742.10 J、554.52 J、718.59 J、546.33 J、539.77 J、588.47 J，各组别之间的入射能相差不大，其中耗散能分别为 329.20 J、262.11 J、284.81 J、263.53 J、119.10 J、239.76 J，耗散能的能量占比为 22%~48%，而通过应力-应变曲线计算而得的耗散能在 6~25 J 范围内，可以看出相比于试验原理计算而得的结果，二者相差一个数量级，说明在冲击试验中的能量并没有完全转化为岩石的应变能，也转变为了机械能，以及提供了岩石碎片弹射、飞散的动能。由于试验中，岩石碎块破碎并不完全，根据应力-应变计算而得的结果，岩石耗散的能量与生成新表面所产生的能量的差值，更接近岩石产生塑性应变所消耗的能量。如表 5-30 所示，岩石未完全破碎条件下的破碎能耗值大于完全破碎条件下的完整破碎能耗值，其原因是在试验条件的假定中，完全破碎条件下仅考虑了生成新表面积所产生的能量，岩石的塑性变形及损伤在完全破碎条件下是忽略的，当岩石未达到理想的破碎条件时，岩石不仅形成了新的表面，在塑性变形及内部损伤中也消耗了大部分能量。

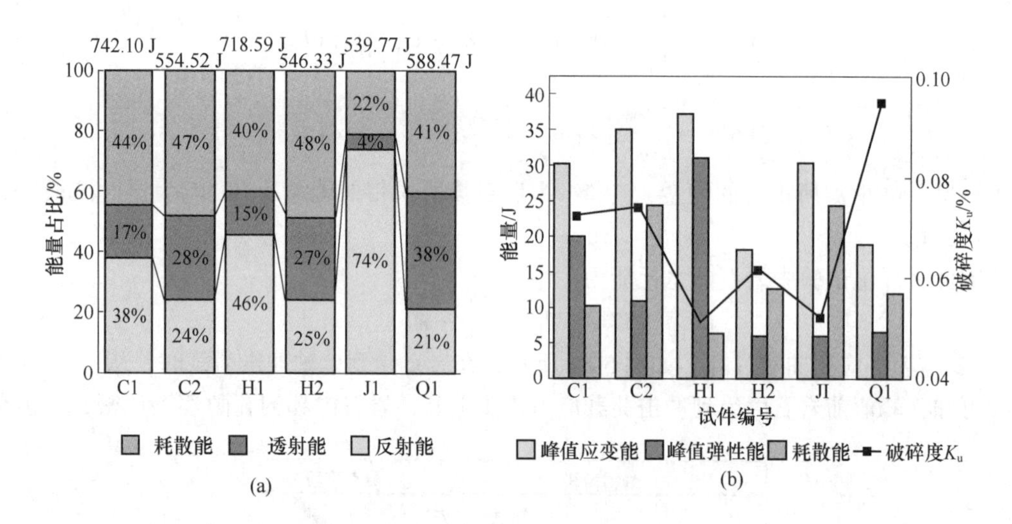

图 5-82　两种计算方法的能量构成

（a）霍普金森试验计算方法；（b）应力-应变曲线计算方法

表 5-30　冲击试验中的能量构成

编号	入射能/J	反射能/J	透射能/J	耗散能/J	峰值应力/MPa	峰值应变能/J	峰值弹性能/J	耗散能/J	完整破碎能耗值/J	剩余破碎能耗值/J	未完全破碎能耗值/J
C1	742.10	283.87	129.03	329.20	113.00	29.92	19.80	12.06	23.01	21.34	29.78
C2	554.52	135.10	157.30	262.11	136.00	35.29	10.87	22.75	23.01	21.31	44.03
H1	718.59	328.57	105.22	284.81	119.00	37.10	30.92	6.74	18.95	17.98	23.19

续表 5-30

编号	入射能/J	反射能/J	透射能/J	耗散能/J	峰值应力/MPa	峰值应变能/J	峰值弹性能/J	耗散能/J	完整破碎能耗值/J	剩余破碎能耗值/J	未完全破碎能耗值/J
H2	546.33	134.08	148.72	263.53	79.40	18.32	5.86	11.48	18.95	17.78	29.07
J1	539.76	401.30	19.37	119.10	115.00	30.29	5.68	22.84	17.82	16.89	40.57
Q1	588.47	125.02	223.68	239.76	128.00	18.74	6.64	10.60	12.87	11.65	22.52

由图 5-82 可知：在相同类型的岩石中，岩石破裂度随着耗散能的增加呈现正相关关系，耗散能的增大导致了岩石破裂度的提高。在试验结果中也可以发现，H2 与 Q1 试验结果中的耗散能为 11.48 J 与 10.60 J 相差不大，但二者的破裂程度相差极大，说明了虽然二者的吸收能量相似，但由于千枚岩的表面能为 26.64 J/m^2 而极贫矿的表面能为 36.90 J/m^2，说明千枚岩在破裂过程中更易产生新的表面。文献［68］中进行破碎情况描述时，采用定性描述的方法，破碎情况分为大块、较小块、小块、小碎块、较小碎块，但该种方法受到主观影响较大，无法定量描述岩石的破碎情况。如在 H1 的试验情况下，定性描述中认为破碎情况为较小碎块，而 Q1 的破碎情况中则存在大块，这种情况仅从定性角度就难以比较二者之间的破碎情况，通过计算破碎过程中所增加的表面积可以看出，Q1 试验结果的新增表面积大于 H1 试验结果，Q1 组的 K_u 为 9.5%，H1 组的 K_u 为 5.1%，显然 Q1 组的破碎效果更好。

5.9.4 结论

为推动岩石力学及破碎理论的发展，运用了地质学、固体表面力学、晶核破碎学等领域的观点，定义了概念为抵抗破碎能力的岩石能量体理论，研究表明如下。

(1) 不同种类的岩石在地质作用成岩的过程中，“固化”了一部分能量，这部分被“固化”的能量则决定了岩石抵抗破碎的能力。通过微观角度的理论，说明了岩石能量体中所固化的能量近似等于使得所有晶核中的质点产生断裂所消耗的能量，将这部分能量释放后，宏观角度体现为岩石的断裂、破碎最终形成新的表面。

(2) 区分了完整破碎及非完整破碎时岩石能量体的区别，在计算岩石表面能时，相比于晶体劈裂法，NSCB 断裂试验更便于操作。在实例的计算结果中，能够发现破碎能耗值随破碎目标粒径尺寸的减少而急剧上升，说明了该理论与尺度的强相关性，且不同种类岩石的完全破碎耗能值差异较为明显，其本质原因与成岩时晶体的组合、胶结方式有关。

(3) 在岩石冲击荷载试验中，采用三波法计算的耗散能比应力-应变计算而得的耗散能相差一个数量级左右，未完全破碎条件下的岩石耗能值略大于完全破碎条件下的岩石能量体破碎能耗值，这部分多余能量由塑性应变及岩石内部损伤吸收，岩石的破碎程度与新增表面积有关，K_u 指标弥补了按照碎块大小定性描述岩石破碎情况的弊端，能够准确反应岩石的破碎程度，与试验现象相符。

参考文献

[1] 刘石，许金余，刘军忠，等．绢云母石英片岩和砂岩的 SHPB 试验研究 [J]. 岩石力学与工程学报，2011，30（9）：1864-1871.

[2] 甘德清，田晓曦，高锋，等．循环冲击条件下磁铁矿石损伤特征研究 [J]. 金属矿山，2020（3）：79-84.

[3] 郭连军，马昊阳，徐景龙，等．循环冲击作用下岩石能量耗散特征及损伤研究 [J]. 矿业研究与开发，2023，43（5）：106-112.

[4] 李兵磊，远彦威，曹洋兵，等．冲击载荷下灰岩的动力学特性及能量耗散规律 [J]. 金属矿山，2021（8）：61-66.

[5] 董英健，郭连军，贾建军．冲击加载作用下矿石试件的动态力学特性及块度分布特征 [J]. 金属矿山，2019（8）：38-43.

[6] 于洋，徐倩，刁心宏，等．循环冲击对围压作用下砂岩特征的影响 [J]. 华中科技大学学报（自然科学版），2019，47（6）：127-132.

[7] 闫雷，刘连生，李仕杰，等．单轴循环冲击下弱风化花岗岩的损伤演化 [J]. 爆炸与冲击，2020，40（5）：96-105.

[8] 朱晶晶，李夕兵，宫凤强，等．单轴循环冲击下岩石的动力学特性及其损伤模型研究 [J]. 岩土工程学报，2013，35（3）：531-539.

[9] 李晓锋，李海波，刘凯，等．冲击荷载作用下岩石动态力学特性及破裂特征研究 [J]. 岩石力学与工程学报，2017，36（10）：2393-2405.

[10] 黄英华，闻磊，马佳骥，等．轴压影响下砂岩循环冲击力学性质及损伤演化特征 [J]. 矿冶工程，2021，41（4）：6-10.

[11] 陆华，王建国，马肖彤，等．循环荷载下大孔隙红砂岩的动力响应及损伤研究 [J]. 工程爆破，2021，27（1）：45-52.

[12] 王彤，宋战平，杨建永．循环冲击作用下风化红砂岩动态响应特性 [J]. 岩石力学与工程学报，2019，38（SI）：2772-2778.

[13] 陈超，张震，马姣阳，等．基于微波辐射与循环冲击的磁铁石英岩能耗特征分析 [J]. 矿业研究与开发，2022，42（5）：26-32.

[14] 赵洪宝，吉东亮，李金雨，等．单双向约束下冲击荷载对煤样渐进破坏的影响规律研究 [J]. 岩石力学与工程学报，2021，40（1）：53-64.

[15] 余永强，张文龙，范利丹，等．冲击荷载下煤系砂岩应变率效应及能量耗散特征 [J]. 煤炭学报，2021，46（7）：2281-2293.

[16] 徐倩．循环冲击荷载下砂岩结构与力学性能分析 [D]. 南昌：华东交通大学，2019.

[17] 潘博．循环动荷载作用下岩石累积损伤研究 [D]. 鞍山：辽宁科技大学，2018.

[18] 崔晨光．冲击荷载下岩石非线性变形与损伤研究 [D]. 秦皇岛：燕山大学，2016.

[19] 赵建宇，刘鑫，胡智航，等．岩石冲击破碎块度分形与能量耗散特征研究 [J]. 有色金属工程，2022，12（12）：100-108.

[20] 孟庆彬，韩立军，浦海，等．应变速率和尺寸效应对岩石能量积聚与耗散影响的试验 [J]. 煤炭学报，2015，40（10）：2386-2398.

[21] 赵光明，周俊，孟祥瑞，等．高径比差异条件下花岗岩岩石动态冲击压缩特性 [J]. 岩石力学与工程学报，2021，40（7）：1392-1401.

[22] 郭连军，杨跃辉，华悦含，等．冲击荷载作用下花岗岩动力特性试验分析 [J]. 工程爆破，2014，20（1）：1-4，53.

[23] 王浩，张智宇，王建国，等．不同配比全尾砂胶结充填体的动态损伤特性［J］. 有色金属工程，2021，11（4）：110-117.

[24] 于金程，秦丰，钱王欢，等．高温高应变率下纯钼动态力学性能与失效行为［J］. 有色金属工程，2019，9（5）：28-33.

[25] MANDELBROT B B. Self-offine fractals and fractal dimension［J］. Physica Scripta，1985，32（4）：257-260.

[26] MARDOUKHI A，MARDOUKHI Y，HOKKA M，et al. Effects of heat shock on the dynamic tensile behavior of granitic rocks［J］. Rock Mechanics and Rock Engineering，2017，50（5）：1171-1182.

[27] AHMADIAN H，HASHEMOLHOSSEINI H，BAGHBANAN A. Effect of microstructure deficiency on quasi static and dynamic compressive strength of crystalline rocks［J］. Indian Geotechnical Journal，2018，48（4）：700-712.

[28] 刘洋，何健，张志雄．动荷载下峰后破裂砂岩能量耗散特征研究［J］. 有色金属工程，2019，9（5）：81-86.

[29] XU Y F. The fractal evolution of particle fragmentation under different fracture energy［J］. Powder Technology，2018，323（1）：337-345.

[30] 杨阳，李祥龙，杨仁树，等．低温岩石冲击破碎分形特征与断口形貌分析［J］. 北京理工大学学报，2020，40（6）：632-639，682.

[31] 纪杰杰，李洪涛，吴发名，等．冲击荷载作用下岩石破碎分形特征［J］. 振动与冲击，2020，39（13）：176-183，214.

[32] 甘德清，高锋，刘志义，等．BIF 型磁铁矿石冲击破碎特性的能量效应［J］. 振动与冲击，2019，38（6）：75-82.

[33] 郭连军，杨跃辉，张大宁，等．冲击荷载作用下磁铁石英岩破碎能耗分析［J］. 金属矿山，2014（8）：1-5.

[34] 宫凤强，李夕兵，饶秋华，等．岩石 SHPB 试验中确定试样尺寸的参考方法［J］. 振动与冲击，2013，32（17）：24-28.

[35] 李地元，肖鹏，谢涛，等．动静态压缩下岩石试样的长径比效应研究［J］. 实验力学，2018，33（1）：93-100.

[36] 杨阳，王建国，方士正，等．霍普金森撞击杆对入射波形影响的数值模拟［J］. 工程爆破，2020，26（1）：7-14，35.

[37] 刘鑫，郭连军，张大宁，等．SHPB 测试中岩石试件应力均匀性分析研究［J］. 工程爆破，2016，22（2）：24-27.

[38] 宋力，胡时胜．SHPB 数据处理中的二波法与三波法［J］. 爆炸与冲击，2005（4）：368-373.

[39] ZHOU Y X，XIA K W，LI X B，et al. Suggested methods for determining the dynamic strength parameters and mode-i fracture toughness of rockmaterials［J］. International Journal of Rock Mechanics and Mining Sciences，2011，49（1）：105-112.

[40] 赵国彦，李振阳，吴浩，等．含非贯通裂隙砂岩的动力破坏特性研究［J］. 岩土力学，2019，40（增刊 1）：73-81.

[41] 戴俊．岩石动力学特性与爆破理论［M］. 北京：冶金工业出版社，2002.

[42] 刘泉声，魏莱，刘学伟，等．基于 Griffith 强度理论的岩石裂纹起裂经验预测方法研究［J］. 岩石力学与工程学报，2017，36（7）：1561-1569.

[43] 张浪，刘东升，宋强辉，等．基于 Griffith 理论岩石裂纹扩展的可靠度分析［J］. 工程力学，2008（9）：156-161.

[44] 蒋浩鹏，姜谙男，杨秀荣．基于 Weibull 分布的高温岩石统计损伤本构模型及其验证［J］. 岩土力

学，2021，42（7）：1894-1902.

[45] 王登科，刘淑敏，魏建平，等. 冲击破坏条件下煤的强度型统计损伤本构模型与分析［J］. 煤炭学报，2016，41（12）：3024-3031.

[46] 张明，王菲，杨强. 基于三轴压缩试验的岩石统计损伤本构模型［J］. 岩土工程学报，2013，35（11）：1965-1971.

[47] 谢和平，鞠杨，黎立云. 基于能量耗散与释放原理的岩石强度与整体破坏准则［J］. 岩石力学与工程学报，2005（17）：3003-3010.

[48] 孙友杰，戚承志，朱华挺，等. 岩石动态断裂过程的能量分析［J］. 地下空间与工程学报，2020，16（1）：43-49.

[49] 刘鹏飞，范俊奇，郭佳奇，等. 三轴应力下花岗岩加载破坏的能量演化和损伤特征［J］. 高压物理学报，2021，35（2）：44-53.

[50] 来兴平，任杰，单鹏飞，等. 不同孔径冲击倾向性煤样破坏特征能量演化规律［J］. 中南大学学报（自然科学版），2021，52（8）：2601-2610.

[51] 郭连军，王雪松，徐振洋，等. 岩石能量体概念及岩石破碎指标研究［J］. 金属矿山，2020，35（4）：702-711.

[52] 姜兆华，孙德智，邵光杰，等. 应用表面化学［M］. 哈尔滨：哈尔滨工业大学出版社，2018.

[53] LIPSETT S G，JOHNSON F，MAASS O. The surface energy and the heat of solution of solid sodium chloride［J］. Journal of the American Chemical Society，2002，49（4）：925-943.

[54] 吴凯. 表面物理化学［J］. 物理化学学报，2018，34（12）：1299-1301.

[55] 程传煊. 表面物理化学［M］. 北京：科学技术文献出版社，1995.

[56] 纪国法，李奎东，张公社，等. 页岩Ⅰ型断裂韧性的分形计算方法与应用［J］. 岩土力学，2019，40（5）：1925-1931.

[57] BAO R H，ZHANG L C，YAO Q Y，et al. Estimating the peak indentation force of the edge chipping of rocks using single point-attack pick［J］. Rock Mechanics & Rock Engineering，2011，44（3）：339-347.

[58] 赵文峰，张盛，王猛，等. 用两种ISRM推荐圆盘试样测试岩石断裂韧度的试验研究［J］. 实验力学，2020，35（4）：702-711.

[59] ZHOU Y X，XIA K，LI X B，et al. Suggested methods for determining the dynamic strength parameters and mode-Ⅰ fracturetoughness of rock materials［J］. International Journal of Rock Mechanics and Mining Sciences，2012，49（1）：105-112.

[60] 周继国，张智宇，王建国，等. 最小抵抗线对岩石破碎块度影响的能量分析［J］. 地下空间与工程学报，2021，17（1）：135-142.

[61] 赵子江，刘大安，崔振东，等. 半圆盘三点弯曲法测定页岩断裂韧度（K_{IC}）的实验研究［J］. 岩土力学，2018，39（S1）：258-266.

[62] HE S Z，FENG H L，GAN M，et al. Effects of characters of ultra fine iron ore concentrate onsinter［J］. Journal of Ironand Steel Research，2015，27（4）：6-12.

[63] 贺淑珍，冯焕林，甘敏，等. 超细铁精矿粉特性对烧结的影响［J］. 钢铁研究学报，2015，27（4）：6-12.

[64] IQBAL M J，MOHANTY B. Experimental calibration of ISRM suggested fracture toughness measurement techniques in selected brittle rocks［J］. Rock Mechanics and Rock Engineering，2007，40（5）：453-475.

[65] RAO Q H，WANG Z，XIE H F，et al. Experimental study of mechanical properties of sandstone at high temperature［J］. Journal of Central South University of Technology，2007，14（S1）：478-483.

[66] 李江腾，古德生，曹平，等. 岩石断裂韧度与抗压强度的相关规律［J］. 中南大学学报（自然科学

版)，2009，40 (6)：1695-1699.

[67] CHO J W，JEON S，YU S H，et al. Optimum spacing of TBM disc cutters：A numerical simulation using the three-dimensionaldynamic fracturing method [J]. Tunnelling and Underground Space Technology, 2010，25 (3)：230-244.

[68] 刘鑫. 岩石的动态特性及其破碎特征分析 [D]. 鞍山：辽宁科技大学，2016.

6 智能现场混装乳化炸药车研制

乳化炸药具有抗水性强，生产、运输、使用安全，易于实现连续化自动化生产，爆速高（可达3500～5500 m/s），猛度高，临界直径小，起爆感度好，密度大（1.05～1.25 g/cm^3）等特点。因此，乳化炸药自问世以来，国际上十分重视该产品的开发、生产与推广应用，国际上知名的工业炸药生产企业实现了连续化自动化的大规模生产，目前发达国家使用的工业炸药大部分为乳化炸药。

1969 年美国阿特拉斯化学工业公司 H·F 布卢姆于美国专利 3447978 号上首次披露了乳化炸药。它是借助乳化剂的作用，使氧化剂盐类水溶液的微滴均匀地分散在含有气泡或空心微球等多孔物质的油相连续介质中，形成一种油包水型的乳胶状炸药。20 世纪 70 年代，乳化炸药移动式地面站、工业炸药现场混装车的出现，给爆破工程带来重大的变革，它把炸药制造、炮孔装药联系起来，将传统的炸药由专业制造厂家生产，经过运输、贮存到用户等一系列环节，简化成钻孔、制药、装药三者同时在现场进行。散装乳化炸药的应用是爆破工程的重大技术进步和一项革命。20 世纪 90 年代后期，西方发达国家已逐渐淘汰了第一代SMS 现场混装技术，继而发展了在地面站集中制备稳定性好、质量高的乳胶基质，然后用混装车转载乳胶基质、发泡剂或干料，在混装车上进行敏化后装填入炮孔的分散装药体系。此类技术一般称为第二代现场混装技术。目前，国外在第二代现场混装技术基础上发展形成了远程配送系统，实现了集中制备乳胶（如澳大利亚猎人谷移动站年产乳胶基质 15 万～20 万吨，占地面积小）、分散装药的体系。美国 Austin 公司、加拿大的 ETI 公司、澳大利亚 Orica 公司、挪威和瑞典的 DynoNobel 公司都先后完成了这种转变，并向外输出技术与相应的装备。

20 世纪 80—90 年代，国家给国内大的研究院下达了工业炸药混装车及移动站生产工艺技术的研制任务，并列为“七五”期间攻关项目，1985 年本钢南芬铁矿和山西长治矿山机械厂共同赴美考察后，分别投资研制乳化炸药现场混装车及移动站，1988 年已生产全套装备，先后在本钢南芬铁矿等大型冶金矿山、有色矿山、煤炭矿山等获得推广应用。重庆×××化工有限公司、北京×××研究总院先后在引进消化美国埃列克化学公司乳化炸药现场混装车及移动站技术的基础上研制出该产品。在三峡工程、德兴铜矿等矿山工程中使用，取得了良好的社会效益和经济效益，受到了国内外专家的普遍好评和关注，但同国外先进大型地面制乳、远程配送技术相比还存在较大的差距。

据 2023 年最新的民爆破行业统计数据：2023 年 1—7 月份民爆生产企业工业炸药累计产量、销量分别为 253.62 万吨和 251.94 万吨，同比分别增加 1.16%和 0.70%；2023 年 1—7 月份，现场混装炸药累计完成 91.83 万吨，同比增加 5.92%，现场混装炸药使用量增速超过其他工业炸药的增速（见图 6-1）。但是我国现场混装炸药的市场份额仅为 36%左右，相比欧美发达国家现场混装炸药达到了其市场份额的 95%以上，我国现场混装炸药市场潜力巨大。

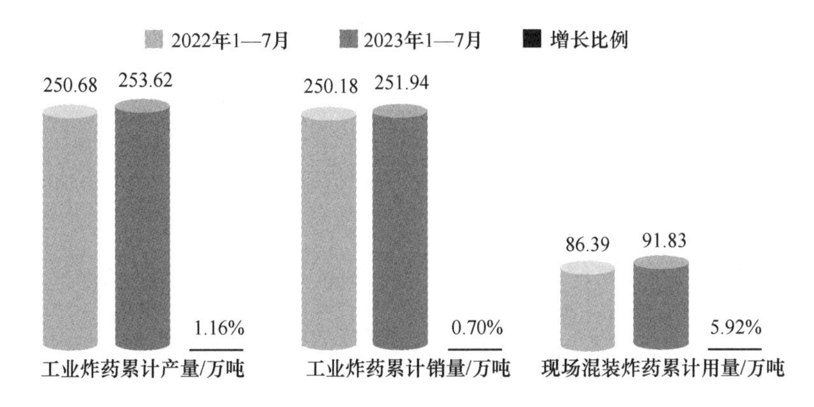

图 6-1 2023 年最新的民爆行业统计数据

现场混装乳化炸药车虽然具有安全且可靠、配方简单、降低成本、节省投资、装药效率高、改善爆破效果和工作环境等优点，但也存在着劳动量大、装药质量无法控制、炸药密度无法实时调整、装药计量不准、工作效率较低、不适合爆区场地等明显缺点，尤其是无法自动寻孔、装药实时计量、炸药车本身故障诊断等，无法适应智能矿山建设的需要。为此，2019 年宏大爆破申请《现场混装乳化炸药车智能装药关键技术及成套设备》(以下简称“智能装药车”）科研项目在工业和信息化部立项，随后组织技术攻关，自主研发了“一键式智能装药，实现远程遥控寻孔、对孔”“装药参数感知（装药高度、密度等）”“装药密度实时调节”“乳胶基质长距离输送减阻与末端静态无后效快速敏化”和“安全智能管理与故障智能诊断”等关键技术，并研制智能装药车。

2023 年 7 月，工业和信息化部组织项目科技成果鉴定会。鉴定委员会听取了研制报告、技术总结报告等，审阅了相关技术文件，查看了现场，经质询讨论，形成鉴定意见如下。

（1）该项目依据《工业和信息化部安全生产司关于“现场混装乳化炸药车智能装药关键技术及成套设备研究”科研项目立项备案的批复》（工安全函［2022］68 号）进行研制，符合民爆行业相关规定。

（2）该项目研发了无线遥控远距离智能装药技术。通过大范围长距离可伸缩悬臂机构，实现一键式智能装药，减少了车辆移动次数；研发装药高度、密度等参数检测手段，采用高黏度物料流量计及位置传感器，实现了装药输送的计量；研发了一种乳胶基质的远距离输送减阻技术和末端静态快速敏化技术；通过调整敏化剂流量实现了同一炮孔装填不同密度炸药的智能调节和乳胶基质高、中、低温度下的智能敏化。该项目具有创新性和先进性。

（3）该项目弥补了智能矿山中现场混装乳化炸药智能装药的空白，大幅减少了爆破现场装药作业人员，可实现现场 1 人操作，提高了装药效率，具有应用推广价值。

（4）该项目科技查新表明国内外未见相关报道；产品经送检性能指标符合标准要求；进行了安全现状评价，结论为：具备了科技成果鉴定的条件。

（5）该项目研制报告、技术总结报告、安全规程、用户使用报告等鉴定资料基本齐全。

结论：该项目总体技术达到同类型现场混装乳化炸药车国际领先水平，鉴定委员会同意该项目通过科技成果鉴定。

本章将对智能装药车的研发过程、整车系统和关键技术等详细阐述。

6.1 研究内容、技术指标和技术特点

经过综合分析国内外装药技术的现状和发展方向，结合智能矿山建设的需求和国家政策、法规，智能装药车研制分三个阶段：

（1）2022 年底实现中距离遥控智能装药、获取装药参数和调整装药密度。

（2）2024 年底实现驾驶舱远程智能装药、采用数字孪生技术实时再现精准装药参数和精准调整装药密度。

（3）2026 年底实现智能装药，同时实现分离式智能装药。

6.1.1 主要内容

本书中介绍的是第一阶段的研制成果。其主要内容如下。

（1）智能装药车长距离（≥15.5 m）伸缩臂的研制（寻找炮孔机构）。现场混装乳化炸药车采用6~8 名工人拽拉装药胶管，很难适应“少人则安、无人则安”的安全理念。

（2）遥控对准炮孔机构的研制。鉴于目前北斗卫星定位的精度，采用视频图像手动遥控对孔技术，将导药胶管送入孔底。

（3）装药参数获取技术。现场混装乳化炸药车采用人工的方式装药无法实时了解炸药的装药情况，研制实时获取炮孔装药的实时数据关键技术。

（4）装药密度调节技术。每个炮孔轴向上破碎岩石的能量需求不同，其炸药输出的能量也要调整，采用调整敏化剂流量等技术来实时调整炸药的能量输出。

（5）智能装药车的不同装载量、安全联锁可靠有效的研制。该车型装载量 1~15 t，采用成熟的螺杆泵泵送高黏度乳胶基质，采用高黏度物料流量计实施对乳胶基质输送过程中的动态管理、监控。

（6）智能装药车长距离乳胶基质输送减阻及末端静态无后效快速敏化技术。研究一种散装乳化炸药的远距离输送减阻技术和末端静态无后效快速敏化技术，炸药在进入炮孔后（5~15 min）再敏化，提高炸药输送的本质安全性，减小炸药输送阻力，实现乳胶基质的长距离输送。

（7）新型露天散装乳化炸药配方体系的研究。研究一种适合于露天混装炸药的散装乳化炸药配方体系。在敏化前，乳胶基质有较好的流散性，以满足远距离运输及低压输送。

6.1.2 主要技术指标

智能装药车主要技术经济指标：

（1）装药效率：70~150 kg/min；

（2）主体设备输送压力：0.3~1.2 MPa；

（3）劳动定员：1 人中、近距离遥控操作；

（4）装药范围：15.5 m，平面 270°；

（5）乳化炸药安全性指标：摩擦感度 0，撞击感度 0，雷管感度无，热感度合格；

（6）乳化炸药性能指标：密度 1.0～1.25 g/cm^3，爆速不小于 4000 m/s，炮孔利用率 96%～100%。

6.1.3 主要技术特点

智能装药车主要技术特点：

（1）采用伸缩臂、象鼻子、北斗卫星和视频等机构实现长距离精准寻找炮孔和精准对孔；

（2）利用卷筒、送管机构和高精度计量仪表准确装药并获取装药数据；

（3）采用乳胶基质水环润滑减阻和静态末端敏化技术，将敏化剂和乳胶基质分层输送，敏化剂在输药胶管内壁形成一层薄膜，避免乳胶基质和管壁接触，减小乳胶基质的输送压力，在胶管出料口再将敏化剂和乳胶基质混合，乳胶基质进入炮孔后再快速敏化形成炸药，实现本质安全；

（4）利用高精度计量仪表和敏化剂调节机构，实现炮孔内炸药密度可调；

（5）当系统出现故障时系统会及时报警，关停设备，弹出报警画面，显示有关报警信息和常规处理排除方式，用户可根据相关信息快速处理故障；

（6）采用现场控制层、过程控制层、数据交互层和远程管理层实现远程数据管理。

6.2 智能装药车乳化炸药配方设计

炸药配方设计主要从 5 个方面来考虑：

（1）炸药配方与连续化生产工艺及设备的匹配；

（2）炸药中爆炸组分的构成及其作用；

（3）炸药中各组分的相互匹配；

（4）氧平衡配置利于炸药体系能量的发挥；

（5）炸药的质量、各组分的比例和均匀性决定炸药的爆轰性能、抗水性及贮存稳定性。

6.2.1 乳化炸药的物理化学原理

乳化炸药是以氧化剂盐水溶液为分散相非水溶性组分为连续相构成的乳化体系，通过油包水的物理内部结构来获得良好的抗水性能和防止组分分离。由于乳化炸药的氧化剂水溶液以微细液滴存在，氧化剂与可燃剂接触紧密充分，氧化剂和还原剂间的距离与单质炸药分子中氧化还原基团的距离相接近，其爆轰激发、爆轰波传播及其爆炸性能明显优于粉状铵梯油炸药和水胶炸药等其他工业炸药，接近于理想状况，是民用工业炸药的发展方向。

6.2.1.1 乳化炸药的组成

乳化炸药主要包括 4 种主要组分，它们组成三个乳化相。

（1）形成分散乳化相的无机氧化剂盐的水溶液组分：是制备乳化炸药的基础，基本上是由硝酸铵加热溶解于水中形成的。也包括其他水溶性氧化剂如硝酸钠等。

（2）形成连续乳化相的碳质燃料组分：具有随着温度的变化提供不同黏稠度的能力，以保证既能形成稳定的油包水型乳胶体，又能使乳化体系在确定的温度下变得黏稠浓厚，不易流动的假塑性非牛顿型流体。

（3）形成分散乳化相的敏化气体组分：敏化气体组分可以是气泡（包括机械充气法和化学发泡两种形式），也可以是多孔固体微粒或它们的混合形式。

（4）油包水型乳化剂：氧化剂水溶液借助乳化作用并在强烈的机械搅拌、混合作用下分散在它不兼容的燃料油相中，形成的一种特殊油包水型乳化体系，所以乳化剂的选择是非常重要的。

6.2.1.2　乳化炸药特点

乳化炸药具有抗水性、高爆速、抗冻性及可调性的特点。

（1）抗水性。作为热力学不稳定体系，乳化炸药是以高密度的硝酸铵等氧化剂水溶液为分散相，非水溶性组分为连续相构成的乳化体系，通过油包水型的物理内部结构来获得良好的抗水性能和防止组分离析分离的。乳化炸药这种结构使得无机氧化剂盐水溶液液滴全部被连续油相屏障所保护，当炸药浸入水中时，既可以最大限度地减少硝酸铵等无机氧化剂盐在水中的溶解损失量，又可以防止外部水分渗入炸药内部，从而保证其敏感度和爆炸性能不致发生恶化。

（2）高爆速。乳化炸药的氧化剂水溶液呈微细液滴存在，氧化剂与可燃剂接触紧密充分（可燃剂以近似分子大小与氧化剂接触，接触面积非常大），有利于爆轰 C-J 面上反应的进行，使得爆轰易于激发和传递，相对来说更接近理想爆轰。对于不含单质炸药敏化剂的乳化炸药，在无约束条件下就具有相当高的爆速。乳化炸药较高的爆速也使其猛度值相应提高。

（3）抗冻性。乳化炸药分散相内的硝酸铵等无机氧化剂盐能以过饱和状态稳定。也就是说，在过饱和的情况下也不析出结晶，能以液体状态存在。粒子直径越小，过饱和越稳定，其冻结点下降得就越大，因此乳化炸药具有十分良好的抗冻性能，乳胶体的质量越好，其抗冻性能就越强。一般地说，对于某一直径的乳化炸药药卷而言，温度从−24 ℃增高至 25 ℃，其爆速几乎保持不变。

（4）可调性。乳化炸药的密度一般为 1.00～1.25 g/cm^3，能量密度范围较宽，而且可调，有利于炸药能量的充分利用，其主要原料硝酸铵来源广泛，生产成本低廉，适用面广。

6.2.1.3　乳化炸药的物理性质

乳化炸药的物理性质有以下几点。

（1）外观状态及其控制。乳化炸药的外观状态可以有一相当大的变化范围，即从可流动的液体到具有一定弹塑性的固态。这种外观状态的变化为现场使用提供了便利条件。实践表明，乳化炸药的外观状态取决于所选用的油相材料的种类及其搭配，尤其取决于燃料组分的物理稠度。

（2）密度及其影响因素。不添加密度调整剂的乳胶体的密度通常约为 1300 kg/m^3，这种乳胶体的爆轰感度相当低。为了提高爆轰感度，通常在乳化炸药制备过程中通过添加密度调整剂来调节乳化炸药的密度，一般降为 1000~1250 kg/m^3，普通用途乳化炸药的最佳密度为 1150 kg/m^3左右。

与组分相近的粉状硝铵炸药相比，乳化炸药具有较高的密度，特别是乳化炸药散装装入炮孔，能比较密实地填满炮孔，与炮孔壁有相当好的耦合性，实现耦合装药，其装药密度更是大于一般的粉状硝铵炸药。

乳化炸药的密度较高的根本原因在于乳化炸药组分中含有水，硝酸铵等无机氧化剂盐呈饱和水溶液状态存在。一般来说，氧化剂盐水溶液的浓度越高，其密度也越大，此外，乳化炸药的密度也受碳质燃料组分和无机氧化剂盐含量的影响。

（3）粒子大小与分布。乳化炸药根据乳化剂、碳质燃料和复合乳化条件的选择，能使分散相的粒子成为亚微细粒子。由于乳化剂不能形成小于两分子层的液膜，所以分散相粒子的最小直径约为 0.15 μm。

（4）乳化炸药的结构特征。在乳化炸药的实体中，基于氧平衡的限制，形成了分散相的无机氧化剂盐水溶液的体积比率高达 90%左右。在这种情况下，要保持最密实的堆积充填，分散相的氧化剂盐水溶液液滴粒子就不能保持球状。由于六方体最密实充填的相体积比已达 75%以上，因此在乳化炸药实体中，无机氧化剂盐水溶液液滴粒子应成为多面体堆积。

在乳化炸药中无机氧化剂盐水溶液（分散相）液滴的微细化使其表面积急剧增大，接口自由能也相应增加，从而影响氧化剂盐（硝酸铵等）的晶析溶解平衡，阻止结晶的形成。因为当粒子变小时，表面积对粒子体积比，即接口能对结晶内能的比增大，溶解状态稳定。

6.2.2 乳化炸药爆轰反应机理

乳化炸药是一类工业混合炸药，其爆轰反应机理应遵循工业炸药的反应机理。工业炸药多组分的特点和各种不同的药体结构，使它们爆轰的特征与单体炸药有着较大的差别。

工业炸药爆轰及其爆轰波中化学反应机理与其化学组成及粒子物理状态紧密相关。在爆轰波传播过程中，炸药首先受到其前沿冲击波的冲击压缩作用，使炸药的压力和温度突然升高，在高温高压下炸药被引发而发生极快的化学反应。爆轰反应的机理随着炸药的化学结构及其装药的物理状态不同而有所不同，归纳起来有整体反应机理、表面反应机理、混合反应机理三种类型。

6.2.2.1 整体反应机理

在强冲击波的作用下，波阵面上的炸药受到强烈绝热压缩，受压缩的炸药层各处都均匀地升高到很高的温度，因而化学反应在反应区的整个体积内进行，故称为整体反应机理。能进行这类反应的炸药一般是均质炸药，即在炸药装药的任一体积内其成分和密度都是相同的。不含气泡和其他固体组分的液体炸药、胶质炸药、爆炸气体混合物属于这种类型。

由于凝聚炸药的可压缩性是很差的，依靠绝热压缩而升高温度是不容易的，必须有较强的冲击波才能引起整体反应。气体易于绝热压缩升温，所以炸药整体反应机理对气体爆炸混合物较容易实现。

6.2.2.2　表面反应机理

在冲击波的作用下，波阵面上的炸药受到强烈的压缩，但在压缩的炸药层中温度的升高是不均匀的，因而化学反应首先从被称为“起爆中心”的地点开始，进而传到整个炸药层。由于起爆中心容易在炸药颗粒表面及炸药层中所含气泡周围形成，因而这种反应机理称为表面反应机理。含有大量气泡的液体炸药、胶质炸药等爆轰时多按表面反应机理进行。

当受到冲击压缩时，炸药颗粒之间的摩擦和变形、炸药中气泡的绝热压缩及流向颗粒之间的气态反应产物等，均使颗粒表面及气泡与炸药接触表面的局部温度急剧升高，使得在这些局部高温点首先发生高速的化学反应，而后以一定的速度向颗粒内部扩展。

6.2.2.3　混合反应机理

混合反应机理是非理想的混合炸药所特有的，这种反应不在炸药的化学反应区整个体积内进行，而是在一些分接口上进行的，而且反应是分阶段进行的。首先是氧化剂或炸药分解，分解产生的气体产物渗透或扩散到其他组分质点的表面并与之反应，或者是几种不同组分的分解产物之间相互反应。粉状硝酸铵类炸药就是按这种机理进行的。由于这类炸药的非理想性，其爆轰过程受颗粒度及混合均匀程度的影响很大。颗粒越大，混合越不均匀，越不利于这类炸药化学反应的扩展，因而就使爆轰传播速度下降。

炸药装药密度过大，也影响这类混合炸药爆轰的传播，因为装药密度过大，炸药各组分之间的间隙小，影响分解气体产物的渗透、扩散和混合，导致反应速度下降，甚至爆轰熄灭。

6.2.2.4　乳化炸药的反应机理

对于由氧化剂、可燃剂、添加剂等组成的乳化炸药来说，乳化炸药分散相粒径在 1 μm 左右的粒子约占全部粒子总数的90%以上，最大颗粒的粒径不超过 3 μm；而乳化炸药体系中气泡的直径通常在 0.5~100 μm，特别多的是 5~10 μm，每立方厘米药体中有效的气泡数为 $10^4 \sim 10^7$ 个且均匀分布在其中。这样的结构既有利于炸药起爆热点的形成，也有利于扩大氧化剂与可燃剂的接触面，提高化学反应速度。乳化炸药在外界起爆冲量的机械能或冲击波绝热压缩的作用下，机械能逐渐转变为热能，使微小气泡不断被加热升温，在极为短暂的时间内（$10^{-3} \sim 10^{-5}$ s）即造成局部高温，形成一系列的灼热点（即所谓的“起爆中心”或“热点”）。同时，也使得灼热气泡与炸药接触表面的局部温度急剧升高，在高温条件下首先在此表面发生快速化学反应，然后其反应产物渗透或扩散至其他组分质点的表面并与之发生反应，放出热量，支持爆轰反应传向整个炸药层。因此，乳化炸药兼有表面反应机理和混合反应机理。

6.2.3 乳化炸药爆轰性能

6.2.3.1 爆轰敏感度

A 爆轰敏感度定义

爆轰敏感度是指为了引爆炸药所需的最小能量、压力或功率的一种度量，通常以雷管强度或起爆炸药的多少来表示。

B 爆轰敏感度范围

一般说来，适当调整配方、变换工艺条件及乳化混合强度和密度，可以使乳化炸药具有不同的爆轰敏感度，即爆轰敏感度有着相当宽的变化范围，从一只 8 号工业雷管敏感到对一定数量起爆炸药敏感。

露天型乳化炸药的乳化基质在常温下大都无雷管感度。

C 爆轰敏感度影响因素

影响乳化炸药爆轰敏感度的主要因素有：密度、敏化剂或催爆剂、氧化剂和水、掺合物、乳化剂和燃料组分及乳化工艺条件等。

6.2.3.2 爆轰速度

A 爆轰速度定义

炸药的爆速就是指炸药爆轰时爆轰波在炸药药柱中运动的速度。它与炸药的其他性能密切相关。因此爆速是衡量炸药爆炸性能的重要指标之一。

B 爆轰速度影响因数

对于乳化炸药而言，影响炸药爆速的因素主要有：炸药的化学组成（包括添加组分）和性质，氧化剂与可燃剂的接触程度及装药密度、装药直径、外壳约束及温度等。露天型乳化炸药爆速在 4200~5300 m/s。

6.2.3.3 临界直径

A 临界直径定义

临界直径是指炸药被引爆后能够稳定爆轰的最小直径，它是衡量炸药爆轰感度的重要资料，也是比较和确定不同炸药在小直径爆破中应用范围的重要依据。在乳化炸药基本结构中，氧化剂与可燃剂接触充分，有利于爆轰的激发和传递，其临界直径较小，可以充分满足多种用途的需要。而露天型乳化炸药的临界直径稍大一些。

B 临界直径影响因素

临界直径主要与炸药的化学组成和性质、氧化剂与可燃剂的接触程度、装药密度等因素有关。

6.2.3.4 炸药氧平衡

炸药通常是由氧化剂（助燃元素）和可燃剂（可燃元素）组成的。炸药的爆炸过程实质上就是氧化剂与可燃剂进行的急剧化学反应，使炸药分子破裂，分子中的可燃元素与氧化元素间进行高速氧化还原反应，进而形成新的稳定产物，并放出大量的热能。爆炸产物的种类和数量与炸药中可燃剂和氧化剂的量有关，一般用氧平衡来衡量炸药中所含的氧将可燃元素完全氧化的程度。

A　炸药氧平衡定义

炸药的氧平衡就是指每克炸药中所含的氧量与炸药中可燃元素完全氧化所需氧量之差。实践证明，只有当可燃剂完全被氧化（碳和氢均被氧化成二氧化碳和水）时，释放的能量才最大，生成的有毒气体也最少。因此，从释放气体和有毒气体生成量出发，在爆炸反应中就会出现氧化剂多余或不足的情况。氧平衡正是衡量炸药或物质中所含的氧化剂用以完全氧化炸药或物质本身所含的可燃剂后多余还是不足的热化学参数。

B　炸药氧平衡的三种情况

根据氧化剂含量的多少，炸药的氧平衡通常有三种情况：（1）正氧平衡-氧化剂足以将可燃剂完全氧化并有剩余；（2）零氧平衡-氧化剂恰好能将可燃剂完全氧化；（3）负氧平衡-氧化剂不足以将可燃剂完全氧化。在考虑工业炸药时，一般都将其设计调整为零氧平衡，以获得大的释放能量。

一般地说，当炸药的配方为零氧平衡或接近于零氧平衡时，爆炸反应的产物才有可能全部或几乎全部是 H_2O 和 CO_2，此时放出的热量最大，爆破或做功的效果达到最佳。因此，在一般工业炸药配方设计中，往往是将各组分的配方调整为零氧平衡或接近于零氧平衡，以获得最大的释放能量和尽量少的有毒气体。

6.2.4　乳化炸药配方设计原则

乳化炸药的特点是原料种类较多，而且含有一定的水。由于使用条件和制备工艺的要求不同，因而各类乳化炸药的组分配比变化很大。但是，在确定乳化炸药配方时也要遵循一些基本原则。

设计乳化炸药配方的原则。

（1）氧平衡原则：一般地说，当炸药的配方为零氧平衡或接近于零氧平衡时，爆炸反应的产物才有可能全部或几乎全部是 CO_2和 H_2O，此时放出的热量最大，爆破或做功的效果达到最佳。因此在设计混合炸药配方时，应将各组分的配比调整为零氧平衡或接近于零氧平衡，以获得最大的释放能量和尽量少的有毒气体。乳化炸药含有大量的水和较多的组分，其中水能改善乳化炸药的氧平衡状态，使炸药的氧平衡向零氧平衡方向移动。也就是说，如果除水以外的其他组分的配比是负氧平衡或正氧平衡的话，则随着水含量的增加，乳化炸药的氧平衡是朝零氧平衡方向变动的。

（2）安全性原则：在乳化炸药配方设计时，炸药性能应是首要考虑的。因为使用炸药是以炸药的爆炸性能为依据的，不同的性能产生不同的爆破效果。同时，也要考虑炸药的安全性，即炸药引爆和爆轰要可靠，炸药在生产、运输、储存和使用中要安全。露天型乳化炸药是以制备氧化物产品为目的的，需要较高的爆轰速度和爆破威力，因此也较安全。

（3）成本及工艺简化原则：成本低廉、方便使用是乳化炸药配方设计中需要认真考虑的一个方面。常规乳化炸药的外观状态呈黏度较低的脂膏状，因此要尽量选择那些热值高的似油类物质作为外相材料，调整彼此间的比例，以做到按需要控制乳化炸药的外观状态。乳化炸药的配方不仅影响其性能，而且在一定程度上决定着生产工艺的安排布置。也就是说合适的组分配比选择不但能提高炸药的性能指标，而且还有利于工艺、设备的妥善安排，简化工艺操作。

6.2.5 原材料的确定

6.2.5.1 乳化剂的选择

目前，国内现场混装乳化炸药一般采用低分子量乳化剂 span-80 乳化剂或添加少量高分子乳化剂的复合型 span-80 乳化剂。

span-80 乳化剂乳化特点是成乳性好，成乳快，但形成的 W/O 水型油膜结构单一、空间结构性差，高剪切作用后乳化基质黏度高，成乳后如持续高强度剪切甚至破坏乳化基质质量。span-80 乳化剂价格便宜，是大众化普及型非离子型乳化剂，国内物理敏化型包装乳化炸药近一半产量使用纯 span-80 乳化剂、大豆卵磷脂+span-80 复合乳化剂或高分子乳化剂+span80 作为乳化剂，现场混装乳化炸药亦有一半以上的产品采用纯 span-80 或少量高分子+span-80 作为乳化剂。用于乳化炸药制备的 span-80 乳化剂包括：植物油酸型 span-80、动物油酸型 span-80、乙酰化改性 span-80 和羟基化改性 span-80 等，实践证明采用合适的 span-80 对现场混装乳化基质的乳化质量至关重要。

研究表明：单一 span-80 的使用效果远低于复合型 span-80 乳化剂。加入量对乳化基质的影响表现在 span-80 在油相中的占比，研究表明，占比 20%～40%时乳化质量较好，生产成本低。市面上适合制备现场混装乳化炸药的高分子乳化剂主要是 PIBSA 系列乳化剂，当 PIBSA 结合不同酰基基团、羟基基团及基团数量，表现出不同的乳化性能。高分子乳化剂领域我国与西方发达国家差距明显，国外的乳化剂用量小，乳化效果好、乳化基质储存期长、耐颠簸性好、黏度低、黏温性好等。高分子乳化剂的明显缺陷在于单价高，供货渠道单一，容易甚至受制于人。因此，乳化剂的选择需综合考虑乳化剂的特性、乳化器的性能和乳化剂材料成本。

6.2.5.2 水相材料的选择

水相材料及配方决定了炸药的爆炸性能，同时也关系到基质的储存期，因此需选择合适的材料和配比。

6.2.5.3 连续相燃料油的选择

连续相油燃料油的种类、质量和加入量对乳化基质油膜的厚度、强度和黏稠度影响巨大。目前绝大部分现场混装乳化地面站采用柴油和机油作为连续油相。包装型乳化炸药一般采用复合蜡、石蜡、凡士林等作为连续性油相。两者的区别在于柴机油碳链短，熔点低，挥发性强，油膜强度低；复合蜡、石蜡碳链长，熔点高，油膜强度高。长期的生产实践和大量的研究表明，采用柴油、机油作为现场混装乳化炸药油相无论在原材料质量保证上还是乳化基质的稳定性上及供货渠道的保障性上都是最合适的。实践还表明通过调整两者的比例，可制备出不同黏度、不同储存期的乳胶基质，加入适当比例的低熔点蜡质油相或合适的高分子材料，可有效提高基质储存性和耐颠簸性，且乳化基质黏度不会明显增大。

6.2.6　乳化炸药配方确定

6.2.6.1　工艺配方

智能装药车工艺配方见表 6-1。

表 6-1　智能装药车工艺配方

名称	敏化剂	催化剂
配比（占乳化基质的质量比例）	1.5%~3%	0.2%~0.3%（末端敏化）

6.2.6.2　乳化基质配方

乳化基质具体配方见表 6-2。

表 6-2　乳化基质配方

组成	硝酸铵、水相助剂	水	复配油相（复配乳化剂、助乳化剂、其他蜡基中性复配油）
质量分数/%	73~80	15~20	5~7

6.2.6.3　敏化剂的配方

根据乳胶基质的工艺配方，智能装药车的敏化剂配方为：$m(H_2O):m(NaNO_2)=50:1$ 或 m（复合敏化剂）：m（水）= 1∶15，见表 6-3。

表 6-3　智能装药车的敏化剂配方

名称	亚硝酸钠	水	备注
配比	1	30~50	

6.2.6.4　催化剂配方

智能装药车催化剂配方（见表 6-4）一水柠檬酸是一种有机化合物，分子式为：$C_6H_8O_7 \cdot H_2O$。

表 6-4　智能装药车催化剂配方

名称	一水柠檬酸	水	备注
配比	1	5~7	

6.2.6.5 乳化炸药配方

根据乳化炸药配方设计的基本原则，考虑到车载式现场混装乳化炸药对乳胶基质质量及流动性的特殊要求，总结多年来乳化炸药的经验，结合公司在地下矿山、露天矿山成功应用的成熟配方，研制智能装药车乳化炸药的配方见表 6-5。

表 6-5 智能装药车乳化炸药配方

组成	硝酸铵	水	乳化剂	微量元素添加剂	机油	敏化剂
质量分数/%	73~80	16~22	0.8~1.2	0.05~0.1	4~5	1~4

6.2.7 混装乳化炸药产品性能

现场混装乳化炸药应具有良好的爆炸性能；乳胶基质具有良好的物理性能、输送性能和贮存稳定性，具有良好的泵送性。

（1）物理性能。乳胶基质外观颜色呈浅黄褐色，透明，密度 1.30~1.35 g/cm^3；乳化炸药呈淡乳白色，密度 1.05~1.25 g/cm^3。

（2）爆速指标值。现场混装乳化炸药爆速不小于 4000 m/s。

（3）爆炸性能分析。在工艺条件稳定、配比准确与原材料生产厂家一致、批次一致的前提下，乳化炸药具有优良的爆炸性能，根据大量实验数据汇总分析，对爆炸性能的影响因素如下。

1）炸药密度。大量实验表明，当乳化炸药的密度在 1.05~1.26 g/cm^{3}的时候，有良好的爆炸性能，当乳化炸药的密度低于 1.0 时，因单位体积装药量的减少，爆炸性能会明显降低，并且不能装填有水的炮孔；当密度高于 1.30 g/cm^{3}时，会影响炸药的感度，甚至可能发生拒爆或半爆。

2）水分。水分对乳化炸药的爆炸性能有较大的影响。一般说来，乳化炸药随着含水量的增加，爆速会有所降低。乳胶基质为油包水型混合物，有很好的憎水性和防潮性，炸药在贮存过程中，水分变化较小。

6.3 智能装药车系统研制

智能混装乳化炸药车用于散装乳化炸药的现场混装作业，其输送的仅是炸药的半成品——乳胶基质，智能混装乳化炸药车主要由二类汽车底盘、基质料仓、泵送系统、控制系统、伸缩臂寻孔系统、象鼻子对孔系统等组成。

其装药流程为：智能装药车行驶至工作面、启动取力装置，送管、装药、收放管和结束装药。根据装药流程，设计专用的装药工艺、炸药配方、控制系统和装药系统。智能装药车具有合理的工作流程和良好的设备匹配性，基质料仓、泵送系统、控制系统等各部分布置合理，相互协调和良好匹配。

6.3.1　智能装药车特点

智能装药车主要特点为：

(1) 智能装药车底盘采用自卸式国Ⅵ排放标准底盘、发动机，炸药车底盘为国家发改委公告车型，具有爬坡能力强，发动机功率大，耗油量低等优点。

(2) 智能装药车采用北斗导航系统，发明了智能寻孔、对孔机构和控制系统，实现一键式自主装药，混制、装填效率高，作业半径大，实现了装药作业的机械化，减轻了工人的劳动强度和现场混装乳化炸药车的移动次数。

(3) 智能装药车关键泵送、液压和自动控制元件均采用进口产品，稳定可靠。炸药密度可随施工需要进行调整，孔内实现自下而上的全耦合装药，克服了人工装药的不连续的现象，装药密度大，大大改善了水孔的装药质量，炮孔利用率高，爆破成本低。

(4) 智能装药车乳胶基质、敏化剂、添加剂和它们的混合物采用进口的计量仪器，计量准确可靠，加上设计精准的滚筒装置和控制技术，能实时感知装药的参数。

(5) 本机具有优良的人性化设计，操作本机安全、轻松、舒适。工作平稳，性能可靠，维修方便。

6.3.2　智能装药整车结构

智能装药车主要由底盘系统、动力输出系统、液压系统、电气控制系统、敏化系统、基质物料储存系统、泵送系统、装填系统、水气清洗系统等部分组成，其结构如图 6-2 所示。图 6-3 和图 6-4 分别为智能装药车左侧、智能装药车右侧。

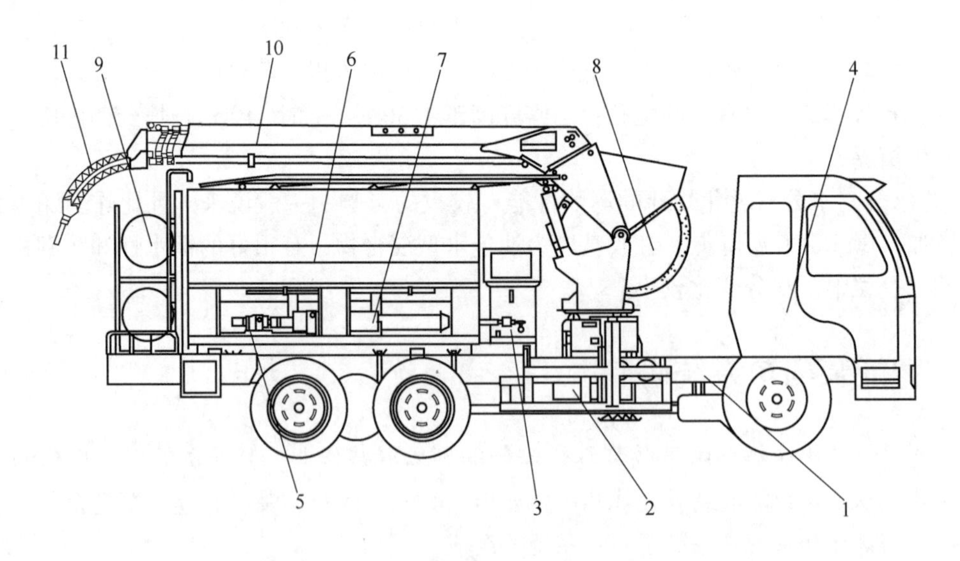

图 6-2　智能装药车整体结构图

1—底盘系统；2—动力输出系统；3—液压系统；4—电气控制系统；
5—敏化系统；6—基质物料储存系统；7—泵送系统；8—装填系统；
9—水气清洗系统；10—长臂寻孔系统；11—象鼻子对孔系统

图 6-3 智能装药车左侧

图 6-4 智能装药车右侧

6.3.3 智能装药车工作原理

由乳化基质地面站生产的半成品乳胶基质，经基质泵泵入智能装药车的乳化基质料仓，将配制好的敏化剂、(催化剂溶液）泵入到智能装药车的敏化剂箱、(催化剂箱)，并将冲洗水箱的水加至规定水位。智能装药车在地面站完成原料的装载后直接驶入爆破现场进行作业。

智能装药车工作原理（见图 6-5)：智能装药车驶入爆破现场定位后，启动汽车发动机挂上取力器，开启自控系统，液压系统开始工作。首先接收装药参数和炮孔参数，确定最佳装药位置和路径，再次进行输药软管对孔及放管操作，再次通过软管卷筒将输药软管放入孔底，完成炸药装填前的对孔及放管工作。然后打开基质料仓的碟阀，料仓内的乳胶基质通过基质泵进行泵送，敏化剂、催化剂分别经敏化剂泵、催化剂泵泵送，进入水环润滑减阻装置，敏化剂和乳胶基质在输药管内分层输送，通过软管卷筒，经输药软管送入孔底。输药胶管出料口装有静态混合器，乳胶基质及敏化剂在胶管出口处混合后进入炮孔，经 10~15 min 发泡后，形成无雷管感度的乳化炸药。整个系统采用 PLC 进行控制，根据设定的装药量运行，待装药结束后自动停止。

6.3.4 智能装药车技术性能

智能装药车技术性能见表 6-6。

表 6-6 智能装药车技术性能

项目	型号
	BCHR
装药效率/kg · min^{-1}	70~150
计量误差/%	2
汽车底盘	豪沃
发动机	254 kW 潍柴

续表 6-6

项　　目	型　　号
	BCHR
乳化基质料仓容量/m^3	3.9
水箱容易/m^3	0.45
敏化剂箱容量/m^3	0.45
催化剂箱容量/m^3	0.05
整车最大质量/kg	11700
外形尺寸（长×宽×高）/mm×mm×mm	8950×2550×3950

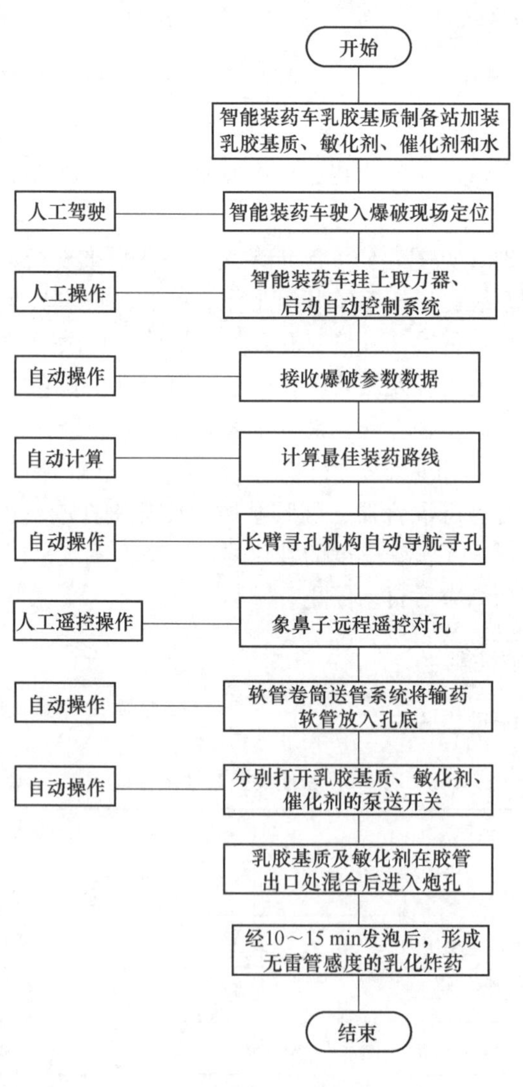

图 6-5　智能装药车工作原理图

6.3.5 智能装药车底盘系统设计

智能装药车采用重汽豪沃自卸式底盘改装而成，潍柴发动机（254 kW），满足国Ⅵ排放标准。

6.3.6 智能装药车动力输出系统

智能装药车整车动力来源于汽车发动机，由取力器驱动液压油泵，液压油泵将压力油泵送到各个执行机构：基质泵马达、伸缩油缸、回转马达、卷筒马达等。

现场混装乳化炸药车的动力输出系统是由取力器、传动轴、泵支架等组成，它是整个装药系统运行的动力来源。其作用就是把发动机的变速箱的动力传给 PVB-45 液压油泵。

（1）动力输出系统基本结构：其基本结构主要取决于汽车底盘的变速箱。采用的是九挡变速器。

（2）取力器工作原理：取力器均采用电器控制原理和气路控制原理相结合的控制方法即电气控制法。取力器各有一个气缸，取力器转动与停止就是靠气缸内的活塞运动来控制完成的。同时控制盘安装有指示灯开关，当取力器与变速箱内传动机构啮合并能运转时，指示灯开关接通，指示灯亮，以示取力器起动，指示灯灭表明取力器脱离了变速箱的传动机构，取力器停止运转。

取力器逆时针旋转驱动 PVB-45 油泵（油泵从轴端面看顺时针旋转）。PVB-45 油泵及取力器安装如图 6-6 所示。

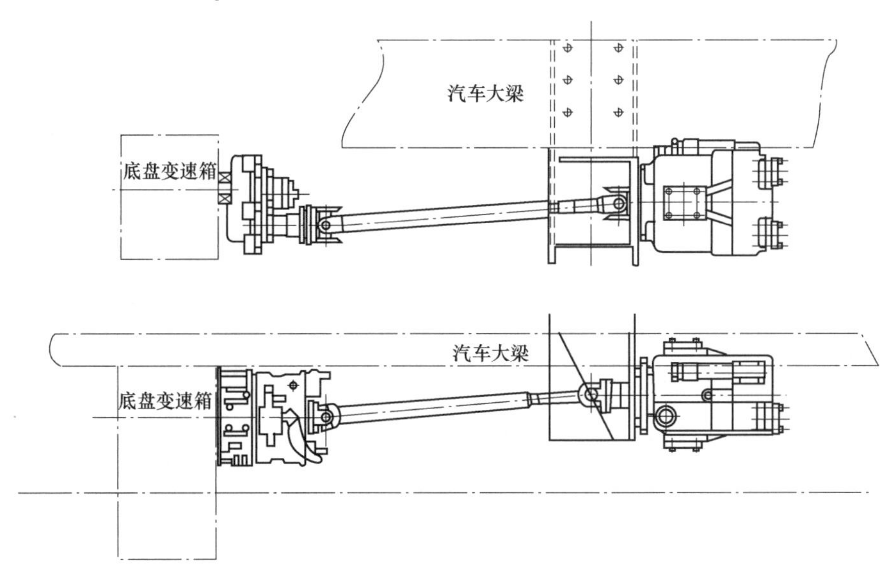

图 6-6 取力器及液压油泵安装示意图

6.3.7 智能装药车液压系统

智能装药车液压系统为整个系统提供动力，作为智能装药车的一个重要组成部分，它的设计完善、工作可靠是乳化炸药车在各类型工地正常使用的可靠保障。智能装药车液压系统原理如图 6-7 所示。

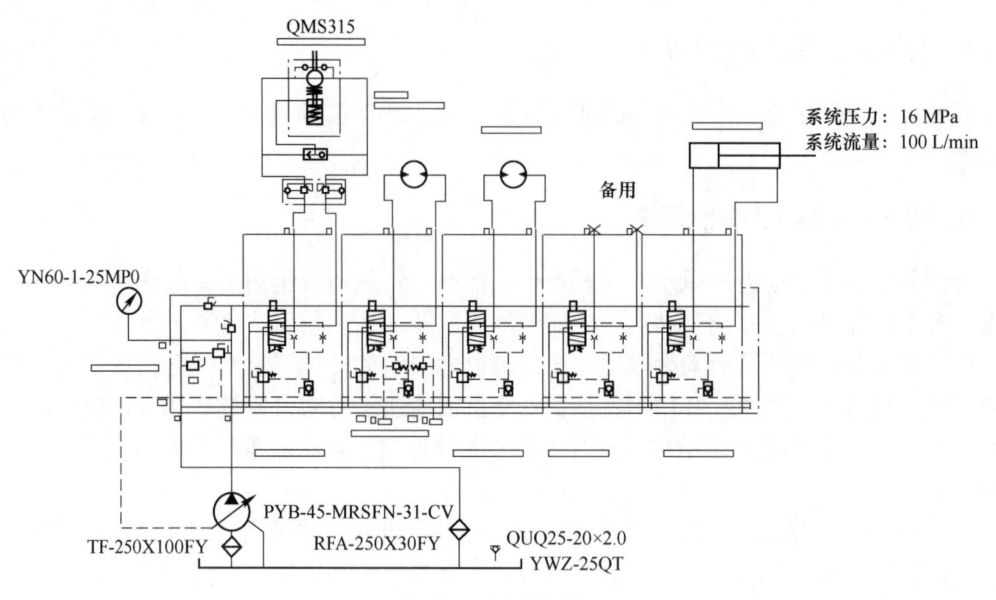

图 6-7　液压原理图

智能装药车液压系统主要部件为液压泵、液压马达及液压控制阀。

6.3.7.1　液压泵

智能装药车采用 PVB-45 型敏感负载柱塞变量泵，PVB-45 型柱塞泵是一种大流量、高性能的变量柱塞泵。该泵具有噪声低、效率高、质量轻、寿命长、体积小、变量形式齐全、能耗少等一系列优点。其安装图如图 6-8 所示。

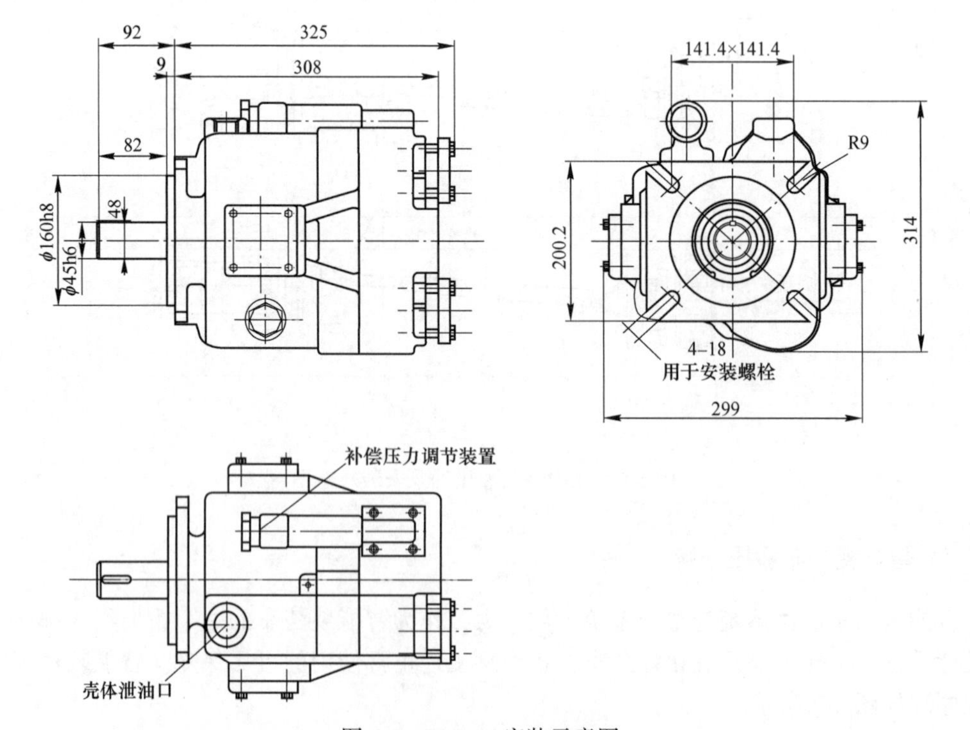

图 6-8　PVB-45 安装示意图

A　泵内部结构

斜盘式轴向柱塞泵是靠斜盘推动柱塞产生往复运动，改变缸体柱塞腔内容积进行吸入和排出液体的泵，它的传动轴中心线和缸体中心线重合，故又称通轴式轴向柱塞泵。其主要零件有壳体、传动轴、缸体组件、止推板及配油盘及变量控制斜盘等。其内部结构如图6-9所示。

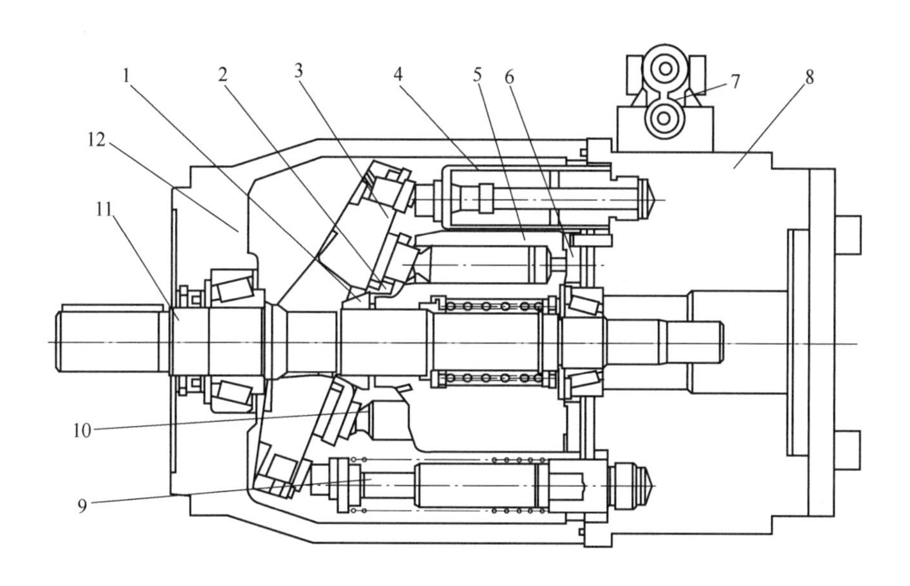

图6-9　PVB-45内部结构示意图

1—球铰；2—回程盘；3—摇摆；4—控制活塞；5—缸体；6—配油盘；7—控制阀；8—后盖；9—回位活塞；10—柱塞；11—传动轴；12—壳体

B　泵的控制部分

压力补偿器工作原理如图6-10所示。该补偿器包括一个壳体，内含控制阀芯、加载弹簧、端盘和加载弹簧机构。通过调整加载弹簧的预紧力，可以确定泵的设定压力，顺时针方向旋转压力增高，逆时针方向旋转压力下降。根据液压系统的设计要求调节PVB-45液压油泵的压力为11 MPa，系统压力一经调定后未经允许不得随意调动。

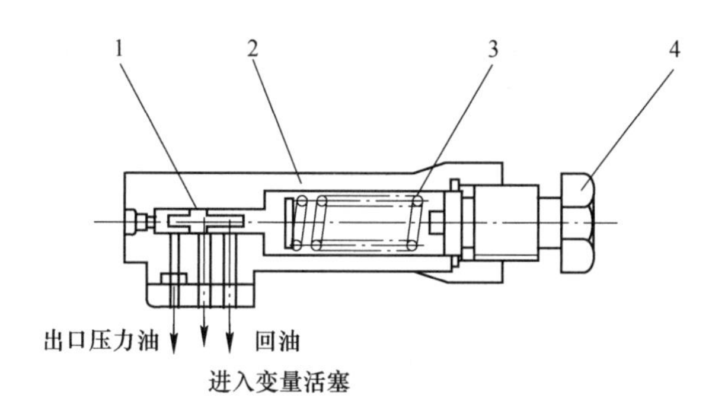

图6-10　压力补偿阀结构示意图

1—阀芯；2—阀体；3—弹簧；4—调节螺钉

系统压力（泵出口压力）作用于控制阀芯的左端，只要系统压力低于加载弹簧设定值，控制阀芯就被弹簧推向左端，从而使得伺服活塞连接于泵体泄油口，伺服弹簧则把泵保持于全排量。当泵出口压力升高到设定压力时，控制阀芯克服弹簧力向右端移动，使伺服活塞连接于泵的压力进口。该压力克服伺服弹簧力使伺服活塞移动并减小，泵的斜盘倾角。随着系统压力升高斜盘倾角减小，从而减小柱塞行程直到泵的输出流量减小到刚好把系统压力维持于设定值所需要的流量。

C　PVB-45 泵主要技术参数

PVB-45 泵主要技术参数见表 6-7。

表 6-7　PVB-45 泵主要参数

基本型号	几何排量 /mL · r^{-1}	最高转速/r · min^{-1}		最高工作压力/MPa		质量 /kg
		抗磨液压油	高水基	抗磨液压油	高水基	
PVB-45	94.5	2200	1800	21	7	50

D　泵的使用要求

介质：液压油正常工作黏度范围为 54~13 mm^2/s。当使用含水 95%的高含水基时，黏度为 1~2 mm^2/s，本液压系统采用的液压油主要有两种：L-HM46 号抗磨液压油（环境温度：−10~40 ℃）；L-HV46 号抗冻液压油（环境温度：−35~−10 ℃）。

温度：根据本车的性质要求，液压油温度要求控制在 30~65 ℃范围内。

过滤要求：液压油的过滤精度不大于 25 μm。

6.3.7.2　液压马达

现场混装乳化炸药车采用的液压马达为丹佛斯摆线马达，这种马达具有质量轻、效率高、寿命长、体积小、能耗少等优点。具体见马达使用说明书。

摆线马达结构如图 6-11 所示，工作时液压油由进油孔引入后壳体，通过支承盘、配流盘、后隔板进入转子和定子间的工作腔，在油压的作用下，转子被压向低压腔一侧，并沿定子的内齿旋转，转子的转动包括自转和公转，通过长花键轴，将液压能转换为机械传递给输出轴，同时，又通过短花键轴，传给配流盘，转子和配流盘同步运转，从而使高压油与低压油不断交替，改变输入的高压油压力和流量，就能使输出轴输出不同的扭矩和转速。另外，改变压力油的进口方向，即能改变液压马达的旋转方向。

这种马达具有启动特性好，转速范围宽，不需要减速机构，体积小等特点。

6.3.7.3　液压控制阀

现场混装乳化炸药车采用的液压控制阀为比例多路阀，其外形如图 6-12 所示。通过控制摇杆开度控制执行机构运行速度。

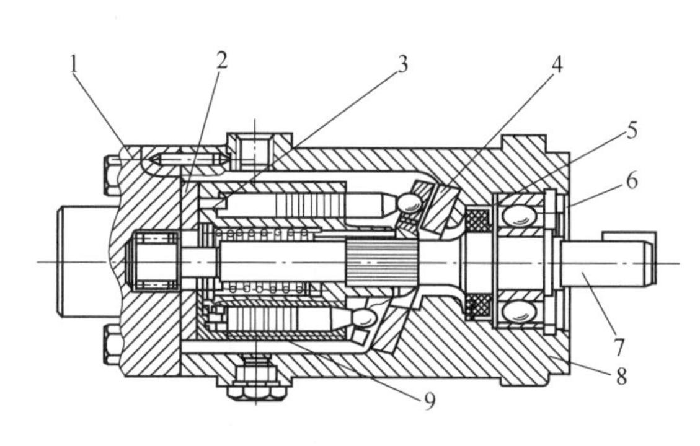

图 6-11 摆线马达结构图

1—端盖；2—配流盘；3，6—轴承；4—止推板；5—轴封；
7—传动轴；8—壳体；9—缸体组件

图 6-12 比例多路阀外形

6.3.8 智能装药车电气控制系统

智能装药车的整车操作系统，应具备以下特点。

（1）系统性强：将系统的操作及系统各环节的控制设计成一个整体控制系统，做成一个控制台，所有操作控制均通过控制台下达，因而系统性强。

（2）操作简单：由于管理集中，人机界面友好，显示直观，可监视性好，操作简单。

（3）可靠性高：控制系统分级结构，手动、电动相结合，从而提高了系统可靠性。

（4）安全性好：装药流程的关键环节，均设置检测装置、设置超限参数、全线联锁，使系统更加安全。

（5）维护方便：系统采用标准化、模块化、积木式结构，配置灵活，维护方便。

智能装药车控制系统采用西门子 200 可编程控制系统对装药机的各执行机构进行控制并采集温度、压力、液位、在线实时装药量等模拟信号，通过控制器编程和现场触摸屏进行操作控制和数据显示储存。具有手动控制和自动控制两种控制方式，完成装药机的装药作业。

（1）设计与说明。

智能装药车控制系统采用西门子 200 可编程控制系统对装药机的各执行机构进行控制并采集温度、压力、液位、在线实时装药量等，模拟信号通过控制器编程和现场触摸屏进行操作控制和数据显示储存。具有手动控制和自动控制两种控制方式。系统采用液压马达控制输送泵输送基质的原理，通过液压马达为驱动源，驱动基质泵运动，完成乳胶基质的输送。控制系统采用 DC24V 直流电。

系统设有超温、超压、断料（低压或欠压）、安全保护装置，设置紧停按钮，遇到紧急情况或意外事故按下紧停按钮，系统停止工作。

系统设有接近开关，通过计量基质泵的行程，来控制系统的装药量。

（2）控制系统。电气控制系统主要由操作箱、触摸屏、远程控制操作盒等组成。其控制面板如图 6-13 所示。

1）操作箱控制按钮控制。

控制面板上设置有启动、停止、选择、急停按钮和电源指示灯。用于发出控制指令，由控制器按照程序设计执行动作。电源开关打开后，系统得电，控制系统进行系统自检，电源指示灯亮。

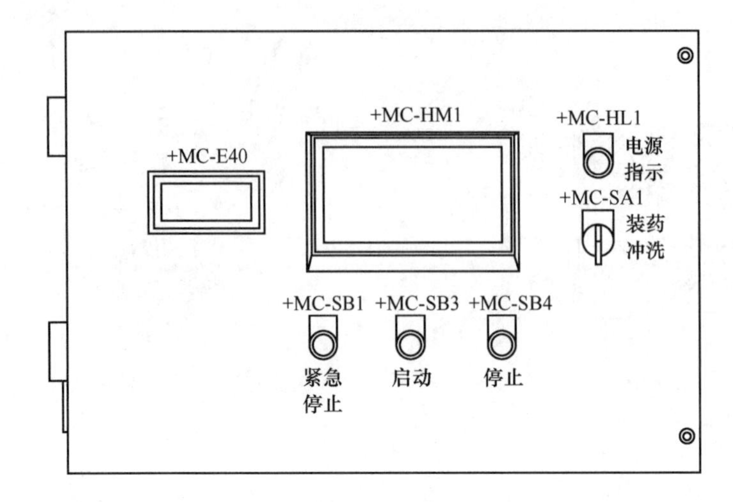

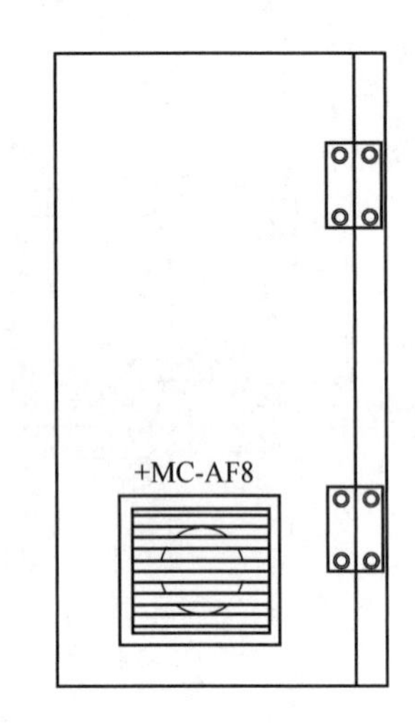

图 6-13　智能装药车控制面板

控制模式选择开关用于选择控制模式，有“装药”“冲洗”“手动”三种模式。

①装药模式：选择开关切换为“装药”，控制器将根据选择的模式自动开启或关闭工艺流程管路、仓罐中的阀门，装药工作准备就绪。按下“启动”按钮，系统根据设备的各类参数，自动完成装药工作。在自动装药过程中按下“停止”按钮，可中断自动装药工作。

②冲洗模式：选择开关切换为“冲洗”，控制器将根据选择的模式自动开启或关闭工艺流程管路、仓罐中的阀门，冲洗工作准备就绪。按下“启动”按钮，系统根据设备的各类参数，自动完成冲洗工作。在自动冲洗过程中按下“停止”按钮，可中断自动冲洗工作。

③手动模式：选择开关切换为“手动”，在人机界面中各执行部件如阀门、马达，可通过软键，单独启动和停止。

2）触摸屏控制。现场的控制主要是在触摸屏上完成，包括参数设置等一系列操作。触摸屏控制具有控制和监控功能。系统得电后，触摸屏上显示出开机界面。触摸屏控制主要由开机主界面、参数设置界面、标定界面、趋势查看界面和报警查看界面等组成。

（3）智能装药车自控系统应具备以下特点：

1）采用集中控制技术、全智能化的计算机控制系统，能够启停各个工作，系统协同合作，完成每个炮孔的装填工作，并存储、显示装药效率、单孔装药量与累计装药量等参数。PLC 对智能装药车关键工作系统实施监控，由驾驶室集中控制显示，一旦出现设定参数（压力）异常情况，系统会立即报警并自动停车。

2）电器控制系统将众多功能凝集在一个超小型机箱内，本系统采用了 PLC 触摸屏液晶显示，速度快，可靠性高。采用微型可编程控制器，具有很高的可靠性和较大的灵活性。

3）在各送料机构内都有物料监控传感器，传感器把各送料机构送料状况反馈到控制箱内并显示出实际送料数据，同时在控制板面上还显示着设定数据，当设计数据与实际数据不一致时，自动调节控制装置使实际数据与设定数据达到一致，能很好地保证炸药配比的准确性和输送效率。

4）单孔装药量的预置为四位数，倒计时为零时自动停止。

5）生产过程中可自动记录孔数、单孔装药量和累积装药量。

6）系统具有自动和手动两种控制转换功能，取力器挂合与车辆行走能够互锁保护。

7）输送过程中，可以自动检测物料是否断流，断流系统能够报警，超过一定时间后，设备自动停机。

8）基质输送泵、敏化剂泵、电气控制系统及计量系统的控制器、开关、传感器、流量计等均选用品质优良、性能稳定、使用寿命长的国际或国内品牌产品，表 6-8 是主要自控、计量元件的型号及生产厂家的名称。

表 6-8 主要自控、计量元件的型号及生产厂家的名称

序号	自控元件名称	型号	生产厂家	备注
1	西门子 PLC	6ES7288-1ST40-0AA0	德国西门子	
2	模拟量输入模块	6ES7288-3AE08-0AA0	德国西门子	
3	模拟量输出模块	6ES7288-3AQ04-0AA0	德国西门子	
4	通信模块	6ES7288-5CM01-0XA0	德国西门子	
5	电磁流量计	LDG-SIN1024420	中国杭州	
6	转速传感器	E2B-M12KN05-M1-B1	日本欧姆龙	
7	防爆温度变送器	CWDZ15-X-02-A1-14-L30	中国北京	

（4）智能装药车数据管理网络平台，可查询智能装药车的地理位置信息、现场运行状况、远程操作等。

1）系统主要由西门子可编程控制器、人机界面、遥控器、过程仪表、4G 物联网关、云服务中心等组成。图 6-14 智能装药车数据管理网络平台系统拓扑图，图 6-15 智能装药车电器原理图，图 6-16 智能装药车气动原理图。

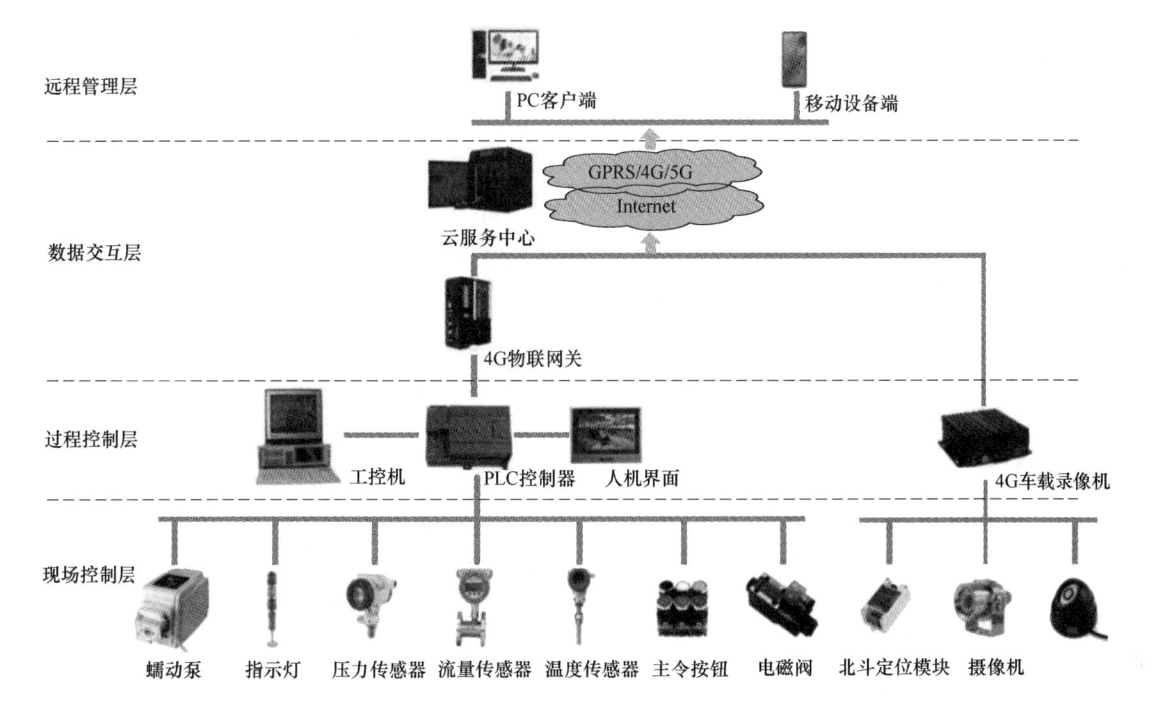

图 6-14 智能装药车数据管理网络平台系统拓扑图

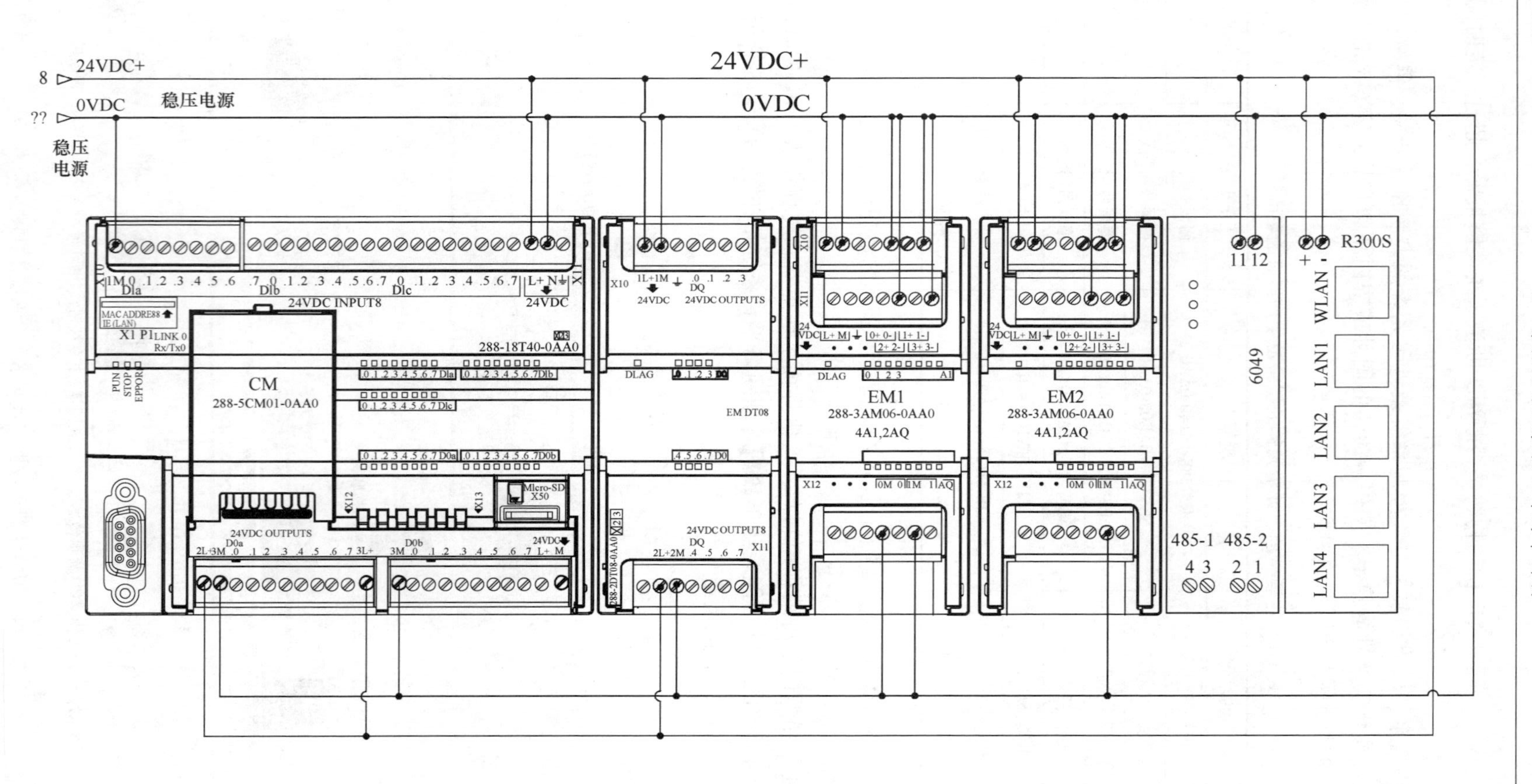

图 6-15　智能装药车电器原理图

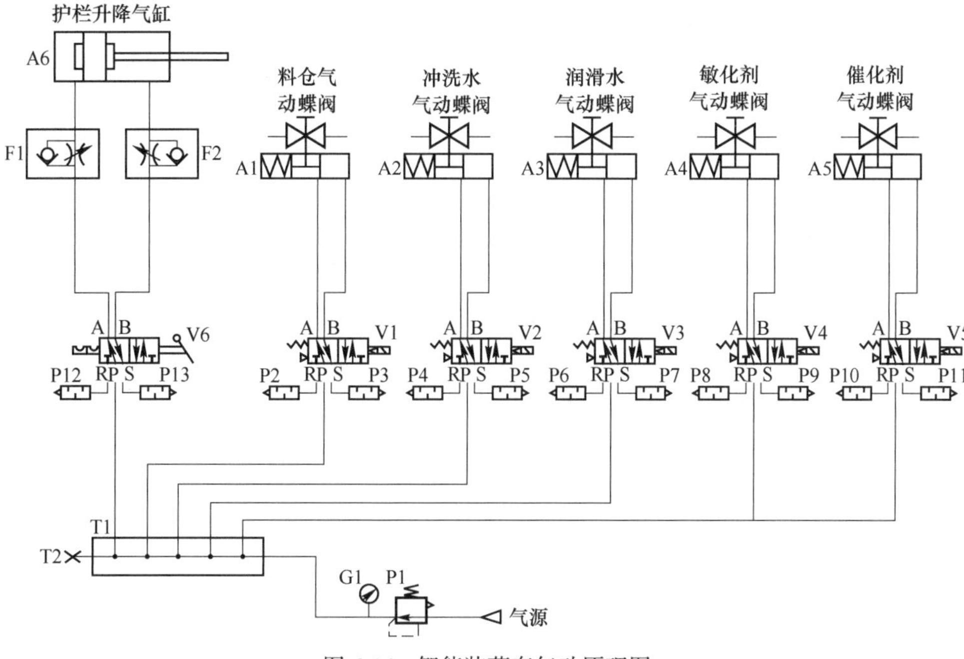

图 6-16 智能装药车气动原理图

2）可编程控制器对流量进行实时 PID 跟踪闭环调节控制，自动调节。

3）人机界面集中显示智能装药车载生产过程中的检测仪表数据，报警记录，历史数据。同时可设置安全联锁保护参数、生产工艺参数。

4）工业无线遥控器无障碍传输距离远，功耗低，性能稳定。

5）高精度电磁流量计、超声波流量计、防爆压力变送器，温度变送器实时监测各工艺参数。

6.3.9 信息化上传系统设计

工业炸药现场混装车动态监控信息系统是用于智能装药车生产数据和视频图像的在线实时采集、存储、定时传输、满足动态监控管理要求的信息化系统。

系统应满足《工业炸药现场混装车动态监控信息系统通用技术条件（试行）》的要求，该系统通过了工业和信息化部组织的民用爆炸物品技术成果验收。

信息化上传系统具有以下特点。

（1）系统由现场混装乳化炸药车控制系统（含数据采集）、数据交换系统组成，可实现生产数据实时采集、存储、定时上传、作业地理位置信息记录等功能，实现了向民爆行业生产经营动态监控信息系统及公安部门的生产数据上报。具有采集、储存生产过程视频图像的功能。

（2）生产数据采集利用现场混装炸药车原控制系统，增加 Modbus 通信接口读取 PLC 采集的数据，可防止生产数据误采、漏传；现场混装炸药车作业地理位置信息采集采用 GPS 模块，定位精度小于 15 m；视频监控系统选用 DS-8104HM-A（/XX）嵌入式网络硬盘录像机，具有本地录像存储、GPS 定位、行车信息记录等功能。采集的生产数据、地理位置信息可通过各自通信接口传输至数据交换系统。

(3) 数据交换系统由主控芯片、GSM 模块、GPRS 模块、电源模块等组成，可以 GPRS 无线方式自动定时发送数据信息并循环储存 90 天生产数据，并可以实现双通道数据传输。

(4) 硬件系统选用低功耗、适应环境要求的元器件，选用防护等级 IP65 的机箱、防水按键，具有较强的抗震、防腐、防潮性能，系统可靠，安全性高。

(5) 生产数据文件采用 FTP 协议传输，FTP 传输文件采用 3DES 算法加密，数据发送采取了判断方式，数据传输安全可靠；软件系统设置了故障诊断、手机短信功能，兼容性强。

信息化上传系统主要技术指标：

(1) 生产数据保存时间，3 个月以上；

(2) GPS 定位精度，15 m；

(3) 数据信息传输速率（在服务器商支持的情况下），大于 85.6 kb/s，视频数据传输速率：大于 2 M/s；

(4) 接收灵敏度，小于-160 dBm；

(5) 数据上传所需时间，小于 10 s。

6.3.10　智能装药车敏化系统

敏化系统由敏化剂箱、催化剂箱、敏化剂泵、催化剂泵、管路阀门、流量计等部分组成，在炸药车驶入爆破现场之前将配好的敏化剂、催化剂溶液灌入敏化剂箱及催化剂箱。到爆破现场生产炸药时，打开管路阀门，由敏化剂泵、催化剂泵泵送溶液，按照工艺配方的要求设置好敏化剂及催化剂的流量，敏化剂在长距离输送减阻装置处加入，和乳胶基质一起在输药管内分层输送，经静态混合器混合后注入炮孔，敏化 10～15 min 后形成炸药。待生产完成后需将敏化剂箱内剩余的敏化剂排干净。

智能装药车料仓内的乳化基质采用高精度柱塞式计量泵进行输送，在胶管出口处的静态混合器内进行混合敏化，借助于泵的压力将敏化混合后的乳胶基质泵入炮孔。静态混合器结构如图 6-17 所示。

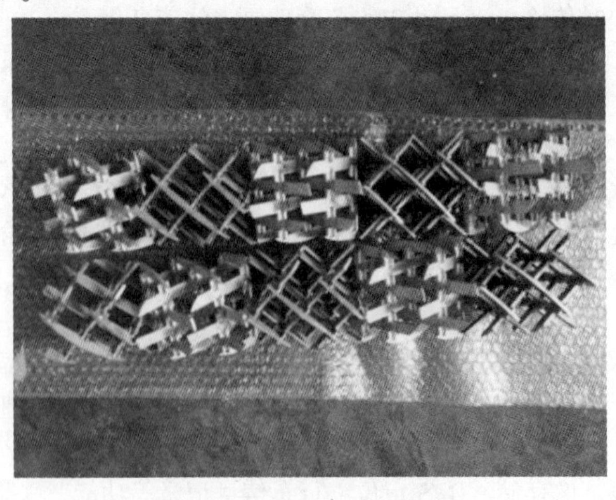

图 6-17　静态混合器实物图

6.3.11 智能装药车基质物料储存系统

基质物料储存系统由基质料仓、敏化剂箱、水箱等组成。基质料仓及敏化剂箱采用去应力折板成型技术，结构强度好、变形小。

基质料仓采用全不锈钢容器板成型、焊接工艺而成，耐腐蚀、抗冲击性强，提高了整体结构强度。同时按照压力容器规范生产，焊缝均匀、无凹陷、掺渣、虚焊或开裂等情况，焊缝处打磨光滑、平整。基质料仓经过严格的煤油渗漏及盛水试漏检查，杜绝了虚焊、漏焊现象，大大延长箱体的使用寿命。采用单一出口，出料连续，积料少；料仓内部光滑平整，无加强筋及连接杆，利于料仓清理。

基质料仓外观呈漏斗状，材质：《承压设备用不锈钢钢板及钢带》(GB 24511—2009)标准 0Cr18Ni9Ti 不锈钢，车体上部具有物料导流装置，便于车辆清洗，保持车辆清洁，减少物料腐蚀，延长箱体寿命。

基质料仓保温材料采用高密度聚胺酯保温板或保温岩棉。

6.3.12 智能装药车泵送系统的设计

为保证敏化剂和乳胶基质及低温乳胶基质催化剂加入的精确配比，敏化（润滑泵）及催化剂添加输送计量系统采用 PLC 程序联动控制，敏化剂泵和乳胶基质输送泵依据输送效率按比例加入，乳化炸药现场混装技术及装备输送泵的选择有如下要求。

（1）应具有输送高黏度物质的能力，且结构简单，能耐硝酸盐的腐蚀。

（2）输送炸药安全可靠。泵体中的金属运动件间不产生摩擦和冲击，运动件和基质间无反复摩擦。

（3）流量稳定，计量准确。

（4）自吸能力强，确保进料连续。

计量系统用于计量乳胶基质的装填量。在泵送系统中，因基质泵为容积泵，具有很高的计量精度，本系统采用了两种方式确保乳胶基质的计量，即：

（1）通过转速传感器测量主体输送设备的转速，从 PLC 程序换算出主体输送设备的装药效率、单孔装药量等；

（2）在主体输送设备的出口加装了超声波高黏度物料流量计，该流量计除了检测乳胶基质的流量外，还可以检测物料的输送压力，从而确保物料的高精度计量，同时也起到了物料断料报警提示等功能。

6.3.13 智能装药车装填系统

连续装填系统由软管卷筒装置、伸缩臂、回转装置、送管机构及卷筒组成，在装药前，待液压系统正常运行后，启动软管卷筒马达将软管放出一定的长度，再启动伸缩油缸，将机械手伸至炮孔的上方，然后启动回转马达使机械手正对炮孔，让胶管尽量垂直下孔。

卷筒安装在支架上，由衬套承担载荷。在倾斜油缸和梁支撑的卷筒上，还有一些附件，驱动卷筒的液压马达用螺栓固定在支架上，马达和卷筒用螺栓连结在一起。

软管支架固定在卷筒的周围，支架开有沟槽，用于使装药软管固定在正弦波状的沟槽内，许多压辊保证软管固定在沟槽内。

炸药通过一个和软管连结的可连续旋转的旋转接头进入到卷筒中。为了安全，在卷筒的两侧安装有保护片，在他的四周可装铁丝网，以免岩石和大块杂物掉入卷筒中。

卷筒结构如图 6-18 所示。

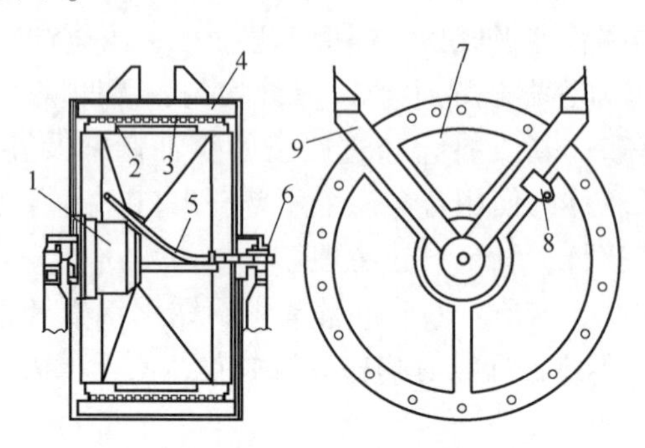

图 6-18 软管卷筒结构图

1—液压马达；2—软管支架；3—装药软管；4—压辊；5—中心软管；6—旋转油缸；7—保护板；8—油缸支撑附件；9—横臂附件

6.3.14 智能装药车水气清洗系统的设计

清洗系统用于装药完成后清洗输药管道及输送泵，由水箱、水管、阀门等部分组成，每次装药完成后，关闭基质料仓下料阀，打开清洗管道阀门，即可将输药胶管和输送泵清洗干净。

生产完成之后，需对炸药车的管路进行清洗，首先将基质料仓的蝶阀关闭，打开水箱的出口球阀，启动基质泵进行管路清洗，待基质管路中的基质基本清洗干净时，关闭水箱的出口球阀，停止基质泵的运转。然后用气进行二次冲洗，将管道内的余料排尽。

6.3.15 智能装药车寻孔和对孔系统设计

6.3.15.1 机械伸缩臂设计概述

机械伸缩臂臂安装在二类汽车 6×4 底盘驾驶室和料仓之间的车架上，车架部分进行改装，动力以取力机构的形式从汽车发动机得到动力，各工作机构的动力皆来源于液压油泵。设计过程中，主要考虑整机的安全性、稳定性，同时各项性能指标必须满足预定的要求。

6.3.15.2 伸缩机构设计计算

A 伸缩臂臂设计计算

伸缩臂臂材料：采用高强度焊接结构钢，牌号：HG70，抗拉强度：$\sigma_b = R_m \geqslant 685$ MPa，屈服强度 $\sigma_s = R_p \geqslant 590$ MPa，根据《随车起重运输车》(QC/T 459—2004)，可计算出许用应力：$[\sigma] = 590/1.5 = 393.3$ MPa。

伸缩臂截面的确定：根据吊机最大起升力矩 22500 N · m，基本臂长 4465 mm，全伸臂长 15750 mm，初定主臂截面尺寸；再根据起重臂内伸缩机构的布置确定其他臂的截面尺寸；最后对所有臂截面尺寸进行修正，得以确定各节臂截面。智能装药车各伸缩臂截面图如图 6-19 所示。

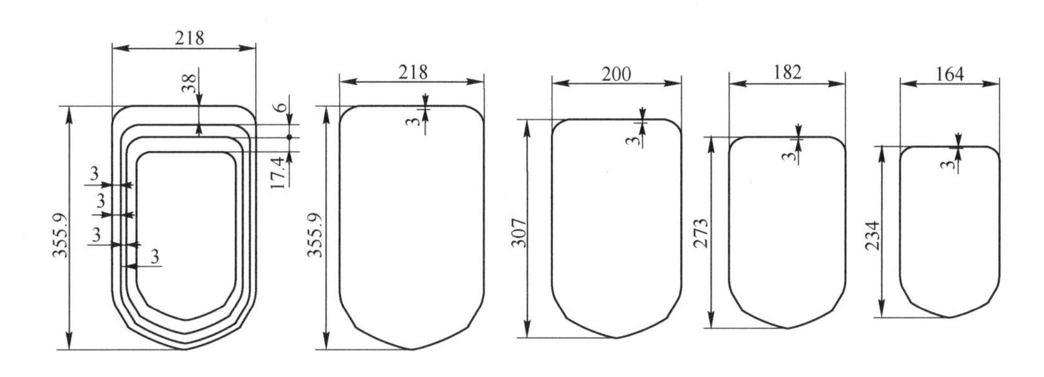

图 6-19 智能装药车各伸缩臂截面图（单位：mm）

根据软件计算出各伸缩臂截面的质量属性见表 6-9。

表 6-9 各伸缩臂截面的质量属性

项目	惯性矩 I	惯性矩 J	旋转半径 X	旋转半径 Y
大臂	48678091	24636571	157	224
二臂	18652693	9423586	146	209
三臂	8625460	5586746	135	180
四臂	5286543	2368795	125	157

根据软件计算出各伸缩臂质量属性见表 6-10。

表 6-10 各伸缩臂质量属性

伸缩臂各零部件质量属性（坐标原点为变幅上铰点）			
质心坐标	X	Y	质量/kg
大臂	1341	378	592
二臂	5449	417	308
三臂	9162	428	260
四臂	13119	330	251
伸缩油缸	3752. 5	415	257
其他零部件	5864	400	90

B 起重臂钢丝绳及油缸选型计算

伸缩臂全伸状态时的主臂强度计算如图 6-20 所示。

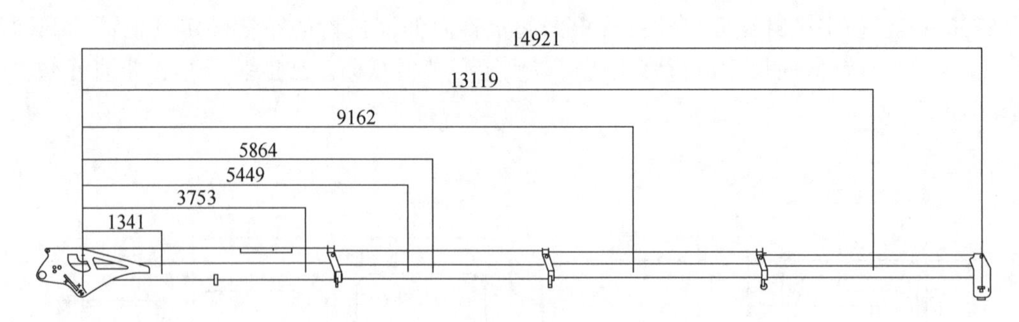

图 6-20　伸缩臂主臂强度计算（单位：mm）

伸缩臂全伸状态，工作幅度为 15200 mm 时，最大载荷为 14000×1.25＝17500 N，此时，伸缩臂危险截面所受的弯矩：

$$M = G \cdot L + \sum (G_1 \cdot L_1)$$

式中，G 为最大工作幅度时重物的最大重量，17500 N；L 为重物质心至主臂危险截面的水平距离，14921 mm；G_1 为伸缩臂各零部件重量；L_1 为伸缩臂各零部件质心至主臂危险截面的水平距离。

$$M = 17500 \times 14921 + 5920 \times 1341 + 3080 \times 3753 + 2600 \times 5449 + 2510 \times 5864 + 2570 \times 9162 + 900 \times 13119 = 344854940 \text{ N} \cdot \text{mm}$$

主臂截面所受最大应力：

$$\sigma = M \cdot Y/I = 344854940 \times 224/1071646394 = 72 \text{ N/mm}^2$$

$\sigma <[\sigma]$，故合格。

C　二臂强度计算

伸缩臂二臂强度计算如图 6-21 所示。

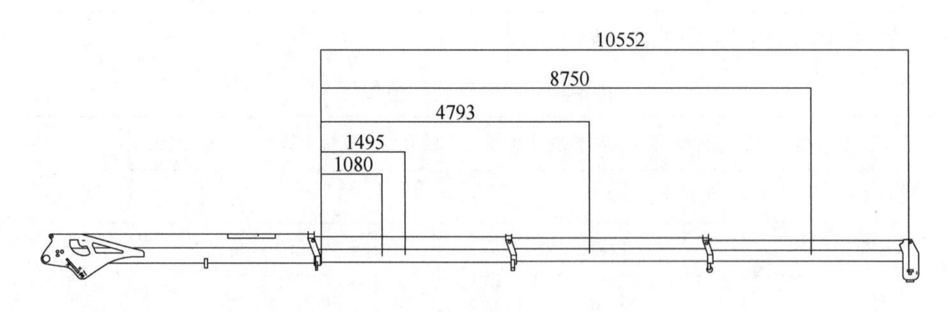

图 6-21　伸缩臂二臂强度计算（单位：mm）

二臂危险截面所受的弯矩：

$$M = G \cdot L + \sum (G_2 \cdot L_2)$$

式中，G 为最大工作幅度时重物最大重量，17500 N；L 为重物质心至二臂危险截面的水平距离，10552 mm；G_2 为二臂所承受的各零部件重量；L_2 为二臂所承受各零部件质心至二臂危险截面的水平距离。

$$M = 17500 \times 10552 + 900 \times 1080 + 3080 \times 1495 + 2600 \times 4793 + 2510 \times 8750 = 224660900 \text{ N} \cdot \text{mm}$$

二臂危险截面所受最大应力：

$$\sigma = M \cdot Y/I = 224660900 * 209/743825543 = 63.1\ \text{N/mm}^2$$

$\sigma <[\sigma]$，故合格。

D 三臂强度计算。

伸缩臂三臂强度计算如图 6-22 所示。

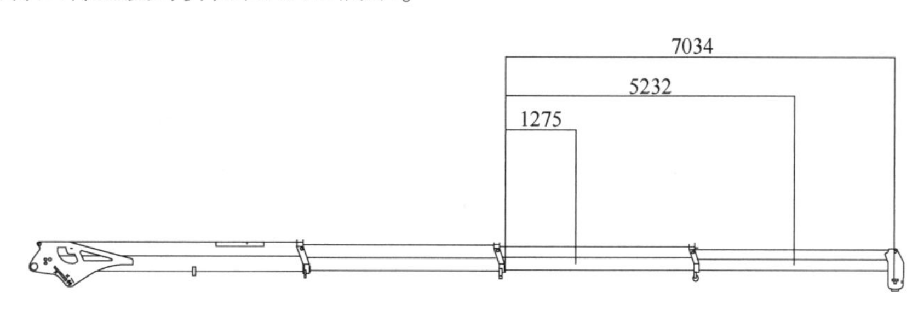

图 6-22 伸缩臂三臂强度计算（单位：mm）

三臂危险截面所受的弯矩：

$$M = G \cdot L + \sum (G_3 \cdot L_3)$$

式中，G 为最大工作幅度时重物最大重量，17500 N；L 为重物质心至三臂危险截面的水平距离，7034 mm；G_3 为三臂所承受的各零部件重量；L_3 为三臂所承受各零部件质心至三臂危险截面的水平距离。

$$M = 17500 \times 7034 + 2570 \times 1275 + 2510 \times 5232 = 131080550\ \text{N} \cdot \text{mm}$$

三臂危险截面所受最大应力：

$$\sigma = M \cdot Y/I = 131080550 \times 180/528698566 = 44.6\ \text{N/mm}^2$$

$\sigma <[\sigma]$，故合格。

E 四臂强度计算

伸缩臂四臂强度计算如图 6-23 所示。

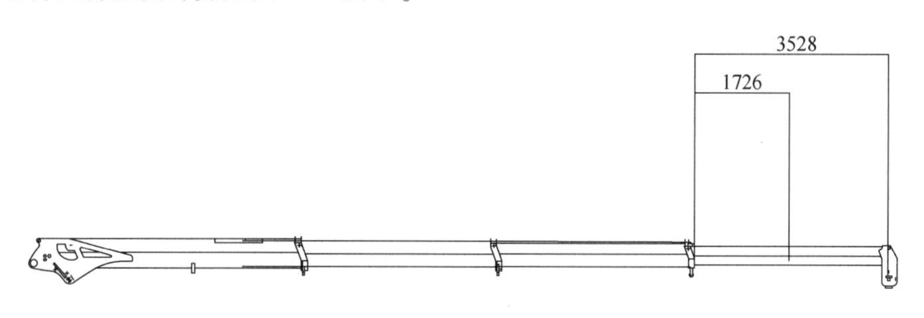

图 6-23 伸缩臂四臂强度计算（单位：mm）

四臂危险截面所受的弯矩：

$$M = G \cdot L + G_4 \cdot L_4$$

式中，G 为最大工作幅度时重物的最大重量，17500 N；L 为重物质心至五臂危险截面的水平距离，3528 mm；G_4 为四臂重量，2510 N；L_4 为四臂质心至五臂危险截面的水平距离，1726 mm。

$$M = 17500 \times 3528 + 2510 \times 1726 = 66072260\ \text{N} \cdot \text{mm}$$

五臂危险截面所受最大应力：

$$\sigma = M \cdot Y/I = 66072260 \times 157/327764222 = 31.7\ \text{N/mm}^2$$

$\sigma < [\sigma]$，故合格。

F　伸缩臂搭接长度

伸缩臂搭接长度如图 6-24 和表 6-11 所示。

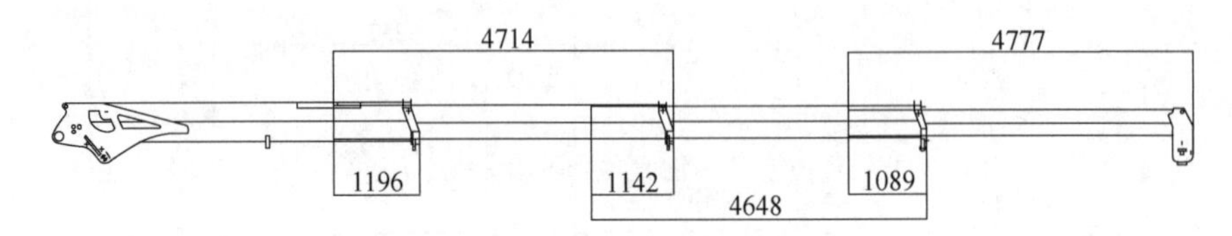

图 6-24　伸缩臂搭接长度（单位：mm）

表 6-11　伸缩臂搭接长度

序号	名称	搭接长度/mm	臂长/mm	搭接比例/%
1	二臂	1196	4714	25.4
2	三臂	1142	4648	24.6
3	小臂	1089	4777	22.8

6.3.15.3　象鼻子对孔机构设计

柔软灵活的对孔机构包括 8 个小液压油缸和一套连结系统。对孔机构能弯曲±90°，对孔软管通过对孔机构上的一系列导向滚轮进入到炮孔中。

对孔机构通过一个旋转油缸安装在内臂上，旋转油缸能带动对孔机构作 180°旋转。其结构如图 6-25 所示。

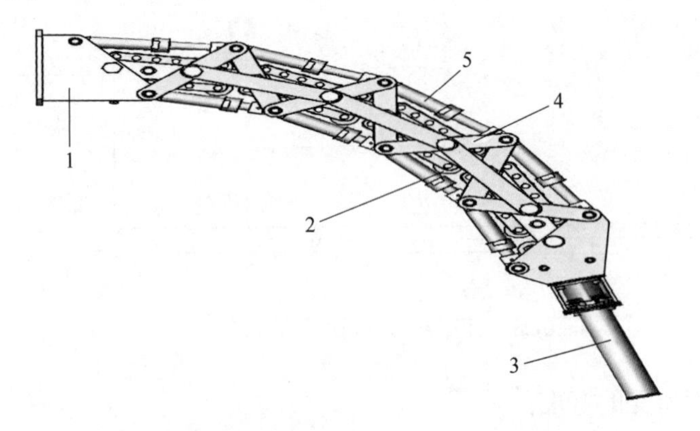

图 6-25　智能装药车精准对炮孔装置——象鼻子示意图

1—固定座；2—滚轮；3—出口管；4—连接块；5—油缸

该结构是一种仿生象鼻机械臂，通过联动实现整体的长度变化，通过长度差来实现象鼻的弯曲功能，同时可以增加模拟象鼻的拧转功能，实现了对象鼻功能结构的模拟，是一种具有操控精度高、操作空间大的仿生象鼻机械臂。

仿生象鼻机械臂由底座、前座、单作用油缸和基础运动组组成。

(1) 底座与前座之间设有四组单作用油缸、四组基础运动组。第一组单作用油缸的输入轴通过联轴器与底座相连，第一组单作用油缸的输出轴通过联轴器与首个基础运动组的底部相连；置于末端（第四个）的基础运动组的顶部通过联轴器与底座连接，第四组单作用油缸的输出轴通过联轴器也与底座相连。

(2) 基础运动组包括单元连接板、线性运动单元和从动伸缩单元，单元连接板上开设有若干个安装孔，从动伸缩单元套接安装在单元连接板中心位置的安装孔内，若干个线性运动单元环绕从动伸缩单元均匀分布在单元连接板边沿的安装孔内；相邻的两个运动组之间的线性运动单元及从动伸缩单元都是通过联轴器进行连接。

(3) 每个相邻基础运动组之间的线性运动单元通过联轴器进行连接组成仿生肌肉链。每个相邻基础运动组之间的从动伸缩单元通过联轴器进行连接组成中央限位运动链。

(4) 仿生肌肉链和中央限位运动链底部的联轴器与底座上的单作用油缸对应连接，由单作用油缸进行驱动，同时由于每个基础运动组之间通过联轴器相连接，所以该仿生象鼻机械臂具备肌肉的可弯曲特性。

本结构中的多个仿生肌肉链进行联动驱动实现整体的角度变化，在运动过程中，可通过改变不同仿生肌肉链的伸缩长度差，实现仿生象鼻机械臂的弯曲，本发明实现了对象鼻功能结构的模拟，极具灵活性。

6.3.15.4 混装炸药车精准寻孔和对孔的系统组成

混装炸药车精准寻孔和对孔的系统由北斗/全球卫星导航网络（GNNS）载波相位差分（RTK）技术、长距离伸缩机械臂系统、机器视觉定位系统、对孔象鼻子系统和混装车控制系统组成（见图 6-26），由该系统完成矿山炮孔装填的自动寻孔、对孔、装填作业。

图 6-26 混装炸药车精准寻孔和对孔的系统组成

6.3.15.5 寻孔和对孔步骤

(1) 低精度寻孔：混装炸药车停车准备装药作业，基站采集卫星数据，通过无线数据链将观测值和基站点坐标信息传输给移动站，实时载波相位差分处理，获得厘米级定位数据。计算机将定位数据，作业区域炮孔位置比对处理发送至混装车控制系统，自动控制长距离伸缩机械臂前端输送管移动至预定炮孔位置（见图 6-27）。

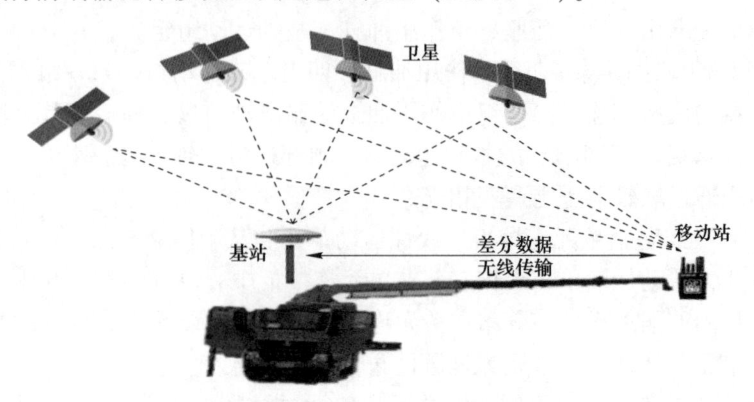

图 6-27　寻孔定位信息采集示意图

（2）高精度对孔：移动站（长距离伸缩机械臂前端）到预定炮孔位置，机器视觉系统通过 CCD 相机拍取地面炮孔图像，进过视觉软件分析处理，自动控制长距离伸缩机械臂前端的对孔象鼻子系统输送管精准对孔（见图 6-28）。机器视觉系统对孔流程图如图 6-29 所示。

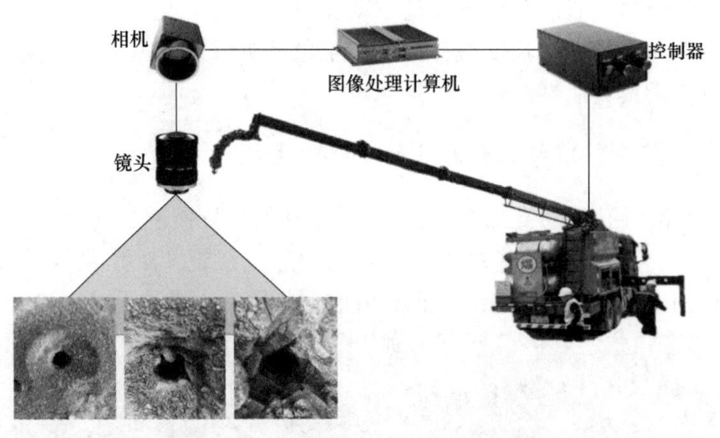

图 6-28　机器视觉定位系统示意图

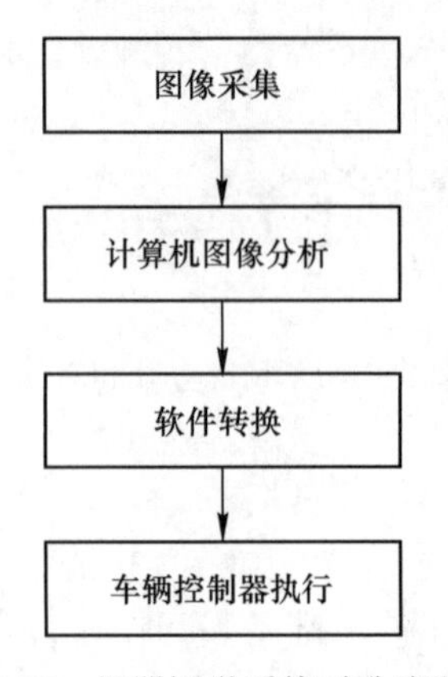

图 6-29　机器视觉系统对孔流程图

(3) 完成对孔后由混装车控制系统，自动运行放管、装药及自动收管工作，再转下一预设装药炮孔。

6.3.15.6 混装炸药车精准寻孔和对孔流程

混装炸药车精准寻孔和对孔流程如图 6-30 所示。

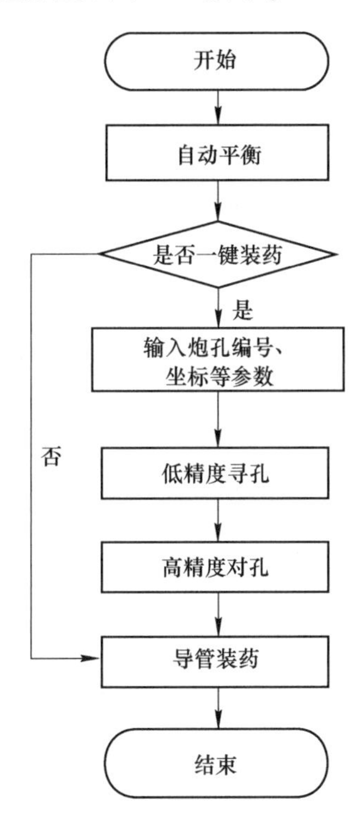

图 6-30 装炸药车精准寻孔和对孔流程图

6.4 装药效率、敏化剂和催化剂的标定

6.4.1 原材料质量标准

亚硝酸钠质量标准参照《亚硝酸钠》(GB 2367—2006)，见表 6-12。

表 6-12 亚硝酸钠质量标准

序号	项目	质量指标	备注
1	外观	白色或微带浅黄色结晶	
2	亚硝酸钠含量/%	≥98	
3	水分/%	≤2.5	

一水柠檬酸质量标准参照《一水柠檬酸》(GB/T 8269—1998)，见表 6-13。

表 6-13　一水柠檬酸质量标准

序号	项目	指标	备注
1	柠檬酸含量 w/%	99.5~100.5	
2	水分 w/%	7.5~9.0	
3	易碳化物含量 w/%	1.0	
4	硫酸灰分含量 w/%	≤0.05	
5	硫酸盐含量 w/%	≤0.015	
6	氯化物含量 w/%	≤0.005	

6.4.2　敏化剂及催化剂溶液的制备

敏化剂溶液的制备：按配方要求配置敏化剂溶液，亚硝酸钠必须用冷水或温度低于 30 ℃的水均匀溶化。

催化剂溶液的制备：按配方要求配置催化剂溶液，必须将称量好的一水柠檬酸加入水中并均匀搅拌直至完全溶化。

6.4.3　装药效率、敏化剂和催化剂的标定

（1）物料输送计量。螺杆泵推进式容积及超声波传播时间差计量的结合方式，取平均值。

采用螺杆泵推进式容积的特点，结合电式接近开关组成，由式（6-1）计算物料每分钟输送量：

$$Q = N \times \rho \times q \tag{6-1}$$

式中，Q 为每分钟输送量，L/min；N 为每分钟转速，r/min；ρ 为物料密度，kg/m^3；q 为输送泵每转的输送量，L/r。

（2）超声波流量计计量。利用传播时间的原理，超声波按照倾斜角度横穿过管道中的流体后被交替接收/发送。穿过物料前进的超声波与水的流向相反时，传播速度将变慢；相反，与物料的流向相同时，传播速度将变快。这两个超声波的传播时间差将被换算成流量。其关系符合下列表达式：

$$v = \frac{MD}{\sin 2\theta} \times \frac{\Delta T}{T_{up} \cdot T_{down}} \tag{6-2}$$

式中，θ 为声束与液体流动方向的夹角；M 为声束在液体的直线传播次数；D 为管道内径；T_{up} 为声束在正方向上的传播时间；T_{down} 为声束在逆方向上的传播时间；$\Delta T = T_{up} \cdot T_{down}$。

（3）输送管收放长度计算。采用旋转编码器加同步轮，检测卷筒运行距离，输送管收放长度由式（6-3）计算：

$$M = \pi \times R / \text{脉冲数} \tag{6-3}$$

式中，M 为输送管收放长度；π 为圆周率；R 为卷筒直径。

采用直径为 60 mm 的同步轮，旋转编码器分辨率（脉冲数）为 60 次/r，检测精度为 1 mm。

6.4.3.1 装药效率的标定

装药效率的标定：

（1）首先根据爆破现场的需要确定装药效率。

（2）按智能装药车的操作步骤进行汽车取力，打开触摸屏。并准备好塑料桶 6 只、磅秤（量程为 50~100 kg）、计算器、秒表及记录本等。

（3）取下水环装置和卷筒连接的胶管快速接头。称好各个样桶的皮重并做好标示，把做好标示的桶置于取下胶管的出口。打开智能装药车基质料仓的蝶阀及水环泵的进水球阀，将敏化剂泵、催化剂泵泵头打开（保持泵空转不积压软管）。将驾驶室操作面板上的“手动/自动”按钮打到自动位置，在驾驶室内的触摸屏上设置装药量 50 kg（或设定其他值），按下运行按钮，连续运转 2 次让乳化基质充满所有基质管路，然后再进行标定，并观察乳化基质的出料转速，调节基质输送泵马达的速度，保证出料速度与所需的装药效率相接近。

（4）称量一次所接乳化基质的质量，记录下触摸屏上最近一次螺杆泵旋转的圈数，将所接乳化基质的质量除以螺杆泵旋转的圈数，将该值输入触摸屏中，反复标定几次，校准螺杆泵每转的输送量。

（5）用同样的方法反复标定 3 次取平均值确定装药效率。最终于实际输送量误差小于或等于 2%。当原材料发生变化或智能装药车连续使用一月后则需重新标定。

6.4.3.2 敏化剂和催化剂的标定

（1）根据敏化剂及催化剂的配比进行标定。

（2）准备好计量器具、秒表、计算器及记录本等。

（3）根据标定好的装药效率进行敏化剂和催化剂的标定（敏化剂溶液的密度取 1.12 g/cm^3，催化剂溶液的密度取 1.00 g/cm^3，需要定期测量密度）。并换算成流量计的 L/h，然后开启敏化剂泵，标定 1 min 或更长时间下流量计输出的量是否和所标定装药效率需要的量相符。若不符，则手动调节流量计的大小，从而达到所需的敏化剂流量。同样方法标定催化剂。

（4）用同样的方法反复标定 3 次确定敏化剂和催化剂的流量，最终到达实际所需流量。当原材料发生变化或智能装药车连续使用一周后需重新标定。

6.5 智能装药车的操作与使用

6.5.1 现场操作流程

（1）智能装药车使用前的准备工作如下。

1）按照汽车使用说明书要求对汽车底盘进行润滑、轮胎加气等工作。

2）按要求配置好灭火器及检查好各种安全标示。

3）将车上部分需要注入黄油的部位注黄油。

4）按照输送泵和液压泵等设备的使用说明书的要求，对这些设备进行保养。

5）检查液压油是否在油标中间位置上。

6）清理各箱体和料仓中有无异物。

7）检查控制板的开关，所有开关都应处在关的位置。

8）检查现场操作必要的仪器包括测绳（测炮孔深度）、密度杯（1 L 量程）和弹簧秤（5 kg 量程，分度值 0.05 kg）是否齐全。

9）按配方要求配置敏化剂溶液。亚硝酸钠必须用冷水或温度低于 30 ℃的水均匀溶化。

10）按配方要求配置催化剂溶液。催化剂溶液的配制需戴好防腐耐酸手套。

（2）现场装药的工艺操作（见图 6-31）。

1）该车定员为两人，一人为汽车司机，负责驾驶汽车、启动取力器、装药操作等工作；另一人为装药操作工，按照爆破工程师的要求，负责操作将炸药装入炮孔内。

2）将智能装药车停放在施工现场内炮孔附近的平整地带，打开汽车电源开关，接通驾驶室内控制柜的电源开关，操作箱的电源指示灯亮。

3）启动汽车发动机，使压缩空气压力达到 0.7 MPa。踩下离合器，打开安装在汽车仪表盘的取力器开关，然后缓慢松开离合器，取力完成后缓慢加大油门，待发动机转速达到 1000 r/min 固定手油门。

4）观察液压系统的液压油压力，待系统压力稳定时，开始进行对炮孔工作。通过操作智能装药车尾部的操作箱调节机械手的伸缩、回转进行对孔，对好炮孔方向后，通过软管卷筒将输药软管放入孔底，完成炸药装填前的对孔及放管工作。

5）在向炮孔内装药前，需打开水箱底部球阀、关闭基质料仓的蝶阀、打开输送泵进水球阀，在手动情况下开启输送泵，进行管路润滑减阻，当看到装药软管末端有水出来后，停止输送泵。然后关闭输送泵进水球阀，打开基质料仓蝶阀，检查敏化剂、催化剂管路阀门（保持打开），将后控制箱转换到“自动”状态，在驾驶室内的触摸屏上设置装药量运行，直至装药软管末端出基质为止（将管路内的润滑水排干净，保证第 1 个装填的炮孔为正常的炸药）。

6）根据爆破设计要求在驾驶室内的触摸屏上设定单孔装药量、设置超压停车上限为 1.2 MPa、设置超温停车上限为 80 ℃，根据乳化基质的温度及生产工艺的要求，在驾驶内的触摸屏上设置水环为“加入”状态。

7）在触摸屏上完成装药量设定后，将智能装药车尾部的操作箱的手动状态切换至自动状态，并按下“启动”按钮装药开始，当达到设定的装药量时，系统会自动停止。

8）装药过程中如系统的压力、温度超过系统设定的压力、温度上限时，系统会报警并停止，同时输送泵上的泄压阀也会自动泄压。

9）进行泵送装药时，操作人员须时刻观察各部件是否运转正常，不断监测转速表和流量计读数，并与校准时的读数对照，保持一致。在装药过程中如发生故障可按下“紧急停车”按钮，退出汽车取力，所有工作机构同时停止工作，待查找出故障原因时再恢复正常生产（如停止时间超过 10 min 需及时冲洗管路）。

10）在实施现场装药的过程中需要从输药软管端部检查乳化基质敏化后的密度不得少于 1~2 次。

11）智能装药车开始装药后，卷筒慢慢回收上提输药软管，炮孔装药结束后，将输药软管移到下一个炮孔旁进行下一个炮孔的装药，重复以上动作进行装药。

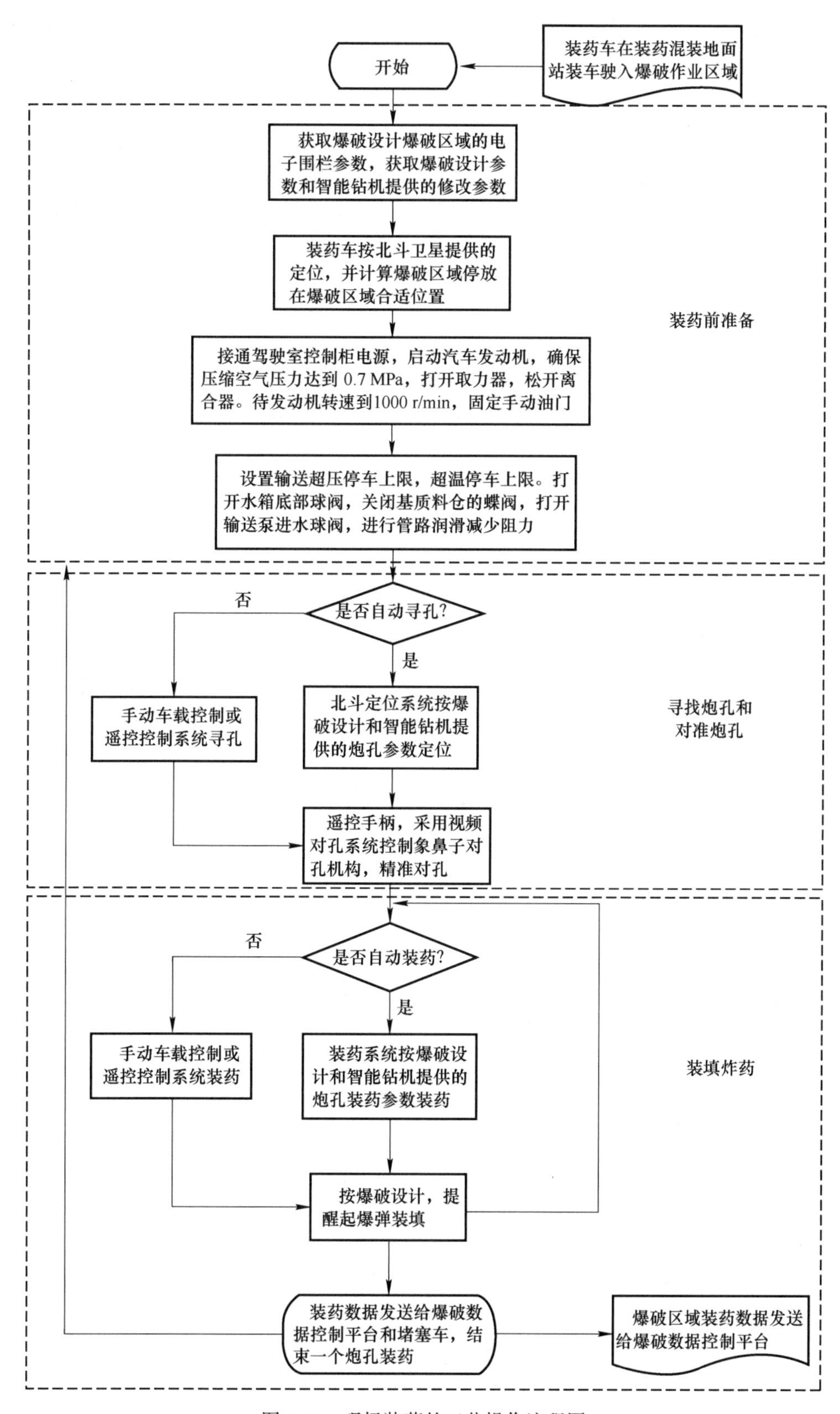

图 6-31 现场装药的工艺操作流程图

12）装完最后一个炮孔后，关闭乳化基质料仓的蝶阀，打开水箱的球阀及螺杆泵进水球阀，在手动状态下单独启动螺杆泵进行水冲洗，将管道内乳化基质冲洗干净，水冲洗完后再使用气冲洗，使软管内残留的水和基质全部排出。压缩空气吹管时，气阀必须缓慢打开，必须将软管管口提到药面以上，但距孔口距离不能小于 3 m，防止软管端部药喷出伤人。

13）装药作业完成后，把控制板上的相应开关打到关的位置，关闭所有的阀门及控制、操作箱的门锁。将输药胶管卷入卷筒，输药软管末端插入车后保险杠的插筒，然后返回车库。

6.5.2　电脑界面操作与使用

操作面布置有人机界面，“本地遥控”“装药冲洗”“手动自动”切换开关，“启动”“停止”按钮。智能装药车电脑界面如图 6-32 所示。

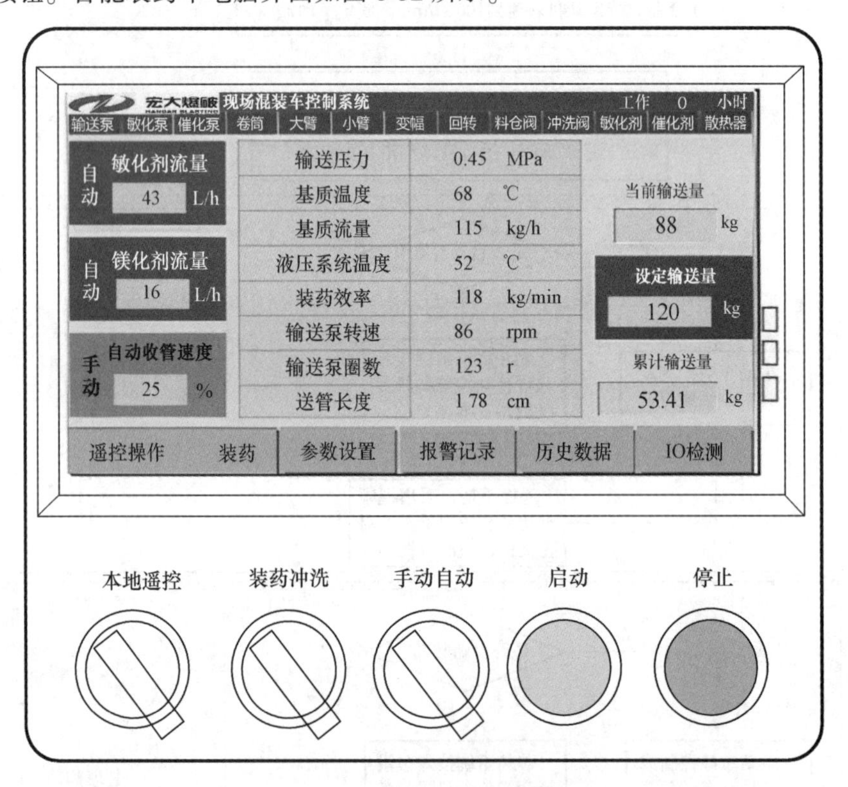

图 6-32　智能装药车电脑界面

当“本地遥控”切换开关选择为“本地”时，操作面板开关控制有效。“装药冲洗”“手动自动”操作有效。当开关选择为“遥控”时，操作面板开关控制失效。

（1）装药与冲洗的控制。

在“本地”“自动”状态下，操作面板“装药冲洗”切换开关。选择“装药”模式时，管路对应阀门自动切换开关状态（料仓阀、敏化剂阀、催化剂阀打开，冲洗水阀关闭），并自动执行状态检查。满足装药模式要求，即可启动装药，依据参数设置条件自动装药。

选择“冲洗”模式时，管路对应阀门自动切换开关状态（料仓阀关闭，敏化剂阀、催化剂阀、冲洗水阀打开），并自动执行状态检查。满足装药模式要求，即可启动冲洗，依据参数设置条件自动冲洗。

（2）手动与自动的控制。

在“本地”状态下，操作面板“自动手动”切换开关。选择“手动”模式时，人机界面手动界面弹出，操作对应软键可单独启停对应执行部件。

（3）遥控器。

车载操作面板选择“遥控”模式时，遥控器可远距离无线操作智能装药车。遥控器面板布置如图 6-33 所示。

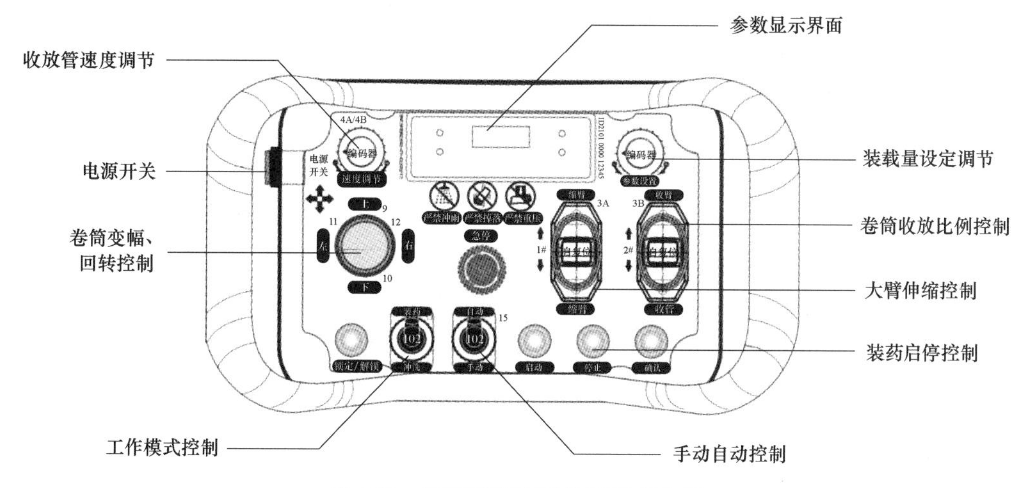

图 6-33　智能装药车遥控器面板布置

（4）人机界面。

1）人机界面组成。人机界面如图 6-34 所示。

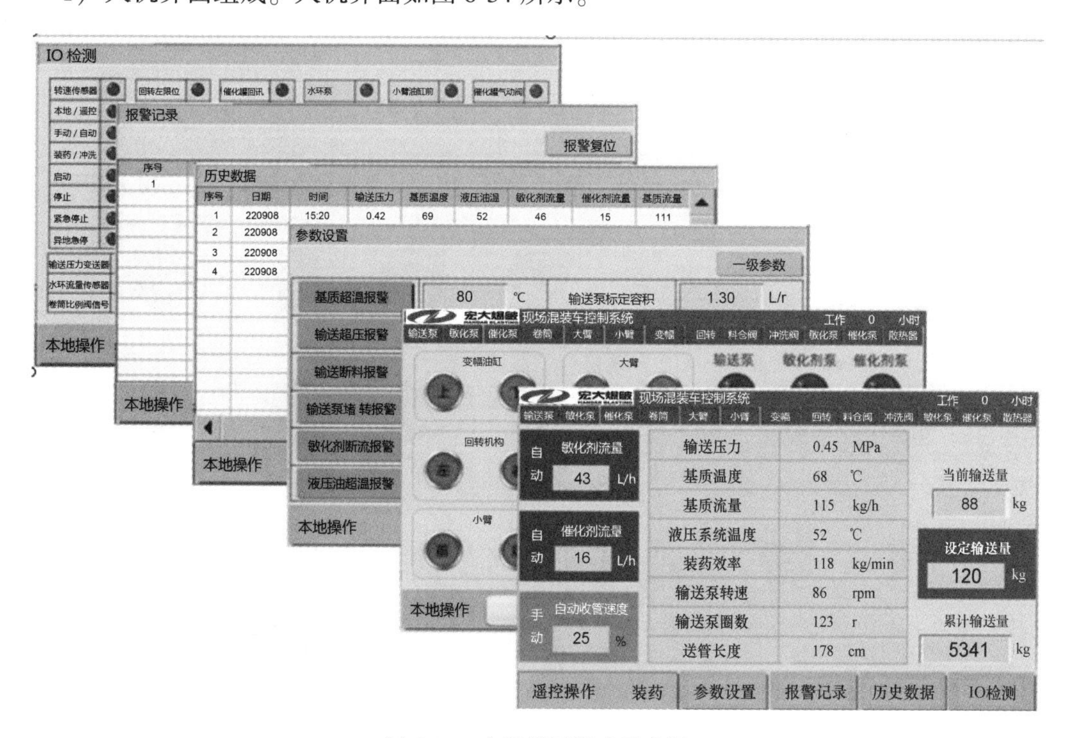

图 6-34　人机界面组成示意图

2）主界面。主界面如图 6-35 所示。

①状态指示，显示各执行部件运行状态。

②过程数据，显示监测仪表测量的实时数据。

③生产数据，显示装药生产数据。

④关键参数，快速设置参数、切换控制。

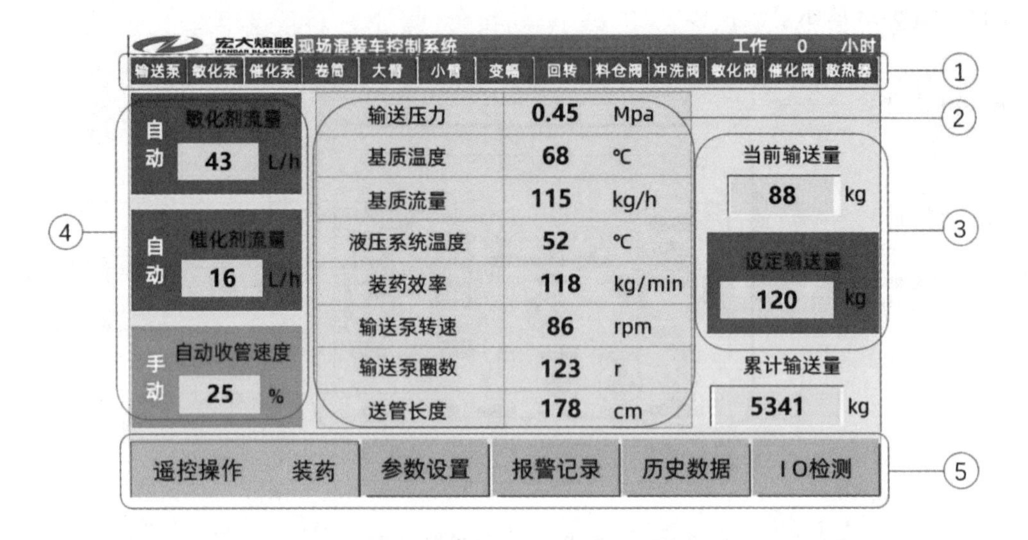

图 6-35　主界面

⑤菜单栏，切换界面。

3）手动界面。手动界面如图 6-36 所示。操作底盘支腿时，必须选择“本地”“手动”模式下将“上部系统供油”切换开关转为“支腿供油”，操作完成后再切换为原状态。

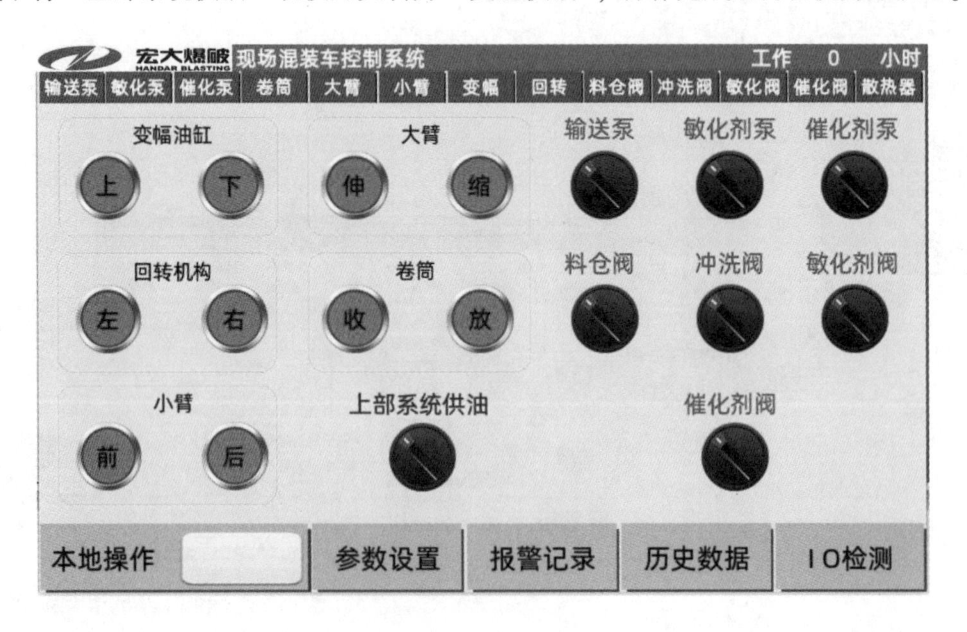

图 6-36　手动界面

4）参数设置。参数设置界面如图 6-37 所示。安全联锁保护设置。当检测值大于（或小于）设定值时，智能装药车自动停机并报警。

参数设置

一级参数

基质超温报警	80	℃	输送泵标定容积	1.30	L/r
输送超压报警	1.2	Mpa	基质密度	1.32	g/cm3
输送断料报警	0.05	Mpa	敏化剂流量	45	L/h
输送泵堵转报警	40	r/min	催化剂流量 禁用催化剂	15	L/h
敏化剂断流报警	80	L/h	自动收管速度 自动收管关闭	25	%
液压油超温报警	85	℃	散热器启动温度 自动温控	40	℃

本地操作　参数设置　报警记录　历史数据　I O检测

图 6-37　参数设置界面

①基质超温报警：参考值 85，单位℃。

②输送超压报警：参考值 1.2，单位 MPa。

③输送断料报警：参考值 0.05，单位 MPa。

④输送泵堵转报警：参考值 20，单位 r/min。

⑤敏化剂断流报警：参考值 100，单位 L/min。

⑥液压油超温报警：参考值 80，单位℃。

5）报警记录。报警界面如图 6-38 所示。对发生的报警记录保存，可查询报警历史记录。对当前的报警需要在排除故障后，按“报警复位”解除。

报警记录

报警复位

序号	触发日期	触发时间	内容	恢复日期	恢复时间
1	220908	14:33:25	敏化剂断流报警	20220908	14:34:05

本地操作　参数设置　报警记录　历史数据　I O检测

图 6-38　报警界面

6）历史数据。记录并保存在线监测的数据，可按日期查询历史记录。历史界面如图 6-39 所示。

历史数据

序号	日期	时间	输送压力	基质温度	液压油温	敏化剂流量	催化剂流量	基质流量
1	220908	15:20	0.42	69	52	46	15	111
2	220908	15:21	0.42	68	53	45	16	112
3	220908	15:22	0.41	68	53	45	15	111
4	220908	15:23	0.42	68	53	44	15	113

本地操作　参数设置　报警记录　历史数据　I O检测

图 6-39　历史界面

7）IO 检测。“IO 检测”界面如图 6-40 所示。发生故障时，通过“IO 检测”界面对开关按钮、检测仪表等进行检测，便于故障开始排查。

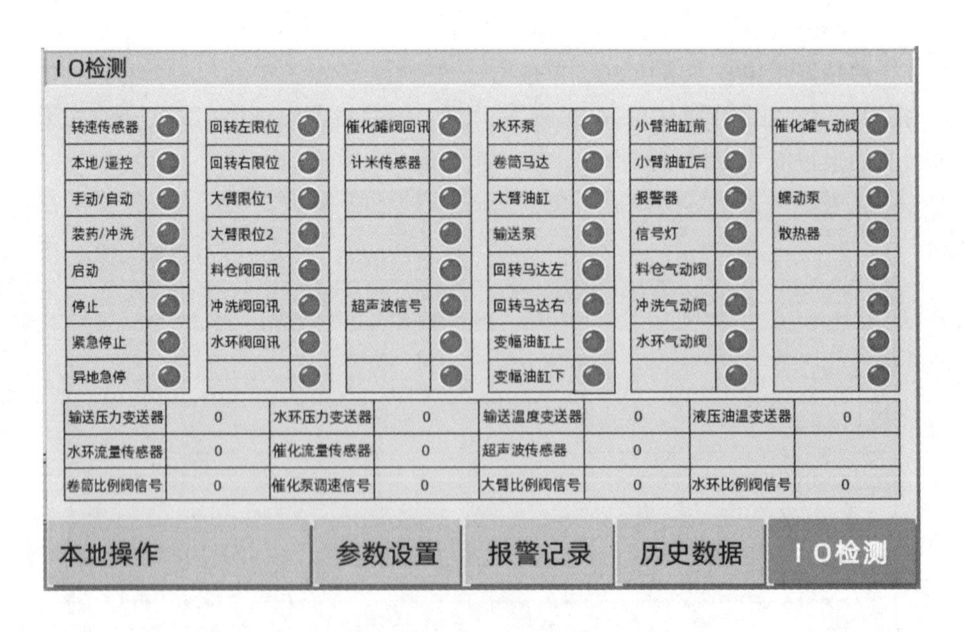

图 6-40　“IO 检测”界面

（5）数据平台。数据平台界面如图 6-41 所示。

 远程透传PLC程序	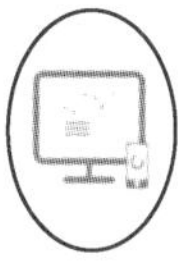 数据远程监控	 设备报警推送	 历史数据查询	 数据统计和分析
远程PLC程序下载、上传和监控，方便解决现场问题	通过网页或手机APP监控设备数据、视屏图像、地理位置，了解设备运行状态、修改参数	通过短信、微信、语音方式推送设备故障状态，及时掌握设备运行状态	可以查询设备的历史数据，通过图表形式展示	统计设备产量、故障等数据，便于统计分析

图 6-41　数据平台界面

1）位置信息。位置信息界面如图 6-42 所示。能够显示出项目的位置。

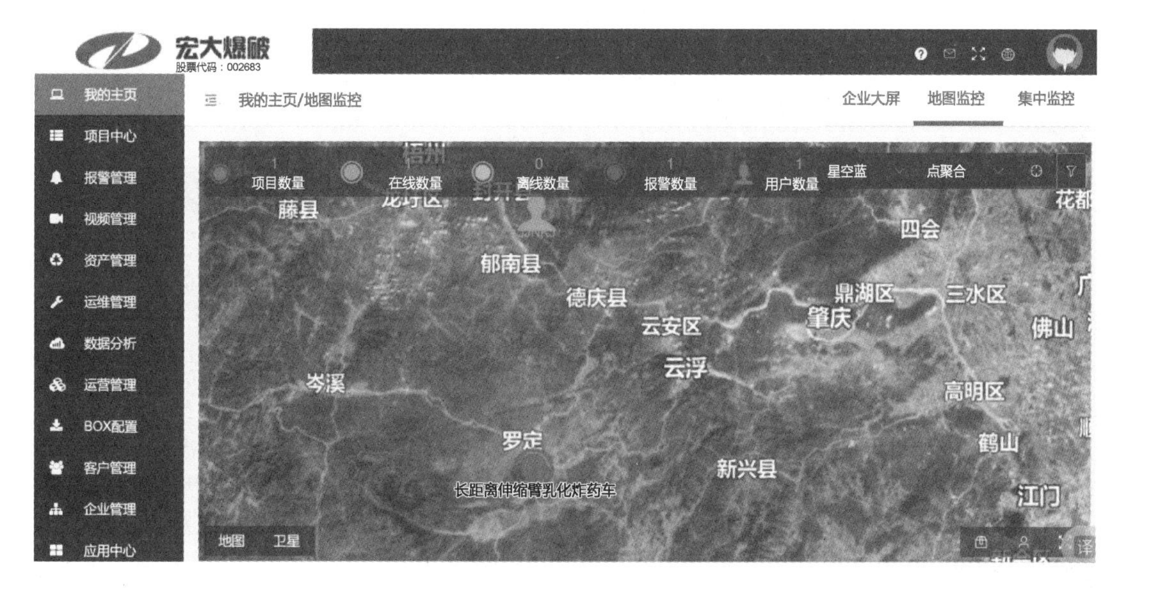

图 6-42　位置信息界面

2）项目监控。项目监控界面如图 6-43 所示。能够实时监控设备的运行状况。

3）数据监控。数据监控界面如图 6-44 所示。

4）报警信息。报警信息界面如图 6-45 所示。

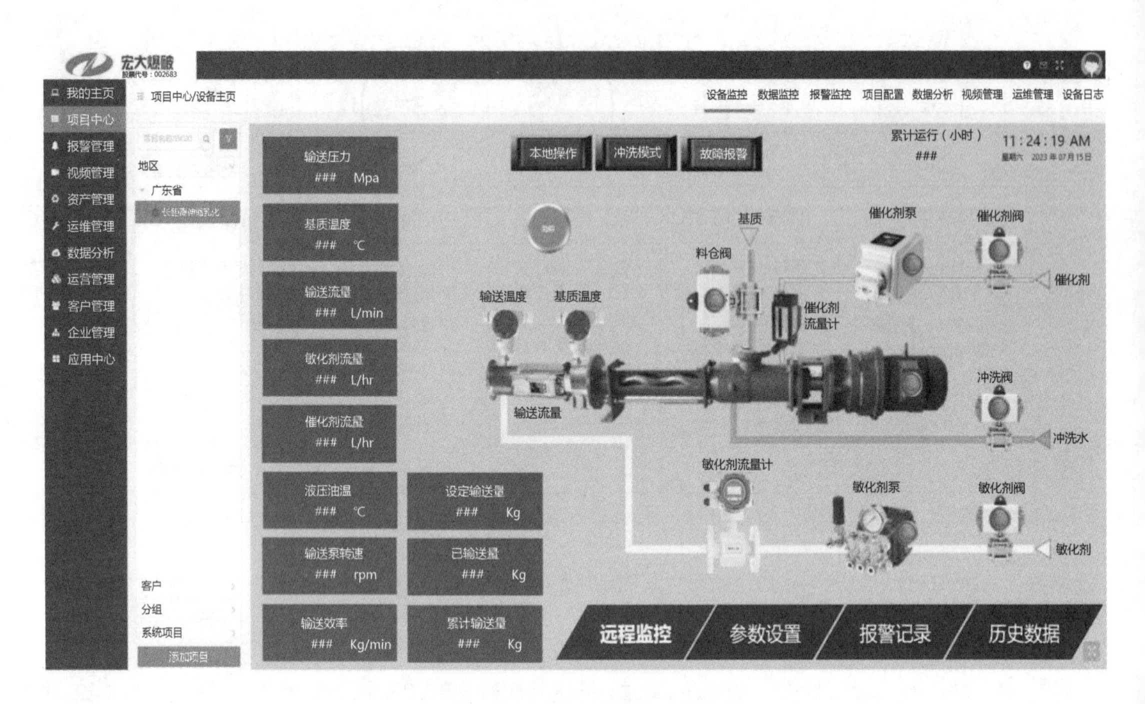

图 6-43　项目监控界面

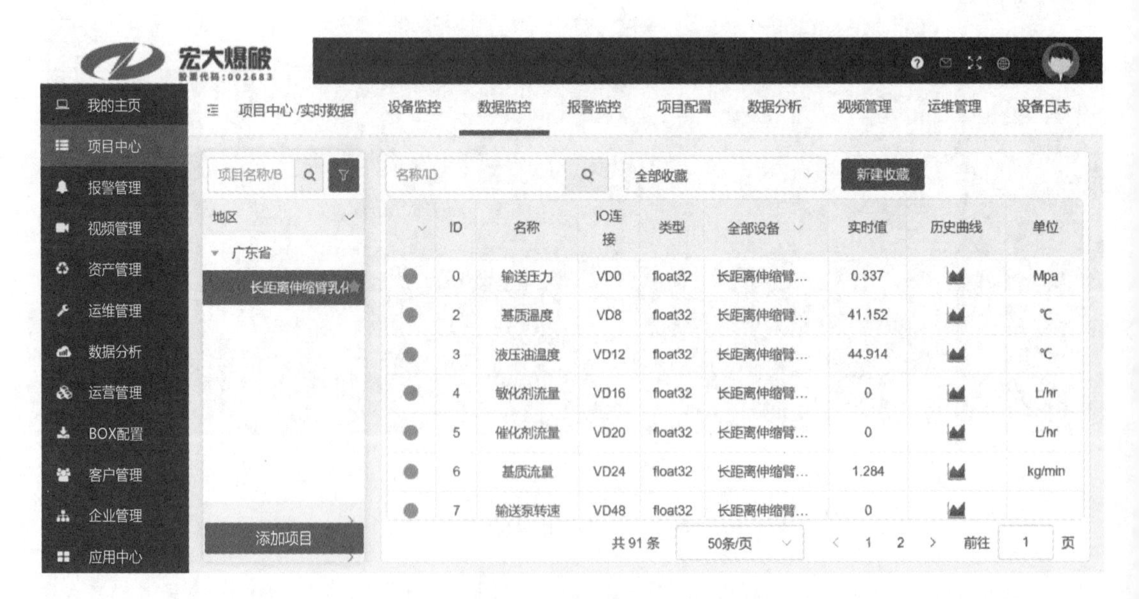

图 6-44　数据监控界面

图 6-45 报警信息界面

6.6 安全技术操作规程

由乳化基质地面站生产的半成品乳胶基质，经基质泵泵入现场混装炸药车的乳化基质料仓，将配制好的敏化剂、催化剂溶液泵入到智能装药车的敏化剂箱、催化剂箱，并将冲洗水箱的水加至规定水位。智能装药车在地面站完成原料的装载后直接驶入爆破现场进行作业。

智能装药车工作原理：智能装药车驶入爆破现场定位后，启动汽车发动机挂上取力器，开启自控系统，液压系统开始工作。首先进行输药软管对孔及放管操作：通过调节收放管机构将输药软管放入孔底，完成炸药装填前的对孔及放管工作。然后根据爆破设计的要求：在控制触摸屏上设置好单孔装药量，打开基质料仓的碟阀，料仓内的乳胶基质通过基质输送泵进行泵送，敏化剂、催化剂分别经敏化剂泵、催化剂泵泵送，通过流量计计量后进入基质输送泵的入口管路，经基质输送泵泵送到静态混合器内进行混合，混合好的乳胶基质借助泵的压力，经水环润滑减阻装置，通过软管卷筒，输药软管送入孔底，乳胶基质经 10~15 min 发泡后，形成无雷管感度的乳化炸药。其工艺流程图如图 6-46 所示。

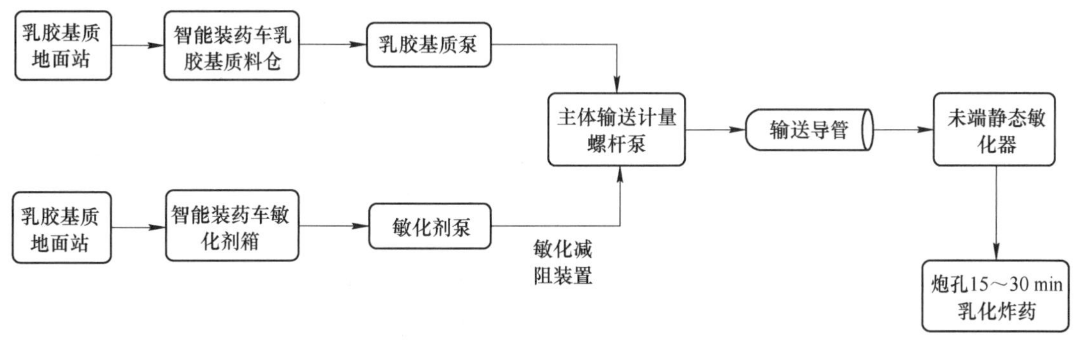

图 6-46 智能装药车工艺流程图

6.6.1 安全技术操作总则

对现场操作人员的基本要求。

（1）工艺规程、技安守则是生产的基本法则，凡从事火工生产的人员应熟练掌握并严格遵守。

（2）新工人或更换工种者应接受三级（厂级、车间、班组）工艺、安全的学习和培培训，经考核合格后，持证方可上岗。

（3）操作人员工作时应保持良好的精神状态，严禁酒后上班。

（4）严禁携带手机等无线移动通讯工具及火柴、打火机等引燃物进入工（库）房，工作时严禁佩戴项链、耳环、戒指、手表等饰物，使用机器的女工不准拖辫子。

（5）工作时要精神集中，认真操作，轻拿轻放，不准串岗、脱岗、替岗，不准嬉笑、打闹、看书看报，不做与生产无关的事情。

（6）职工进入地面站及智能装药车库房，必须按规定穿戴劳动防护用品。生产结束后，经通过式洗浴室和更衣室出厂。

对智能装药车及辅助设施的基本要求：

（1）生产时地面站应保持道路畅通，门窗处于即开状态。

（2）各种原辅材料、成品、半成品、工具应严格按照定置管理要求存放，做到人定岗、物定位、危险物品定存量、危险工序定等级、ABCD 定区放。与生产无关的物品都不应放在工房内。

（3）职工要按“5S”要求，保持工作场所文明、整洁，废物、废料要及时送到指定地点。

（4）危险品生产库房的消防、电气及防雷与接地设施应按《民用爆炸物品工程设计安全规范》(GB 50089—2018）执行。

（5）1.5 m 以上平台应设置安全护栏，地面上的坑、壕沟应加盖。

生产安全技术管理安全要求。

（1）外来人员参观智能装药车及辅助设施时，应经有关部门允许，办理有关手续后，在有关主管人员陪同下进行。

（2）严格按照工艺要求进行操作，未经技术部门的同意，任何人不应擅自修改工艺条件、参数。

（3）定期进行工艺和技安教育，定期检查，及时消除安全隐患。

（4）开工前检查设备和安全设施是否正常；工作中要密切注意设备运转情况及压力、温度等工艺条件和参数，发现异常情况，应及时采取有效措施并迅速上报领导；工作结束后要擦净设备，清扫卫生，关好门、窗、水、电、气等。

（5）机械设备在运转时，不应接触、跨越转动或传动部位，不应将手或脚伸到设备内；打扫卫生，擦拭设备时应停机；人员进入设备内清理或维修对，应切断总电源，并挂警示牌和指定专人负责。

（6）生产维修动火、动焊、接临时线要办理申请表，方可在生产区域内作业。

（7）认真及时做好生产原始记录，认真执行交接班制度。

（8）生产过程应严格遵守安全操作步骤、工艺规程、设备操作步骤，并要求周围人员共同遵守，做到不伤害自己、不伤害他人、不被他人伤害。

生产设备的安全技术要求：

(1) 机器设备和工具要定期检修，严禁设备带病或超负荷作业，检修设备和仪器时，应将室内危险物品移走，并将设备、仪器、工房内的药品清理干净。

(2) 凡有爆炸危险品的工序或库房不准使用黑色金属工具（包括：耙子、刮板、锹、钎、锤子等）和易产生静电的用具。

(3) 接近于地面的联轴节、转轴等危险部分，应设置安全防护装置。

6.6.2 智能装药车基本安全技术规定

(1) 严禁穿拖鞋，严禁携带点火工具、雷管、导火索等易燃易爆物品。

(2) 严禁酒后上岗作业。

(3) 上岗操作人员，必须按规定穿戴好劳动保护用具。

(4) 智能装药车在出车前，应认真检查，确认各部件运转正常后方可出车。

(5) 敏化剂和催化剂溶液的制备、储存必须使用耐腐、耐酸容器，并按规定的地点存放，保持一定的湿度；严禁与酸、碱、易燃易爆物品混放，不得与热源接触。操作人员在制备时，必须穿戴好劳保用品，戴好防腐耐酸手套，严防在制备过程中溅入眼睛，一旦溅入眼睛需用大量清水清洗，严重时送往就近的医院救治。

(6) 智能装药车标定好后，液压、自控系统的压力、温度等设定值除管理人员及技术人员外任何人不得随意更改或调节。

6.6.3 智能装药车现场作业的安全技术规定

(1) 智能装药车必须指定专人操作，需经培训合格后方可上岗操作，严禁其他未经许可的人员随意操作。

(2) 服从现场管理人员和技术人员的指挥，将智能装药车停放在施工现场内开阔、易进易出的平整地带，要求车辆倾斜度在5°以内。

(3) 智能装药车停稳后，智能装药车司机应下车观察各工装设备、仪器仪表的完好状态，并做好现场记录。

(4) 在智能装药车作业前，必须先用水清洗整个装药软管，直至装药软管末端有水出来时，方可打开基质料仓的蝶阀，输送乳胶基质。

(5) 生产设备严禁带病操作，也不准超载运行。如出现不正常声音或故障应立即停车检查，待排除后才能重新开机。

(6) 乳化基质应符合地面站生产工艺规程中的质量标准，乳胶基质进入智能装药车前应把好质量关，严格避免诸如铁钉等杂物混入，如发现质量问题应立即报告有关技术人员，并采取相应措施。

(7) 各工序在操作前，必须认真检查安全设施、仪表、电机、阀门及其他部件，确认一切正常后方可进行操作。

(8) 严格按照工艺操作规程要求，按顺序开机和关机。

(9) 采用自动控制装药时，系统自动停机后，必须分析查找停机原因，并确认排除故障后才能重新开机。

（10）生产完毕后，必须立即将设备、管路冲洗干净，以防硝酸铵及其他含碳物质的积累堵塞。用水冲洗完设备和管路后，再开启气冲洗。用气冲洗时，阀门要缓缓地打开，并严防软管由于气压过大弹起伤人。在卷筒收管及装药的过程中，智能装药车后平台及伸缩臂旋转作业半径内严禁站人。

（11）智能装药车清洗完毕后，及时退出取力器，然后关闭所有阀门。按岗位检查项目规定进行巡回检查并做好记录。

（12）做好智能装药车上各设备、仪器仪表的卫生（用干净的软布擦拭），将各工装器具收放到指定的工具箱存放。

（13）现场装药生产完毕，智能装药车料仓内除盛装没有使用完的乳胶基质外，不准存放其他原材料、半成品、易燃易爆物品，更不能盛装工装器具。

（14）观察退场路线，确认安全无误后按指定路线返回项目部。智能装药车行驶速度规定：能见度良好且路面路况较好时行驶速度不超过 80 km/h，扬尘、起雾、暴风雨等恶劣天气时速度需减半。

6.6.4　其他安全注意事项

（1）智能装药车必须配备消防器材、危险品三角顶灯，在车头及车位设置明显警示标志，车身粘贴橙色反光标识。

（2）在冬季使用智能装药车作业时，要采取防滑措施。

（3）当不能确认是否加入水环润滑的水时，不得强行启动输送泵送乳胶，否则会引起装药软管的严重堵塞。

（4）基质输送泵严禁无料空运转。

（5）智能装药车上所有的设备不得随意拆卸。若确需拆卸，须征得技术主管人员的同意并签字认可后方可拆卸。

（6）智能装药车或者基质补给车在道路行驶的过程中必须严格遵守《中华人民共和国道路交通安全法（2021 年修订）》和《危险货物道路运输安全管理办法》。

（7）当智能装药车或基质补给车灌装基质的时候，必须保持防静电装置可靠有效。

（8）智能装药车或基质补给车不工作的时候，必须停在专用车库内，切断汽车电源，并锁好库房门窗。

（9）当气温低于 0 ℃时，要在智能装药车库房内加装保温装置，保持库房内的温度高于 0 ℃。

（10）智能装药车按使用说明书规定进行定期检查、保养和润滑。

6.6.5　智能装药车异常情况的处理

现场装药时输送压力突然增大的处理方法：当智能装药车运行时，出现紧急情况应按下紧急停止按钮。

（1）当现场装药时输送压力大于 1.2 MPa，必须停止智能装药车的现场装药。

（2）关闭基质料仓的出料蝶阀，打开水箱的阀门，在手动情况下按下冲洗按钮，观察输药软管末端的出料情况，若连续出料或间断出料，说明管路没有完全堵死，此时将管路内的基质冲洗出来。待管路导通后，拆下水环，将水环内的基质清洗干净。若冲洗运行

2 min 软管末端没有水或者基质出来．此时应拆下输送泵和卷管之间的连接管路，分段冲洗，直至管路导通为止。

（3）智能装药车严禁超压力运行。

智能装药车长时间停止工作或料仓内基质长时间放置的处理方法。

（1）当智能装药车长时间停止工作再次使用时，应将水箱和基质料仓内装水，在手动情况下启动冲洗按钮，并设置冲洗量为 300 kg 或 500 kg，直至软管末端出来大量水时，直至设置量冲洗结束。

（2）当智能装药车装有基质且长时间没有使用时，再次使用前，首先应观察料仓内的基质是否结晶或变型、破乳。若能够继续使用，首先要确保料仓的出口必须是畅通的。此时也应该按照正常的操作顺序，首先要冲洗润滑管路后，打开基质料仓蝶阀，按照装药操作顺序直至软管末端有基质出来。若基质不能继续使用，则需要在料仓内装热水（热水温度高于 80 ℃），将残留的基质冲洗干净。

6.6.6 现场混装乳化炸药车的日常保养及安全维护

（1）智能装药车在日常工作过程中应严格执行操作规程。

（2）智能装药车冬季应停放在保温车库内，以防冻裂管路及其他系统。

（3）智能装药车应每月检查检验一次安全联锁装置。

6.6.7 智能装药车安全联锁校验安全操作规程

现场混装乳化炸药车操作人员必须持证上岗。

工作前要按照规定穿戴好劳保用品（防静电服装），进入工房后必须对工作现场进行安全检查清理，确认无隐患后方可进行作业。

作业人员应熟知危险源及防范措施。作业时要做到我不伤害他人、我不被别人伤害的原则，加强自身保护意识。

智能装药车应每月进行一次安全联锁装置有效性和可靠性的检验（含超温、超压及断料保护）。

（1）超温检测。人为设置超过环境温度（首先在智能装药车触摸屏上参数设置低于环境温度的其他温度），设置后若“报警”界面显示“超温报警”，则证明该联锁功能有效可靠，否则该装置失效。

（2）超压报警并联锁。将料仓内装水约 1 t，按下“自动装药”按钮，设置压力上限，若“报警界面”显示超压并报警并自动停车，则证明该功能有效可靠。

（3）断料保护（即低压保护）。在料仓内装水约 1 t，按下“自动装药”按钮，当料仓内的水即将泵送完毕，检验是否会出现“低压报警”并停车，若有即证明该联锁功能有效可靠。

6.6.8 现场混装炸药车现场作业安全技术操作规程

（1）现场混装乳化炸药车操作人员及相关人员必须持有效证件进入作业现场。

（2）工作前要按照规定穿戴好劳保用品（防静电服装）及安全帽，进入爆破现场必须对工作现场进行安全检查清理，确认无隐患后方可进行作业。

（3）作业人员应熟知危险源及防范措施。作业时要做到我不伤害他人、我不被别人伤害的原则，加强自身保护意识。

（4）现场混装炸药车必须按规定的时速行驶车辆。能见度较低或大雾天气速度在规定的速度下还须减半。遇雷雨天或大雪天气应停止智能装药车作业。

（5）智能装药车在现场装药时，不得碾压雷管或导爆索。

（6）车辆移动时必须观察好地形和周围人员的情况。

（7）当装药结束后必须采用气冲洗将软管内的残药冲洗出来，严防残药洒落在行驶途中。

6.6.9　现场混装炸药成品检验安全技术操作规程

（1）现场混装乳化炸药车操作人员及相关人员操作必须持有效证件进行智能装药车作业。

（2）混装炸药车在爆破现场装填的过程中，必须进行不少于3次的炸药密度测试。

（3）作业人员应熟知危险源及防范措施。作业时要做到我不伤害他人、我不被别人伤害的原则，加强自身保护意识。

（4）现场操作人员在测试混装炸药密度时，必须远离火种，并禁止自身携带火种。

（5）测试混装炸药的密度杯必须使用不发火材质且耐酸耐腐蚀。

（6）测试混装炸药的计量器具的最小分度值不得高于0.5 g。

（7）混装炸药的密度必须根据现场爆破的实际需要而调节，用于水孔的炸药密度一般控制在1.10~1.26 g/cm^3，用于干孔的炸药密度控制在1.05~1.26 g/cm^3。

（8）当原材料发生重大变化时，必须检测混装炸药的爆速。爆速的检测必须符合工业炸药统一执行《工业炸药通用技术条件》(GB 28286—2012)。

6.6.10　乳胶基质装车补给安全技术操作规程

（1）现场混装乳化炸药车操作人员及相关人员必须持有效证件进入基质装车工房。

（2）工作前要按照规定穿戴好劳保用品（防静电服装），进入工房后必须对工作现场进行安全检查清理，确认无隐患后方可进行作业。

（3）作业人员应熟知危险源及防范措施。作业时要做到我不伤害他人、我不被别人伤害的原则，加强自身保护意识。

（4）智能装药车加补乳胶基质时，要确认智能装药车的气动阀及各个进料口的阀门闭合状态，检查完毕确认无误后，才能进行乳胶基质的补给。在补给的过程中，必须仔细观察温度及压力的变化情况。

（5）乳胶基质装车工房必须放置在有效期内且能有效使用消防设施。遇火险时，操作人员能够正确有效使用。

（6）严禁补给乳胶基质时同时补给敏化剂溶液或催化剂溶液。

（7）智能装药车补给乳胶基质时必须将可靠有效的导静电设施（静电拖地带和静电拖地链）接地。

6.6.11 岗位安全责任制度

6.6.11.1 驾驶员岗位安全生产责任制

（1）在智能装药车管理负责人的领导下开展工作，对本岗位的安全生产负直接责任；驾驶员需持B照以上且驾龄在5年以上操作。

（2）认真学习和严格遵守各项规章制度，不违章操作。

（3）精心操作，严格执行安全技术操作规程，做好各项记录，交接班必须交接安全情况。

（4）正确分析、判断和处理各种事故隐患，把事故消灭在萌芽状态；如发生事故，要正确处理，及时、如实地向上级报告，并保护现场，做好详细记录。

（5）按时认真进行巡回检查，发现异常情况及时处理和报告。

（6）正确操作，精心维护设备，保持作业环境整洁，搞好文明生产。

（7）上岗必须按规定穿戴棉制衣服，妥善保管和正确使用各种防护器具和灭火器材。

（8）积极参加各种安全活动。

（9）有权拒绝违章作业的命令，对他人违章作业加以劝阻和制止。

（10）上岗后必须到指定地点工作，严禁擅自离岗。

（11）智能装药车驾驶员必须有高度的责任心和事业心，对设备的全面管理，保养使用维护修理负有一定的责任。

（12）智能装药车未经允许，不准擅自移动。

（13）智能装药车驾驶员在工作中不得看书、睡觉、接听拨打手机、游戏，严禁吸烟和酒后驾驶。

6.6.11.2 操作工岗位安全生产责任制

（1）在智能装药车管理负责人的领导下开展工作，对本岗位的安全生产负直接责任。

（2）认真学习和严格遵守各项规章制度，不违反劳动纪律，不违章操作。

（3）精心操作，严格按操作规程进行操作，做好各项记录。

（4）正确分析、判断和处理各种事故隐患，把事故消灭在萌芽状态。

（5）如发生事故，要正确处理，及时、如实地向上级报告，并保护现场，做好详细记录。

（6）按时认真进行巡回检查，发现异常情况及时处理和报告。

（7）正确操作，精心维护设备，保持作业环境整洁，搞好文明生产。

（8）上岗必须按规定穿戴棉制衣服，妥善保管和正确使用各种防护器具和灭火器材。

（9）积极参加各种安全活动。

（10）有权拒绝违章作业的命令，对他人违章作业加以劝阻和制止。

（11）对智能装药车进行日常检查，如管接头漏水、漏液、漏油及马达异常，发现问题立即汇报负责人并处理。

（12）做好智能装药车生产记录和设备运行情况记录。

（13）智能装药车未经允许，不准擅自操作、使用。

（14）混严禁装车操作人员在工作中看书、睡觉，严禁吸烟和酒后操作；严禁将火种带到工作区。

6.7 主要系统的维护与保养

现场混装乳化炸药车主要由汽车底盘、动力输出系统、液压系统、电气控制系统、敏化系统、乳化基质料仓及泵送系统、装填系统、水气清洗系统等部分组成。整车动力来源于汽车发动机，由取力器驱动液压油泵，液压油泵将压力油泵送到各个执行机构：基质泵马达、伸缩油缸、回转马达、卷筒马达等。

主要设备和系统的维护与保养注意事项：

（1）只有受过培训的人才能实际操作；

（2）雷管和炸药应该按规定分开放置，最小距离不能小于 2 m；

（3）包含爆炸物的零件不能焊接和打磨；

（4）在所有炸药从装药设备和工作台上清理干净前，不能进行维护和维修；

（5）炸药着火时，必须用干粉灭火器。

6.7.1 汽车底盘及动力系统的维护与保养

（1）汽车底盘的维护与保养见《汽车底盘使用说明书》。

（2）发动机的维护与保养见《发动机使用说明书》。

（3）动力输出系统的防护保养：对取力器须加注一定量的冷却液，其更换时间同变速箱。由于取力器安装在变速箱的后端，泥浆、灰尘污染比较严重。因此对取力器表面要不断进行清洗。滑动接头等部位要经常上注黄油，而且每周必须检查取力器安装用的螺栓紧固情况及油泵支架与传动轴的联接紧固情况，所有紧固螺栓不得有松动现象。

6.7.2 敏化系统的维护与保养

敏化剂泵为高精度容积式计量泵，每次装药完成后，应用清水将管道清洗干净，定期清洗过滤器，并注意它的正确使用和维护，其内部结构可参考随车所附的敏化泵使用说明书，应定期检查。

6.7.3 乳胶基质泵输送系统维护与保养

基质泵的维护保养按随车所附乳胶输送泵的使用说明书进行正确的使用维护。

基质泵的注意事项。

（1）基质泵在初次启动前，应对输送介质等进行观察，以防止其他金属物品进入泵内。平时启动前应打开进出口阀门并确认管道通畅后方可动作，对正在运转的泵在巡视中应主要注意其螺栓是否有松动、管线的振动是否超标、填料部位滴漏是否在正常范围、轴承及马达温度是否过高、各运转部位是否有异常声响。

（2）作为基质泵，它所输送的介质在泵中还起到对活塞杆的冷却及润滑作用，因此是不允许长时间空转的，否则会因摩擦和发热损坏密封。在泵初次使用之前应向泵的吸入端注入流体介质或者润滑液，如甘油的水溶液或者稀释的水玻璃、洗涤剂等，以防初期启动时泵处于摩擦状态。

（3）泵和马达安装的同轴度精确与否，是泵是否平衡运转的首要条件。虽然泵在出厂前均经过精确的调定，但泵体安装固定不当会导致泵体扭曲，引起同轴度的超差。因此在首次运转前，或在大修后应校验其同轴度。

（4）泵体螺栓及泵上各处的螺栓：在运行过程中，泵体螺栓的松动会造成泵体的振动、泵体移动、管线破裂等现象。因此对泵体螺栓的经常紧固是十分必要的，对泵体上各处的螺栓也应如此。在工作中应经常检查马达与泵体之间的螺栓是否牢固。

（5）填料密封：在正常运行时，会有一定的泄漏，在柱塞杆上形成一层薄膜，输送介质在填料与轴之间起到润滑作用，减轻泵轴或套的磨损。基质泵的密封件为填料密封，密封件压得过紧，会加剧密封件的磨损，影响使用寿命；密封件压得过松，会影响密封效果，使用时应定期检查密封情况，并定期加注润滑油。

（6）绝对禁止铁屑或泥沙进入基质泵。

（7）基质泵的润滑：基质泵的润滑部位主要在填料密封的油杯处，应定期加注润滑油。

基质泵巡视：

（1）智能装药车在爆破工地作业，基质泵一般在粉尘比较大、路况差的条件下施工，不可能派专人去监视一台泵的工作，因此定时定期对运转中的基质泵进行巡视就成为运行操作人员的一项重要日常工作。应制定严格的巡视管理制度，建议在每 20 min 巡视一次。

（2）基质泵巡视时应注意的主要内容。

1）观察有无松动的地脚螺栓、法兰盘、联轴器，润滑油位是否正常，有无漏油现象。

2）注意压力表的读数。这样可及时发现泵是否在空转或者前方、后方有无堵塞。

3）听运转时有无异常声响，因为基质泵的大多数故障都会发出异常声响。经验丰富的操作人员能从异常声响中判断可能出现故障的部位及原因。

4）用手去摸泵体、柱塞杆等处有无异常升温现象。对于有远程监控系统的基质泵，每日的定时现场巡视也是必不可少的。

5）认真填写运行记录。主要记录的内容有工作时间、工作压力、加换油记录，填料滴漏情况及大中小修记录等。

6）填料密封的更换：当转子与定子运行一段时间后，填料密封会受到磨损，会影响到密封效果。当磨损到一定程度，会削弱泵的自吸能力，影响泵的正常使用，需要进行更换。

6.7.4 液压系统维护与保养

液压系统作为现场混装乳化炸药车的一个重要组成部分，液压系统为整个系统提供动力，它的设计完善、工作可靠是乳化炸药车在各类型工地正常使用的可靠保障。其中液压柱塞泵作为液压系统的核心元件具有重要的作用。

（1）液压柱塞泵应满足的要求。

1）整套装备须安全性能好，效率高，操作简便，计量准确，节能降耗明显。

2）液压传动传动平稳、安全性好，可实现无级调速，抗过载能力强。自控系统应有断流、超压、超温和超负荷自动停机功能。

3）液压柱塞泵要求：最高压力，16 MPa；最大排量，94.5 mL/r；最高转速：2200 r/min；液压油黏度，13~54 mm^2/s。

（2）液压柱塞泵型号。现场混装炸药车采用PVB45型柱塞泵，PVB45型柱塞泵是一种大流量、高性能的变量柱塞泵。该泵具有噪声低、效率高、质量轻、寿命长、体积小、变量形式齐全、能耗少等一系列优点。

（3）液压柱塞泵内部结构。斜盘式轴向柱塞泵是靠斜盘推动柱塞产生往复运动，改变缸体柱塞腔内容积进行吸入和排出液体的泵，它的传动轴中心线和缸体中心线重合，故又称通轴式轴向柱塞泵。其主要零件有壳体、传动轴、缸体组件、止推板、配油盘及变量控制斜盘等。

（4）液压柱塞泵的控制部分。压力补偿器包括一个壳体，内含控制阀芯、加载弹簧、端盘和加载弹簧机构。通过调整加载弹簧的预紧力，可以确定泵的设定压力，顺时针方向旋转压力增高，逆时针方向旋转压力下降。

（5）液压柱塞泵的注意事项。在实际工作中，除了必须采取各种措施控制油液的污染外，还应注意以下事项。

1）液面：必须经常检查液面并及时补油。

2）液压油及过滤器：液压油一般每隔6个月更换一次，以后至少每年应更换一次。液压油滤清器滤芯应同时清洗更换；同时还要将油箱清洗干净。

3）调整：所有压力控制阀、流量控制阀、泵调节器之类的信号装置，都要进行定期检查、调整。

4）冷却器：冷却器的积垢要定期清理。

5）拆卸油管的任何时候，需先将管路卸压处理，打扫干净附近的地方。同时在拆卸零件时，必须阻止杂质的进入。

6）设备若长期不用，应将各调节旋钮全部放松，防止弹簧产生永久变形而影响元件的性能。

7）其他检查：提高警惕并密切注意细节，可以早发现事故苗头，防止酿成大祸。

（6）对液压系统的维护保养应分三个阶段。

1）日常检查。也称点检，是减少液压系统故障最重要的环节，主要是操作者在使用中经常通过目视、耳听及手触等比较简单的方法，在泵启动前、启动后和停止运转前检查油量、油温、油质、压力、泄漏、噪声、振动等情况。出现不正常现象应停机检查原因，及时排除。

2）定期检查。也称定检，为保证液压系统正常工作提高其寿命与可靠性，必须进行定期检查，以便早日发现潜在的故障，及时进行修复和排除。定期检查的内容包括：调整日常检查中发现而又未及时排除的异常现象，潜在的故障预兆，并查明原因给予排除。对规定必须定期维修的基础部件，应认真检查加以保养，对需要维修的部位，必要时分解检修。定期检查的时间一般与滤油器检修间隔间相同，约三个月。

3）综合检查。综合检查大约每年一次，其主要内容是检查液压装置的各元件和部件，判断其性能和寿命，并对产生的故障进行检修或更换元件。

6.7.5 自控系统维护与保养

触摸屏避免硬物冲击，要求手指干净，轻触屏幕。同时定期检查控制箱体内部螺栓是否有松动现象，发现松动后立即禁锢。

基质泵轴端处装有位移测量传感器，运行前仔细检查该传感器是否正常工作。

6.7.6 料箱及管路维修保养

每次生产完成后，将料仓内余料排尽，打开管道过滤器，将过滤器内杂物清理干净，并用水将管路清洗干净。

6.7.7 保养周期

6.7.7.1 输送泵的保养周期

输送泵的保养按表 6-14 进行。

表 6-14 输送泵保养维修表

检查点	检查内容	交付控制	检查时间周期（工作小时数）/h						备注
			10	50	100	200	600	1200	
泵体	活塞杆	检查	清洁						有无磨损
泵体密封	更换					更换			
马达电磁阀	更换					检查			
卸荷阀	检查清洁				检查				
螺杆泵	更换							更换	

6.7.7.2 装药系统保养周期

装药完成后，由于乳胶基质对设备有腐蚀作用，因此用水清洗洗智能装药车非常重要，这能防止腐蚀和造成功能的下降，冲洗时避免水溅到电器元件上。装药系统按表 6-15 进行保养。

表 6-15 智能装药车系统保养计划

序号	位置	保养措施	保养周期/h	备注
1	伸缩臂	润滑连杆销	50	检查连杆销转动
2	卷筒	清洁干净	10	用水清洗
3	管路	清洗	每次装药完成	用水清洗

续表 6-15

序号	位置	保养措施	保养周期/h	备注
4	敏化剂箱	清洗	每次装药完成	排尽余料
5	支架	清洁	10	水冲洗
6	过滤器	清洁	10	所有过滤器
7	控制箱	清洁	10	清洁干净

6.8 常见故障及排除方法

设备操作中的常见错误和可能导致的后果。

（1）启动基质泵时，未打开料仓的出料蝶阀，造成基质泵无料空转。长时间空转会引起基质泵填料密封升温，损坏填料密封。

（2）软管卷筒装药时对炮孔时，伸缩臂伸出、左右 90°回转，未注意观察伸缩回转臂下是否有人员便进行操作，容易伤人。

（3）生产完毕后，用水冲洗完设备和管路后，再开启气冲洗，用气冲洗时，阀门瞬间全部打开，管内气压过大致使输药软管弹起伤人。

（4）单独进行敏化剂泵、催化剂泵标定时，未打开管路出口端的球阀，致使敏化、催化剂软管挤爆，损坏泵体，管内腐蚀性溶液飞溅伤人。

6.8.1 汽车底盘及动力输出系统

汽车底盘日常保养及故障分析排除见《汽车底盘使用说明书》。

动力输出系统可能出现的故障及排除方法见表 6-16。

表 6-16 动力输出系统可能出现的故障及排除方法表

故障现象	可能原因	排除方法
取力挂挡不灵活	电磁阀失灵	修理或更换电磁阀
	接头漏气	更换接头、上密封装置
	取力器损坏	修理或更换取力器
取力器传动不平衡	传动轴扭曲	重新校正或更换传动轴
	联接部位松动	重新坚固各联接螺栓之后要做动平衡试验
指示灯不亮	指示灯开关触头	触头太短需更换
该熄不熄	触头太短或太长	触头太长可去除多余部分

6.8.2 乳胶基质泵送系统

乳胶基质泵送系统故障及排除方法见表 6-17。

表 6-17 乳胶基质泵送系统故障及排除方法

故障现象	可能原因	排除方法
基质泵不能启动	电磁阀失灵	修理或更换电磁阀
	基质泵马达液压压力过低	调高基质泵液压压力
	管路堵塞	清理泵出口管路
	泵送压力太大	将泵出口管路物质清理干净
泵送压力过大	基质黏度太高	检测基质黏度，看黏度是否正常
	润滑液未开或润滑液流量过小	打开润滑液开关，调大润滑液流量
	有异物进入到基质泵腔内	将活塞腔内的异物清理干净
密封处有泄漏	密封未压紧或损坏	压紧密封螺栓或更换密封

6.8.3 液压系统

检修液压系统时的注意事项。

(1) 系统工作时及停机未泄压时或未切断控制电源时，禁止对系统进行检修，防止发生人身伤亡事故。

(2) 检修现场一定要保持清洁，拆除元件或松开管件前应清除其外表面污物，检修过程中要及时用清洁的护盖把所有暴露的通道口封好，防止污染物浸入系统，不允许在检修现场进行打磨，施工及焊接作业。

(3) 检修或更换元器件时必须保持清洁，不得有砂粒、污垢、焊渣等，可以先漂洗一下，再进行安装。

(4) 更换密封件时，不允许用锐利的工具，注意不得碰伤密封件或工作表面。

(5) 拆卸、分解液压元件时要注意零部件拆卸时的方向和顺序并妥善保存，不得丢失，不要将其精加工表面碰伤。元件装配时，各零部件必须清洗干净。

(6) 安装元件时，拧紧力要均匀适当，防止造成阀体变形，阀芯卡死或接合部位漏油。

(7) 油箱内工作液的更换或补充，必须将新油通过高精度滤油车过滤后注入油箱。工作液牌号必须符合要求。

(8) 不允许在蓄能器壳体上进行焊接和加工，维修不当可以造成严重事故。如发现问题应及时送回制造厂修理。

(9) 检修完成后，需对检修部位进行确认。无误后，按液压系统调试一节内容进行调整，并观察检修部位，确认正常后，可投入运行。

液压系统常见故障的诊断及消除方法如下。

(1) 常见故障的诊断方法。液压设备是由机械、液压、电气等装置组合而成的，故出现的故障也是多种多样的。某一种故障现象可能由许多因素影响后造成的，因此分析液压故障必须能看懂液压系统原理图，对原理图中各个元件的作用有一个大体的了解，然后根据故障现象进行分析、判断，针对许多因素引起的故障原因需逐一分析，抓住主要矛盾，才能较好地解决和排除。液压系统中工作液在元件和管路中的流动情况，外界是很难了解到的，所以给分析、诊断带来了较多的困难，因此要求人们具备较强分析判断故障的能力。在机械、液压、电气诸多复杂的关系中找出故障原因和部位并及时、准确加以排除。常见故障及排除方法见表 6-18。

表 6-18　液压系统常见故障的诊断及消除方法

故障现象	原因分析	处理方法
油泵不出油	动力切换阀未动作	检查动力切换阀
	油箱内液面过低	往油箱内加入适量的液压油
	油泵卡死或损坏	修理或更换油泵
油泵电机在运转中噪声大、振动大	油液的黏度过大	对油液加热或更换油液
	泵内有空气或吸油管漏气	排尽泵内空气或更换泵吸油管的密封圈，旋紧螺母、螺钉
	油泵、电机同心度不够	找出原因并处理好
	油泵内部损伤	修理或更换油泵
油泵的输出压力、流量不够	泵有故障或磨损	修理或更换油泵
	油泵的参数没调整好	调节油泵参数
	溢流阀工作不良或损坏	修复或更换溢流阀
	各零部件渗漏太大	修复或更换各零部件
系统压力不稳定	油泵有故障	修理或更换油泵
	溢流阀工作不稳定	修复或更换溢流阀
油液温升过高	油泵泄流量过大、发热	修理或更换油泵
	主油泵卸荷时间过短	适当延长主油泵卸荷时间
	环境温度过高	改善环境条件
油缸运行不正常	油缸、油路中有气体，油缸爬行	排尽气体
	油缸窜缸	更换密封圈
	油箱内部零件损伤或磨损过度	修理或更换油泵
系统有外部渗漏	密封件过期或损坏	更换密封件
	密封接触处松动	进行紧固处理
	元件安装螺钉松紧度不匀	调整元件安装螺钉松紧度
换向阀不换向	电磁铁未通电	接通控制电源
	电磁铁损坏	更换电磁铁或电液换向阀
	泵中有污垢，阀芯卡死	清洗阀体、阀芯
	阀损坏	更换换向阀

（2）系统噪声、振动大的消除方法见表 6-19。

表 6-19 系统噪声、振动大的消除方法

故障现象及原因	消除方法	故障现象及原因	消除方法
泵中噪声、振动，引起管路、油条共振	1. 在泵的进、出油口用软管联接； 2. 泵不要装在油箱上，应将电动机和泵单独装在底座上，和油箱分开； 3. 加大液压泵，降低电动机转数； 4. 在泵的底座和油条下面塞进防振材料； 5. 选择低噪声泵，采用立式电动机将液压泵浸在油液中	管道内油流激烈流动的噪声	1. 加粗管道，使流速控制在允许范围内； 2. 少用弯头多采用曲率小的弯管； 3. 采用胶管； 4. 油流紊乱处不采用直角弯头或三通； 5. 采用消声器、蓄能器等
阀弹簧所引起的系统共振	1. 改变弹簧的安装位置； 2. 改变弹簧的刚度； 3. 把溢流阀改成外部泄油形式； 4. 采用遥控的溢流阀； 5. 完全排出回路中的空气； 6. 改变管道的长短、粗细、材质、厚度等； 7. 增加管夹使管道不致振动； 8. 在管道的某一部位装上节流阀	油条有共鸣声	1. 增厚箱板； 2. 在侧板、底板上增设筋板； 3. 改变回油管末端的形状或位置
		阀换向产生的冲击噪声	1. 降低电液阀换向的控制压力； 2. 在控制管路或回油管路上增设节流阀； 3. 选用带先导卸荷功能的元件； 4. 采用电气控制方法，使两个以上的阀不能同时换向
空气进入液压缸引起的振动	1. 很好地排出空气； 2. 可对液压缸活塞、密封衬垫涂上二硫化钼润滑脂即可	溢流阀、卸荷阀、液控单向阀、平衡阀等工作不良，引起的管道振动和噪声	1. 适当处装上节流阀； 2. 改变外泄形式； 3. 对回路进行改造； 4. 增设管夹

（3）系统压力不正常的故障原因及消除方法见表 6-20。

表 6-20 系统压力不正常的故障原因及消除方法

故障现象及原因		消除方法
压力不足	泵、马达或缸损坏、内泄大	修理或更换
	泵、马达或缸损坏、内泄大	修理或更换
压力不稳定	油中混有空气	堵漏、加油、排气
	溢流阀磨损、弹簧刚性差	修理或更换
	油液污染、堵塞阀阻尼孔	清洗、换油
	泵、马达或缸磨损	修理或更换

续表 6-20

故障现象及原因		消除方法
压力过高	溢流阀设定值不对	重新设定
	变量机构不工作	修理或更换
	溢流阀堵塞或损坏	清洗或更换

（4）系统动作不正常的故障原因及消除方法见表 6-21。

表 6-21　系统动作不正常的故障原因及消除方法

故障现象及原因		消除方法
系统压力正常 执行元件无动作	电磁阀中电磁铁有故障	排除或更换
	限位或顺序装置（机械式、 电气式或液动式） 不工作或调得不对	调整、修复或更换
	机械故障	排除
	没有指令信号	查找、修复
	阀不工作	调整、修复或更换
	缸或马达损坏	修理或更换
执行元件动作太慢	泵输出流量不足或系统泄漏太大	检查、修复或更换
	油液黏度太高或太低	检查、调整或更换
	阀的控制压力不够或阀内阻尼孔堵塞	清洗、调整
	外负载过大	检查、调整
	阀芯卡涩	清洗、过滤或换油
	缸或马达磨损严重	修理或更换
动作不规则	压力不正常	见 5.3 节消除
	油中混有空气	加油、排气
	指令信号不稳定	查找、修复
	阀芯卡涩	清洗、滤油
	缸或马达磨损或损坏	修理或更换

（5）系统液压冲击大的故障原因及消除方法见表 6-22。

表 6-22　系统液压冲击大的故障原因及消除方法

现象及原因		消除方法
换向时产生冲击	换向时瞬时关闭、开启，造成动能或势能相互转换时产生的液压冲击	1. 延长换向时间； 2. 设计带缓冲的阀芯； 3. 圆盘管径、缩短管路
液压缸在运动中突然被制动所产生的液压冲击	液压缸运动时，具有很大的动量和惯性，突然被制动，引起较大的压力增值故产生液压冲击	1. 液压缸进出油口处分别设置反应快、灵敏度高的小型安全阀； 2. 在满足驱动力时尽量减少系统工作压力或适当提高系统背压； 3. 液压缸附近安装囊式蓄能器
液压缸到达终点时产生的液压冲击	液压缸运动时产生的动量和惯性与缸体发生碰撞，引起的冲击	1. 在液压缸两端设缓冲装置； 2. 液压缸进出油口处分别设置反应快、灵敏度高的小型溢流阀； 3. 设置行程（开关）阀

（6）系统油温过高的故障原因及消除方法见表 6-23。

表 6-23　系统油温过高的故障原因及消除方法

故障现象及原因	消除方法
设定压力过高	适当调整压力
溢流阀卸荷回路的元件工作不良	改正各元件工作不正常状况
阀的漏损大，卸荷时间短	修理漏损大的阀，考虑不采用大规格阀
因黏度低或泵有故障，增大了泵的内泄漏量，使泵壳温度升高	换油、修理、更换液压泵
油箱内油量不足	加油，加大油箱
冷却器有故障，油温自动调节装置有故障	修理冷却器的故障，修理调温装置
管路的阻力大	采用适当的管径
附近热源影响，辐射热大	采用隔热材料反射板或变更布置场所；设置通风、冷却装置等，适用合适的工作油液

（7）液压泵常见故障及排除方法见表 6-24。

表 6-24　液压泵常见故障及排除方法

故障现象	原因分析		消除方法
一、泵不输油	1. 泵不转	装配质量差，轴同轴度偏差太大	更换零件，重新装配，使配合间隙达到要求
		油液太脏	检查油质，过滤或更换油液
		油温过高使零件热变形	检查冷却器的冷却效果
		泵吸油腔进入脏物卡死	拆开清洗并在吸油口安装吸油过滤器
	2. 泵反转	取力器转向不对	检查取力器
	3. 泵不吸油	油条油位过低	加油至油位线
		吸油过滤器堵塞	清洗滤芯或更换
		泵吸油管上阀门未打开	检查打开阀门
		泵或吸油管密封不严	检查和紧固接头处，连接处涂油脂
		吸油过滤器精度太高，通油面积小	选择过滤精度，加大滤油器规格
		油黏度太高	更换油液，冬季检查加热器的效果
二、泵噪声大	1. 吸空现象严重	吸油过滤器有部分堵塞，阻力大	清洗或更换过滤器
		吸油管距油面较近	适当加长调整吸油管长度或位置
		吸油位置太高或油箱液压太低	降低泵的安装高度或提高液位高度
		泵和吸油管口密封不严	检查连接处和结合面密封，并紧固
		油的黏度过高	检查油质，按要求选用油的黏度
		泵的转速太高（使用不当）	控制在最高转速以下
		吸油过滤器通过面积过小	更换通油面积大的滤器
		油箱上空气过滤器堵塞	清洗或更换空气过滤器
	2. 吸入气泡	油液中溶解一定量的空气，在工作过程中又生成的气泡	将回油经过隔板再吸入，加消泡剂
		回油涡流强烈生成泡沫	吸油管与回油管隔开一定距离，回油管口插入油面以下
		管道内或泵壳内存有空气	进行空载运转，排除空气
		吸油管浸入油面的深度不够	加长吸油管，往油箱中注油

续表 6-24

故障现象	原因分析		消除方法
三、泵出油量不足	容积效率低	柱塞泵柱塞与缸体孔磨损严重	更换柱塞并配研到要求，清洗后重装
		柱塞泵配油盘与缸体端面磨损严重	研磨两端面达到要求，清洗后重装
四、异常发热	1. 装配不良	间隙不当	拆开清洗测量间隙，重新配研达到规定间隙
		装配质量差，传动部分同轴度低	拆开清洗，重新装配，达到技术要求
		油道未清洗干净，有脏物	清洗管道
	2. 油液质量差	油液的黏-温特性差，黏度变化大	按规定选用液压油
		油中含有大量水分造成润滑不良	更换合格的油液清洗油箱内部
		油液污染严重	更换油液
	3. 外界影响	外界热源高，散热条件差	清除外界影响，增设隔热措施
	4. 泄油孔被堵	泄油孔被堵，泄油增加，密封唇口变形，接触面增加，摩擦产生热老化，油封失效	清洗油孔，更换油封

（8）液压马达常见故障及排除方法见表 6-25。

表 6-25 液压马达常见故障及排除方法

故障现象	原因分析		消除方法
一、转速低、转矩小	1. 液压泵供油量不足	吸油过滤器滤网堵塞	清洗或更换滤芯
		油箱油量不足	加足油量使吸油通畅
		密封不严，不泄漏，空气侵入内部	拧紧有关接头，防止泄漏或空气侵入
		油的黏度过大	选择黏度小的油液
	2. 液压泵输出油压不足	液压泵效率太低	检查液压泵故障，并加以排除
		溢流阀调整压力不足或发生故障	检查溢流阀，排除后重新调高压力
		油的黏度较小，内部泄漏较大	检查内泄漏，更换油液或密封
	3. 液压马达泄漏	结合面没有拧紧或密封不好，有泄漏	拧紧接合面检查密封或更换密封圈
		液压马达内部零件磨损，泄漏严重	检查其损伤部位，并修磨或更换零件

续表 6-25

故障现象	原因分析		消除方法
二、泄漏	1. 内部泄漏	配油盘磨损严重	检查配油盘接触面，并加以修复
		配油盘与缸体端面磨损，轴向间隙大	修磨缸体及配油盘端面
		柱塞与缸体磨损严重	研磨缸体孔、重配柱塞
	2. 外部泄漏	油端密封，磨损	更换密封圈并查明磨损原因
		盖板处的密封圈损坏	更换密封圈
		结合面有污物或螺栓未拧紧	检查、清除并拧紧螺栓
		管接头密封不严	拧紧管接头
三、噪声		密封不严，有空气侵入内部	检查有关部位的密封，紧固各连接处
		液压油被污染，有气泡混入	更换清洁的液压油
		联轴器不同心	校正同心
		液压油黏度过大	更换黏度较小的油液
		液压马达的径向尺寸严重磨损	修磨缸孔，重配柱塞

（9）液压缸常见故障及处理见表 6-26。

表 6-26　液压缸常见故障及处理

故障现象	原因分析		消除方法
一、活塞杆不能动作	1. 压力不足	油液未进入液压缸： ①换向阀未换向； ②系统未供油	①检查换向阀未换向的原因并排除； ②检查液压泵和主要液压阀的故障原因并排除
		虽有油，但没有压力： ①系统有故障，主要是泵或溢流阀有故障； ②内部泄漏严重，活塞与活塞杆松脱，密封件损坏严重	①检查泵或溢流阀的故障原因并排除 ②紧固活塞与活塞杆并更换密封件
		压力达不到规定值： ①密封件老化、失效，密封圈唇口装反或有破坏； ②活塞环损坏； ③系统调定压力过底； ④压力调节阀有故障； ⑤通过调整阀的流量过小，液压缸内泄漏量增大时，流量不足，造成压力不足	①更换密封件，并正确安装； ②更换活塞杆； ③重新调整压力，直至达到要求值； ④检查原因并排除； ⑤调整阀的通过流量必须大于液压缸内泄漏量

续表 6-26

故障现象	原因分析		消除方法
一、活塞杆不能动作	2. 压力已达到要求但仍不动作	液压缸结构上的问题： ①活塞端面与缸筒端面紧贴在一起，工作面积不足，故不能启动； ②具有缓冲装置的缸筒上单向阀回路被活塞堵住	①端面上要加一条通油槽，使工作液体迅速流进活塞的工作端面； ②缸筒的进出油口位置应与活塞端面错开
		活塞杆移动“别劲”： ①缸筒与活塞，导向套与活塞杆配合间隙过小； ②活塞杆与夹布胶木导向套之间的配合间隙过小； ③液压缸装配不良（如活塞杆、活塞和缸盖之间同轴度差，液压缸与工作台平等度差）	①检查配合间隙，并配研到规定值； ②检查配合间隙，修刮导向套孔，达到要求的配合间隙； ③重新装配和安装，不合格零件应更换检查原因并消除
		液压回路引起的原因，主要是液压缸背压腔油液未与油箱相通，回油路上的调速阀节流口调节过小或连通回油的换向阀未动作	
二、速度达不到规定值	1. 内泄漏严重	密封件破坏严重	更换密封件
		油的黏度太低	更换适宜黏度的液压油
		油温过高	检查原因并排除
	2. 外载荷过大	设计错误，选用压力过低	核算后更换元件，调大工作压力
		工艺和使用错误，造成外载比预定值大	按设备规定值使用
	3. 活塞移动时“别劲”	加精度差，缸筒孔锥度和圆度超差	检查零件尺寸，更换无法修复的零件
		装配质量差： ①活塞、活塞杆与缸盖之间同轴度差； ②液压缸与工作台平衡度差； ③活塞杆与导向套配合间隙过小	①按要求重新装配； ②按照要求重新装配； ③检查配合间隙，修刮导向套孔，达到要求的配合间隙
	4. 脏物进入滑动部位	油液过脏	过滤或更换油液
		防尘圈破坏	更换防尘圈
		装配时未清洗干净或带入脏物	拆开清洗，装配时要注意清洁
	5. 活塞在端部行程时速度急剧下降	缓冲调节阀的节流口调节过小，在进入缓冲行程时，活塞可能停止或速度急剧下降	缓冲节流阀的开口度要调节适宜，并能起到缓冲作用
		固定式缓冲装置中节流孔直径过小	适当加大节流孔直径
		缸盖上固定式缓冲节流环与缓冲柱塞之间间隙过小	适当加大间隙

续表 6-26

故障现象	原因分析		消除方法
二、速度达不到规定值	6. 活塞移动到中途发现速度变慢或停止	缸筒内径加工精度差，表面粗糙，使内泄量增大	修复或更换缸筒
		缸壁胀大，当活塞通过增大部位时，内泄漏量增大	更换缸筒
三、液压缸产生爬行	1. 液压缸活塞杆运动“别劲”	参见本表二 3	参见本表二 3
	2. 缸内进入空气	新液压缸，修理后的液压缸或设备停机时间过长的缸，缸内有气或液压缸管道中排气未排净	空载大行程往复运动，直到把空气排完
		缸内部形成负压，从外部吸入空气	先用油脂封住结合面和接头处，若吸空情况有好转，则把紧固螺钉和接头拧紧
		从缸到换向阀之间管道的容积比液压缸内容积大得多，液压缸工作时，这段管道上油液未排完，所以空气也很难排净	可在靠近液压缸的管道中取高处加排气阀。拧开排气阀，活塞在全行程情况下运动多次，把气排完后再把排气阀关闭
		泵吸入空气（参见液压泵故障）	参见液压泵故障的消除对策
		油液中混入空气（参见液压泵故障）	参见液压泵故障的消除对策
	3. 缓冲作用失灵	缓冲调节阀处于全开状态	调节到合适位置并紧固
		惯性能量过大	应设计合适的缓冲机构
		缓冲调节阀不能调节	修复或更换
		单向阀处于全开状态或单向阀阀座封闭不严	检查尺寸，更换锥阀芯或钢球，更换弹簧，并配研修复
		活塞上密封件破损，当缓冲腔压力升高时，工作液体从此腔向工作压力一侧倒流，故活塞不减速	更换密封件
		柱塞头或衬套内表面上有伤痕	修复或更换
		镶在缸盖上的缓冲环脱落	更换新缓冲环
		缓冲柱塞锥面长度和角度不适宜	修正
	4. 缓冲行程段出现“爬行”	加工不良，如缸盖，活塞端面的垂直度不合要求，在全长上活塞与缸筒间隙不匀，缸盖与缸筒不同心；缸筒内径与缸盖中心线偏差大，活塞与螺帽端面垂直度不合要求造成活塞杆挠曲等	对每个零件均仔细检查，不合格的零件不准使用
		装配不良，如缓冲柱塞与缓冲环相配合的孔有偏心或倾斜等	重新装配确保质量

续表 6-26

故障现象	原因分析		消除方法
四、有外泄漏	1. 装配不良	液压缸装配时端盖装偏，活塞杆与缸筒不同心，使活塞杆伸出困难，加速密封件磨损	拆开检查，重新装配
		液压缸与工作台导轨面平行度差，使活塞伸出困难，加速密封件磨损	拆开检查，重新安装，并更换密封件
		密封件安装差错，如密封件划伤、切断，密封唇装反，唇口破损或轴倒角尺寸不对，密封件装错或漏装	更换并重新安装密封件
		密封压盖未装好： ①压盖安装有偏差； ②紧固螺钉受力不匀； ③紧固螺钉过长，使压盖不能压紧	①重新安装； ②重新安装，拧紧螺钉，使其受力均匀； ③按螺孔深度合理选配螺钉长度
	2. 密封件质量问题	保管期太长，密封件自然老化失效	更换
		保管不良，变形或损坏	
		胶料性能差，不耐油或胶料与油液相容性差	
		制品质量差，尺寸不对，公差不符合要求	
	3. 活塞杆和沟槽加工质量差	活塞杆表面粗糙，活塞杆头部倒角不符合要求或未倒角	表面粗糙度应为 $R_a0.2\ \mu m$，并按要求倒角
		沟槽尺寸及精度不符合要求： ①设计图纸有错误； ②沟槽尺寸加工不符合标准； ③沟槽精度差，毛刺多	①按有关标准设计沟槽； ②检查尺寸，并修正到要求尺寸； ③修正并去毛刺
	4. 油的黏度过低	用错了油品	更换适宜的油液
		油液中渗有其他牌号的油液	
	5. 油温过高	液压缸进油口阻力太大	检查进油口是否畅通
		周围环境温度太高	采取隔热措施
		泵或冷却器等有故障	检查原因并排除
	6. 高频振动	紧固螺钉松动	应定期紧固螺钉
		管接头松动	应定期紧固接头
		安装位置产生移动	应定期紧固安装螺钉
	7. 活塞杆拉伤	防尘圈老化、失效侵入砂粒切屑等脏物	清洗更换防尘圈，修复活塞杆表面拉伤处
		导向套与活塞杆之间的配合太紧，使活动表面产生过热，造成活塞杆表面铬层脱落而拉伤	检查清洗，用刮刀修刮导向套内径，达到配合间隙

（10）电磁换向阀常见故障及处理见表 6-27。

表 6-27　电磁换向阀常见故障及处理

<table>
<tr><th>故障现象</th><th colspan="2">原因分析</th><th>消除方法</th></tr>
<tr><td rowspan="15">一、主阀芯不运动</td><td rowspan="5">1. 电磁铁故障</td><td>电磁铁线圈烧坏</td><td>检查原因，进行修理或更换</td></tr>
<tr><td>电磁铁推动力不足或漏磁</td><td>检查原因，进行修理或更换</td></tr>
<tr><td>电气线路出故障</td><td>消除故障</td></tr>
<tr><td>电磁铁未加上控制信号</td><td>检查后加上控制信号</td></tr>
<tr><td>电磁铁铁芯卡死</td><td>检查或更换</td></tr>
<tr><td rowspan="3">2. 主阀芯卡死</td><td>阀芯与阀体几何精度差</td><td>修理配研间隙达到要求</td></tr>
<tr><td>阀芯与阀孔配合太紧</td><td>修理配研间隙达到要求</td></tr>
<tr><td>阀芯表面有毛刺</td><td>去毛刺，冲洗干净</td></tr>
<tr><td rowspan="4">3. 油液变质或油温过高</td><td>油液过脏使阀芯卡死</td><td>过滤或更换</td></tr>
<tr><td>油温过高，使零件产生热变形，而产生卡死现象</td><td>检查油温过高原因并消除</td></tr>
<tr><td>油温过高，油液中产生胶质，粘住阀芯而卡死</td><td>清洗、清除油温过高</td></tr>
<tr><td>油液黏度太高，使阀芯移动困难而卡住</td><td>更换适宜的油液</td></tr>
<tr><td>4. 安装不良</td><td>阀体变形
①安装螺钉拧紧力矩不均匀；
②阀体上连接的管子“别劲”</td><td>①重新紧固螺钉，并使之受力均匀；
②重新安装</td></tr>
<tr><td rowspan="3">二、阀芯换向后通过的流量不足</td><td rowspan="3">阀开口量不足</td><td>电磁阀中推杆过短</td><td>更换适宜长度的推杆</td></tr>
<tr><td>阀芯与阀体几何精度差，间隙过小，移动时有卡死现象，故不到位</td><td>配研达到要求</td></tr>
<tr><td>弹簧太弱，推力不足，使阀芯行程不到位</td><td>更换适宜的弹簧</td></tr>
<tr><td rowspan="7">三、电磁铁过热或线圈烧坏</td><td rowspan="3">1. 电磁铁故障</td><td>线圈绝缘不好</td><td>更换</td></tr>
<tr><td>电磁铁铁芯不合适，吸不住</td><td>更换</td></tr>
<tr><td>电压太低或不稳定</td><td>电压的变化值应在额定电压的 10% 以内</td></tr>
<tr><td rowspan="3">2. 负荷变化</td><td>换向压力超过规定</td><td>降低压力</td></tr>
<tr><td>换向流量超过规定</td><td>更换规格合适的电液换向阀</td></tr>
<tr><td>回油口背压过高</td><td>调整背压使其在规定值内</td></tr>
<tr><td>3. 装配不良</td><td>电磁铁铁芯与阀芯轴线同轴度不良</td><td>重新装配，保证有良好的同轴度</td></tr>
</table>

续表 6-27

<table>
<tr><th>故障现象</th><th colspan="2">原因分析</th><th>消除方法</th></tr>
<tr><td rowspan="4">四、冲击与振动</td><td rowspan="3">1. 换向冲击</td><td>大通径电磁换向阀，因电磁铁规格大，吸合速度快而产生冲击</td><td>需要采用大通径换向阀时，应优先选用电液动换向阀</td></tr>
<tr><td>液动换向阀，因控制流量过大，阀芯移动速度太快而产生冲击</td><td>调小节流阀节流口减慢阀芯移动速度</td></tr>
<tr><td>单向节流阀中的单向阀钢球漏装或钢球破碎，不起阻尼作用</td><td>检修单向节流阀</td></tr>
<tr><td>2. 振动</td><td>固定电磁铁的螺钉松动</td><td>紧固螺钉，并加防松垫圈</td></tr>
</table>

6.8.4 自控系统可能出现的故障及排除方法

自控系统出现问题时，要对照线路图，认真分析，确定故障部位，予以排除。一般方法是：先检查保险丝是否烧断，接线处是否松动或接触不良，故障原因及排除方法见表6-28。

表 6-28 自控系统可能出现的故障及排除方法

<table>
<tr><th>现象</th><th>原因</th><th>处理方法</th></tr>
<tr><td rowspan="3">灯光和指示仪表故障</td><td>保险丝烧断</td><td>灯不亮多是保险丝烧断。如保险丝完好，可检查灯泡和导线接头</td></tr>
<tr><td>指示仪表没有指示</td><td>仪表没指示，可接通电源，短路相应的传感器。如仪表出现指示，说明传感器损坏；若仍没有指标，则仪表损坏，应换新的</td></tr>
<tr><td>指示不回位</td><td>接通电源，仪表指示最高位，发动机工作时，指针不能回到正常指示。断开传感器，如仪表指示能回到零位，说明传感器短路，应换新的；如断开传感器，仪表指示仍不能回零，说明仪表损坏</td></tr>
<tr><td rowspan="2">散热风扇异常或有异声</td><td>有异物卡住风扇</td><td>关闭电源、取出异物</td></tr>
<tr><td>风扇损坏</td><td>更换风扇</td></tr>
<tr><td>电磁换向阀不通电</td><td>电磁换向阀没有磁性</td><td>更换电磁换向阀</td></tr>
<tr><td rowspan="2">按钮操作失效</td><td>线路松动、接触不良</td><td>紧固线路接头</td></tr>
<tr><td>按下急停按钮</td><td>急停按钮复位</td></tr>
</table>

6.8.5 易损件清单

智能装药车易损件清单见表6-29。

表 6-29　智能装药车易损件清单

序号	名称	规格型号	生产厂家	数量	备注
1	温度变送器	WZP-241	湖南诺金	1	
2	料位计	3051LT5E22	天水华天	1	
3	压力变送器	CYB5-202B	北京星仪	1	
4	基质泵密封件	P06LSG	耐驰	1	维修备件
5	敏化泵密封件	224343		1	维修备件
6	电磁阀	BS22Q-20I24EX	BESTONE	1	
7	电磁阀插头	DC24V	BESTONE	1	

6.8.6 其他常见故障及排除方法

（1）系统输送压力不正常。检查基质泵与敏化泵是否正常运行，运行压力是否稳定，是否达到要求，然后检查基质输送管路是否堵塞或有泄漏。

（2）计量不准确。首先检查计量设备是否正常运行，线路是否完好。然后检查管路是否有渗漏或堵塞。

（3）自控系统不工作。首先检查汽车电瓶开关是否打开，紧急按钮是否关闭。然后检查自控系统保险是否完好、线路接头是否松动或接触不良。

智能装药车其他常见故障及排除方法见表6-30。

表 6-30　智能装药车其他常见故障及排除方法

序号	故障现象	可能原因	排除方法
1	电源指示灯不亮	电池电量不足	检查电池电量
2	液晶屏不亮	电源未接通	将电源接通
3	工作无料泵出	下料阀未开	将下料阀打开
4	泵送速度过慢	调速阀调得过小或液压压力不够	检查液压压力，再调大调速阀开度
5	泵送压力过大	基质黏度过高或水环润滑未开	检查水环工作是否正常

6.9 智能装药车动态监控信息系统维护手册

6.9.1 设备安装的前期启动步骤

设备安装的前期启动步骤如下。

第一步：设备基本设置。

(1) 本机号码输入。

发送手机短信：Setph，密码，电话号码

例子：Setph，123456：13640719434

Setph：引导符号

123456：用户设定密码

13640719434：手机号码

系统回复：13640719434，OK

(2) 对时。

发送手机短信：Settime

此功能主要是开机的时候系统自己发给自己，较准日期。

(3) 智能装药车唯一性编码的输入。

发送手机短信：Setbianma，密码，22 位编码，前 20 位由工信部提供，后 2 位为本类型车台数据，以 01 开始。

例子：Setbianma，123456：1300000065004010302101；

Setbianma：引导符号

123456：用户设定密码

1300000065004010302101 唯一性编码

；结束符

系统回复：1300000065004010302101，OK

(4) 设置流水号。

发送手机短信：Setsn，密码：0123；

例子：Setsn，123456：0123

引导码：Setsn

密码：123456：

流水号：0123

模块自动返回当前设备流水号。

注意：流水号一定是 4 位，不足 4 位，前面补 0，流水号设置好以后，必须和 PLC 里面的流水号一致，否则 PLC 不能工作；例子中流水号为 123，补足四位就是 0123。

(5) 硬件唯一性编码的输入。

发送手机短信：Sethardbianma，密码，20 位编码红色表示日期，后 2 位为当时生产台数顺序号，以 01 开始。

例子：Sethardbianma，123456：%STMSIMLEA2012042801；

Sethardbianma：引导符号

123456：用户设定密码

%STMSIMLEA2012042801 唯一性编码

；结束符

系统回复：%STMSIMLEA2012042801，OK

说明：唯一性编码头%STMSIMLEA2012042801 为 20 位，前面黑体 10 位为固定格式，

后面红色 8 位为生产日期，蓝色两位为当年生产台数。此编码由设备转发器制造商（众天游）提供。

（6）车辆识别号码信息的输入。

发送手机短信：Setcarbianma，密码，20 位编码红色表示日期，后 2 位为当时生产台数顺序号，以 01 开始。

例子：Setcarbianma，123456：&44A4BB0592012042801；

Setcarbianma：引导符号

123456：用户设定密码

&44A4BB0592012042801 车辆号码识别信息

；结束符

系统回复：&44A4BB0592012042801，OK

说明：唯一性编码头%44A4BB0592012042801 为 20 位，前面黑体 10 位为固定格式，后面红色 8 位为生产日期，蓝色两位为当年生产台数。此编码由车辆制造商（金能）提供。

（以下为设备厂家设置）

第二步：工信部网络发送设备厂商设置。

（1）工信部 IP 地址及端口号的输入。

发送手机短信：Setgxbip，密码：www. mbmis. cn；

例子：Setgxbip，123456：www. mbmis. cn；

Setgxbip：引导符号

123456：用户设定密码

www. mbmis. cn 域名

；结束符

系统回复：www. mbmis. cn，OK

（2）工信部上传文件用户名和密码。

发送手机短信：Setftpup，密码：HZCHNJN，HZCHNJN；

例子：Setftpup，123456：HZCHNJN，HZCHNJN；

Setftpup，引导符号

123456：用户设定密码

HZCHNJN 用户名

HZCHNJN 密码

；结束符

系统通过第一个逗号来辨别前面为用户名，用分号来辨别后面的是密码。

系统回复：HZCHNJN，HZCHNJN，OK

（3）本地 IP 地址及端口号的输入。

发送手机短信：Setip，密码，IP，端口号

例子：Setip，123456：211. 193. 061. 124：12580

Setip，引导符号

123456：用户设定密码

211.193.061.124：IP

12580 端口号

系统回复：211.193.061.124：12580

（4）设置汽车炸药类型。

发送手机短信：Settyep，密码，炸药类型

例子：Settyep，123456：A

Settyep，引导符号

123456：用户设定密码

A，“R”代表乳化炸药混装车，“Z”代表重铵油炸药混装车，“A”代表铵油炸药混装车。

系统回复：A，OK

（5）设置汽车制造商。

发送手机短信：Setproducer，密码，炸药类型

例子：Setproducer，123456：H

Setproducer，引导符号

123456：用户设定密码

H，如：“S”代表山西长治，“B”代表北京矿院，“H”代表湖南金能，“O”代表奥瑞凯板桥。

系统回复：H，OK

第三步：设备生产数据采集发送等常用设置。

（1）数据采集时间间隔的设置（1 小时内）。

发送手机短信：Setintertime，密码：××.××；前两位为小时，后两位为分钟

例子：Setintertime，123456，05

Setintertime，引导符

123456：密码

05：5 min

注意：小于 5 min，自动修改成 5 min，设置成 0，默认以整点时间发送，关闭间隔发送。

（2）设置定时发送时间。

发送手机短信：Settiming，密码：××；小时

例子：Settiming，123456，20

Settiming，引导符

123456：密码

20：20 点发送

注意：默认 20 点整发送。

第四步：设备相关数据查询。

（1）查询 GPS 数据。

发送手机短信：Cxgps，密码：＊＊＊＊；

例子：Cxgps，123456：

模块自动返回 GPS 数据。

(2) 查询当日任何一个小时的 GPS 数据。

发送手机短信：Cxgps，密码：02;

例子：Cxgps，123456：02

模块自动返回当日 2 点的 GPS 数据。

(3) 查询生产量。

1) 查询指定日期生产量。

发送手机短信：Cxscl120630，密码：* * * *;

例子：Cxscl120630，123456：

Cxscl，引导码

120630，日期

123456：密码

模块自动返回当前生产量数据。

2) 查询当前生产量。

发送手机短信：Cxscl××××××，密码：* * * *;

例子：Cxscl××××××，123456：

Cxscl，引导码

××××××，日期

123456：密码

模块自动返回当前生产量数据。

(4) 查询日志。

发送手机短信：Cxrz120630，密码：* * * *;

例子：Cxrz120630，123456：

Cxrz，引导码

120630，日期

123456：密码

模块自动返回当前日志记录。

6.9.2 按键操作说明

6.9.2.1 A 型

FUNG：显示工信部混装车唯一编码。

显示当前设备手机号码。

显示本地 IP 号码。

显示车辆识别码。

显示硬件唯一性编码。

UP：查询 GPS 数据，从当前日期往后看（如果里面有 GPS 数据的话，没有 GPS 数据就显示 NO DATA）。

DOWN：查询当日生产量（如果没有生产量数据，显示 NO DATA）。

ENT：强制发送。

6.9.2.2 B型

FUNG：强制发送查询当日即时生产量（如果没有生产量数据，显示 NO DATA）。

UP：查询当日生产量（如果没有生产量数据，显示 NO DATA）。

DOWN：查询 GPS 数据，从当前日期往后看（如果里面有 GPS 数据的话，没有 GPS 数据就显示 NO DATA）。

ENT：显示工信部混装车唯一编码。

显示当前设备手机号码。

显示本地 IP 号码。

显示车辆识别码。

显示硬件唯一性编码。

6.10 生产安全事故应急救援预案

6.10.1 任务和目标

为更好地适应法律法规、生产经营活动和本企业员工提供安全工作场所的要求，确保周边环境的安全，保证各种应急响应资源处于良好的备战状态，指导应急响应行动按计划有序地进行，防止因应急响应行动组织不力或现场救援工作的无序和混乱而延误事故的应急救援，有效地避免或降低人员伤亡和财产损失，确保实现应急响应行动的快速、有序、高效，充分体现应急救援的应急精神，特制定本应急救援预案。

凡在生产过程中发生下列生产安全事故/紧急事件之一的，均应按本预案的有关规定执行。

（1）乳化炸药移动式地面站、智能装药车及其配套生产设施发生生产安全事故，造成一人及以上重伤或死亡的。

（2）火灾、爆炸事故造成重伤、中毒一人及以上，或死亡一人及以上的。

（3）重点监控的危险源发生火灾，或危险源区域外发生的火灾有可能蔓延到危险源的。

（4）易燃易爆危险物品和民用爆破器材等在厂（库存）区被盗或丢失。

（5）现场混装炸药生产及施工现场或办公、生活场所发生台风、洪水、泥石流、坍塌（滑坡）等自然灾害或受雷电、高温等特殊气象条件影响，造成人员伤害和财产损失的。

（6）重大机械设备事故、建筑物倒塌或其他事故，虽无人员伤亡，但财产损失巨大的。

（7）造成重大环境污染或破坏的。

6.10.2 可利用的物资、器材、设备、设施

不同情况下可利用的物资、器材、设备、设施如下：

（1）危险源监控、治理可利用的物资、器材、设备、设施。

凡现场已配备下列物资、器材、设备、设施，对危险源进行日常监控和治理：施工现

场设置明显的警示标志；现场作业人员配备劳动保护用品、防护用具、警戒物资和通信器材；危险物品的运输车设置明显的危险标识，采取必要的防火防爆措施；地面站设置防雷、消防等设施；有关仪器仪表按规定定期维护、检测，以保证其性能可靠。上述物资、器材、设备、设施应保证其专项用途，任何人未经批准，不得擅自挪用、改装或损坏。

（2）事故应急救援工作可利用的物资、器材、设备、设施。

事故应急救援预案启动后，现场各类设备、车辆统一纳入应急救援工作，由应急预案指挥中心办公室统一调度。

各类通信器材应保持畅通。指挥中心与各应急救援小组之间的联络使用电话、手机；现场指挥和营救小组的通信联络采用对讲机、手机。

火灾爆炸事故应采用正确的灭火方法，合理使用消防水池、水泵、消火栓等消防设施，以及各类灭火器材。

临时转运危险物品的车辆应加强防火防爆措施。运输爆破器材应尽可能采用专用爆破器材运输车或使用防爆容器。

根据实际情况准备急救药品和其他应急救援物资。

（3）应急救援物资、器材、设备、设施清单见表 6-31。

表 6-31　应急救援物资、器材、设备、设施清单

序号	名　称	用　途	备注
1	施工现场安全防护设施	现场防护	
2	作业人员劳动保护用品	个体防护	
3	避雷针、防雷器	防雷	
4	消防水池、消防泵	消防供水	
5	消火栓、水枪、水带	扑灭硝酸铵着火和一般可燃物着火	
6	各类灭火器	扑灭设备、电气或生产场所的初起火灾	
7	安全标志	禁止、警告、提示、指令	
8	温度计、压力表	检测环境或设备工作时的温度、压力	
9	雷管防爆箱	运输过程中单独存放雷管	
10	爆破器材专用运输车	运输爆破器材	
11	口哨、袖标、小红旗	爆破警戒信号、紧急信号	
12	手机、电话	保持与外界的通信联络	
13	对讲机	保持现场通信联络	
14	各类生产车辆	运输人员和物资	
15	小车	运输人员和物资	
16	急救药品	消毒、止血等紧急救护	
17	大型照明灯具	现场照明	

6.10.3 生产安全事故应急救援组织机构、职责和人员构成

6.10.3.1 应急救援组织机构设置

由现场经理担任应急救援小组组长，现场副经理担任应急救援小组副组长，各部门单位负责人组成应急救援小组组员。应急救援小组下设办公室，办公室设在综合部。

6.10.3.2 各级应急救援组织机构职责

(1) 应急救援小组组长的职责：
1) 所有施工现场操作和协调；
2) 现场事故评估；
3) 保证现场人员和公众应急响应行动的执行；
4) 控制紧急情况；
5) 做好与消防、医疗、交通管制、抢险救灾等各公共救援部门的联系。
(2) 现场伤员营救组的职责：
1) 引导现场作业人员从安全通道疏散；
2) 对受伤人员进行营救，转移至安全地带。
(3) 物资抢救组的职责：
1) 抢救可以转移的场区内物资；
2) 转移可能引起新危险源的物资到安全地带。
(4) 消防灭火组的职责：
1) 启动场区内的消防灭火装置和器材进行初期的消防灭火自救工作；
2) 协助消防部门进行消防灭火的辅助工作。
(5) 保卫疏导组的职责：
1) 对场区内外进行有效的隔离工作和维护现场应急救援通道畅通的工作；
2) 疏散场区内外人员撤出危险地带。
(6) 后勤供应组的职责：
1) 迅速调配抢险物资器材至事故发生点；
2) 提供和检查抢险人员的装备和安全防护；
3) 及时提供后续的抢险物资；
4) 迅速组织后勤必须供给的物品，并及时输送后勤物品到抢险人员手中。

6.10.4 报警、通信联络方式

(1) 现场混装炸药生产点所在地地方政府救援机构应急救援电话：
1) 火灾/爆炸事故救援：119；
2) 交通事故救援：110；
3) 人员伤亡救援：120。
(2) 现场应急救援值班电话：手机：×××××××××××。
(3) 各单位内部和事故现场采用对讲机、电话和手机等联络工具。

6.10.5　应急救援的对策措施

6.10.5.1　应急救援行动的优先原则

（1）坚持“防止事故扩大，减少人员伤亡”的优先原则，发生各类生产安全事故时，应以最快的速度实施救援和处理。

（2）坚持“时间就是生命”的原则。现场发生生产安全事故时，应在最短时间内，采用最快捷的方式实施应急救援行动，同时上报上级领导和职能部门。

（3）坚持落实责任人的原则。现场的经理为生产安全事故应急救援的第一责任人，负责组织实施应急救援行动。同时各科室第一责任人则为配合本单位应急救援领导小组实施应急救援行动的相关责任人，负责配合本单位应急救援领导小组实施应急救援行动。

（4）坚持服从命令、听从指挥的原则。发生各类生产安全事故时，各相关工作人员必须坚守工作岗位，保证联系方式畅通，应急救援机构所有成员必须无条件服从应急救援指挥部的统一调度、指挥，及时赶赴事故现场实施救援处置，防止事故蔓延扩大，把损失减少到最低限度。

6.10.5.2　事故情况初始评估

安全事故应急救援的首要工作是对事故情况的初始评估。事故评估应描述在事故发生后最短时间内的现场情况，主要包括事故范围和事故扩展的潜在可能性，人员伤亡、财产损失情况及是否需要外界援助。

初始评估是由应急救援指挥者和应急救援人员共同决策的结果。例如，在火灾或爆炸的前几分钟，应急救援人员必须首先作出若干决定：如抢救伤员、疏散人员、附近消防设施的位置和控制范围等。初始评估的结果往往决定着应急救援行动的效果，因而应急救援行动的指挥者必须根据掌握的信息，快速做出正确的决定。

6.10.5.3　安全事故报告制度

（1）一旦发生生产安全事故，现场人员和有关责任人应在最短的时间内以最快的方式立即逐级上报。同时，根据初始评估的结果，决定是否请求所在地消防、医疗机构提供援助。发生重、特大事故，应急救援指挥部及办公室在接到报告后，应立即向所在市公安局、安监局报告。

（2）现场负责人根据实际情况和初始评估结果，决定是否启动应急救援预案。预案一经启动，生产安全事故应急救援指挥部及办公室即开始运作。

（3）发生事件及时向公司总部上报。报告时包括以下内容：

1）安全事故发生的单位、时间、地点及事故类别；

2）事故情况、简要经过，伤亡人数或其他后果，如属爆炸事故，应报告已爆炸物品的数量，破坏范围或损失情况；

3）事故原因的初步判断，有无发生二次事故的可能；

4）伤亡人员的抢救和已采取的应急措施；

5）是否需要有关部门、单位协助救援工作；

6）报告人的姓名、职务、联系方式。

6.10.5.4 应急救援处置方案

A 失盗事故

（1）失盗事故发生时，现场值班人员应立即向本单位应急救援指挥部及办公室报告，同时组织人员保护好事发现场。

（2）运输途中发生失盗事故，除进行上述工作外，还应向当地公安机关报警，并停车保护好现场，以防止失盗事故的再次发生。同时，应配合单位应急救援机构成员和当地公安机关进行事故调查处理。

（3）参加事故发生原因分析和整改、预防措施的制定，防止类似事故发生。

B 火灾事故

（1）报警：火灾（燃烧）事故发生时，现场值班人员应立即向本单位应急救援指挥部及办公室报告，同时拨打火警119，采取积极有效的控制措施，防止火势蔓延；如：抢救伤员、疏散群众、阻断火源、启用灭火器、消火栓等灭火，密切注意，切实防止燃烧转为燃爆等。

（2）设点：应急救援组织人员进场前，必须选择有利地形设置现场应急救援指挥部或医疗救护点，设点要求在上风向处。

（3）报到：各小组成员进入事故现场后，必须先向现场应急指挥部报到，以便统一安排实施救援工作。

（4）应急救援：进入事故现场的救援人员要尽快按照各自的职责和任务，迅速开展救援工作：

1）抢救伤员；

2）将非救援人员疏散，撤离现场；

3）根据事故情况，划定警戒线；

4）切断火源，将易燃易爆等危险物品转移至安全地带；

5）启用灭火器、水枪等灭火装置灭火。

（5）拆点、清理现场：当事故处理完毕，事故现场勘验结束后，应清理损坏区域，消除污染，尽快恢复正常生活和工作秩序，救援人员及指挥部成员暂时撤离现场。

（6）总结：每进行一次应急救援工作，都要认真总结经验教训，不断改变应急救援工作，制定更加科学、合理、有效的生产安全事故应急救援预案。按照事故处理“四不放过”的原则，认真做好安全事故的处理工作。

C 爆炸事故

（1）当爆炸发生后，现场值班人员应立即向本单位应急救援指挥部及办公室报告。同时切断事发现场爆炸源和电源等，组织本部门人员迅速撤离现场，以免二次爆炸事故发生。

（2）设点：在离爆炸现场最近且较为安全的有利地形设置应急救援指挥部，确保一旦发生二次爆炸，不会对应急救援指挥人员造成伤害。

（3）报到：各应急救援小组进场后，必须先向现场指挥部报到，以便统一安排实施应急救援工作。

（4）实施救援：

1）根据救援小组统一指挥，进行现场排险。如安全转移未发生爆炸的物品，抢救受伤人员，疏散员工或非救援人员及附近群众，要求距爆炸中心 2 km 内的群众均应紧急疏散，撤离现场；

2）将爆炸中抢救出来的伤残人员及时送往医院救治，最大限度减少人员伤亡；

3）根据爆炸事故可能再次发生的可能性大小，划定安全警戒线，执行道路管制，确保救援工作顺利进行，直至结束。

（5）分析，总结：根据爆炸事故发生的原因、经过及应急救援工作实施情况，认真总结经验和教训。即时修改、补充、完善生产安全事故应急救援预案。按照事故处理“四不放过”的原则，做好爆炸事故的处理工作。

D 民用爆破器材运输交通事故

当此类安全事故发生后，除按一般交通事故处理外，还应根据具体情况做如下处理：

（1）发生翻车、撞车事故未造成燃烧爆炸事故和人员伤亡时，驾驶员和押运员应立即向本单位应急救援指挥部及办公室和当地公安机关报告，同时做好现场保护和运输物品防护工作；

（2）当发生交通事故造成人员伤亡时，除向本单位应急救援指挥部及办公室和当地公安机关报告外，还应向当地急救中心报警，请求医疗救护，迅速救护受伤人员，脱离现场；

（3）当发生交通事故并引起民用爆破器材燃烧或爆炸时，除立即报告外，还应组织当地群众或其他车辆撤离现场，划定警戒线，同时按上述火灾、爆炸事故处理方案实施应急救援工作。

6.10.6 人员紧急疏散、撤离

（1）事故现场和事故影响区人员查点和疏散。

1）事故现场人员应首先进行认真查点，确认无一人遗漏后，在撤离监督管理人员（生产单元的安全员）和内部报警系统（警报声）的指引下，按照预定的撤离疏散路线和集合点，迅速安全地撤离事故现场至安全区。

2）可能受到事故影响区域的人员也必须组织疏散，疏散人员经严格查点，确认无人遗漏后，在规定的集合点集中，按照指定的疏散路线，疏散至安全区。如果应疏散人员较多，应使用车辆等交通工具加快疏散速度。

（2）应急救援人员撤离前后的查点和报告。应急救援人员进入事故现场前，应将人员数量查点清楚，向现场救援小组报到。实施应急救援、处置完毕后要重新查点应急救援队伍人员数，确保无一人遗漏。如果人员差缺，就说明有人员伤亡或失踪，应立即向现场应急救援指挥部报告，在指挥部的统一指挥下，展开营救行动。

（3）周边区域人员的疏散方式。迅速有效地通知周边区域可能受事故影响的群众紧急疏散是非常重要的。通知的方法：可用报警器、警笛、无线电广播。周边区域群众可按照指定的路线，在社区指定负责人的带领下疏散至安全区。

6.10.7 危险区域的隔离

（1）设定危险区域。危险区域是把一般人员排除在外的区域，是安全事故发生的地方，一般应在这个区域的外沿设置警戒线。危险区域的范围取决于事故级别的范围及清除行动的执行，只有受过专门训练和有特殊装备应急救援人员能够在这个区域作业。所以进入危险区域的人员必须在应急救援现场指挥部指挥者的控制下进行救援工作。

（2）确定缓冲区域。环绕危险区域的是缓冲区域，也是需要限制通过的区域。在这个区域警戒线之内工作的人员必须是经应急救援小组特许的救援人员。

（3）确定安全区域。确定安全区域是非常重要的，安全区也称支持区域，这个区域实际上是指挥和准备区域，它必须是安全的，应急救援现场指挥部和有关的专家均可在这个区域工作。

（4）道路隔离和交通疏导。凡是在危险区域和缓冲区域的道路必须隔离，布置警戒线，限制通行。由此而引起的交通阻塞，由应急救援指挥部协调交通管理部门解决，制定切实可行的交通疏导方案。

6.10.8 检测、抢险、救援及控制措施

（1）大气检测及人员防护。

1）火灾事故一旦发生，容易产生有毒、有害气体。必要时，应急救援指挥部应及时联系环保监测部门在安全区域内，设立大气监测点、水源监测点。实时监测火灾爆炸事故引起的环境污染情况。

2）应急监测人员要穿上防护服。随时与应急救援指挥部保持联系。

（2）抢险、救援行动及人员防护。在发生生产安全事故时，如果人员受伤、失踪或困在施工作业场所和生产单元中，就需要启动抢险、救援行动，对伤亡人员进行搜寻和营救。执行此类行动通常应由应急救援指挥部协调特勤队、消防队和救护队等经过专业训练的应急救援人员执行。救援人员应配备必要的防护服装、用品、用具等。

（3）控制事故扩大的措施。为了防止火灾、爆炸事故的蔓延和恶性发展，必须在应急救援指挥部的统一指挥下，切断事发现场的所有燃烧、爆炸源，切断电源，转移危险区域内可能发生“殉爆”的所有易爆物品，采取有效措施灭火，降低易燃易爆物品和相关设备的表面温度。

6.10.9 伤员现场救护与医院救治

在生产安全事故发生后，如果有人员受伤，应把伤员送往当地医院或急救中心进行医疗救治；如伤势严重，应立即用救护车将伤员送往医院进行抢救。

6.10.10 事故现场的清理

发生生产安全事故，特别是民用爆破器材的燃烧爆炸，可能会阻塞道路交通，给周围施工环境带来严重的污染。在事故消除、应急救援行动停止之后，必须对道路或现场的爆炸残留物进行清理，经有关部门检测合格后，有关人员方可重新进入现场作业。

6.10.11　事故应急救援终止程序

应急救援行动结束后，应急救援指挥部应根据生产安全事故的类型和损害程度，根据实际情况，主要考虑以下工作：

（1）宣布应急救援结束；

（2）组织重新进入人员；

（3）现场清理；

（4）开始事故原因调查；

（5）恢复现场生产系统的正常运行；

（6）抢救损坏的设备和物资；

（7）评价事故损失，申请保险赔偿。

6.10.12　事故安全风险辨识

智能装药车在地面站盛装乳胶基质、公共道路运输行驶、爆破现场使用等环节均存在燃烧、爆炸、侧翻等事故风险。

6.10.12.1　可能引发火灾及爆炸的危险点及风险预测及处置措施

可能引发火灾及爆炸的危险点及风险预测及处置措施汇总见表6-32。

表6-32　可能引发火灾及爆炸的危险点及风险预测及处置措施汇总表

序号	部位名称	存在的危险因素	风险预测	防范措施
1	货箱强度不够	货物倾翻引起二次事故	燃烧	定期检查，按章操作
2	电气	1. 电气线路破损漏电，产生火花；2. 接地电阻不符合要求	燃烧、爆炸	定期检测
3	车辆导静电装置损坏	静电集聚放电	燃烧、爆炸	保证静电装置可靠有效
4	车辆外侧安全警示标识缺失	对他人起不到警示作用，容易发生交通事故	车辆损坏、爆炸	保持车辆安全警示标志的完好
5	排气管防火罩缺失	火花引燃易燃、易爆物品	燃烧、爆炸	出车前、到达爆破工地后检查防火罩是否完好
6	车辆超载	意外引燃、引爆，引起事故扩大	燃烧、爆炸	绝对避免超载
7	车辆未按照规定时间、里程检修	机械故障引起二次事故	燃烧、爆炸	按底盘保养手册严格保养

续表 6-32

序号	部位名称	存在的危险因素	风险预测	防范措施
8	雷雨等恶劣天气运输危险化学品	车辆遭受雷击等意外事故引燃、引爆危险品	燃烧、爆炸	禁止恶劣天气运输危险化学品
9	车辆制动性能降低	刹车、转向、离合器失灵，出现翻车、碰撞事故	燃烧、爆炸	加强驾驶员的责任心管理，定期检查各项制动性能
10	车辆未熄火检修油路系统	燃油泄漏、遇火花爆燃失去控制	燃烧、爆炸	检修车辆必须熄火并悬挂车辆维修标识
11	油箱防撞设施缺失	油箱遭受意外撞击泄漏、起火	燃烧、爆炸	保障燃油箱护栏的牢固度
12	车辆制造质量差	车辆行驶途中出现机械故障	车辆损坏	定期紧固底盘与上装部分的紧固件
13	道路行驶	行驶途中发生意外交通事故，车辆受损或侧翻，造成物料泄漏、混合	燃烧、爆炸	驾驶人员持 A2 驾照 5 年以上驾龄操作，严禁酒后驾驶

6.10.12.2 生产过程中的危险、有害因素

在基质输送、敏化和水环润滑等生产过程中的危险、有害因素汇总见表 6-33。

表 6-33 生产过程中的危险、有害因素汇总表

序号	工序名称	作业内容	存在的危险因素	风险预测	防范措施
1	基质输送、敏化	将乳胶基质、敏化剂连续泵送、混合、输送入炮孔	1. 基质内混入硬性杂质物件，泵送过程中引起摩擦，局部形成热点；2. 料仓内的基质太稠，造成篷空现象，造成螺杆泵空转；3. 基质温度过低，黏稠度增加，螺杆泵超压运行；4. 安全联锁装置失灵	燃烧、爆炸	加强基质加料时的安全管理，管控严格按工艺配方、工艺规程操作，每周校验一次安全联锁装置
2	水环润滑	通过高压柱塞泵泵送润滑剂在输送管内壁形成水环降低输送阻力	柱塞泵不能建立起高压，导致输送压力过大，造成输送管路堵塞	火灾、爆炸	保障敏化剂（润滑剂）溶液的清洁、过滤定期加注润滑油，保障柱塞泵的正常运行

6.10.13 应急救援程序图

应急救援程序如图 6-47 所示。

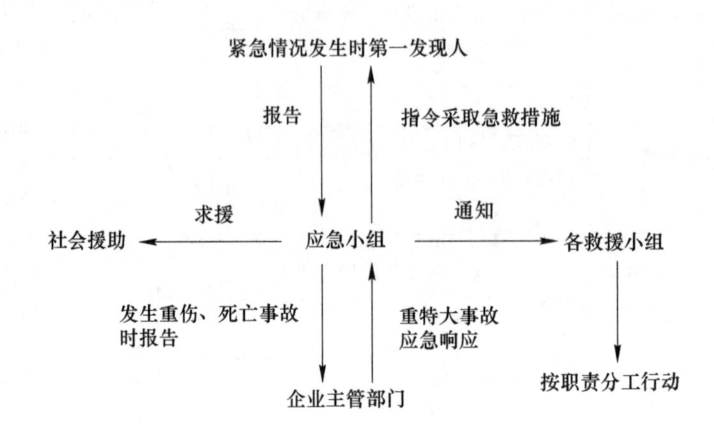

图 6-47 应急救援程序图

6.11 半工业试验基本情况

智能装药车于 2022 年 9 月完成出厂带水调试后在宏大爆破工程集团云浮地面站进行了半工业试验前的带水调试、带乳胶基质试运行、性能测试及矿山装药一系列试验。

半工业试验前的准备工作如下。

（1）技术文件的准备。为了指导现场试验与使用，保证产品质量，保障试验期间的安全。根据宏大爆破工程集团有限责任公司、湖南金聚能科技有限公司联合编制的《科研项目安全生产指导细则》，编制了《智能装药车安全技术操作规程》《岗位安全责任制》《智能装药车工业试验安全应急救援预案》。

（2）人员培训。为了顺利试验和提高操作员工的操作技能，宏大爆破工程集团有限责任公司技术中心与湖南金聚能科技有限公司对相关操作人员进行了严格的技术理论和现场操作培训、学习安全技术操作规程及安全管理。

（3）准备工作。装备的实验过程含单机运行、空机运行、仪表标定、模拟现场装药实验。

6.11.1 空载调试、带水模拟运行试验

2022 年 10 月中旬，项目组人员在广东云浮进行了空载调试、带水模拟运行。反复标定基质输送、计量泵，敏化剂输送、计量系统，催化剂输送、计量系统，保证混装乳化炸药严格按工艺配比生产，保证输送、计量的准确性。图 6-48 所示为试验部分现场情况。

图 6-48　空载调试、带水模拟运行试验部分现场情况

6.11.2　乳胶基质的生产

乳胶基质按宏大爆破工程集团有限责任公司云浮地面站生产工艺组织生产，其工艺组分见表 6-34。

表 6-34　乳胶基质组分

组成	硝酸铵	水	水相添加剂	酸	复合油相
质量分数/%	74~79	15~20	0~0.2	0~0.05	6.0~6.5

（1）工艺控制点。

1）水相溶液：

①析晶点，65~68 ℃；

②温度，80~85 ℃；

③pH 值，3.5~3.8。

2）一体化复合油相，温度 60~63 ℃。

（2）乳胶基质技术要求：应透明，光泽度较好，无水珠、有一定的黏稠度，密度在 1.28~1.35 g/cm^3。

6.11.3　带黏稠乳胶基质装药效率及相关测试

采用转速测定仪与螺杆泵转速测定（霍尔转速开关）进行比对试验，结果见表 6-35。

表 6-35　转速测定仪与螺杆泵转速测定比对试验结果

序号	螺杆泵转速 /r·min^{-1}	转速仪 /r·min^{-1}	基质流量计 /L·min^{-1}	装药效率 /kg·min^{-1}	输送压力 /MPa	敏化（润滑）剂 /L·h^{-1}	螺杆泵单圈输送量 /L·r^{-1}
1	85	84	80	105	0.32	120	0.95

续表 6-31

序号	螺杆泵转速 /r · min^{-1}	转速仪 /r · min^{-1}	基质流量计 /L · min^{-1}	装药效率 /kg · min^{-1}	输送压力 /MPa	敏化（润滑）剂 /L · h^{-1}	螺杆泵单圈输送量 /L · r^{-1}
2	95	96	95	120	0.45	140	0.96
3	105	106	100	130	0.55	155	0.94
4	120	118	115	150	0.75	165	0.95

（1）试验目的。

1）标定螺杆泵每圈的输送量，从而确定装药效率（kg/min），继而确定加入敏化剂（润滑剂）的加入量。

2）校准高黏度物料流量计的计量准确性。

3）观察不同装药效率情况下的输送压力。

（2）安全联锁装置的校验。安全联锁装置的校验结果见表 6-36。

表 6-36　智能装药车安全联锁校验

序号	安全联锁项目	安全联锁名称	备注
1	超温	液压油温	报警
		螺杆泵输送物料（乳胶基质）	报警并停车
2	超压	螺杆泵输送物料	报警并停车
3	低压（欠压）	螺杆泵输送物料	报警并停车
4	流量	高黏度物料流量计低流量	报警
5	紧急停车	按下“急停”按钮	系统自动停机
6	水环润滑低流量保护	流量低于设定值	报警

（3）不同装药效率下，输送压力、炸药密度、敏化效果的比对。在不同的装药速度下，对输送压力、炸药密度、敏化效果进行了比较，见表 6-37。

表 6-37　输送压力、炸药密度、敏化效果比较

序号	装药效率/kg · min^{-1}	输送压力/MPa	炸药密度/g · cm^{-3}	敏化效果
1	100	0.35	1.18	气泡细小、均匀
2	120	0.48	1.16	气泡细小、均匀
3	130	0.55	1.20	气泡细小、均匀
4	150	0.62	1.20	气泡细小、均匀

(4) 长距离伸缩臂伸臂、缩臂，卷筒，胶管三者同步运行情况。除输送、敏化必须安全、高效运行外，还需要长距离伸缩臂的伸臂、缩臂，卷筒收放管，输药胶管三者动作协调一致，才能达到智能装药车在矿山装药顺利进行的目标。通过不断地伸臂、送管、收管、缩臂等，最终达到了在装药过程中，实现了边装药、边收管、缩臂的目标，同时也实现了边放管、伸臂等各液压动作的一致性。

1）远程防爆遥控器远距离（50 m 以上）遥控操作的比对。为了检验远程防爆无线遥控器远距离操作的可靠性，分别进行了 50 m、100 m、150 m、200 m、280 m 的遥控操作，试验证明：该型遥控器在 200 m 之内可实现可靠的遥控操作；超过 280 m 时，若有明显的障碍物，由于遥控器的发射信号较弱，偶尔出现遥控失灵的现象。

2）智能装药车现场混装乳化炸药性能测试。智能装药车炸药性能见表 6-38。

表 6-38 智能装药车炸药性能

名称	爆速/m · s^{-1}	密度/g · cm^{-3}	备注
混装乳化炸药	4880	1.14	合格
	5160	1.18	合格
	4963	1.21	合格

6.11.4 现场装药半工业试验

智能装药车于 2022 年 10 月 25 日～2023 年 5 月 18 日在广东云浮市广业云硫矿业公司和广东肇庆华润水泥矿山进行了反复工业性装药试验（见图 6-49），BCHR 系列乳化炸药现场混装技术及装备在工业装药试验期间共生产基质 30 次，共计装药 25 余吨。

图 6-49 工业性试验现场部分照片

6.11.5 结论

通过半工业性试验表明：

（1）智能装药车技术先进、操作简单、方便灵活，装药作业安全稳定可靠。所设计的工艺流程、参数及技术是合理、新颖和行之有效的。

（2）试验表明：智能装药车质量稳定，安全性好，完全满足设计要求，可投入现场使用。

6.12 智能装药车企业标准

6.12.1 范围

本标准规定了智能现场混装乳化炸药车产品的型式与基本参数、膏状物料最高装载量、技术要求、试验方法、检验规则、标志、包装、运输、贮存和质量保证等要求。

本团体标准适用于智能现场混装乳化炸药车。该智能装药车主要用于冶金、煤炭、建材、有色、化工、水利等中小型露天矿山采矿、城镇开发建设或工程爆破作业中向炮孔（特别适用于水孔）现场混制装填乳化炸药。

6.12.2 规范性引用文件

下列标准中的条款通过本标准的引用而成为本标准的条款。所引用标准，其最新版本适用于本标准。

GB/T 191—2008 包装储运图示标志

GB/T 13306—2011 标牌

GB/T 25706—2010 矿山机械产品型号编制方法

GB 7258—2017 机动车安全技术运行条件

JT/T 1285—2020 危险货物道路运输营运车辆安全技术条件

GB/T 7935—2005 液压元件　通用技术条件

GB 30510—2018 重型商用车辆燃料消耗量限值

GB 13392—2005 道路危险运输货物车辆标志

6.12.3 定义

本标准采用以下定义：

智能现场混装乳化炸药车是集乳胶基质运输、装填炸药轨迹优化、智能精准寻找和对准炮孔、乳胶基质泵送、敏化剂精准添加、乳胶基质敏化及敏化后向炮孔装填、实时传输炮孔装填数据于一体的专用车辆。

6.12.4 型式与基本参数

（1）型式。智能现场混装乳化炸药车是指各系统安装于汽车底盘上，通过液压传动、电气控制系统、长距离伸缩臂系统、伸缩臂支承系统实现乳胶基质的长距离运输、输送、计量、敏化及现场装填。

（2）型号。表示方法应符合《商品农药验收规则》(GB/T 1604—1995）的规定（见图6-50)。

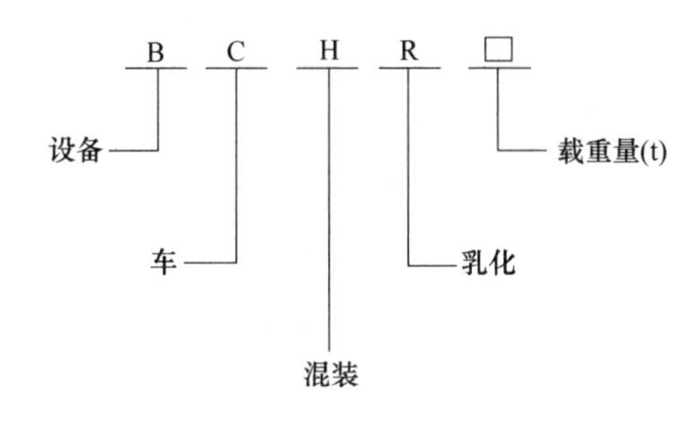

图6-50　智能现场混装乳化炸药车型号表示方法

（3）智能现场混装乳化炸药车基本参数应符合表6-39的规定。

表6-39　智能现场混装乳化炸药车基本参数

型号名称	参数				
	装载量 /t	装药效率 /kg·min^{-1}	计量误差	类型	外观尺寸 /mm×mm×mm
智能现场混装乳化炸药车	1~15	50~240	±1%	露天常温	8950×2500×3750、10870×2250×3750

6.12.5　技术要求

（1）智能现场混装乳化炸药车应符合本标准的要求，严格按照经规定程序批准的图样和技术文件制造。

（2）环境条件。智能现场混装乳化炸药车必须满足在±40 ℃的环境温度下正常工作。

（3）使用性能：

1）智能现场混装乳化炸药车适应直径60 mm以上、深40 m以内的炮孔；

2）导静电输药软管的管径应不大于DN32 mm，最大工作压力为1.8 MPa，输药软管的长度不小于40 m；

3）液压系统中液压油的最高工作温度为60 ℃；

4）主体设备输送压力不大于1.2 MPa。

（4）智能现场混装乳化炸药车技术要求：

1）智能现场混装乳化炸药车二类汽车底盘的主要性能指标必须适应各类露天中小型矿山、城镇开发的使用环境要求符合《机动车运行安全技术条件》(GB 7258—2017)，底盘须国Ⅵ以上排放标准。

2）智能现场混装乳化炸药车的水、气、液压管路部件，不得有漏水、漏气、漏油等缺陷。总装前应分别对各部件做渗漏密封性试验。

3）智能现场混装乳化炸药车电气开关、按钮及操作手柄开启应灵活可靠。

4）智能现场混装乳化炸药车须有超温、超压、膏状物料流量计计量检测断料报警及紧急停车功能。

5）具有远程操作、故障自诊断及远程协助处理故障功能。

6）需具备电液比例控制系统，结合控制器、过程检查仪表、设定参数值实施闭环控制。实现设备运行速度、各类添加流量自动调节。

7）具备4G/5G远程数据通信模块，通过无线网络与数据管理平台的连接。可使用手机APP/PC客户端随时随地获取设备运行的数据，及时获取历史数据及报警信息，并能远程设置重要参数。

8）智能现场混装乳化炸药车应采用防爆无线远程遥控器遥控操作，遥控器的无线射频发射不大于10 W，防爆遥控器上应能显示、设置各项重要参数。

9）智能现场混装乳化炸药车智能装药半径需不小于15.5 m，能根据孔径、炮孔堵塞距离自动计数送管、退管。

（5）材料要求：

1）输药软管为带高强度塑料防静电软管；

2）料箱和输料部分的材料为防腐、不发火材料。

（6）安全、卫生和环境保护：

1）智能现场混装乳化炸药车设有灭火装置和有效的防静电接地装置；

2）智能现场混装乳化炸药车在工作时，作业区内严禁有明火；

3）汽车排烟管必须设有消声灭火装置，严禁产生超标的噪声和烟度；

4）智能现场混装乳化炸药车水气清洗系统必须能保证有效地清理管路中的余料和积污；

5）智能现场混装乳化炸药车应装设有效的通信装置。

（7）外观要求：

1）油漆表面应美观大方、漆层牢固、色泽均匀、光滑平整，不得有皱纹、起泡、起层、失光及明显的流痕等缺陷；

2）标志涂漆应美观、清晰、醒目，边角线条整齐、清楚，不同颜色涂漆不得相互沾染。

（8）成套性。

1）成套供应范围：①整机；②随机备件、工具。

2）随机技术文件：①产品使用说明书、智能现场混装乳化炸药车安全生产技术操作规程；②产品合格证；③随机备件及附件清单；④装箱单。

6.12.6 试验方法

（1）试验前的准备：

1）各工作手柄、开关、按钮处于关闭位置；

2）清理各料箱中的异物；

3）液压油加至规定油量；

4）检查汽车底盘。

（2）空载试验。

1）每台智能装药车总装完成后均应做空载试验。

2）开启发动机，要求启动灵活可靠，无异常噪声，转速达 800~1000 r/min。

3）取力装置应该灵活可靠，调整液压系统压力到工作压力（不得超过 14 MPa），若有必要需将液压油预热至工作温度（20 ℃）。

4）开启电气仪表盘的各开关按钮，分别驱动下列系统的马达（要求转动灵活，方向正确，工作正常，无异常噪声）：

①基质输送泵马达；

②卷筒马达；

③润滑泵马达；

④长距离伸缩臂。

（3）负荷试验。

1）空载试验合格后，用模拟物料校准下列系统：

①输送系统；

②润滑（敏化）系统；

③各辅助传动机构；

④液压散热系统。

2）采用模拟物料进行输送试验，整机性能指标达到本标准 5.4 的规定。

3）现场混装炸药输送、敏化试验需在矿山或使用现场进行，整机性能达到本标准 5.4 的规定。

6.12.7 检验规则

6.12.7.1 重件进厂检验

重件进厂需要检验的项目、检验方法和检验频次见表 6-40。

表 6-40 重件进厂需要检验的项目、检验方法和检验频次

序号	产品名称	检验项目	检验依据要求	检验方法	检验频次（抽样原则）
1	二类底盘	外观质量	整车油漆光滑均匀，不得有露红、露白、橘皮、发泡、针孔、色差现象	目测	100%
			车辆商标、3C 标识、铭牌齐全，安装端正，铭牌有关打印内容（如车型号、功率、质量、VIN 代号等）应正确一致		
			核对发动机、变速箱、轮胎规格与公告参数一致		

续表 6-40

序号	产品名称	检验项目	检验依据要求	检验方法	检验频次（抽样原则）
1	二类底盘	外观质量	随车文件（合格证、COC 证书等）及随车工具（含三角警告牌、反光背心的检查）配备齐全	目测	100%
			轮胎为子午线轮胎，前轮为盘式制动器		
			油车必须安装 ABS，限速装置，行驶记录仪		
		功能性检查	各照明及信号装置通电后能正常工作	操作	
			风窗玻璃刮水器、洗涤器应能正常工作、无卡阻		
			仪表台各仪表指示正常，收音机能正常工作		
			发动机、变速箱运转正常，无异响，挂挡顺利		
			发动机、变速箱无漏油、漏水痕迹，管路无漏气现象		
			排气装置应具备熄灭排气火花的功能。排气装置应安装在车身前部，排气管与运输货物的距离至少大于 300 mm，其出气口要远离运输货物，距离不得小于 500 mm。排气管与油箱的净距离至少为 100 mm，或采用隔热措施隔离两者		
			具有右转弯提示音		
		专项性能测试	制动性能测试：车辆在平整路面上以 30 km/h 行驶，一脚踩完刹车，能迅速制动停车		
			危险货物运输车应配备限速装置。限速装置的调定速度不得大于 80 km/h		每批 1 台
		CCC 证书有效性	CCC 证书处于有效状态	网络查询	每年至少 2 次

续表 6-40

序号	产品名称	检验项目	检验依据要求	检验方法	检验频次（抽样原则）
2	反光标识	外观质量	外包装完好，无破损，正表面平整，无划痕等缺陷，有永久 CCC 标志	目测	100%
			产品的规格型号和厂家与备案参数一致		
		CCC 证书有效性	CCC 证书处于有效状态	网络查询	每年至少 2 次
3	液压齿轮泵/液压马达	外观质量	泵壳体表面无裂纹，表面油漆完好	目测	100%
			核对产品的规格型号和厂家的一致性		
		特性检查	流量、压力、轴功率、自吸性能验证	供方提供报告	每 2 年至少 1 次
4	工艺管路	外观质量	管体外表面无破损、龟裂等不良缺陷，管体内部干净，无污物杂质	目测	100%
			管接头镀层完好，无开裂现象，螺纹无缺陷		
		特性检查	密封、耐腐蚀、耐候性、抗爆破性能验证	供方提供报告	每 2 年至少 1 次
5	液压阀件（含紧安全泄压阀、通气阀等）	外观质量	外包装完好，无破损，表面光滑，无划痕等缺陷	目测	100%
			核对产品的规格型号和厂家的一致性		
		尺寸	安装孔径、孔距、接头尺寸等符合图纸或标准要求	卡尺	
		特性检查	开启压力性能验证（出气阀开启压力（6~8 kPa）、出气阀闭合压力（≤6 kPa）、进气阀开启压力（2~3 kPa）、进气阀闭合压力（≤2 kPa））	供方提供报告	每 2 年至少 1 次
6	钢材	外观质量	表面不得有锈蚀、凸凹不平，周边不得变形	目测	100%
		尺寸	宽度和厚度：宽 B_{-1}，厚度 $\delta_{-0.3}$	卷尺、卡尺	
		特性检查	材料物理和化学性能验证	供方提供报告	每批次
7	尾部标志板	外观质量	外包装完好、无破损，灯罩外表面无划痕等缺陷	目测	100%
			产品的规格型号和厂家与备案参数一致		
		CCC 证书有效性	CCC 证书处于有效状态	网络查询	每年至少 2 次

续表 6-40

序号	产品名称	检验项目	检验依据要求	检验方法	检验频次（抽样原则）
8	后示廓灯/侧标志灯/后牌照灯/回复反射器	外观质量	外观应光滑，表面无麻点、色差，无划痕、破损，有永久 CCC 标志。罩壳接合表面应严密，灯座接线杆应牢固可靠，不得出现松动现象	目测	100%
			产品的规格型号和厂家与备案参数一致		
		CCC 证书有效性	CCC 证书处于有效状态	网络查询	每年至少 2 次
9	产品铭牌/尾部标识铭牌/危险标志	外观质量	铭牌刻印内容应清晰正确完整一致，整车产品铭牌应包括品牌、整车型号、制造年月、生产厂名、制造国、底盘型号、底盘厂家、VIN 码、发动机型号等内容，尾部标识标牌应包括公司名称、车型名称、商标等内容	目测	100%
			危险标志灯外包装完好、无破损，灯罩外表面无划痕等缺陷，字迹清晰		
			危险标志牌表面反光膜无划痕，字迹清晰		
		尺寸	尾部标识铭牌中："公司名称"字高≥25 mm，"车型名称"字高≥15 mm	卷尺	每批至少 1 件
		特性	危险标志灯发光质量/低温性能/高温性能/抗冲击振动性等；危险标志牌防酸碱/耐腐蚀性能	供方提供报告	每批次
			危险标志牌的耐酸碱、腐蚀性能		
10	行驶记录仪	外观质量	表面无划痕、包装完好无破损	目测	100%
			核对产品的规格型号和厂家的一致性		
		尺寸	宽度不小于 150 mm	卷尺	
11	导静电带	外观质量	静电带的宽度、厚度应均匀，表面应光洁，无油污，不得有裂纹、气泡，静电带应顺直无弯折	目测	100%
		特性检查	导电电阻等性能验证	供方提供报告	每批次
12	灭火器	外观质量	表面不得有油漆脱落、裂纹、缺损等现象	目测	100%
			合格证等附件齐全		

6.12.7.2 出厂检验

每台现场混装乳化炸药车均应进行出厂检验，出厂检验项目包括：(1) 装配的正确性和完整性；(2) 设备外观质量、喷涂外观质量；(3) 液压系统的密封完好性；(4) 有效的防震、减震措施；(5) 本标准 6.1~6.3.2。

出厂检验项目及标准见表 6-41。

表 6-41 出厂检验项目及标准

序号	检验项目	检验内容	技术要求	检验方法	测试记录	操作员
1	标志	整车产品标牌格式内容应符合《机动车产品标牌》(GB/T 18411—2018) 和《机动车运行安全技术条件》(GB 7258—2017) 第 4.1.2 条表 1 的要求	整车出厂铭牌信息应包含“VIN”码、产品型号、产品编号、整备质量、发动机型号、发动机代码、最大输出功率、最大起重量、最大总重量、整车外形尺寸、出厂日期及本公司名称信息等	目测		
		整车产品标牌打刻	铭牌信息应与产品合格证信息一致，打刻的内容信息应完整有效	目测		
		产品标牌加施位置及固定形式	应符合《标牌》(GB/T 13306—2016) 要求，整车出厂铭牌加装位置应与图纸要求位置一致并确保标牌信息与车辆的一致性	目测		
		文字喷涂	驾驶室（区）两侧应喷涂总质量和栏板高度参数，喷涂的中文及阿拉伯数字应清晰，字体高度应大于等于 80 mm	卷尺		
2	VIN	产品标牌的打刻	产品标牌上应标示车辆 VIN，字码应清晰、坚固耐久、不易替换，字码高度不小于 4 mm。一般情况下应尽量标示在一行且不使用分隔符	目测		
3	外廓尺寸、轴荷和质量	整车长、宽、高/前悬、后悬	符合设计要求，整车外廓尺寸实测值应保证尺寸参数公差允许范围为 ±1%，整车后悬应小于等于轴距的 55%，且应小于等于 3.5 m	卷尺		
		整车质量及轴荷	整车质量参数实测值应保证质量参数公差允许范围为±3%	底磅		

续表 6-41

序号	检验项目	检验内容	技术要求	检验方法	测试记录	操作员
4	后下部防护装置	侧防护装置的安装位置	后下部防护装置横向构件两端不应弯向车辆后方且不应有尖锐的外侧边缘	目测		
			横向构件的外端应倒圆，其圆径半径不小于 2.5 mm	卷尺		
			对于 N_2、O_3 类型车辆不得小于 100 mm，对于 N_3、O_4 类型车辆不得小于 120 mm	卷尺		
		后防护装置的安装位置	后下部防护装置尽可能位于靠近车辆后部的位置。道路运输液体危险货物罐式车辆的后下部防护应位于车辆最后端	目测		
			在车辆空载状态下，后下部防护的下边缘离地高度不大于 500 mm	卷尺		
			宽度不大于车辆后轴两侧车轮最外点的距离，外边缘与车轮该侧最外端的水平横向距离为左：50 mm，右：50 mm			
5	防飞溅装置	防飞溅装置的安装位置	飞溅装置的下边缘与地面之间的距离应不大于 200 mm。如果雨帘在技术上会影响悬架的性能，其底端的最大高度要求可放宽至 300 mm	卷尺		
			防飞溅装置应至少有 100 mm 高度	卷尺		
		防飞溅装置型式	能量吸收型	目测		
6	外部照明及光信号装置的安装	示廓灯	规格型号应符合设计，3C 证书有效性为正常状态，无透光面的护网、防护罩等装置	目测		
		回复反射器	规格型号应符合设计，3C 证书有效性为正常状态，无透光面的护网、防护罩等装置	目测		
		外部照明及信号装置	外部照明及信号除保留原车照明系统装置外，应根据《汽车及挂车外部照明和光信号装置的安装规定》(GB 4785—2019) 规定，在货箱前后臂、靠近顶部的最外边缘处安置示廓灯			

续表 6-41

序号	检验项目	检验内容	技术要求	检验方法	测试记录	操作员
7	车身反光标识	后部车身反光标识	采用的是红白反射器型，反射器用横向水平布置，红、白单元相间并且数量相同，相连反射器的边缘距离不应大于 100 mm	卷尺		
		侧面车身反光标识	采用的是红白反射器型，反射器用横向均匀布置，红、白单元相间并且数量相同，相连反射器的边缘距离不应大于 150 mm			
		安装或粘贴要求	安装或粘贴，车身后面和侧面的反光标识均应由白色单元开始，白色单元结束			
			安装或粘贴后，不得在车身反光标识上钻孔或开槽			
8	车辆尾部标志板（适用于大于等于 12000 kg 车型）	车辆尾部标志板的固定方式、安装形式应满足要求	车辆尾部标志板由一组对称标志板组成，宽度为（140±10）mm，条纹斜度为 45°，带宽为（100±2.5）mm，总长度不小于 1130 mm，不大于 2300 mm，3C 证书有效性为正常状态	卷尺		
			安装后两尾部标志板间距（2400±10）mm	卷尺		
9	危险标志	标志粘贴	应在车身两侧和后部喷涂“爆”文字（危险标志）及“安全告示”警告标志	目测		
			危险标志的符号框应为红底白字，警告标志的符号框为橘黄色底黑字	目测		
10	橙色反光带	橙色反光带装置	在车辆的后部和两侧应粘贴橙色反光带以标示车辆的轮廓	目测		
			橙色放光带的宽度为（150±20）mm	卷尺		
11	导静电装置	导静电拖地带	导静电拖地带型号：C 型	目测		
			导静电拖地带规格：1600 mm×22 mm×8 mm	卷尺		
			导静电拖地带技术参数：导电电阻 37.4 mΩ	万用表		
			导静电拖地带的尺寸、配置质量、拉伸强度、硬度及导电性应符合《汽车导静电橡胶拖地带》（JT 230—2021）的要求	目测		

续表 6-41

序号	检验项目	检验内容	技术要求	检验方法	测试记录	操作员
12	空载试验	每台智能装药车总装完成后应做空载试验	开启发动机，应灵活可靠，无异常噪声，转速达 1350~1600 r/min	转速表		
			启动取力装置，应灵活可靠，调整液压系统到规定压力，并将液压油预热至工作温度	温度计		
			开启控制盘上的各控制开关，分别驱动下列系统的马达，应转动灵活，方向正确，工作正常，无异常噪声	目测		
			①油系统的马达； ②干料箱的螺旋马达； ③混合器马达及乳化器马达； ④溶液泵马达及乳化器马达； ⑤软管卷筒马达； ⑥散热器马达	目测		
13	负荷试验	空载试验合格后，用模拟物料校准下列系统： ①乳胶基质料仓； ②微量元素料箱及输送、计量系统； ③泵送系统		目测		
14	基质料箱	焊接可靠，无脱焊、虚焊，焊缝均匀，打磨光滑		目测		
15	装药系统	螺旋运转灵活，无卡滞现象，下料阀动作灵敏，顺畅，对管道试压 1.6 MPa，保压 24 h，无渗漏		手动检测、目测		
16	液压系统	管路安装规范、平整，管路间隙均匀，安装前酸洗、清洁，液压接头固定牢靠，无松动现象				
		在 16 MPa 压力下，持续试压 24 h，系统管路无漏油		手动检测		
17	工具柜、上开门及操作室	外表平整，无明显划痕；牢固可靠，外观光滑，美观		目测		
		安装牢固，不得有明显的晃动，各门锁开关灵活，无卡滞异响				
		上开门，操作室门开闭灵活，固定可靠，门与门框间隙均匀，无明显变形				
18	线路	所有外露电缆必须用穿线管保护，并固定牢靠，穿线管有序排放，并做到横平竖直				
		接线盒固定牢靠，密封性能满足防水要求				

续表 6-41

序号	检验项目	检验内容		技术要求	检验方法	测试记录	操作员
19	密封	控制箱、工具箱、接线盒密封可靠，密封胶涂抹均匀，满足防水要求					
		密封条固定牢靠、平整，满足防水要求					
		基质料箱、液压油箱满足长途运输颠簸要求，在颠簸振动台上连续运行 96 h，无开裂，无变形，无渗漏					
20	涂装外观	油漆	颜色	颜色与合同要求一致，与标准色样一致，连接处清晰	目测		
			厚度	80~120 μm	测厚仪（2~3 点）		
			附着力	1 级	划格器（2~3 点）		
21	行驶试验	制动距离		整车初速度为 30 km/h 时，制动距离不大于 9 m，限速 80 km/h	制动仪		
		防松及密封性		所有紧固件不松动，整车不漏油、漏气、漏水	目测		
22	随车资料和工具及备件			随车文件（合格证、CQC 证书等）、随车工具（含三角警告牌、反光背心），以及两个干粉灭火器	目测		
23	整车卫生			整车清洗干净，包括驾驶室内	目测		

注：1. “测试记录”栏无需要测量实际值的指标项，在实测栏中用“√”表示满足该项指标，用“×”表示不满足该项指标，用“∉”表示返工后满足该项指标。

2. “测试记录”栏需要测量实际值的指标项，在实测栏中必须填写实测值。

6.12.7.3 型式试验

智能现场混装乳化炸药车的样机或经重大维修后的产品应进行型式试验，型式试验的项目包括出厂检验和工业试验。

6.12.8 标志、包装、运输、交付与贮存

（1）标志。

1）每台现场混装乳化炸药车应在明显位置固定产品铭牌，铭牌的型式应符合《标牌》（GB/T 13306）的规定。

2）铭牌内容：①产品名称、型号；②整车总质量；③产品外观尺寸（$L\times W\times H$），mm×

mm×mm；④制造日期及出厂编号；⑤制造厂名称；⑥装载量。

（2）包装。

1）包装储运图示标志应符合《包装储运图示标志》（GB/T 191—2008）的规定。

2）产品整机出厂一般不包装，外露机加工件表面应做防腐、防锈、耐酸处理。

3）随车工具、备品备件、辅件及随车文件用包装物包装且需有防雨、防潮措施，备件包装箱应固定在混装炸药车的合适位置。

（3）运输。智能现场混装乳化炸药车应符合陆路运输、水路运输的要求。

（4）交付。智能现场混装乳化炸药车产品的交付应提供随机文件并封装完好：1）产品使用说明书；2）产品质量说明书；3）产品维修图册；4）汽车底盘随车工具；5）整车合格证；6）底盘合格证；7）随车工具清单；8）机动车环保信息随车清单；9）强制性产品认证车辆一致性证书；10）底盘环保信息配置表。

（5）贮存。智能现场混装乳化炸药车不工作时应停放在通风良好或干燥并具有有效的防锈、防冻措施的库房。

7 智能无线起爆系统研制

爆破作业的起爆系统是爆破工程设计与施工中必须考虑的重点工作，起爆系统可靠性和安全性是关系到人身安全和爆破效果的关键。

引起炸药爆炸的过程，称为起爆；完成起爆所采用的工艺、操作和技术，称为起爆方法；将起爆器材联接成既可统一赋能起爆，又能控制起爆延迟时间的网络称为起爆网路。包括起爆器材、起爆网路的系统称为起爆系统（铱钵起爆系统示意图见图 7-1）。国内外的起爆系统分为有线爆破起爆系统和无线爆破起爆系统两大类。其中有线起爆系统有电起爆系统和非电起爆系统两种；无线起爆方法有微波起爆系统、激光起爆系统、激波管起爆系统等。

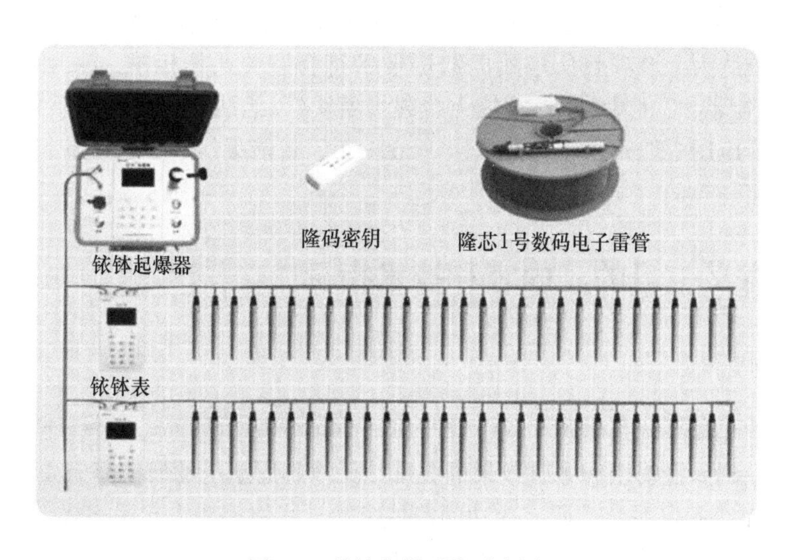

图 7-1　铱钵起爆系统示意图

智能无线起爆系统是以无线的方式完成工业电子雷管的通信、检测、智能延期时间设置、检查和起爆功能的起爆系统（见图 7-2），是有效提升爆破安全管控水平的重要手段之一。

本项目历时 6 年多，潜心对智能无线起爆系统研究，解决了无线起爆系统的关键技术，确定稳定、可靠、安全的通信系统，研制整套智能无线起爆器材和系统，开发了智能无线网络远距离起爆系统软件。为克服有线起爆网络系统的缺点、充分挖潜工业电子雷管的先进性，为智能爆破场景建设奠定扎实基础。研制的器材先后送国家安全生产淮北民用爆破器材检验检测中心、信达检测技术（深圳）有限公司检验，均符合国内有关标准和规范要求。2021 年 11 月，智能无线起爆系统由中国爆破行业协会组织以汪旭光院士为组长的鉴定委员会鉴定，结论：成果在甘肃皋兰县石洞镇花岗岩矿等露天矿山获得了成功应

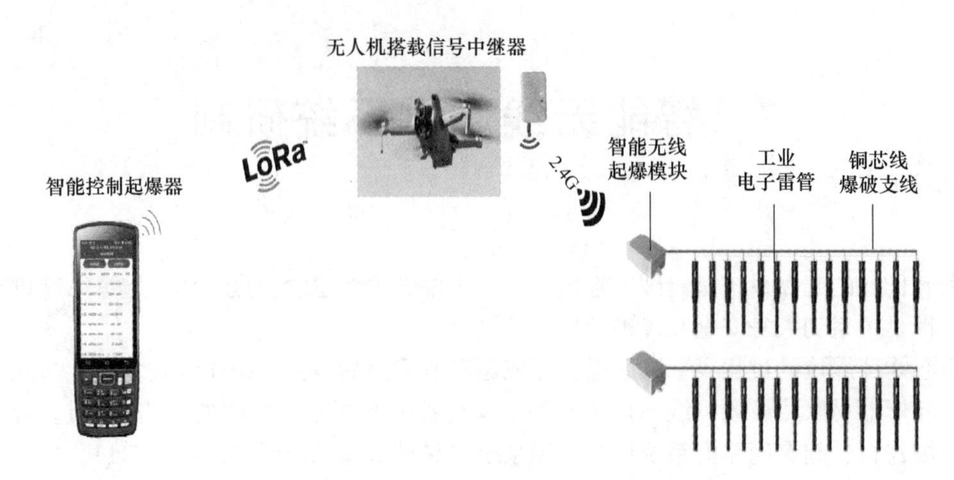

图 7-2　智能无线起爆系统示意图

用，具有国际先进水平，其中孔外智能无线起爆模块及其起爆控制技术达到国际领先水平。2023 年 7 月 26 日，由中国信通院广州分院组织的智能无线起爆系统关于公共安全研讨会，专家一致认为：该项目所应用的起爆技术符合有关通信标准；采用“工业电子雷管+智能起爆控制器+智能中继器+智能无线起爆模块”，组成矿山智能爆破作业起爆系统，在露天矿的初步应用中取得了较好的效果。2021 年，智能无线起爆系统获得中国爆破行业协会科技进步奖一等奖。

7.1　科研意义、目的、内容和技术指标

7.1.1　研究意义

爆破作业的起爆系统是爆破工程设计与施工中必须考虑的重点工作，起爆系统可靠性和安全性是关系到人身安全和爆破效果的关键。无线起爆系统的研究具有重要意义。

（1）智能无线起爆系统的研究成功颠覆传统的导线物理网络起爆模式，为智能爆破场景建设奠定坚实的基础。现阶段数字化、信息化、智能化是露天矿山采矿技术的重要发展方向，在爆破领域数字化、智能化爆破技术的研究应用也势在必行，智能无线起爆控制系统是智能爆破技术研究应用的重要环境，为提高矿山采矿爆破作业的本质安全提供了技术保障。

（2）采用智能无线起爆系统是最大限度挖潜工业电子雷管的技术水平的关键。工业电子雷管安全系数高，有较高的延时精度，不仅能够显著降低爆破振动，降低爆破振动对于周围建筑的损伤，而且还能达到良好的爆破破碎效果。但是工业电子雷管目前仍采用导线物理连接形成爆破网络，再用母线与起爆器连接，确认环境安全后起爆。虽然工业电子雷管具有一定的智能化，但是网络与起爆方式依旧是传统模式，与工业电子雷管的智能化完全不匹配，也直接影响工业电子雷管的技术发展和推广应用。

（3）采用智能无线起爆系统进行爆破作业时炮孔之间没有联系，省略了爆破网络连接和检查环节，大大节省爆破作业时间，提高了爆破作业效率，减少人员进入高风险区

域的机会，在最大程度上保证爆破作业人员的安全，实现爆破作业场所少人化和本质安全。相比采用传统导线控制起爆具有更大的灵活性、安全性、可靠性、便捷性和经济性。

7.1.2 研究目的

本研究的目的是实现爆破作业场地没有物理导线连接、高效的、安全的、智能的智能无线起爆系统，为爆破数字化、智能化发展奠定基础，为改变爆破行业安全被动局面、实现本质安全提供技术支撑。

7.1.3 研究内容

无线遥控技术被广泛地应用于军事、国民经济建设、人民生活的各个领域。通过调研、分析现有的有线和无线起爆控制系统，认为可以综合利用现代无线电通信技术、无线传感网络技术理论和工程应用开展智能无线起爆系统的研究。具体研究内容包括：

（1）研究智能无线起爆系统的关键技术，解决起爆系统安全技术、智能化方面的问题；

（2）研制智能无线起爆系统的硬件器材，智能无线起爆模块、信号中继器和智能起爆控制器；

（3）对无线远程通信系统的技术研究，确定安全、独立的通信系统；

（4）开发智能无线起爆系统的平台软件，实现系统的智能化和数字化，为智能爆破场景建设打下坚实的基础；

（5）开展可靠性、安全性分析，如起爆距离、地形地貌干扰度、电磁干扰强度、多发起爆可靠度等方面，确保可靠度满足现场使用；

（6）实现智能无线起爆系统的应用，真正实现爆破区域没有物理导线连接。提高爆破作业效率，减少现场作业人员的数量，为本质安全提供技术施工解决方案。

7.2 技术指标、路线、难点和特点

经过对现有的爆破网络优缺点进行分析，同时分析工业电子雷管的技术优势，也综合考虑其他行业（尤其是军工行业）在无线遥控方面的技术，认为要实现无线智能爆破，必须研究与工业电子雷管可以连接的、具有独立起爆能量的和接收通信信号微型起爆模块的关键技术；还要研究能够安全、稳定和抗干扰的“通知”与无线起爆模块释放起爆能量的关键技术。

7.2.1 技术指标

智能无线起爆系统的综合技术指标：

（1）系统可靠性，可靠性高，起爆成功率达 100%；

（2）系统安全性，不增加工业电子雷管有线起爆系统的安全风险；

（3）系统环境适应性，环境适应性强（不需要 3G/4G/5G），可适用于山地、平地、高差地势等不同地形环境；

（4）系统抗干扰性，具有良好的抗干扰能力，包括电磁干扰、杂散电流干扰、振动干扰、同频干扰等；

（5）系统运行时间，系统可连续运行 24 h 以上；

（6）系统有效距离，起爆有效距离可达 1000 m 以上。

7.2.2　技术路线

智能无线起爆控制系统总体架构如图 7-3 所示，系统由智能起爆控制器、信号中继器、智能无线起爆模块、工业电子雷管和智能无线起爆系统平台软件等几大部分组成（见图 7-2），其中在空旷的、起爆距离不远的情况下，可以不使用信号中继器，直接使用智能起爆控制器通过智能无线起爆模块控制工业电子雷管起爆。

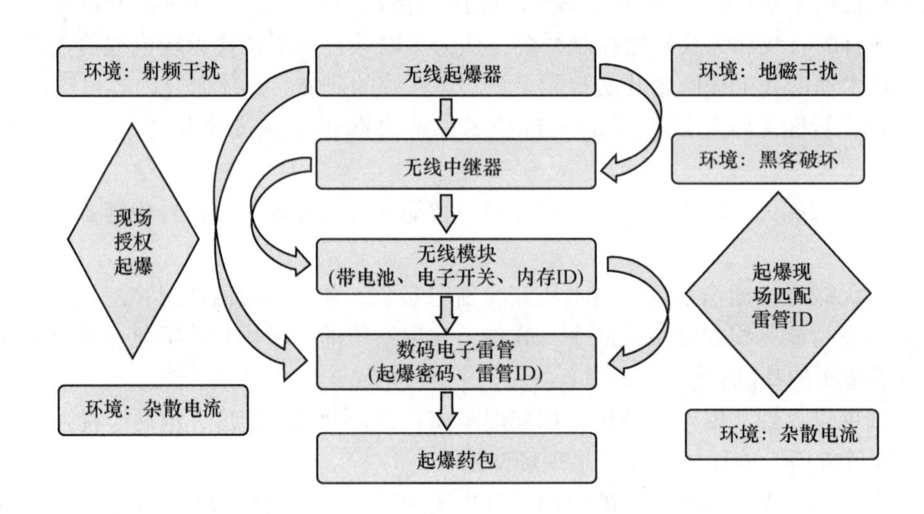

图 7-3　智能无线起爆系统总体架构

根据爆破工程特点，智能无线起爆系统研究的技术路线如下。

（1）起爆系统（不改变工业电子雷管的任何结构和信息系统）保留工业电子雷管的三码绑定，使其具有信息可追溯、起爆控制安全的优点。工业电子雷管通过自身的脚线与智能无线起爆模块连接，智能无线起爆模块直接放置在炮孔旁，每个炮孔内的工业电子雷管（或者几个炮孔内的工业电子雷管）由智能无线起爆模块单独控制，使每一发工业电子雷管之间能独立运行，工业电子雷管的信息与通信，直接通过智能无线起爆模块的无线信号与智能起爆控制器（或信号中继器）进行通信数据交换，实现工业电子雷管之间没有导线联系、没有物理网络连接的目标。

（2）系统无线通信技术采用安全、稳定、抗干扰、低功耗、价格便宜的成熟的物联网技术，确保智能无线起爆模块价格适中，还有进行研发第三代研究的技术空间。

（3）系统安全技术研究是整个系统研究的重中之重，采用多层安全防护体系：第一层是授权和位置“合法”；第二层是无线通信“一对一”“排他性和封闭性”；第三层是“密码”；第四层是“开关”。

（4）无线起爆系统在设计及试验过程中，需充分考虑周围环境的影响因素，包括射频、地磁干扰，黑客入侵，静电危害，可能存在的各类电流信号的作用，并通过相关试验加以验证，可确保系统具有良好的可靠性。

7.2.3 技术难点

根据对现有的无线起爆系统和有线起爆系统的分析，具有以下难点：

（1）传统起爆器的起爆能量怎么样用无线的方式传递给工业电子雷管；

（2）工业电子雷管自身没有电源，采用无线起爆模式工业电子雷管电源谁来提供；

（3）怎么实现起爆器的起爆信号同时起爆数量众多的工业电子雷管；

（4）无线起爆的稳定性、抗干扰性、安全性怎么保证。

7.2.4 技术特点

智能无线起爆控制系统，相比于传统工业电子雷管控制系统而言，从操作简便性、安全可靠性、智能化控制等方面都得到了大大的提升，便于实现机械化、无人化、智能化，对促进工业电子雷管的发展有着重大的意义。系统的技术特点为：

（1）系统（不改变工业电子雷管的任何结构和信息系统）保留工业电子雷管的三码绑定，使其具有信息可追溯、起爆控制安全的优点；

（2）操作简单，智能无线起爆模块直接与数发工业电子雷管连接，再通过无人机搭载的中继器与智能起爆控制器无线连接，不需要4G或5G网络；

（3）安全、稳定可靠：采用多维安全技术确保系统不会增加原有线起爆系统的安全隐患。

依据《民用爆炸物品科技成果管理办法》《微功率短距离无线电发射设备目录和技术要求》《关于加强和规范2400 MHz、5100 MHz和5800 MHz频段无线电管理的有关事宜的通知》《工业电子雷管》等相关文件要求，宏大爆破工程集团有限责任公司组成联合研发团队，采用目前成熟的无线通信技术，结合工业电子雷管的通信特点，成功研制出智能无线起爆模块、信号中继器、智能起爆控制器。与工业电子雷管相结合，首次在全国范围内安全高效地进行了无线起爆技术的研发和实践。

7.3 智能无线起爆模块研制

智能无线起爆模块是与工业电子雷管、智能起爆控制器（或信号中继器）双向通信，为工业电子雷管设置起爆时间和提供起爆能量的器材。

7.3.1 智能无线起爆模块特点

智能无线起爆模块特点。

（1）任意智能无线起爆模块与任意的工业电子雷管连接（或者与不多于20发的工业电子雷管串联体连接）；当工业电子雷管正常时，智能无线起爆模块可自动获取工业电子雷管的编号。智能无线起爆控制器通过扫描工业电子雷管的二维码，可将智能无线起爆模块的编号和工业电子雷管的编号绑定一起录入智能起爆控制器，并同时自动给每发工业电子雷管写入对应的起爆延时时间。

（2）当工业电子雷管被埋于炮孔内时，智能起爆控制器进行组网检测或者工作码授权时，出现通信不上或者工业电子雷管装孔时被损坏的情况，通过查看智能无线起爆控制器对应的智能无线起爆模块的编号及工业电子雷管的编号，找到对应的炮孔进行异常的及时快速处理。

（3）爆破现场可拿智能无线起爆模块自动检测工业电子雷管的好坏。在智能无线起爆模块上有一个双色指示灯及一个拨码开关，通过拨动开关，可将智能无线起爆模块打开电源，智能无线起爆模块通电后，与工业电子雷管进行通信与检测，当工业电子雷管正常连接无误时，双色灯亮绿色；当工业电子雷管连接异常时，双色灯亮红色，从而实现可靠快速智能地检测工业电子雷管，可把不良的工业电子雷管拦截在装孔之前，安全保障性更高。

智能无线起爆模块的材质为 PC/ABS，外壳壁厚 3 mm，硬度较好。根据不同的应用场景，智能无线起爆模块可制作成不同的外观结构，也可制作防水型智能无线起爆模块、加强型智能无线起爆模块、预设延时型智能无线起爆模块等，形成了系列产品，有露天单工业电子雷管型智能无线起爆模块（见图 7-4）、露天多工业电子雷管型智能无线起爆模块（见图 7-5）、井下（隧道）多工业电子雷管型智能无线起爆模块（见图 7-6）。本书以露天多工业电子雷管型智能无线起爆模块为例。

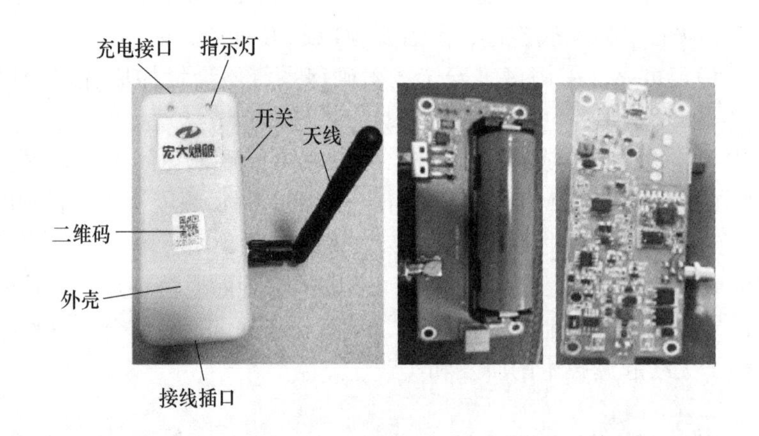

图 7-4　露天单工业电子雷管型智能无线起爆模块外观及结构

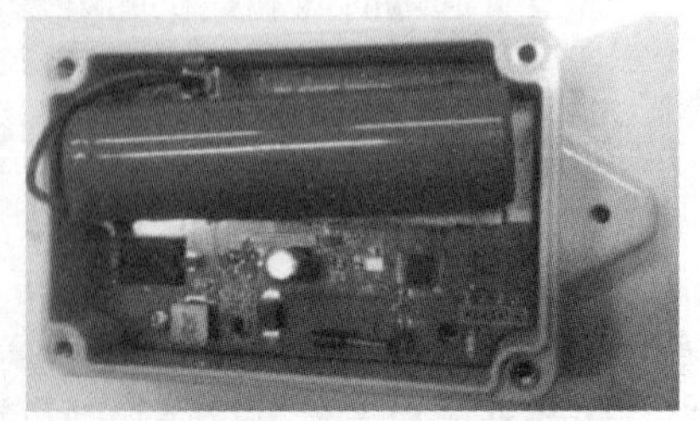

图 7-5　露天多工业电子雷管型智能无线起爆模块外观及结构

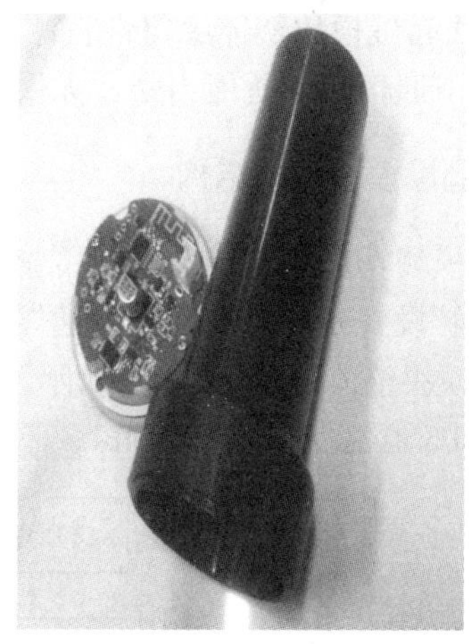

图7-6　井下（隧道）多工业电子雷管型智能无线起爆模块外观及结构

7.3.2　智能无线起爆模块外观

智能无线起爆模块的正面、侧面和背面如图7-5所示。外观颜色为白色，正面有二维码、双色指示灯、连接线接口和按键开关等。

（1）外观颜色：白色，具体尺寸为：长83 mm×宽58 mm×厚33 mm。

（2）形状：方形挂耳式。

（3）指示灯：发光二极管。

（4）电源开关：黑色按钮。

（5）利用超低压（3.7 V）组网方式，跟工业电子雷管进行组网操作。

7.3.3　智能无线起爆模块主要性能指标

智能无线起爆模块主要性能指标。

（1）组网端口组网时的输出电气特性：组网最大输出电压为3.7 V，最大输出电流为20 mA。

（2）组网端口带载数量：可带动20发工业电子雷管正常组网通信与起爆。

（3）组网端口数据通信：MBUS特定通信方式，匹配工业电子雷管共同使用。

（4）电池容量大小：3.7 V/1200 mA·h。

（5）智能无线起爆模块待机功耗：待机48 h，依然可正常起爆。

（6）2.4G无线通信可靠性：无障碍环境，智能起爆控制器与智能无线起爆模块、信号中继器与智能无线起爆模块，双向通信距离为50 m，通信稳定可靠。

（7）通信数据安全性：MODBUS协议，数据CRC16校验，自带过滤功能、特定指令和对应智能无线起爆模块编号方可实现通信。

（8）射频功率：射频功率为0.65 W。

（9）射频参数符合：《微功率短距离无线电发射设备目录和技术要求》《中华人民共和国工业和信息化部公告（2019年第52号）》和《工信部无［2021］129：工业和信息化部关于加强和规范2400 MHz、5100 MHz和5800 MHz频段无线电管理有关事宜的通知》。

（10）智能无线起爆模块整体稳定性：测试数量 1 万个，组网端口电压、电流无误输出，射频干扰环境下通信抗干扰能力强，无误输出。

7.3.4 智能无线起爆模块整体结构

智能无线起爆模块功能：与工业电子雷管、智能起爆控制器（或信号中继器）双向通信、为工业电子雷管设置延期时间和提供起爆能量。

智能无线起爆模块整体结构如图 7-7 所示，主要是由供电电路、主控电路、无线通信电路、升压电路、MBUS 通信控制电路和 MBUS 驱动电路等组成。既有稳压电路也有升压电路。

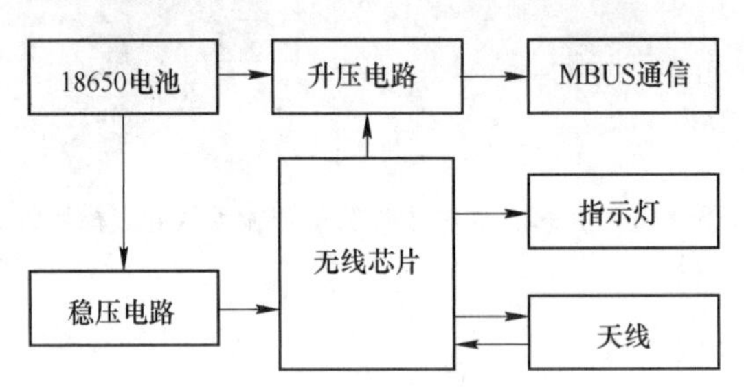

图 7-7 智能无线起爆模块整体结构

7.3.5 智能无线起爆模块的电路原理

智能无线起爆模块内部的设计，主要由单片机最小系统、无线通信模块、MBUS 通信电路及电源电路等部分组成。图 7-8 为智能无线起爆模块内部电路板。

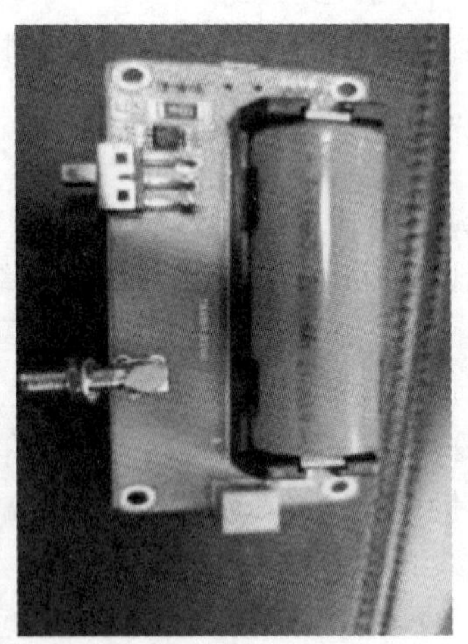

图 7-8 智能无线起爆模块内部电路板

7.3.5.1 单片机最小系统

智能无线起爆模块采用 STC8H1KO1 系列单片机，其拥有两个串口：一个连接无线通信模块；另一个连接到 MBUS 通信电路。并采用 TSSOP20 封装，占用空间小，性价比非常高，适合于起爆控制系统中这种易损耗的场景。

STC8H 系列单片机是 STC 生产的，以单时钟/机器周期（1T）为特点，具备宽电压、高速、高可靠、低功耗、强抗静电、较强抗干扰等显著特点，尤其是加密性能极好，指令代码完全兼容传统 8051。不需要外部晶振和外部复位，以超强抗干扰、超低价、高速、低功耗为目标，在相同的工作频率下，STC8H 系列单片机比传统的 8051 约快 12 倍（速度快 11.2~13.2 倍），依次按顺序执行完全部的 111 条指令，STC8H 系列单片机仅需 147 个时钟，而传统 8051 则需要 1944 个时钟。

MCU 内部集成高精度 R/C 时钟（±0.3%，常温下+25 ℃），−1.38%~+1.42%温飘（−40~+85 ℃），−0.88%~+1.05%温飘（−20~+65 ℃）。ISP 编程时 4~35 MHz 宽范围可设置（温度范围为−40~+85 ℃时，最高频率须控制在 35 MHz 以下），可彻底省略外部昂贵的晶振和外部复位电路（内部已集成高可靠复位电路，ISP 编程时 4 级复位门槛电压可选）。

MCU 内部有 3 个可选时钟源：内部高精度 IRC 时钟（可适当调高或调低）、内部 32 kHz 的低速 IRC、外部 4M~33M 晶振或外部时钟信号。用户代码中可自由选择时钟源，时钟源选定后可再经过 8-bit 的分频器分频后再将时钟信号提供给 CPU 和各个外设（如定时器、串口、SPI 等）。

MCU 提供两种低功耗模式：IDLE 模式和 STOP 模式。IDLE 模式下，MCU 停止给 CPU 提供时钟，CPU 无时钟，CPU 停止执行指令，但所有的外设仍处于工作状态，此时功耗约为 1.3 mA（6 MHz 工作频率）。STOP 模式即为主时钟停振模式，即传统的掉电模式/停电模式/停机模式，此时 CPU 和全部外设都停止工作，功耗可降低到 0.6uA@ Vcc=5.0V，0.4uA@ Vcc=3.3V。

MCU 提供了丰富的数字外设（串口、定时器、高级 PWM 及 IC、SPI、USB）接口与模拟外设（超高速 ADC、比较器），可满足广大用户的设计需求。STC8H 系列单片机内部集成了增强型的双数据指针。通过程序控制，可实现数据指针自动递增或递减功能，以及两组数据指针的自动切换功能。

7.3.5.2 无线通信模块

无线通信模块采用 HM-TRLR-S433 MHz 型，空旷环境下通信距离可达 5000 m，可有效保证通信的稳定性。

（1）基本参数为：

工作频率，433/470/868/915 MHz（±20 MHz 可设置）。

调制方式，FSK。

发射功率，2~20 dBm，可设置。

接收灵敏度，−139 dBm（Max）。

传输速率，1.2~115.2 kbps，可设置。

发射电流，130 mA（+20 dBm）。

接收电流，20 mA。

待机电流，2 μA。

发射频偏，10~50 kHz。

接收带宽，42~166 kHz。

传输速率，1200~115200 kbps，可设置。

数据接口，8N1/8E1/8O1 TTL UART（支持 RS232 或 RS485 接口）。

通信距离，大于 1000 m（可视距离）。

天线阻抗，50 Ω。

工作温度，-20～+85 ℃。

供电方式，DC3. 3～5. 5 V。

（2）优点：扩频传输，通信距离远，抗干扰强；超小体积，表贴式设计，方便嵌入；支持多种调制模式，方便组网使用；支持深度定制设计等特殊应用；生产方便，免 RF 调试；支持跳频通信；支持指定节点通信和广播通信模式，方便客户组建无线网络；支持周期自复位功能；支持模块固件升级功能。

7.3.5.3　MBUS 通信电路设计

自主研发了 MBUS 通信主机电路，主要基于电子引火件进行设计，MBUS 通信主机电路一方面输出电压给工业电子雷管的电容进行充电，另一方面使用 MBUS 协议进行数据的通信与交换，如图 7-9 所示。

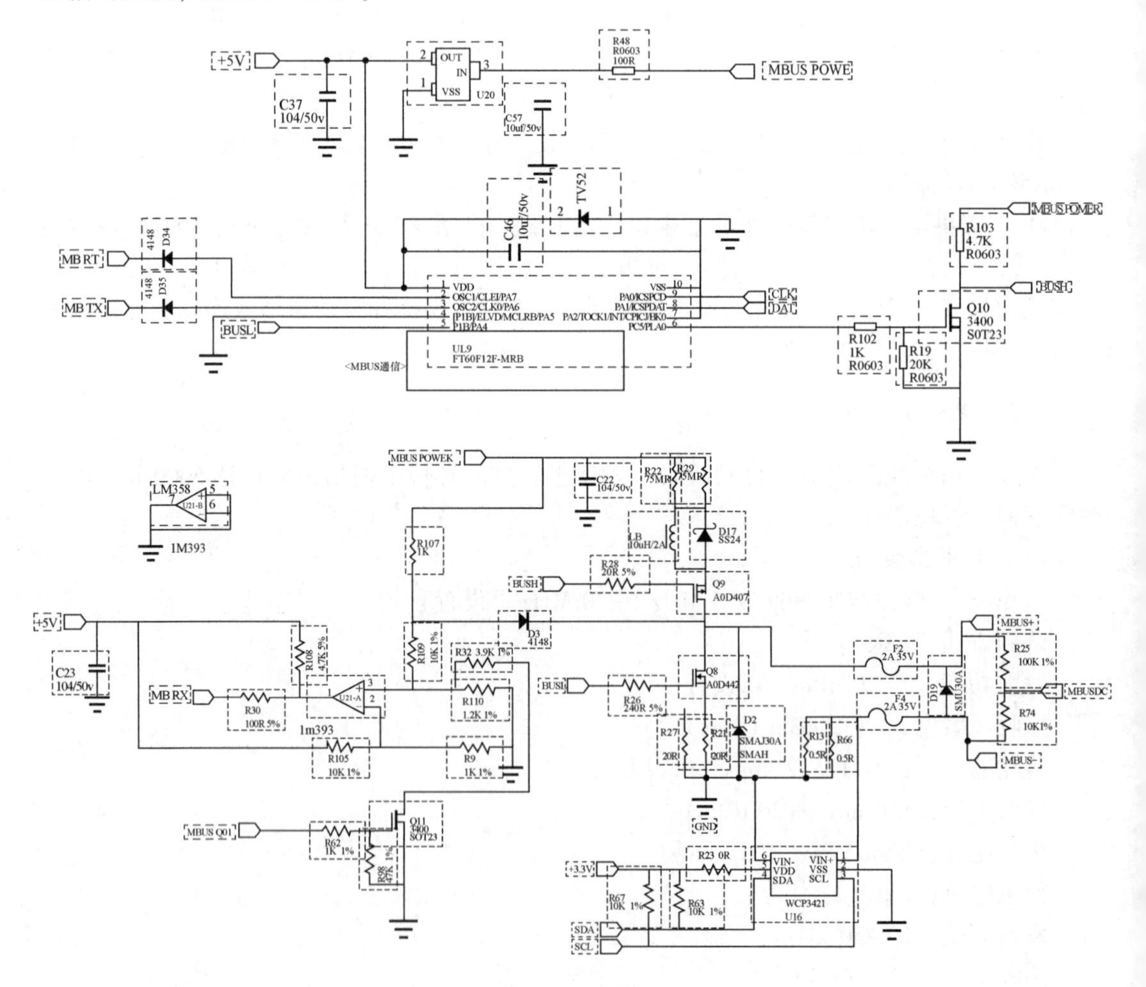

图 7-9　MBUS 通信电路图

7.3.5.4 电源电路

智能无线起爆模块的电源主要采用 1 节 18650 电池 3.7 V，智能无线起爆模块的单片机系统、无线模块等电源采用 3.3 V，实际工作时需要将 3.7 V 转换成 3.3 V，所以智能无线起爆模块需要有 3.3 V 降压稳压电路；而 MBUS 通信电路需要 7 V 和 24 V，需要将 3.7 V 升压稳压到 7 V 和 24 V。

（1）充电电路。智能无线起爆模块的充电电路，采用 TP4056 充电管理 IC，其是一种非常成熟的充电芯片，具备性能优异的单节锂离子电池恒流/恒压线性充电器。TP4056 采用 ESOP8 封装配合较少的外围原件，更为便携，并且适合给 USB 电源及适配器电源供电。基于特殊的内部 MOSFET 架构及防倒充电路，TP4056 不需要外接检测电阻和隔离二极管。当外部环境温度过高或在大功率应用时，热反馈可以调节充电电流以降低芯片温度。充电电压固定在 4.2 V，而充电电流则可以通过一个电阻器进行外部设置。当充电电流在达到最终浮充电压之后降至设定值的 1/10，芯片将终止充电循环。当输入电压断开时，TP4056 进入睡眠状态，电池漏电流将降到 1 μA 以下。TP4056 可以被设置于停机模式，此时芯片静态电流降至 35 μA。TP4056 还包括其他特性：电池温度监测，欠压锁定，自动再充电和两个状态引脚以显示充电和充电终止。电池充电电路如图 7-10 所示。

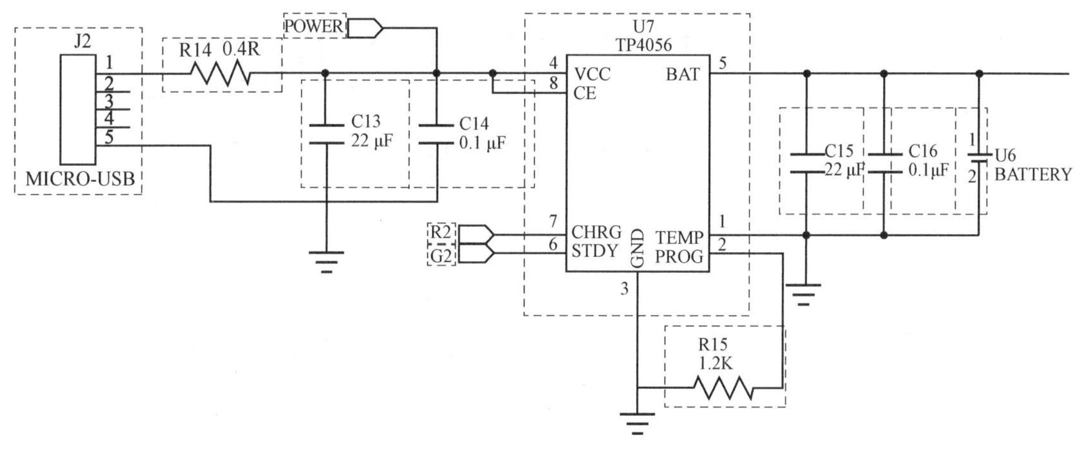

图 7-10 电池充电电路

（2）3.3 V 降压稳压电路。智能无线起爆模块的 3.3 V 降压稳压电路（见图 7-11），采用的是一个低压差/低噪声输出正电压的 SPX3819 稳压器，有小于 1%的最大和 ON/OFF 兼容逻辑的初始容差切换输入。此外，该器件还提供 800 μA 的低接地电流并在 100 mA 输出。当禁用时，功耗下降到几乎为零。其他主要功能包括电池反向保护，电流限制和热关断，基准旁路引脚最佳的低噪声输出性能，具有非常低的输出温度系数、卓越的低功耗基准电压源。

（3）7 V/24 V 升压稳压电路。由于工业电子雷管本身不带电源，因此，在工作时 MBUS 电路需要给它进行充电，引入了 7 V/24 V 两种充电电压（见图 7-12）。当工业电子雷管未进入起爆阶段时，则给工业电子雷管充 7 V 安全电压，即使工业电子雷管内部有故障的情况，此种情况下也无法将工业电子雷管引爆。打开智能无线起爆模块电源后，输出

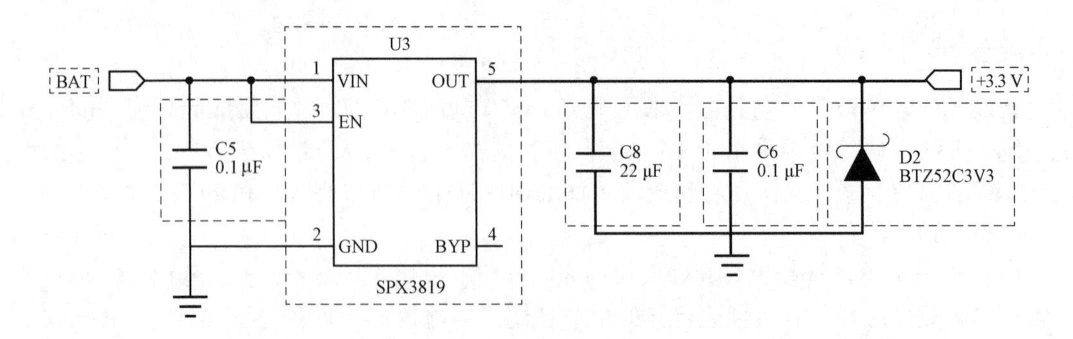

图 7-11　3.3 V 降压稳压电路

7 V 电压给工业电子雷管充电，同时通过双色灯显示并检测工业电子雷管的好坏。而当工业电子雷管进入授权解密起爆时，再转化为 24 V 电压给工业电子雷管充电，以保证它有充足的能量可以起爆。这种双电压控制的方法，不仅保证了操作时的安全性，而且保证了起爆的可靠性。

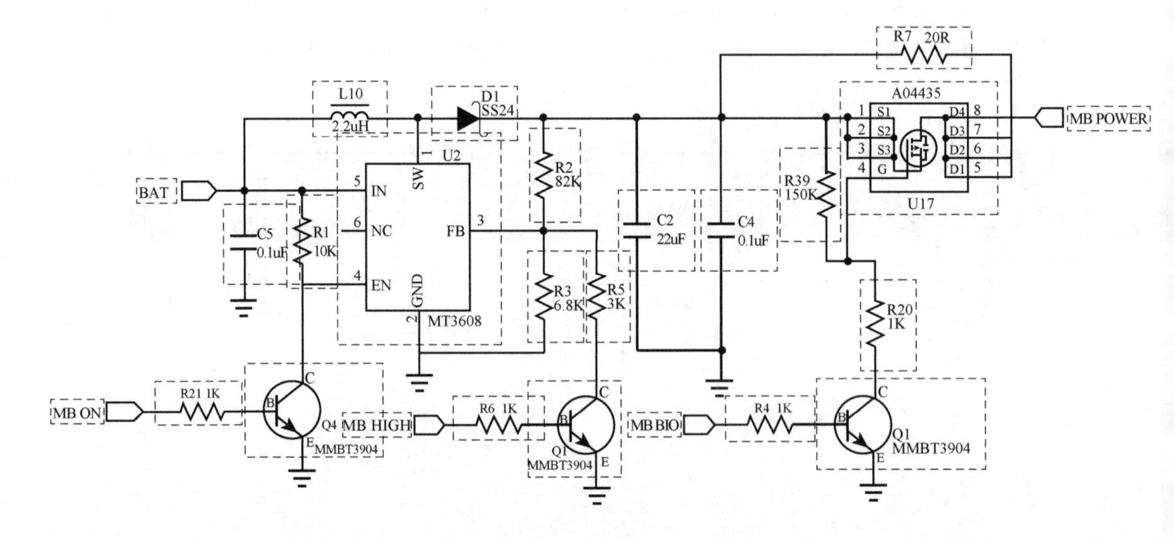

图 7-12　7 V/24 V 升压稳压电路

本设计采用的智能无线起爆模块的 7 V/24 V 升压稳压电路，通过 MT3608 进行升压，最大输出电流可达 2 A，输入为宽电压输入 2~24 V，最大输出电压可达 28 V 以上，能量转换效率高达 93%，实现了高效升压稳压，通过控制反馈电阻到 MT3608 的 FB 脚实现 7 V/24 V 电压切换。通过控制电阻 R5 的导通与断开，实现 7 V 和 24 V 的电压切换；设计通过控制 AO4435 的导通，控制输出电流的大小，可以有效防止短路等造成电源烧坏。

7.4　信号中继器

信号中继器是工作在物理层上的连接设备，适用于完全相同的两个网络之间的互联，主要是对数据信号的重新发送或者转发，进而扩大数据信号的传输距离。信号中继器是利用局域网络延长传输距离，但它属于网络互联的设备，在 OSI 的物理层进行操作。信号中继器对在线路上的信号具有放大再生的功能，用于扩展局域网网段的长度。

7.4.1 信号中继器外观

根据不同的应用场景，信号中继器可以制作成不同的外观结构，也可制作防水型信号中继器、5G 网络型信号中继器、有线型信号中继器（与智能起爆控制器集联）和无人机搭载型信号中继器等。

信号中继器有金属壳和塑料壳两种，金属壳为铝合金外壳，塑料壳的材质为 ABS。ABS 为聚碳酸酯和丙烯腈-丁二烯-苯乙烯共聚物与混合物，是由聚碳酸酯（polycarbonate）和丙烯腈-丁二烯-苯乙烯共聚物（ABS）合并而成的热可塑性塑胶，结合了两种材料的优异特性，ABS 材料的成型性和 PC 的机械性、冲击强度和耐温、抗紫外线（UV）等性质，颜色是无色透明颗粒，硬度较好。

金属壳固定式信号中继器尺寸为：110 mm×70 mm×35 mm（长×宽×高）。

塑料壳便携式信号中继器尺寸为：61 mm×37 mm×17 mm（长×宽×高）。

金属壳固定式信号中继器和塑料壳便携式信号中继器外观如图 7-13 所示。

图 7-13　信号中继器外观

7.4.2 信号中继器参数

（1）固定式信号中继器：

1）外观颜色，金白色；

2）形状，方形；

3）电池，3.7 V/1200 mA · h；

4）指示灯，发光二极管；

5）电源开关，黑色按钮；

6）天线，LoRa 天线和 2.4G 天线；

7）采用 2.4G 加无线通信。

（2）便携式信号中继器：

1）外观颜色，白色；

2）形状，方形；

3）电池，3.7 V/500 mA·h；

4）指示灯，发光二极管；

5）电源开关，白色滑动式开关；

6）天线，LoRa 天线；

7）采用 2.4G 加无线通信。

7.4.3 信号中继器工作原理

信号中继器主要功能是通过对数据信号的重新发送或者转发，信号具有放大再生的功能，从而扩大网络传输的距离。

信号中继器的整体结构如图 7-14 所示，信号中继器控制电路主要包括电源电路、中继主控电路、蓝牙电路、无线收发电路和定位模块。

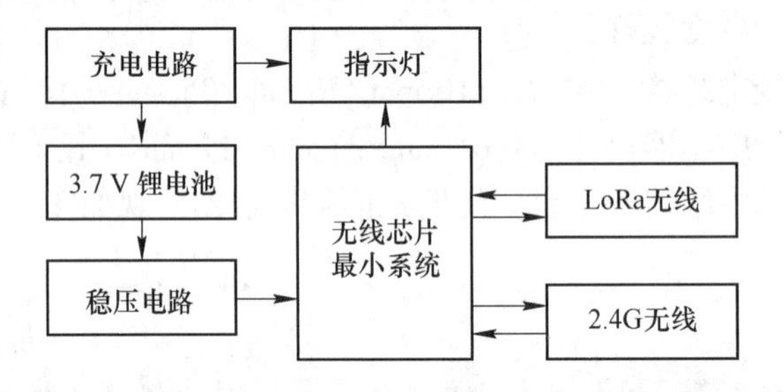

图 7-14 信号中继器整体结构

信号中继器内部主要采用 12 V 电池供电，可降压至 3.3 V 供给单片机和无线通信模块，单片机通过接无线通信模块接收到智能起爆控制器数据后，再通过无线通信模块将数据再次发出，从而实现信号转发。

信号中继器一般放置在智能无线起爆模块可接收的范围之内，从而智能起爆控制器的信号可以正常地到达智能无线起爆模块。同时，智能无线起爆模块发送的数据通过信号中继器的转发，亦可保证智能无线起爆模块的数据可正常发送到智能起爆控制器，进而实现了双向通信。

7.4.4 信号中继器主要性能指标

信号中继器的主要性能指标：

（1）电池容量大小，3.7 V/500 mA·h，可充电；

（2）待机功耗，待机 24 h，依然可正常使用；

（3）2.4G 无线通信可靠性，无障碍环境，信号中继器与智能无线起爆模块双向通信距离为 50 m，通信稳定可靠；

（4）2.4G 通信数据安全性，MODBUS 协议，数据 CRC16 校验，自带过滤功能、特定指令和对应智能无线起爆模块编号方可实现通信；

（5）2.4G 射频功率，低功耗，射频功率 0.65 W；

（6）无线通信可靠性，无障碍环境，信号中继器与智能起爆控制器双向通信距离为 1000 m，通信稳定可靠；

（7）通信数据安全性，MODBUS 协议，数据 CRC16 校验，自带过滤功能、特定指令和对应智能无线起爆模块编号方可实现通信；

（8）射频功率，0.65 W；

（9）射频参数符合，《微功率短距离无线电发射设备目录和技术要求》《中华人民共和国工业和信息化部公告（2019 年第 52 号）》和《工信部无［2021］129：工业和信息化部关于加强和规范 2400 MHz、5100 MHz 和 5800 MHz 频段无线电管理有关事宜的通知》；

（10）信号中继器稳定性，射频干扰环境下，通信抗干扰能力强，不接收干扰数据，也不发送干扰数据。

7.5 智能起爆控制器

智能起爆控制器是以工业防爆型材质为主体，实现工业电子雷管起爆控制的信息化工具。其在实现传统工业电子雷管起爆器功能的基础上由于其物联及智能属性、起爆板卡可拆卸通用属性使得其在信息处理、安全管控、产品通用型上具有极大的竞争优势。

7.5.1 智能起爆控制器外观

智能起爆控制器打破传统的起爆器外观设计，根据市场需求逐步演变进化成一体式设备，即保留传统起爆器抗振耐磨、简易实用等特点同时满足监管方需求及产品通用性特点。

智能起爆控制器的材质为 PC/ABS。PC/ABS 为聚碳酸酯和丙烯腈-丁二烯-苯乙烯共聚物与混合物，是由聚碳酸酯（polycarbonate）和丙烯腈-丁二烯-苯乙烯共聚物（ABS）合并而成的热可塑性塑胶，结合了两种材料的优异特性，ABS 材料的成型性和 PC 的机械性、冲击强度和耐温、抗紫外线（UV）等性质，颜色是无色透明颗粒，硬度较好。智能起爆控制器尺寸为：180 mm×75 mm×30 mm（长×宽×高）。

智能起爆控制器的正面、侧面、背面、顶面和底面六视图，如图 7-15 所示。

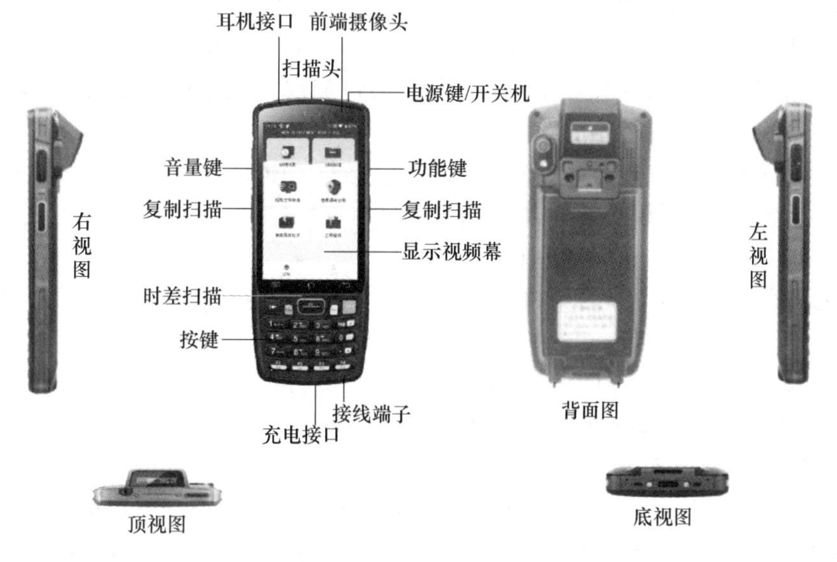

图 7-15 智能起爆控制器六视图

7.5.2 智能起爆控制器整体结构

智能起爆控制器主要包含 12 V 电池、充电电路、3.3 V 降压稳压电路、无线通信模块、GPS 模块、蓝牙通信模块、EEPROM 存储、FLASH 存储、LCD 液晶显示、按键矩阵电路、开关机控制电路、蜂鸣器、指示灯、扫描枪等。其中，12 V 电池给智能起爆控制器提供充足的能量，充电电路可有效保证智能起爆控制器循环使用，3.3 V 稳压电路提供给各个模块及 LCD 液晶等工作，按键矩阵电路用于用户操作及参数的输入与设置。整体结构如图 7-16 所示。实现与手机端、信号中继器或智能无线起爆模块双向通信、定位、存储资料、与手机端 APP 实现双向资料的传输等功能。

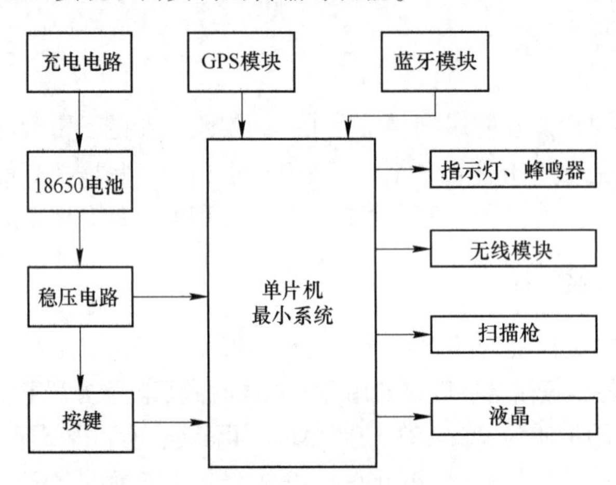

图 7-16 智能起爆控制器整体结构

7.5.3 智能起爆控制器的主要性能指标

智能起爆控制器的主要性能指标。

(1) 供电：5 V/3 A 输入，通过 PIN 针连接手机供电与通信，通信正常。

(2) 2.4G 无线通信可靠性：无障碍环境，智能起爆控制器与智能无线起爆模块双向通信距离为 50 m，通信稳定可靠。

(3) 2.4G 通信数据安全性：MODBUS 协议，数据 CRC16 校验，自带过滤功能、特定指令和对应智能无线起爆模块编号方可实现通信。

(4) 2.4G 射频功率：射频功率 0.65 W。

(5) 无线通信可靠性：无障碍环境，智能起爆控制器与智能无线起爆模块双向通信距离为 1000 m，通信稳定可靠。

(6) 通讯数据安全性：MODBUS 协议，数据 CRC16 校验，自带过滤功能、特定指令和对应智能无线起爆模块编号方可实现通信。

(7) 射频功率：0.65 W。

(8) 射频参数符合：《微功率短距离无线电发射设备目录和技术要求》《中华人民共和国工业和信息化部公告（2019 年第 52 号）》和《工信部无［2021］129：工业和信息化部关于加强和规范 2400 MHz、5100 MHz 和 5800 MHz 频段无线电管理有关事宜的通知》。

（9）智能起爆控制器稳定性：射频干扰环境下通信抗干扰能力强，不接收干扰数据、也不发送干扰数据。

7.5.4　智能起爆控制器的电路原理

智能起爆控制器主要包含 12 V 电池、充电电路、3.3 V 降压稳压电路、无线通信模块、GPS 模块、蓝牙通信模块、EEPROM 存储、FLASH 存储、LCD 液晶显示、按键矩阵电路、开关机控制电路、蜂鸣器、指示灯、扫描枪等。其中，12 V 电池给智能起爆控制器提供充足的能量，充电电路可有效保证智能起爆控制器循环使用，3.3 V 稳压电路提供给各个模块及 LCD 液晶等工作，按键矩阵电路用于用户操作及参数的输入与设置。

7.5.4.1　充电电路

智能起爆控制器的充电电路（见图 7-17）选用 CN3703 充电管理芯片，通过 PWM 降压模式形成三节锂电池充电管理的集成电路，独立充电并进行自动管理，具有封装外形小、外围元器件少和使用简单等优点。具有恒流和恒压充电模式，适合锂电池的充电，在恒压充电模式下，可将电池电压调制在 12.6 V，精度为±1%；在恒流充电模式，充电电流通过外部电阻设置。对于深度放电的锂电池，当电池电压低于 8.4 V 时，则可用所设置的恒流充电电流的 15%对电池进行涓流充电。在恒压充电阶段，充电电流逐渐减小，当充电电流降低到外部电阻所设置的值时，充电结束。如果电池电压下降到 12 V 时，则自动开始进入新的充电周期。当输入电源掉电或者输入电压低于电池电压时，CN3703 自动进入睡眠模式。其他功能包括：输入低电压锁存，电池温度监测，电池端过压保护和充电状态指示等。

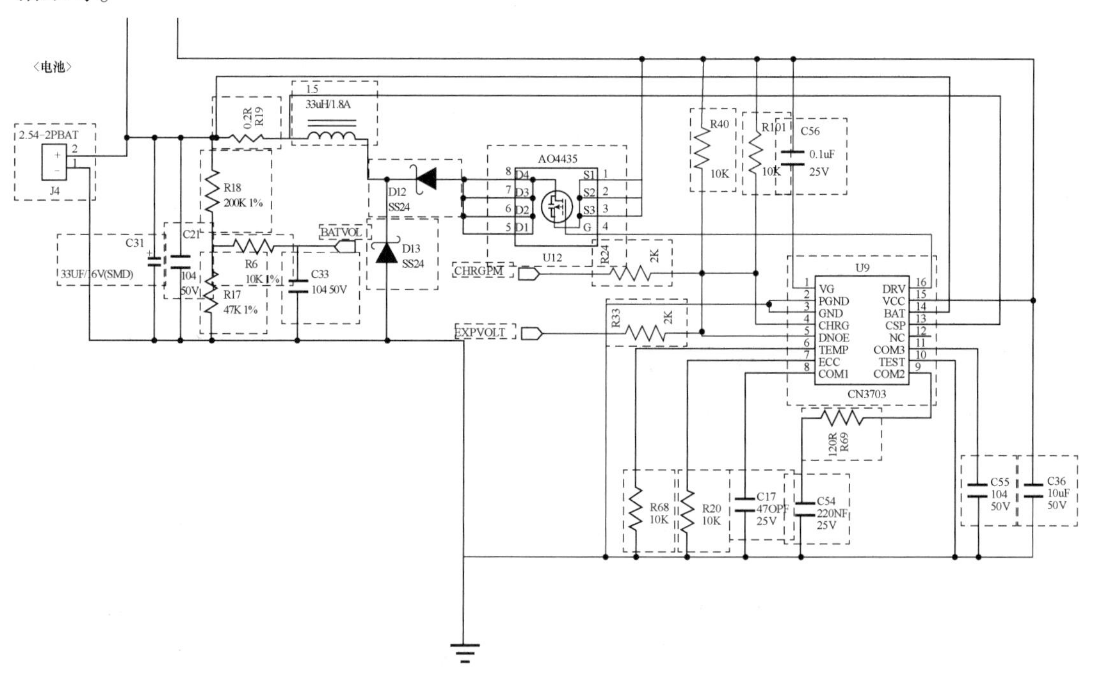

图 7-17　充电电路图

7.5.4.2　3.3 V 降压稳压电路

由于智能起爆控制器内部的 3.3 V 供电系统的模块较多，故设计了双回路的 3.3 V 降压稳压电路，一路采用 LDO 直接降压稳压输出给单片机最小系统使用，另外一路使用开关电源芯片 HM2459 给单片机最小系统以外的电路供电，有效将单片机最小系统的电源与其他电路分开，保证电源的稳定性及确保电路输出功耗满足各个电路使用。3.3 V 降压稳压电路如图 7-18 所示。

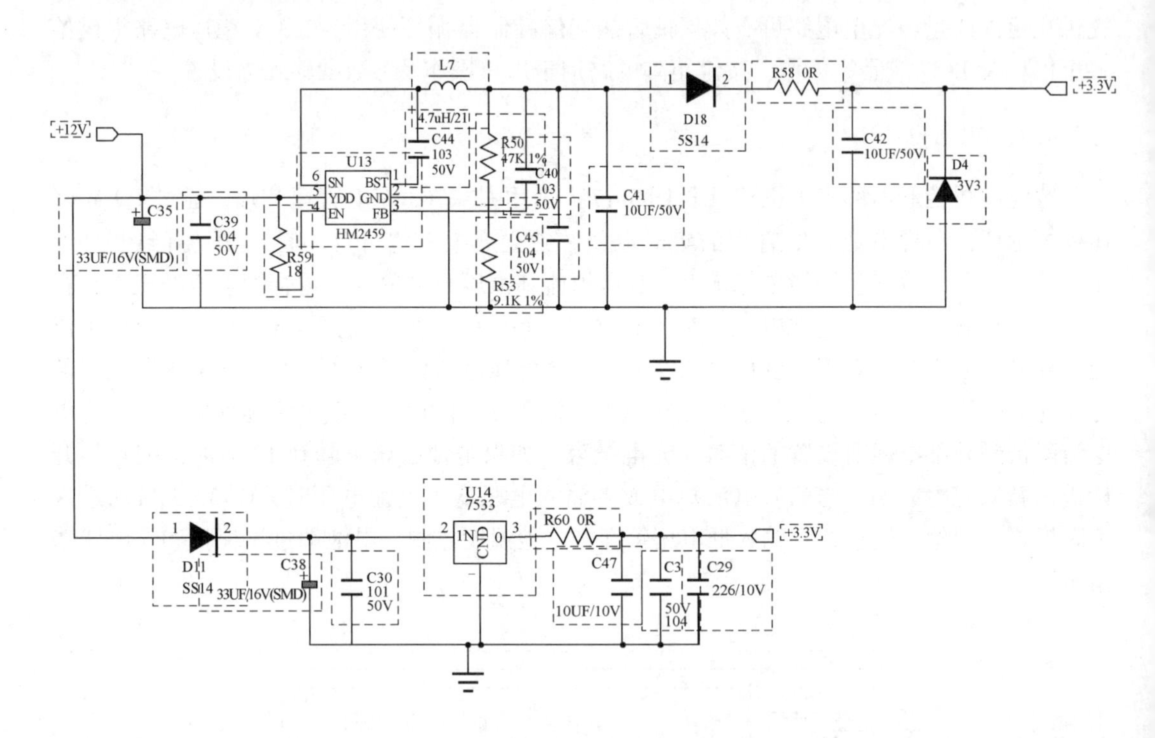

图 7-18　3.3 V 降压稳压电路

7.5.4.3　单片机最小系统

智能起爆控制器的功能丰富，涉及的零件及模块外围电路较多，对单片机的资源要求较高，综合考虑后选用 STM32F103RET6 单片机，其使用高性能的 ARM® Cortex™-M3 32 位的 RISC 内核，工作频率为 72 MHz，内置高速存储器（高达 512k 字节的闪存和 64k 字节的 SRAM），丰富的增强 I/O 端口和联接到两条 APB 总线的外设。所有型号的器件，都包含 3 个 12 位的 ADC、4 个通用 16 位定时器和 2 个 PWM 定时器，还包含标准和先进的通信接口：多达 2 个 I2C 接口、3 个 SPI 接口、2 个 I2S 接口、1 个 SDIO 接口、5 个 USART 接口、1 个 USB 接口和 1 个 CAN 接口。

STM32F103××大容量增强型系列工作温度为-40～+105 ℃，供电电压为 2.0～3.6 V，省电模式保证低功耗应用的要求。对应的 5 个串口资源，可以与无线通信模块、蓝牙通信模块、MBUS 通信电路、GPS 模块、扫描枪等连接，其特有的 FSMC 接口可以直接与 LCD

液晶屏连接实现显示。IIC 接口可接入 EEPROM 器件，SPI 接口可以接 FLASH 器件，SIDO 接口可以接 SD 卡之类的增加存储空间。

单片机最小系统功耗较小，采用 HT7533 降压稳压芯片，利用 LDO 降压稳压方式实现 3.3 V 输出。HT75×× 系列采用 COMS 技术的三端口的低功耗高电压调整器，允许输入电压从 24 V 输出为 3.0~5.0 V 的几个固定电压，其 COMS 技术确保了低压降和低静态电流，即使 HT75××系列设计成固定电压的 HT7533 调整，通过外围元件也能获得可变的电压和电流。

单片机系统以外的零件较多，需要的功耗较大，故采用 HM2459 开关电源芯片做降压稳压输出，使其可输出较大的输出功率。其是一款高效的同步降压 DC-DC 转换器，采用 PWM 技术，大大提高了瞬态响应，软启动防止浪涌电流冲击，2%精度，0.6 V 基准电压，实现逐周期电流限制保护。同时集成了主开关及同步开关以减小能耗，其输入电压在 4.5~18 V 范围内，输出电流为 2 A。

7.5.4.4 蓝牙通信模块

智能起爆控制器蓝牙通信模块，可以实现智能起爆控制器与手机 APP 之间的通信，有效拓展了智能起爆控制器功能，通过手机端 APP 端传输授权文件和上传起爆记录，设置控制智能起爆控制器进行起爆操作等。采用的蓝牙通信模块是超低功耗 UART 主从串口模组蓝牙模块 CC2541，操作简单，透传根据蓝牙角色可分为 3 种版本：蓝牙主机、蓝牙从机、蓝牙主从一体。蓝牙主机支持 SBL 升级（UART 升级），蓝牙从机支持 OAD 升级，蓝牙主从一体支持蓝牙角色切换，均支持桥接模式（透传模式）和直驱模式。

桥接模式：用户 CPU 可以通过模块的通用串口和移动设备进行双向通信，也可通过特定的串口 AT 指令，对某些通信参数进行管理控制。移动设备可以通过 APP 对模块进行写操作，写入的数据将通过串口发送给用户的 CPU。模块收到来自数据包后，将自动转发给移动设备。此模式下的开发，用户必须负责主 CPU 的代码设计，以及智能移动设备端 APP 代码设计。

直驱模式：用户对模块进行简单外围扩展，APP 通过 BLE 协议直接对模块进行驱动，进而完成智能移动设备对模块的监管和控制。此模式下的软件开发，用户只需负责智能移动设备端 APP 代码设计。

同时支持如下。

（1）支持移动设备 APP/IIC/SPI/UART 对模块进行远程复位，设置发射功率。自由切换，TX 功率/RX 增益，调节不同的传输灵敏度以实现应用距离调节。

（2）支持移动设备 APP/IIC/SPI/UART 密码设置及调节蓝牙连接间隔，掉电保存。(动态功耗调整）APP/IIC/SPI/UART 均可操作所有 IO 外扩。支持命令清空数据缓存，拒绝接受数据。支持命令/数据通信自由切换。

（3）支持连接状态，广播状态提示脚/普通 IO 灵活配置。支持低电平使能模式和脉宽使能模式，支持远程关机。极低功耗的待机模式。

（4）6 个双向可编程 IO，外部中断引发输入检测，全低功耗运行。全 IO 读取/电平输出。

（5）2 个可编程定时单次/循环翻转输出口。支持蓝牙主设备与蓝牙从设备自由切换。

（6）8 路 ADC 输入（12 bit），使能/禁止，采样周期自由配置，可以设定均值滤波。

（7）6 路可编程 PWM（1 MHz）输出（调光、调速等应用）。

（8）模块端 RSSI 连续采集，可读可自动通知 APP，使能/禁止，采集频度自由设定（寻物防丢报警应用）。

（9）支持模块电量提示与读取，可自动上报（设备电量提醒）。

（10）支持内部 RTC 实时时钟，APP 端可随时同步校准。

7.5.4.5　扫描枪

采用的扫描枪 EV-SE530-H，是一款高性价比的嵌入式二维引擎，采用先进的二维影像识别技术、智能图像识别系统，具有优秀的识读性能，可以轻松读取介质上的条码，一体化紧凑型设计方便嵌入到设备中。

扫描枪用于扫描智能无线起爆模块上的二维码，获取智能无线起爆模块的通信唯一 ID，从而实现一对一独立通信。扫描枪将扫描到智能无线起爆模块的通信唯一 ID 通过串口，发送智能起爆控制器内部单片机进行处理后，经过无线通信模块发送数据与该 ID 通信，实现工业电子雷管的检测和时间设置，进而确保一对一点名授权解密。

7.5.4.6　GPS 模块

采用的 Air530Z 模块是一款高性能 BDS/GNSS 多模卫星导航模块，支持我国的北斗卫星导航系统 BDS。Air530Z 模块的尺寸极小，只有 12.9 mm×9.9 mm×2.3 mm，内部集成了 3.3 V 有源天线供电电路和检测电路。该模块可实时获取智能起爆控制器 GPS 坐标，满足工业电子雷管对准爆区域的管理要求，实现爆破区域精准管控。

7.5.4.7　按键电路

采用的按键电路设计有独立按键和按键矩阵，其中独立按键为开关机键和功能键，按键矩阵为数字键、返回键和方向键，开机键实现开始自锁，关机需长按的设计，避免了键抖影响，具有更好的操作体验。

按键矩阵电路设计一般主要考虑多按键情况下，按键数量太多，如果用独立按键的话，占用单片机很多的 IO 口。而采用按键矩阵设计，可以大大减少 IO 开口的使用。智能起爆控制器按键矩阵采用的是 4 行 5 列的设计方式，将 20 个按键（如果用独立按键的方式需要占用 20 个 IO 口），设计成 9 个 IO 口进行按键扫描，实现按键数据采集，较好地满足了人机操作时的需求。

7.6　工业电子雷管概述

工业电子雷管定义：应用微电子技术、数码技术、加密技术等方式，实现延时、通信、加密、控制等功能的工业雷管。其中电子控制模块是指置于工业电子雷管内部，具备工业雷管起爆延期时间控制、起爆能量控制功能，内置工业电子雷管身份信息码和起爆密码，能对自身功能、性能及工业电子雷管点火元件的电性能进行测试，并能和起爆控制器及其他外部控制设备进行通信的专用电路模块如图 7-19 所示。

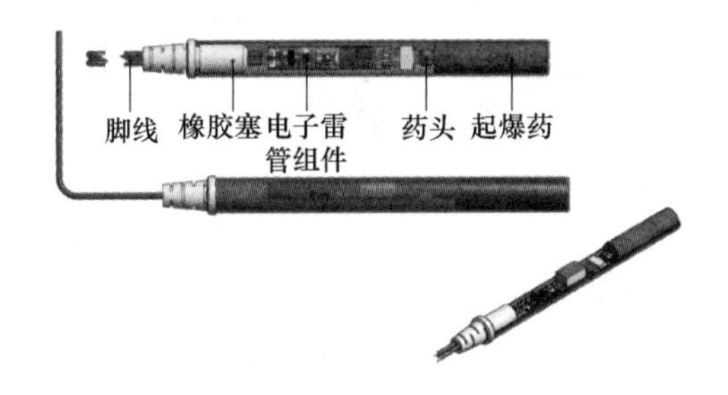

图 7-19 工业电子雷管示意图

工业电子雷管的 UID 码：在工业电子雷管中写入用于通信、控制的一组数字、字母或其混合信息体。

工业电子雷管起爆密码：在工业电子雷管中写入用于与起爆器数据进行核对的一组数字、字母或其混合信息体。

工业电子雷管壳体码：标注在工业电子雷管壳体表面的一组数字、字母或其混合信息体。

工业电子雷管工作码：将工业电子雷管 UID 码、起爆密码和工业电子雷管壳体码组合，经加密编码后形成的一组数字、字母或其混合信息体。

7.6.1 工业电子雷管发展

工业电子雷管技术的研究开发工作，大约始于 20 世纪 80 年代初，到 20 世纪 80 年代中期，工业电子雷管产品开始进入起爆器材市场，但总体上还处于技术与产品研究开发和应用试验阶段。1993 年前后，瑞典 Dynamit Nobel 公司、南非 AECL 公司分别公布了他们的第一代工业电子雷管技术和相应的电子延期起爆系统，商标分别为 Dynatronic 和 ExEx1000。在整个 20 世纪 90 年代，新型工业电子雷管及其起爆系统技术获得了较快发展，两家公司又分别于 1996 年、1998 年公布了他们的第二代技术。

1998 年之后，为了抢占技术和产品市场，Dynamit Nobel 公司又在法国注册了 Davey Bickford 公司，开发生产 Daveytronic 工业电子雷管系统，与 Orica 公司合资在德国注册了精确爆破系统公司（Precision Blasting System），开发生产 PBS 工业电子雷管系统；在南非，AECL 公司又开发了一种注册商标为 Electrodt 的工业电子雷管起爆系统，还出现了 SaSol 矿用炸药公司等多家开发、生产工业电子雷管的新公司。与此同时，全球范围内还陆续出现了其他品牌的工业电子雷管系统，工业电子雷管技术逐渐趋于成熟和爆破工程实用化。

7.6.2 工业电子雷管有线起爆系统

工业电子雷管起爆系统基本上由三部分组成，即工业电子雷管、编码器和起爆器。

7.6.2.1 编码器

编码器的功能，是在爆破现场对每发工业电子雷管设定所需的延期时间。具体操作方法是，首先将工业电子雷管脚线接到编码器上，编码器会立即读出对应该发工业电子雷管的 ID 码，然后，爆破技术员按设计要求，用编码器向该发工业电子雷管发送并设定所需的延期时间。爆区内每发工业电子雷管的对应数据将存储在编码器中。编码器首先记录工业电子雷管在起爆回路中的位置，然后是其 ID 码。在检测工业电子雷管 ID 码时，编码器还会对相邻工业电子雷管之间的连接、支路与起爆回路的连接、工业电子雷管的电子性能、工业电子雷管脚线短路或漏电与否等技术情况予以检测。对网路中每发工业电子雷管的这些检测工作只需 1s，如果工业电子雷管本身及其在网路中的连接情况正常，编码器就会提示操作员为该发工业电子雷管设定起爆延期时间。

7.6.2.2 起爆器

工业电子雷管起爆系统中的起爆器，控制整个爆破网路编程与触发起爆。起爆器的控制逻辑比编码器高一个级别，即起爆器能够触发编码器，但编码器却不能触发起爆器，起爆网路编程与触发起爆所必须的程序命令设置在起爆器内。一只起爆器可以管理 8 只编码器，因此，PBS 电子起爆系统最多组成 1600 发工业电子雷管的起爆网路。每个编码器回路的最大长度为 2000 m，起爆器与编码器之间的起爆线长 1000 m。

工业电子雷管起爆网路示意起爆器通过双绞线与编码器连接，编码器放在距爆区较近的位置，爆破员在距爆区安全距离处对起爆器进行编程，然后触发整个爆破网路。起爆器会自动识别所连接的编码器，首先将它们从休眠状态唤醒，然后分别对各个编码器及编码器回路的工业电子雷管进行检查。起爆器从编码器上读取整个网路中的工业电子雷管数据，再次检查整个起爆网路，起爆器可以检查出每只工业电子雷管可能出现的任何错误，如工业电子雷管脚线短路，工业电子雷管与编码器正确连接与否。起爆器将检测出的网路错误存入文件并打印出来，帮助爆破员找出错误原因和发生错误的位置。

只有当编码器与起爆器组成的系统没有任何错误，且由爆破员按下相应按钮对其确认后，起爆器才能触发整个起爆网路。

7.6.3 XJAN-1 型工业电子雷管介绍

平凉（甘肃）兴安民爆器材有限公司研发并生产了拆分式的工业电子雷管（XAJN 型），为此次智能无线起爆提供了火工品的技术支持。

XJAN-1 型工业电子雷管分为两部分：工业电子基础雷管和内置电容的爆破脚线，使用时通过防呆快插结构、辅以紧固螺母组装而成，如图 7-20 所示。

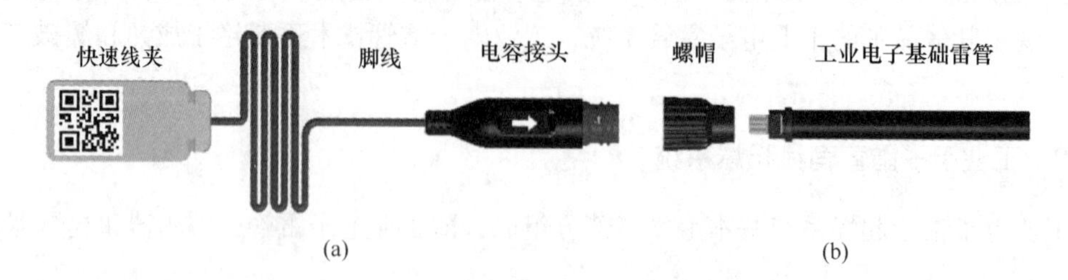

图 7-20 XJAN-1 型工业电子雷管结构图

（a）非危险品，外协加工，远程配送；（b）危险品，自产，专车运输工业电子基础雷管组装结构如图 7-21 所示。

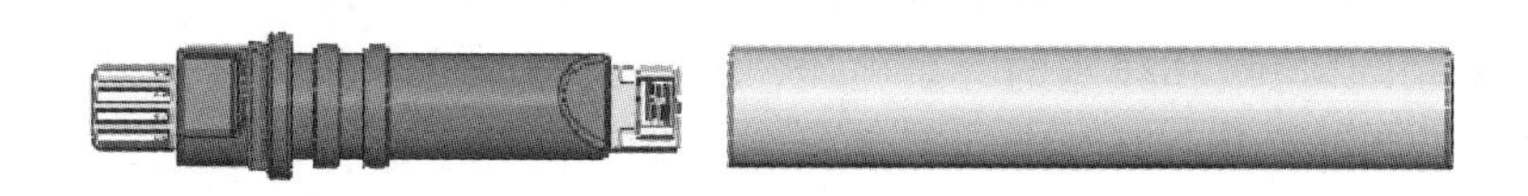

图 7-21　XJAN-1 型工业电子雷管组装结构

防呆快插结构如图 7-22 所示。

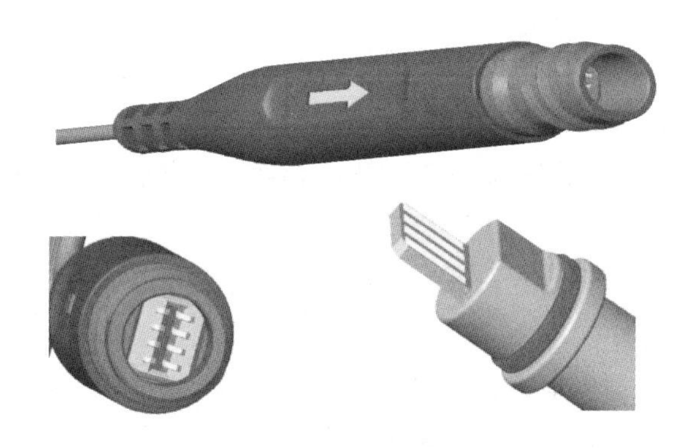

图 7-22　防呆快插结构

7.6.4　XJAN-1 型工业电子雷管产品优点

XJAN-1 型工业电子雷管产品优点有以下几方面。

（1）拆分结构更易于实现集约化生产，且更安全。

1）将起爆电源从雷管壳中移出，从而实现了雷管的无源化生产、运输、贮存（整个生产流通环节不带起爆能源），本质安全化有了质的提升。

2）因无起爆电源的影响，雷管壳内空间相对较大，对 PCB（印刷电路板）布局更加便利，易于增设冗余安全控制网路。

3）采用大电容（220 μF）起爆电源（是市面工业电子雷管起爆能源的两倍），起爆可靠性更有保障；起爆电源内置于爆破脚线上，其充放电受芯片模组的控制，不能非预期充放电。

4）无起爆脚线的影响，工业电子雷管的智能化、自动化、数字化、集成化程度大大提高。

5）芯片模组与基础雷管采用过盈配合装配方式，并辅之以铆合方式收口，既高效又可靠，每小时产能可达 10000 发。

6）包装体积小，贮存、运输更便捷高效，每箱 800 发装，按 1.6 m 的码放高度计，每平方米空间可贮存 58000 发；且不怕品种多，更易实现预设延时型产品，管理更方便、成本更低廉。

(2) 芯片模组的工作和通信电源采用独立且较高的电压 (22 μF, 24 V), 提高了可靠性和稳定性。其电容电压是现有市面工业电子雷管 (12 V) 的两倍, 确保了芯片模组运行有相对充裕的工作电量和较宽的冗余电压, 24 V 的通信高电平可接受电压干扰范围更宽, 不易受干扰, 逻辑电平更能得到可靠保障, 从而提高了运行可靠性, 增强了运行稳定性。

(3) 通信电路的特殊设计, 使起爆器与工业电子雷管间的信号传输更可靠稳定。

1) 起爆器采用电压信号发送, 宽电流信号接收; 工业电子雷管芯片模组宽电压接收信号, 电流信号发送。因此通信信号抗干扰性强。

2) 控制程序上增设自动校准通信时钟的函数, 从而增强了芯片模组的环境适应性和运行稳定性。

3) 通信协议上采用了识别帧头、校验的方式, 进一步增强了抗干扰性。

4) 增加自动重发控制程序, 从而可靠性更强。

(4) PCB 布局通过多次优化与验证, 抗杂散电流、抗高压冲击、抗电磁干扰能力增强。

(5) 掉电保护设计更趋完善。除采用 220 μF 大电容电源措施外, 还对掉电保护电路进行了优化, 从而保证芯片模组可靠工作。

(6) 增设掉电记忆程序控制网路设计, 确保芯片模组的每个动作的可追溯性, 从而更易准确找到工业电子雷管丢炮原因, 进而采取更有效措施解决问题。

(7) 起爆能源的管理更本质安全化。为保证充裕起爆电源采用大电容; 但为防止出现拒爆而导致的工业电子雷管含能安全风险, 芯片模组又增设了过时自动放电程序控制网路设计, 超时 10 s 后将起爆电源内的电量释放完毕, 确保本质安全可靠。

(8) 独特的起爆器设计, 使用更安全便捷。

1) 检测通信时只输出 7.5 V 以下的通信电压 (通过多次测试及市场化验证, 此电压不会引爆工业电子雷管), 组网起爆时才输出 24 V 电压进行充电起爆。

2) 总线电流适时监控, 若出现短路而导致的电流异常陡增时, 总线会迅速关闭, 降低误爆风险。

3) 支持无线遥控起爆, 根据情况自由选择。

4) 设置扫描枪, 在工业电子雷管与爆破脚线插接后进行检测时, 同步将爆破脚线尾部卡接头上的二维码扫入与工业电子雷管的 UID 码绑定, 便于组网及爆后查找问题工业电子雷管。

5) 傻瓜式操作模式, 符合传统键盘手机使用习惯, 且操作简便。

6) 采用无药头工艺, 生产工艺更简捷可靠。

(9) 现场自设延时和预设延时两种起爆器可选, 预设延时起爆器可针对普通预设型工业电子雷管使用, 更加简单方便, 仅检测、组网、起爆三步骤便可完成爆破。

(10) 采用无药头工艺, 生产工艺更简捷可靠。采用片式发热电阻直接点燃起爆药方式, 避开了药头方式的诸多弊端, 简化了工艺, 产品质量更可靠。

(11) 起爆控制更安全。采用四码集成信息控制技术, 生产中由芯片模组的 UID 码和管体码生成生产信息码，并将此三码集成为该产品的工作码，爆破时用工作码通过公安网再申请限时使用的起爆密码，方可起爆。起爆密码是滚动生成，过期后需重新申请，且每次均不一致，更利于安全管理。

（12）爆破使用方便。

1）组装便捷，联接可靠。通过防呆快插结构、辅以紧固螺母组装而成。

2）注时、与爆破脚线绑定操作较之与现有预设延时型产品，并无两样。

3）网路连线简便（并联），可靠追踪性强。

（13）经济适用性。分置式起爆电容采用电解式大电容，既保证了起爆电能充足，较之与钽电容结构虽增加了分置插装结构，生产、运输和储存成本大幅地降低，性价比高，经济适用性强。

7.6.5 XJAN-1 型工业电子雷管产品规格

XJAN-1 型工业电子雷管产品规格：

（1）普通预设型：ED-GY1/20000P-B8-1（预设置型/8 号发蓝钢壳）。

（2）普通现设型：ED-GX1/20000P-B8-3（现场设置型/8 号发蓝钢壳）。

（3）煤矿许用型：ED-GY1/100M-B8-2（预设置煤矿许用型/8 号覆铜钢壳）。

7.6.6 XJAN-1 型工业电子雷管产品执行标准

《工业数码电子雷管》(WJ 9085—2015)、《XAJN 型数码电子雷管》(Q/XAJN5-8503 —2022)。

7.6.7 XJAN-1 型工业电子雷管适用范围及使用环境条件

XJAN-1 型工业电子雷管适用于无可燃气、无矿尘爆炸危险的场合进行高精度爆破作业。

7.6.8 XJAN-1 型工业电子雷管主要性能指标

（1）延期时间：延期时间最小编程间隔 1 ms，根据使用要求可在 1 ms~20 s 范围内进行现场在线设定或生产时预先设定，延期时间（芯片时间）不大于 150 ms，偏差不大于 ±1.5 ms；延期时间（芯片时间）大于 150 ms，偏差不大于设定值的±1%。

（2）起爆能力：应能炸穿厚度为 5 mm 铅板，穿孔直径不小于工业电子雷管外径。

（3）抗直流性能：XAJN-1 型工业电子雷管应能承受 48 V 直流电压 10 s，试验过程工业电子雷管不应发生爆炸，试后工业电子雷管应能正常起爆。

（4）抗交流性能：XAJN-1 型工业电子雷管应能承受 220 V/50 Hz 交流电 10 s，试验过程工业电子雷管不应发生爆炸。

（5）静电感度：在电容为 500 pF、串联电阻为 5000 Ω 及充电电压为 25 kV 的条件下，或在电容为 2000 pF、串联电阻为 0 Ω 及充电电压为 8 kV 的条件下，对 XAJN -1 型工业电子雷管的线-壳、线-线放电，工业电子雷管不应发生爆炸。

(6) 抗振性能：在频率为 (60±1) 次/min，落高为 (150±2) mm 的振动试验机连续振动 10 min，不应发生结构损坏或爆炸，且振动后能正常起爆。

(7) 抗拉性能：在 19.6 N 静拉力作用下持续 1 min，封口塞和线不得发生肉眼可见的移动和损坏，工业电子雷管能正常起爆。

(8) 抗水性能：浸入压力为 0.05 MPa 的水中，保持 4 h，取出后做发火试验，应能正常起爆。

(9) 耐温性能：XAJN-1 型工业电子雷管在 (85±5)～(−40±5) ℃环境下静置 4 h 不应发生爆炸，并在此环境下能正常起爆。

7.7 智能无线起爆系统无线通信的选择

7.7.1 工作频率选定

目前国际电信联盟定义的无线电频率中，30～1000 MHz 频段这一波段是甚高频 (米波) 和特高频 (分米波) 的一部分。该频率的主要传播方式为视距内的空间波传播，以及对流层散射和电离层散射。对流层散射在某些场合可以代替无线电接力系统，传播距离达到数百千米时可以不使用中继站，同时还可具有大容量 (多路传输)，而低频波段是无法实现的。与高频波段相比，该频段的优点在于对低容量系统可以用小尺寸天线。可见，采用 30～1000 MHz 频段的高频段应用于无限起爆系统是合适的，不仅容量可以增大，还可以通过更多的路数。因此本研究选用该工作频率开展起爆系统研发。

7.7.2 信号调制方式

由于频率、相位调制对噪声抑制更好，FSK 是当今主流通信设备的首选方案。FSK 频移键控法实现较容易，抗噪声与抗衰减的性能较好，在中低速数据传输中得到了广泛应用。2FSK 可看作是两个不同载波频率的 ASK 已调信号之和。解调方法有相干法和非相干法。类型有二进制移频键控 (2FSK)、多进制移频键控 (MFSK)。FSK 信号调制方式符合起爆时所需的信号要求，本研究采用 FSK 调制方式对起爆信号进行调制。

7.7.3 无线通信技术选择

无线起爆技术应在兼顾远距离传输的同时，还能实现低功耗且价格低廉。LoRa 物联技术具有远距离、低功耗、多节点、低成本等特性，满足了无线起爆技术的要求。LoRa 在全球免费频段运行，包括 433 MHz、868 MHz、915 MHz 等。LoRa 是基于线性调频扩频调制，保持了与 FSK 调制相同的低功耗特性，显著扩大了通信距离 (见表 7-1)。通过综合比选，本研究认为 HM-TRLR-S433 MHz 的无线收发模块与起爆系统最匹配。该无线收发模块具有通信距离远、抗干扰强、体积小等优点，满足起爆系统的需求。无线收发模块

HM-TRLR-S 基本参数取值：工作频率 433 MHz/470 MHz/868 MHz/915 MHz（±20 MHz 可设置），调制方式 LoRa/FSK，发射功率 2~20 dBm 可设置，接收灵敏度-139 dBm（Max），传输速率 1.2~115.2 kbps 可设置，发射电流 130 mA（+20 dBm），接收电流 20 mA，待机电流 2 μA，发射频偏 10~50 kHz，接收带宽 42~166 kHz，传输速率 1200~115200 kbps 可设置，数据接口 8N1/8E1/8O1 TTLUART（支持 RS232 或 RS485 接口），距离大于 5000 m（LoRa 模式、可视距离），天线阻抗 50 Ω，工作温度 20~85 ℃ ，供电方式 DC 3.3~5.5 V。模块电路如图 7-23 所示。

表 7-1 LoRa 物联与其他无线通信技术的区别

无线技术	类比武器	距离/m	速率	能耗/mA · h	成本	适应场地
LoRa	狙击步枪	5000~12000	18~62.5 k/s	0.120	免费	户外传感器
3G/4G	突击步枪	2000~3000	1.5~10 M/s	200.000	流量费	通话与上网
Wi-Fi	冲锋枪	30~100	5~128 M/s	3000.000	免费	家庭网络
蓝牙	战术刀	6~10	30 k/s	50.000	免费	手机配件
ZigBee	手枪	10~75	250 k/s	12.036	免费	室内设备

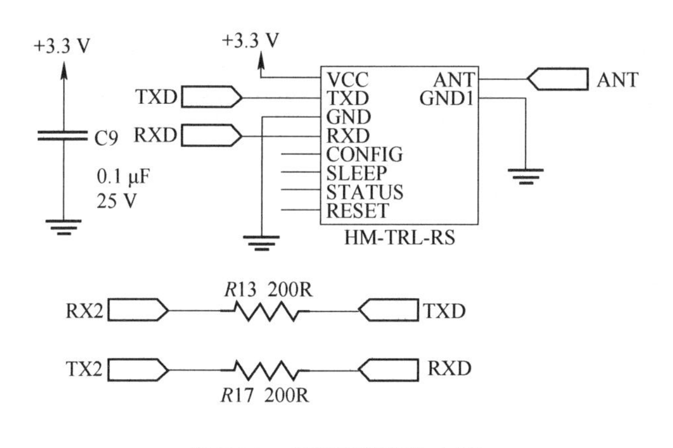

图 7-23 无线通信模块电路

7.8 智能无线起爆系统数据管理平台研发

7.8.1 手机端 APP“爆破助手”开发

手机端 APP“爆破助手”（见图 7-24）是实现智能起爆控制器与政府部门授权的纽带。手机端 APP“爆破助手”确认智能起爆控制器的合法性及爆破区域使用；手机端 APP“爆破助手”下载工业电子雷管和智能无线起爆模块的工作码，发送至智能起爆控制器，爆破完成后接收起爆控制器发送相关资料，上传到相关政府平台。

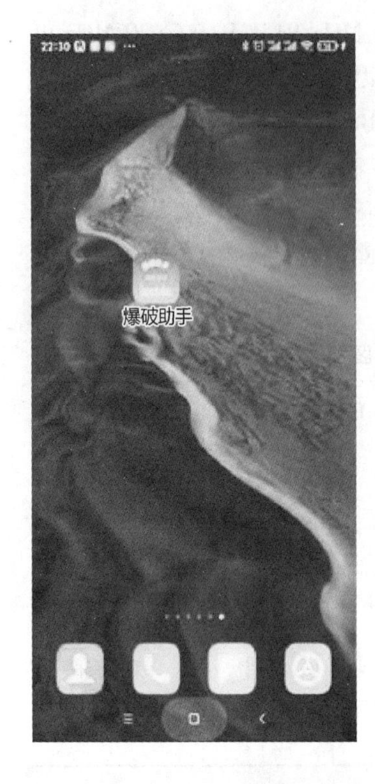

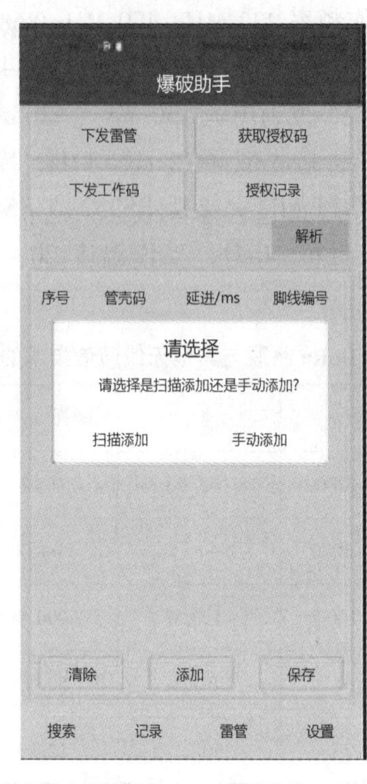

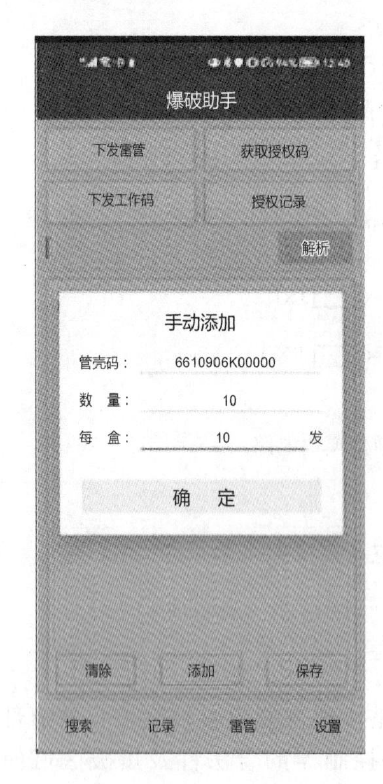

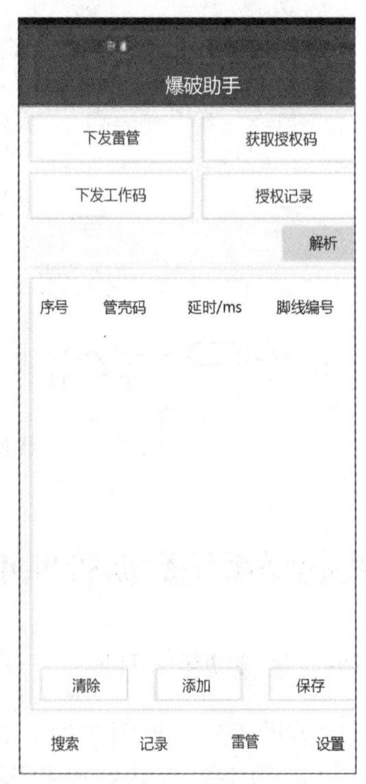

图 7-24 手机 APP“爆破助手”界面示意图

7.8.2 智能起爆控制器软件开发

智能起爆控制器为实现与手机端、信号中继器或智能无线起爆模块双向通信、定位、存储资料、与手机端 APP“爆破助手”实现双向资料的传输等功能。设计了单片机等数据处理系统的硬件，编制了相应的软件。图 7-25 为智能起爆控制系统的操作界面。

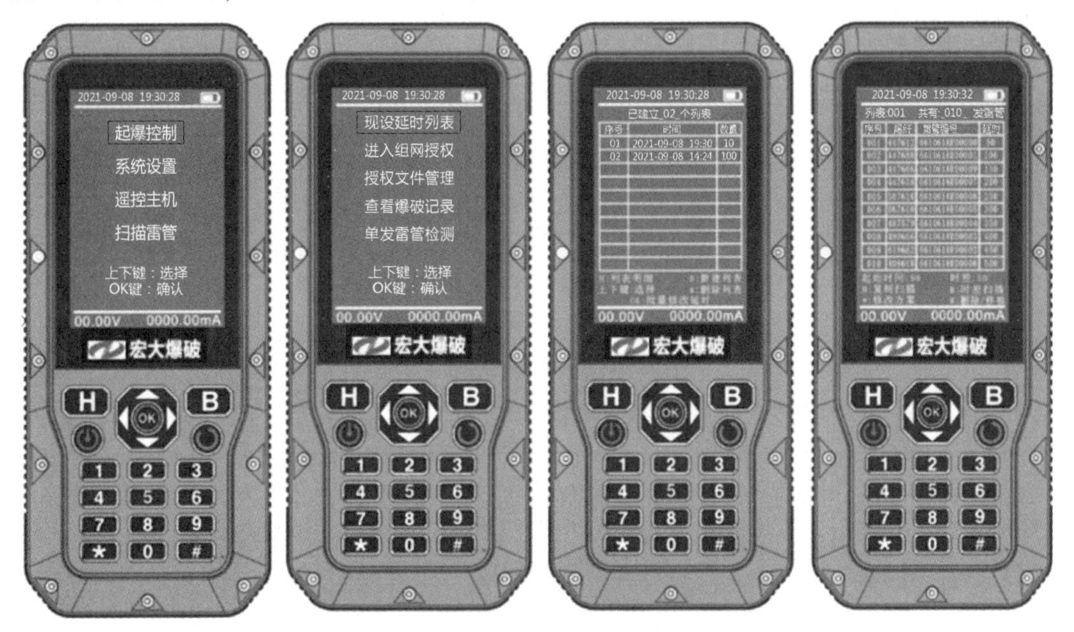

图 7-25 智能起爆控制系统的操作界面示意图

7.8.3 智能无线起爆模块软件开发

为实现智能无线起爆模块与工业电子雷管、智能起爆控制器（或信号中继器）双向通信、为工业电子雷管提供起爆时间和起爆能量，智能无线起爆模块设计了单片机等数据处理系统的硬件，编制了相应的软件。

7.8.4 智能无线起爆系统源代码

智能起爆控制器、智能无线模块软件编制的源代码部分截图如图 7-26 所示。

2021/9/23, 23:52:11

```
/**********************************************************************************************************
***
  Copyright      (C),      2019-2029,      Hanbaoyunling,          Co.,      ltd.
  FileName:
  Author:China.zj1                    Version :   1.0                        Date:2019.9.18
  Description:
  Version:
  Function   List:
  1.
  2.
  3.
  History:
      <author>    <time>    <version>    <desc>
**********************************************************************************************************
***/
```

```
#include "delay.h"
#include "sys.h"
#include "lcd.h"
#include "usart.h"
#include "main.h"
#include "Timer1.h"
#include "Timer3.h"
#include "Timer5.h"
#include "myiic.h"
#include "usart.h"
#include "math.h"
#include "Tc100b.h"
#include "stmflash.h"
#include "gps.h"
#include "usart 2.h"
#include "usart 3.h"
#include "uart 4.h"
#include "uart 5.h"
#include "adc.h"
#include "pwm.h"
#include "rtc.h"
#include "w25qxx.h"
#include "MCP3421.h"
#include <stdio.h>
#include <string.h>
/*******************************************************************************************************************************
***/
const char SoftwareVersion[15]= ":R20210923  v1.0" ;
const char PCBVersion[15]= ":Y20210426  v1.0" ;
/*******************************************************************************************************************************
***/
#define POWER_ON      GPIO_SetBits(GPIOC, GPIO_Pin_8)
#define POWER_OFF     GPIO_ResetBits(GPIOC, GPIO_Pin_8)

#define BUZZER_ON     GPIO_SetBits(GPIOA, GPIO_Pin_11)
#define BUZZER_OFF    GPIO_ResetBits(GPIOA, GPIO_Pin_11)

#define BUZZER        BUZZER_ON;delay_ms(60); BUZZER_OFF

#define LED2_ON       GPIO_SetBits(GPIOC, GPIO_Pin_4)
#define LED2_OFF      GPIO_ResetBits(GPIOC, GPIO_Pin_4)

#define GPS_ON        GPIO_SetBits(GPIOC, GPIO_Pin_13)
#define GPS_OFF       GPIO_ResetBits(GPIOC, GPIO_Pin_13)
```

页：1

12:13:39

```
/*******************************************************************************************************************************
***
  Copyright    (C),    2020-2030,    HBYL.    Co.,    ltd.
  FileName:
  Author:china.zhang             Version : 1.0                Date:2020.10.17
  Description:
  Version:
  Function List:
  1.
  2.
  3.
  History:
    <author>  <time>  <version>  <desc>
********************************************************************************************************************************
***/
#include "config.h"
#include "TC100B.h"
#include "gpio.h"
#include "UART.h"
#include "timer.h"
#include "eeprom.h"
#include "delay.h"
#include <string.h>

/*******************************************************************************************************************************
***
```

```
      STC8H1808_20PIN
  R1--| P12      P11 |--TX2
  G1--| P13      P10 |--RX2
    --| P14      P37 |--TX1
    --| P15      P36 |--RX1
    --| P16      P35 |--MB_ON
    --| P17      P34 |--MB_HIGH
    --| RST      P33 |--MB_RT
 VCC--| VEE      P32 |--MB_BIG
 VCC--| REE      P31 |--TX
 GND--| GND      P30 |--RX
        引脚分部图
*******************************************************************************************************
***/
//宏定义
#define    IDL    0×01
#define    PD     0×02
/******************************************************************************************************
***/
//引脚定义
sbit    MB_ON       = P3^5;
sbit    MB_HIGH     = P3^4;
sbit    MB_RT       = P3^3;
sbit    MB_BIG      = P3^2;

sbit    L1G         = P3^3;
sbit    L1R         = P3^2;
/******************************************************************************************************
***/
//变量定义
extern bit b10msFlag;
bit isSendQB=0;
bit isOnLine=0;
```

页：1

图 7-26　智能起爆控制器、智能无线模块软件编制的源代码部分截图

7.9　智能无线起爆系统安全控制

传统的工业电子雷管有线系统使用的安全性包括两个部分：工业电子雷管和有线起爆系统的安全性。

（1）工业电子雷管本身的安全性：主要取决于它的发火延时电路。充电晶体管和放电晶体管组成系统主发火电路，电容在微控制器控制下通过点火晶体管放电，引燃引火头。就点燃工业电子雷管内引火头的技术安全性来说，传统延期工业电子雷管靠简单的电阻丝通电点燃引火头，而工业电子雷管的引火头点燃，通常除靠电阻、电容、晶体管等传统元件外，关键是还有一块控制这些元件工作的可编程电子芯片。如果用数字 1 来表征传统电阻丝的点火安全度，则电子点火芯片的点火安全度则为 100000。与传统电雷管比较，工业电子雷管除受电控制外，还受到一个微型控制器的控制，且在起爆网路中该微型控制器只接受起爆器发送的数字信号。

（2）工业电子雷管及其起爆系统的设计，引入了专用软件，其发火体系是可检测的。工业电子雷管的发火动作也是完全以软件为基础。工业电子在雷管制造过程中，每发工业电子雷管的元器件都要经过检验，检验时，施加于每个器件上的检验电压均高于实际应用中编码器的输出电压。通不过检验的器件，不能用于工业电子雷管生产。此外，还要对总成的工业电子雷管进行 600 V 交流电、3000 V 静电和 50 V 直流电试验。

（3）电子起爆系统服从“本质安全”概念。系统中的编码器同样具有良好的安全性，

编码器只是用来读取数据，所以它的工作电压和电流很小，不会出现导致工业电子雷管引火头误发火的电脉冲，即使不慎将传统的电雷管接在编码器上，也不会触发电雷管发火。此外，编码器的软件不含任何工业电子雷管发火的必要命令，这意味着即使编码器出现错误，在炮孔外面的编码器或其他装置也不会使工业电子雷管发火。在网路中，编码器还具备测试与分析功能，可以对工业电子雷管和起爆回路的性能进行连续检测，会自动识别线路中的短路情况和对安全发火构成威胁的漏电（断路）情况，自动监测正常工业电子雷管和缺陷工业电子雷管的 ID 码，并在显示屏上将每个错误告知其使用者。在测试中，一旦某只工业电子雷管出现差错，编码器会将这只工业电子雷管的 ID 码、它在起爆回路中的位置和它的错误类别告诉使用者。只有使用者对错误予以纠正且在编码器上得到确认后，整个起爆回路才可能被触发。在工业电子雷管起爆网路中，工业电子雷管需要复合数字信号才能组网和发火，而产生这些信号所需要的编程在起爆器内。经计算，杂散电流误触工业电子雷管发火程序的概率是十六万亿分之一。

基于工业电子雷管的智能无线起爆系统使用的安全性包括两个部分：工业电子雷管的安全性和无线起爆系统的安全性。工业电子雷管的安全性前面章节已经分析了。本章节重点分析智能无线起爆系统的安全性。智能无线起爆系统可能存在的安全风险有：

（1）智能无线起爆器材（智能起爆模块、信号中继器、智能起爆控制器）使用时对工业电子雷管的误动作；

（2）智能无线起爆器材（智能起爆模块、信号中继器、智能起爆控制器）使用时受到外部因素的影响而对工业电子雷管的误动作；

（3）智能无线起爆器材（智能起爆模块、信号中继器、智能起爆控制器）意外丢失，对公共安全造成危害；

（4）智能无线起爆系统的通信信号对工业电子雷管的误动作；

（5）智能无线起爆系统的通信信号受到外部因素的干扰，无法将工业电子雷管起爆，或提前将工业电子雷管起爆。

智能无线起爆系统由智能起爆模块、无人机搭载的信号中继器和智能起爆控制器组成，其现场示意图如图 7-27 所示。

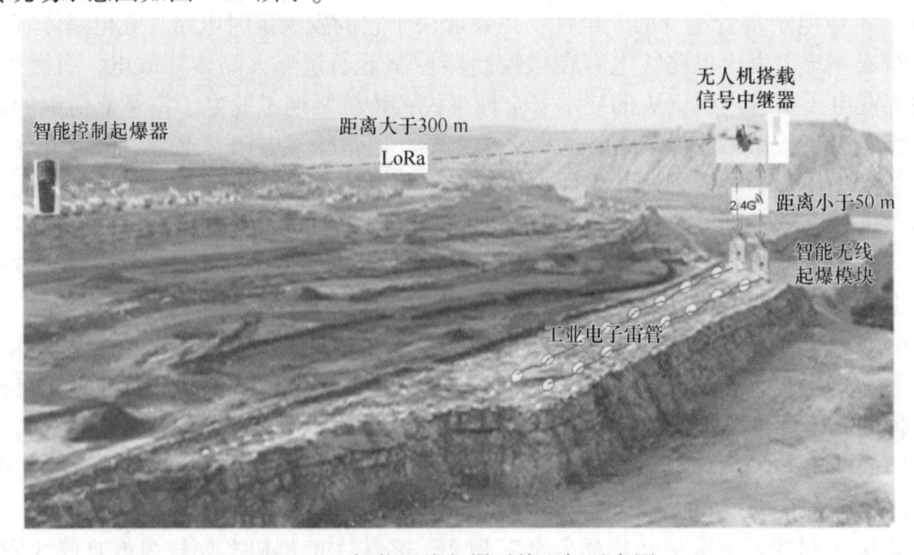

图 7-27 智能无线起爆系统现场示意图

7.9.1 智能无线起爆系统操作

智能无线起爆系统操作如下。

（1）爆破作业前的准备工作。

1）长按智能起爆控制器开机按键开机，如图 7-28 所示。

图 7-28 智能起爆控制器开机键图

2）第一次登入的话需要连接网络点在线登入。登入账号是备案过的电话号码和身份证，点击“在线登录”，在线登录后下次打开可自动登录，如图 7-29 所示。

图 7-29 智能起爆控制器登录图

3）首次使用智能起爆控制器。如图 7-30 所示，在“我的”-参数设置-界面点击“重新获取”智能起爆控制器编号、输入合同 ID 和经纬度，项目编号为空，输入完成后点击“确认”，是否保存到项目中心，点击“确定”，输入自定义项目中心的名称之后，点击“确定”保存，也可以到现场 GPS 定位。

（2）建立露天列表。

扫描添加：从主界面进入露天列表，点击右上角的图标，展开选择项后，选择“新建工程”，打开新增现设列表详情，点击左上角的“延时设置”，根据爆破方案需求设定起始时间和时间间隔，点击“确定”返回添加数据界面，按下扫描键打开扫描枪，对准工业电子雷管尾纤码或盒条码，即可把工业电子雷管数据添加到“新增现设列表”里。

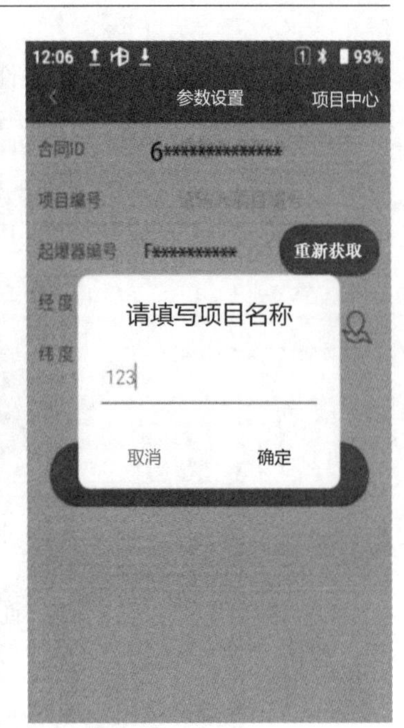

图 7-30　智能起爆控制器项目设置图

添加工业电子雷管数据若要递增一个段别，在扫描设置为：复制模式，继续通过修改“延时设置”的时间，重复步骤添加工业电子雷管到“新增现设列表”里，如图 7-31 所示。

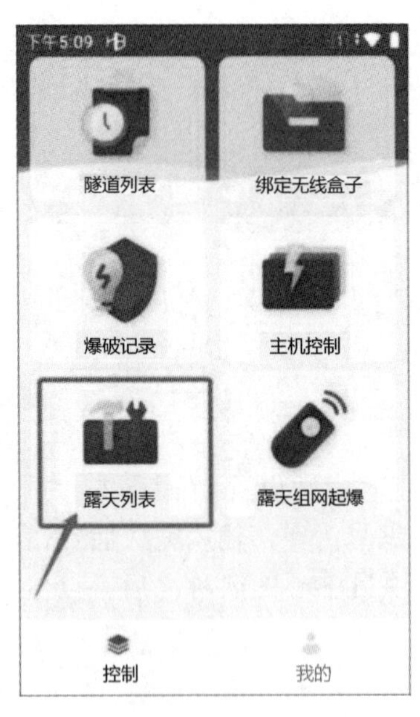

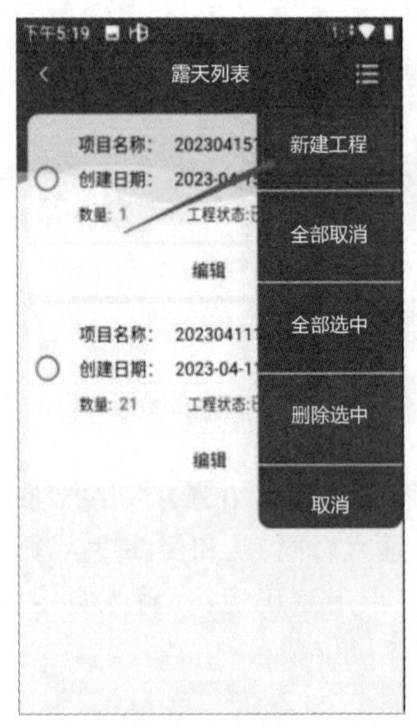

图 7-31　智能起爆控制器建列表图

扫描模式：有“复制扫描/时差扫描”两种模式，两种模式都可以设置工业电子雷管的延时时间。

“复制扫描”功能：添加工业电子雷管的延时时间，复制使用列表里上一发工业电子雷管的延时时间数值（单位：毫秒，ms，1 s = 1000 ms）。

“时差扫描”功能：添加工业电子雷管的延时时间，为列表里上一发工业电子雷管的延时时间数值+“延时设置”菜单里的“间隔时间”数值，如图 7-32 所示。

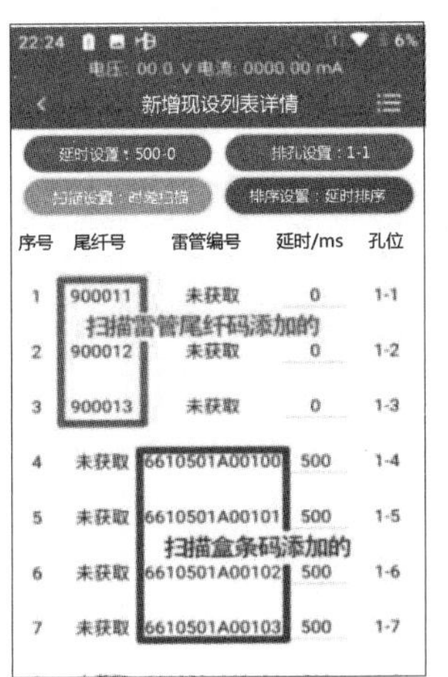

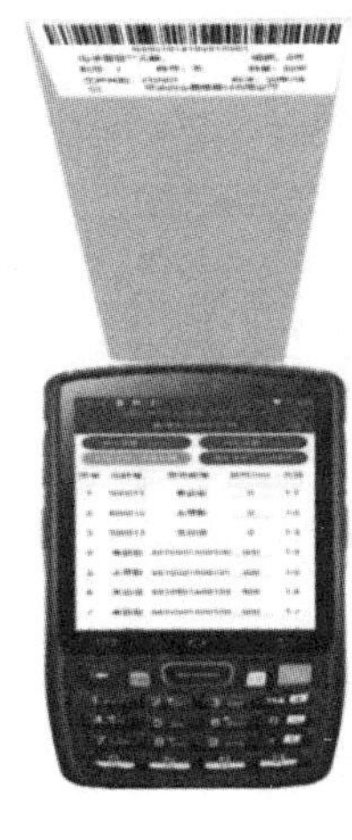

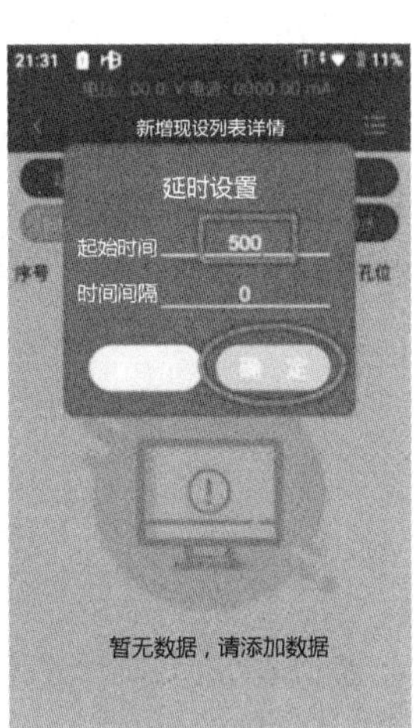

图 7-32　智能起爆控制器扫描添加图

手动添加：从主界面进入露天列表，点击右上角的图标，展开选择项后，选择“新建工程”，打开新增现设列表详情。点击左上角的“延时设置”，根据爆破方案需求设定起始时间和时间间隔，点击“确定”返回添加数据界面，点击右上角的“菜单”图标，在弹出的菜单上点击“添加工业电子雷管”，弹出“编辑”菜单编辑栏的管壳码：输入“起始发的工业电子雷管编号”，数量：填写需要的实际数量，每盒：50 发，点击“确定”，即把雷数据管添加“新增现设列表详情”里，如图 7-33 所示。

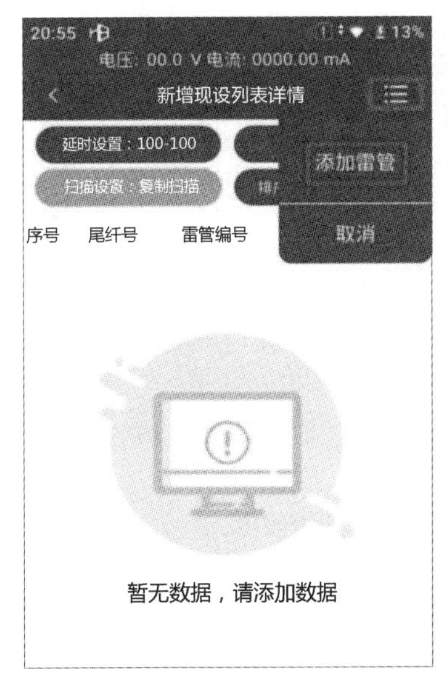

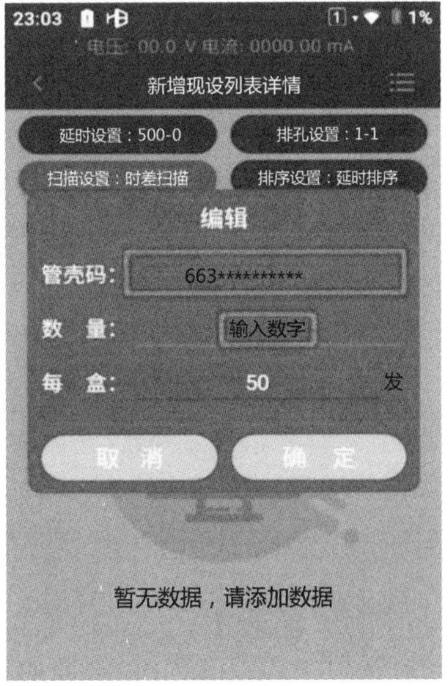

图 7-33　智能起爆控制器手动添加图

（3）爆破网路无线联网。

1）按照设置好的时间段别，将工业电子雷管做成的起爆药包装入对应的炮孔，填塞确认无误。

2）将智能无线起爆模块电源按下，LED 灯闪烁，自检连接工业电子雷管，无工业电子雷管时连接亮红灯，有工业电子雷管连接时亮绿灯，如图 7-34 所示。

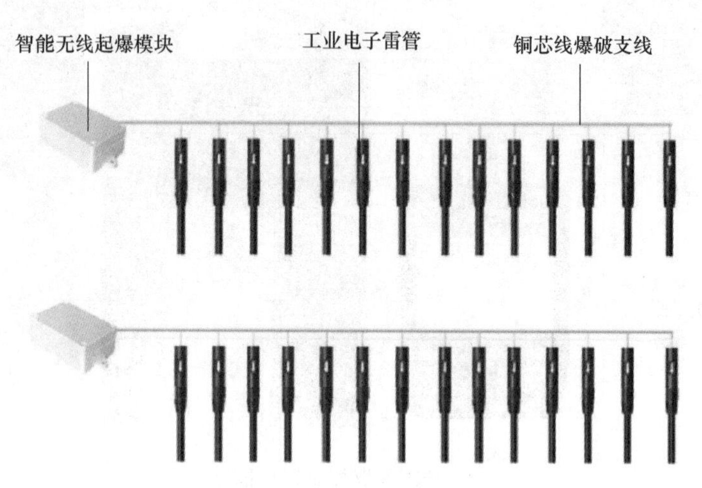

图 7-34　智能起爆网络连接图

（4）起爆密码设置与修改。

1）起爆密码（手势图案）设置，如图 7-35 所示。

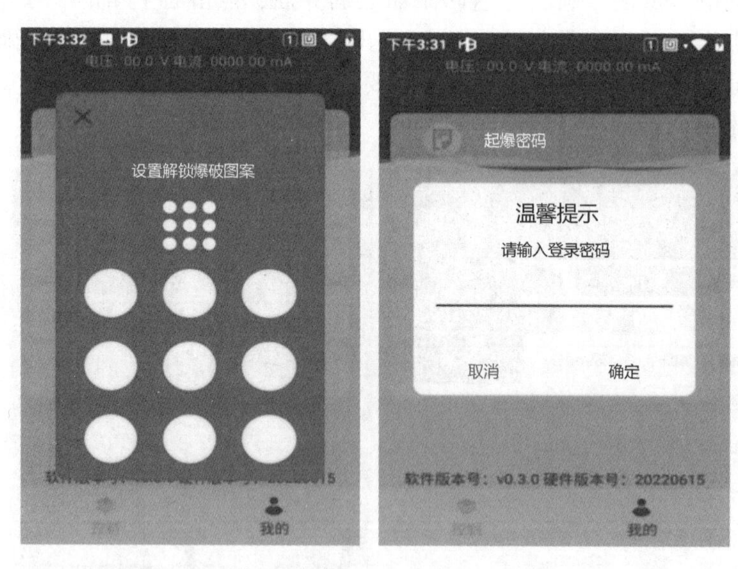

图 7-35　智能起爆控制器密码修改图

2）智能起爆控制器第一次使用，需要设置起爆手势密码，手势密码可以自定义为任意连续手势图案。打开 APP，智能起爆控制器连接网络，在“我的”界面下，点击“起爆密码”，输入账号的“登录密码”进入起爆密码设置，以“L”图案为列：连续两次画出“L”图案，则起爆密码手势密码设置成功（也可以根据自己容易记的密码设置其他手势图案密码）。

3）起爆密码修改。

在忘记起爆密码或想修改起爆密码时，重复以下的操作步骤即可修改成其他的起爆密码，如图 7-36 所示。

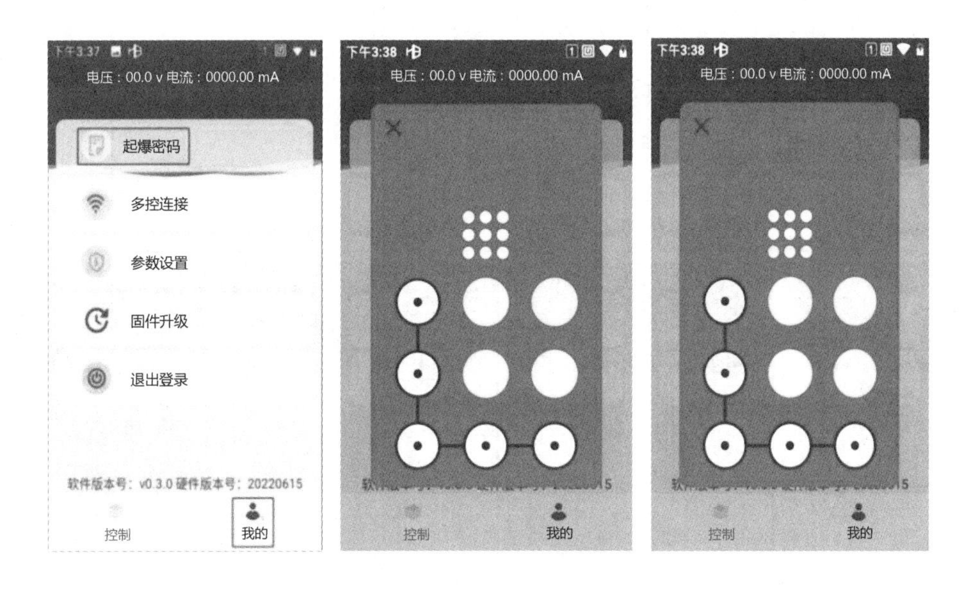

图 7-36 智能起爆控制器手势密码图

（5）组网起爆

1）网路接线完毕后，智能起爆控制器从控制菜单，进入露天组网起爆，点击选中列表，点击“开始组网”进行组网起爆，如图 7-37 所示。

2）授权组网：组网检测完成之后点选择弹窗“开始授权”，授权完毕后，提示准备起爆，选择“开始起爆”，倒计时从 15 s 倒数到 0 s 后工业电子雷管起爆。

（6）上传起爆记录。

1）组网起爆完成后，可从弹窗提示：起爆完成，是否去查看智能起爆控制器列表，点击“确认”，进入“查看起爆记录”上传爆破记录，如图 7-38 所示。

2）在主菜单下，点击“查看爆破记录”，选中“工程状态：未上传”的爆破列表，打开列表，点击右上角的“确认上传”按钮，状态栏显示“上传成功”之后，该列表的爆破记录上传成功。

提高矿山起爆系统的智能化操作水平。

（1）建立露天列表。

1）点击露天列表然后点击新建列表。

2）进入到列表右上角有延时设置，设置好延时时间。

3）用智能起爆控制器扫描智能无线起爆模块上的二维码。

（2）露天组网起爆。

1）进入到露天组网起爆然后点击刚刚建立的露天列表。

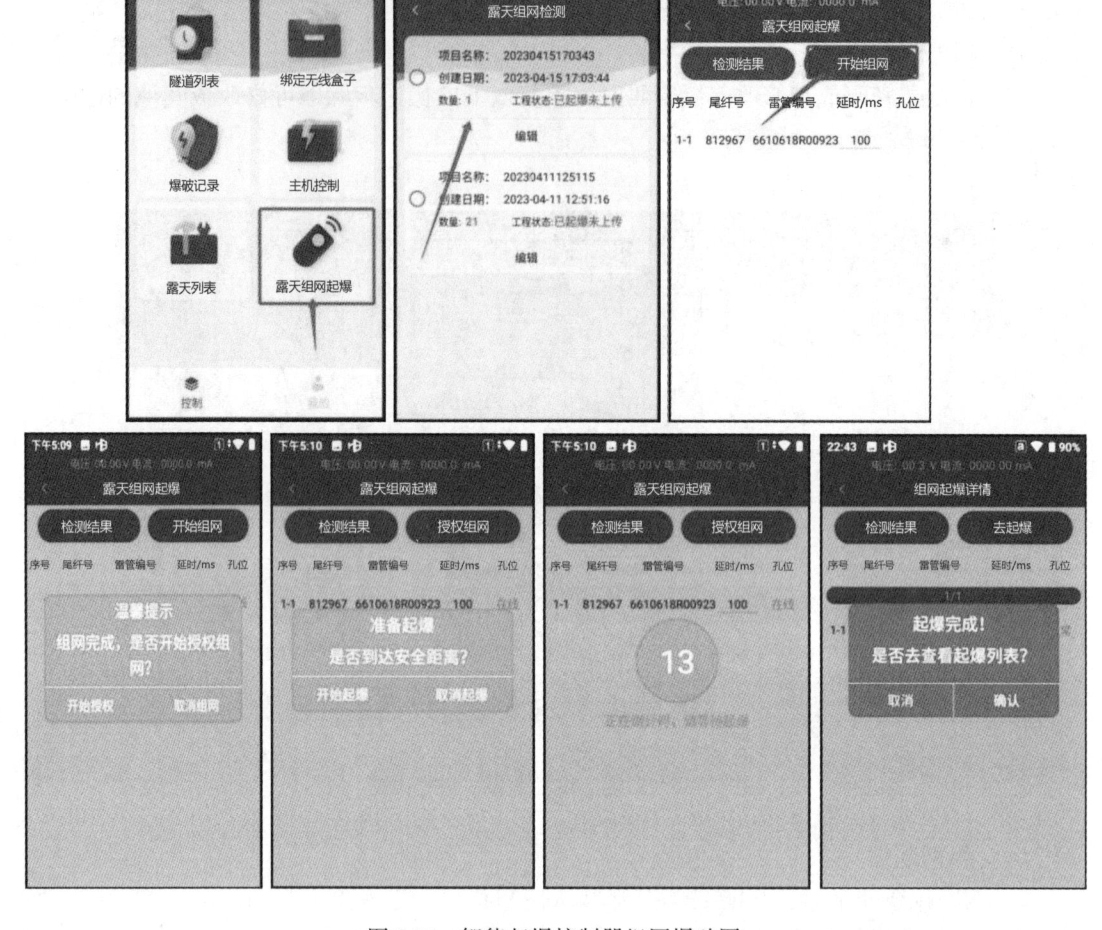

图 7-37　智能起爆控制器组网爆破图

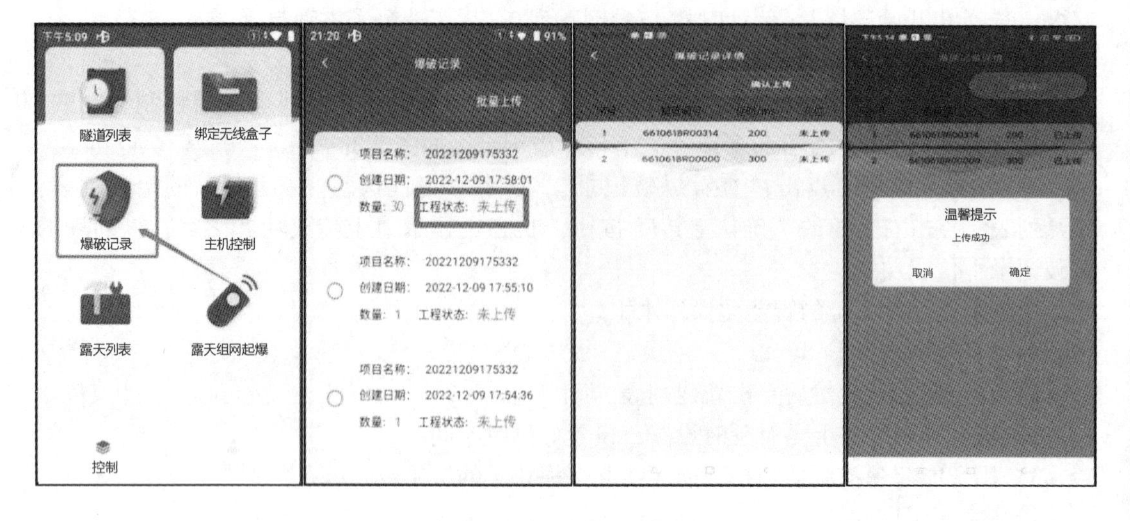

图 7-38　智能起爆控制器组网爆破图示意图

2）点击“开始组网”等待组网完成。

3）组网完成后，点击“开始授权”。

4）授权完毕，进行最后的授权组网。

5）授权完毕后准备起爆点击“确定”。

（3）上传起爆记录。

1）组网起爆完成后，可从弹窗提示：起爆完成，是否去查看智能起爆控制器列表，点击“确认”，进入“查看起爆记录”上传爆破记录。

2）在主菜单下，点击“查看爆破记录”，选中“工程状态：未上传”的爆破列表，打开列表，点击右上角的“确认上传”按钮，状态栏显示“上传成功”之后，该列表的爆破记录上传成功。

7.9.2 多层多维安全保障机制

智能无线起爆系统采用多层多维的安全保障措施，确保爆破作业安全。分析智能无线起爆系统的分析源主要有：

（1）无线信号被干扰、无信号或信号不稳定造成无法起爆；

（2）无线信号被恶意截断或接入，造成起爆系统无法按要求起爆；

（3）无线起爆器材被盗，造成潜在的公共安全风险；

（4）智能无线起爆模块与工业电子雷管连接，造成工业电子雷管早爆（因为智能无线起爆模块带电源；

（5）智能无线起爆模块被杂散电流、雷电等外部电或磁起爆；

（6）智能无线起爆系统被同型号的其他智能起爆控制器意外连接起爆。

针对上述安全风险，进行了关键技术研究和风险安全论证，确保了智能无线起爆系统的安全，图 7-39 为系统的多层多维安全防护示意图。

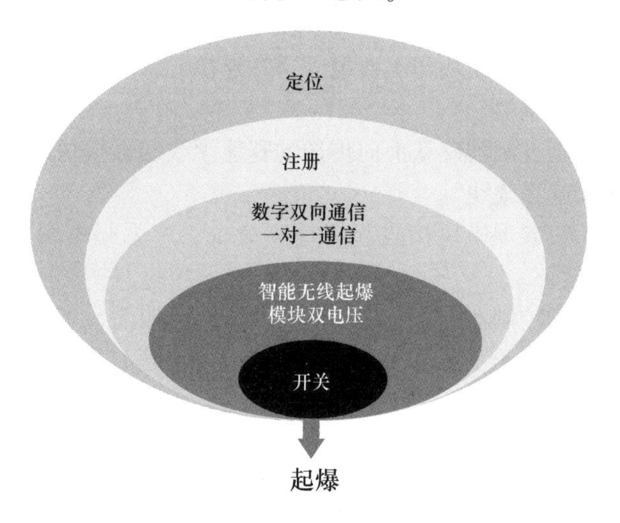

图 7-39 智能无线起爆系统的多层多维安全防护示意图

（1）公安部门许可、实时验证安全保障。

1）定位：工业电子雷管、智能无线起爆模块、智能起爆控制器在获得公安机关的批准区域进行爆破作业，爆破器材才能合法使用。

2）工作码授权、验证：工业电子雷管、智能无线起爆模块、智能起爆控制器必须获得公安部门授权、验证，才为“合法”使用。

3）解密起爆：组网完成后，生产随机的密码，按键起爆前要确认安全并输入组网密码才能起爆。

（2）智能无线起爆系统双向通信安全保障。智能无线起爆系统通信是双向应答式的（见图7-40）。

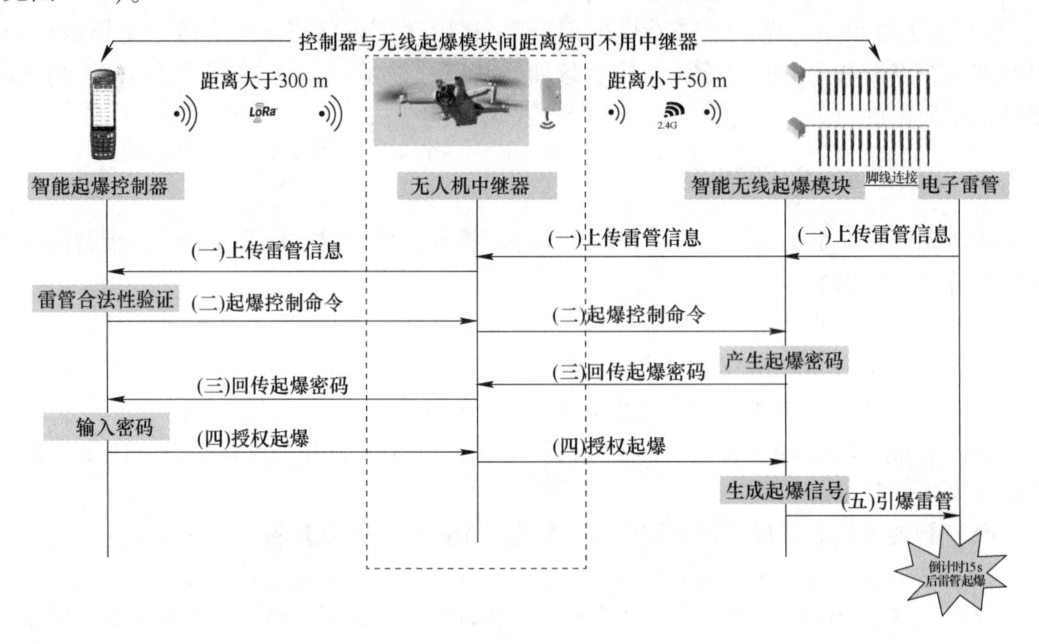

图7-40　智能无线起爆系统双向通信安全保障示意图

上向通信：智能无线起爆模块与工业电子雷管连接，获取工业电雷管的相关信息，并把信息上传到智能起爆控制器。

下向通信：智能起爆控制器确认上向传送的智能无线起爆模块的数据合法后，发送起爆控制命令给智能无线起爆模块。

上向通信：智能无线起爆模块接收起爆控制命令，产生起爆密码传回给智能起爆控制器。

下向通信：智能起爆控制器在规定的时间内输入该密码后，智能无线起爆模块生成起爆信号，并将起爆信号发送给工业电子雷管，工业电子雷管起爆引爆炸药，完成爆破作业实施过程。

（3）无线传输技术安全保障。

物理层的安全性：在所有的物联网通信技术中，LoRa 技术可以在噪声 20 dB 下解调，而其他的物联网通信技术必须高于噪声一定强度才能实现解调。普通设备很难检测和干扰 LoRa 信号。

网络层的安全性：LoRa 在本地收集、处理和存储数据。数据受网络所有者的完全控制，不会离开私有的网络。

数据加密的安全性：LoRa 技术只是一个物理层的透传技术，用户可以在其网络层、链路层架设自己的安全引擎，可以进行最深度的定制，还可以加入硬加密芯片。从数据加密方法分析中可以看到 LoRa 的安全性能得到有力保证。

应用层的安全性：由于 LoRa 在组网上具有很强的灵活性，其应用侧的安全管理手段可以配合网络层及加密算法，实现整个应用的整体安全。

7.9.3 智能起爆控制器的安全控制

智能起爆控制器主要实现的功能有：与手机端、信号中继器或智能无线起爆模块双向通信、定位、存储资料，与手机端 APP “爆破助手” 实现双向资料的传输等功能。

智能起爆控制器能够向智能无线起爆模块发送起爆命令，同时解决工业电子雷管因起爆能量不足而造成的工业电子雷管无法起爆、导致盲炮产生的安全隐患等问题。其次，智能起爆控制器自带 GPS 定位功能，可通过手机端 “爆破助手” APP 确认该控制器是否在有关部门进行注册、是否在允许的区域内进行爆破作业。起爆系统通过现场注册机制，保证了起爆网路的排他性和封闭性。

智能起爆控制器中 GPS 模块采用 Air530Z 模块（见图 7-41）。智能起爆控制器的 Air530Z 模块能实时获取起爆控制器的 GPS 坐标，满足准爆区对工业电子雷管的管理要求，实现爆破区域管控。

（1）不存在工业电子雷管因为起爆能量不足造成工业电子雷管盲炮的安全隐患。智能起爆控制器本身不具备工业电子雷管充电起爆的能力，只是给智能无线起爆模块发送起爆命令。

（2）系统通过现场注册机制保证起爆网络的排他性和封闭性。智能起爆控制器本身自带 GPS 定位功能，通过手机端 “爆破助手” APP 确认本台智能起爆控制器是在有关部门注册的、在允许爆破区域内进行爆破作业才能合法使用。

（3）高性能 BDS/GNSS 多模卫星导航模块。支持北斗卫星导航系统 BDSS，支持多系统联合定位。

（4）实时获取起爆控制器 GPS 坐标，满足工业电子雷管对准爆区域的管理要求，实现爆破区域管控。

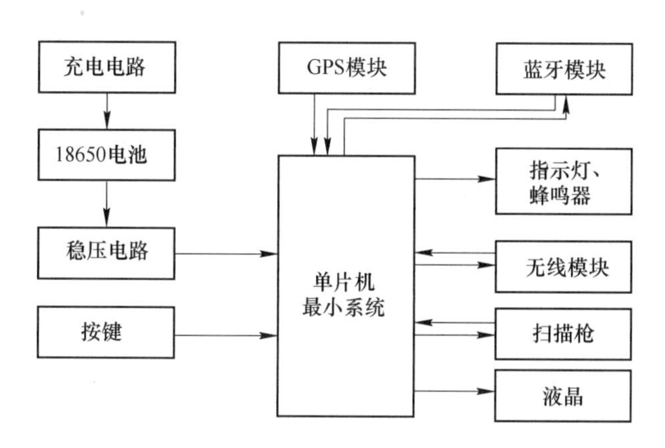

图 7-41 智能起爆控制器整体结构图

7.9.4　智能无线起爆模块的安全控制

（1）工作码备案管理，起爆密码授权使用。

智能无线起爆模块也具有工业电子雷管一样的工作码，爆破作业单位需要提前备案，有关部门核准使用单位、合同及准爆的区域才可以获取到智能无线起爆模块的工作码，智能无线起爆模块起爆需要起爆密码，含雷智能无线起爆模块 UID 和智能起爆控制器密码的工作码由公安部门管理并现场授权才能使用。

（2）双电压控制保证操作安全性和起爆可靠性。

工业电子雷管进行工作时，智能无线起爆模块 MBUS 电路给工业电子雷管进行充电，为确保工业电子雷管安全，设置了 7 V/24 V 两种电压。

7 V：当工业电子雷管未进入起爆阶段时，智能无线起爆模块打开电源后，默认输出 7 V 电压给工业电子雷管充电，并进行通信检测工业电子雷管的好坏，通过双色灯来显示检测结果，此电压下，即使工业电子雷管内部有故障等其他意外情况，也无法将工业电子雷管引爆。

24 V：当智能无线起爆系统组网完毕、所有授权完成、确认安全后，智能起爆控制器发送起爆命令后，智能无线起爆模块 MBUS 电路才会给工业电子雷管充 24 V 电源，以保证它有充足的能源可以起爆工业电子雷管。

智能无线起爆模块提供工业电子雷管供电电路包括稳压电路（见图 7-42（a））和充电电路（见图 7-42（b）），稳压电路的输入端与供电电池连接，充电电路与供电电池连接。稳压电路包括稳压芯片，稳压芯片的输入端与供电电池连接，稳压芯片的输出端与主控芯片的第 8 引脚和无线通信芯片的第 1 引脚连接。充电电路包括充电连接端口和充电管理芯片，充电连接端口用于连接外部供电接口，充电管理芯片的输出端与供电电池连接。

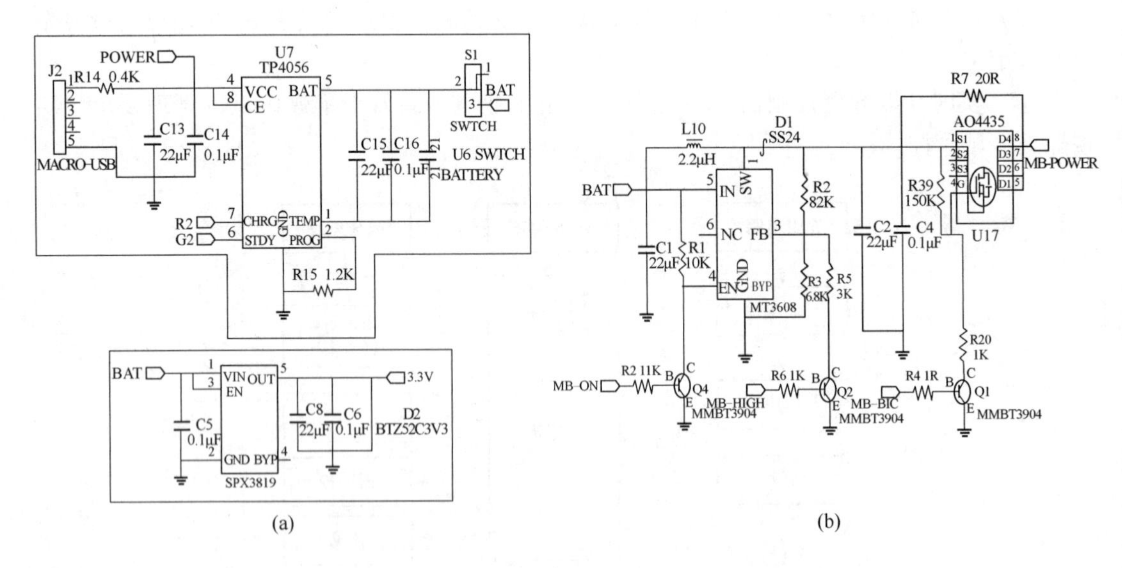

图 7-42　智能无线起爆模块升压电路与供电电路图

（a）升压电路；（b）供电电路

通过设置供电电路为主控电路和无线通信电路供电，并设置升压电路保证 MBus 通信控制电路和 MBus 驱动电路工作。MBus 驱动电路与工业电子雷管连接后，工业电子雷管的信息经 MBus 驱动电路后发送至智能无线起爆模块主控电路，使智能无线起爆模块的主控电路通过无线通信电路将工业电子雷管的信息发送至智能起爆控制器。在智能起爆控制器发送起爆信号时，通过无线通信电路接收，并在 MBus 通信控制电路控制下，经 MBus 驱动电路将起爆信号发送至工业电子雷管，进而实现无线起爆，从而满足无线起爆的使用需求，具有极高的实用性。

7.9.5 工业电子雷管的安全控制

工业电子雷管是现代电子技术、信息技术与传统雷管技术相结合的产物，采用集成芯片控制技术、加密技术及电子精密延期技术，有助于提高整个起爆系统的安全性。工业电子雷管采用铱钵起爆系统，主要由工业电子雷管、铱钵表、铱钵起爆器等设备组成，其延时范围为 0~15000 ms，可在此范围内任意设定，误差小于 1 ms。工业电子雷管工作原理如图 7-43 所示，起爆器发送起爆指令后由 ZigBee 无线透传模块接收，然后 Stm32 单片机进入中断，定时器延迟 10 ms 后置低 PB5，使 VD1 截止，K1 释放，其常开触头断开，振荡升压电路停止工作，C1 和 C2 迅速放电，将工业电子雷管引爆。

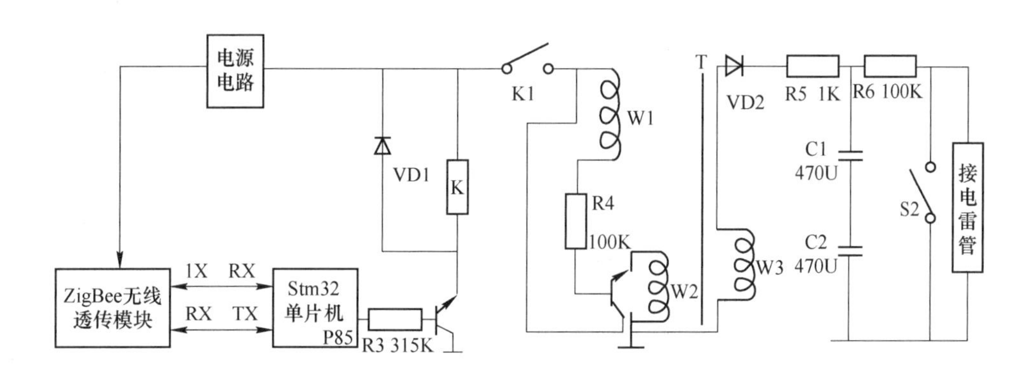

图 7-43 工业电子雷管工作原理

(1) 三码绑定，信息可追溯、起爆控制安全。

爆破作业单位需要提前备案，有关部门核准使用单位、合同及准爆的区域才可以获取到工业电子雷管的工作码，工业电子雷管起爆需要起爆密码，含工业电子雷管 UID 和智能起爆控制器密码的工作码由公安部门管理并现场授权才能使用。

(2) 密码随机生成，解密授权起爆。

随机密码：每发工业电子雷管的密码都是生产时随机生成的，没有固定的算法，即使有黑客获取到某一发工业电子雷管的起爆密码，依旧无法对其他工业电子雷管进行解密。

解密授权起爆：工业电子雷管没有进行解密授权，即使获取到起爆命令，发送起爆命令，工业电子雷管依旧无法被非法引爆。

(3) 工业电子雷管的起爆，至少要满足以下三个条件：

1) 工业电子雷管已经获取到工作码；

2）获得解密授权；

3）起爆器发送起爆指令。

7.9.6　其他安全控制保障措施

（1）良好的抵抗非法起爆性能和抵抗强网路干扰性能。系统采用LoRa无线传输技术，LoRa联盟围绕互操作性和开放性的愿景，即构建全球最开放的云，实现更快的创新和更紧密的安全。起爆的操作仅在最终起爆时，给工业电子雷管解密，数秒后发送起爆指令，这中间的时间间隙很短，黑客不足够时间破解工业电子雷管，影响爆破作业的顺利进行。

（2）4G通信数据安全性：MODBUS协议，数据CRC16校验，自带过滤功能、特定指令和对应智能无线起爆模块编号方可实现通信。系统对于工程爆破网路系统中常见的静电、杂散电流、普通交/直流电源影响等因素均设计有良好的抵抗干扰技术。工业电子雷管的电路隔离作用和结构，常规干扰不能直接作用于工业电子雷管的点火元件，一般静电干扰、系统杂散电流，甚至一般直流电源或工频220 V/55 Hz交流电，其能量均不能直接作用于工业电子雷管的点火元件，从而确保铱钵起爆系统具有良好的抗非法起爆和抗强干扰特性。

无线远程智能起爆系统应用中的安全措施为：

（1）智能起爆控制器、智能起爆模块和工业电子雷管在有关部门授权下、在允许爆破的区域内方可使用；

（2）智能起爆控制器在获得组网密码后可完成起爆前准备；

（3）智能起爆控制器同时按下“B”键和“H”键后，可实现控制起爆（见图7-44）。

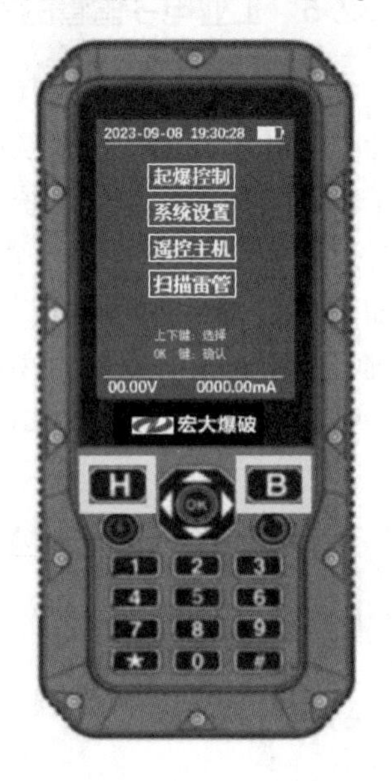

图7-44　智能起爆控制器控制面板图

7.10　智能无线起爆系统的试验

7.10.1　各项硬件的实验室测试

图7-45为实验室研究的部分图片。

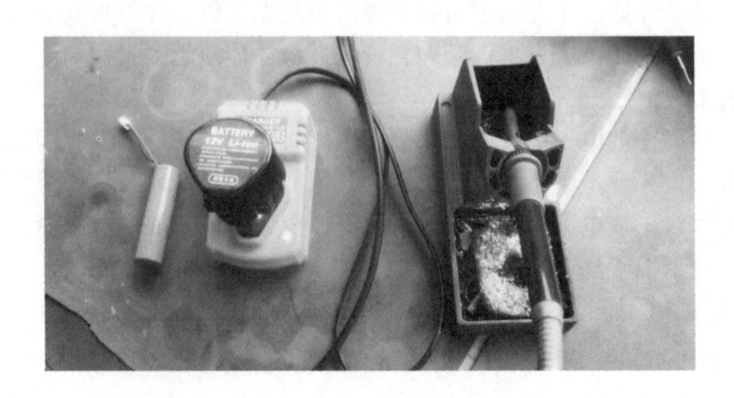

图 7-45　实验室研究的部分图片

7.10.2　露天无线组网测试（无炸药）

露天无线组网测试（无炸药）进行以下科目试验：

（1）进入到露天组网起爆然后点击刚刚建立的露天列表；

（2）点击开始组网等待组网完成；

（3）组网完成后，点击开始授权；

（4）授权完毕，进行最后的授权组网；

（5）授权完毕后准备起爆点击确定。

图 7-46 为露天无线组网测试（无炸药）测试部分现场图。

图 7-46 露天无线组网测试（无炸药）测试部分现场图

7.10.3 无人机搭载型号中继器起爆测试（无炸药）

图 7-47 为无人机搭载型号中继器起爆测试（无炸药）的部分场景。

7.10.4 安全性工业试验

需要对智能爆破器材安全性进行试验，确保通信信号在智能起爆系统内的畅通性，保证起爆控制器与起爆模块的发送、反馈信号得以准确表达。试验流程包括工业电子雷管注册、授权及智能无线起爆模块的检测工作，连接后的智能无线起爆系统还需要依次进行双向通信信号、注入延期时间、组网及起爆 4 项操作步骤，保证每项操作与结果的有效性，试验过程中起爆器对应的操作界面如图 7-48 所示。

7.10.4.1 试验准备

在进行试验内容所计划的试验前，需准备工业电子雷管、智能无线起爆模块（电量充足）、智能起爆控制器、信号中继器等爆破器材。

7.10.4.2 试验内容

（1）起爆距离测试：按 200 m、500 m、1000 m 距离测试无线起爆的可行性，起爆距

图 7-47 无人机搭载型号中继器起爆测试（无炸药）的部分场景

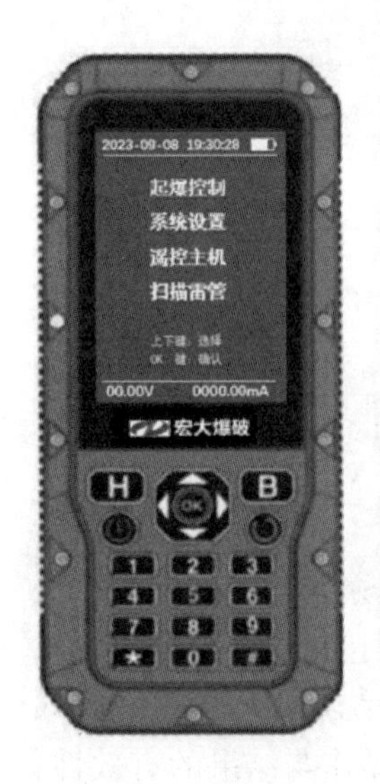

双向通信信号试验

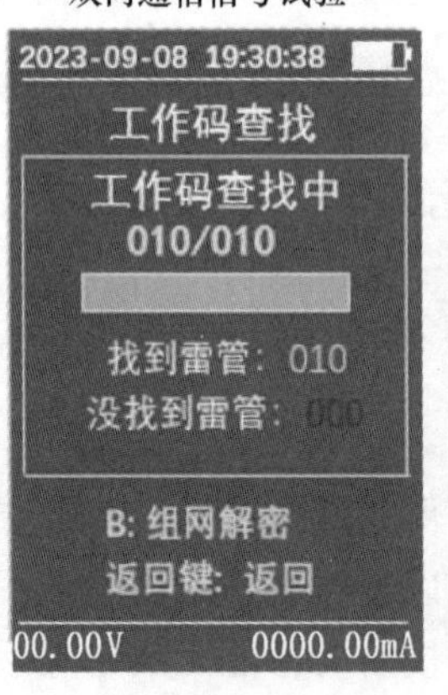

注入延期时间试验

2023-09-08 19:30:32

列表:001 共有_010_发雷管

序号	尾纤	雷管编号	延时
001	467612	6610618803000	50
002	447688	6610618803001	100
003	447666	6610618803009	150
004	447618	6610618803007	200
005	587616	6610618803008	250
006	067610	6610618803005	300
007	487579	6610618803004	350
008	490666	6610618803003	400
009	618662	6610618803002	450
010	408618	6610618803006	500

起始时间：50　时差：50
H：复制扫描　B：时差扫描
*：修改方案　#：删除/移动
00. 00V 0000. 00mA

组网试验

2023-09-08 19:30:28

共有_02_个列表可组网

序号	时间	数量
01	2023-09-08 19:30	10
100	2023-09-08 16:28	100

H：组网检测　B：验证授权
上下键：选择　#：删除列表
OK:选中/取消
00. 00V 0000. 00mA

图 7-48 智能无线起爆系统安全性试验

离按直线距离计算。

（2）地形地貌测试：通过在不同地形地貌区域进行起爆试验，从而观测地形地貌对起爆的影响，地形地貌不限于平地、山峰山谷、梯形地貌、高差起伏地面。

（3）干扰测试：主要考虑电磁干扰、振动干扰、杂散电流干扰的影响，以此验证系统的可靠性程度。

（4）同频率干扰测试：主要考虑同频率信号干扰的影响，以此验证系统的可靠性程度。

（5）可靠性测试：又称为起爆有效性测试，该项指标主要考虑起爆控制信号激发药包起爆的可靠性程度（起爆器无线起爆的有效性）。

（6）单发起爆试验：整体系统准备就绪，所有起爆前操作到位，可进行单发起爆试验，以验证整个系统的起爆效果。

（7）多发起爆试验：整体系统准备就绪，单发起爆试验完成，所有工业电子雷管已授权，可验证整个系统的起爆效果。

7.10.4.3　试验方法

编制试验方案、应急预案、确定实施组织和人员编制，按爆破作业正规程序实施；按智能无线起爆系统实施步骤，把前期的注册、验证、授权、工业电子雷管检测、智能无线起爆模块检测全部完成；进入试验场地，在每项试验前将工业电子雷管脚线与智能无线起爆模块连接。

（1）双向通信信号（见图7-49）：通过智能起爆控制器向智能无线起爆模块发射起爆控制信号，验证智能无线起爆模块是否可接收来自智能起爆控制器的信号；同时工业电子雷管起爆经智能无线起爆模块传输至智能起爆控制器，以验证智能无线起爆模块是否可向智能起爆控制器发送信息。智能起爆控制器显示屏“找到雷管”字样。

图7-49　双向通信信号试验

（2）注入延期时间（见图7-50）：通过智能起爆控制器向智能无线起爆模块发射注入延期时间信号，智能起爆控制器能否接收到智能无线起爆模块注入延期时间成功的信号。

（3）组网（见图7-51）：通过智能起爆控制器向智能无线起爆模块发射组网控制信号，智能起爆控制器能否接收到智能无线起爆模块组网成功的信号。智能起爆控制器屏幕显示“共有＊＊个列表可以组网”。

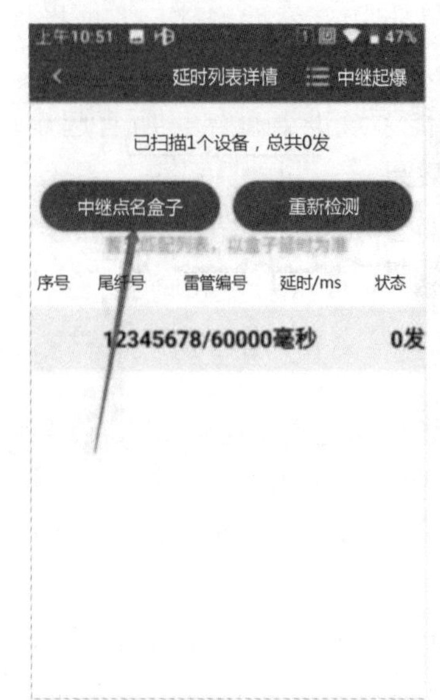

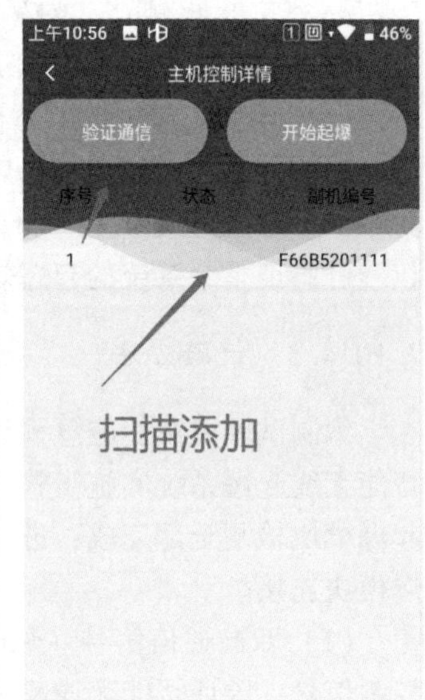

图 7-50　注入延期时间试验　　　　图 7-51　组网试验

（4）起爆：通过智能起爆控制器向智能无线起爆模块发射起爆命令，工业电子雷管能否准确起爆。

7.10.4.4　距离测试

根据任务需要，首先需要对无线起爆距离进行测试，以验证无线起爆的方法是否可行；通过智能起爆控制器向智能无线起爆模块发射起爆控制信号，验证智能无线起爆模块是否可接收来自起爆器的信号；同时工业电子雷管起爆经智能无线起爆模块传输至智能起爆控制器，以验证智能无线起爆模块是否可向起爆器发送信息。

距离测试方法描述：将工业电子雷管与现场药包引线连接，智能无线起爆模块与工业电子雷管通过智能无线起爆模块线路连接（同一平面），试验人员手持起爆器距离智能无线起爆模块分别为 200 m、500 m、1000 m，验证无线起爆距离（见图 7-52）。

图 7-52　起爆距离测试

通过距离测试试验可知（见表 7-2），起爆器距离智能无线起爆模块分别为 200 m、500 m、1000 m 时，试验均可正常实现起爆，验证无线起爆距离可达到 1000 m。

表 7-2 距离试验结果统计表

距离/m	地形	次数	试验结果				备注
			双向通信信号	注入延期时间	组网	起爆	
200	开阔	20	√	√	√	√	
500	开阔	20	√	√	√	√	
1000	开阔	20	√	√	√	√	

7.10.4.5 地形测试

在对起爆控制系统进行完成距离测试后，可进一步对地形地貌进行测试，地形地貌测试的主要目的是测试智能起爆控制器是否可在特殊地形环境中成功实现工业电子雷管的起爆试验（见图 7-53 和图 7-54）。

图 7-53 山谷地形起爆测试

图 7-54 高差地形起爆测试

地形测试方法描述：将工业电子雷管与现场药包引线连接，智能无线起爆模块与工业电子雷管通过智能无线起爆模块线路连接（不在同一高面），试验人员手持智能起爆控制器距离智能无线起爆模块一定距离（本系统采用200 m进行测试），模拟不同地形影响。

通过地形测试试验可知（见表7-3），智能起爆控制器与工业电子雷管不在同一平面时（高差距离50~100 m范围），山谷地形测试（智能起爆控制器水平面高于工业电子雷管）、高差地形测试（智能起爆控制器水平面低于工业电子雷管），起爆测试效果满足试验需求（均可以起爆工业电子雷管）。

表7-3 地形试验结果统计表

距离/m	地形	次数	试验结果				备注
			双向通信信号	注入延期时间	组网	起爆	
200	山谷地形	20	√	√	√	√	
200	高差地形	20	√	√	√	√	高差50 m
200	高差地形	20	√	√	√	√	高差100 m

7.10.4.6 干扰测试

干扰测试的目的是分析外界环境因素对系统造成的影响，从而根据影响程度来进一步提出办法措施，以消除或减弱干扰的影响。干扰测试主要考虑电磁干扰、振动干扰、杂散电流干扰（见图7-55~图7-58）。

图7-55 环境干扰测试

干扰测试方法描述：针对电磁干扰，采用手机及对讲机置于智能无线起爆模块所在位置的方式加以测试；针对振动干扰，试验前检查车辆及重机械对设备的影响，试验结束后，检查起爆振动对智能无线起爆模块的影响；针对杂散电流干扰，检查常用现场通电设备（车载充电、电源线路、高压线路、强力电焊机等的影响）对系统的影响。

图 7-56　电磁干扰起爆测试

图 7-57　振动干扰测试

图 7-58　建筑物/汽车中存在的杂散电流干扰测试

在电磁干扰测试中，手机/对讲机在近距离/零距离两种情况下工作/不工作时都不影响工业电子雷管的正常起爆，说明电磁干扰对智能无线起爆模块及工业电子雷管不造成影响，进一步说明智能无线起爆模块设计的实用性。在振动干扰测试中，试验前的车辆/重车辆的工作振动对智能无线起爆模块不构成影响，试验起爆结束，智能无线起爆模块的正常率超过90%，振动干扰对系统的影响满足设计要求，进一步说明智能无线起爆模块设计的稳定性。在杂散电流干扰测试中，现场存在的建筑物/汽车造成的电流不对系统造成影响。

通过干扰测试试验可知（见表7-4），电磁干扰、杂散电流干扰及试验前的振动干扰对系统本身不造成影响，试验后的爆破振动干扰对智能无线起爆模块有一定的影响（并不影响智能无线起爆模块的起爆能力），但仍然有超过90%的智能无线起爆模块爆破后保留其完整性及可用性，满足干扰影响的设计要求。

表7-4　干扰试验结果统计表

测试距离/m	干扰源				试验次数	试验结果				备注
	类型	类型	是否工作	与电子雷管的距离/m		双向通信信号	注入延期时间	组网	起爆	
220	手机/对讲机	电磁干扰	√	0	20	√	√	√	√	
220	手机/对讲机	电磁干扰	√	0	20	√	√	√	√	
220	手机/对讲机	电磁干扰	×	1	20	√	√	√	√	
220	手机/对讲机	电磁干扰	×	1	20	√	√	√	√	
220	车辆/重车辆	振动干扰	√	5	20	√	√	√	√	
220	车辆/重车辆	杂散电流	√	1	20	√	√	√	√	
220	220 V照明电	杂散电流	√	1	20	√	√	√	√	
220	电焊机2000 W	杂散电流	√	5	20	√	√	√	√	
220	高压输电线20000 W	杂散电流	√	20	20	√	√	√	√	放置在高压线下
220	广播电台100 W	杂散电流	√	1	20	√	√	√	√	

7.10.4.7　同频率干扰测试

同频率干扰测试的目的是分析外界环境中用系统同频率的发射仪器能不能起爆系统中的工业电子雷管。测试采用同一型号、同一批次的没有授权论证的“非法”的智能起爆控制器做试验。试验结果表明（见表7-5）：系统没有受到同频率的发射装置发射信号的干扰，同一型号、同一批次的没有授权论证的“非法”的智能起爆控制器不能起爆系统中的工业电子雷管，同时也不会影响“合法”智能起爆控制器对起爆系统中的工业电子雷管起爆。

表 7-5 同频率干扰试验结果统计表

测试距离/m	智能控制起爆器		试验次数	试验结果				备注
	类型	与电子雷管的距离/m		双向通信信号	注入延期时间	组网	起爆	
220	非法	5	20	×	×	×	×	“非法”仪器与数码电子雷管通信
220	非法	10	20	×	×	×	×	
220	非法	50	20	×	×	×	×	
220	非法	200	20	×	×	×	×	
220	合法	5	20	√	√	√	√	“非法”仪器干扰“合法”仪器与数码电子雷管通信
220	合法	10	20	√	√	√	√	
220	合法	50	20	√	√	√	√	
220	合法	200	20	√	√	√	√	

7.10.4.8 可靠性测试

可靠性测试的目的是验证系统的运行可靠性，从而进一步证明该方法的可行性和经济性。可靠性测试主要是指系统起爆的有效性测试（见图 7-59）。

图 7-59 可靠性测试

可靠性测试方法描述：对起爆控制系统进行可靠性测试，主要通过定距离、定地形、定干扰后（三定原则）对起爆进行重复试验（20 次），以验证起爆控制在同一条件下的可靠性程度。

通过可靠性测试试验可知（见表 7-6），当条件一定时，反复进行起爆测试，系统均可实现正常起爆，说明系统具有良好的可靠性。

表 7-6　可靠性试验结果统计表

稳定试验组合			试验次数	试验结果				备注
距离	地形	电焊机 2000 W		双向通信信号	注入延期时间	组网	起爆	
100	山坡地形	5	20	√	√	√	√	
100	山坡地形	10	20	√	√	√	√	
100	高差地形	5	20	√	√	√	√	
100	高差地形	10	20	√	√	√	√	
220	山坡地形	5	20	√	√	√	√	
220	山坡地形	10	20	√	√	√	√	
220	高差地形	5	20	√	√	√	√	
220	高差地形	10	20	√	√	√	√	

7.10.4.9　单发起爆试验

在上述所有测试完毕后可进行单发起爆测试，如图 7-60 所示，以验证系统的起爆效果（见表 7-7）。

图 7-60　单发起爆试验

表 7-7　单发工业电子雷管起爆试验结果统计表

试验项目		试验次数	试验结果				备注
距离	地形		双向通信信号	注入延期时间	组网	起爆	
100	开阔	20	√	√	√	√	
500	开阔	20	√	√	√	√	
1000	开阔	20	√	√	√	√	

7.10.4.10 多发起爆试验

整体系统准备就绪，单发起爆试验完成后，可进行多发起爆试验，以验证系统的起爆效果（见表7-8），如图7-61所示。

表7-8 多发工业电子雷管起爆试验结果统计表

试验项目			试验次数	试验结果				备注
距离	地形	雷管数量		双向通信信号	注入延期时间	组网	起爆	
100	开阔	50	20	√	√	√	√	
500	开阔	50	20	√	√	√	√	
1000	开阔	50	20	√	√	√	√	
100	开阔	500	20	√	√	√	√	
500	开阔	500	20	√	√	√	√	
1000	开阔	500	20	√	√	√	√	

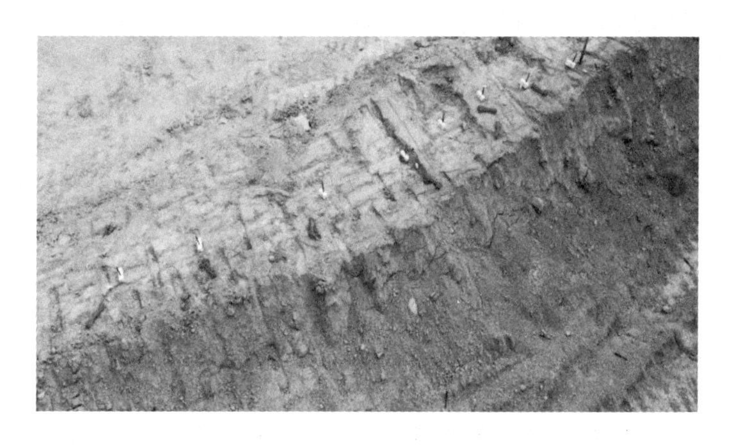

图7-61 多发起爆试验

7.10.4.11 试验结果分析

本阶段试验圆满完成了多项功能科目试验，共计现场测试820次，双向无线信号发射接收、注入延期时间、组网和起爆等科目全部满足试验要求，爆破成功率100%，在不安装炸药的情况下，智能无线起爆模块完好率也是100%。通过本阶段试验证明：

（1）智能起爆控制器、智能无线起爆模块、信号中继器和工业电子雷管组成的智能无线起爆系统研发成功。

（2）智能无线起爆系统实现了智能起爆控制器直接起爆多发工业电子雷管的目标。

（3）智能无线起爆系统具有强抗干扰、高稳定、远距离、安全可靠等技术优势。

8 智能乳化炸药地面站建设

8.1 智能乳化炸药地面站主要技术特点

智能乳化炸药地面站主要技术特点如下。

（1）地面站采用液态硝酸铵与固态硝酸铵、一体化油相与现场复配油相等多种生产模式，保障能力强。采用液态硝酸铵和一体化油相生产时，地面站各工序的生产采用一键式开机，生产过程中固定工房内无固定作业人员。生产中可远程开停机，故障自诊断功能，减少巡视人员。

（2）地面站可以全线联动控制，实现各工序、工位物料在线药量在线检测、超限报警和超限联动停机。该工艺系统采用德国西门子 PLC、G120C 变频器和 E+H 质量流量计等传感器构成的控制系统，各个控制器通过 PROFINET 通信总线集成并互联互通，上位机采用德国西门子 WinCC 软件集中监控，具有远程开停机和故障自诊断功能，全线生产实现少人化和智能化，全线设备联动控制。

（3）具有水相密度自动检测功能：采用 E+H 质量流量计在线检测硝酸铵水溶液的浓度、密度，采用 E+H 的质量流量计在线检测水相、油相的流量、密度，能有效保证生产过程产品质量的稳定性。

（4）具有乳化基质黏度在线检测功能：在基质输送管路上设置黏度计、自动检测和分析生产过程中的基质黏度，在基质黏度值超出工艺范围内给予报警，当基质黏度值影响工艺质量时给予自动停机保证生产质量。

（5）能够同时满足惠丰、澳瑞凯、北矿亿博、湖南金聚能、深圳金奥博公司现场混装乳化车装药要求，即同时满足混装车产能、压力、敏化工艺、敏化效果要求：地面站采用静态乳化器系统，可通过调整静态混合器单元的规格及个数来调节需要的产能和产品类型。可生产各种黏度和威力所需要的乳胶基质。

（6）小时产能不小于 15 t/h。

（7）混装车满载乳化基质经 300 km（含 50 km 矿区道路）远程配送后，储存期 30 天以上。

（8）使用先进的高分子乳化剂生产出的乳胶基质，具有抗颠簸能力强、储存期长的优点，车载运输抗颠簸距离可达 1000 km，静置储存期可达 12 个月。

（9）正常生产、乳化基质泵送压力为 0.6~1.2 MPa。（电缸活塞式容积泵，Ⅲ类）。

（10）水相溶液成分为硝酸铵水溶液，满足单一氧化盐要求。

（11）不限定原辅材料供应商：原材料来源广泛、对原材料供应商无限定要求，硝酸铵、柠檬酸等为通用原材料，一体化油相和乳化剂可市场采购。

（12）基质中油相比例不大于 6%，常规乳胶基质生产油水相比例为（5.5~6）:（94~94.5）。

(13) 乳胶基质敏化后炸药爆速不小于5000 m/s，产品质量稳定。

(14) 基质泵采用电缸活塞式容积泵（Ⅲ类)(见图8-1)。

图8-1 电缸活塞式容积泵

(15) 乳化系统：采用静态乳化系统，在连续乳化工艺中，初乳是用体积小巧的敞开式粗乳器，具有转速低、间隙大、功率小的特点；精乳是用特殊构造的无任何机械转动作用的静态混合器（见图8-2)，乳化过程不升温，显著地提升了乳胶基质生产的本质安全水平。

图8-2 静态混合器

(16) 生产的乳胶基质经国家民爆检测中心检测，通过了联合国关于《危险货物运输爆炸品认可、分项试验方法和判据》(GB 14372—2013) 第八组8 (a)~(d) 试验，可以归类为5.1级氧化剂，显著地提升了乳胶基质储运的本质安全水平。

(17) 环保节能。敞开式粗乳器功率只有3 kW，精乳静态混合器无机械转动、整个乳化系统能耗不超过14 kW，能耗约0.93 kW/t。因此采用JWL-S型现场混装炸药乳化基质地面站能耗比国内传统的现场混装炸药乳化基质地面站低19%~25%。

(18) 现场混装炸药乳化基质设备安全使用年限长。

(19) 全线无“0”类设备，静态精乳器、基质输送泵为Ⅲ类设备，安全使用年限15年。

(20) 布局合理，易操作维护。

8.2　生产能力

年产现场混装胶状乳化炸药：37000 t。

(1) 小时生产能力：≥15 t/h。

(2) 双班生产能力：2×15×7.5=225 t。

(3) 全年生产能力：56250 t (225×250=56250)。

8.3　乳胶基质配方、性能和产品组分

8.3.1　乳胶基质配方

乳胶基质配方见表8-1。

表8-1　乳胶基质配方　(%)

序号	材料名称	配方一	配方二
1	硝酸铵	77.2	77
2	水	17	17
3	柠檬酸	0.15	0.15
4	一体化油相(短程配送)	5.8(低性能油相)	—
5	一体化油相(远程配送)	—	6.0(高性能油相)

注：配方一适用于露天短距离运输，配方二适用于露天远程配送。水相溶液为单一氧化盐溶液，油相占比≤6%。

8.3.2　乳胶基质性能

乳胶基质性能见表8-2。

表8-2　乳胶基质性能

项目	现场混装炸药乳胶基质(无雷管感度)	备注
炸药密度/$g \cdot cm^{-3}$	取样15 min后，1.05~1.25	炸药密度可调控

续表 8-2

项目	现场混装炸药乳胶基质（无雷管感度）	备注
爆速/m·s^{-1}	≥5000	
撞击感度/%	爆炸概率为 0	
摩擦感度/%		
8 号雷管感度/%		
热感度/%	发火率为 0	
储存期/d	≥360	
试验	《危险货物运输爆炸品的认可和分项试验方法》（GB 14372—2013）第八组试验	通过

8.3.3 产品组分

现场混装乳化炸药组分（配方）见表 8-3。

表 8-3 现场混装乳化炸药组分（配方）

序号	材料名称		配比/%	备注
1	水相	硝酸铵	82.0~84.0	
2		水	17.0~19.0	
3		柠檬酸	0.5~2.0 kg/t	
4	油相	乳化剂	20.0~35.0	
5		0 号柴油	35.0~45.0	
6		40 号机油	20.0~45.0	
7	水环敏化剂		2.0~5.0	将敏化剂配制到水环里，敏化剂为 1.5%~4%浓度的 $NaNO_2$

8.3.4 乳化炸药产品性能

现场混装胶状乳化炸药密度为 1.05~1.25 g/cm^3。

8.4 工艺方案

本项目地面站乳化基质生产采用深圳金奥博科技股份有限公司提供的 JWL-S 型现场混装用乳胶基质工艺及设备，混装车采用山西惠丰特种汽车有限公司提供的 BCR(D)H-15 型现场混装乳化炸药车和保利澳瑞凯（江苏）矿山机械有限公司提供的 BC-15 型现场混装乳化炸药车。生产系统主要由硝酸铵库、乳胶基质制备工房、综合材料库、锅炉房及变电所等建、构筑物组成，主要工序包括硝酸铵破碎、水、油相制备、乳胶基质制备、敏化剂制备、装车等。

8.4.1 现场混装乳化炸药生产工艺

现场混装胶状乳化炸药生产工艺流程框图如图 8-3 所示。

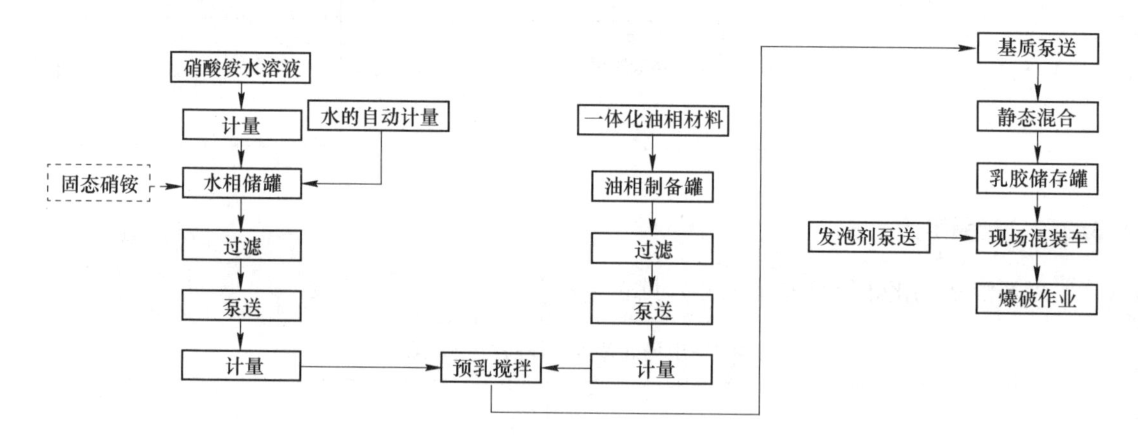

图 8-3 现场混装乳化炸药生产工艺流程框图

8.4.2 水油相制备

水油相制备设计考虑了采用“固态硝酸铵+复配油相”和“液态硝酸铵、液态油相”两种方案。

(1) 采用液态硝酸铵、液态油相时，专用运输车运达后，由硝酸铵水溶液卸料泵、液态油相卸料泵泵送入硝酸铵水溶液储罐、油相储罐储存待用。生产时，按配方将定量的硝酸铵水溶液、油相从硝酸铵水溶液储罐、油相储罐，经硝酸铵水溶液输送泵、油相输送泵泵送至水相制备罐、油相制备罐，并按配方将定量的水从水罐中经水泵泵送至水相制备罐后启动搅拌，通入热水加热至工艺要求温度后，对水相溶液进行分析，合格后保温备用。

(2) 采用固态硝铵和复配油相时，固态硝铵运至基质制备工房经破碎送入水相配制罐，加热搅拌溶化，浓度、温度及 pH 值达到工艺要求后，泵送至硝酸铵暂存罐备用。采用复配油相，将各油相材料泵送至油相配制罐，加热搅拌至工艺温度，泵送至油相暂存罐备用。

8.4.3 乳化基质制备及装车

将制备好的水相溶液和油相溶液分别通过水相计量泵和油相计量泵泵送至乳化器的搅拌罐中进行乳化，后经乳胶输送泵经精乳泵送至乳胶基质储罐中备用。装车时，乳胶基质通过重力自流入现场混装乳化炸药车的相应料箱中。

8.4.4 敏化剂制备及装车

按照配方将定量的敏化剂和水加入敏化剂制备罐中，开启搅拌，混合均匀后通过敏化剂输送泵泵送至现场混装乳化炸药车的相应料箱中。

8.4.5 现场混装

现场混装乳化炸药车到达爆破现场后，启动车上动力系统，现场混装乳化炸药车自动把乳胶基质、敏化剂溶液按比例，由混装炸药车的输送泵快速定量输入炮孔，完成装药工作。

8.5 复配油相

复配油相材料是生产乳化基质的核心材料，由乳化剂、还原剂和其他助剂组成，尽管含量仅占乳化基质的5.5%~6%，但对乳化基质形成稳定的W/O型乳化体系却起到关键作用，是实现乳化基质乳化速度快、低黏度、稳定性高、安全性好的核心材料。其关键作用包括以下六个方面。

(1) 乳化。乳化基质由氧化剂水溶液、油相材料及其他添加剂组成，是一种流散性较好的胶状体，它是经乳化工艺制得。乳化基质制备的核心技术在于制备稳定的乳化基质。复配油相材料中乳化剂所起的作用是：由硝酸铵和水组成的氧化剂盐水溶液，以极细微液滴（0.002~0.02 mm）形式被乳化剂所形成的油膜包裹，分散在由油相材料所形成的连续相中。

(2) 构成连续相。在乳胶基质体系中，油相材料最根本的作用是构成基质的连续相。乳胶基质是以氧化剂水溶液为分散相，非水溶性的油相材料为连续相构成的乳化体系，属于W/O型体系。在体系中，由于氧平衡的限制和爆炸性能的要求，油相材料的含量（质量分数）为5.6%~6%，这样油相材料的黏度、链长、分子结构和乳化剂的匹配耦合就显得非常重要，通过保证连续相的油膜有足够的强度，从而防止硝酸铵等无机氧化剂盐析晶时油膜变形或破裂。

(3) 燃烧剂和敏化作用。乳胶基质是一种典型的多组分混合物，为了获得体系所必需的氧平衡和提高其爆炸性能，添加一种或数种燃烧剂或敏化剂是非常必要的。油相材料一般选油、蜡和聚合物等碳氢化合物，这些物质就是体系中良好的燃烧剂。在爆炸反应中，燃烧剂能迅速参与反应，产生大量的气体和热量，膨胀做功。另外，氧化剂水溶液的液滴分散得细而均匀，与连续相-油相材料的油膜彼此接触紧密而充分，有利于爆轰的激发和传递。虽然油相材料一般是普通的碳氢化合物，但在特定的条件下可起到敏化的作用。

（4）抗水性能。乳胶基质优良的抗水性能是与油相材料密切相关的。因为在 W/O 型体系中，连续相（油相材料）将氧化剂水溶液包于其中，这样既防止液体分层，又阻止了外部水的侵蚀和沥滤作用，因而具有良好的抗水性能。

（5）外观状态。通常乳胶基质的黏稠度取决于油相材料的黏度。随着研究工作的不断深入，各种高分子聚合物相继引入油相材料中，通过连续相的不断稠化和高分子物质的吸附交联作用，使得乳胶基质的稳定性获得显著提高。

（6）安全性能。实践表明乳胶基质的摩擦、撞击和枪击感度是相当低的，这与油包水型乳化液体系中粒子间的滑动接触韧性增大、阻力减少有关。

综上所述，复配油相材料的结构、组成决定了乳胶基质的性能。对于乳化炸药而言，乳化基质的性质和含量决定了其使用性能，为使乳化炸药具有优良的使用性能，一般要求乳化基质稳定性好，同时具有较好的流动性。

8.6　先进的控制技术

地面站采用德国西门子 S7 系统集中控制，配置西门子 G120C 变频器和触摸屏。PLC、变频器和触摸屏之间采用工业以太网通信，实现了采集数据、阀门控制、电机启停、产能调节等功能。控制室采用西门子 WinCC 软件集中监控、数据存盘，视频监控系统等。主要软硬件设备运行稳定、成熟可靠，已在四川雅化集团、葛洲坝易普力、安徽江南化工等 170 多个项目成功应用。

（1）控制系统多元化：触摸屏和上位机的同步监控，现场使用触摸屏可以显示各种数据，控制生产，同时也可通过上位机监控软件查看现场设备运行各种信号，控制生产。

（2）数据通信稳定可靠：本系统采用西门子 1200 PLC 进行核心控制，上位机采用工业以太网进行通信，触摸屏、变频器互联互通，稳定快速传送现场各种信号。

（3）闭环控制系统：水油相的温度控制采用自动控温阀，PLC 根据设定温度自动调节阀门开度，使物料温度控制在工艺范围内。

（4）仪表、设备性能高：水相油相流量的控制均采用 E+H 质量流量计。生产时根据设定的分钟产量，自动控制水相泵、油相泵的转速，恒定地控制水相、油相的流量，并使水、油相按照工艺的比例输出到粗乳器进行搅拌成乳。同时流量计也能检测出介质的密度，动态把握工艺过程，使产品达到最优性能。

（5）生产检测全面：生产全过程有完整的温度、压力、液位、电流、流量、密度、黏度等检测和报警，在一定条件下，通过对检测的密度分析，建立模型，确保每一个生产环节都得到很好的检测、控制，确保安全生产和产品质量。

（6）生产过程安全可靠：生产现场设有紧急停车按钮及报警装置。且每一环节也有严格的安全联锁保护。不仅能很好地确保人员安全，也能保护生产设备。

（7）传感器控制精度高，易安装，易维护保养，使用寿命长；

（8）用 PLC 表作为下位机，工业计算机和触摸屏作为上位机：上位机实现现场工况动态模拟，工作参数设定修改，实时和历史工艺参数显示及报表自动生成。

（9）自动控制设备选型可靠：安全保护装置与措施完善，控制系统组态技术先进、程序控制和安全连锁保护功能强大，提高了整条地面站的本质安全程度。

（10）一键启停，实现生产过程无固定作业人员。

（11）信息化程度高：控制系统能智能判断变频器和传感器故障，能根据产能和转速的匹配变化判断泵的磨损情况。西门子 PLC 控制器能联通各种工业设备，支持远程网络维护。

8.7 地面制备站“工业互联网+安全生产”平台

民爆行业“十四五”发展规划中，“工业互联网+安全生产”专项行动提出：打造企业工业互联网平台。鼓励龙头骨干企业建立工业互联网平台，通过企业生产全过程、全要素、全产业链连接、分析，提升安全感知监测、预警处置能力。地面制备站智能化、可视化技术总体框图如图 8-4 所示。

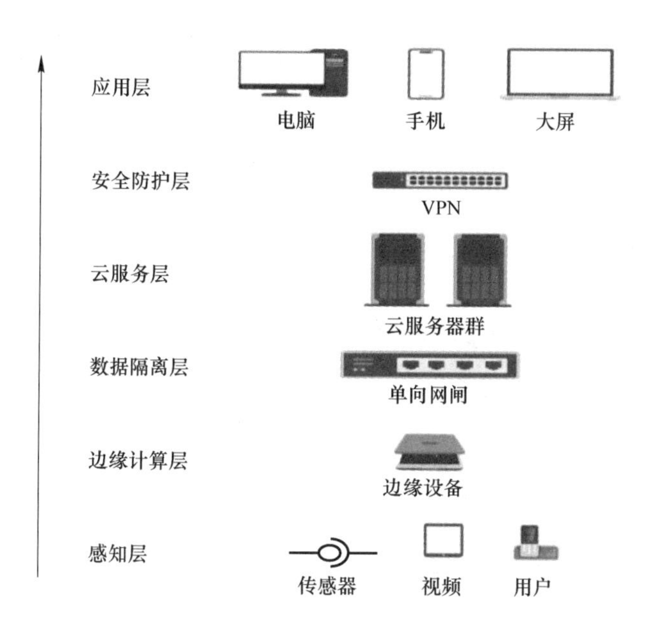

图 8-4 地面制备站智能化、可视化技术总体框图

8.7.1 国内民爆行业“工业互联网+安全生产”平台建设现状

《“工业互联网+安全生产”行动计划（2021—2023 年）》指出：到 2023 年底，工业互联网与安全生产协同推进发展格局基本形成，工业企业本质安全水平明显增强。据多方了解，国内民爆行业“工业互联网+安全生产”平台处于起步进阶阶段。在部分爆破行业头部企业逐渐建立了相关平台，包括易普力集团的下属地面站，江南化工集团下属的地面站，以上平台大多数以单个地面站为试点，尚未建立完全集团化的运营；平台建设大多数以感知为核心，对于联动处置，以及提高本质安全鲜有涉足，基于目前行业的现状，以追赶并超越为目标进行本项目的建设。

8.7.2　项目建设内容

建设民爆行业地面站“工业互联网+安全生产”数字可视化平台：生产工艺数字化、安全可视化、设备全生命周期、成本可视化、销售数字化、运输数字化等，建设平台基础业务支撑系统，基础信息资源库、安全管理、设备管理、数字可视化主题配置工具等。

智能化乳化炸药地面制备站的可视化系统具体需求见表8-4。

表8-4　可视化系统需求汇总表

序号	模块	需求	技术措施	
1	智能现场混装乳化炸药车	智能现场混装乳化炸药车上搭载控件或设施，可一键上传车辆发车、到达工地、出发返程、回到单位的时间；增设控件，不同车辆在不同作业点装药结束时员工在现场直接手工输入地点、数量后上传至后台，自动统计（该数据可修改、可导出）	开发移动应用APP，由驾驶员通过手机或PDA在地面制备站与项目地址往返前填报起始时间，到达目的地后填报到达时间和对应项目信息、炸药装填量信息	智能现场混装乳化炸药车运输移动端
2		能连接智能现场混装乳化炸药车GPS定位系统（智能现场混装乳化炸药车已安装吉码科技公司的GPS定位装置），实现实时定位，车速超速等违章可在屏幕上显示报警，显示GPS实时定位图，另可显示智能现场混装乳化炸药车运输线路图、偏离固定路线预警、超载预警、出车驾驶室实时监控画面、车辆及人员出勤数量、待命车辆备用车辆数量、维修车辆数量等	已和吉码科技沟通，提供相关接口，实现智能现场混装乳化炸药车GPS定位，车速等智能现场混装乳化炸药车信息	运输视图
3		显示混装药在广东省各作业点的“销售”地图	通过手机APP实现上报项目炸药使用量的功能，由押运员装药后上报项目名称、日期、装药数量信息。 记录每日智能现场混装乳化炸药车装药量，选择使用混装炸药的项目，可以对不同项目、不同时间段进行汇总、分析等业务数据信息进行展示	销售视图 销售管理

续表 8-4

序号	模块	需求	技术措施	
4	车间	实时显示生产线在线工艺参数：电流、转速等	开发生产线主控系统接口，实现生产线设备状态、生产工艺参数等信息的单向读取。接入视频监控系统或摄像头，实时在线监控； 水相溶化环节：液位、温度、压力、设备运行状态信息等； 油相熔化环节：液位、温度、压力、设备运行状态信息等； 乳化工艺环节：流量、温度、压力、电机转速、设备运行状态信息等	工艺数据视图 工艺流程视图 数据处理平台
6		实名制显示，显示生产车间每日上岗、请假等员工状态	通过门禁系统与请假功能结合实现实名制上岗、员工请假状态显示	人员视图、 员工在岗情况
7		显示厂区风险点分布图、鸟瞰图，点击后显示画面（均为海康）	基于安全数字化管理中风险点危险源管理，采用平面地图将地面制备站生产区域、办公区域、库房区域及其他管控区域进行综合展示，同时将各生产线、仓库危险源及巡查点进行监控、展示。并能利用现有监控设施，显示厂区风险点分布图、鸟瞰图，点击后显示监控画面与危险源位置、风险等级、危险因素、负责人等信息	四色图视图、 安全管理- 风险点危险源
8	设备	统计智能现场混装乳化炸药车设备周期保养维修、年审等设备维护记录（未及时保养或审车时有提示功能）	基于业务支撑系统中设备管理模块，对地面制备站、现场智能现场混装乳化炸药车所有生产设备、运输设备进行分类、汇总、监控、预警、维修、维护等所有基础信息和业务数据信息展示，具有设备保修提醒功能	设备维修、 定期保养
9		具备设备档案管理。统计包括设备的编号、型号、主要部件型号、运行时间、投用时间等信息	对地面制备站、现场智能现场混装乳化炸药车所有生产、运输设备进行分类、汇总、监控、预警、维修、维护等所有基础信息和业务数据信息展示，具有设备保修提醒功能	设备台账
10		电锅炉、生产线设备主要设备耗电自动存储、上传（我方自配智能电表，北京建议电表型号及确认匹配性）	已沟通天普胜智能电表数据接口	能源视图

续表 8-4

序号	模块	需求	技术措施	
11	原材料	每日原材料出入库、领用数据上传至系统后台，原材料录入、出入记录；可了解各种原材料库存量、出入库记录，各项目部当天硝酸铵使用量、剩余量	生产管理建设生产计划、生产排产、生产领用等业务表单及流程	采购管理、仓储管理、生产管理
12	库区值守	设置自动巡更机类似装置，巡视时间和频次等数据可上传至系统后台	安全管理模块安全巡检功能，调整为 PDA 扫描二维码	巡更管理
13	安全	统计分析安全信息：今日安全合格项及不合格项、今日处理与未处理项、今日新增隐患数、本月新增隐患数、本月处理隐患数、安全隐患来源分类条形图或饼状图	基于业务支撑系统中安全管理模块（安全双控体系），对固定地面制备站、乳胶基质运输车及智能现场混装乳化炸药车，建立起安全分级管控与隐患排查治理双体系，执行地面制备站相关的安全风险管控、安全检查、隐患整改、安全预警等安全生产业务，最终执行安全数据信息汇总，并且对所有安全数据进行分析、展示	安全视图、安全检查、隐患整改
14	其他	实现管理人员同数据和报表实时互动	数据报表为动态显示，可由用户选择时间段等参数	相关报表
15	移动终端连接功能	经授权的账号可以通过登录移动终端，实时查看授权范围内的信息及监控画面	数字化车间模块将生产工艺数据通过一系列的安全保证手段，将实时生产工艺数据转移到了移动互联网，满足了不在信息中心依然可以实时查看产线生产工艺现状的需求，为有事在外或出差的领导及其他人员提供了更便捷的生产工艺数据监测手段	数字化地面制备站移动端
16	数据管理	自动进行数据（能耗、油耗、运行时间）分析形成可视化趋势图	燃油设备及智能现场混装乳化炸药车在增加燃油监控设备并能够将数据通过接口或其他方式引出的基础上，系统自动统计分析设备（车）小时数燃油消耗和设备油耗，并能够生成报表	能源视图
17		统计分析设备（智能现场混装乳化炸药车）小时数燃油消耗和设备油耗，自动生成报表		

续表 8-4

序号	模块	需求	技术措施	
18	人机识别	通过摄像头识别生产区各区域在岗人员姓名，显示头像，实现生产线人员定额管理，在线人员超额预警，统计关键工序、重要部位、关键时间节点巡查巡视次数	经沟通通过摄像头识别功能取消，变更为接入门禁系统，显示生产区工作人员信息及请假信息	人员视图、员工请假
19	功能性预警功能	实时自动推送相关报警提示信息，规范操作管理通道并存储（报警功能）	基于系统预警信息提示，对企业的安全预警、设备预警、维修预警、检测预警、超储、超产等相关信息预警，做到危险信息可控、可管、可查。对重大安全事件建立模型，对其发展进行预测、控制	安全生产报警记录

8.7.3 “工业互联网+安全生产”功能需求描述

数字可视化平台功能架构图，如图 8-5 所示。

图 8-5 数字可视化平台功能架构图

8.7.4 可视化解决方案

智能乳化炸药地面制备站数字可视化包括：动态可视化、工艺流程视图、安全视图、设备视图、成本视图、项目供应视图、运输视图和人员视图等（见图 8-6）。

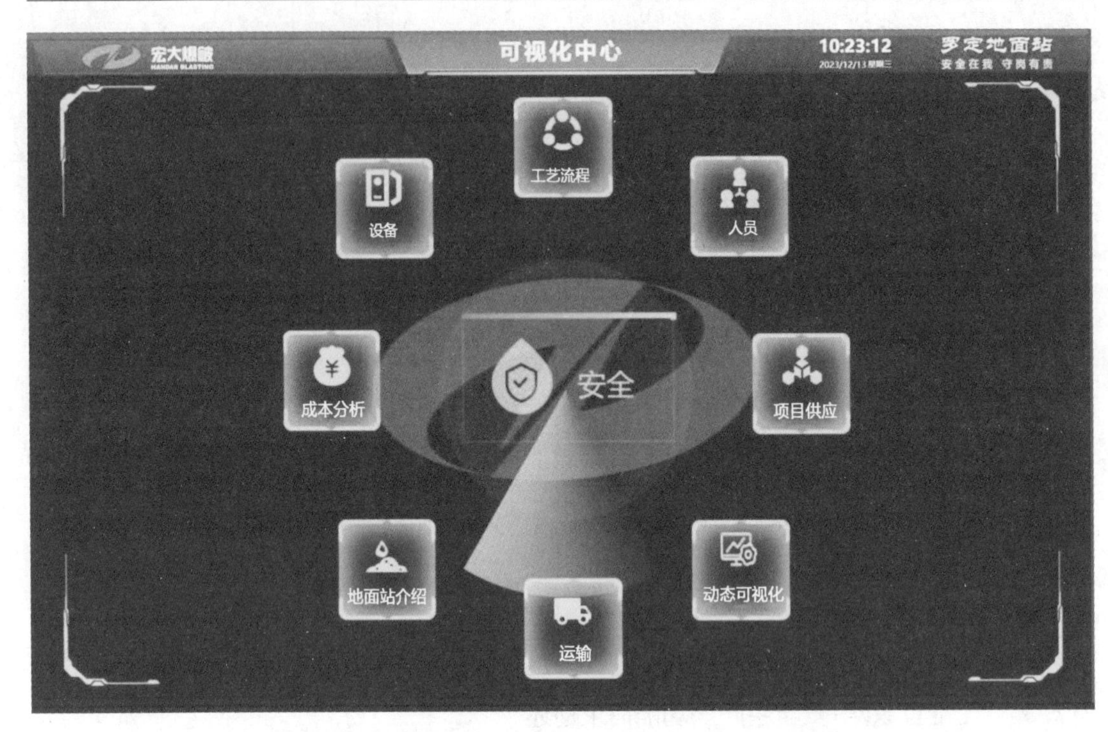

图 8-6　智能乳化炸药地面制备站数字可视化界面图

8.7.4.1　动态可视化

动态可视化通过地图展示各项目现场及地面站经纬度定位，用户可以点击对应项目现场（见图 8-7），上方弹出停放在当前选择的项目现场的智能现场混装乳化炸药车模型

图 8-7　智能现场混装乳化炸药车工作区域界面图

(见图 8-8)，包含但不限于：车牌号、押运员、驾驶员、装药量等信息；点击智能现场混装乳化炸药车模型，会显示所选择的智能现场混装乳化炸药车 3D 模型，当智能现场混装乳化炸药车在工作状态时，模型中会悬浮智能现场混装乳化炸药车部分信息，包含但不限于：基质存量、基质温度、泵转速、电流、压力、出药量。

图 8-8　智能现场混装乳化炸药车实时数据界面图

智能现场混装乳化炸药车通过点击地图左侧相应车牌号调出。

8.7.4.2　工艺流程视图

工艺流程视图对乳胶基质生产线生产情况、工艺数据进行实时监测和传输，实现了生产全过程数字化（见图 8-9）。点击不同设备，右上角显示对应生产区工房监控。

8.7.4.3　安全视图

安全板块集成了地面站重大危险源监控、风险分级管控和隐患排查治理双体系建设工作情况及教育培训、应急演练、安全组织架构等其他安全工作概况，若安全工作未进行闭环，系统会进行预警。图 8-10 是安全可视化界面图，中间是风险分布图及风险点统计情况，地面站现有二级风险点 1 个，点开风险分布图可以看到地面站各风险点监控及其详细信息，实现全方位立体式地对地面站安全生产工作进行监控。

点击安全风险分布图可以看到地面站各风险点监控及其详细信息。

8.7.4.4　设备视图

开发生产线主控系统接口，实现生产线设备状态、生产工艺参数、智能现场混装乳化炸药车各项数据等信息的单向读取（见图 8-11）。实时在线监控设备类型、各类型数量、保养时间等数据。

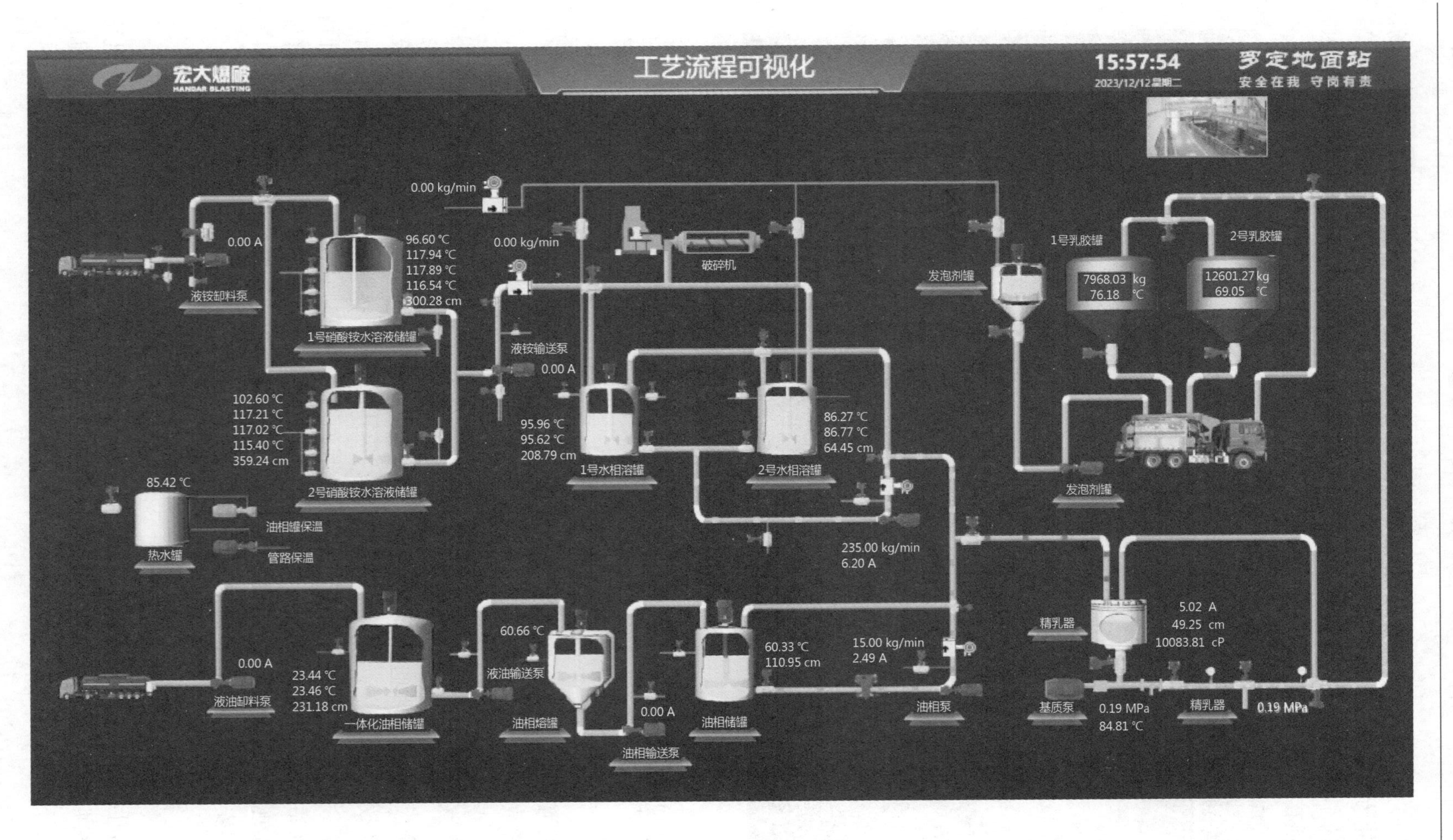

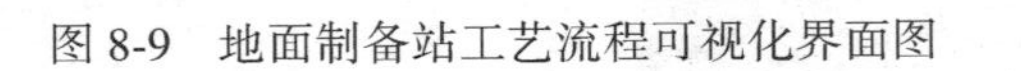
图 8-9　地面制备站工艺流程可视化界面图

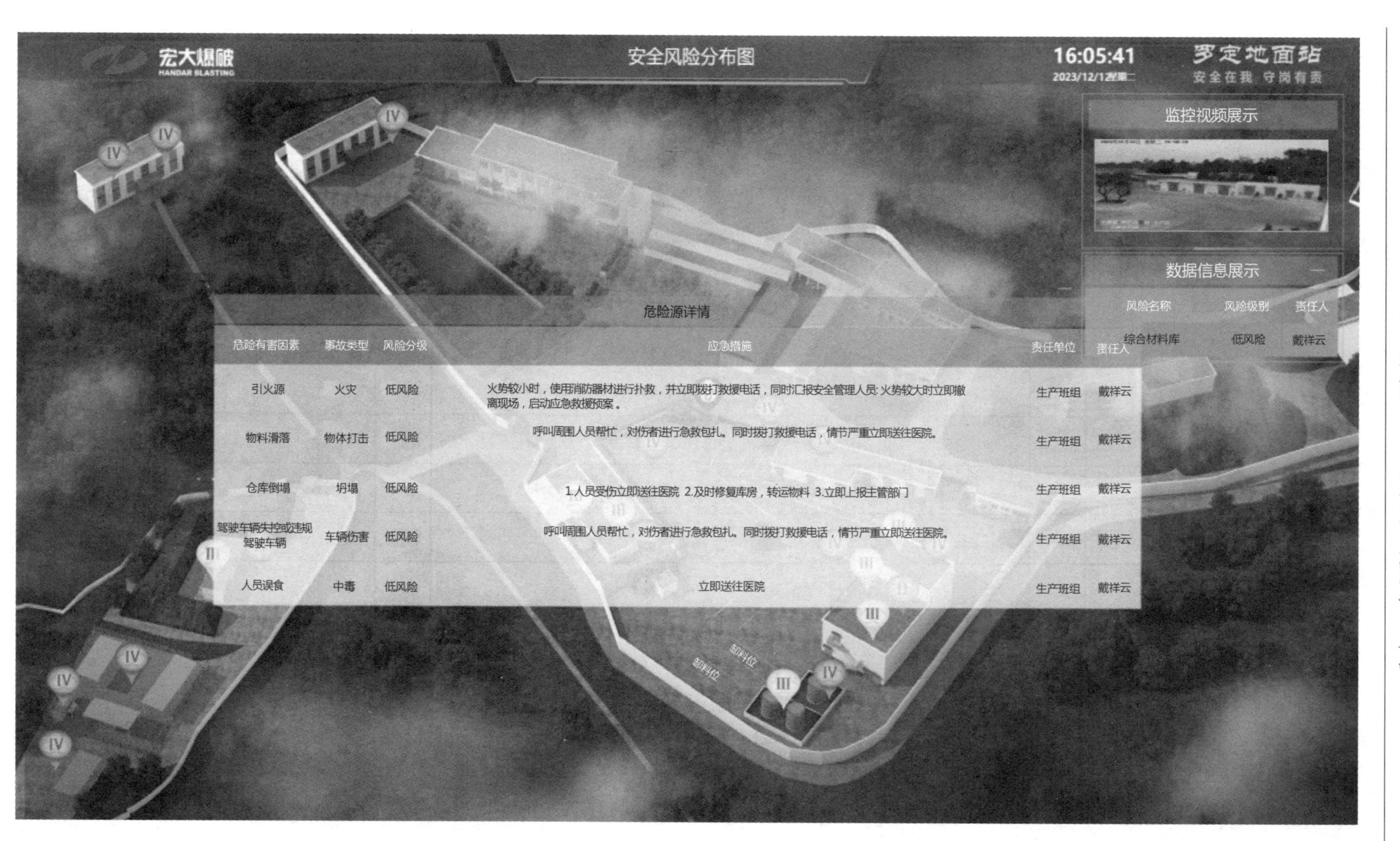

图 8-10 安全可视化界面图

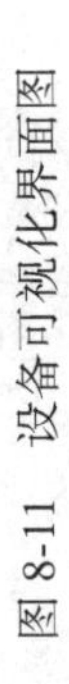

图 8-11　设备可视化界面图

8.7.4.5 成本视图

成本视图对地面制备站各项生产成本进行统计分析，便于总部随时了解地面制备站成本情况，并通过设备传感系统实时采集仓储信息，实现基质生产、储存和现场混装作业全过程的成本智能化追踪管理和有效监控。点击成本分析旁眼睛图标即可查看地面制备站统计和分析生产、运输过程中的各项成本数据，包括能耗、材料、设备等（见图8-12）。

8.7.4.6 项目供应视图

项目供应视图对各项目部逐日的药量记录，系统自动进行统计及分析包括产能释放情况在内的多项数据，多维度掌握供应量变化情况，实现混装药全流程精准追踪和高效管控（见图8-13）。

8.7.4.7 运输视图

在地图中呈现各辆车所在位置，经纬度，呈现所载品种，尽量接入车载视频等。运输视图（见图8-14）集成了车辆卫星定位及第三方监控平台，实时对车辆状况、驾驶人状态、当前位置等进行监测。如果运输途中有任何异常，如司机疲劳驾驶、偏离预定路线等，系统会立刻提醒运输人员并且向地面制备站实时推送预警信息。

8.7.4.8 人员视图

人员视图显示当前带班领导信息、生产区人数及人员照片、人员在岗情况、员工年龄分布、组织架构、安全管理架构等信息（见图8-15）。对地面制备站人员架构、岗位分布、年龄分布及在岗情况进行统计。并且通过集成地面制备站现有门禁管理系统，可以实时获取生产区人员信息。该板块可对人员信息进行深度响应，点击人员名字，能获悉姓名、部门、岗位、证件照片等信息，并且证照快到期系统会超前预警。

8.7.5 数据处理平台

8.7.5.1 数据采集终端

从基础资料平台中，获取待收集的PLC数据点位、车辆收集、智能现场混装乳化炸药车数据、摄像头数据、门禁数据（系统或者平移闸道闸）。采用边缘计算的方式，进行发送到数据中台。

数据采集终端布置点位见表8-5。

图 8-12　成本可视化界面图

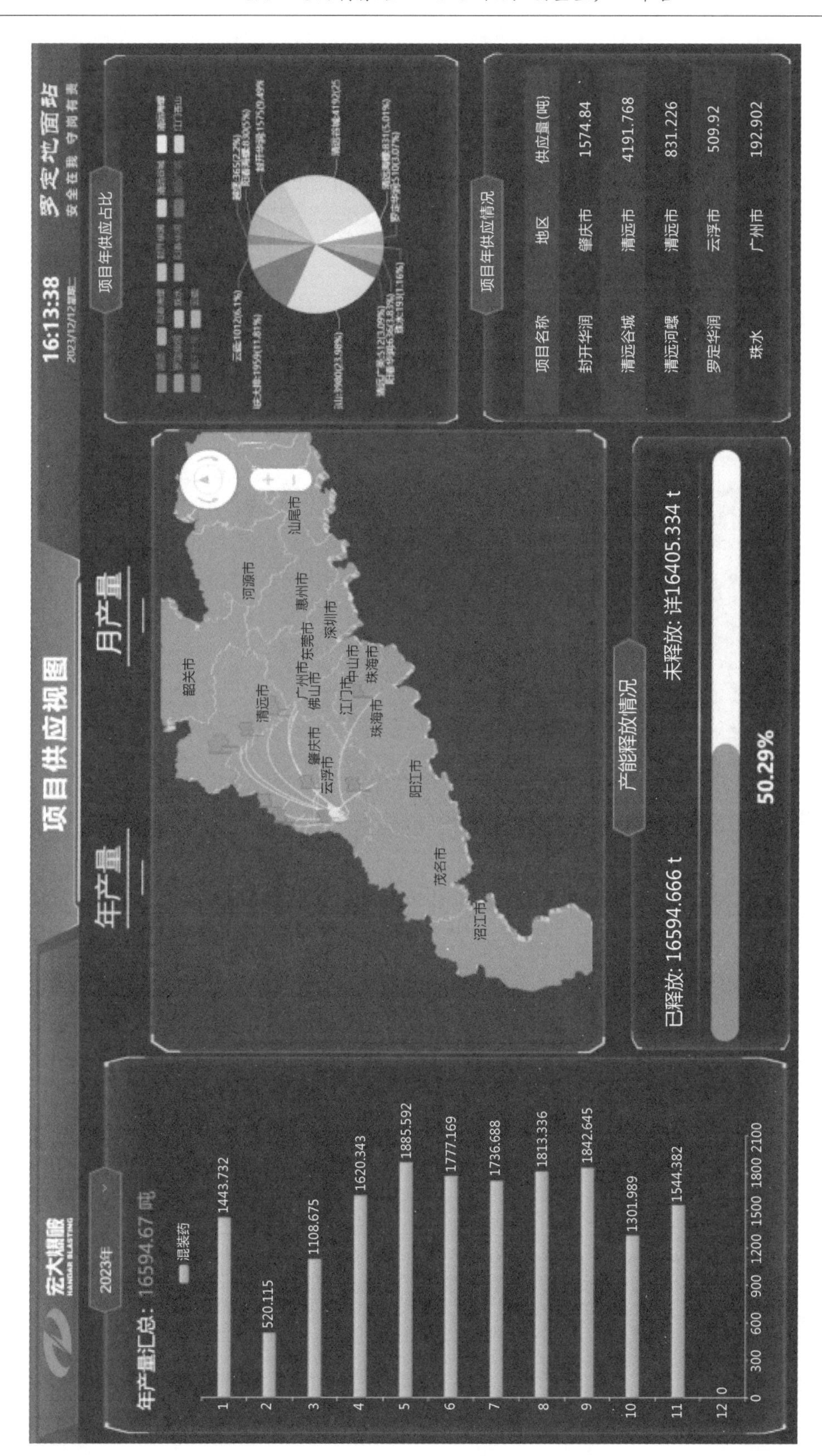

图 8-13 项目供应可视化界面图示意图

图 8-14　运输可视化界面图示意图

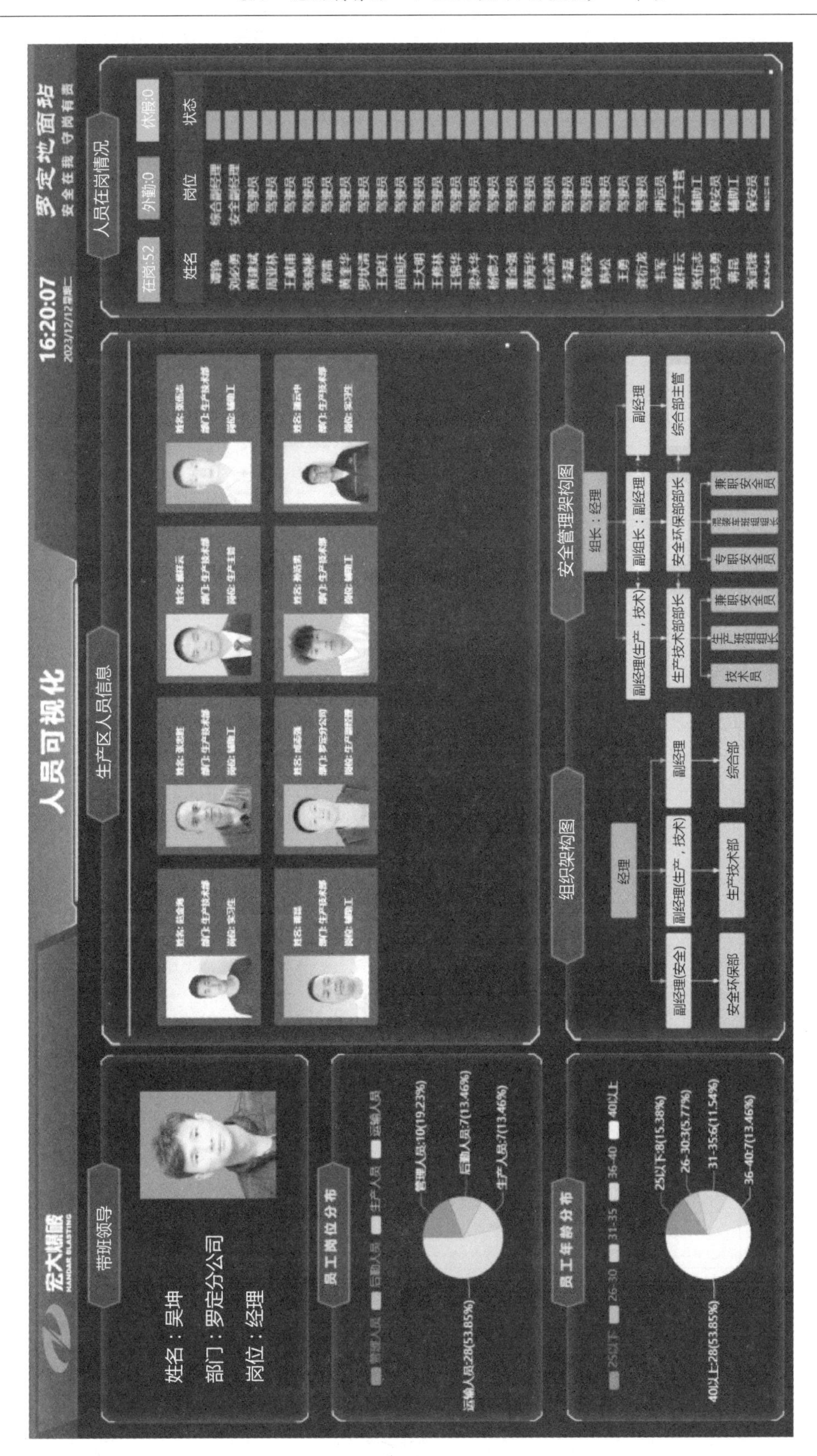

图 8-15 人员可视化界面图示意图

表 8-5　数据采集终端布置点位表

所属工序	对应设备名称	数据点名称
水相制备	硝酸铵破碎机	硝酸铵破碎机状态
	液态硝铵罐	液态硝铵罐温度 1
		液态硝铵罐温度 2
		液态硝铵罐温度 3
		液态硝铵罐温度 4
		液态硝铵罐温度 5
		液态硝铵罐温度 6
		液态硝铵罐液位
	液态硝铵输送泵	液态硝铵输送泵状态
	液态硝铵输送流量计	液态硝铵输送流量
	水相溶罐输送阀门 1	水相溶罐输送阀门 1 状态
	水相溶罐输送阀门 2	水相溶罐输送阀门 2 状态
	水相溶罐 1	水相溶罐 1 液位
		水相溶罐 1 温度
	水相溶罐 1 搅拌	水相溶罐 1 搅拌状态
	水相溶罐 1 配料加水	水相溶罐 1 配料加水状态
	水相溶罐 1 加蒸汽	水相溶罐 1 加蒸汽状态
	水相溶罐 2	水相溶罐 2 温度
	水相溶罐 2 搅拌	水相溶罐 2 搅拌状态
	水相溶罐 2 配料加水	水相溶罐 2 配料加水状态
	水相溶罐 2 加蒸汽	水相溶罐 2 加蒸汽状态
	水相输送阀门 1	水相输送阀门 1 状态
	水相输送阀门 2	水相输送阀门 2 状态
	水相输送泵	水相输送泵状态
	水相储罐加水	水相储罐加水状态

续表 8-5

所属工序	对应设备名称	数据点名称
水相制备	水相储罐	水相储罐液位
		水相储罐转速
		水相储罐温度 1
		水相储罐温度 2
	水相泵	水相泵转速
		水相泵状态
		水相泵电流
	水相质量流量计	水相质量流量
油相制备	油相熔罐 1	油相熔罐 1 液位
		油相熔罐 1 温度
		油相熔罐 1 搅拌状态
	油相熔罐 2	油相熔罐 2 液位
		油相熔罐 2 温度
		油相熔罐 2 搅拌状态
	油相熔罐 1 蒸汽阀	油相熔罐 1 蒸汽阀状态
	油相熔罐 2 蒸汽阀	油相熔罐 2 蒸汽阀状态
	油相熔罐 1 出料阀门	油相熔罐 1 出料阀门状态
	油相熔罐 2 出料阀门	油相熔罐 2 出料阀门状态
	油相熔罐出料泵	油相熔罐出料泵状态
	油相储罐	油相储罐液位
		油相储罐温度
		油相储罐搅拌状态
	油相储罐（基质）	乳胶油相液位
		乳胶油相温度
		油相储罐（基质）搅拌状态

续表 8-5

所属工序	对应设备名称	数据点名称
油相制备	油相泵	油相泵转速
		油相泵状态
		油相泵电流
制药工序	粗乳罐	粗乳罐液位
		粗乳罐温度
		粗乳罐转速
		粗乳罐搅拌状态
	粗乳放料阀	粗乳放料阀状态
	基质泵	基质泵压力
		基质泵温度
		基质泵转速
		基质泵电流
	基质成乳取样阀	基质成乳取样阀状态
	大小产能转换阀（进精乳器）	进精乳器阀状态
	大小产能转换阀（出精乳器）	出精乳器阀状态
	乳胶进料阀 1	乳胶进料阀 1 状态
	乳胶料仓 1	乳胶料仓 1 温度
		乳胶料仓 1 液位
	乳胶泵 1	乳胶泵 1 电流
		乳胶泵 1 转速
		乳胶泵 1 状态
	乳胶出料压力表 1	乳胶出料压力 1
	乳胶出料阀门 1	乳胶出料阀门 1 状态
	乳胶进料阀 2	乳胶进料阀 2 状态

续表 8-5

所属工序	对应设备名称	数据点名称
制药工序	乳胶料仓 2	乳胶料仓 2 温度
		乳胶料仓 2 液位
	乳胶泵 2	乳胶泵 2 电流
		乳胶泵 2 转速
		乳胶泵 2 状态
	乳胶出料压力表 2	乳胶出料压力 2
	乳胶出料阀门 2	乳胶出料阀门 2 状态

8.7.5.2　数据转发平台

对于无法转发到外网的数据，如 PLC 数据无法直接发送到数据中台的，进行发送到转发平台后发送到数据中台。

8.7.5.3　数据中台

数据中台为对收集终端的数据进行处理、计算，并支持被各使用终端获取。

8.7.5.4　数据安全

为保证 PLC 数据安全（见图 8-16），本系统通过防火墙+软件+单向网闸三重控制手段避免数据回传；工业网络下利用数据抓手在 PLC 控制器抓取 PLC 数据，通过防火墙出入站规则，仅允许工业网络向互联网出站，并通过单向网闸向互联网端传输 PLC 数据，从而保证互联网数据无法回传至工业网络；数据抓手通过 PLC 数据国际标准接口，仅抓取所需的 PLC 数据传递至系统服务器，限制改写数据功能。

为保证传输数据的实时性、准确性及安全性，单向网闸设定无特殊情况下持续关闭互联网向工业网络传输数据接口。仅允许工业网络向互联网发送指定数据。PLC 数据接口为国际标准接口，无需另行开发接口，但需要设备管理科或 PLC 控制器提供单位需要接出数据的 PLC 数据地址。

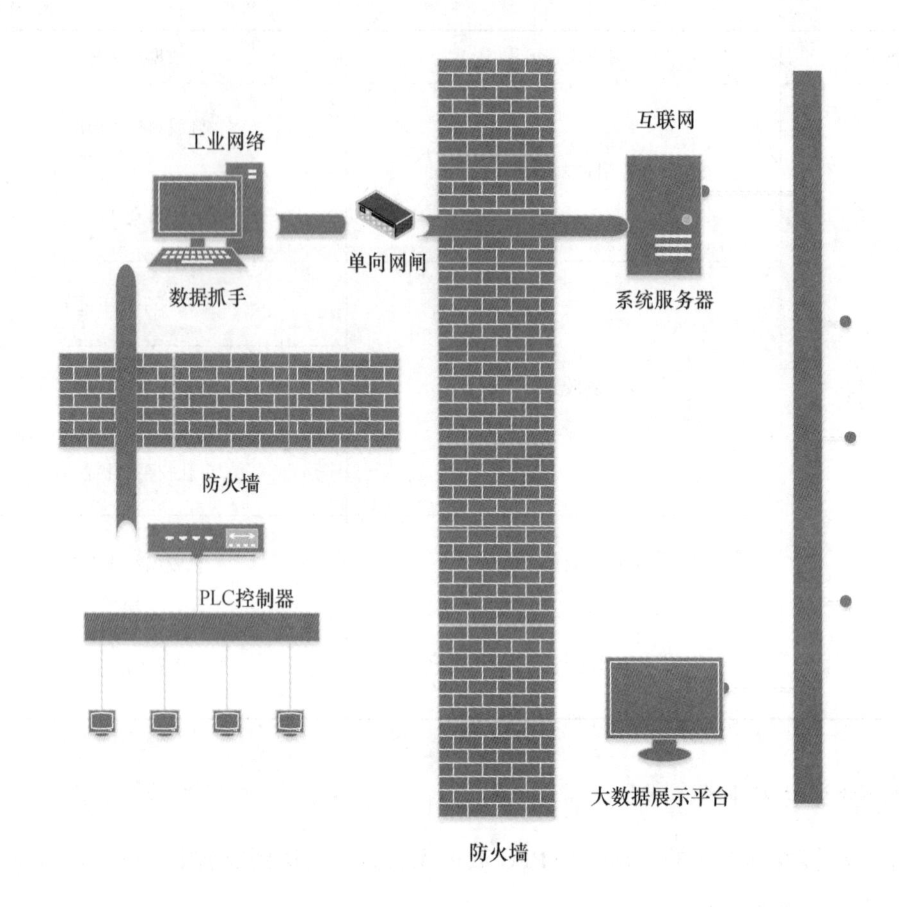

图 8-16　数据安全防护示意图

8.7.6　安全解决方案

安全数字化包含：法律法规、安全资料、凭照管理、安全培训、安全双体系、特种作业、智能巡更等业务流程及表单。安全数字化界面图如图 8-17 所示。

（1）法律法规。法律法规包含各项地面站适用国家法律法规、行业标准，是日常工作的行为准绳（见图 8-18）。

（2）安全资料。包括管理相关安全管理制度资料、安全操作规程资料等（见图 8-19）。

（3）凭照管理。凭照为企业凭照和个人凭照，企业凭照包括安全生产许可证等企业所需凭照，个人凭照包括安全管理人员证明、危运证、押运证、三大员证等个人所有凭证。凭照到期前可提醒相应人员及时上传最新凭证信息（见图 8-20）。

（4）安全培训。管理安全培训方面业务，比如岗位培训，每月/周安全讲座、岗位再培训、入职培训等，管理相关考试流程、考试结果等（见图 8-21）。

图 8-17 安全数字化界面图

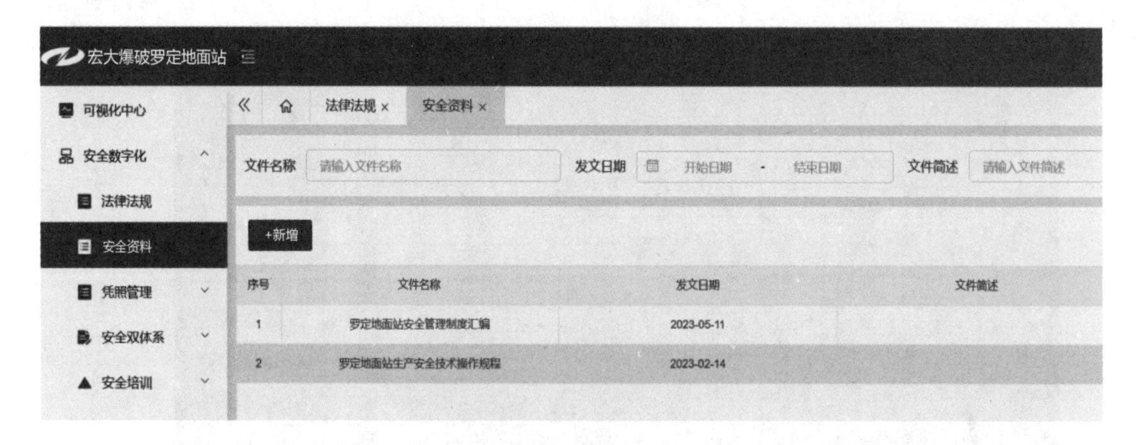

图 8-18　法律法规数字化界面图

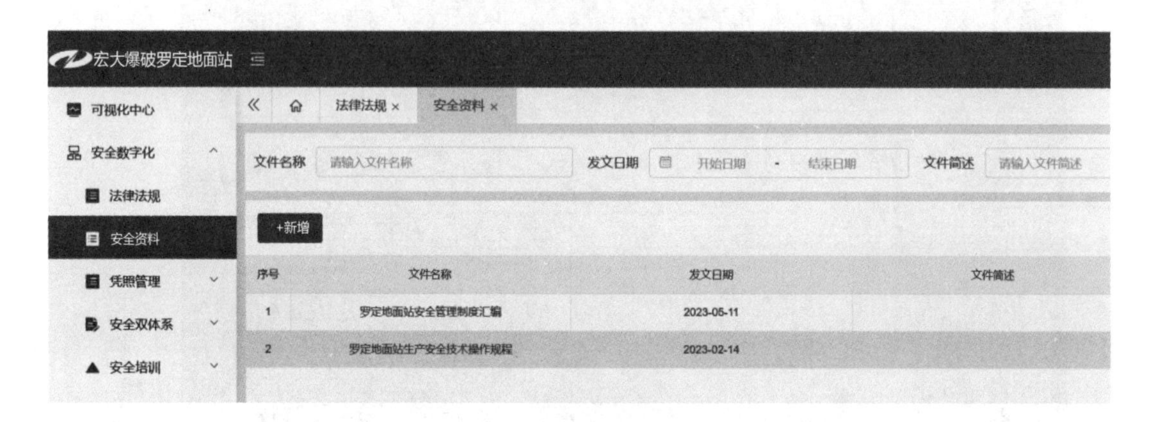

图 8-19　安全资料数字化界面图

图 8-20　企业凭照和个人凭照数字化界面图

(5) 安全双体系。安全双体系包括危险源辨识、安全检查、隐患整改、安全检查模板的全管理。针对双控体系要求，针对隐患进行分级治理、排查，针对排查等级，对排查巡查人员登记进行相关要求（见图 8-22）。

(6) 特种作业。管理特种工作，高空、动火、动焊等危险作业，对其特种作业的发起、执行、结果等全流程管理（见图 8-23 和表 8-6）。

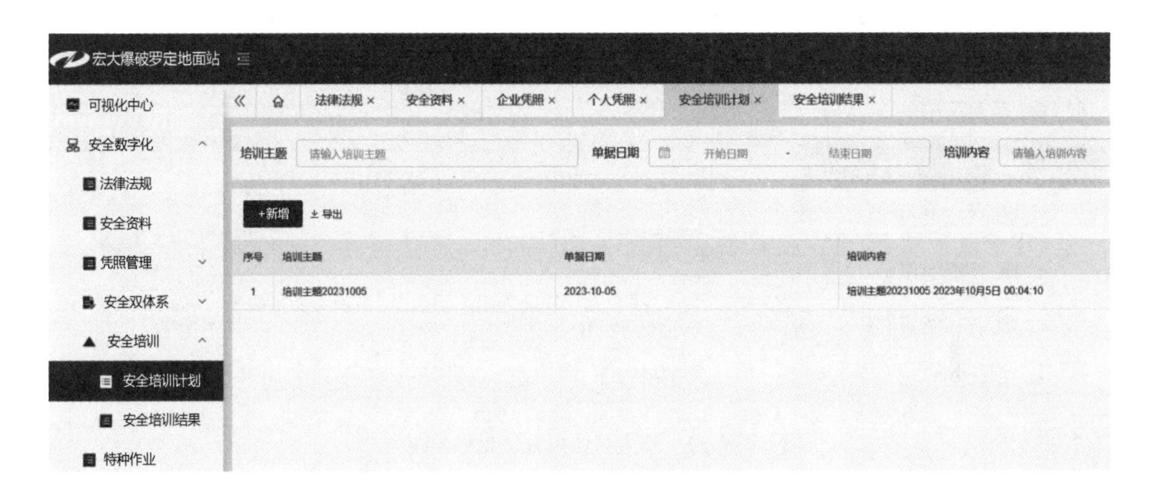

图 8-21 安全培训数字化界面图

图 8-22　安全双体系数字化界面图

图 8-23　特种作业数字化界面图

表 8-6　特种作业数字化表

序号	字段描述	字段类型	说明
1	单据编号	单据编码	单据唯一标识
2	作业类型	基础资料	

续表 8-6

序号	字段描述	字段类型	说明
3	申请部门	文本	填写申请部门
4	作业地点	文本	填写作业地点
5	作业人员	文本	填写作业人员
6	操作人员	基础资料	选择操作人员
7	名称	基础资料	选择名称
8	安全要求	文本	填写安全要求
9	申请原因	文本	填写申请原因
10	备注	文本	填写备注
11	执行部门	基础资料	选择执行部门
12	作业时间	日期	选择作业时间
13	操作日期	日期	选择操作日期
14	安全要求	文本	填写安全要求
15	申请原因	文本	填写申请原因
16	备注	文本	填写备注

（7）巡更管理。管理巡查点位路线设备等方案、执行的全流程（见图 8-24）。

图 8-24 巡更管理数字化界面图

8.7.7　设备解决方案

设备管理包含：设备台账、安装验收、日常保养、定期维修、报废管理等业务流程及表单（见图 8-25）。

统计分析
设备清单表
设备状态报表
设备维护记录
年限到期预警表
……
业务应用
安全连锁检测
设备采购
安装验收
管理预警
设备日常维护
到期报废
设备定期检修
设备接口
说明书示意图
其他系统接口
基础数据管理
设备完好标准库
专用设备卡片资料：国家库、企业库

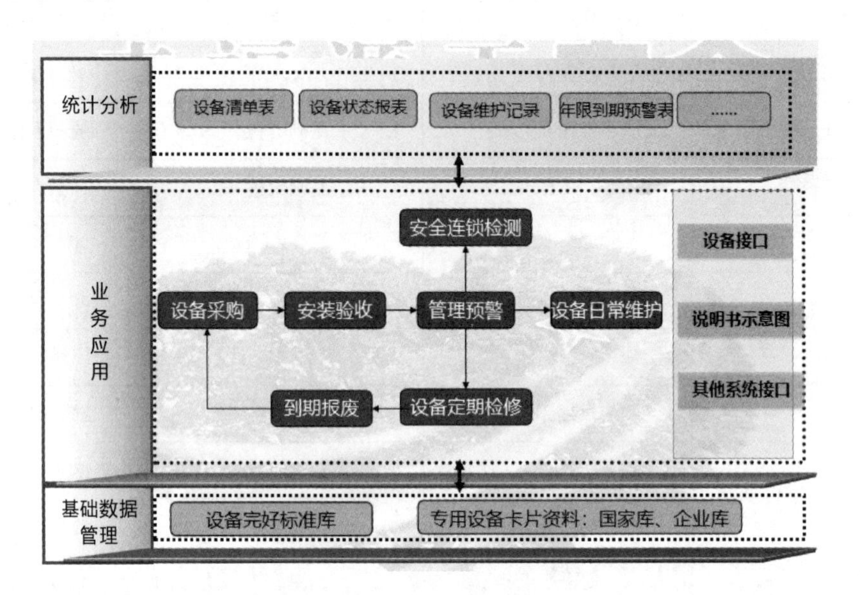

图 8-25　设备管理界面图

（1）设备台账。设备台账管理界面如图 8-26 所示。

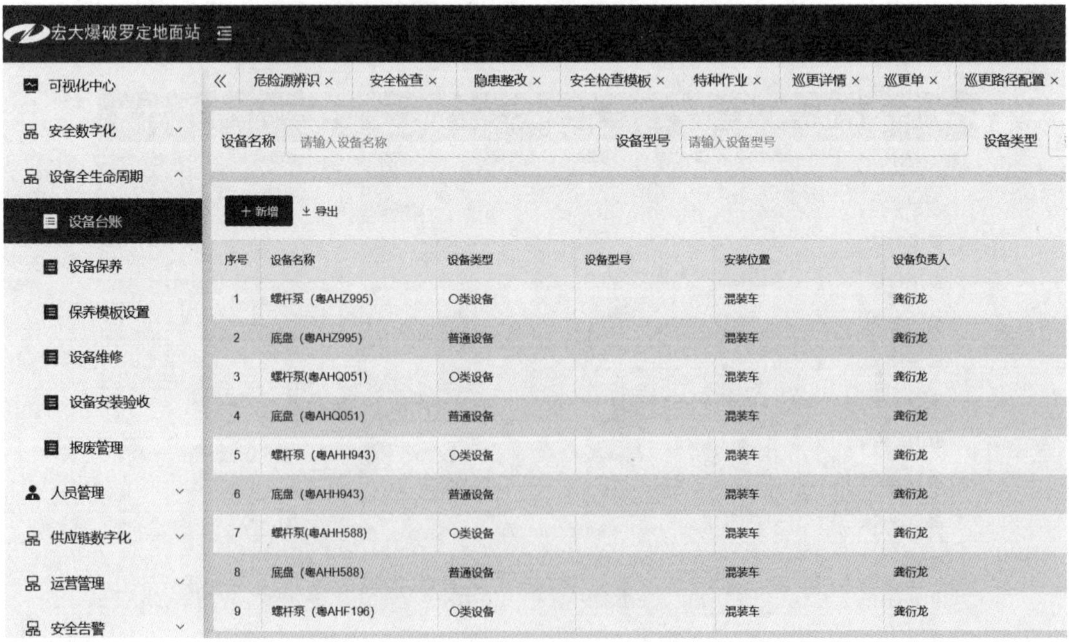

宏大爆破罗定地面站
可视化中心
安全数字化
设备全生命周期
设备台账
设备保养
保养模板设置
设备维修
设备安装验收
报废管理
人员管理
供应链数字化
运营管理
安全告警
危险源辨识 ×
安全检查 ×
隐患整改 ×
安全检查模板 ×
特种作业 ×
巡更详情 ×
巡更单 ×
巡更路径配置 ×
设备名称
请输入设备名称
设备型号
请输入设备型号
设备类型
+ 新增
导出
序号 设备名称 设备类型 设备型号 安装位置 设备负责人
1 螺杆泵（粤AHZ995） O类设备 混装车 龚衍龙
2 底盘（粤AHZ995） 普通设备 混装车 龚衍龙
3 螺杆泵(粤AHQ051) O类设备 混装车 龚衍龙
4 底盘（粤AHQ051） 普通设备 混装车 龚衍龙
5 螺杆泵（粤AHH943） O类设备 混装车 龚衍龙
6 底盘（粤AHH943） 普通设备 混装车 龚衍龙
7 螺杆泵(粤AHH588) O类设备 混装车 龚衍龙
8 底盘（粤AHH588） 普通设备 混装车 龚衍龙
9 螺杆泵（粤AHF196） O类设备 混装车 龚衍龙

图 8-26　设备台账管理界面图

（2）设备维护。设备维护管理见表 8-7。

图 8-7　设备维护管理表

序号	字段描述	字段类型	说明
一、维修申请			
1	单据编号	单据编码	单据唯一标识
2	申请人	基础资料	选择申请人
3	制单人	基础资料	选择制单人
4	备注	文本	填写备注
5	申请部门	文本	填写申请部门
6	申请日期	日期	选择申请日期
二、维修分配			
7	单据编号	单据编码	单据唯一标识
8	关联单号	单据编码	单据唯一标识
9	制单人	基础资料	选择制单人
10	备注	文本	填写备注
11	申请部门	基础资料	选择申请部门
12	制单日期	日期	选择制单日期
三、维修记录			
13	单据编号	单据编码	单据唯一标识
14	维护部门	文本	填写维护部门
15	制单人	基础资料	选择制单人
16	备注	文本	填写备注
17	关联单号	单据编码	单据唯一标识
18	制单日期	日期	选择制单日期

（3）日常保养。设备日常保养界面如图 8-27 所示，设备日常保养见表 8-8。

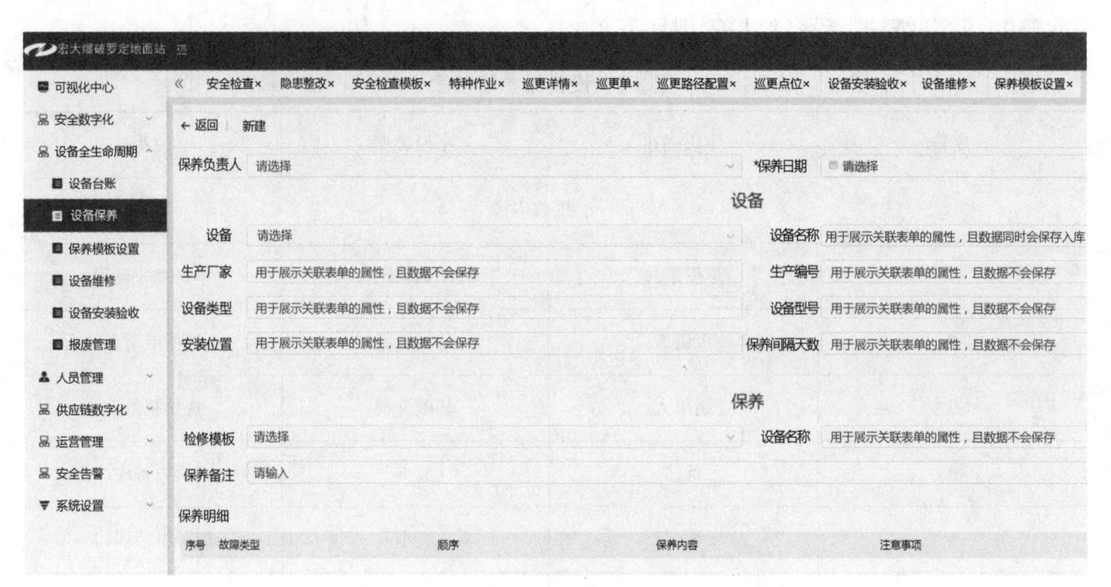

图 8-27　设备日常保养界面图

表 8-8　设备日常保养表

设备保养			
序号	字段描述	字段类型	说明
1	单据编号	单据编码	单据唯一标识
2	制单人	基础资料	选择制单人
3	维护设备	基础资料	选择维护设备
4	备注	文本	填写备注
5	维护名称	基础资料	选择维护名称
6	维护内容	文本	填写维护内容
7	维护部门	文本	填写维护部门
8	制单日期	日期	选择制单日期
9	维护结果	基础资料	选择维护结果

（4）报废管理。设备报废管理界面如图 8-28 所示，设备报废管理见表 8-9。

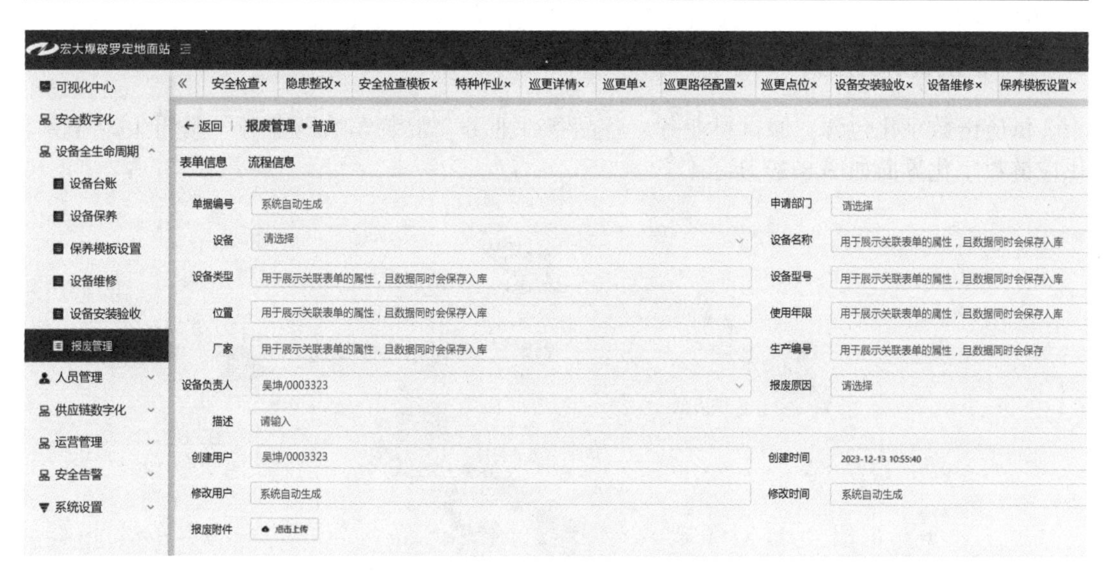

图 8-28 设备报废管理界面图

表 8-9 设备报废管理表

序号	字段描述	字段类型	说明
1	单据编号	单据编码	单据唯一标识
2	设备名称	文本	填写设备名称
3	设备型号	文本	填写设备型号
4	设备负责人	基础资料	选择设备负责人
5	生产厂家	文本	填写生产厂家
6	制单人	基础资料	选择制单人
7	备注	文本	填写备注
8	报废原因	文本	填写报废原因
9	设备编号	设备编码	设备唯一标识
10	设备类型	文本	填写设备类型
11	使用年限	文本	填写使用年限
12	安装位置	基础资料	选择安装位置
13	申请部门	基础资料	选择申请部门
14	制单日期	日期	选择制单日期

8.7.8 供应链解决方案

供应链数字化包含：原材料业务、备品备件业务、混装车装药业务、基质生产业务。供应链数字化界面如图 8-29 所示。

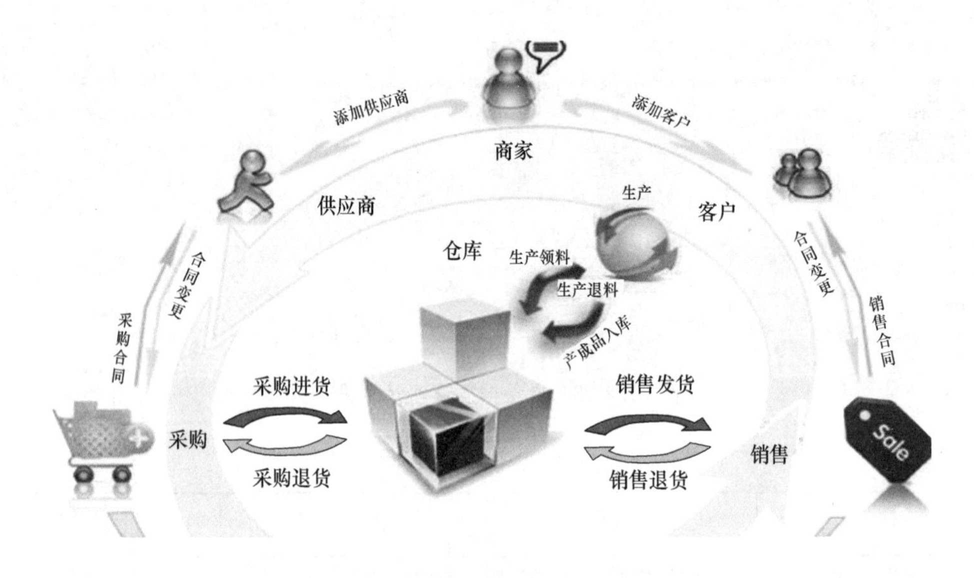

图 8-29 供应链数字化界面

（1）原材料业务。原材料业务包括入库、领用、盘点、查询、记录五个项目，入库和领用构成原材料出入库，盘点校准当前原材料库存，通过库存查询和出入库记录保证每次原材料的出入库都有留痕。

1）原材料入库数字化界面如图 8-30 所示。

图 8-30 原材料入库数字化界面

2）原材料领用数字化界面如图 8-31 所示。

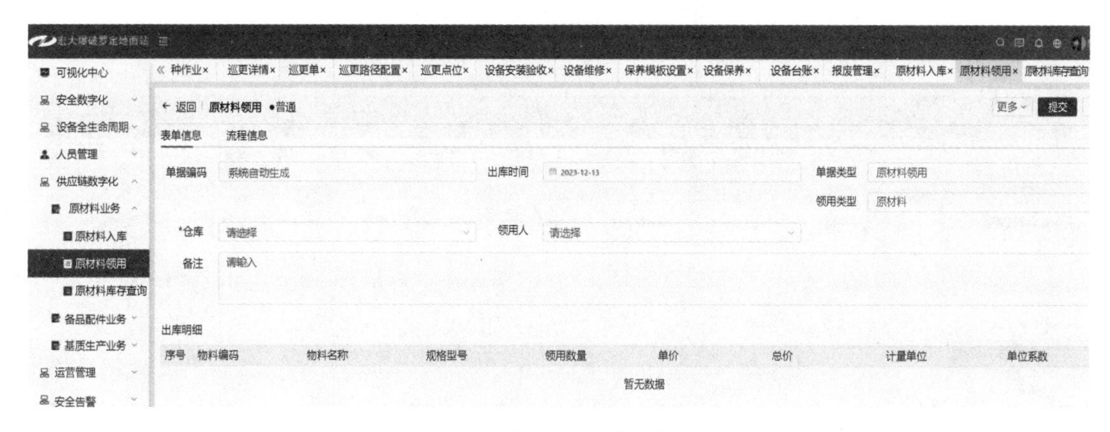

图 8-31 原材料领用数字化界面

3）原材料盘点数字化界面如图 8-32 所示。

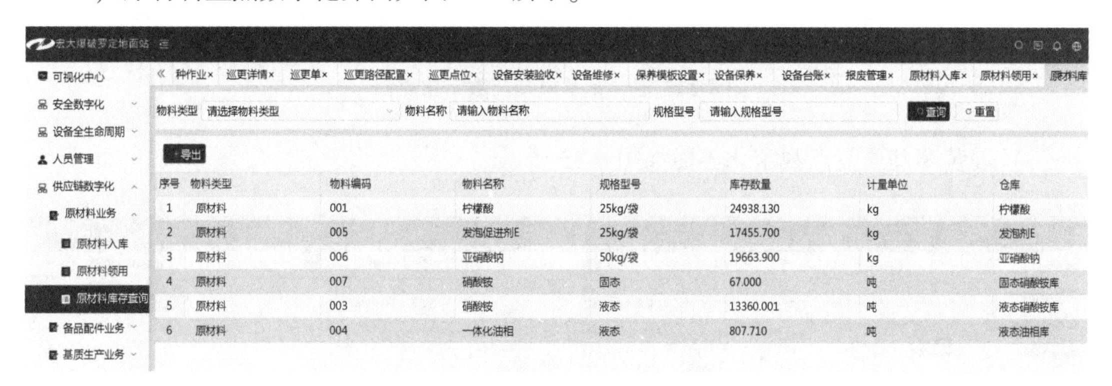

图 8-32 原材料盘点数字化界面

（2）备品备件业务。备品备件业务可参考原材料业务。

（3）混装车装药业务。混装车装药业务建设包括基质补给、销售、盘点、记录等业务表单及流程。

1）混装车基质补给数字化界面如图 8-33 所示。

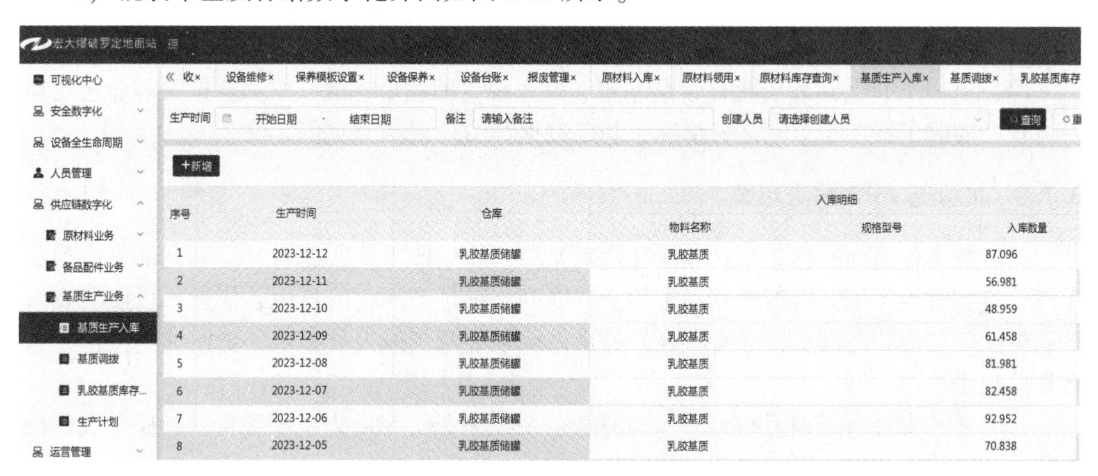

图 8-33 混装车基质补给数字化界面

2）混装车基质装药数字化界面如图 8-34 所示。

序号	单据日期	料仓	车辆	产品类型	物料	物料名称	装车数量	计量单位	备注	单据类型	编码
1	2023-10-24	乳胶基质储罐		乳胶基质	乳胶基质	乳胶基质	0.0000	吨		装车单	ZCD202310001
2	2023-10-24	乳胶基质储罐	粤ABS975	乳胶基质	乳胶基质	乳胶基质	30.0000	吨		装车单	ZCD2023100012
3	2023-10-24	乳胶基质储罐	粤ABR804	乳胶基质	乳胶基质	乳胶基质	40.000	吨		装车单	ZCD2023100013
4	2023-09-25	乳胶基质储罐	粤AGZ125	乳胶基质	乳胶基质	乳胶基质	1.0000	吨		装车单	ZCD2023090004
5	2023-09-04	乳胶基质储罐	粤AGG159	乳胶基质	乳胶基质		10.0000	吨		装车单	ZCD2023090002
6	2023 09 04	乳胶基质储罐	粤ABV750	乳胶基质	乳胶基质		11.0000	吨		装车单	ZCD202309000

图 8-34　混装车基质装药数字化界面

3）混装车基质盘点数字化界面如图 8-35 所示。

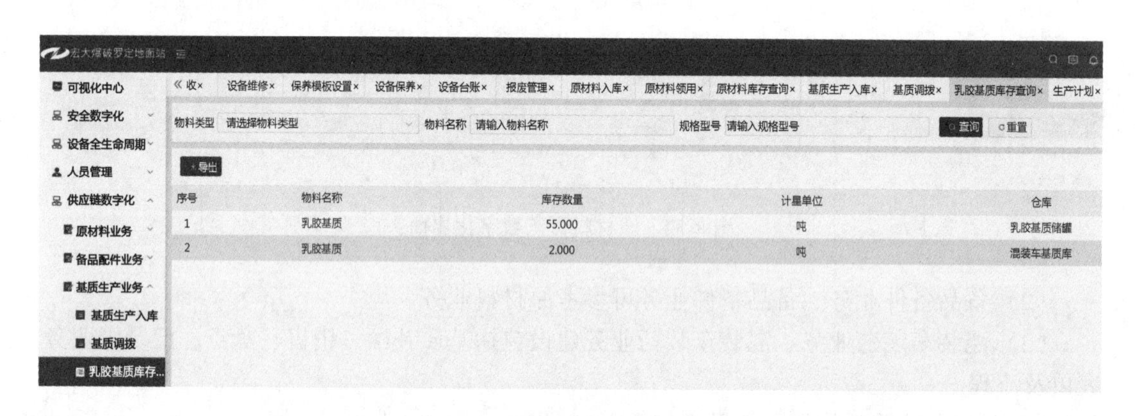

序号	物料名称	库存数量	计量单位	仓库
1	乳胶基质	55.000	吨	乳胶基质储罐
2	乳胶基质	2.000	吨	混装车基质库

图 8-35　混装车基质盘点数字化界面

（4）运营管理。运营管理建设装车单、发车单、回程单、混装车油耗记录等业务表单及流程，实时了解各个车辆运行情况、装药数据和油耗记录（见图 8-36）。

8.7.9　地面站 APP 解决方案

（1）数字化地面站移动端：数字化地面站模块将生产工艺数据通过一系列的安全保证手段，将实时生产工艺数据转移到了移动互联网，满足了不在信息中心依然可以实时查看产线生产工艺现状的需求，为有事在外或出差的领导及其他人员提供了更便捷的生产工艺数据监测手段。

（2）安全数字化管理移动端：安全职责、安全资料、风险点危险源资料、应急资料的查询；各级安全检查、隐患整改、特种作业审批、安全巡查的工作提醒及信息填报。

序号	单据日期	料仓	车辆	产品类型	物料	物料名称	装车数量	计量单位	备注	单据类型	编码	调入仓库	状态
1	2023-10-24	乳胶基质储罐		乳胶基质	乳胶基质	乳胶基质	0.0000	吨		装车单	ZCD2023100011	472621072663969733	等待审核
2	2023-10-24	乳胶基质储罐	粤ABS975	乳胶基质	乳胶基质	乳胶基质	30.0000	吨		装车单	ZCD20231000112	472621072663969733	等待审核
3	2023-10-24	乳胶基质储罐	粤ABR804	乳胶基质	乳胶基质	乳胶基质	4.0000	吨		装车单	ZCD20231000113	472621072663969733	等待审核
4	2023-09-25	乳胶基质储罐	粤AGZ125	乳胶基质	乳胶基质	乳胶基质	1.0000	吨		装车单	ZCD2023090004	472621072663969733	审核通过
5	2023-09-04	乳胶基质储罐	粤AGG159	乳胶基质	乳胶基质		10.0000	吨		装车单	ZCD2023090002		等待审核
6	2023-09-04	乳胶基质储罐	粤ABV750	乳胶基质	乳胶基质		11.0000	吨		装车单	ZCD2023090003		流程撤回

图 8-36　运营管理数字化界面

（3）设备全生命周期管理移动端：设备台账资料的查询；设备日常维修、设备定期保养、设备报废审批的工作提醒及信息填报。

（4）安全报警移动端：安全检查报警、隐患整改报警、证件到期报警、安全培训报警、设备检修报警、设备巡检报警、设备运行异常报警、工艺参数异常报警、地面站超员报警。

（5）智能现场混装乳化炸药车运输移动端。

1）在智能现场混装乳化炸药车装药时，驾驶员或押运员填报装车单，表示乳胶基质已从乳胶料仓转移到了智能现场混装乳化炸药车中。

2）在驾驶车辆从地面站出发时，填报发车单，信息包含目的地、目的项目现场、载药量。自动记录开始时间，到达目的地后，驾驶员或押运员点击到达按钮，记录到达时间。表示已安全地将混装炸药运输到项目现场。

3）在驾驶车辆从项目现场回程时，填报回程单，信息包含出发地、出发项目现场、卸药量。自动记录发车时间，到达地面站后，驾驶员或押运员点击到达按钮，记录到达时间。表示智能现场混装乳化炸药车已从项目现场安全返回。

（6）员工请假：生产人员请假，通过填写请假单申报，经有关领导审批后，请假生效，自动变更生产人员在假期间的员工请假状态为请假中，请假日期截止后，系统自动变更员工请假状态为在岗。员工提前返回工作岗位的，通过已填报的请假单进行销假申请，经有关领导审批后，销假成功，变更员工请假状态为在岗。

8.7.10　安全生产报警记录

安全生产报警记录模块按不同业务类型记录平台所有安全生产相关的报警记录，包含：安全检查报警、隐患整改报警、证件到期报警、安全培训报警、设备检修报警、设备巡检报警、设备运行异常报警、工艺参数异常报警、地面站超员报警。

报警记录以数据列表的形式展示，用户可根据不同的过滤条件筛选各种业务类型的报警记录。并在此基础上形成本文档的安全视图展示页面。

8.7.11　基础信息平台

基础信息资源库包含系统所需要的所有基本信息资料：组织机构、人员管理、角色管理、客户信息、供应商信息、仓库信息、物料信息、计量单位、车辆信息及其他数据字典（见图 8-37）。

图 8-37　基础信息界面图

参 考 文 献

[1] 唐秋明，王树民. DHC-12 型多功能乳化炸药混装车及地面制备站的研究［J］. 有色金属（矿山部分），1992（6）：32-37，15.

[2] 宏大爆破工程集团有限责任公司. 罗定生产点年产 37000 t 现场混装乳化炸药地面站建设项目验收资料汇编［G］. 2023.

[3] 宏大爆破工程集团有限责任公司，北京捷创融信息科技有限公司. 罗定地面站“工业互联网+安全生产”平台需求规格说明书［Z］. 2023.